Analysis of Typical Faults and Defects of HVDC Converter Transformers and Wall Bushings

换流变压器及穿墙套管
典型故障及缺陷分析

国家电网有限公司直流技术中心
国网江苏省电力有限公司电力科学研究院　组编

中国电力出版社
CHINA ELECTRIC POWER PRESS

内 容 提 要

本书是第一本系统介绍换流变压器以及直流穿墙套管典型故障及缺陷案例分析的图书。本书结合国家电网有限公司特高压直流工程多年运维经验，全面梳理了自葛洲坝—南桥直流工程投运以来的换流变压器本体、换流变压器网阀侧套管、有载分接开关、组部件以及直流穿墙套管典型故障及缺陷案例，深入分析故障及缺陷发生原因，针对性提出检（监）测方法，从设计、制造、安装、运维等全流程提出质量提升措施。

本书分为五篇，包括换流变压器本体典型故障及缺陷案例分析、换流变压器套管典型故障及缺陷案例分析、有载分接开关典型故障及缺陷案例分析、组部件典型故障及缺陷案例分析、直流穿墙套管典型故障及缺陷案例分析。按照分部件或分厂家开展系统整理分析，从结构介绍、故障及缺陷特征、提升措施建议、典型故障及缺陷案例四部分进行详细阐述，力争做到产品结构介绍到位、故障特征分析到位、提升措施准确到位、典型案例支撑到位，为在运换流变压器隐患治理、新建工程换流变压器源头质量提升提供技术参考。

本书可作为从事直流工程换流变压器研究、设计、制造、质量监督、安装、运维等工作的技术人员和管理人员技术培训用书，可供相关专业师生参考。

图书在版编目（CIP）数据

换流变压器及穿墙套管典型故障及缺陷分析/国家电网有限公司直流技术中心，国网江苏省电力有限公司电力科学研究院组编．—北京：中国电力出版社，2024.2（2025.6重印）

ISBN 978-7-5198-8669-1

Ⅰ.①换… Ⅱ.①国…②国… Ⅲ.①换流变压器-故障②穿通套管-故障 Ⅳ.①TM422②TM216

中国国家版本馆 CIP 数据核字（2024）第 046635 号

出版发行：中国电力出版社
地　　址：北京市东城区北京站西街 19 号（邮政编码 100005）
网　　址：http：//www.cepp.sgcc.com.cn
责任编辑：王蔓莉（010-63412791）　马雪倩
责任校对：黄　蓓　常燕昆　王海南
装帧设计：郝晓燕
责任印制：石　雷

印　　刷：三河市万龙印装有限公司
版　　次：2024 年 2 月第一版
印　　次：2025 年 6 月北京第二次印刷
开　　本：787 毫米×1092 毫米　16 开本
印　　张：28.5
字　　数：640 千字
定　　价：168.00 元

编 委 会

前　　言

随着国民经济的持续、健康、高速增长，全社会用电量屡创新高。为满足人民群众日益增长的用电需求，电力工业迅猛发展，电网规模迅速扩大，特高压直流工程的建成投运为电力工业的发展掀开了新的一页。特高压直流输电是实现我国西电东送、北电南送、水火互济、能源资源大范围优化配置战略的重要措施。尤其是近年来，针对大气污染日益严重，国家层面提出加快调整能源结构，增加清洁能源供应，全面淘汰和替代低效、重污染的传统用能方式。特高压直流输电凭借其长距离、大容量、低损耗的优势，将发挥更为积极而重要的作用。

国家电网有限公司从葛洲坝—南桥第一条直流输电项目开始，截至目前已陆续建成投运了34回直流输电工程（16回特高压直流工程），积累了丰富的工程设计、设备制造、直流运维经验。但随着直流输电快速发展，面临着工程输电容量、电压水平不断提升所带来的系统运行方面的挑战。保证换流站的安全稳定运行，设备质量是基础，换流变压器是直流输电系统中最复杂、最昂贵、最庞大的设备，换流变压器及其附属件的安全稳定运行已成为制约直流输电工程建设投产和安全稳定运行的最关键因素。因此，本书选择了国家电网有限公司所辖各换流站换流变压器和直流穿墙套管近年来发生的典型故障和缺陷案例，深入分析故障和缺陷原因、特征，针对性提出提升措施建议，以便于换流站一线技术和管理人员掌握关键设备典型问题和运维技术，促进新建直流工程设备质量提升，提升系统安全运行水平。

本书由国家电网有限公司直流技术中心组织编写，按照换流变压器本体、换流变压器套管、有载分接开关、组部件、直流穿墙套管分类编写，第一篇由王进、朱庆东、伊锋、石燕英主编，第二篇由杨定乾、王进主编，第三篇由王同磊、石琦、王进主编，第四篇由曹文、王进主编，第五篇由石明垒、任众楷、王进主编。此外，本书编写组成员在案例收集以及技术分析方面提供了重要的支撑。

在本书编写过程中，得到了行业内各位专家的指导帮助，还得到国家电网有限公司设备管理部和各网省公司的大力支持，还借鉴了换流变压器、套管、有载分接开关、组部件制造厂家的产品技术说明书，在此表示衷心感谢！

本书部分故障及缺陷处置经验尚有待实践检验，由于编写时间仓促，编者水平所限，书中难免有疏漏和不足之处，欢迎批评指正。

编　者
2024 年 1 月

目　　录

第二篇　换流变压器套管典型故障及缺陷案例分析

第三篇　有载分接开关典型故障及缺陷案例分析

第四篇　组部件典型故障及缺陷案例分析

第五篇 直流穿墙套管典型故障及缺陷案例分析

第一篇

换流变压器本体典型故障及缺陷案例分析

直流输电系统中，换流变压器与换流阀一起实现交流电与直流电之间的相互变换，如图 1-0-1 所示。整流换流器中，换流变压器为换流设备提供交流电能，换流器将交流电转换为直流电并通过直流输电线路进行传输；在逆变换流器中，换流器设备将直流电转换为交流电提供给换流变压器，并将其输送到其他交流供电网路中。

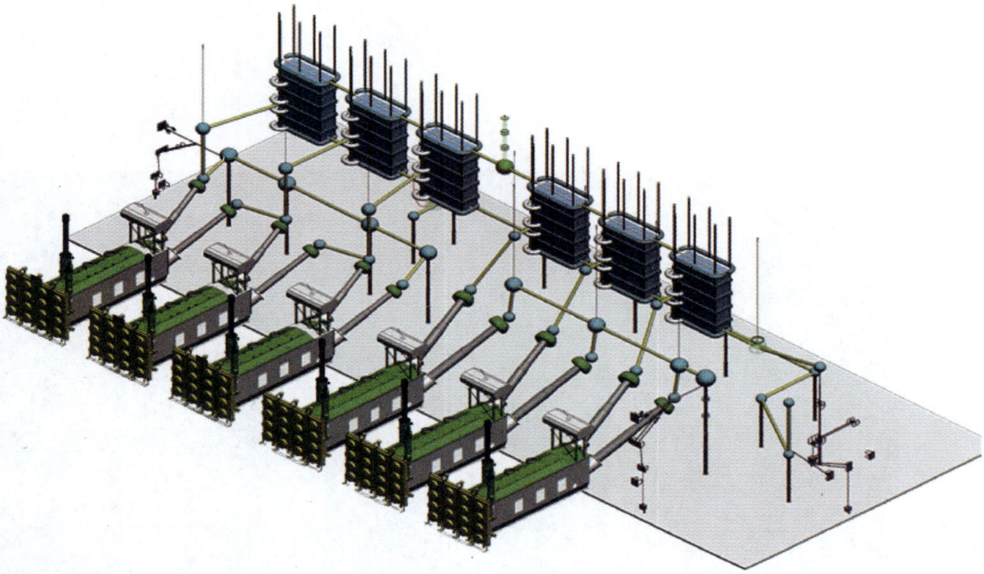

图 1-0-1　换流变压器与换流阀连接示意图

换流变压器在直流输电系统中的主要功能有：

(1) 提供相位角差为 30°的交流电压，降低低次谐波，特别是 5 次和 7 次谐波。

(2) 作为直流输电系统两端换流站交流系统电压、电流的交换设备。

(3) 换流变压器的阻抗可以增加交流系统的阻抗，限制系统的短路电流和抑制换相过程中阀的峰值电流升高。

(4) 与换流阀等相关设备共同实现交流网络与直流网络的联络。

(5) 实现电压较大范围的分挡挡调节。

换流变压器与普通的电力变压器在工作原理和基本结构上是相同的。由于换流变压器（阀侧绕组）在整流回路的电气联接位置及换流变压器的负载特性与普通的电力变压器不同，使得换流变压器在绝缘结构、电磁回路的设计上比普通的电力变压器更复杂，如直流电压、极性反转电压、谐波电流、直流偏磁、大范围和频繁有载调压等问题，在产品生产和验收中要增加与之相对应的验证试验。普通电力变压器与换流变压器的对比如表 1-0-1 所示。

换流变压器主要特点如下：

(1) 短路阻抗大。为了限制当阀臂及直流母线短路时的故障电流以免损坏换流桥的晶闸管元件，换流变压器应有足够大的短路阻抗。但短路阻抗过大将会使运行中的无功损耗增加，一方面需要配置相应无功补偿设备，另一方面也会导致换相压降过大。因此，

表 1-0-1　　　　　　　　普通电力变压器与换流变压器的相同点和不同点

比较项目			普通电力变压器	换流变压器
相同点	工作原理		电磁感应原理	电磁感应原理
	基本结构		铁心、线圈、器身（主绝缘）、引线、冷却和控制保护系统	铁心、线圈、器身（主绝缘）、引线、冷却和控制保护系统
不同点	在系统的电气连接（阀侧绕组）	绝缘结构	主要考虑交流电压（工频电压、雷电和操作过电压）	除考虑交流电压还要考虑直流电压（包括极性反转电压）
	负载特性	电、磁回路	正弦波电流	非正弦波电流（含谐波电流）

现阶段直流工程用大容量换流变压器短路阻抗通常在12%～20%之间。

（2）绝缘要求高。换流变压器阀侧绕组和套管同时承受交流电压和直流电压，在这种电压作用下，由于油、纸两种绝缘材质的电导系数与介电系数差别很大，当直流电压极性迅速变化时，会使油隙绝缘受到很大的电应力。在套管与底座的连接部分，由于绝缘结构复杂，这一问题最为严重。同时，越接近直流出线的阀侧绕组对地电压越高，绝缘结构就越复杂。

（3）谐波影响大。换流变压器在运行中有特征谐波电流和非特征谐波电流流过。变压器漏磁的谐波分量会使变压器的杂散损耗增大，有时还可能使某些金属部件和油箱产生局部过热现象。对于有较强漏磁通过的部件要用非磁性材料或采用磁屏蔽、金属屏蔽等措施。谐波磁通所引起的磁致伸缩噪声处于听觉较为灵敏的频带，因此换流变压器运行时会产生较大噪声。

（4）调压范围宽。为了补偿换流变压器网侧电压的变化以及将换流桥触发角运行在适当的范围内以保证运行的安全性和经济性，换流变压器有载调压分接开关的调压范围较大，一般为20%～30%，每挡调节量为1%～2%，以达到分接开关调节和换流桥触发控制联合工作，做到既无明显的调节死区，又可避免频繁往返动作。

（5）直流偏磁严重。运行中由于交直流线路的耦合、换流桥触发角的不平衡、接地极电位的升高以及换流变压器交流网侧存在2次谐波等原因将导致换流变压器绕组中产生直流电流分量，导致换流变压器损耗、温升及噪声增加。但正常工作情况下直流偏磁电流相对较小，一般不会对换流变压器的安全运行造成影响。

（6）试验较为复杂。换流变压器的阀侧绕组（包括阀侧引线）除承受正常交流电压产生的应力外，还承受直流电压产生的应力。受直流全压启动以及极性反转的影响，换流变压器的绝缘结构远比普通电力变压器复杂。交流场中高场强区主要分布在油隙中，直流场中高场强区主要分布在固体绝缘材料中，换流变压器对固体绝缘材料的要求更高。普通电力变压器与换流变压器承受电压对比见表1-0-2。

换流变压器的结构主要有三相三绕组、三相双绕组、单相双绕组和单相三绕组四种基本型式。换流变压器结构型式的选择受产品容量大小、绝缘水平、运输限制、换流阀和阀厅的布置、试验条件等的限制，目前特高压换流变压器主要采用单相双绕组结构，单阀组含有 6 台运行相换流变压器。在运换流变压器技术路线主要分为两种，在此以Ⅰ型、Ⅱ型技术路线换流变压器进行区分，下面将从铁心夹件、线圈、器身、引线、油箱五个方面进行换流变压器结构和典型故障缺陷特征的介绍。

表 1-0-2　　普通电力变压器与换流变压器承受电压对比

项目	交流工作电压	工频过电压	雷电冲击电压	操作冲击电压	直流电压	极性反转电压
普通电力变压器	√	√	√	√	—	—
换流变压器（阀侧线圈）	√	√	√	√	√	√

注　“√”表示运行过程中承受该类型电压；“—”表示运行过程中不承受该类型电压。

1 铁 心 夹 件

1.1 结 构 介 绍

1.1.1 总体介绍

铁心是换流变压器的磁路，也是换流变压器的骨架，铁心与绕在其上的线圈组成完整的电磁感应系统。夹件一般为板式结构，多选用非导磁金属件制作，与拉板、拉带相互作用，将铁心片形成一整体。

目前，在运的换流变压器铁心通常采用心式结构，考虑到运输条件及地理位置，大型换流变压器通常采用单相四柱式或单相五柱式铁心结构。以单相五柱式铁心为例，铁心包括三个心柱、两个旁柱。三个心柱上套装的线圈并联运行，带电运行中每柱线圈电流为总电流的 1/3。

铁心由高导磁取向硅钢片叠积而成，铁心片叠装时一般采用多级（常采用六级）接缝叠片，可有效降低接缝处的空载损耗和空载电流。为避免铁心及其结构件运行时产生环流、引发局部过热，换流变压器带电运行时铁心、夹件必须一点接地。单相五柱式铁心结构如图 1-1-1 所示。

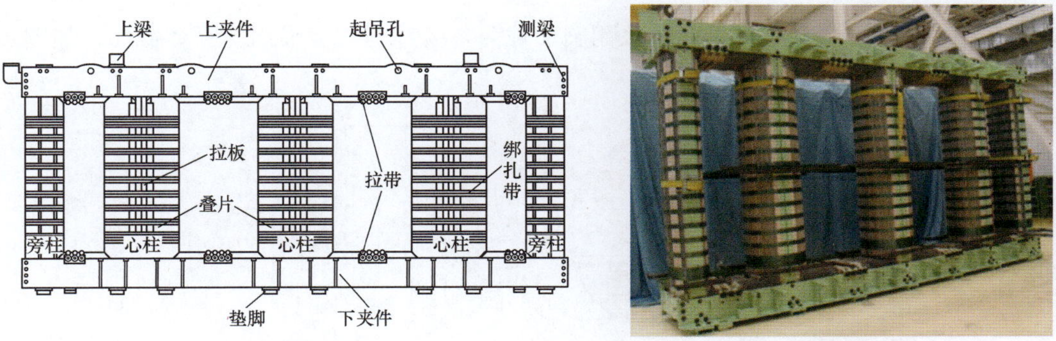

(a) 结构图　　(b) 实物图

图 1-1-1　单相五柱式铁心结构示意图

1.1.2 两种技术路线结构比对

1. 铁心截面

Ⅰ型技术路线换流变压器主柱采用圆形截面，旁柱采用椭圆形截面，铁轭采用 D 形截面，如图 1-1-2 所示。调压侧夹件腹板、拉板内侧放置有补偿铜板，替代调压侧铁心最小一级，用于抑制漏磁通。

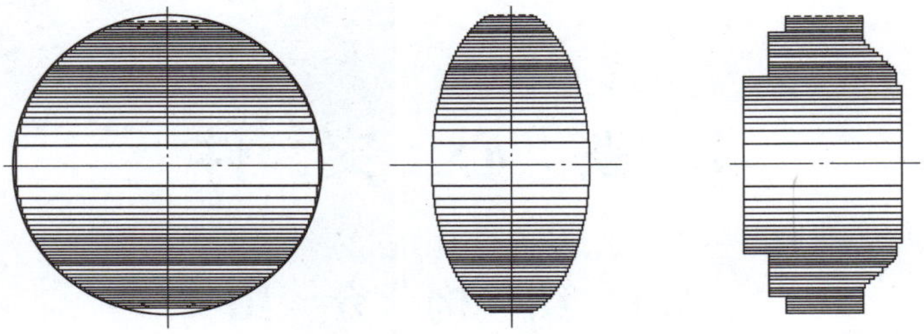

(a) 主柱截面　　(b) 旁柱截面　　(c) 铁轭截面

图 1-1-2　Ⅰ型技术路线换流变压器铁心截面

铁心硅钢片叠片中每隔一定厚度设置有散热油道，采用氧化铝瓷石，如图 1-1-3 所示。

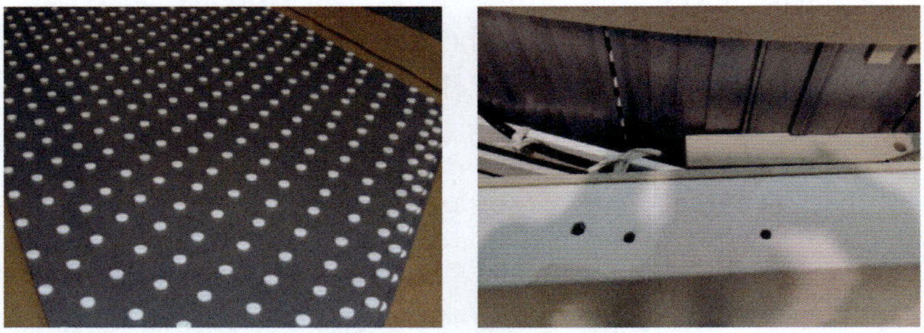

图 1-1-3　Ⅰ型技术路线换流变压器铁心散热油道

Ⅱ型技术路线换流变压器主柱采用圆形截面，旁柱与铁轭采用椭圆形截面，如图 1-1-4 所示。

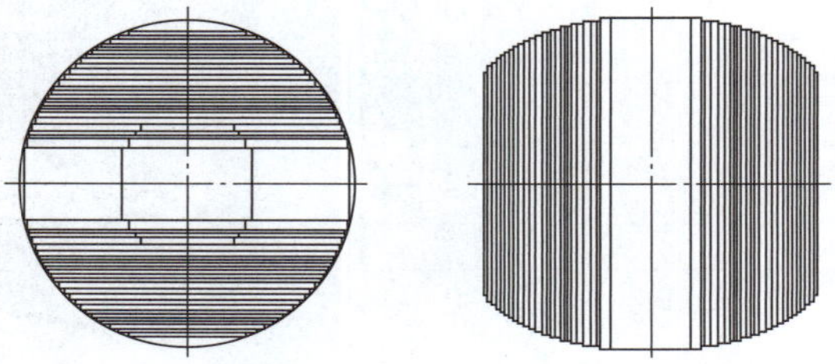

(a) 主柱截面　　(b) 旁柱、铁轭截面

图 1-1-4　Ⅱ型技术路线换流变压器铁心截面

铁心硅钢片叠片中每隔一定厚度设置有散热油道，采用酚醛纸板，同时放置 Nomex 绝缘纸，如图 1-1-5 所示。

2. 铁心叠级接缝

Ⅰ型技术路线换流变压器铁心为六级接缝，步进量 9mm，采用 1-3-5-2-4-6 方式叠积，具体如图 1-1-6 所示。

图 1-1-5　Ⅱ型技术路线换流变压器铁心散热油道

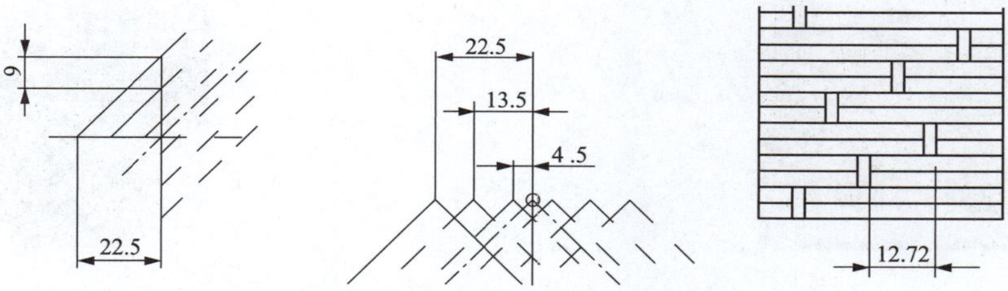

图 1-1-6　Ⅰ型技术路线采用 1-3-5-2-4-6 开展铁心叠级

Ⅱ型技术路线换流变压器铁心为六级接缝，步进量 7.2mm，采用 1-2-3-4-5-6 方式叠积，具体如图 1-1-7 所示。铁轭片需要冲孔，冲孔可以提高叠装效率，但影响空载性能。

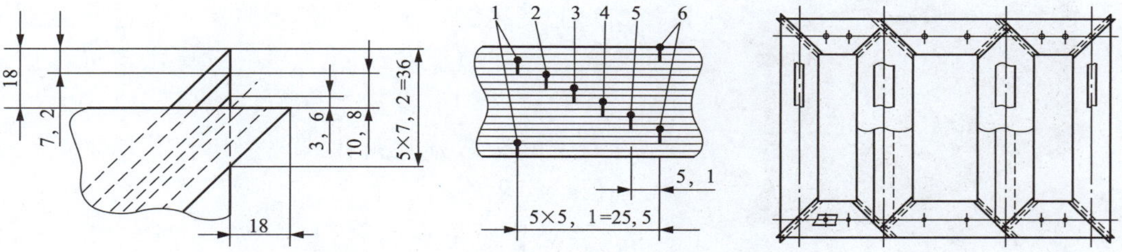

图 1-1-7　Ⅱ型技术路线采用 1-2-3-4-5-6 开展铁心叠级

3. 铁心柱绑扎

Ⅰ型技术路线换流变压器铁心叠装后先用聚酯绑带收紧，铁心翻转立起后绑扎半导体粘带和皱纹纸，器身干燥后半导体粘带固化收紧，保证铁心的稳定性，同时还可以屏蔽硅钢片的边缘尖角，与硅钢片成为等电位，具体工艺如图 1-1-8 所示。

Ⅱ型技术路线换流变压器铁心叠装后用圆木棒在铁心级台阶处填充、聚酯绑带收紧，铁心翻身、立起后用无纬带绑扎，干燥后收紧；铁心边缘尖角电极用地屏进行防护，具体工艺如图 1-1-9 所示。

4. 夹件结构

Ⅰ型技术路线换流变压器上、下夹件采用板式结构，铁心上、下夹件上均焊接有强

图 1-1-8　Ⅰ型技术路线铁心柱绑扎

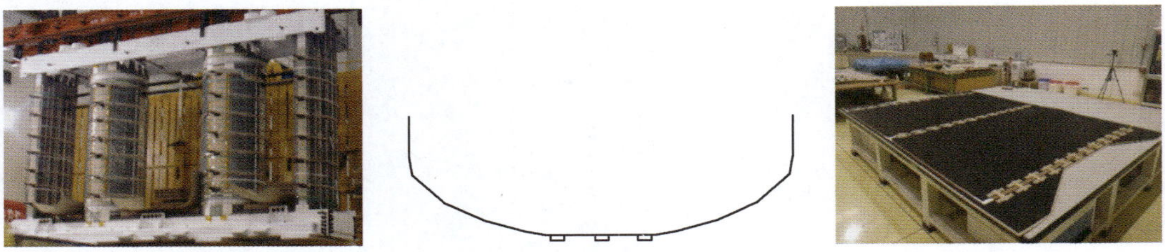

图 1-1-9　Ⅱ型技术路线铁心柱绑扎

力定位装置，装配时分别固定在油箱箱底和箱盖上，同时焊有肢板压（托）磁分路，具体结构如图 1-1-10 所示。

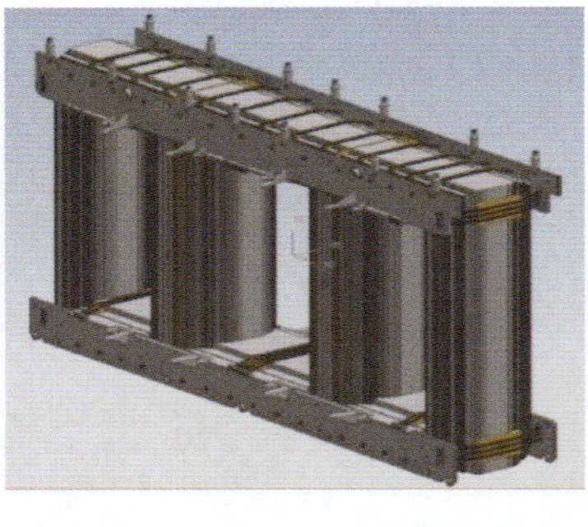

图 1-1-10　Ⅰ型技术路线换流变压器铁心夹件结构

Ⅱ型技术路线换流变压器铁心上夹件腹板为平板结构，如图 1-1-11 所示。通过开槽的限位垫块固定压板和线圈上端绝缘，下夹件有导油盒，通过其上部的导油垫块、导油垫板对线圈下端绝缘提供支撑和进油通路。在铁心夹件上设置铜屏蔽，降低漏磁进入铁心结构件产生的杂散损耗；在线圈引出线处增加绝缘纸板，确保绝缘距离满足要求。

5. 铁心和油箱定位

为避免换流变压器装车运输或运行振动时器身移位，需要对换流变压器器身进行内部限位、定位，现阶段主要采用夹件与油箱的限位配合（即夹件定位结构）来实现器身定位。

Ⅰ型技术路线上定位采用定位钉（压钉）＋聚酯绝缘板结构。定位钉与箱盖盖板之间采用聚酯绝缘板进行绝缘隔离，当绝缘板受振动或者受力破损时，容易导致定位钉（即夹件）与箱盖连接或绝缘降低，具体结构如图 1-1-12 所示。

Ⅰ型技术路线下定位采用夹件定位柱与箱底定位环嵌套结构。为保证夹件、油箱可靠绝缘，夹件定位柱、夹件金属板与箱底之间放置绝缘垫圈，夹件定位柱与外侧定位环金属法兰之间采用聚酯环进行绝缘填充。当绝缘板破损或夹件金属件与箱底之间有异物搭接时，容易导致夹件与箱底导通或绝缘降低，具体结构如图 1-1-13 所示。

Ⅱ型技术路线换流变压器上下定位皆采用碗式环氧树脂浇筑连接结构。为保证夹

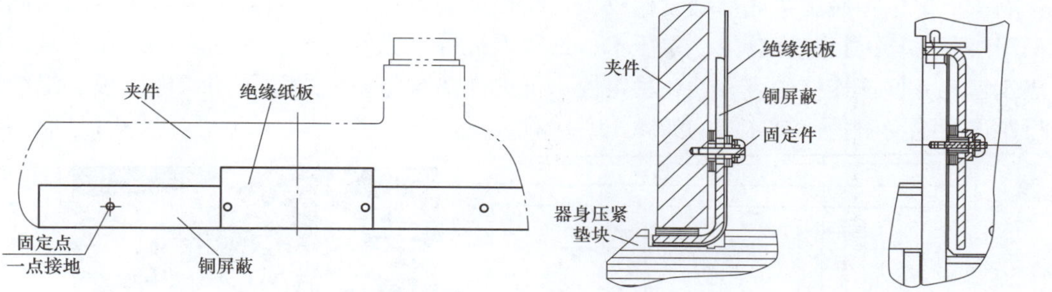

图 1-1-11　Ⅱ型技术路线铁心夹件结构

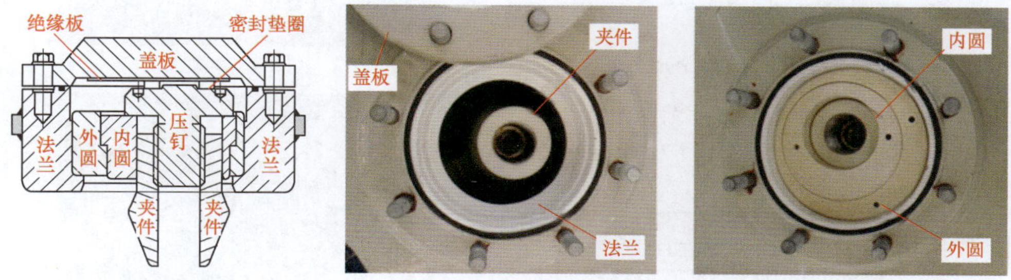

(a) 上定位结构图　(b) 初始状态　(c) 放置聚酯偏心圆

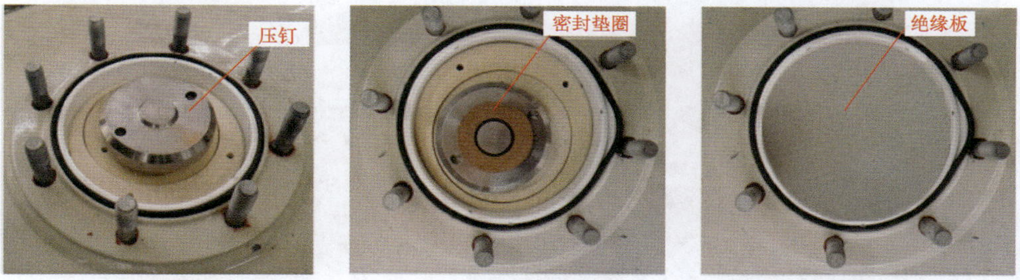

(d) 放置压钉　(e) 放置密封垫圈　(f) 放置绝缘板

图 1-1-12　Ⅰ型技术路线夹件上定位结构

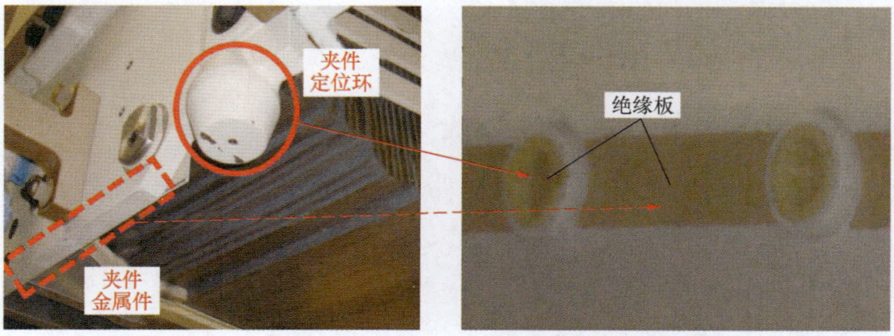

图 1-1-13　Ⅰ型技术路线换流变压器下定位结构

件、油箱可靠绝缘，上定位夹件法兰底部铺设绝缘纸板，四周采用层压木圆环进行绝缘分隔；下定位箱底法兰底部铺设橡胶板，既保证有效绝缘又可缓解振动，法兰四周同样采用层压木环进行绝缘分隔；层压木、绝缘纸板等绝缘件与定位圆钢之间采用环氧树脂浇筑填充，保证连接的可靠性、稳定性。下夹件垫脚与箱底之间采用“橡胶板＋绝缘纸板”进行绝缘防护，具体结构如图 1-1-14 所示。

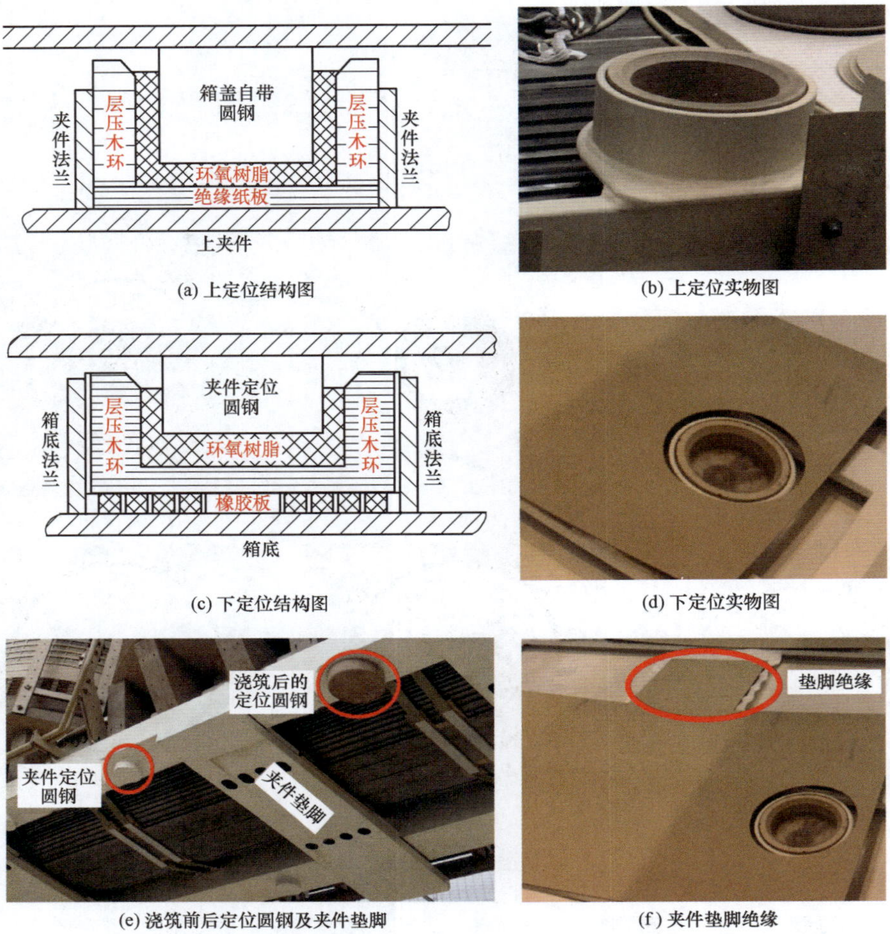

(a) 上定位结构图　(b) 上定位实物图

(c) 下定位结构图　(d) 下定位实物图

(e) 浇筑前后定位圆钢及夹件垫脚　(f) 夹件垫脚绝缘

图 1-1-14　Ⅱ型技术路线定位结构

6. 铁心夹件接地

Ⅰ型技术路线换流变压器铁心拉板、拉带采用全悬浮方式，与夹件腹板的螺栓连接处均采用玻璃纤维绝缘材料进行隔离，与铁心硅钢片间采用高强度酚醛板进行隔离。上、下两侧夹件间通过上下连线进行等电位连接，具体结构如图 1-1-15 所示。

Ⅱ型技术路线换流变压器单侧绝缘处采用玻璃纤维绝缘材料进行隔离，腹板凸起加强铁采用钢板或铜棒进行电极屏蔽，结构如图 1-1-16 所示。

(a) 绝缘隔离

(b) 拉带连接紧固

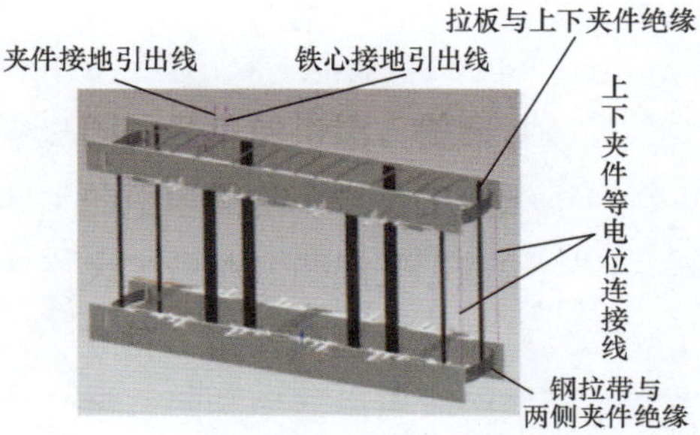

(c) 铁心夹件绝缘示意

(d) 铁心夹件接地引出示意

图 1-1-15　Ⅰ型技术路线铁心夹件绝缘及接地引出示意

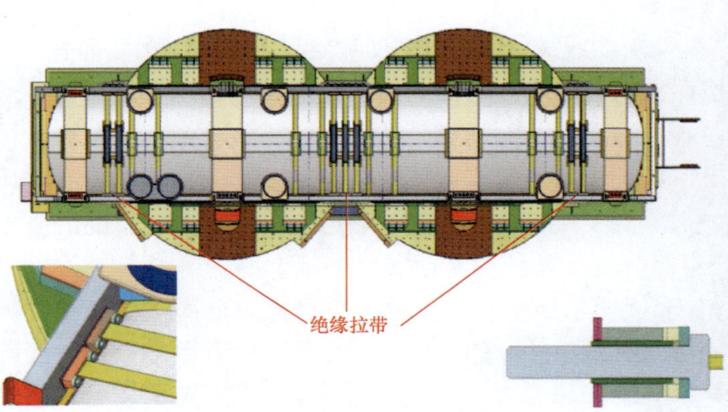

(a) 拉带绝缘隔离

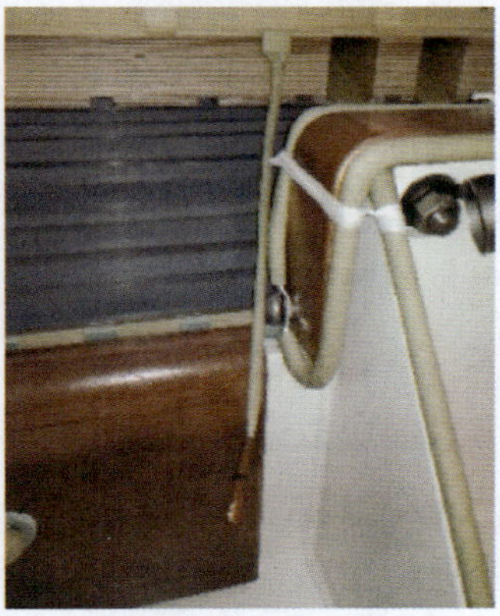

(b) 电极屏蔽

图 1-1-16　Ⅱ型技术路线铁心夹件结构

1.2　故障及缺陷特征

换流变压器实际运行经验表明，铁心夹件区域主要存在等电位连接松动引发异常产气、铁心夹件绝缘低或对地电流异常增长、环流过热引发异常产气、放电类故障引发异常产气四类典型故障或缺陷。

1.2.1 等电位连接松动引发异常产气

（1）可能原因。该类故障为换流变压器实际运行过程中多发频发故障，由于换流变压器夹件为地电位，引线屏蔽管、磁分路等结构件均通过等电位线与夹件相连，造成夹件上汇集了换流变压器本体绝大多数等电位连接点，同时拉带拉板等金属结构件之间也存在等电位连接，因此厂内生产制造时存在工人责任意识不强或工艺质量管控措施不当时，容易造成等电位连接不牢固。换流变压器出厂试验过程中，带电时间相对较短、振动强度低，等电位连接松动故障不易发现，换流变压器投入运行后，在长期运行振动作用下缺陷逐渐暴露，最终引发油中放电产气。

（2）主要特征。一是故障表现为油中电弧放电或低能放电，根据《变压器油中溶解气体分析和判断导则》（DL/T 722—2014）计算得到的色谱三比值编码多为 1XX 或 20X。二是乙炔（C_2H_2）增长为典型特征，部分故障案例中也表现出仅乙炔（C_2H_2）增长，或者乙炔（C_2H_2）、氢气（H_2）同步增长，当放电部位涉及纸绝缘时，也会伴随有一氧化碳（CO）、二氧化碳（CO_2）增长趋势。三是具有一定的随机性、偶发性。相对于其他故障特征气体，在运换流变压器发生乙炔（C_2H_2）增长的频次最高。运行经验表明，在运换流变压器出现单次乙炔（C_2H_2）突增后转入稳定运行的概率较高，受油中气体析出或纸绝缘吸附等影响，油中溶解乙炔（C_2H_2）含量会随着运行时间增长呈现缓慢下降趋势；部分故障也表现出乙炔（C_2H_2）持续增长趋势，对于此类故障应重点关注，必要时进行停电处置。

（3）故障监测检测方法。一是采用在线离线油色谱跟踪。当监（检）测到油中存在乙炔（C_2H_2）特征气体时，要按照相关标准或公司相关规定［国家电网有限公司目前遵照《国网设备部关于进一步规范特高压变压器、换流变压器油色谱异常处置要求（试行）的通知》（设备变电〔2022〕147 号）执行］，开展在线、离线油色谱［包含单氢（H_2）、单乙炔（C_2H_2）、常规油色谱等色谱装置］数据跟踪，缩短在线油色谱监测周期，必要时启动专家团队进行跟踪分析。二是在保证安全基础上综合利用局部放电检测辅助开展故障定位。故障处理经验表明，综合利用高频电流局部放电检测法、特高频局部放电检测法、超声局部放电检测法，在一定程度上，可以进行故障类型识别和故障位置定位。然而，由于局部放电检测时现场存在较大噪声信号干扰以及放电具有偶发性，成功捕获放电位置具有不确定性。截至目前在线局部放电监测仍是常用的、相对有效的一种故障辅助判断方法。

1.2.2 铁心夹件绝缘低或对地电流异常增长

（1）可能原因。该类故障也为换流变压器实际运行过程中多发频发故障。换流变压器带电运行时，绕组周围存在较强磁场，铁心以及夹件、油箱等金属结构件均处在非均匀磁场中，它们与绕组距离各不相等，磁场感应产生的电动势大小也各不相等，彼此之间存在电位差。为避免电位放电或形成内部环流，铁心、夹件、油箱之间彼此绝缘且分别引出接地。受铁心、夹件绝缘变形或异物搭接等影响，容易造成铁心、夹件绝缘降低或对地电流异常增长。

1）对于铁心对地绝缘降低或对地电流异常，诱发因素主要包括：①铁心与油箱（箱底居多）之间存在异物搭接时，容易导致铁心油箱绝缘降低，严重时会导致铁心与油箱导通，引发两点或多点接地形成环流，铁心对地电流异常增长；②铁心内部出现片间短路、存在电位差时，容易引发铁心对地电流异常增长，同时可能伴随铁心内部局部过热、变压器油分解产气现象；③铁心接地电缆破损时，容易导致电缆金属导线与油箱接触导通，引发铁心对地绝缘降低。

2）对于夹件对地绝缘降低或对地电流异常增长，诱发因素主要分为包括：①夹件金属件或垫脚与油箱之间存在异物搭接或绝缘移动破损；②夹件上下定位绝缘破损失效（采用“定位钉＋聚酯绝缘板”的夹件上定位结构的换流变压器出现此类问题较多）；③夹件对地引线绝缘破损。

3）对于铁心夹件之间绝缘降低，铁心、夹件相对接触面大，铁心与夹件之间存在异物或者硅钢片弯曲变形触碰夹件时，都易造成铁心与夹件绝缘降低，严重时会引起环流，导致对地电流异常增长。

（2）主要特征。由于换流变压器运行工况复杂，铁心与夹件绝缘电阻降低或对地电流异常增长具有突发性、定位复杂、油色谱多无异常、故障频次高、故障处置后易反复发生的特点，缺陷进一步发展容易引发电位放电、铁心夹件局部过热，严重时会引发绝缘放电、网阀侧部高场强区域对地放电、油色谱异常等。

（3）故障监测检测方法。一是采用铁心、夹件接地电流传感器开展远程数值监控。根据五通检测细则（国家电网有限公司变电运检五项通用制度）及相关标准要求，换流变压器铁心接地电流（工频电流值）一般不大于300mA，铁心、夹件、地之间绝缘电阻一般不小于1000MΩ。二是定期开展离线数据比对分析。建议采用钳形电流表定期开展铁心、夹件接地电流检测，与在线数据进行比对分析，排除在线传感器故障，保证数据的准确性。三是结合年度检修开展铁心夹件绝缘电阻测量，按照《换流变压器交接及预防性试验规程》（DL/T 1798—2018）要求，20℃时铁心及夹件绝缘电阻一般大于或等于500MΩ且与历次测量值相比无显著降低。

1.2.3　环流过热引发异常产气

（1）可能原因。该类故障多为厂内生产制造阶段未按图纸或工艺施工，造成夹件等金属结构件之间未可靠绝缘形成多点环流过热，铁心硅钢片残片遗留在铁心叠片中造成漆膜破损、环流过热，或者因铁心夹件装配工艺偏差以及吊装转序过程受力不均等因素造成拉带、撑板、垫脚与夹件之间形成环流过热。

（2）主要特征。一是故障表现为高温过热，色谱三比值编码一般为022。二是乙烯（C_2H_4）或总烃（ΣCH）缓慢增长为典型特征，油色谱数据表明，乙烯（C_2H_4）占总烃（ΣCH）的平均比例达到50%，伴随有甲烷（CH_4）、氢气（H_2）、乙炔（C_2H_2）的增长，多数情况下乙烯（C_2H_4）、甲烷（CH_4）之和占总烃（ΣCH）的平均比例高达90%。三是特征气体含量增长与负荷变化相关性较弱。铁心夹件区域环流主要由漏磁作用产生，因此故障产生的乙烯（C_2H_4）或总烃（∑CH）等特征气体含量与换流变压器负荷变化（电流变化）相关性较弱，在一定程度上与换流变压器油温呈现弱相关。

（3）故障监测检测方法。一是加强在线、离线油色谱跟踪。当监（检）测到油中存在乙烯（C_2H_4）或总烃（∑CH）缓慢增长时，要按照相关标准或公司相关规定［国家电网有限公司目前遵照《国网设备部关于进一步规范特高压变压器、换流变压器油色谱异常处置要求（试行）的通知》（设备变电〔2022〕147号）执行］，持续开展在线、离线油色谱［包含单氢（H_2）、单乙炔（C_2H_2）、常规油色谱等色谱装置］数据跟踪，当发现特征气体含量快速增长或者故障特征（色谱三比值编码）发生变化时，应缩短在线油色谱监测周期，必要时启动专家团队进行跟踪分析。二是做好铁心夹件对地电流、负荷及特征气体变化趋势跟踪分析，进一步明确故障变化特征，缩小故障诊断范围。

1.2.4 放电类故障引发异常产气

（1）可能原因。该类故障多为厂内生产制造阶段工艺质量管控不良，造成铁心硅钢片与铁心拉板之间未可靠绝缘引发放电，或者铁心接地线与端子盒连接不牢固发生放电。

（2）主要特征。与“1.2.1等电位连接松动引发异常产气”故障特征基本相似，一是故障表现为油中低能放电，色谱三比值编码多为20X，当缺陷位置场强较高、放电较为剧烈时，三比值编码表现为1XX。二是乙炔（C_2H_2）增长为典型特征，当放电部位涉及纸绝缘时，也会伴随有一氧化碳（CO）、二氧化碳（CO_2）增长趋势。对于回路接触不良或绝缘不良的放电故障，乙炔（C_2H_2）等特征气体会出现持续增长趋势；对于异物进入高场强区域放电，乙炔（C_2H_2）等特征气体会呈现短时跃变激增的情况，这是与“1.2.1等电位连接松动引发异常产气”故障特征不同的地方。

（3）故障监测检测方法。参照“1.2.1等电位连接松动引发异常产气”故障监测检测方法。

1.3 提升措施建议

（1）对于等电位连接松动故障，采取以下提升措施。

1）针对性开展设计阶段优化提升。①等电位连接应使用经过工程考验的成熟设计，按照“能用通孔，尽量不用盲孔螺纹连接”的原则，做到不同规格紧固件清晰分辨。换流变压器厂家在设计评审前应提交盲孔、通孔优化设计说明文件。如采用盲孔螺纹连接，建议采用自锁防松螺母或螺杆等。②等电位连接线应不受力，避免在换流变压器运行振动过程中等电位线长时间受力导致固定螺栓松动或等电位线断裂。③换流变压器厂家在产品生产制造前向业主及监造单位提交“一套图”（含相关说明）、点检表。内部等电位连接应单独出具“一套图”，附带细节图纸。“一套图”上应列明螺栓型号、力矩大小、工艺要求以及等电位线材质长度、接线夹的尺寸等，编制相应的点检表。④螺栓的规格建议选用M8及以上等级，做好螺栓尺寸差异性、规格容错性设计，做到不同规格紧固件清晰分辨、无法互相替换。

2）加强生产制造阶段质量管控。①做好生产前技术交底，确保工人熟悉等电位连接图纸、螺栓选用型号、安装工艺要求以及质检把关关键环节。②对于每个接地座的焊接部位，应目测满焊并进行焊高测量，焊高应满足设计图纸要求值。③等电位线尽量少用焊接结构，焊接完成后必须进行检查。④等电位螺栓装配前，应逐个核对、记录内螺纹深度及螺杆长度，检查内部无损伤。⑤严格按照图纸，采用“自检、互检、质检全检、监造联检”四级检验方式开展质检工作。⑥器身落箱之前，对器身、油箱内部等电位连接金属螺栓、起支撑作用的绝缘螺栓开展检查，绝缘螺杆涂胶锁死。

3）做好现场安装阶段过程监督记录。施工方案编制前，各换流变压器厂家应提交现场安装点检表。针对点检表中每个等位线连接点应进行影像记录。

4）加强换流变压器运行监视分析。重点做好油色谱在线监测装置以及带电监测数据的监视、跟踪、分析，建立典型故障案例库，提高运维人员对异常数据的分析能力，发现数据突变及时进行分析处置。

（2）对于铁心夹件绝缘低或对地电流异常增长故障，采取以下提升措施。

1）加强设计阶段铁心夹件定位结构优化设计。①对于采用定位钉＋聚酯绝缘板的夹件上定位结构，建议在聚酯绝缘板外部增加 Nomex 纸板等绝缘材质，避免聚酯绝缘板受应力破损，造成夹件对地绝缘降低。②做好铁心夹件接地引出，将接地引线引至便于测量的位置，以便在运行中监测接地线是否有环流，及时开展故障消缺，防止故障扩大。

2）加强厂内生产制造阶段工艺质量管控。①控制水平面不平整度。铁心打叠、立起时，叠片平台或地面应保持水平，严格按照厂内质控标准控制不平整度，防止铁心片弯曲变形。②控制夹件平整度。夹件加工时，应保证上梁垫脚与上下夹件腹板接触面平整度满足工艺要求，铁心装配前应再次开展夹件平整度检查，防止夹件弯曲变形。③加强铁心绝缘检查。在铁心叠装过程中和起立后，对所有铁心绝缘进行检查，目测无错位，符合图纸要求。④做好绝缘电阻测试。在器身干燥后对可见区域的夹件、拉板等位置进行绝缘电阻测量。⑤开展夹紧力检查记录。在铁心夹件夹紧过程中对夹紧力进行检查和记录，确保满足工艺要求。⑥器身下箱前做好异物清理。器身下箱之前，对油箱异物进行彻底清理并开展联合检查，避免异物残留。⑦加强换流变压器温升、长时空载试验监测，做好油色谱分析比对，发现问题及时分析解决。

3）加强现场安装及油务处理质量管控。①现场开展换流变压器安装时，做好防尘、防风沙措施，检查干燥空气发生器及管路是否完好、清洁。②油务处理前，要检查真空泵、滤油机滤网、各接头及管路是否完好、清洁；注油管路在连接换流变压器前，应单独对管路进行清洗；对注油机具和管路建议进行微正压注油，避免外部水分异物进入注油管路；对于要注入换流变压器的绝缘油，在注入换流变压器前要做好离线油样数据分析，油样结果不满足标准要求时，要及时开展滤油处理。③油务处理时建议在换流变压器进油口增加一个绝缘材质滤网，防止异物进入本体。④油务处理前后，应做好铁心夹件绝缘电阻测量、记录。

4）做好运行阶段异常跟踪处置。①加强铁心、夹件接地电流数值监控以及离线测量比对，换流站内适当配置限流电阻柜作为备用，当接地电流大于标准规定的300mA时或出现电流异常增长时，要及时按照各运维单位制定的故障联动工作机制开展现场故障分析及应急工作，在保证设备安全基础上可以选择加装限流电阻柜进行过渡，力争将接地电流控制在100mA以下。②做好年度检修或停电期间问题处置。在保证设备安全基础上，可在换流变压器带油状态下采用电焊机大电流冲击法或者电压放电冲击法进行处理，处理前后要对换流变压器油样进行分析，色谱无异常后方可投入运行。

（3）对于铁心夹件区域环流过热故障：一是加强设计校核。铁心夹件拉带、拉板等固定件或结构件应一点接地，避免形成环流。对于特定技术路线的铁心夹件结构，若无法避免形成环流，应校核环流大小及通流面积，确保各类工况下不出现异常发热。二是做好生产交底及过程管控。①做好生产前技术交底，由于铁心叠装、夹件安装涉及工作面较多，包括绝缘防护、等电位连接、螺栓紧固、插拔上铁轭、铁心吊装等，风险点和关键点的辨识及防护尤为重要，生产制造前要针对性开展技术交底，避免出现绝缘防护不全、螺栓紧固力矩不对、铁心吊装不当等问题，造成换流变压器带电运行中环流过热。②做好铁心叠装及夹件装配工艺管控。控制铁心叠装场地或工装水平面平整度，做好夹件平整度以及铁心夹件夹紧力检查，加强工艺转序及器身落箱环节吊装管控，避免出现铁心夹件弯曲变形或局部受力不均导致金属结构件搭接。③加强换流变压器温升、长时空载试验监测，做好总烃（$\sum CH$）等特征气体油色谱分析比对，发现问题及时分析解决。三是针对性开展换流变压器运行监视分析。针对乙烯（C_2H_4）或总烃（$\sum CH$）缓慢增长的故障类型，在做好在线离线油色谱数据跟踪基础上，常态化开展铁心夹件对地电流、负荷及特征气体变化趋势跟踪分析，明确故障变化特征并支撑制定针对性运维跟踪策略。

（4）对于放电类故障：一是加强生产交底及过程管控。参照“（3）中有关铁心夹件区域环流过热故障”提升措施，重点做好金属异物清理以及焊接、连接部位质量检查。二是加强换流变压器运行监视分析。参照“（1）中有关等电位连接松动故障”相关部分提升措施。

1.4 典型故障及缺陷案例

1.4.1 案例1：换流变压器夹件屏蔽管等电位连接松动故障

1. 情况说明

（1）故障前的运行情况。故障前，换流变压器已通过现场验收试验、大负荷运行以及168h稳定运行，处于双极大地方式运行。故障前后运行工况、环境温度均无变化。

（2）故障过程描述。1月10日，受端换流站极Ⅱ高端Y/D-A相换流变压器正式投运后，现场检查发现油色谱在线监测乙炔（C_2H_2）含量为1.3μL/L，超过标准规定的1μL/L注意值，后续跟踪检测发现换流变压器油中乙炔（C_2H_2）含量有升高趋势。

（3）故障设备基本情况。该换流变压器为保定天威保变电气股份有限公司生产，产品型号为ZZDFPZ-405200/500-800。

2. 检查处理情况

（1）外观检查情况。设备外观检查无异常，铁心及夹件接地电流、红外测温结果未发现明显异常。

（2）试验验证情况。

1）油色谱数据分析。

油色谱数据见表 1-1-1，色谱三比值编码为 102，故障类型为电弧放电。

表 1-1-1　换流变压器离线油色谱数据　(μL/L)

日期	氢气 (H_2)	甲烷 (CH_4)	乙烯 (C_2H_4)	乙烷 (C_2H_6)	乙炔 (C_2H_2)	总烃 ($\sum CH$)	一氧化碳 (CO)	二氧化碳 (CO_2)
1月18日	9.0	1.5	0.59	0.11	1.7	3.90	24	146
1月19日	8.9	1.5	0.62	0.14	1.7	3.96	23	154
1月20日	9.6	1.6	0.72	0.10	1.7	4.12	24	162
1月21日	9.7	1.6	0.66	0.17	1.8	4.23	24	166
1月22日	11.0	1.6	0.72	0.11	1.8	4.23	25	146
1月23日	10.0	1.6	0.78	0.15	1.8	4.33	25	150
1月24日	11.0	1.7	0.86	0.13	1.8	4.49	26	140
1月25日	11.0	1.7	0.74	0.19	1.8	4.43	26	143
2月03日	13.0	2.0	0.94	0.20	2.1	5.24	26	137
2月06日	13.0	2.1	1.10	0.15	2.4	5.75	26	151
2月09日	14.0	2.3	1.10	0.20	2.8	6.40	26	182
2月12日	16.0	2.4	1.30	0.32	3.3	7.32	27	133

2）高频电流局部放电检测。利用高频电流局部放电传感器分别测量铁心（红色）和夹件（绿色）高频电流，如图 1-1-17 所示，电流信号有明显 100Hz 周期性，单个放电脉冲中心频率约 18MHz，符合局部放电高频电流信号特征。同时，铁心与夹件脉冲信号

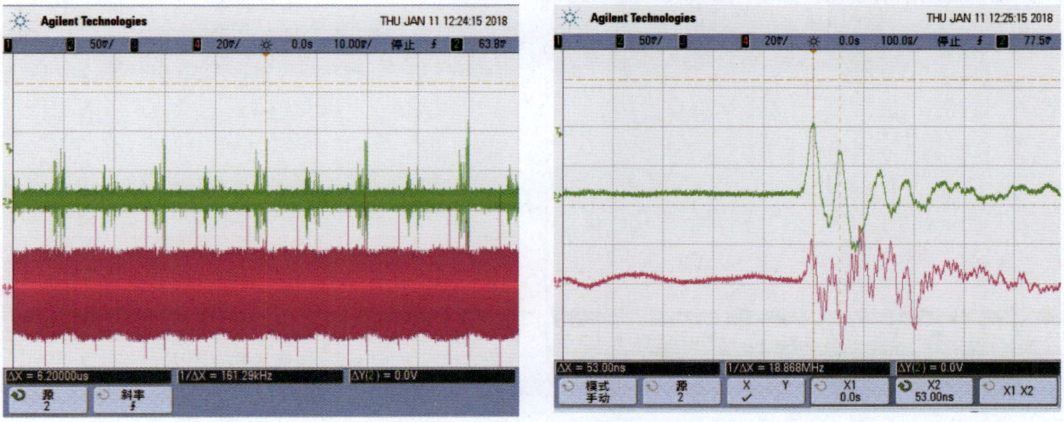

图 1-1-17　高频电流局部放电检测图谱

极性相同，其中夹件处脉冲幅值约 120mV，铁心处脉冲幅值约 40mV，夹件上幅值明显高于铁心幅值。综合信号频率、信号极性以及信号幅值关系，判断换流变压器内部存在放电缺陷，且放电源位于夹件的可能性最大。

3）特高频局部放电检测。在换流变压器油箱各法兰缝隙处进行特高频局部放电检测。由于换流变压器油箱盖缝已经焊死，无法在油箱盖缝隙处检测，最终在换流变压器顶部两排小法兰盖、侧面油色谱在线监测连接法兰处接收到特高频放电信号，检测位置如图 1-1-18 所示（图中 1～4 为顶部法兰，5 为夹件引出套管，6 为侧面油色谱在线监测装置上部连接法兰）。

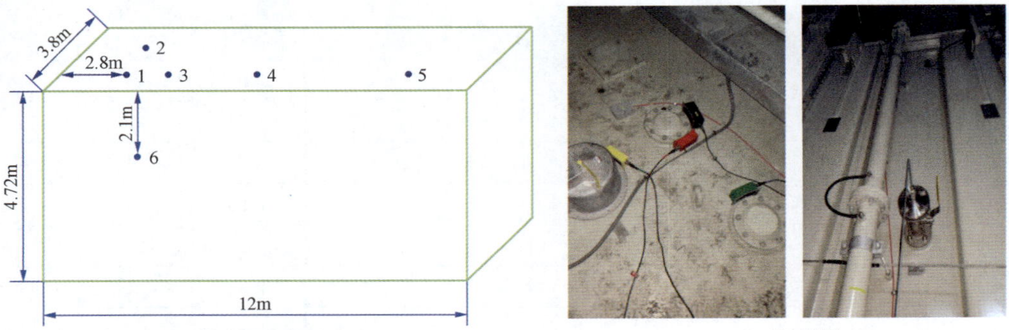

(a) 检测位置标记图　　(b) 现场检测

图 1-1-18　特高频信号现场检测示意

通过分析信号对应关系，确定各部位特高频信号与铁心及夹件的高频信号为同一信号源，时差稳定，判断换流变压器内只有一处放电点，原始波形如图 1-1-19 所示。利用特高频信号时差对放电源定位分析，位置 1 领先其他各点最先接收到特高频信号且幅值最大，初步确定放电源位于位置 1 与位置 3 之间、箱壁向下 0.8m 附近区域，且距位置 1 最近，具体见表 1-1-2。

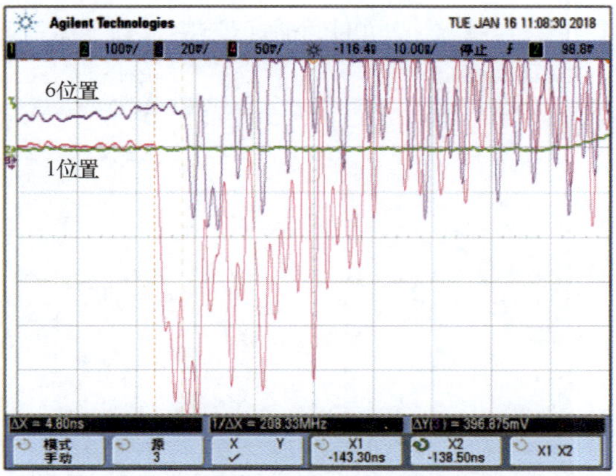

图 1-1-19　1、6 位置特高频信号测量时差

表 1-1-2　各检测位置距离及特高频信号时差

测量位置	距离（m）	时差（ns）
1 与 2	1.4	8
1 与 3	0.7	1
1 与 4	3.8	18
1 与 5	9.0	43
1 与 6	2.1	4.8

注　位置 1 与位置 6 距离为垂直距离。

4）超声局部放电检测。采用声电联合方法在特高频定位信号区域对放电位置进行进一步确认，具体如图 1-1-20 所示。在位置 1 和位置 3 之间发现强烈的超声波信号，声电之间时差最小，约 0.5ms。在位置 6 上部、距箱盖 0.8m 处测量超声信号，声电时差为 0.78ms。经各位置信号时差计算，放电源位于箱盖下部 0.7m、距油箱侧壁 1.1m 附近区域，参考换流变压器内部结构，放电源可能位于阀侧铁心上轭夹件处，或屏蔽管连接处。

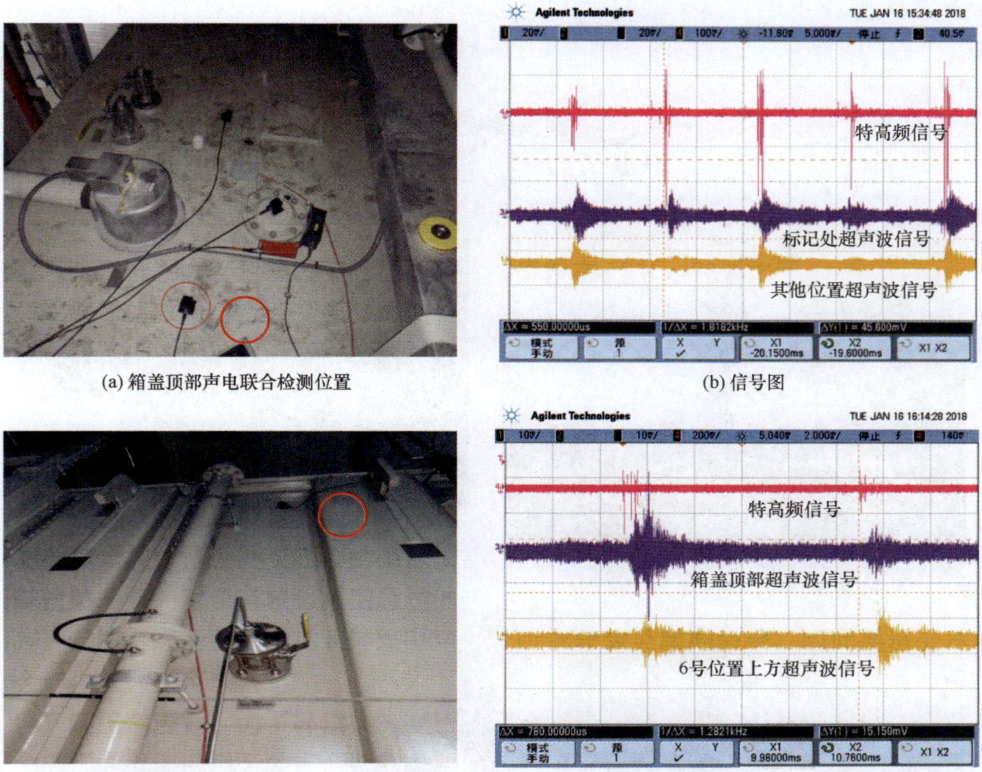

(a) 箱盖顶部声电联合检测位置 (b) 信号图

(c) 油箱侧壁声电联合检测位置 (d) 信号图

图 1-1-20 声电联合检测位置及超声波信号图

结合油中烃类气体含量分析，初步分析故障原因可能为阀 a 出线侧上夹件屏蔽管接地线或其附近区域的金属支撑等电位线连接不良，属于裸金属放电类型，不涉及换流变压器主绝缘，怀疑故障点如图 1-1-21 所示。

（3）排油内检情况。现场排油内检，在阀 a 出线侧上夹件屏蔽管处发现屏蔽管与夹件相连的等电位螺丝松动，螺孔处有明显的放电痕迹，放电位置与局部放电定位点吻合，如图 1-1-22 所示。检查其他屏蔽管连接部位均紧固可靠，网侧上部出线装置、阀侧上部手拉手位置均未发现异常放电点。

（4）故障修复情况。故障位置确认后，现场对换流变压器进行了修复，修复过程如图 1-1-23 所示，拆除并更换受污染的屏蔽管、清洁受污染的夹件表面及螺纹孔、选用新螺栓并确保完全紧固，油务处理后换流变压器通过现场交接局部放电试验，恢复备用。

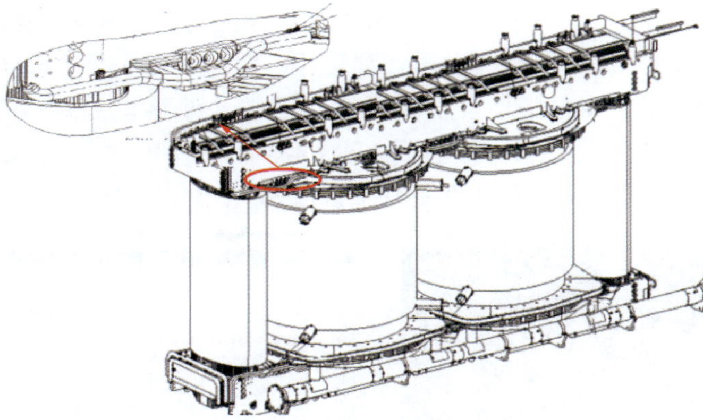

图 1-1-21　局部放电定位怀疑故障点

(a) 屏蔽管与夹件等电位螺丝松动

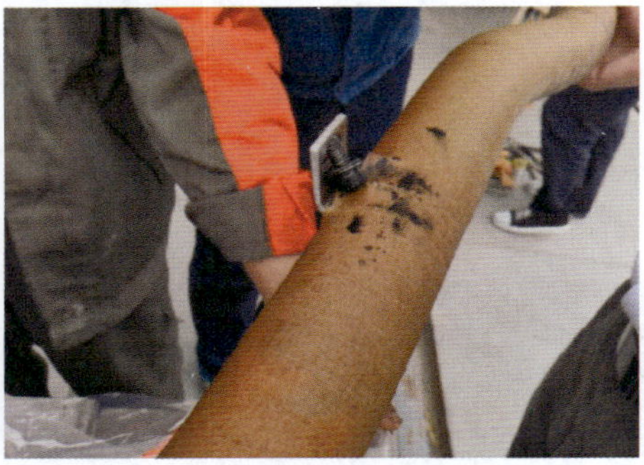

(b) 受污染的屏蔽管

图 1-1-22　现场内检发现的放电位置

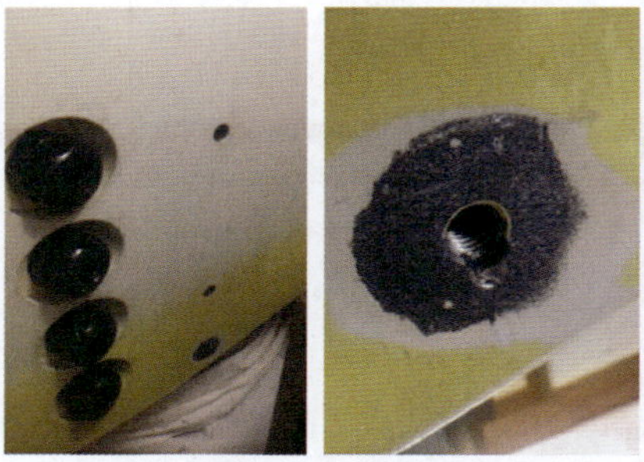

(a) 清理受污染的夹件表面及螺纹孔

(b) 用新螺栓旋入螺孔，确保螺栓能够完全紧固

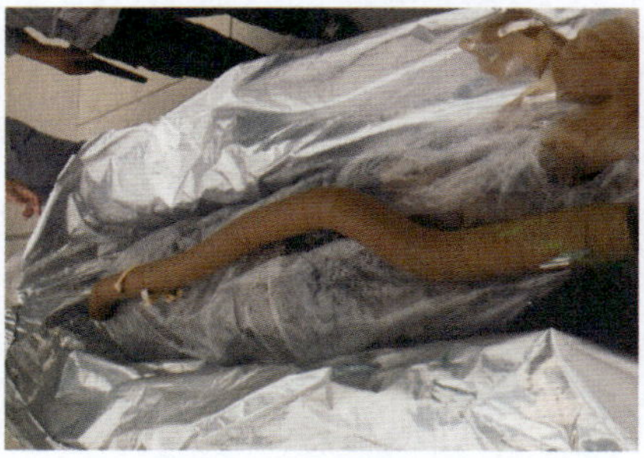

(c) 安装提前干燥、浸油的新屏蔽管

(d) 更换新屏蔽管后螺栓可靠紧固

图 1-1-23　故障换流变压器现场修复过程

3. 原因分析

基于现场试验及排油内检结果，分析认为异常产气的原因是：换流变压器制造过程中，屏蔽棒接地螺栓未可靠紧固，在带电运行过程中持续振动导致螺栓松动脱离夹件螺孔，造成螺栓与屏蔽棒和夹件不可靠接触，导致屏蔽棒产生悬浮电位，屏蔽棒接地片、螺栓及夹件发生断续性裸金属放电。

1.4.2　案例 2：换流变压器铁心拉带螺栓等电位松动故障

1. 情况说明

（1）故障前的运行情况。故障前，双极四阀组大地回线运行，运行工况无变化。

（2）故障过程描述。6 月 26 日，极Ⅰ高端 Y/Y-B 相换流变压器油色谱在线监测显示乙炔（C_2H_2）含量有上升趋势，由 0.2μL/L 上升至 0.5μL/L，离线油色谱检测发现乙炔（C_2H_2）含量为 1.05μL/L，超出标准规定的 1μL/L 注意值。随后对该换流变压器加强监视运行，油色谱在线监测装置监测周期调整为 2h，每天开展离线油色谱检测比对。8 月 31 日 16:00 离线油色谱乙炔（C_2H_2）含量增长至 3.72μL/L，9 月 1 日 06:28，现场申请停运换流变压器并采用备用换流变压器进行替代。

（3）故障设备基本情况。该换流变压器为瑞典 ABB 公司生产，型号为 ZZDFPZ-297100/500-800，故障时换流变压器已投运 8 年。

2. 检查情况

（1）试验验证情况。

1）油色谱分析。故障发生后换流变压器离线油色谱数据见表 1-1-3，从 6 月 26 日开始，乙炔（C_2H_2）含量总体呈稳定上升趋势，每日增长约 0.04μL/L，初步判断设备内部存在低能量放电缺陷。

表 1-1-3　　换流变压器离线油色谱数据　　（μL/L）

采样时间	氢气（H_2）	甲烷（CH_4）	乙烷（C_2H_6）	乙烯（C_2H_4）	乙炔（C_2H_2）	总烃（∑CH）	一氧化碳（CO）	二氧化碳（CO_2）
2018 年 6 月 26 日	12.32	17.77	2.34	2.21	1.52	23.84	457.56	2093.64
2018 年 6 月 27 日	13.18	15.14	2.16	2.08	1.44	20.82	452.92	2202.07
2018 年 6 月 28 日	13.65	16.84	2.28	2.29	1.51	22.93	475.09	2299.96
2018 年 6 月 29 日	13.76	15.87	2.20	2.21	1.47	21.74	453.34	2262.42
2018 年 7 月 10 日	16.00	14.87	2.26	2.23	1.83	21.18	464.33	2310.90
2018 年 7 月 31 日	17.15	17.19	3.45	3.14	2.49	26.28	513.02	2578.78
2018 年 8 月 10 日	17.67	18.02	2.63	2.97	2.82	26.44	519.55	2652.3
2018 年 8 月 28 日	19.31	18.95	2.92	3.45	3.62	28.94	534.80	2915.26
2018 年 8 月 29 日	19.76	19.46	2.85	3.36	3.74	29.41	524.83	2977.02
2018 年 8 月 30 日	20.43	19.3	2.81	3.35	3.69	29.15	549.51	2944.83
2018 年 8 月 31 日	20.23	19.45	2.81	3.38	3.72	29.36	556.49	2942.39

2）高频电流局部放电检测。现场开展极Ⅰ高端 Y/Y 三相换流变压器高频电流局部放电检测，其中 B 相夹件高频局部放电信号幅值达到 4133mV，明显高于 A、C 两相，同时具有很强的 50Hz 工频相关性，表明 B 相换流变压器内部存在异常放电，放电谱图见表 1-1-4。

表 1-1-4　　极Ⅰ高端 Y/Y 三相换流变压器夹件高频电流局部放电测试结果

测试设备	A 相	B 相	C 相
PRPS 图谱	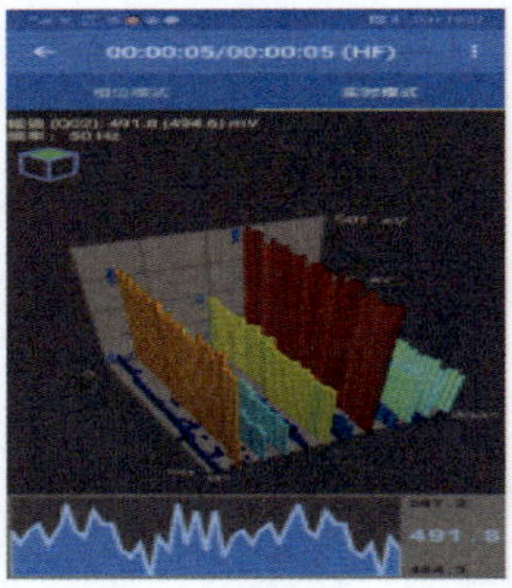	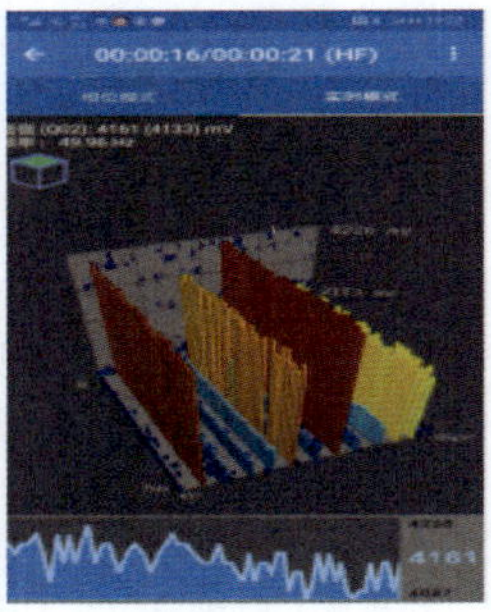	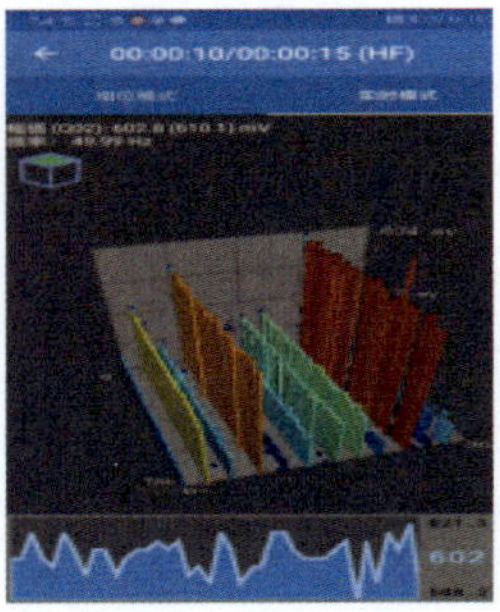
幅值	494.6mV	4133mV	610.1mV

3）超声局部放电检测。对故障换流变压器开展超声波局部放电检测定位，超声信号幅值最大点位于换流变压器东侧油箱中下部，如图 1-1-24 中红色圆圈位置所示。如图 1-1-25（a）所示，周期最大值达到 74.8mV（背景噪声为 0.8mV），100Hz 频率成分为 5mV（背景噪声为 0mV），从图 1-1-25（b）所示 PRPD 图谱中可看到每个工频周期存在明显两簇峰值。

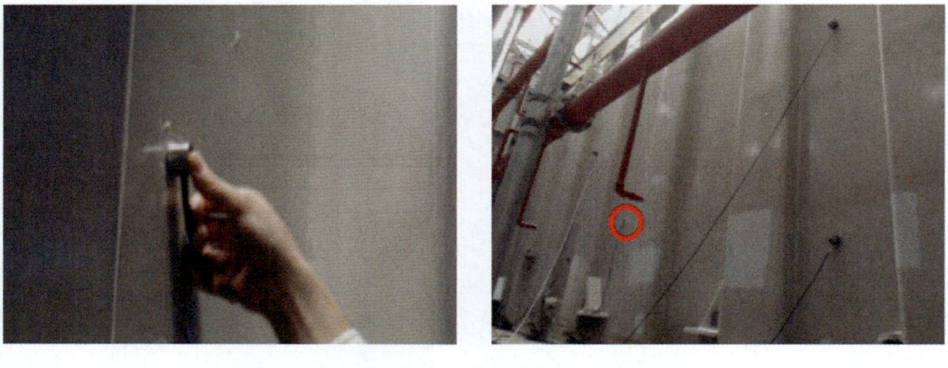

图 1-1-24　超声局部放电检测异常位置图示

在油箱东、西两侧长边各布置 6 个超声波传感器，从上部异常放电点集中区域开始向下，存在诸多离散放电点，在下侧油箱壁上也可检测到超声波异常信号，异常放电点（图 1-1-26 中红点集中区域）位置位于极 1 高端 Y/Y-B 相换流变压器上部中心，偏南方向。

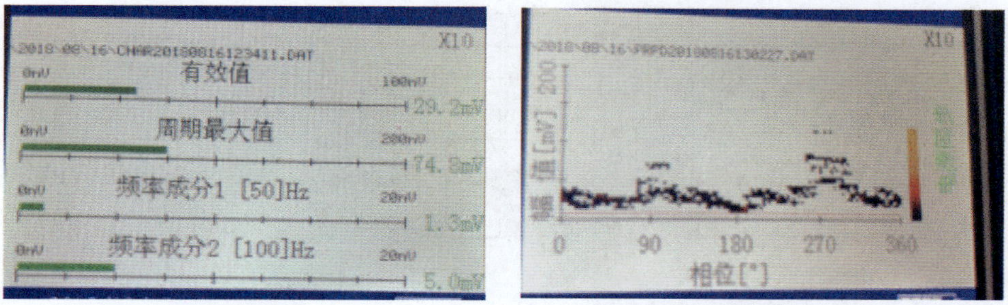

(a) 特征值　　　　(b) PRPD图谱

图 1-1-25　超声波局部放电检测结果

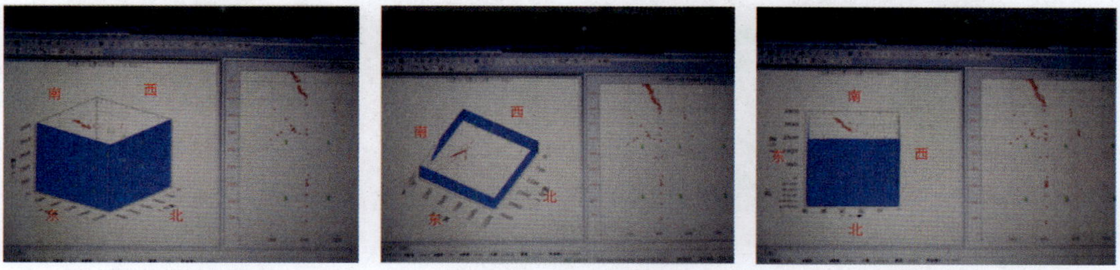

图 1-1-26　超声波局部放电定位

（2）排油内检情况。9 月 5 日、10 月 10 日现场先后组织开展两次故障换流变压器现场内检，检查情况如图 1-1-27 所示，内检发现在有载分接开关侧铁心旁轭上部最下端第三根拉带螺母脱落，并在对应箱底位置发现脱落螺母。取下拉带检查发现，螺母脱落的螺杆旋入拉带的一端丝牙表面有多处疑似放电痕迹，对应的拉带螺纹孔内表面丝牙部位也有多处疑似放电痕迹。检查分接开关油室无泄漏，分接开关包绝缘纸的触头、表面未见异常。

（3）故障修复情况。对带有放电痕迹的整根拉带及紧固件、绝缘套进行更换，重新按照标准及作业文件进行故障换流变压器油务处理工作。11 月 2 日，换流变压器通过现场局部放电试验，恢复备用。

3. 原因分析

基于油色谱分析及排油内检结果，分析认为故障原因为：拉带外侧螺母振动脱落，导致拉带与连接螺杆、连接螺杆与锁紧螺母之间出现连接松动、电位悬浮，引发内部放电。拉带放电位置与之前超声波局部放电定位位置基本相符。

1.4.3　案例 3：换流变压器磁压板等电位连接松动故障

1. 情况说明

（1）故障前的运行情况。直流处于双极四换流器大地回线方式运行，直流输送功率最大 3205MW、最小 2286MW。故障前 3 个月，每月直流输送最大功率分别为 4138、4500、4042MW，均小于直流额定输送功率 7200MW。

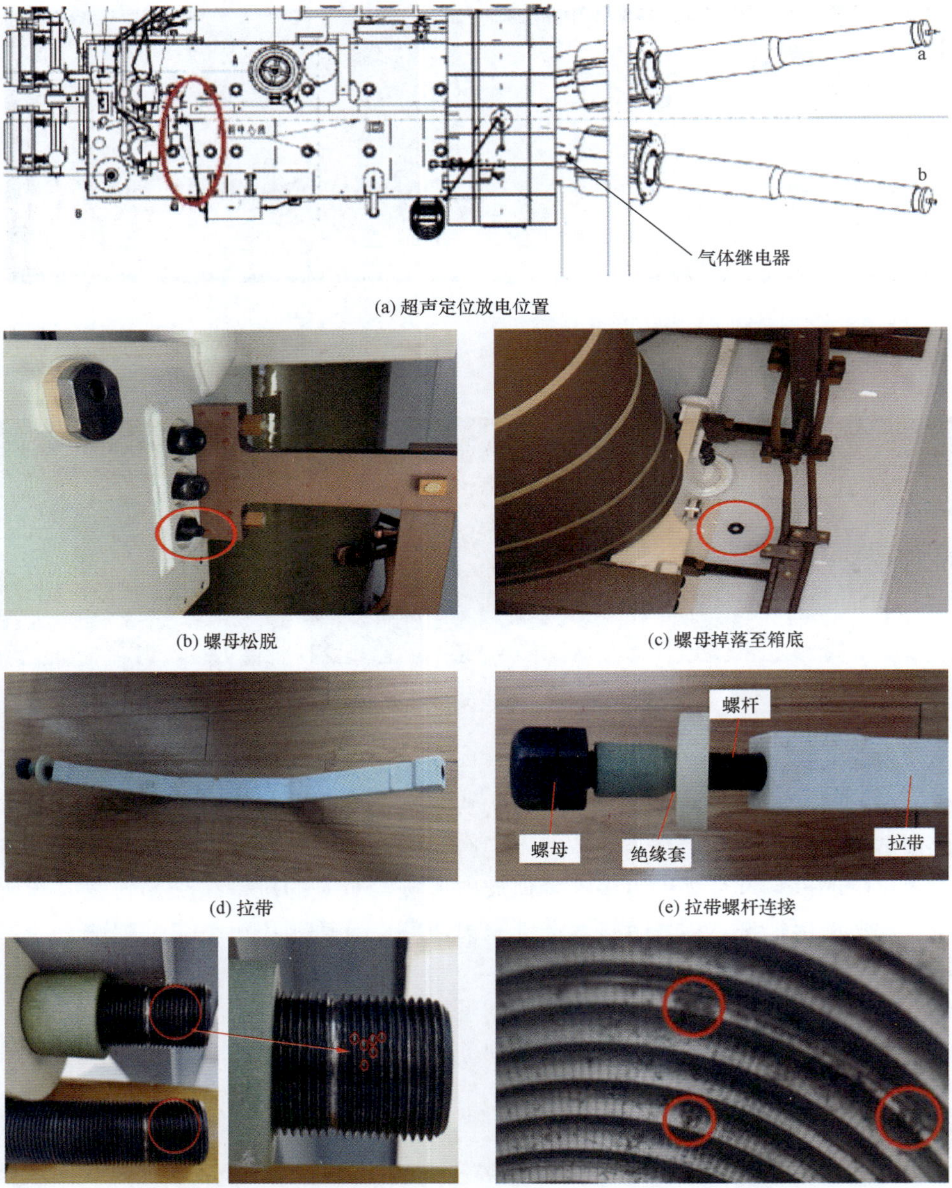

(a) 超声定位放电位置

(b) 螺母松脱　(c) 螺母掉落至箱底

(d) 拉带　(e) 拉带螺杆连接

(f) 拉带螺杆旋入端的前部丝牙　(g) 拉带的螺纹孔内表面

图 1-1-27　排油内检发现放电位置

（2）故障过程描述。2 月 18 日 16 时，锦屏站极Ⅱ高端 Y/Y-B 相换流变压器在线油色谱数据显示乙炔（C_2H_2）含量达到 1.5μL/L；16 时至 20 时，运维人员连续三次对该换流变压器底部油样开展离线油色谱检测，结果显示油中乙炔（C_2H_2）气体含量均超过注意值（1μL/L），最大值为 2.17μL/L；20 时 49 分，极Ⅱ高端换流器停运。

（3）故障设备基本情况。该换流变压器为保定天威保变电气股份有限公司生产，型号为 ZZDFPZ-363400/500-800，故障时换流变压器已投运 6 年。

2. 检查处理情况

（1）试验验证情况。

1）油色谱分析。该换流变压器近 4 个月的离线油色谱数据见表 1-1-5，油色谱三比值编码为 201，初步判断设备内部存在低能放电。

表 1-1-5　　故障换流变压器近 4 个月离线油色谱数据　　(μL/L)

时间	氢气 (H_2)	甲烷 (CH_4)	乙烯 (C_2H_4)	乙烷 (C_2H_6)	乙炔 (C_2H_2)	一氧化碳 (CO)	二氧化碳 (CO_2)	总烃 (ΣCH)
2018 年 11 月 3 日	5.41	11.46	0.84	1.45	0.22	395.31	2185.5	13.97
2018 年 12 月 30 日	6.77	10.94	0.83	1.46	0.18	374.35	1928.78	13.40
2019 年 1 月 30 日	6.97	12.41	0.84	1.45	0.20	419.67	2149.65	14.91
2019 年 2 月 18 日	9.43	12.23	1.16	1.84	2.17	370.35	1990.5	17.40

换流变压器紧急停运后，21 时现场对换流变压器各部位开展取油样分析，数据见表 1-1-6，10 个部位乙炔（C_2H_2）含量相近，缺陷位于换流变压器器身区域概率相对较大。

表 1-1-6　　故障换流变压器停运后各部位离线油色谱数据　　(μL/L)

取样位置	氢气 (H_2)	甲烷 (CH_4)	乙烯 (C_2H_4)	乙烷 (C_2H_6)	乙炔 (C_2H_2)	一氧化碳 (CO)	二氧化碳 (CO_2)	总烃 (ΣCH)
本体底部	10.13	11.31	0.96	1.46	2.08	387.42	1896.76	15.82
本体顶部	11.04	12.40	1.09	1.65	2.23	424.07	2096.37	17.37
主瓦斯	8.79	10.78	0.94	1.41	1.93	404.92	1978.45	15.06
网侧 A 套管瓦斯	10.40	11.34	1.00	1.46	2.03	375.37	1868.87	15.82
网侧 B 套管瓦斯	11.16	11.76	0.93	1.36	1.98	404.63	1821.23	16.03
阀侧 a 套管瓦斯	10.71	11.80	0.93	1.31	1.98	416.23	1848.61	16.01
阀侧 b 套管瓦斯	8.53	10.50	0.91	1.38	1.87	390.14	1911.53	14.66
1 号分接开关瓦斯	21.77	11.29	0.94	1.40	2.02	432.58	2026.66	15.65
2 号分接开关瓦斯	10.57	11.07	0.88	1.28	1.87	377.58	1724.44	15.09
3 号分接开关瓦斯	9.42	10.80	0.92	1.38	1.94	406.81	1943.19	15.04

2）试验检查情况。开展故障换流变压器绕组直流电阻、绝缘、介质损耗、变比等常规试验检查，未发现异常。为了查找异常原因，先后开展局部放电试验、冷却器潜油泵检查试验。

a. 第一次局部放电试验。经现场商讨，按照 $1.3U_m/\sqrt{3}$ 5min、$1.5\ U_m/\sqrt{3}$ 30s、$1.3U_m/\sqrt{3}$ 25min 加压顺序开展局部放电试验，同时开展高频电流和特高频局部放电检测，均未发现异常放电情况，结果见表 1-1-7。相对于试验前，局部放电试验后离线油色谱乙炔（C_2H_2）及总烃（ΣCH）含量均出现小幅增长，试验前后油色谱试验数据见表 1-1-8。

表 1-1-7　　长时感应耐压监测局部放电试验方式及结果

加压位置	局部放电监测位置	试验结果
阀侧 a 套管加压、b 套管接地	网侧 A 套管、阀侧 a 套管、夹件	未发现异常局部放电
阀侧 b 套管加压、a 套管接地	网侧 A 套管、阀侧 b 套管、夹件	未发现异常局部放电

表 1-1-8　　缺陷换流变压器局部放电试验前后油色谱数据

时间	氢气（H_2）	甲烷（CH_4）	乙烯（C_2H_4）	乙烷（C_2H_6）	乙炔（C_2H_2）	一氧化碳（CO）	二氧化碳（CO_2）	总烃（ΣCH）
第一次局部放电试验前	10.86	10.94	0.97	1.55	1.75	395.14	1732.58	15.21
第一次局部放电试验后	10.70	12.03	1.44	2.59	1.95	386.59	1783.99	18.02

b. 第二次局部放电试验。考虑到故障发生前有载分接开关极性开关切换次数较多，现场开展了 $U_m/\sqrt{3}$ 电压下有载分接开关极性切换验证试验，同步开展局部放电监测。在 14～16 挡之间往返切换有载分接极性开关 30 次，高频电流和特高频局部放电检测均未发现异常放电信号。局部放电后立即开展离线油样分析，试验前后各部位乙炔（C_2H_2）含量无明显增长。

c. 冷却器潜油泵检查。考虑到冷却器潜油泵扫膛会引起油中乙炔（C_2H_2）含量异常增长，现场依次启动四台潜油泵，每台潜油泵分别运行 2h，运行期间开展潜油泵运行电流测量、声音检查，未见异常，测量结果见表 1-1-9。潜油泵停运后，立即对本体底部、本体顶部、3 个分接开关气体继电器开展离线油色谱分析，观察潜油泵启动前后油色谱无明显变化，初步排除潜油泵扫膛导致乙炔（C_2H_2）含量增长的可能。

表 1-1-9　　潜油泵运行电流测量记录表

加电后 5min 时（共加电 2h）				断电前 5min 时（共加电 2h）			
泵别	A	B	C	泵别	A	B	C
1 号	8.07	8.12	8.12	1 号	7.93	8.02	8.09
2 号	8.24	8.24	8.25	2 号	8.2	8.18	8.19
3 号	8.24	8.11	8.24	3 号	8.22	8.08	8.2
4 号	8.08	8.08	8.12	4 号	7.96	8.04	8.02

注　面对冷却器，从右到左潜油泵顺序为 1～4 号。

（2）排油内检情况。3 月 17 日，现场开展故障变压器排油内检，对磁压板、夹件屏蔽管、夹件接地引线、可见紧固螺母等部位进行检查，发现高压侧柱 2 下部磁压板 3 号位置接地线烧蚀，如图 1-1-28 所示。对磁压板接地线拆开检查，发现接地线与夹件连接处引线、垫片均有放电烧蚀痕迹，如图 1-1-29 所示。

（3）故障修复情况。现场对故障点进行修复，处理过程如下：

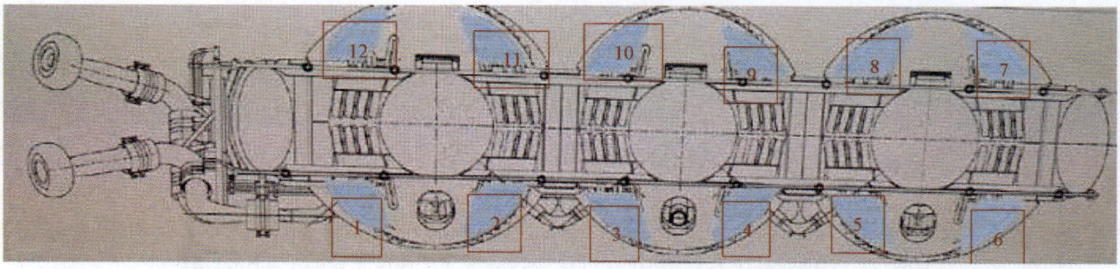

图 1-1-28　下磁屏蔽板分布位置图

1～12—检查点位置

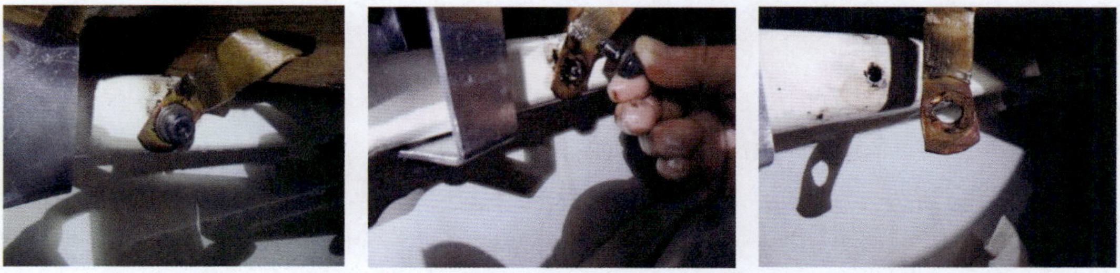

图 1-1-29　磁压板接地线烧蚀情况

1）用棉布、白面等清理被污染部分，确保清理干净。

2）用丝锥加工夹件连接处螺纹孔，将电气连接处去漆。

3）磁压板等电位连接片整形，去除污物，更换被污染的皱纹纸。

4）用新的紧固件预装确保螺纹深度满足要求，否则重新开展丝锥加工。

5）安装等电位线，用力矩扳手(17N·m)紧固。

6）操作过程中用白布保护，避免颗粒掉落。

故障部位修复情况如图 1-1-30 所示，修复处理后，对换流变压器开展油务处理，3 月 30 日换流变压器通过现场局部放电试验，4 月 9 日换流变压器更换至极 1 高 Y/Y-A 相运行位置并于 4 月 15 日带电运行，油色谱和超声局部放电定位监测均无异常。

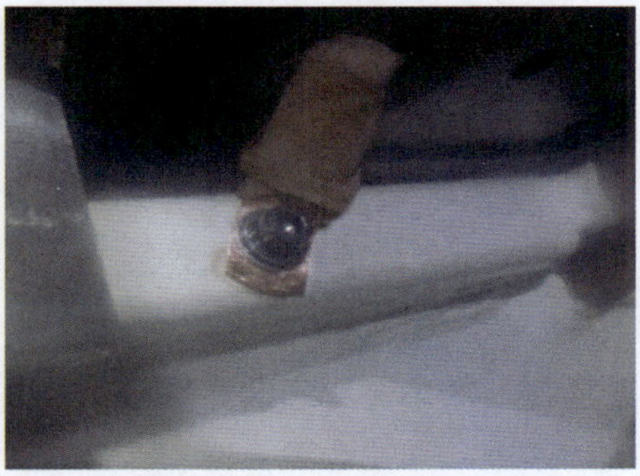

图 1-1-30　故障部位修复情况

3. 故障原因分析

基于现场排油内检结果，分析认为异常产气的原因是：阀侧绕组下部并联引线未在屏蔽管中间位置可靠固定，在运行过程中，连接中间铝屏蔽管上、下部分的等电位线接线端子与载流引线接触、摩擦，导致引线表面绝缘破损，形成电气回路。在漏磁引起的环流以及引线电流分流的综合作用下，接线端子与引线连接位置因接触电阻发热、烧蚀，产生氢气（H_2）、乙炔（C_2H_2）、总烃（∑CH）等特征气体，与前期离线色谱数据一致。

下部磁压板接地线与夹件连接处螺孔螺纹深度不够，换流变压器长期运行振动下造成屏蔽引线松动，导致等电位接线片接触不良发生悬浮放电，故障性质与变压器油色谱数据吻合。

1.4.4 案例4：换流变压器夹件屏蔽管等电位连接松动故障

1. 情况说明

（1）故障前的运行情况。异常发生期间，直流处于双极大地方式运行。故障前后运行工况、环境温度变化均无变化，未发生不良运行工况。

（2）故障过程描述。1月9日，极Ⅰ高端Y/Y-C相换流变压器油色谱在线监测数据乙炔（C_2H_2）含量由0μL/L变化到0.3μL/L，离线油色谱乙炔（C_2H_2）含量为0.48μL/L。3月15日，该换流变压器在线、离线油色谱监测乙炔（C_2H_2）含量分别增长至0.6、1.1μL/L。3月16日到4月20日，每日跟踪油色谱在线监测数据并定期开展离线油色谱分析，在线油色谱乙炔（C_2H_2）含量在0.8～1.4μL/L之间波动，离线油色谱乙炔（C_2H_2）含量最高达到1.61μL/L，变化趋势逐渐趋于稳定。

（3）故障设备基本情况。该换流变压器为保定天威保变电气股份有限公司生产，产品型号为ZZDFPZ-493100/500-800，故障时换流变压器已投运3年。

2. 检查处理情况

（1）外观检查情况。现场油温表显示顶部油温33.1℃，绕组温度36.5℃，与在线监测数据一致，从油温/绕温在线历史数据上看，油温和绕温均正常；运行冷却器组潜油泵无异常声响，测量潜油泵电机三相电流平衡；本体气体继电器、升高座气体继电器、分接开关位置气体继电器未发现集气。

（2）试验验证情况。

1）油色谱分析。自换流变压器离线检测发现乙炔（C_2H_2）后，油色谱数据见表1-1-10，油色谱三比值编码为201，对应缺陷类型为低能放电。初步判断设备内部可能存在油中火花放电。

2）带电检测情况。测量铁心接地电流为63.8mA，夹件接地电流为29.1mA，与历史数据对比未见异常。

如图1-1-31所示，开展高频、特高频、超声波联合局部放电定位监测，在阀a侧下部发现局部放电信号；进一步进行定位，将一特高频传感器始终放在位置2（换流变压器在线监测装置下部油阀处），另一检测特高频传感器分别放在位置1、位置3和位置4。检测信号显示位置2的信号均领先于另外三个位置，判断信号源靠近位置2。利用超声信号与高频信号时差，计算放电源距离换流变压器在线监测装置下侧油阀为1.5～2m，对照换流变压器内部结构（见图1-1-32），放电点可能位于靠阀a侧下方相关区域。

表 1-1-10　　　　离线色谱数据　　　　(μL/L)

时间	氢气 (H_2)	甲烷 (CH_4)	乙烯 (C_2H_4)	乙烷 (C_2H_6)	乙炔 (C_2H_2)	一氧化碳 (CO)	二氧化碳 (CO_2)	总烃 (∑CH)	功率 (MW)
2021 年 1 月 9 日 20:37	5.08	2.23	0.26	0.25	0.48	105.22	411.26	3.43	4000
2021 年 1 月 11 日 16:38	5.12	2.05	0.21	0.18	0.53	102.77	397.64	2.97	1000
2021 年 2 月 21 日 11:10	5.84	2.58	0.33	0.27	0.81	122.17	462.31	3.99	1001
2021 年 3 月 5 日 11:04	5.76	2.42	0.31	0.25	0.73	114.31	440.43	3.71	2000
2021 年 3 月 15 日 20:53	5.77	2.14	0.31	0.26	1.10	103.46	392.03	3.81	2556
2021 年 3 月 16 日 13:02	9.83	2.77	0.42	0.34	1.25	125.03	463.42	4.78	2241
2021 年 3 月 16 日 21:38	7.27	2.49	0.36	0.25	1.18	119.96	435.92	4.25	2000
2021 年 3 月 17 日 03:44	9.38	2.73	0.38	0.00	1.33	129.00	481.59	4.44	1399
2021 年 3 月 17 日 11:44	6.98	2.37	0.34	0.23	1.24	109.18	390.33	4.18	2000
2021 年 3 月 18 日 11:07	8.98	2.65	0.39	0.26	1.45	126.78	430.41	4.75	2020
2021 年 3 月 19 日 11:19	8.26	2.61	0.42	0.25	1.56	125.28	497.64	4.84	1400

(3) 解体检查情况。6 月 2 日，结合年度检修将故障变压器退运后开展排油内检，对前期局部放电定位点附近进行仔细检查，发现阀端出线侧下部夹件撑板上部屏蔽管①接地端有放电痕迹，接地端用手可以轻微晃动，接地端平垫圈、弹簧垫圈出现松动，使用塞尺测量屏蔽管固定板与撑板间的缝隙为 0.5mm，如图 1-1-33 所示。拆除屏蔽管接地螺栓后，发现内六角螺栓底部螺纹（长度约 9.2mm）表面发黑，镀层脱落并有磨损痕迹，如图 1-1-34 所示。现场用内窥镜检查夹件撑板内螺纹情况，发现螺纹底部有残损，如图 1-1-35 所示。经核对，该螺栓规格为 M10×30，与图纸要求的 M10×35［螺纹长度 35mm±0.2mm，《紧固件公差 螺栓、螺钉、螺柱和螺母》(GB/T 3103.1)］不一致。

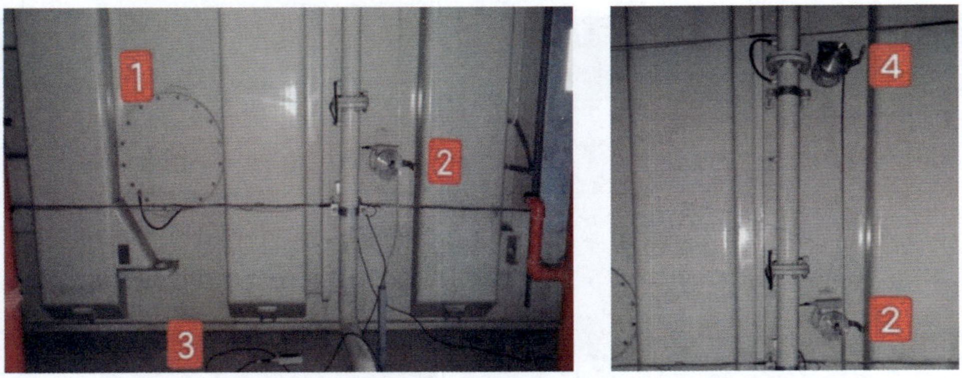

(a) 特高频传感器布置位置示意图

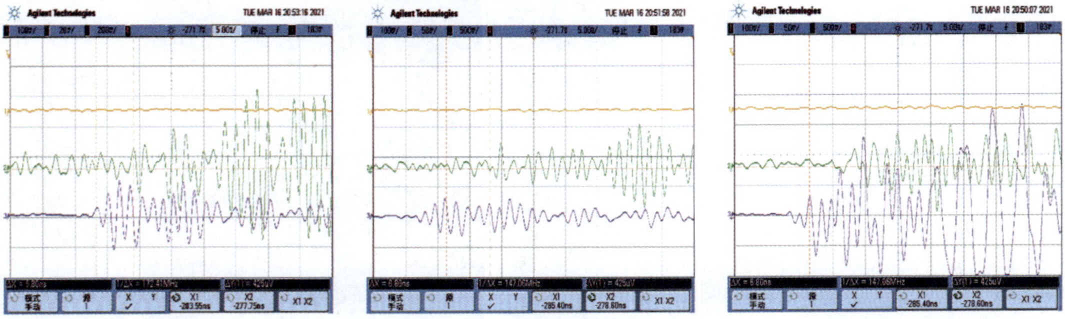

(b) 位置2、位置1信号　　(c) 位置2、位置3信号　　(d) 位置2、位置4信号

图 1-1-31　特高频局部放电定位结果（紫色信号为位置 2 特高频电流信号）

1～4—监测点位置

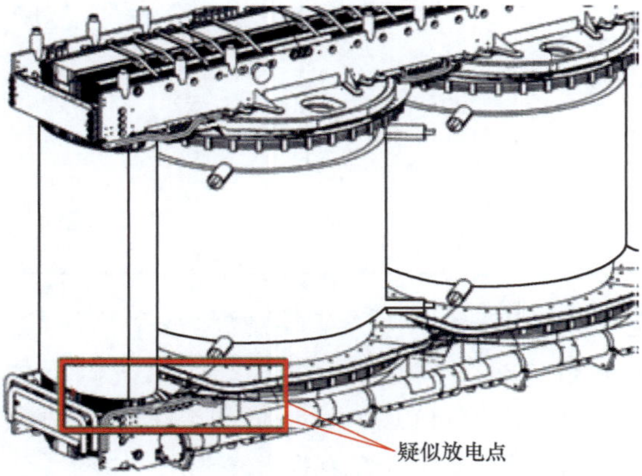

图 1-1-32　疑似放电点

（4）故障修复情况。由于屏蔽管两个固定点一端接地、一端绝缘，绝缘端有绝缘垫片，接地端无垫片，因此两个支撑板高度不同不能互换，最终决定将屏蔽管接地端增加

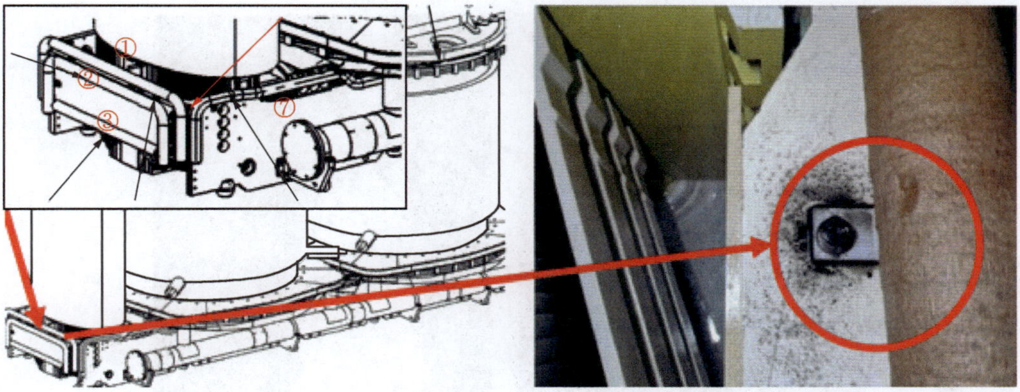

图 1-1-33　故障点示意图

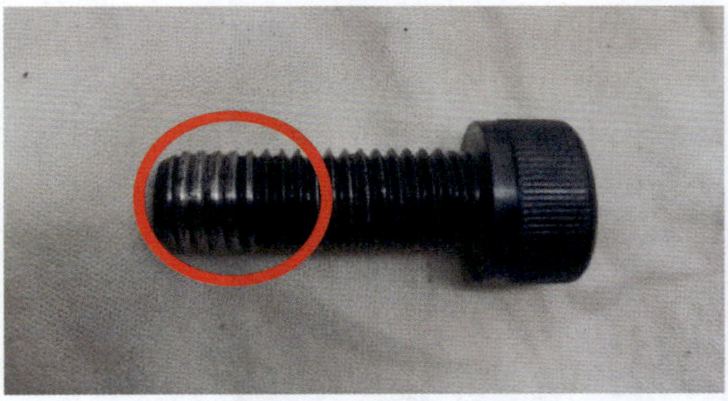

图 1-1-34　故障点螺栓

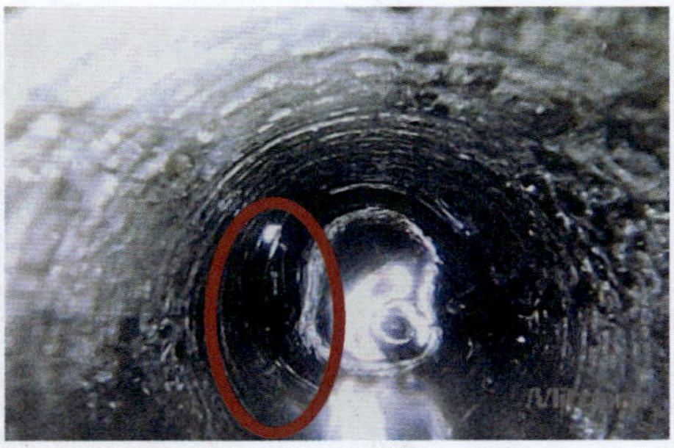

图 1-1-35　内螺纹底部攻丝遗留残渣

一个平垫圈［测量并计算，该方式可以缩短受损螺纹到 6.7mm，保留完好有效螺纹 11.7mm，大于《1 型六角螺母》（GB/T 6170—2015）规定的 M10 六角螺母最大厚度（8.4mm）］，同时紧固力矩由图纸要求的 48N・m 增大到 60N・m，紧固后屏蔽管接地板与撑板间 0.05mm 塞尺无法塞入，并用万用表测量屏蔽管接地端接触电阻为 0Ω，现场处理过程如图 1-1-36 所示。换流变压器经油务处理并通过现场局部放电试验后恢复备用。

3. 原因分析

根据排油内检检查结果，本次故障的原因主要为：故障位置内螺纹底部存在加工缺陷，螺栓与螺纹不能正确匹配，设备厂家在质检过程、装配过程均未发现该缺陷，导致图纸要求的 M10×35 螺栓不能正常安装，而改用不符合图纸要求的 M10×30 螺栓规格。改用 30mm 螺栓安装后仍有 9.2mm 螺纹损伤，安装力矩虽然达到图纸要求的 48N・m，但未紧固到位，压紧力不足，蝶形弹垫未能起到防松作用。运行 3 年后换流变压器振动造成接地不良，发生间断性放电，导致乙炔（C_2H_2）异常增长。

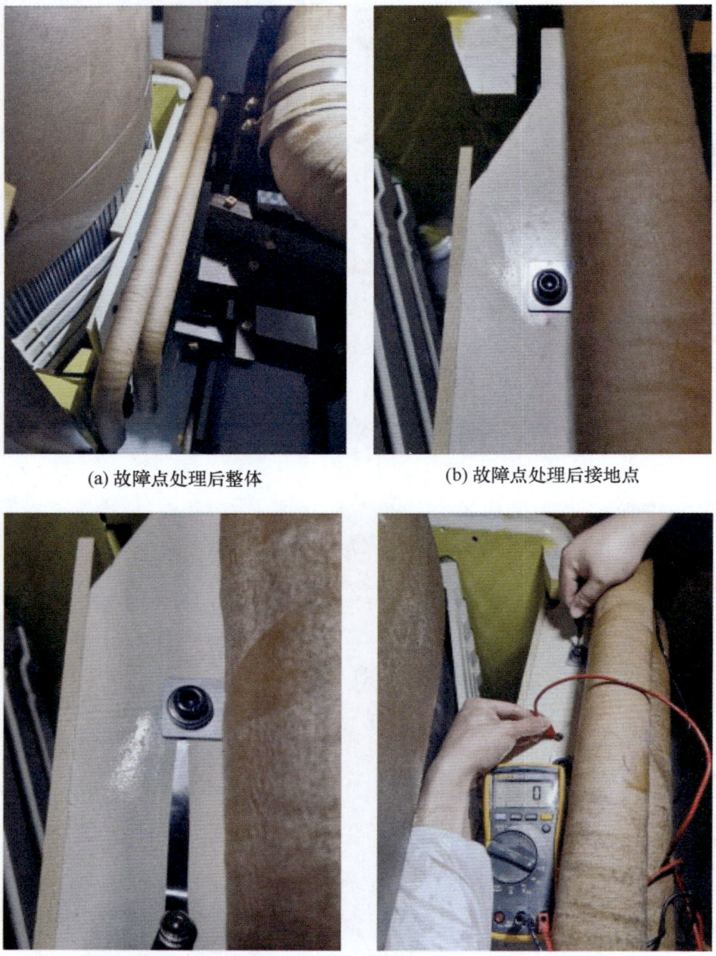

(a) 故障点处理后整体　　(b) 故障点处理后接地点

(c) 0.05mm塞尺测量　　(d) 万用表测量

图 1-1-36　现场故障处理情况

1.4.5　案例 5：换流变压器铁心及夹件多点接地故障

1. 情况说明

（1）故障前的运行情况。极Ⅱ低端换流变压器于 7 月 28 日 02：00：00 充电，05:00:00换流阀解锁后带负荷运行，油色谱分析、铁心及夹件接地电流、红外测温试验检测均无异常。

（2）故障过程描述。7 月 30 日运维人员开展铁心及夹件接地电流带电检测，发现极Ⅱ低端 Y/D-B 相换流变压器铁心接地工频电流、夹件接地工频电流均超过 1500mA，超过《换流变压器交接及预防性试验规程》（DL/T 1798—2018）中“铁心、夹件接地电流宜小于或等于 300mA”的要求。

（3）故障设备基本情况。换流变压器为 ABB 公司生产，产品型号为 ZZDFPZ-406000/500-800，故障时已投运 4 年。

2. 检查情况

（1）外部检查情况。检查铁心、夹件接地引出线的螺栓和接地片，连接牢固，无受潮迹象。检查接地电缆无绝缘破损、无与油箱短接的情况。

（2）试验验证情况。现场结合换流变压器停电，开展了铁心对地、夹件对地、铁心对夹件的绝缘电阻测试，测试结果见表 1-1-11，铁心对夹件的绝缘电阻值为零。

表 1-1-11　　铁心及夹件绝缘电阻测试

序号	测试部位	测量绝缘电阻值（GΩ）	备注
1	铁心对地	8.27	夹件悬空
2	夹件对地	10.60	铁心悬空
3	铁心对夹件	0	—

注　按照《换流变压器交接及预防性试验规程》（DL/T 1798—2018），20℃时铁心及夹件绝缘电阻一般大于或等于 500MΩ 且与历次测量值相比无显著降低。

（3）故障修复情况。

1）修复方案。基于外部检查情况和试验验证结果，分析认为铁心夹件接地电流异常的可能原因为：①铁心与夹件之间存有异物搭接；②铁心心片变形与夹件接触。结合换流站实际情况，制定了现场电焊机大电流冲击法、电压放电冲击法、加装串联电阻三套实施方案。

a. 电焊机大电流冲击法，原理如图 1-1-37 所示，具体处理方案如下：

（a）选取一台电流为 300A 的电焊机。

（b）在铁心、夹件接地接线端分别连接导线。

（c）电焊机的一端连接到换流变压器油箱接地端子，将电焊机电流调整到 100A，使用电焊机的另一端瞬间点击换流变压器铁心（或夹件）端连接导线。接触时有电击状况，则停止冲击。使用 500V 绝缘电阻表测量绝缘电阻，当绝缘电阻大于 200MΩ 时，使用 2500V 电压继续进行测量，当绝缘电阻仍然大于 200MΩ 时，停止冲击。若 100A 冲击效果不明显，应按照 120、140、160、180A 逐级调整电焊机电流进行冲击，原则上冲击电流不超过 200A。

（d）冲击时应注意观察铁心及夹件接线引出线连接端子的载流情况，如有熔断及过热倾向，应停止冲击。

（e）冲击结束后，启动冷却器潜油泵 30min，在启动时、停泵后检测铁心（或夹件）绝缘电阻，绝缘电阻无异常后取油样开展色谱分析比对。

b. 电压放电冲击法，具体处理方案如下：

（a）准备一台调压器（若选用电容器，需要对电容器进行充电）、两个万用表，断开铁心对地、夹件对地的连接。从调压器两端分别引出连接线。1 号万用表测量铁心与夹件间施加的交流电压，2 号万用表监测通过的交流电流。调压器、万用表、铁心对地引

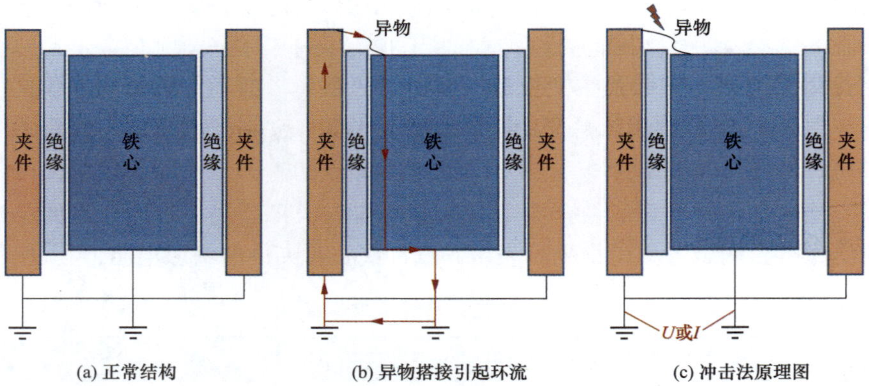

图 1-1-37　铁心与夹件绝缘降低缺陷以及冲击法消缺原理示意

线、夹件对地引线连成阻抗测试回路，原理如图 1-1-38（c）所示。

（b）缓慢调节调压器，先将电压升至较低电压水平（10～50V），记录电压和电流，根据电压、电流计算电阻（U/I），如果阻值小于或等于 2kΩ，继续缓慢升压。

（c）电压到达 100V 时如果阻值仍在 2kΩ 以内，则继续缓慢升压至 200V。如果阻值未见好转，在 200V 电压下保持 60min，60min 后记录电压和电流。

c. 加装限流电阻，原理如图 1-1-38 所示，具体处理方案如下：

根据故障时现场测得的接地电流、停电时测得的铁心夹件之间电阻（不停电时可以由设备厂家进行估算），估算铁心夹件之间存在的电势差，按照接地电流小于或等于 300mA 的要求，估算串入铁心夹件接地回路的电阻值。电阻值选择时，要核算功率是否满足要求，同时考虑多通道冗余配置，防止运行中过热或一路损坏后导致铁心、夹件悬浮。

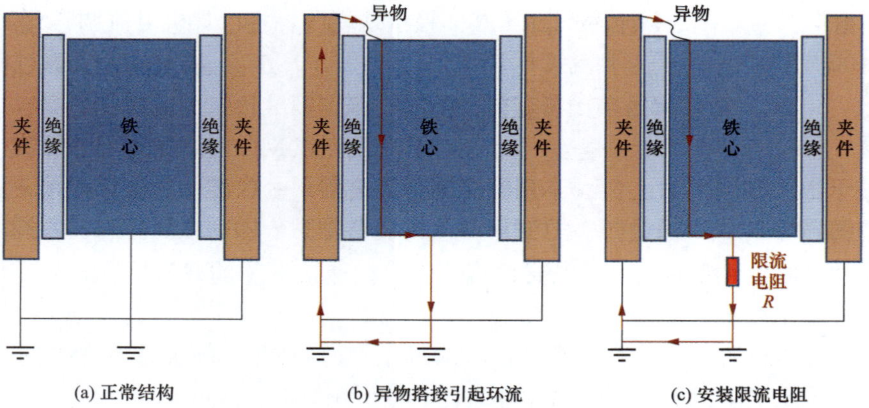

图 1-1-38　铁心与夹件绝缘降低缺陷以及安装限流电阻原理示意

2）现场修复情况。现场按照电焊机大电流冲击法开展处理后，重新测试铁心和夹件绝缘电阻，结果合格，见表 1-1-12。

表 1-1-12　　　　冲击后铁心及夹件测试

序号	测试部位	绝缘电阻值（GΩ）	备注
1	铁心对地	9.37	夹件悬空
2	夹件对地	11.60	铁心悬空
3	铁心对夹件	10.60	—

注　按照《换流变压器交接及预防性试验规程》（DL/T 1798—2018），20℃时铁心及夹件绝缘电阻一般大于或等于 500MΩ 且与历次测量值相比无显著降低。

运行一年后，换流变压器再次出现铁心、夹件接地电流异常。结合年度检修，重新按照电焊机大电流冲击法处理后，绝缘电阻仍接近 0Ω。经商讨，决定采用电压放电冲击法进行处置，换流变压器在 200V 下维持 20s，铁心与夹件绝缘电阻恢复正常，试验前后数据见表 1-1-13。故障消除后油色谱数据未见异常。

表 1-1-13　　　　电压冲击法试验数据

序号	试验电压（V）	试验电流（mA）	计算电阻（kΩ）	备注
1	10	4.0	2.50	
2	20	8.5	2.35	
3	30	20.0	1.50	
4	40	23.9	1.67	
5	50	33.5	1.49	
6	75	54.0	1.39	
7	100	76.0	1.32	
8	120	99.0	1.21	
9	150	137.3	1.09	
10	175	179.0	0.98	
11	200	240.9	0.83	
12	200V 维持 20s	4.3	46.51	恢复正常

3. 原因分析

根据检查情况和处理结果，分析认为铁心、夹件之间绝缘电阻值低或接地电流异常增长的原因可能为：铁心与夹件之间存有导电异物搭接（金属毛刺、金属杂质搭接、其他导体杂质搭接等），产生环流。

4. 铁心夹件绝缘低或接地电流异常问题梳理及处置建议

换流变压器带电运行时，绕组周围存在较强磁场，铁心以及夹件、油箱等金属结构件均处在非均匀磁场中，它们与绕组距离各不相等，受磁场感应产生的电动势大小也各不相等，彼此之间存在电位差。为避免电位放电或形成内部环流，铁心、夹件、油箱之间彼此绝缘且分别引出接地。当绝缘降低时，容易导致电位放电，引发油色谱异常，严重时会引发绝缘放电、网阀侧高场强区域对地放电；内部存在环流时，容易导致铁心、夹件局部过热，严重时会引发铁心或周围绝缘件过热烧蚀。为加强现场监测，根据五通检测细则及相关标准要求，换流变压器铁心接地电流（工频电流值）一般不大于300mA，铁心、夹件、地之间绝缘电阻一般不小于1000MΩ。

近年来，随着换流变压器运行年限增长，换流变压器铁心与夹件绝缘低或接地电流异常缺陷呈现故障高发态势，给直流工程安全稳定运行带来潜在隐患。基于此，将重点对换流变压器铁心夹件绝缘结构、夹件定位结构进行说明，对铁心与夹件绝缘缺陷案例进行梳理分析，为后续类似问题现场处理提供技术参考。

（1）铁心夹件绝缘。如图1-1-39所示，为避免电位差放电或形成内部环流，铁心与夹件之间彼此绝缘，铁心、夹件等电位线分别引至油箱外部单点接地。当铁心、夹件间有异物搭接时，容易导致铁心夹件绝缘降低；当铁心、夹件接地引出线绝缘破损时，容易导致铁心对地、夹件对地绝缘降低。

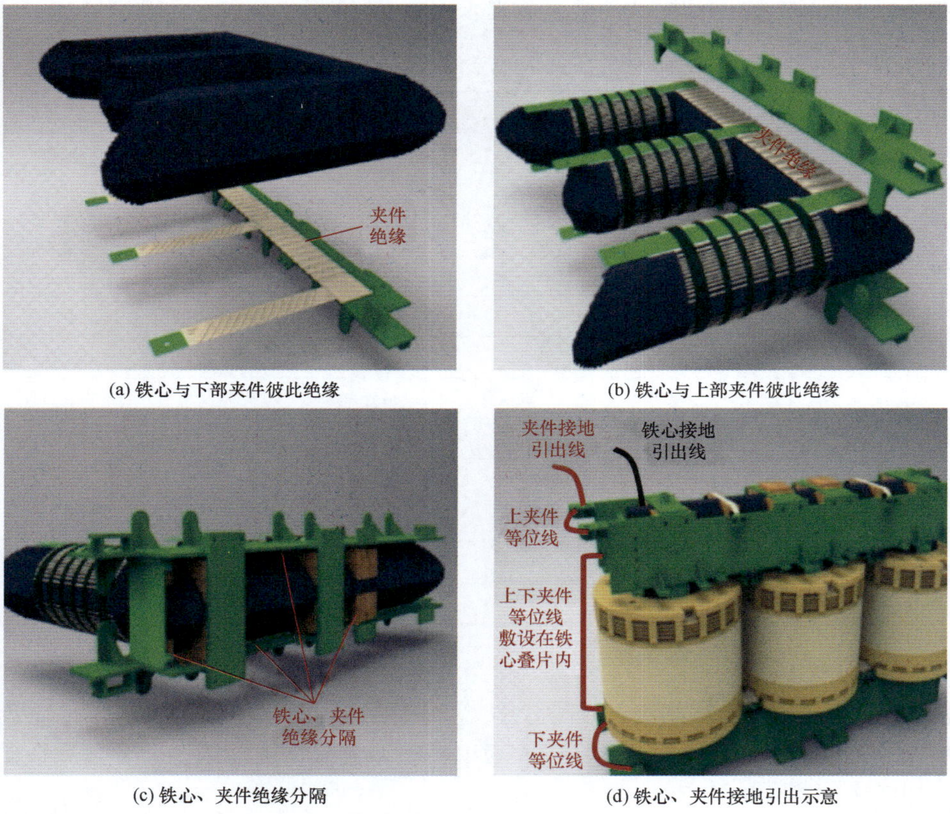

(a) 铁心与下部夹件彼此绝缘　(b) 铁心与上部夹件彼此绝缘

(c) 铁心、夹件绝缘分隔　(d) 铁心、夹件接地引出示意

图1-1-39　铁心、夹件彼此绝缘并分别单点接地

（2）典型故障案例及故障分析。

1）铁心对地绝缘降低或铁心对地电流异常增长。铁心对地绝缘降低诱发因素主要包括：①铁心与油箱（箱底居多）之间存在异物搭接时，容易导致铁心油箱绝缘降低，严重时会导致铁心与油箱导通，引发两点或多点接地形成环流，铁心对地电流异常增

长；②铁心内部出现片间短路、存在电位差时，容易引发铁心对地电流异常增长，同时可能伴随铁心内部局部过热、变压器油分解产气现象；③铁心接地电缆破损时，容易导致电缆金属导线与油箱接触导通，引发铁心对地绝缘降低。

截至目前，在运换流变压器、平波电抗器各出现 1 起铁心对地绝缘降低缺陷：①某换流站年度检修发现极 2 高端 Y/D-B 相换流变压器铁心对地间绝缘低，绝缘电阻为 0.02MΩ。换流变压器运行期间油色谱数据、铁心与夹件接地电流等均未见异常。经与换流变压器厂家商讨后，决定采用电焊机大电流冲击法开展缺陷处理，如图 1-1-40 所示，在铁心、地之间施加 140A 电流进行短时冲击，绝缘电阻恢复至 11.6GΩ，试验后油色谱数据未见异常。②某换流站极 2 平波电抗器铁心对地绝缘电阻测试时发生放电，现场检查发现，铁心套管内部引线绝缘纸破损，引线与平波电抗器本体外壳绝缘失效。现场对绝缘纸破损的引线重新处理、绝缘包扎，绝缘电阻恢复正常。

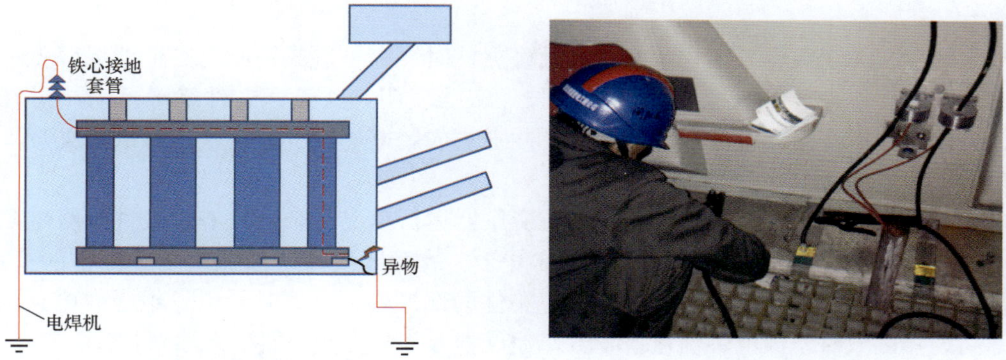

(a) 示意图　　(b) 现场施工图

图 1-1-40　电焊机大电流冲击法处理铁心对地绝缘低故障

2）夹件对地绝缘降低或夹件对地电流异常增长。夹件对地绝缘降低或对地电流异常增长诱发因素较多，主要分为三类：①夹件金属件或垫脚与油箱之间存在异物搭接或绝缘移动破损；②夹件上下定位绝缘破损失效（以第一种技术换流变压器居多）；③夹件对地引线绝缘破损。具体如图 1-1-41 所示。

截至目前，在运换流变压器累计出现 2 起夹件对地电流异常增长缺陷，均采用增加限流电阻装置进行限流、处理。①某换流站检测发现 021B 换流变压器 A 相夹件接地电流达到 56A，油色谱未见异常。根据设备厂家意见，在夹件接地回路中串联阻值为 244Ω 的限流电阻装置，装置接入后夹件接地电流降至 4.17mA。②某换流站极 1 高端 Y/D-B 相换流变压器夹件接地全电流离线复测值高达 75A，盖板上定位红外检测及油样分析结果未见异常，绝缘电阻测试发现夹件对箱壳绝缘电阻低，万用表测量处于导通状态。综合考虑现场运行实际，决定在换流变压器夹件与油箱之间串入 400Ω、400W 电阻进行限流（实际采用 2 个 200W、1000Ω 电阻并联），电阻接入后夹件接地电流降至 10mA 以下。实际应用时，限流电阻选取以接地电流不超过 100mA 为宜。

3）铁心与夹件绝缘降低或对地电流异常增长。铁心、夹件相对接触面大，铁心与

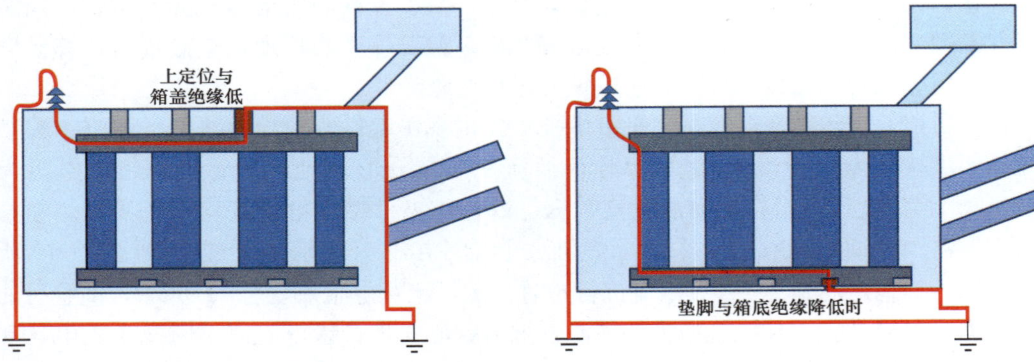

(a) 上定位金属结构件绝缘异常　　(b) 下定位金属结构件绝缘异常

图 1-1-41　定位金属结构件与油箱绝缘降低情况下环流路径图

夹件之间存在异物或者硅钢片弯曲变形触碰夹件时，都易造成铁心与夹件绝缘降低，严重时会引起环流，导致对地电流异常增长。实践表明，铁心、夹件绝缘低时，可在铁心、夹件接地引线之间采用电焊机大电流冲击法或者电压放电冲击法进行故障处理。详见第二章节内容。

（3）总结。运行经验表明，由于换流变压器运行工况复杂，铁心与夹件绝缘电阻降低或对地电流异常增长具有突发性、定位复杂、故障频次高、油色谱多无异常的特点。缺陷进一步发展容易引发电位放电、铁心夹件局部过热，严重时会引发绝缘放电、网阀侧部高场强区域对地放电、油色谱异常，建议参考《电力变压器检修导则》（DL/T 573）相关内容开展故障处理，即：①当接地电流大于标准规定的 300mA 时，可加装限流电阻进行限流，将接地电流控制在 100mA 以下，并适时安排停电处理；②绝缘电阻较低时，在保证设备安全基础上可在变压器带油状态下采用电焊机大电流冲击法或者电压放电冲击法进行处理，处理后要对变压器油样进行分析，色谱无异常后方可投入运行。对于具有绝缘电阻接近为零的金属性直接短接特征的缺陷故障，冲击法无效时，建议适时安排停电处理。

1.4.6　案例 6：换流变压器铁心夹件接地电流异常故障

1. 情况说明

（1）故障前的运行情况。直流处于双极全压方式下正常运行，双极直流功率 7160MW（额定功率 8000MW），故障前后运行状态没有变化，没有异常天气。

（2）故障过程描述。6 月 29 日 17:00，极Ⅱ低端 Y/Y-B 相换流变压器铁心和夹件接地电流突增，如图 1-1-42 所示，铁心接地工频电流由 5mA 突增至 860mA，铁心接地全电流约由 530mA 突增至 1200mA，夹件接地工频电流约由 25mA 增至 850mA，夹件接地全电流由 330mA 突增至 1150mA。同阀组其他换流变压器铁心、夹件接地电流均无变化。

（3）故障设备基本情况。换流变压器由山东电力设备公司生产，型号为 ZZDFPZ-406000/500-400，故障时已投运近 6 年。

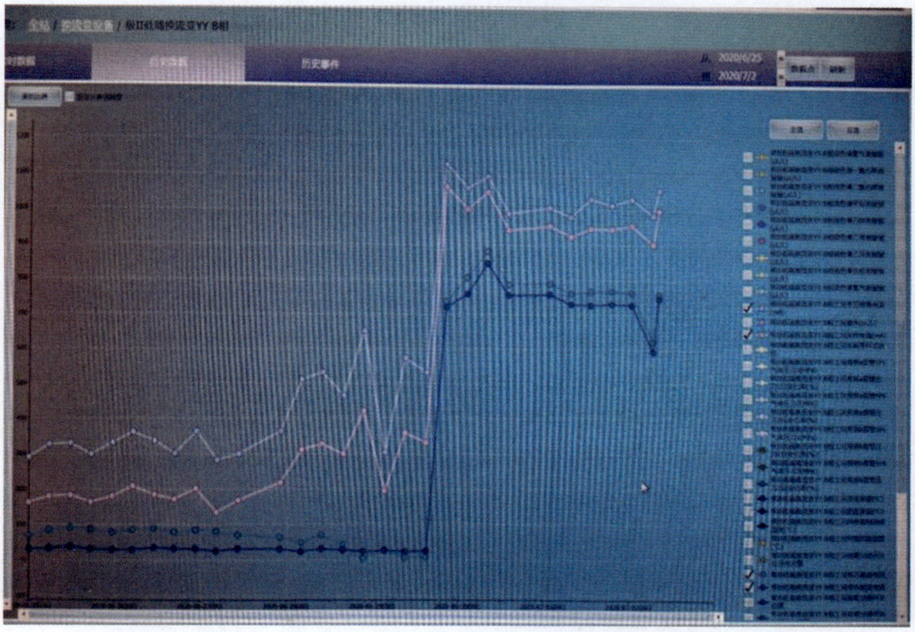

图 1-1-42　铁心、夹件接地电流在线监测数据突变

2. 检查处理情况

（1）试验检查情况。

1）油色谱分析。铁心、夹件接地电流异常后，对换流变压器开展离线油色谱跟踪监视，色谱数据无异常，见表 1-1-14。

表 1-1-14　换流变压器离线油色谱数据　（μL/L）

日期	甲烷（CH_4）	乙烯（C_2H_4）	乙烷（C_2H_6）	乙炔（C_2H_2）	氢气（H_2）	一氧化碳（CO）	二氧化碳（CO_2）	总烃（ΣCH）
6 月 29 日	2.07	0.19	0.4	0.15	12.72	93.8	1183.02	2.81
7 月 2 日	2.18	0.24	0.5	0.3	17.81	107.59	1167.88	3.22

2）带电监测情况。现场使用钳形电流表进行测量，铁心接地工频电流为 980mA，铁心接地全电流为 1150mA，夹件接地工频电流为 950mA，夹件接地全电流为 1100mA，与在线监测数据基本一致。

红外测温无异常，Y/Y 换流变压器顶部油温三相横比无异常，见表 1-1-15。

表 1-1-15　极Ⅱ低端 Y/Y 换流变压器顶部油温数据　（℃）

相别	6 月 29 日	6 月 30 日	7 月 1 日	7 月 2 日	7 月 3 日	7 月 4 日
Y/Y-A 相	59.4	44.2	49.2	56.7	54.6	50.8
Y/Y-B 相	62.0	46.1	51.2	57.8	55.6	52.5
Y/Y-C 相	68.3	51.8	56.0	63.1	60.4	52.6

3）历史数据检查。查看近两年年度检修期间试验数据，见表 1-1-16，未见异常。

表 1-1-16　换流变压器铁心、夹件绝缘电阻数据

测量部位	试验电压（kV）	绝缘电阻值（GΩ）	
		上一年度	本年度
铁心—地	2.5	19.2	16.5
夹件—地	2.5	17.6	14.3
铁心—夹件	2.5/1.0	5.83	6.1

注　按照《换流变压器交接及预防性试验规程》（DL/T 1798—2018），20℃时铁心及夹件绝缘电阻一般大于或等于 500MΩ 且与历次测量值相比无显著降低。

（2）现场处理情况。经检查分析，采取换流变压器带电运行时在铁心接地铜排位置串接限流电阻的处置方案。现场测得最大接地电流为 1300mA，根据铁心、夹件接地电容理论估值，计算铁心夹件之间接地电阻在 0.2～0.5Ω 之间（停电时可以直接测量）。经计算，在铁心、夹件接地回路中串入 250Ω 固定电阻可满足接地电流小于 300mA 要求。

为了提高可靠性，限流电阻盒内设置一个空气开关、一回放电间隙、三个并联电阻，接线原理如图 1-1-43 所示。空气开关是用于搭建电阻串入前的临时旁通回路，放电间隙用于电阻失效保护，防止三个电阻均故障后铁心悬浮，经评估间隙距离设置为 1.1～1.3mm，三个无感电阻阻值分别为 500、1000、1500Ω，并联电阻为 272.7Ω，限流电阻盒实物如图 1-1-44 所示。

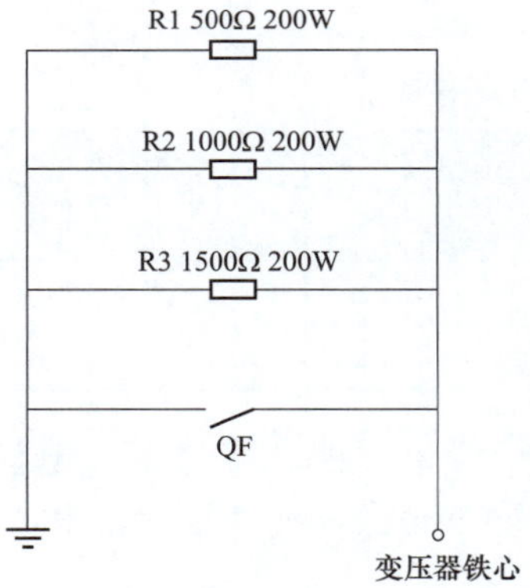

图 1-1-43　电阻盒接线原理图

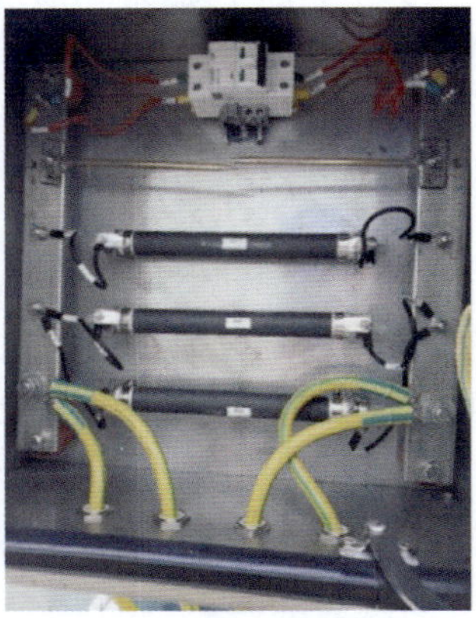

图 1-1-44　限流电阻盒实物图

加装限流电阻后，接地工频电流、全电流分别降为 20、30mA，夹件接地工频电流、全电流分别降为 30、870mA，铁心工频电流、铁心全电流、夹件工频电流均有明显减小，夹件全电流减小趋势不明显。经分析，可能原因为限流电阻对铁心、夹件接地的工频电流有明显的限制作用，对于铁心、夹件接地中电容性谐波电流限制作用较小，主要影响谐波电流的分布。限流电阻接入运行 6 天后，铁心、夹件接地全电流均恢复至

300mA 左右正常值水平，铁心、夹件接地工频电流仍保持 100mA 以下，初步分析认为换流变压器运行过程中在油流作用下铁心或夹件区域异物消散，接地电流恢复正常。

3. 原因分析

铁心、夹件、油箱等金属结构件均处在非均匀磁场中，与绕组距离各不相等，受磁场感应产生的电动势大小各不相等，彼此之间存在电位差。为避免电位放电或形成内部环流，铁心、夹件、油箱之间彼此绝缘且分别引出接地。由于换流变压器铁心、夹件对地电流表现为同时突然增长且大小接近，因此本次异常可能原因为：油中杂质导致铁心与夹件之间局部搭接，造成铁心夹件绝缘下降，引发铁心对地、夹件对地电流异常升高，如图 1-1-45 所示。

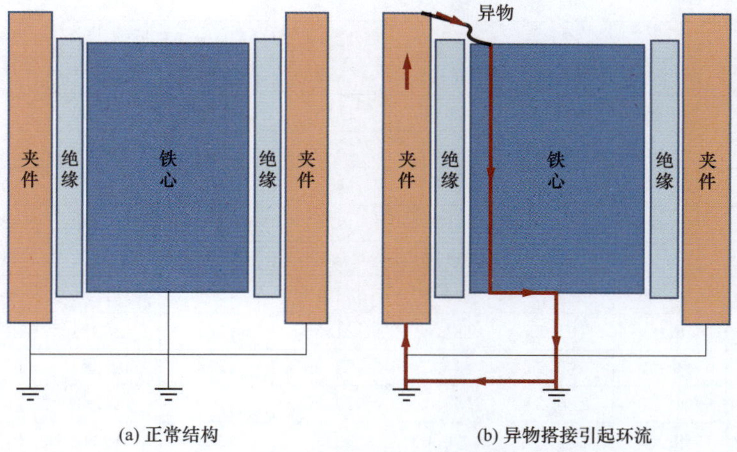

图 1-1-45　铁心与夹件绝缘降低缺陷示意

1.4.7　案例 7：换流变压器夹件环流过热故障

1. 情况说明

（1）故障过程描述。极Ⅱ低端 Y/Y-A 相换流变压器于 2016 年投运，投运后存在箱沿局部过热、总烃（∑CH）增长现象，2019 年 6 月总烃（∑CH）含量超过 150μL/L 注意值，2020 年 8 月总烃（∑CH）增长至 449.46μL/L。2020 年 9 月 5～11 日，采用箱沿焊接方法进行局部过热问题处理，箱沿过热问题消除后，总烃（∑CH）仍呈增长趋势。

（2）故障设备基本情况。该换流变压器为保定天威保变电气股份有限公司生产，产品型号为 ZZDFPZ-412300/765-400。

2. 检查情况

（1）试验验证情况。

1）油色谱分析。故障换流变压器油色谱数据见表 1-1-17。自 2019 年 6 月以来，总烃（∑CH）、甲烷（CH_4）、乙烯（C_2H_4）含量增长速度较快，乙炔（C_2H_2）含量无明显上升趋势。对 2020 年 8 月 23 日离线油色谱数据进行分析，三比值编码为 022，故障类型可能为高于700℃的高温过热缺陷，可能的缺陷为分接开关接触不良、引线夹件螺栓松动或接头焊接不良、铁心多点接地等。

表 1-1-17　　换流变压器离线油色谱数据　　(μL/L)

试验日期	氢气 (H_2)	甲烷 (CH_4)	乙烯 (C_2H_4)	乙烷 (C_2H_6)	乙炔 (C_2H_2)	一氧化碳 (CO)	二氧化碳 (CO_2)	总烃 (∑CH)
2019年1月7日	20.35	34.65	41.62	7.87	0.95	320.59	488.98	85.09
2019年2月13日	15.99	29.81	37.38	7.20	0.86	271.59	425.02	75.25
2019年3月25日	25.34	34.13	45.96	8.57	1.11	314.72	524.91	89.77
2019年4月8日	24.87	36.02	45.90	8.76	1.08	307.03	501.28	91.76
2019年5月13日	32.54	50.56	65.73	11.41	1.24	304.49	601.00	128.94
2019年6月11日	25.43	57.93	73.50	13.64	1.30	323.28	752.07	146.37
2019年6月14日	29.76	63.44	86.20	15.99	1.53	324.77	734.18	167.16
2019年6月16日	28.85	64.37	85.72	15.59	1.38	312.50	714.93	167.06
2019年6月18日	40.27	77.25	99.81	18.03	1.60	380.5	808.88	196.69
2019年6月20日	40.16	75.28	99.95	18.25	1.52	370.69	804.85	195.02
2019年6月22日	40.40	82.17	108.51	19.61	1.6	356.89	824.93	211.89
2019年7月4日	38.44	83.89	111.71	20.34	1.62	363.53	819.13	217.56
2019年7月15日	42.99	90.19	118.80	22.12	1.66	411.28	982.27	232.77
2019年7月29日	46.69	101.25	131.81	24.30	1.61	428.14	1013.72	258.97
2019年8月20日	44.36	106.71	135.56	25.05	1.74	486.86	1145.60	269.06
2019年9月20	44.48	128.31	158.19	29.27	1.49	484.63	1138.98	317.26
2019年10月24日	48.54	136.07	176.63	33.43	1.34	515.19	1056.13	347.47
2019年12月23日	49.25	156.22	196.69	36.51	1.14	481.84	952.81	390.56
2020年1月2日	52.26	166.17	216.46	39.42	1.34	485.02	946.19	423.39
2020年4月27日	36.79	167.10	216.74	37.06	1.33	536.32	1175.80	422.23
2020年5月28日	29.73	167.07	215.07	36.90	1.59	575.77	1610.72	420.63
2020年6月11日	26.94	169.83	208.85	34.10	1.42	587.14	1607.16	414.20
2020年7月28日	30.76	169.49	219.14	35.31	1.56	645.78	1941.37	425.50
2020年8月23日	22.04	183.95	227.09	37.04	1.38	707.07	1866.43	449.46

2019年1月以来，甲烷（CH_4）、乙烯（C_2H_4）、总烃（∑CH）含量与负荷、油温关系曲线如图1-1-46和图1-1-47所示。分析认为，负荷、油温变化对油中甲烷（CH_4）、乙烯（C_2H_4）、总烃（∑CH）含量变化基本无影响。

2019年1月以来，甲烷（CH_4）、乙烯（C_2H_4）、总烃（∑CH）含量与换流变压器分接开关动作次数关系曲线如图1-1-48所示。分析认为，分接开关动作次数与甲烷（CH_4）、乙烯（C_2H_4）、总烃（∑CH）含量变化没有明显相关性。

2）带电检测。停电处理前，对换流变压器开展带电检测，检测项目包括换流变压器外观检测、局部放电带电检测、机械振动检测、声级检测、铁心接地电流检测、高压套管外绝缘检测和高频脉冲频谱分析等试验项目，未发现明显内部放电等异常信号。

（2）返厂解体检查。

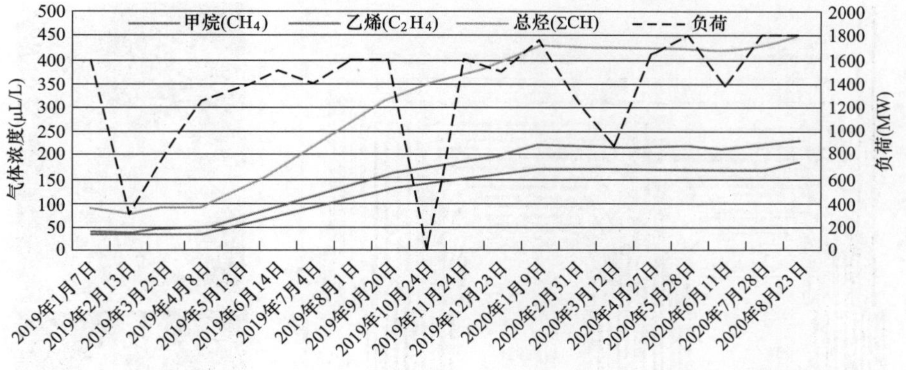

图 1-1-46　甲烷（CH_4）、乙烯（C_2H_4）、总烃（ΣCH）与负荷发展趋势

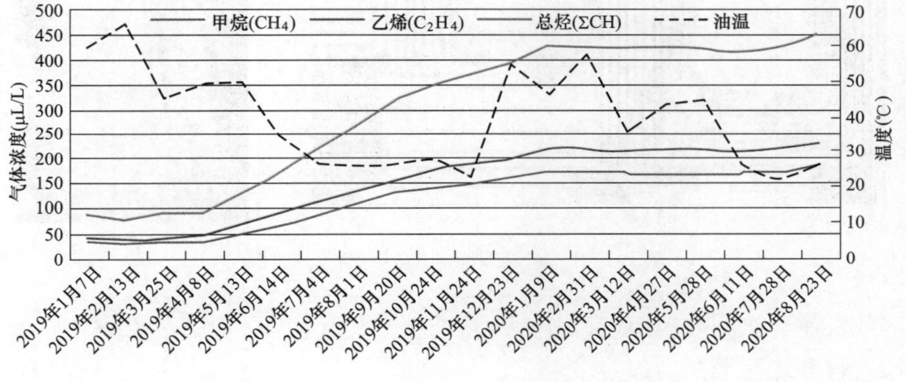

图 1-1-47　甲烷（CH_4）、乙烯（C_2H_4）、总烃（ΣCH）与油温发展趋势

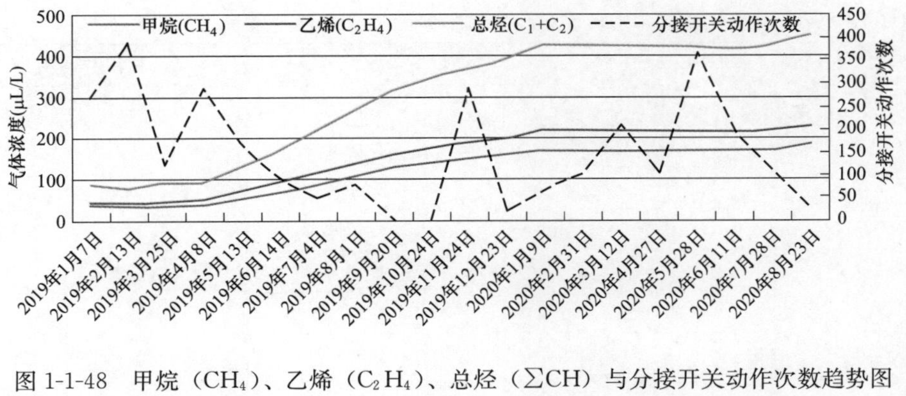

图 1-1-48　甲烷（CH_4）、乙烯（C_2H_4）、总烃（ΣCH）与分接开关动作次数趋势图

1）第一次解体检查。第一次解体检查，共发现两类异常：

a. 阀侧绕组周围绝缘件变色。检查线圈及附属绝缘件时，发现阀侧线圈四周纸板、角环等绝缘件存在不同程度的灰色痕迹，如图 1-1-49 所示。

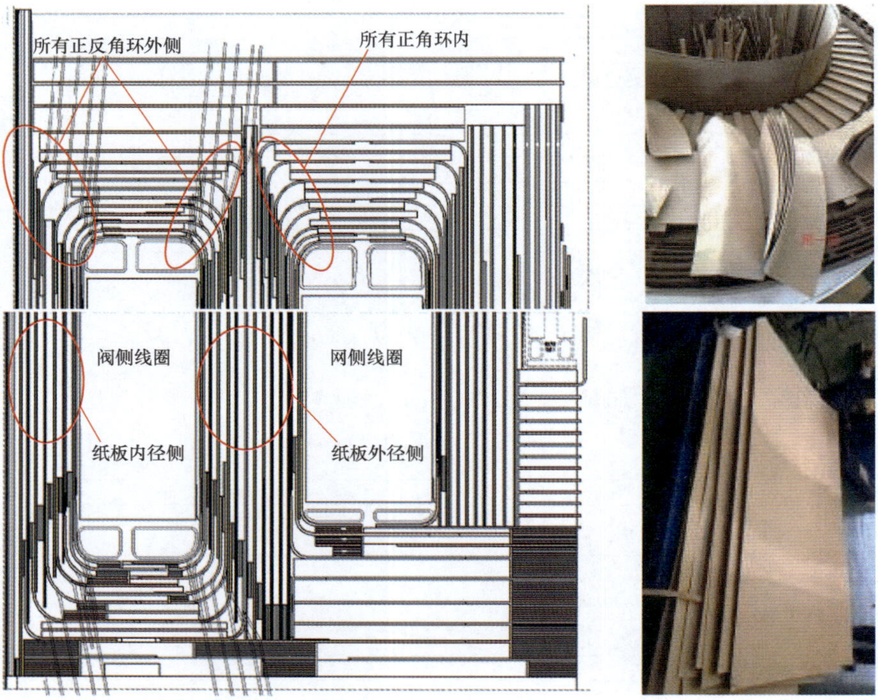

图 1-1-49 阀侧线圈周围绝缘件灰色痕迹

为了探究绝缘纸板变色原因，分别取新纸板、轻微污染、严重污染各 3 件样品进行表面电阻、体积电阻测量对比，结果见表 1-1-18，结果表明严重污染的样品表面电阻和体积电阻虽略有降低，但仍符合标准要求，因此初步判断绝缘件表面的灰色痕迹为碳微粒附着导致，整体绝缘性能没有劣化。

表 1-1-18　　表面电阻和体积电阻测量结果

<table>
<tr><th colspan="2" rowspan="2">样品编号</th><th colspan="2">表面电阻（Ω）</th><th colspan="2">体积电阻（Ω）</th></tr>
<tr><th>标准</th><th>测试结果</th><th>标准</th><th>测试结果</th></tr>
<tr><td rowspan="3">1
（新纸板）</td><td>a</td><td rowspan="9">≥1.0×10¹³</td><td>4.74×10¹⁴</td><td rowspan="9">≥1.0×10¹²</td><td>3.20×10¹²</td></tr>
<tr><td>b</td><td>5.68×10¹⁴</td><td>1.09×10¹³</td></tr>
<tr><td>c</td><td>6.35×10¹⁴</td><td>3.71×10¹²</td></tr>
<tr><td rowspan="3">2
（轻微污染）</td><td>a</td><td>1.96×10¹⁵</td><td>1.68×10¹³</td></tr>
<tr><td>b</td><td>3.49×10¹⁵</td><td>1.51×10¹³</td></tr>
<tr><td>c</td><td>1.36×10¹⁵</td><td>7.32×10¹²</td></tr>
<tr><td rowspan="3">3
（严重污染）</td><td>a</td><td>1.67×10¹⁴</td><td>3.06×10¹²</td></tr>
<tr><td>b</td><td>3.52×10¹⁴</td><td>3.79×10¹²</td></tr>
<tr><td>c</td><td>3.36×10¹⁴</td><td>2.83×10¹²</td></tr>
<tr><td colspan="6">依据标准：GB/T 19264.3—2013《电气用压纸板和薄纸板　第 3 部分：压纸板》</td></tr>
</table>

b. 铁轭拉带及撑板连接部位存在多处过热痕迹。检查铁心及夹件，发现主柱间上铁轭以及下铁轭拉带两端螺栓连接部位存在过热烧蚀痕迹，阀侧旁轭上撑板压块、撑板连接面及螺栓有过热烧蚀痕迹，如图 1-1-50 所示。

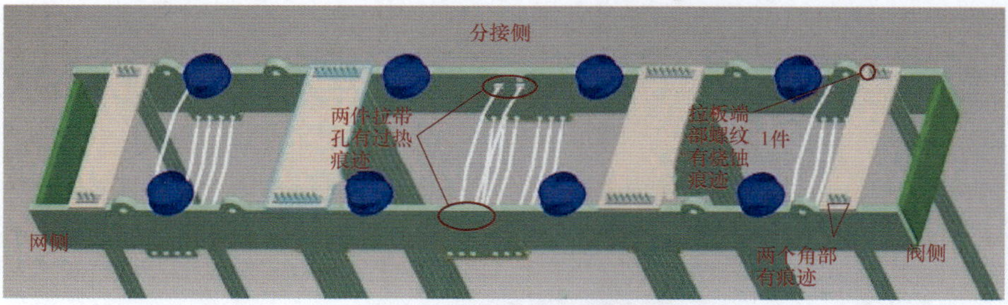

(a) 拉带及撑板过热烧蚀痕迹位置

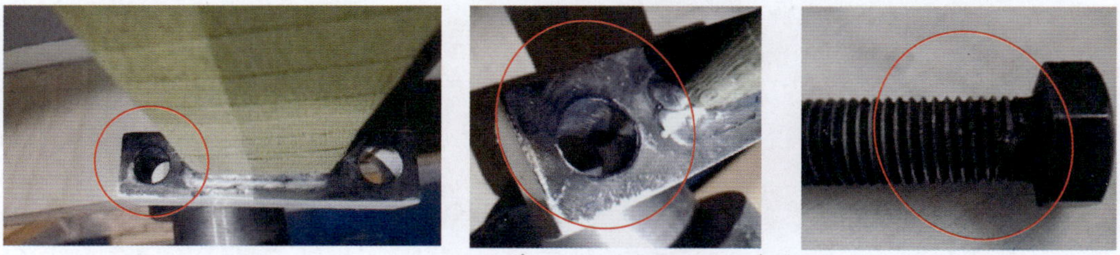

(b) 拉带短路螺栓连接部位烧蚀痕迹

(c) 旁轭上撑板过热烧蚀痕迹

图 1-1-50　铁轭拉带及撑板连接部位检查结果

2）修复处理情况。故障位置及原因确定后，主要采取如下措施进行处理：

a. 铁心上、下铁轭的拉带连接由导通结构改为一端绝缘结构，拆除下铁轭拉带包扎皱纹纸且对应位置阶梯垫块进行开槽处理，改善拉带散热条件，具体结构如图 1-1-51 所示。

b. 在阀侧旁柱上撑板接触面处安装铜带，增加有效接触面积，确保有效导通。拉板螺杆处增加 Nomex 纸，保证螺杆与固定板之间为绝缘状态。

图 1-1-51　改进后的拉带绝缘结构

c. 更换所有带有灰色痕迹的成型绝缘件。

3）修复后厂内试验验证情况。故障换流变压器厂内修复完成后，开展如表 1-1-19 所示的试验项目。

表 1-1-19　　换流变压器修复后试验项目明细

序号	试验项目	备注
1	铁心和夹件绝缘电阻及耐压试验	
2	电压比测量和联结组别检定	
3	绕组直流电阻测量	
4	绕组绝缘电阻、吸收比及极化指数测量	
5	绕组对地及绕组间电容及介质损耗测量	
6	套管电容及介质损耗测量	
7	短路阻抗及负载损耗测量	
8	温升试验	(1) 1.1 倍电流，试验时间 72h。 (2) 试验过程中，每 12h 进行一次油色谱测量。 (3) 试验时对油箱热点进行测量。 (4) 根据温升实测数据，对整改措施的成效进行评估
9	空载损耗和空载电流测量	
10	带有局部放电测量的感应电压试验（绝缘试验前）	按 100%电压实施
11	雷电冲击全波试验（线端及中性点）	按 80%电压实施
12	阀侧外施操作冲击试验	按 80%电压实施
13	网侧操作冲击试验	按 80%电压实施
14	直流耐压试验及局部放电测量	按 80%电压实施
15	极性反转试验及局部放电测量	按 80%电压实施
16	中性点外施耐压试验	按 80%电压实施
17	阀侧带局部放电测量的外施耐压试验	按 80%电压实施
18	带有局部放电测量的感应电压试验（绝缘试验后）	按 100%电压实施
19	空载电流谐波测量	
20	空载励磁特性测量（还有 1h 励磁试验）$1.1U_r$	
21	长时间空载试验	
22	频率响应分析的测量	
23	有载分接开关试验	
24	380V 低电压空载测量	
25	5A 低电流阻抗测量	
26	风扇和油泵电机吸取功率测量	
27	辅助回路耐压	

72h过负荷油色谱数据见表1-1-20，温升试验时发现油色谱数据异常，甲烷（CH_4）、乙烯（C_2H_4）缓慢增长，试验进行至48h出现乙烷并缓慢增长，油色谱三比值编码为002，属于高温过热。期间，油面温升、油平均温升和绕组温升数据未见异常。

表1-1-20　72h过负荷油色谱数据　(μL/L)

时间	氢气（H_2）	甲烷（CH_4）	乙烯（C_2H_4）	乙烷（C_2H_6）	乙炔（C_2H_2）	一氧化碳（CO）	二氧化碳（CO_2）	总烃（∑CH）
试验前	1.00	0.29	0.06	0.00	0.00	1.00	49.00	0.35
过电流12h	1.00	0.32	0.12	0.00	0.00	5.00	70.00	0.44
过电流24h	1.00	0.45	0.17	0.00	0.00	6.00	93.00	0.62
过电流36h	1.00	0.56	0.18	0.00	0.00	8.00	133.00	0.74
过电流48h	1.00	0.59	0.22	0.06	0.00	11.00	126.00	0.87
过电流54h	1.00	0.60	0.30	0.14	0.00	13.00	124.00	1.04
过电流60h	1.00	0.60	0.33	0.15	0.00	14.00	129.00	1.08
过电流66h	1.00	0.72	0.48	0.16	0.00	13.00	130.00	1.36
过电流72h	1.00	0.89	0.62	0.17	0.00	14.00	135.00	1.68

为进一步分析故障原因，开展0.5U_r～1.15U_r试验电压下空载损耗（注：U_r为绕组额定电压）和1.1U_r试验电压下12h长时空载试验，其中空载损耗试验结果见表1-1-21，在1.1U_r及1.15U_r试验电压下，空载损耗与出厂值偏差分别为5.04%、6.90%；空载运行12h的色谱数据见表1-1-22，与过流后数据比较，甲烷（CH_4）、乙烯（C_2H_4）和乙烷（C_2H_6）未见明显增长趋势，初步排除铁心等磁路方面存在异常。

表1-1-21　空载损耗与出厂试验数据比较

试验电压	空载损耗初值（kW）	空载损耗复试（kW）	与出厂值偏差（%）	铁心电流（mA）	夹件电流（mA）
50%U_r	30.3	30.5	0.67	—	—
60%U_r	43.5	43.6	0.23	—	—
70%U_r	60.1	60.2	0.17	—	—
80%U_r	80.6	80.8	0.25	—	—
90%U_r	108.3	109.7	1.29	1.0	60
100%U_r	150.5	150.7	0.13	1.3	60
105%U_r	188.9	188.0	−0.48	—	—
110%U_r	230.1	241.7	5.04	2.1	70
115%U_r	262.3	280.4	6.90	6.2	600

表 1-1-22　　空载运行 12h 色谱数据

部位	时间	氢气 (H_2)	甲烷 (CH_4)	乙烯 (C_2H_4)	乙烷 (C_2H_6)	乙炔 (C_2H_2)	一氧化碳 (CO)	二氧化碳 (CO_2)
器身上	过流后	1	0.89	0.86	0.11	0	14	114
	运行前	1	0.77	0.83	0.15	0	13	117
	6h	1	0.86	0.77	0.16	0	11	121
	12h	1	0.86	0.86	0.14	0	13	125
器身中	过流后	1	0.94	0.91	0.17	0	16	123
	运行前	1	0.86	0.96	0.18	0	13	169
	6h	1	0.94	0.80	0.14	0	12	98
	12h	1	1.02	0.93	0.18	0	13	118
器身下	过流后	1	1.17	0.93	0.16	0	15	185
	运行前	1	0.9	0.82	0.13	0	12	114
	6h	1	0.78	0.77	0.14	0	11	92
	12h	1	1.13	0.99	0.20	0	14	121

（3）第二次解体检查处理情况。

1）解体检查情况。如图 1-1-52 所示，检查铁心上撑板和紧固件，发现柱 2 旁轭网阀侧上撑板压块松动，撑板的锁片发现 2 处过热痕迹，压块表面局部有炭黑痕迹，压块下方的铜板开孔处有过热痕迹，与之对应的中间螺杆螺纹局部有灼损痕迹，与过电流试验中甲烷（CH_4）、乙烯（C_2H_4）、乙烷（C_2H_6）等特征气体增长数据相吻合。

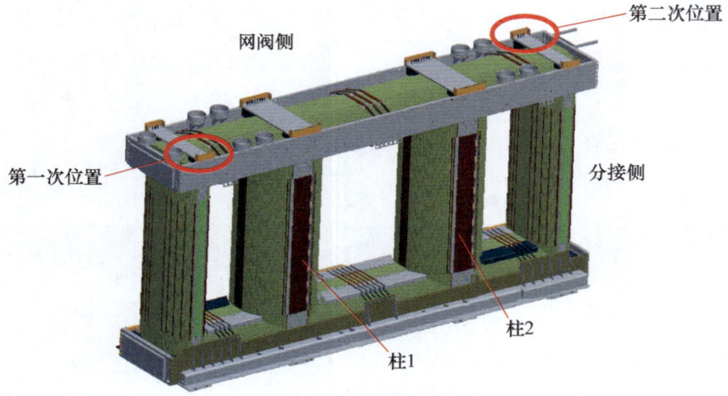

(a) 撑板检查异常位置示意图

(b) 撑板网阀侧螺栓过热痕迹

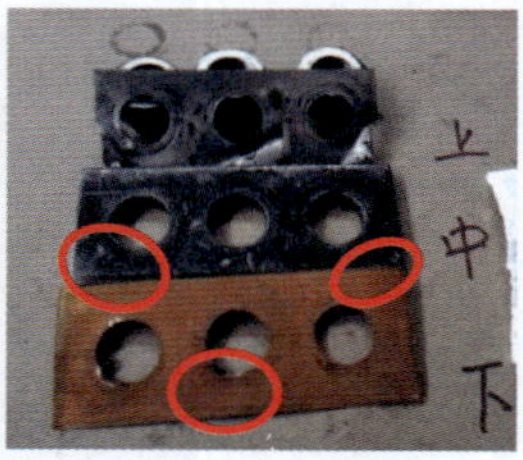

(c) 锁片、压块过热痕迹

(d) 螺杆螺纹灼损痕迹

图 1-1-52　第二次解体检查结果

2）故障修复情况。第二次解体确认缺陷部位及原因后，采取如下措施进行修复：

a. 器身压装前按照工艺要求进行螺母紧固，但锁片暂不锁紧；器身吊入油箱后，再按要求对铁心拉板的所有螺母进行紧固并锁紧，检查垫板无松动并记录。

b. 撑板扩孔，去除 Nomex 纸后加装环氧玻璃布绝缘套。

c. 对垫板开展精加工，保证良好接触及刚度。

d. 更换新的锁片，锁片起角应可靠压接在螺栓外平面，避免因锁紧工艺不当出现点接触。

3. 原因分析

根据解体检查情况，确认异常产气是由铁心和夹件安装工艺不到位导致，具体故障原因为：

(1) 换流变压器拉带为导通结构，运行中拉带、撑板、垫脚与夹件形成电流通路，拉带流过环流。经仿真计算分析，如图 1-1-53 和表 1-1-23 所示，负载工况下，拉带中最大环流值为 130.4A，拉带、拉板端面平整度、拉带螺孔角度以及螺栓紧固程度存在安装工艺的分散性，造成电流通路中各部件局部接触面积不足，接触电阻过大形成裸金属过热点。拉带一端绝缘改进后，拉带中无环流通过，环流通过夹件、撑板、铁心垫脚流通，撑板中通过最大环流值 79.9A，拉带一端绝缘对油箱磁密分布变化不大。

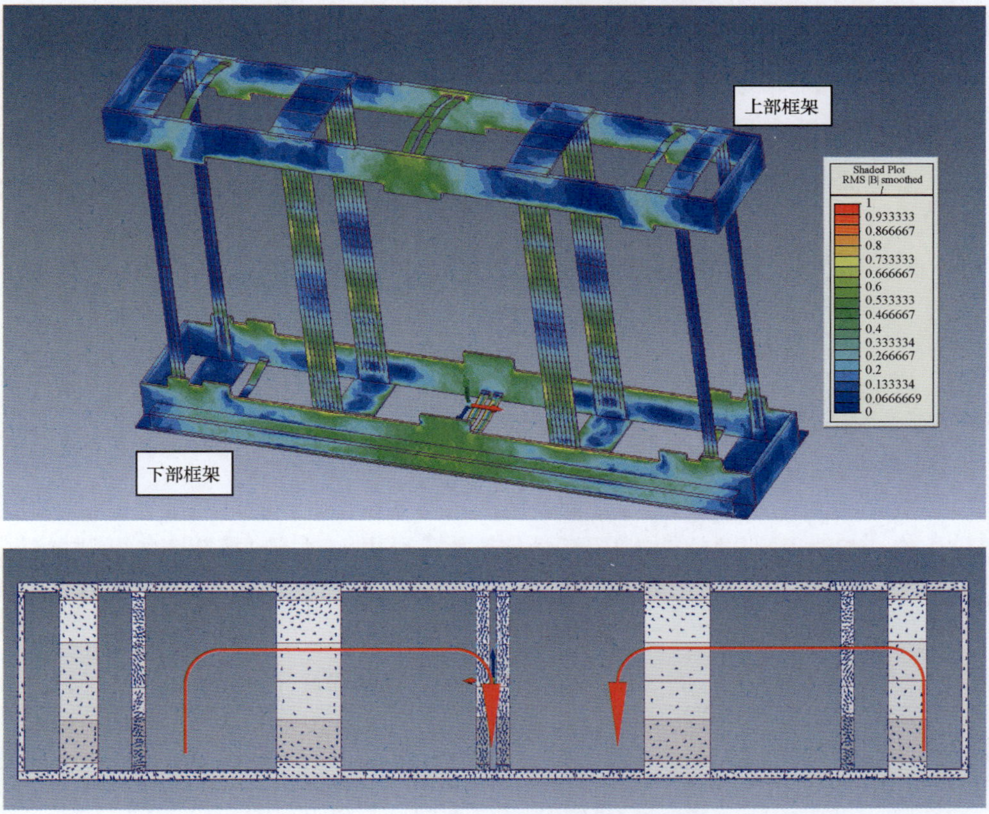

图 1-1-53　拉带一端未绝缘时铁心上下部夹件框架环流示意图

表 1-1-23　　　　　　铁心上下部夹件框架环流仿真计算结果

项目	环流部位		最大环流值（A）
拉带一端未绝缘	上部框架	中部两根拉带	95.7
		撑板	76.6
	下部框架	中部两根拉带	130.4
		撑板、铁心垫脚	63.6
		拉板	8.3
拉带一端绝缘	上部框架	撑板	79.9
	下部框架	撑板、铁心垫脚	61.4
		拉板	6.7

（2）第二次解体发现的撑板垫板松动原因：垫板螺栓紧固后器身要经历回炉和下箱两次吊装，吊点布置于两主柱外侧位置，吊运过程中夹件受力局部变形，器身落下后变形恢复，造成垫板松动。

（3）撑板锁片存在过热点原因：垫板松动导致螺母、锁片、垫块及铜片之间接触不良，在漏磁通环流作用下，接触电阻过大形成金属过热点。

（4）撑板铜片与拉板中间螺杆螺纹接触点存在发黑痕迹的原因：拉板、撑板金属闭合回路在磁场中形成环流，第一次修复时螺杆与垫板铜片间新增的 Nomex 纸装配不当，导致螺杆与铜片绝缘失效，铜片与螺杆螺纹存在异常接触点，且接触不良、接触电阻较大，在环流作用下引起铜片过热烧损。

1.4.8　案例 8：换流变压器夹件环流过热故障

1. 情况说明

（1）故障前的运行情况。故障前后运行工况、环境温度变化均无变化，未发生不良运行工况。

（2）故障过程描述。7 月，某换流站极Ⅰ Y/D-B 相换流变压器在线油色谱显示乙炔（C_2H_2）含量持续升高。9 月，乙炔（C_2H_2）等特征气体出现快速增长，为确保安全，将该换流变压器退出运行。

（3）故障设备基本情况。该换流变压器为瑞典 ABB 公司生产，产品型号为 ZZDFPZ-403000/330-330，故障时换流变压器已投运 2 年。

2. 检查情况

（1）试验检查情况。现场开展故障换流变压器电压比、绝缘电阻等常规试验以及局部放电试验，未发现明显异常。为进一步分析故障原因，现场对换流变压器开展最大分接下（25 分接，1541.5A）12h 升温试验，油色谱检测数据如表 1-1-24 和图 1-1-54 所示，油色谱三比值编码为 022，初步分析换流变压器内部存在高温过热。

表 1-1-24　　　　　　25 分接下 12h 升温试验下油色谱数据　　　　　　（μL/L）

时间	氢气（H_2）	甲烷（CH_4）	乙烷（C_2H_6）	乙烯（C_2H_4）	乙炔（C_2H_2）	总烃（$\sum CH$）	一氧化碳（CO）	二氧化碳（CO_2）
温升前	0	1.24	0.07	1.26	0.16	3.10	29.76	391.83
2h	0.82	4.75	0.73	5.77	0.23	11.48	36.15	443.05
4h	3.10	6.53	1.03	7.25	0.23	15.04	26.38	338.43

续表

时间	氢气 (H_2)	甲烷 (CH_4)	乙烷 (C_2H_6)	乙烯 (C_2H_4)	乙炔 (C_2H_2)	总烃 ($\sum CH$)	一氧化碳 (CO)	二氧化碳 (CO_2)
6h	4.30	7.53	1.31	8.53	0.23	17.60	32.74	421.18
8h	6.19	10.53	1.80	11.46	0.27	24.06	31.62	412.27
10h	6.71	11.02	1.98	12.06	0.26	25.32	33.79	417.92
12h	6.92	11.33	2.22	13.23	0.27	27.05	34.02	418.96

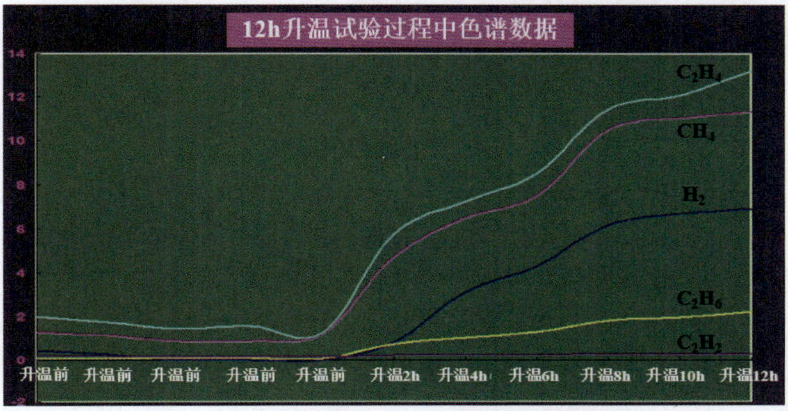

图 1-1-54　12h 升温试验下油色谱气体含量变化曲线

（2）解体检查情况。故障换流变压器解体检查发现靠近阀侧出线侧下铁轭端部铝制屏蔽板与下夹件金属支架直接接触，接触面有明显的发黑烧蚀痕迹，如图 1-1-55 所示。

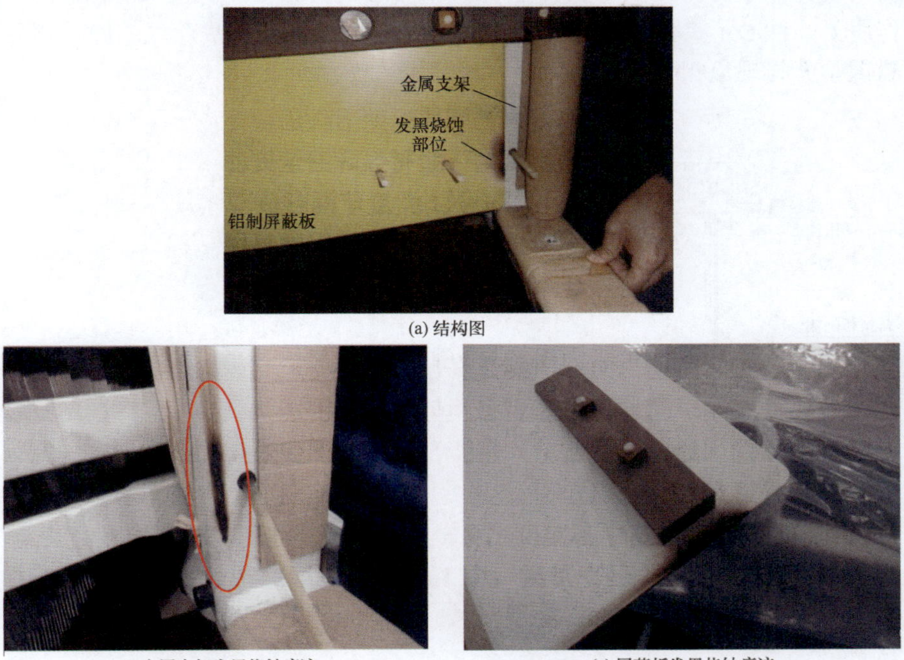

(a) 结构图

(b) 金属支架发黑烧蚀痕迹　　(c) 屏蔽板发黑烧蚀痕迹

图 1-1-55　屏蔽板与下夹件金属支架接触面有放电痕迹

（3）故障处理情况。基于解体检查结果，制定如图 1-1-56 所示修理方案，对铝制屏蔽板和下夹件金属支架故障部位进行清理修复、重新喷漆，将屏蔽板截断 20mm，在屏蔽板和金属支架之间增加一张 3mm 的绝缘纸板进行绝缘隔离。换流变压器修复后，重新开展出厂试验，试验合格。

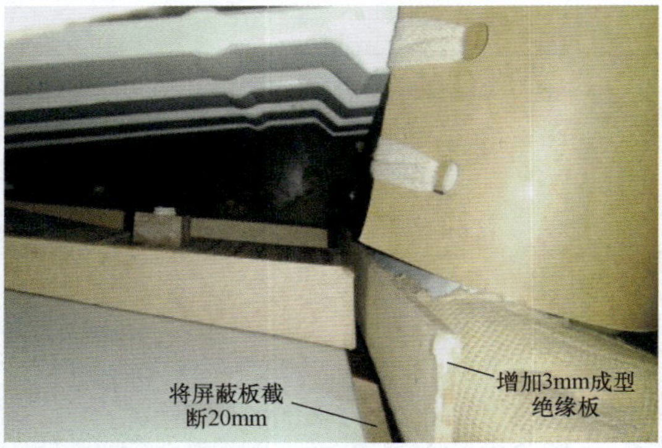

图 1-1-56　故障处理方案

3. 原因分析

根据排油内检结果，本次故障原因为：在制造过程中，工作人员未按图施工，将调压侧下夹件金属支架外部全绝缘覆盖改为局部绝缘覆盖，导致铝制屏蔽板与调压侧下夹件金属支架未能绝缘隔离，而是接触导通。由于铝质屏蔽板与网侧下夹件存在等电位连接线，当铝制屏蔽板与调压侧下夹件金属支架导通时，铁心下夹件形成闭合导通环路。在漏磁作用下，铁心下夹件内部存在环流，引发高温过热、异常产气故障，这与现场运行及升温试验产气现象相吻合，故障位置如图 1-1-57 所示。

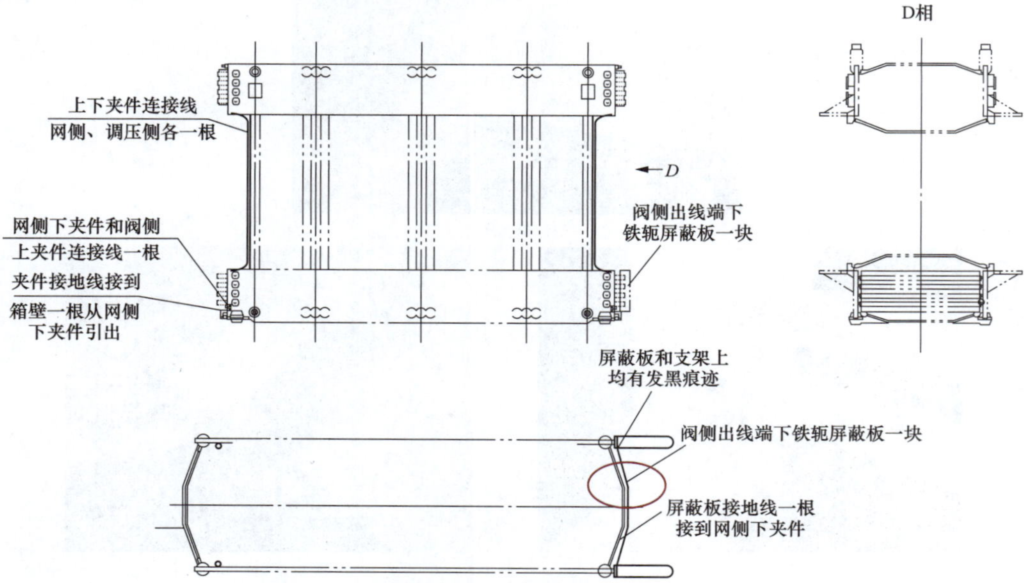

图 1-1-57　故障位置示意图

1.4.9　案例 9：换流变压器拉板与硅钢片放电故障

1. 情况说明

（1）故障过程描述。6 月 28 日，极Ⅱ高端 Y/Y-C 相换流变压器带电试运行约 12h 后，油色谱在线监测装置检测到本体油中出现微量乙炔（C_2H_2）。6 月 30 日换流变压器空载运行 10h 后，油色谱在线监测结果显示乙炔（C_2H_2）含量超过标准规定的 1μL/L 注意值。

（2）故障设备基本情况。换流变压器为 ABB 公司生产，产品型号为 ZZDFPZ-412300/750-800。

2. 检查处理情况

（1）试验验证情况。

1）油色谱分析。6 月 30 日换流变压器离线检测油色谱数据见表 1-1-25，其中网侧高压升高座处和换流变压器本体特征气体含量较高，色谱三比值编码为 202，对应故障类型为低能放电故障。

表 1-1-25　6 月 30 日试运行后离线检测油色谱数据　（μL/L）

油样位置	氢气（H_2）	甲烷（CH_4）	乙烷（C_2H_6）	乙烯（C_2H_4）	乙炔（C_2H_2）	一氧化碳（CO）	二氧化碳（CO_2）	总烃（ΣCH）
本体顶部	8.12	2.34	0.06	0.36	5.66	23.70	159.80	8.42
本体中部	7.78	5.08	0.07	0.36	5.33	22.46	186.92	10.84
本体底部	8.34	1.74	0.06	0.35	6.05	25.29	160.25	8.20
网侧高压升高座	5.25	4.39	0.80	2.05	7.67	16.09	571.60	14.91
中性点升高座	5.37	6.19	0.18	0.68	4.92	22.64	340.28	11.97
阀侧升高座 a	6.64	3.56	0	0	0.81	23.60	567.10	4.37
阀侧升高座 b	5.75	4.93	0	0	0	13.11	445.89	4.93
有载调压 1 号	7.12	5.87	0	0	1.61	14.44	360.07	7.48
有载调压 2 号	6.74	6.08	0	0	1.88	19.74	277.73	7.96
有载调压 3 号	6.53	3.47	0	0	1.63	20.10	287.45	5.10

2）试验检查情况。为进一步分析缺陷性质及部位，极Ⅱ高端换流变压器于 7 月 1 日 19:30～22:00 再次带电试运行，对 Y/Y-C 相换流变压器开展空载状态下高频电流局部放电、特高频局部放电及超声波局部放电带电检测。

a. 高频电流局部放电检测。将高频电流传感器接至 Y/Y-C 相、Y/Y-B 相换流变压器铁心接地引线处进行测试，测试结果如图 1-1-58 所示，结果表明 Y/Y-C 相换流变压器高频局部放电异常，幅值为 74dB，具有悬浮特征。

b. 超声局部放电检测。分别在换流变压器壳体、m 型升高座位置进行超声检测，检测发现换流变压器箱盖柱 2 及柱 3 升高座中间略偏向于柱 2 升高座位置超声信号较为强烈［图 1-1-59（a）中红色标识区域］，检测图谱如图 1-1-59（b）～（d）所示。图中可以看出，超声波连续图谱幅值较大，频率 2 分量明显高于频率 1 分量，相位呈现两簇聚集，时域每周期呈现两个波峰，具有悬浮电位放电特征。

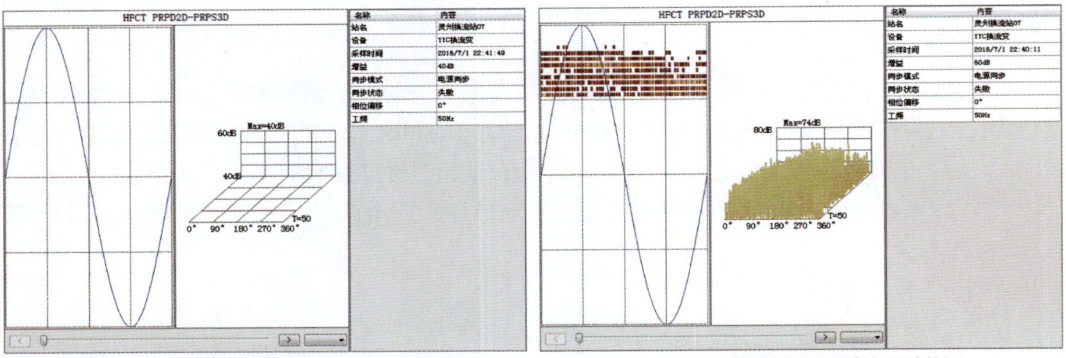

(a) Y/Y–B相换流变压器高频测试数据　　(b) Y/Y–C相换流变压器高频测试数据

图 1-1-58　高频局部放电测试结果 T-50 个周期数据的叠加

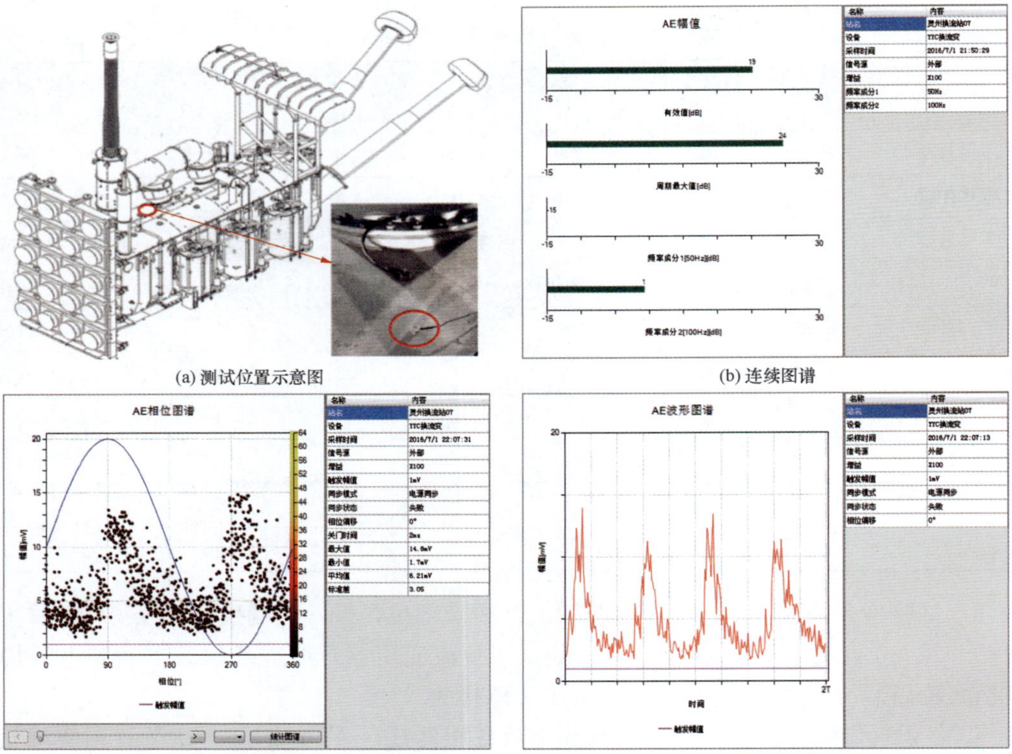

(a) 测试位置示意图　　(b) 连续图谱

(c) 相位图谱　　(d) 时域图谱

图 1-1-59　超声波测试位置及测试结果

c. 高频、特高频、超声综合局部放电检测。特高频传感器放于柱 2 升高座法兰缝隙处，超声波传感器放于箱盖上部柱 2 及柱 3 升高座中间位置，高频电流传感器接至变压器铁心引出线处，传感器布置位置及测试结果如图 1-1-60 所示。测试结果表明，以高频局部放电信号为触发源，高频信号、特高频信号及超声波信号具有对应性，即每周期产生两簇高频信号时对应产生两簇特高频信号、超声波信号。结合超声波信号衰减特点，进一步定位确定悬浮放电部位靠近黄色传感器部位。

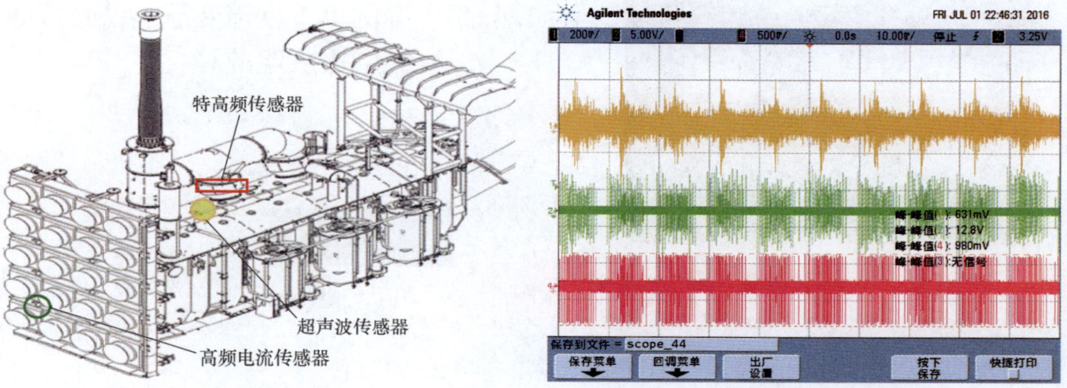

(a) 传感器布置图　　(b) 局部放电检测信号

图 1-1-60　高频、特高频、超声综合局部放电检测情况

d. 局部放电检测后色谱分析。局部放电检测后，对换流变压器各部位进行油样色谱分析，具体数据见表 1-1-26。油中乙炔（C_2H_2）含量呈现上升趋势，网侧高压套管升高座取样位置乙炔（C_2H_2）含量最高，达 17.9μL/L。

表 1-1-26　　7 月 2 日离线检测油色谱数据　　(μL/L)

油样位置	氢气（H_2）	甲烷（CH_4）	乙烷（C_2H_6）	乙烯（C_2H_4）	乙炔（C_2H_2）	一氧化碳（CO）	二氧化碳（CO_2）	总烃（ΣCH）
本体顶部	15.34	10.23	6.74	2.79	13.1	28.78	180.48	32.84
本体中部	12.67	3.59	0.38	0.59	8.54	27.16	176.15	13.1
本体底部	12.51	1.66	0.09	0.67	9.71	25.12	167.21	12.13
网侧高压套管升高座	17.33	11.45	0.07	0.85	17.9	24.01	551.26	30.26
中性点升高座	16.15	4.52	0.11	0.74	13.8	32.68	371.28	19.18
阀侧升高座 a	16.81	3.7	0	1.19	12.8	28.44	576.12	17.65

结合现场检查及试验结果，初步分析认为极Ⅱ高端 Y/Y-C 相换流变压器内部存在悬浮电位放电，放电位置位于柱 2 与柱 3 升高座之间，且靠近变压器顶部区域。

（2）排油内检情况。对故障换流变压器开展现场排油内检，拆除网侧高压套管及网侧高压升高座，采用内窥镜对局部放电定位区域进行重点检查。如图 1-1-61，检查发现换流变压器铁心柱 2 网侧拉板与上铁轭末级片导通，存在放电痕迹，缺陷部位与带电检测定位结果一致。

3. 故障原因分析

基于试验验证数据分析及排油内检结果，分析认为故障原因为：产品制造过程中生

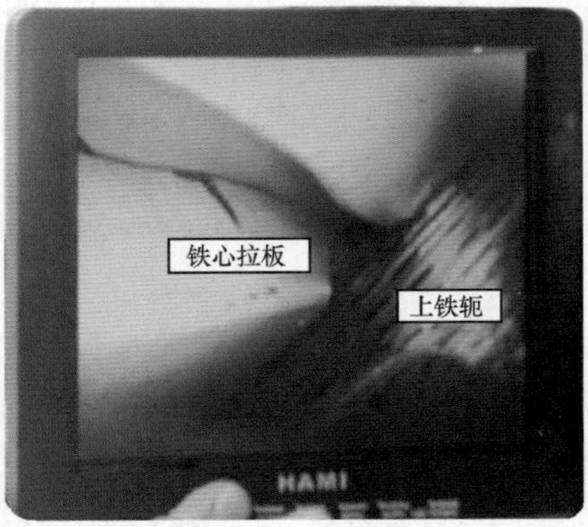

图 1-1-61 铁心拉板与上铁轭末级片导通

产工艺把控不良，导致铁心拉板与铁心硅钢片之间未可靠绝缘，漏磁使拉板与铁心硅钢片之间产生电势差，引发放电。

1.4.10 案例 10：换流变压器铁心接地线虚接放电故障

1. 情况说明

(1) 故障过程描述。换流变压器在调试及试运行期间乙炔（C_2H_2）含量呈间歇性缓慢上升趋势，7 月 7 日离线油色谱乙炔（C_2H_2）含量为 0.23μL/L，9 月 12 日离线油色谱乙炔（C_2H_2）含量上涨至 0.97μL/L，第二年的 3 月 3 日乙炔（C_2H_2）含量增长至1.84μL/L，其他特征气体未见异常。故障前后运行工况、环境温度均无变化。

(2) 故障设备基本情况。换流变压器为保定天威保变电气股份有限公司生产，产品型号为 ZZDFPZ-415000/750-200。

2. 检查情况

(1) 油色谱分析。换流变压器自异常产气以来离线油色谱数据见表 1-1-27，氢气（H_2）、乙炔（C_2H_2）、总烃（∑CH）变化曲线如图 1-1-62 所示，色谱三比值编码为 102，综合分析认为换流变压器内的回路存在间歇性放电故障。

表 1-1-27　换流变压器本体下部离线油色谱数据　(μL/L)

日期	氢气 (H_2)	甲烷 (CH_4)	乙烷 (C_2H_6)	乙烯 (C_2H_4)	乙炔 (C_2H_2)	一氧化碳 (CO)	二氧化碳 (CO_2)	总烃 (∑CH)
2020 年 7 月 7 日	2.4	0.7	0	0.4	0.23	16.2	70.4	1.33
2020 年 9 月 12 日	12.4	2.7	0.4	1.8	0.97	48.9	168.8	5.87
2020 年 10 月 24 日	11.6	3.0	0.4	1.8	0.90	52.4	159.6	6.10
2020 年 12 月 30 日	16.4	3.7	0.5	2.7	1.58	53.4	156.1	8.48
2021 年 1 月 10 日	17.3	3.8	0.6	2.8	1.67	55.2	152.3	8.87
2021 年 1 月 12 日	16.1	3.9	0.6	2.9	1.69	53.3	142.7	9.09
2021 年 1 月 15 日	17.3	4.0	0.7	3.0	1.75	53.6	127.2	9.4
2021 年 1 月 25 日	12.7	3.4	0.5	2.5	1.70	42.4	155.3	8.10
2021 年 2 月 1 日	15.2	3.7	0.6	2.9	1.77	49.6	132.7	8.97
2021 年 2 月 9 日	13.0	3.6	0.7	2.9	1.68	43.4	129.9	8.88
2021 年 3 月 3 日	15.6	4.0	0.6	3.0	1.84	51.6	138.9	9.44
2021 年 3 月 29 日	14.8	4.1	0.6	2.9	1.76	51.7	218.7	9.36

(2) 排油内检情况。现场对换流变压器开展排油内检，发现铁心接地线与端子盒连接部位虚接，用手触碰后，接地线脱落。检查铁心接地线对应端子盒接线柱及接线片，接线柱上有明显的放电痕迹，擦拭表面有炭黑，如图 1-1-63 所示。

(3) 故障处理情况。端子盒结构采用接线端子接线柱与接线片焊接结构，通过端子上的接线片与铁心接地线连接，形成铁心与地电位有效电气连接。基于此，对脱落的接

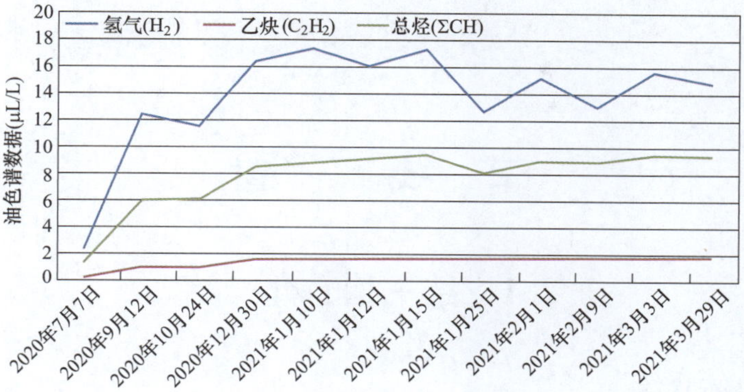

图 1-1-62 氢气（H_2）、乙炔（C_2H_2）、总烃（$\sum CH$）变化曲线

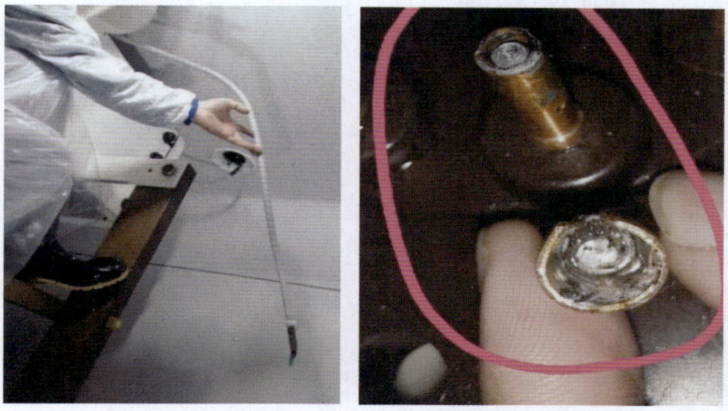

图 1-1-63 端子盒检查

地线与接线端子重新进行焊接，检查焊接牢固后对故障变压器重新开展油务处理，通过局部放电试验后恢复运行。

3. 原因分析

根据油色谱分析以及排油内检结果，分析认为换流变压器异常产气原因为：由于厂内焊接质量不良，导致铁心接地线与接线片焊接不牢固，在运行振动作用下开焊松动，造成铁心接地线与端子盒连接部位虚接、等电位连接失效，产生间歇性放电并产生微量乙炔（C_2H_2），与油色谱数据吻合。

2 线　　圈

2.1 结 构 介 绍

2.1.1 总体介绍

线圈是换流变压器主要部件之一。为满足绝缘强度、机械强度和散热方面的要求，线圈可分为多种类型，具体取决于换流变压器的容量、额定电压、额定电流和使用条件。绕组除采用合适的绕组绝缘结构和合理的设计参数选择外，材料的质量优劣、绕组制作工艺过程的质量控制以及工艺环境因素，对绕组的可靠性也有决定的影响。换流变压器绕组导线外面均覆有漆膜，外包绝缘纸采用高密度耐热绝缘纸。导线外附胶膜采用高温耐热胶。

换流变压器线圈包括网侧线圈、阀侧线圈和调压线圈三部分。

（1）网侧线圈。网侧线圈通过交流套管与交流网络连接，目前最高电压等级为1000kV。换流变压器网侧线圈与相同电压等级的电力变压器的线圈结构基本相同，主要结构有纠结连续式、插入屏连续式。

（2）阀侧线圈。换流变压器阀侧线圈通过阀侧套管与换流阀桥连接，其设计与普通电力变压器线圈相比有很大的特殊性。一方面是特殊的绝缘要求，阀侧线圈为全绝缘设计，首末端的绝缘水平相同，并要承受交流、直流及极性反转电压的同时作用。另一方面则由于换流变压器在实际运行时，线圈中流通大量谐波电流，会产生较大的附加损耗。设计时必须合理控制导线的电流密度，以防止线圈产生局部过热。阀侧线圈主要结构有纠结连续式、插入屏连续式、螺旋式。

（3）调压线圈。换流变压器的调压范围要求很大，调压线圈通常设计成一个独立的线圈，与网侧线圈末端相连。根据绝缘水平合理选择调压线圈匝间绝缘厚度以及与相邻线圈或接地部件的距离，必要时采用非线性电阻或内置避雷器，用以限制调压线圈的级间过电压。

2.1.2 两种技术路线结构比对

1. 调压线圈

调压线圈流过电流小，主要采用换位导线绕制，以层式结构为主，部分采用螺旋式结构。出线方式有轴向出线和辐向出线两种。

Ⅰ型技术路线换流变压器调压线圈多为换位导线并联绕制的单层圆筒式，并联导线沿轴向排列时不进行换位，绕制方便，出头从线圈上下端部轴向引出，具体结构如图1-

2-1 所示。

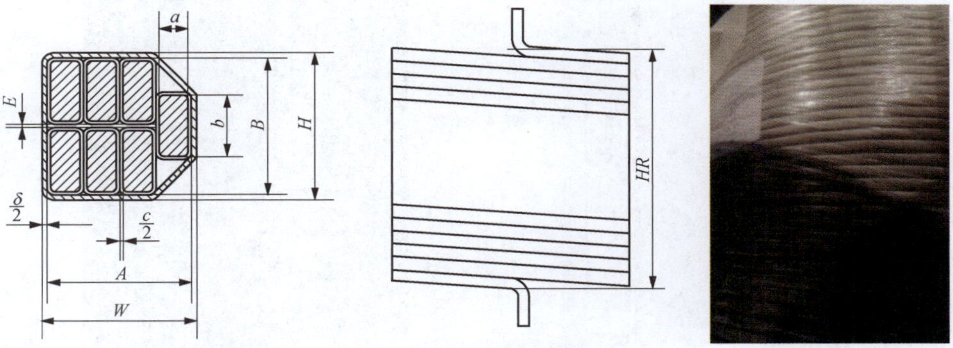

(a) 导线截面　　(b) 线圈结构图　　(c) 线圈实物图

图 1-2-1　Ⅰ型技术路线换流变压器调压线圈导线及结构

Ⅰ型技术路线换流变压器偏置线圈布置在器身下部，通过开关与调压线圈连接，可以减少调压线圈出头数量，如图 1-2-2 所示。

图 1-2-2　偏置线圈

对于Ⅱ型技术路线换流变压器，当调压线圈在最内侧时，多采用多根换位导线并绕单层圆筒式、双层圆筒式、双层螺旋式等线圈形式，从线圈上下端部轴向引出线圈出头，具体结构如图 1-2-3 所示。

对于Ⅱ型技术路线换流变压器，当调压线圈在最外侧时，多采用换位导线轴向并绕单层圆筒式线圈型式，从水平方向引出线圈出头，通过外部电缆或铜棒进行并联，线圈外表面暴露无纸板围屏，撑条通过绝缘纸带进行绑扎固定，具体结构如图 1-2-4 所示。

2. 网侧线圈

网侧线圈采用分级绝缘结构，主要采用复合导线、换位导线绕制，线圈多采用纠结连续式、插入屏连续式等形式。

Ⅰ型技术路线换流变压器网侧线圈多为复合导线绕制的纠结连续式（上端部为纠结线饼），线圈中部线饼区域采用辐向复合导线，漏磁较大的线圈端部线饼区域采用宽厚比较小的轴向复合导线，用于降低涡流损耗；线圈无轴向油道，线圈出头从上、下端部

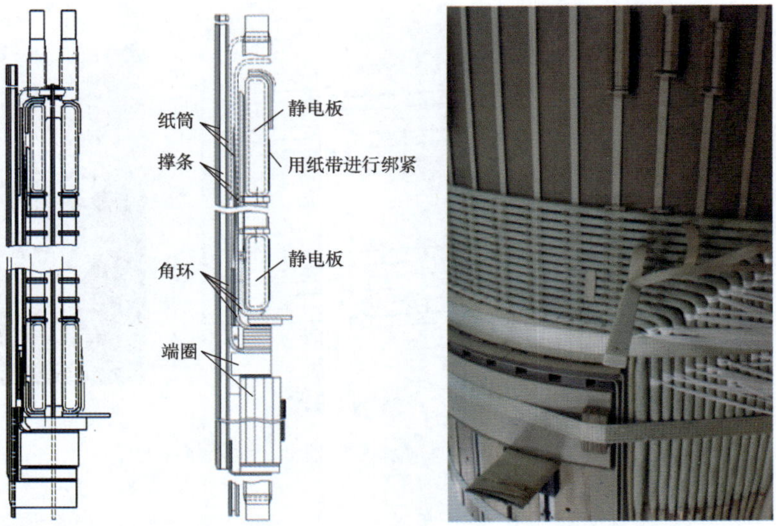

(a) 结构图　　(b) 装配图　　(c) 实物图

图 1-2-3　Ⅱ型技术路线调压线圈在最内侧时结构及实物图

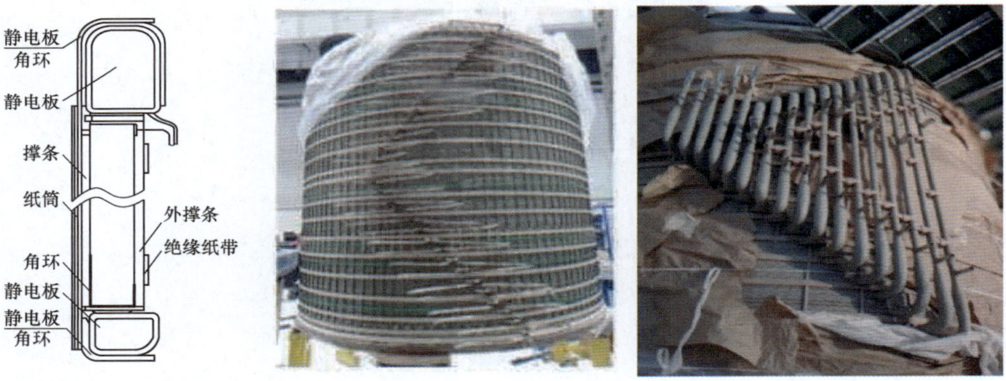

(a) 结构图　　(b) 实物图

图 1-2-4　Ⅱ型技术路线调压线圈在最外侧时结构及实物图

轴向引出，具体结构如图 1-2-5 所示。

Ⅱ型技术路线换流变压器网侧线圈多为换位导线绕制的插入屏连续式，首端屏蔽段导线为带屏线的双换位导线，其余段为不带屏线双换位导线；线圈出头从上、下端部轴向引出，具体结构如图 1-2-6 所示。

3. 阀侧线圈

阀侧线圈采用全绝缘结构，主要采用复合导线、换位导线绕制，线圈多采用纠结连续式、插入屏连续式等形式。

Ⅰ型技术路线换流变压器 Y 接阀侧线圈为多根纸包扁线或换位导线并绕的 K 换位螺旋式，如图 1-2-7 所示，工艺简单，绕制速度快；D 接阀侧线圈为复合导线绕制的纠结

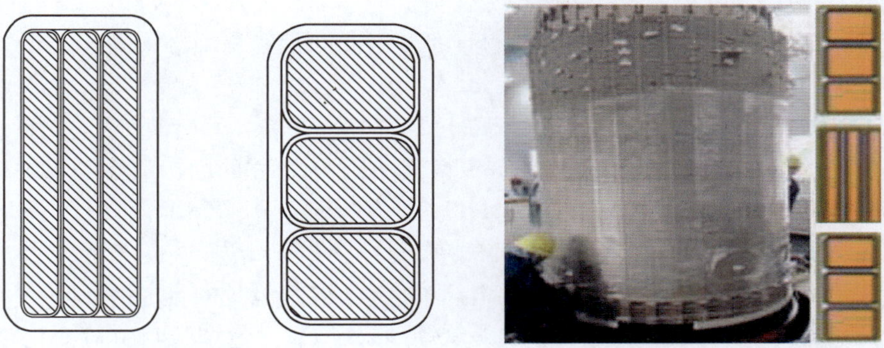

(a) 辐向三组合　　(b) 轴向三组合　　(c) 线圈实物图

图 1-2-5　Ⅰ型技术路线网侧线圈导线及线圈结构

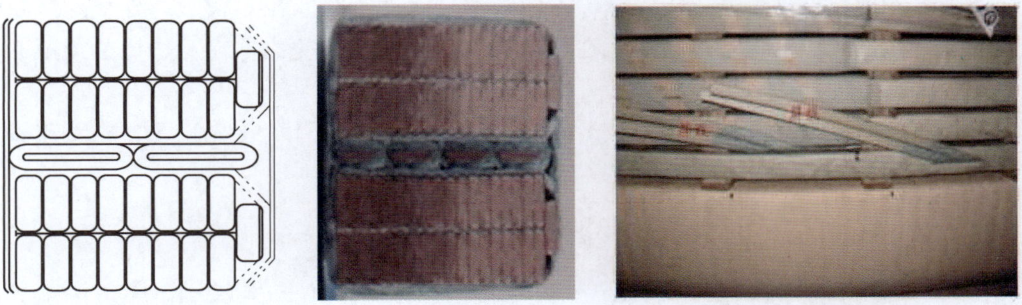

(a) 导线截面图　　(b) 导线实物图　　(c) 线圈实物图

图 1-2-6　Ⅱ型技术路线网侧线圈导线及线圈结构

连续式（上、下端部为纠结线饼），上下端部线饼采用轴向复合导线，中部线饼采用辐向复合导线或半硬铜自粘换位导线；线圈无轴向油道，线圈出头从上、下端部辐向水平引出。

Ⅱ型技术路线换流变压器阀侧线圈多为换位导线绕制的插入屏连续式线圈，首、末端屏蔽段导线采用带屏线的双换位导线，其余段为不带屏线双换位导线，与Ⅱ型技术路线换流变压器网侧线圈结构类似。当阀侧线圈在最内侧时，线圈出头轴向引出；当阀侧线圈在最外侧时，出头为端部辐向水平引出。

图 1-2-7　K 换位螺旋式线圈

2.2　故障及缺陷特征

2.2.1　导线焊接缺陷引发异常产气

（1）可能原因。该类故障多发生于纠结连续式线圈的导线焊接位置，由于导线焊接质量缺陷，导致焊接缺陷处接触电阻偏大，换流变压器线圈通流运行引发局部过热。随着负荷增长，发热量将成倍增大，局部温度过高时引起铜线烧蚀、绝缘纸碳化、变压器油分解产气。

（2）主要特征。一是故障表现为中温过热（300～700℃），色谱三比值编码为021。二是总烃（ΣCH）增长为典型特征，基于换流变压器先后发生的4起导线焊接故障油色谱数据分析，甲烷（CH_4）、乙烷（C_2H_6）、乙烯（C_2H_4）、乙炔（C_2H_2）平均占比分别约为46%、15%、38%、≤1%，氢气（H_2）会同步增长［氢气（H_2）与总烃（ΣCH）比值一般不超过15%］，当放电部位涉及纸绝缘时，也会伴随有一氧化碳（CO）、二氧化碳（CO_2）增长趋势。三是总烃（ΣCH）含量增长与负荷变化存在正相关。当负荷增大时总烃（ΣCH）增长速率相应加快，当负荷降低时或处于某一平衡功率值时，总烃（ΣCH）增长速率减缓或保持动态平衡。四是故障具有一定潜伏性，投运初期不易发现。换流变压器出厂试验阶段线圈带电通流时间相对较短，导线焊接缺陷不易发现，换流变压器投入运行后，在长期带电通流及负荷变化下，发热烧蚀点不断扩大恶化，最终引发油中放电产气。

（3）故障监测检测方法。参照“1.2.1 等电位连接松动引发异常产气”故障监测检测方法。

2.2.2 线圈匝间短路引发保护动作或异常产气

（1）可能原因。该类故障多由于导线焊接质量不良或换位包扎控制不当等因素导致局部匝间绝缘破损，在励磁涌流、运行中振动摩擦等因素作用下使匝间绝缘破损进一步扩大，最终引发匝间短路，造成变压器差动保护动作或异常产气故障。

（2）主要特征。一是故障录波显示电压波形会有不同程度的跌落（匝间短路波及范围较小时，电压跌落程度不明显），绕组的首端电流、末端电流会同步增大。二是色谱三比值编码多为10X，故障表现为电弧放电。乙炔（C_2H_2）、氢气（H_2）、甲烷（CH_4）、乙烯（C_2H_4）等特征气体同步增长，由于导线外部有绝缘覆盖，匝间短路故障中也会伴随有一氧化碳（CO）、二氧化碳（CO_2）增长趋势。三是故障具有发展过程且发生频次低，目前在运换流变压器仅发生过2起匝间短路故障。

（3）故障监测检测方法。参照“1.2.1 等电位连接松动引发异常产气”故障监测检测方法。

2.2.3 静电板等电位线断裂放电引发异常产气

（1）可能原因。该类故障发生频次较低，主要是由于静电板等电位连接线长度余量不够、运行时振动及焊接工艺控制不良等因素导致。

（2）主要特征。一是故障表现为电弧放电，色谱三比值编码为102。二是乙炔（C_2H_2）、氢气（H_2）突增为典型特征，伴随着甲烷（CH_4）、乙烯（C_2H_4）的增长，由于静电板附近存在纸绝缘，因此放电故障也呈现出一氧化碳（CO）、二氧化碳（CO_2）增长趋势。相对于铁心夹件区域等电位连接松动故障，静电板等电位线断裂故障产生的乙炔（C_2H_2）含量较高，一般大于 10μL/L，故障破坏性更大。

（3）故障监测检测方法。参照“1.2.1 等电位连接松动引发异常产气”故障监测检测方法。

2.3　提升措施建议

（1）对于导线焊接缺陷引发异常产气故障：一是加强设计阶段线圈型式选型。优先选择由换位导线绕制的内屏连续式线圈，减少线圈焊接数量。二是加强焊接工人技能培训。焊接前开展人员培训（取证）上岗。开工前先行试焊并开展拉断试验验证，全部试品合格后再开工。导线焊接列为特殊工艺类工种，按照相应的特殊管理办法执行。三是加强制造阶段导线焊接质量管控。焊接过程开展自互检；按工艺要求开展焊点打磨、清理及绝缘防护，拍照、签字确认；焊接完成后对线圈进行全面的清洁度检查；线圈绕制全过程建议使用万用表等开展短路、断路排查；针对纸包扁线绕制的纠结连续式线圈所有焊点焊接完成后，使用不低于 500V 电压测量匝绝缘，确保无短路点；干燥压服后（线圈出线压套前）再次开展短路、断路排查。四是加强运行阶段油色谱等状态跟踪分析。重点做好油色谱在线监测装置以及带电监测数据的监视、跟踪、分析，提升异常数据的分析能力。

（2）对于线圈匝间短路故障：一是加强线圈制作过程工艺控制。在线圈制造环节应采用内窥镜绝缘探伤，控制线圈内径侧导线换位“S”弯区域绝缘和清洁度；提升导线焊接质量，生成环节增加 500V 绝缘电阻表测量线圈通短路。二是强化设备出厂试验把关。重视网侧雷电冲击试验标准波形和示伤电流是否保持一致，出厂和交接试验建议增加中性点接地回路局部放电监测。三是加强监造全过程质量管控。增加对导线入厂检验以及绕制关键点、关键工艺的检查。四是提高运行阶段状态跟踪及故障分析能力。重点做好油色谱在线监测装置以及带电监测数据的监视、跟踪、分析，常态化做好气体继电器等非电量装置远程巡视，提高故障录波分析能力，及时发现问题、解决问题。

（3）对于静电板等位线断裂放电引发异常产气故障：一是做好静电板骨架打磨及引出线裕量控制。静电板骨架加工时，要做好倒角、打磨等工作，保证光滑无棱边，避免对引出线造成磨损。静电板引出时，引出线要留用裕量并用皱纹纸包扎限位。二是做好引出线焊接质量管控。焊接过程开展自互检；按工艺要求开展焊点打磨、清理及绝缘防护，拍照、签字确认，焊接完成后对静电板进行全面的清洁度检查。三是加强运行阶段油色谱等状态跟踪分析。重点做好油色谱在线监测装置以及带电监测数据的监视、跟踪、分析，提升异常数据的分析能力。

2.4　典型故障及缺陷案例

2.4.1　案例 11：换流变压器导线焊接缺陷引发异常产气

1. 情况说明

（1）故障过程描述。极Ⅱ Y/D-B 相换流变压器在投运两年后（2011 年 12 月）开始出现总烃（∑CH）缓慢增长现象，2017 年 6 月大负荷运行以来，总烃（∑CH）呈现快速增长趋势，至 2017 年 10 月 26 日总烃（∑CH）含量增长至 441μL/L。

（2）故障设备基本情况。该换流变压器由 ABB 公司生产，产品型号为 ZZDFPZ-297600/500kV。

2. 检查情况

（1）油色谱分析。换流变压器油色谱数据变化如图 1-2-8 所示，特征气体存在 6 个增长阶段，各阶段典型油色谱数据见表 1-2-1，色谱三比值编码为 021，对应故障性质为 300～700℃区间的中温过热。

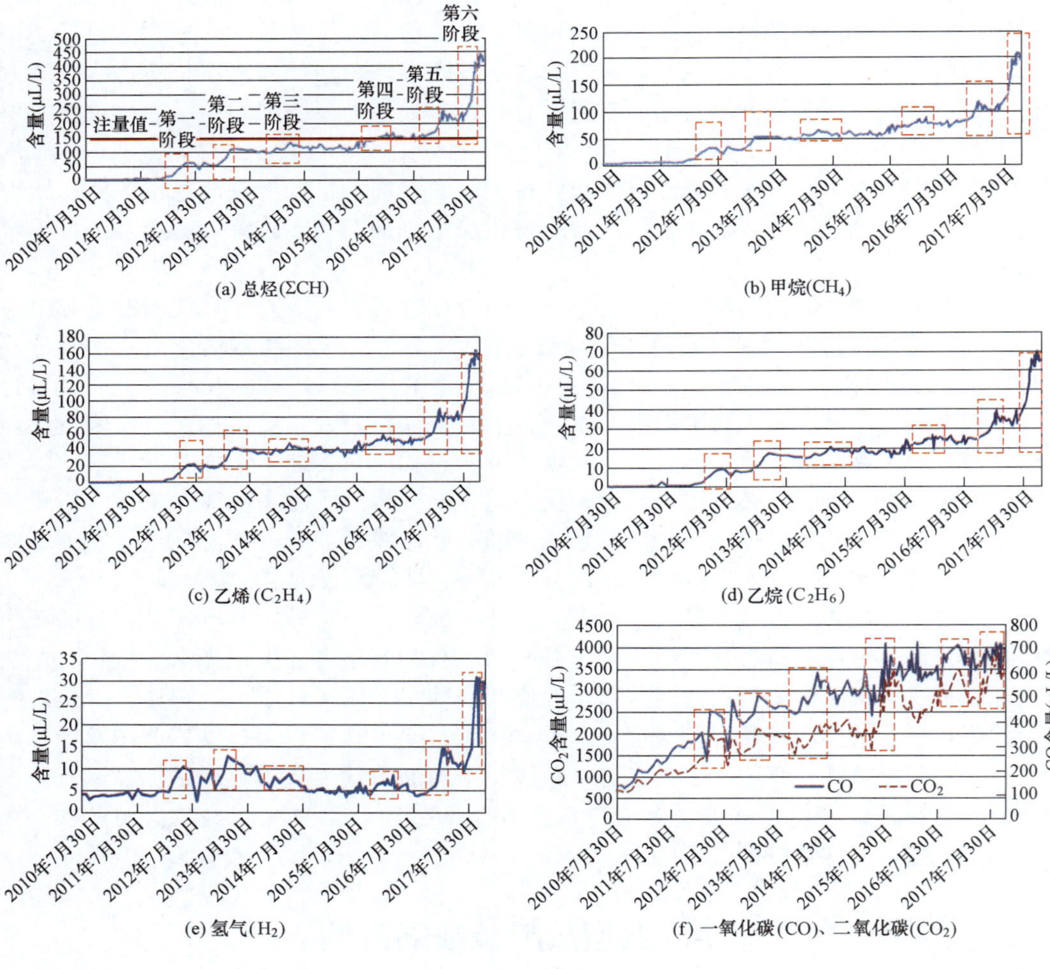

(a) 总烃(ΣCH)　(b) 甲烷(CH_4)　(c) 乙烯(C_2H_4)　(d) 乙烷(C_2H_6)　(e) 氢气(H_2)　(f) 一氧化碳(CO)、二氧化碳(CO_2)

图 1-2-8　各组分气体变化规律

表 1-2-1 不同阶段油中溶解气体组分及含量 (μL/L)

试验日期	氢气 (H_2)	甲烷 (CH_4)	乙烯 (C_2H_4)	乙烷 (C_2H_6)	乙炔 (C_2H_2)	总烃 (ΣCH)	一氧化碳 (CO)	二氧化碳 (CO_2)
2011 年 12 月 16 日	4.84	4.72	0.86	0.53	0.14	6.25	319.14	1237.11
2013 年 3 月 21 日	12.95	52.63	39.55	15.93	0.17	108.28	514.22	2119.63
2015 年 12 月 11 日	6.69	73.36	51.19	24.07	0.25	148.87	574.43	2696.41
2017 年 6 月 19 日	11.76	112.97	87.25	39.17	0.32	239.71	683.40	3315.02
2017 年 10 月 19 日	29.96	209.79	164.42	70.11	0.39	444.71	711.48	3529.14

为进一步分析总烃（ΣCH）超标原因，对直流输送负荷与总烃（ΣCH）含量相关性进行了分析，最大负荷与总烃（ΣCH）含量变化曲线如图 1-2-9 所示。在大于 1000MW 负荷运行的六个阶段，总烃（ΣCH）含量均出现了一定程度的快速增长；当负荷较低时，总烃（ΣCH）含量相对稳定；总烃（ΣCH）含量与输送负荷呈现出较强的正相关，初步判断线圈、引线等主通流回路引发局部发热的概率大。

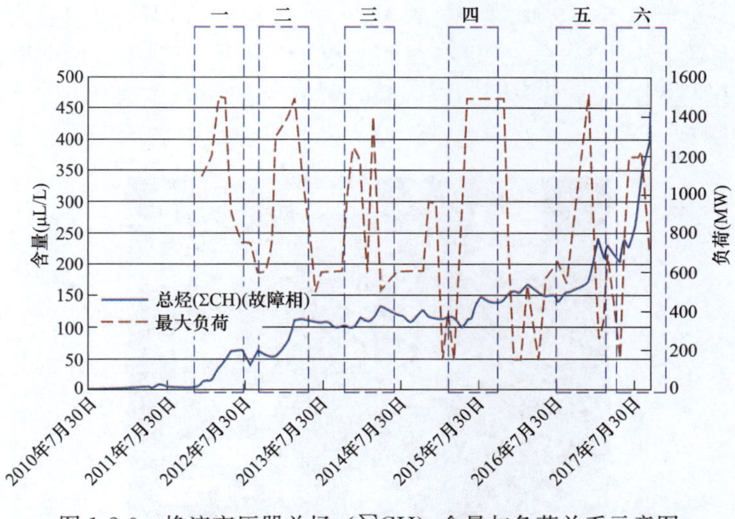

图 1-2-9 换流变压器总烃（ΣCH）含量与负荷关系示意图

（2）排油内检情况。对故障换流变压器开展现场排油内检，对油箱内壁、紧固螺栓、铁心、夹件、外围屏、上下部公共端圈、绕组引线、有载开关引线及触头位置、阀侧上部手拉手绝缘内部等部位进行了全方面检查，尤其对可能形成等电位环流的金属螺栓连接位置、引线或线圈接头、有载分接开关触头等进行重点排查，均未发现异常。

（3）解体检查情况。对故障换流变压器开展返厂解体检查，发现靠近阀侧套管侧柱 2 网侧绕组首端 1～2 饼之间纠结换位位置有黑色炭化痕迹。剥开绝缘发现该导线为四组合导线，最上部一股线发黑变色、焊接点处存在严重烧蚀，第二股线外部绝缘炭化、铜线表面变色，下部导线最外层绝缘有变色痕迹，故障点内侧相邻导线绝缘上有少量炭黑附着，如图 1-2-10 所示。

(a) 纠结换位存在发黑烧蚀　　(b) 焊接点存在严重烧蚀

图 1-2-10　纠结换位位置存在焊接缺陷

换流变压器网侧绕组采用 5 根导线同时绕制，每根导线由 4 股漆包扁铜线组成。绕组采用纠结式和连续式混合绕制方法，在线圈上部和下部采用纠结式，中间采用连续式，中间部分将两股漆包扁铜线焊接换成一股。该种绕制方式在线圈中将有多个焊接点（焊接点采用对接高频焊，焊料为银铜合金），包括纠位焊接点和换线焊接点，每股漆包扁铜线存在数十个焊接点。在进行线圈直阻测量时，分别测量网侧和阀侧单股扁铜线直阻，根据直阻测试结果发现网侧绕组第二柱有两股扁铜线直阻偏大约 5%。线圈导线布置情况如图 1-2-11 所示，线圈内部焊接点及直阻测试点如图 1-2-12 所示。

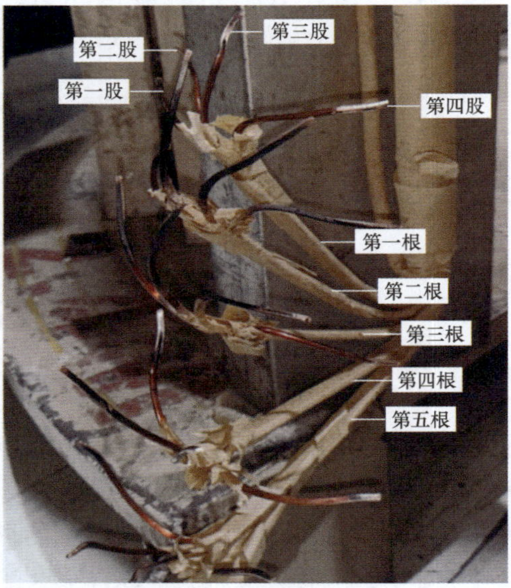

图 1-2-11　线圈导线布置情况（5 根，每根 4 股，共计 20 股扁铜线）

3. 故障原因分析

结合油色谱分析及解体检查结果，换流变压器故障原因为：网侧线圈纠结换位处导线焊接存在质量缺陷，焊接处接触电阻偏大引发运行时局部过热，随着负荷增长，发热

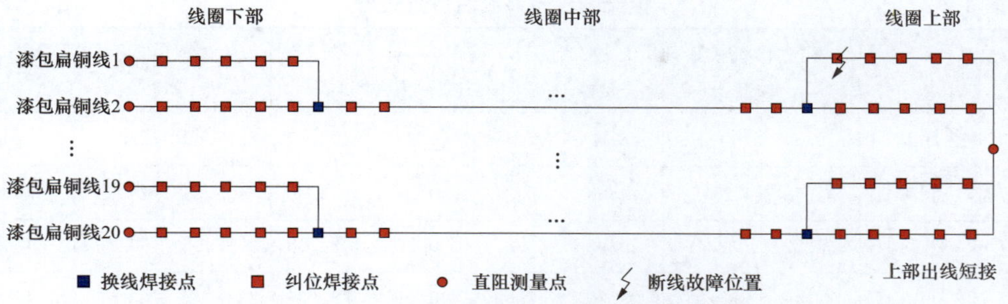

图 1-2-12 线圈内部焊接点及直阻测试点示意图

量将成倍增大，局部温度过高时引起铜线烧蚀、绝缘纸碳化、变压器油分解产气，随运行年限增加，故障累积效应凸显，产气现象更加明显，致使油中总烃（ΣCH）含量快速增加。

2.4.2 案例 12：换流变压器导线焊接缺陷引发异常产气

1. 情况说明

（1）故障过程描述。2016 年 12 月开始，某换流站 022B 换流变压器 B 相总烃（ΣCH）含量开始出现阶段性增长：2016 年 12 月 8 日～2018 年 9 月 5 日，总烃（ΣCH）含量由 22.19μL/L 增长至 176.28μL/L；2018 年 12 月 3 日～2019 年 6 月 25 日，总烃（ΣCH）含量再次持续缓慢增长；2019 年 6 月 25 日～7 月 3 日，总烃（ΣCH）含量突增，由 374.96μL/L 增长至 557.09μL/L，乙炔（C_2H_2）含量也略有增长。经分析讨论，确定将换流变压器退运。

（2）故障设备基本情况。换流变压器为特变电工沈阳变压器集团有限公司生产，产品型号为 ZZDFPZ-386400/500（330），投运时间为 2011 年 3 月。

2. 检查情况

（1）试验检查情况。

1）油色谱分析。该换流变压器自油中总烃（ΣCH）异常增长以来，油色谱数据见表 1-2-2，数据变化趋势如图 1-2-13 所示。特征气体增长情况大致可分为四个阶段：

a. 2016 年 12 月 13 日～2018 年 9 月 5 日，油中总烃（ΣCH）含量由 22.19μL/L 增长至 176.28μL/L，日平均增长量为 0.24μL/L，日平均增长速率为 41.15mL/天。

b. 2018 年 9 月 5 日～12 月 3 日，油中总烃（ΣCH）含量保持相对稳定，无明显增长趋势。

c. 2018 年 12 月 3 日～2019 年 6 月 25 日，总烃（ΣCH）及氢气（H_2）含量持续增长，增长趋势较为平稳，乙炔（C_2H_2）未见增长。

d. 2019 年 6 月 28 日总烃（ΣCH）和氢气（H_2）增速升高，至 2019 年 7 月 3 日，总烃（ΣCH）、氢气（H_2）、乙炔（C_2H_2）分别增长至 557.09、110.53、0.41μL/L。油色谱三比值编码为 022，故障性质为中温过热（300～700℃）。

表 1-2-2　　换流变压器离线油色谱数据　　(μL/L)

时间	氢气 (H_2)	甲烷 (CH_4)	乙烯 (C_2H_4)	乙烷 (C_2H_6)	乙炔 (C_2H_2)	一氧化碳 (CO)	二氧化碳 (CO_2)	总烃 (∑CH)	阀组最大功率 (MW)
2016年12月13日	29.34	14.45	5.04	2.47	0.22	402.80	2517.48	22.19	1200
2017年1月16日	35.65	25.5	14.66	5.34	0.24	433.26	2705.35	45.75	2000
2017年1月23日	38.72	32.19	20.98	6.87	0.26	421.48	2517.57	60.30	1500
2017年2月13日	22.49	31.99	23.20	7.63	0.21	385.29	2307.07	63.03	1900
2017年3月27日	40.01	37.09	25.73	8.63	0.19	414.70	2502.43	71.61	2000
2017年4月17日	41.81	39.89	28.88	10.41	0.25	411.45	2783.35	79.43	2000
2017年7月16日	44.03	51.28	38.25	13.96	0.34	474.66	3848.64	103.83	2000
2018年4月13日	34.62	61.96	44.21	16.18	0.22	373.63	3255.15	122.57	2000
2018年5月31日	45.84	70.27	50.77	19.32	0.24	384.04	4001.6	140.60	2000
2018年9月5日	49.23	86.79	63.02	26.26	0.21	415.31	4693.14	176.28	2000
2018年12月3日	44.88	88.36	60.55	26.12	0.16	446.64	3402.14	175.19	2000
2018年12月13日	56.73	115.36	80.9	35.33	0.16	450.62	3424.54	231.75	2000
2019年3月21日	62.03	137.15	98.37	44.28	0.13	456.58	3537.61	279.80	2000
2019年4月10日	67.71	154.58	113.17	51.04	0.16	449.14	3753.59	318.79	2000
2019年5月9日	69.31	165.32	121.13	56.09	0.19	462.31	4097.32	342.54	2000
2019年6月11日	73.15	175.20	127.34	59.96	0.20	490.36	4818.86	362.50	2000
2019年6月25日	71.35	179.3	132.66	63.00	0.22	482.8	5054.78	374.96	2000
2019年6月28日	77.39	198.62	142.88	68.70	0.28	484.50	4982.56	410.20	2000
2019年6月29日	84.89	209.48	152.31	72.30	0.33	490.30	5018.52	434.09	2000
2019年6月30日	92.56	221.58	163.56	77.56	0.37	488.56	5058.25	462.70	2000
2019年7月1日	96.88	231.22	175.88	82.05	0.40	491.25	4998.25	489.15	2000
2019年7月2日	101.56	244.3	186.84	83.43	0.43	484.79	5027.49	514.57	2000
2019年7月3日	110.53	265.56	201.64	89.89	0.41	491.9	5016.18	557.09	2000

2）带电监测情况。总烃（∑CH）异常增长期间，多次开展红外测温、高频局部放电检测、铁心接地电流检测等带电检测项目，均未发现异常。

（2）排油内检情况。2019 年 7 月 25 日，对故障换流变压器开展现场排油内检，未发现明显异常。经综合考虑，决定将换流变压器返厂检修。

（3）返厂检查情况。

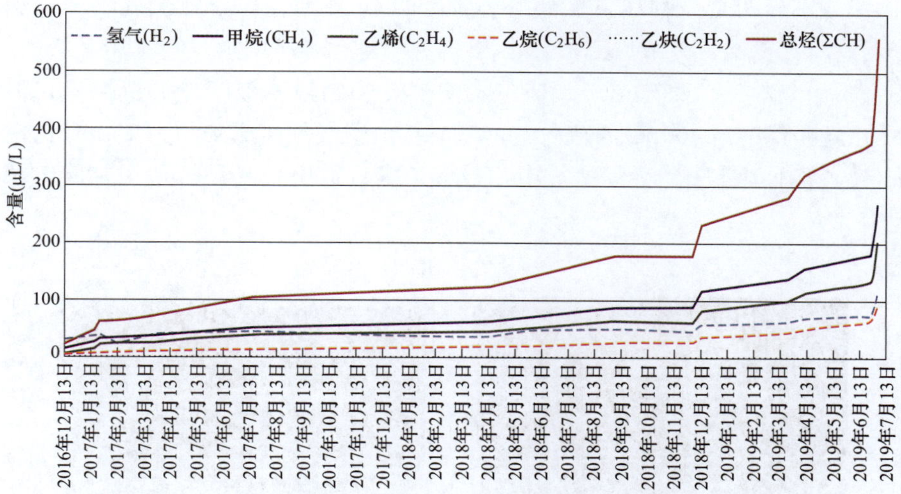

图 1-2-13　离线油色谱各气体组分变化曲线

1）试验验证情况。为进一步明确故障部位，换流变压器运抵变压器厂内后，开展了常规试验、长时空载试验、1.1 倍过电流试验、阀侧线圈外施交流耐压试验和局部放电试验，试验过程中进行离线油色谱数据跟踪，试验项目见表 1-2-3。

表 1-2-3　　故障诊断试验项目

序号	试　验　项　目
1	常规试验
2	8h 空载试验
3	8h 1.1 倍过电流试验
4	阀侧线圈外施交流耐压试验
5	$1.3U_m/\sqrt{3}$ 下局部放电试验
6	局部放电试验
7	24h 1.1 倍过电流试验
8	24h 空载试验

a. 常规试验。进行铁心和夹件绝缘电阻及耐压试验、电压比测量及联结组标号检定、线圈直流电阻测量、线圈绝缘电阻测量、线圈电容及介质损耗测量、套管电容及介质损耗测量等试验，试验数据均满足标准要求，无异常。

b. 8h 空载试验及 8h1.1 倍过电流试验。在 8h 空载试验过程中，油中溶解气体持续增长，上部油样总烃（ΣCH）由 1.95μL/L 增至 48.36μL/L，下部油样由 1.60μL/L 增至 9.94μL/L，三比值为 022，高温过热。8h 过电流试验过程中，油中溶解气体含量也在持续增长，上部油样总烃（ΣCH）增至 57.79μL/L，下部油样增至 41.10μL/L。三比值仍为 022，高温过热。

c. 阀侧线圈外施交流耐压试验。进行 350kV 下阀侧线圈外施交流耐压试验（额定电压 269.7kV），未发现异常放电信号。

d. 局部放电试验。$1.3U_m/\sqrt{3}$ 电压下，网侧及阀侧线圈无明显放电信号，但在夹件接地引线处监测到约为 400pC 的放电量，铁心接地引线处监测到约为 150pC 放电量，夹件和铁心放电波形基本一致，铁心放电信号应为夹件放电信号耦合产生，放电波形如图 1-2-14 所示。

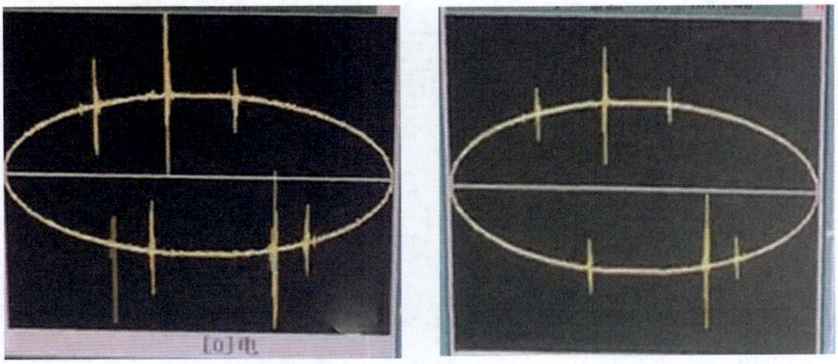

(a) 夹件　　(b) 铁心

图 1-2-14　监测的放电波形

e. 24h 空载试验及 24h 1.1 倍过电流试验。24h 1.1 倍过电流试验和 24h 空载试验过程中，油色谱数据见表 1-2-4，总烃（ΣCH）含量变化曲线如图 1-2-15 所示，可见油中溶解气体含量基本维持稳定。

表 1-2-4　　诊断试验过程中离线油色谱数据

取样时间	部位	氢气 (H_2)	甲烷 (CH_4)	乙烯 (C_2H_4)	乙烷 (C_2H_6)	乙炔 (C_2H_2)	一氧化碳 (CO)	二氧化碳 (CO_2)	总烃 (ΣCH)
8h 空载试验前	上部	0.38	1.01	0.79	0.15	0.00	2.45	238.86	1.95
	下部	0.25	0.87	0.61	0.12	0.00	3.26	269.43	1.60
8h 空载试验后	上部	13.96	16.22	27.00	2.68	2.46	7.93	265.20	48.36
	下部	1.85	3.69	5.24	0.59	0.42	6.89	296.74	9.94
8h 1.1 倍过电流 1h 后	上部	6.76	8.43	11.26	1.39	0.78	8.89	309.95	21.86
	下部	5.23	6.80	9.17	0.88	0.75	10.35	358.30	17.60
8h 1.1 倍过电流后	上部	15.68	24.06	27.23	5.29	1.21	19.05	712.91	57.79
	下部	11.98	16.51	19.92	3.71	0.96	14.83	536.30	41.10
局部放电试验后	上部	9.91	14.43	17.45	3.04	0.86	14.40	515.97	35.78
	下部	7.31	11.36	12.73	2.34	0.60	11.78	451.30	27.03
24h 1.1 倍过电流试验前	上部	10.67	15.40	17.71	3.10	0.85	20.12	642.63	37.06
	下部	11.65	16.73	19.67	3.45	0.95	18.89	699.33	40.80

续表

取样时间	部位	氢气 (H_2)	甲烷 (CH_4)	乙烯 (C_2H_4)	乙烷 (C_2H_6)	乙炔 (C_2H_2)	一氧化碳 (CO)	二氧化碳 (CO_2)	总烃 (∑CH)
24h 1.1 倍过电流试验后	上部	6.96	14.69	16.00	3.64	0.48	13.97	626.44	34.81
	下部	10.93	17.65	17.99	4.09	0.58	19.27	786.43	40.31
24h 长时空载试验前	上部	6.96	14.72	15.64	3.50	0.46	13.71	600.39	34.32
	下部	9.21	14.43	14.27	3.19	0.48	19.92	680.33	32.37
24h 长时空载试验后	上部	4.89	10.24	10.34	2.27	0.34	11.80	469.94	23.19
	下部	6.25	12.62	13.05	2.94	0.43	16.22	599.00	29.04

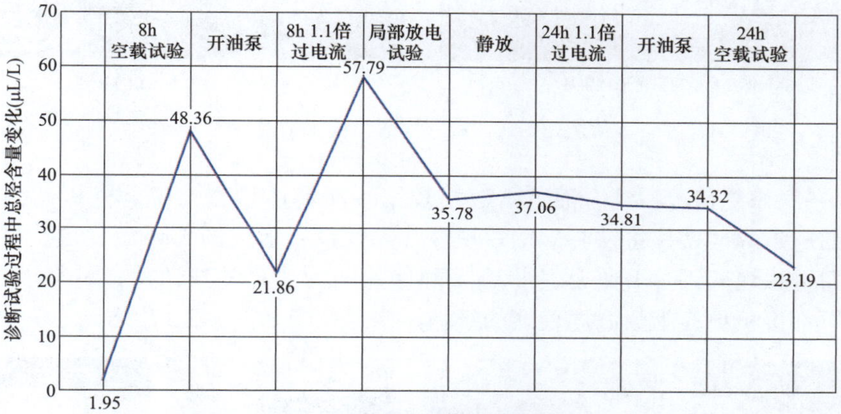

(a) 本体上部总烃(ΣCH)数据

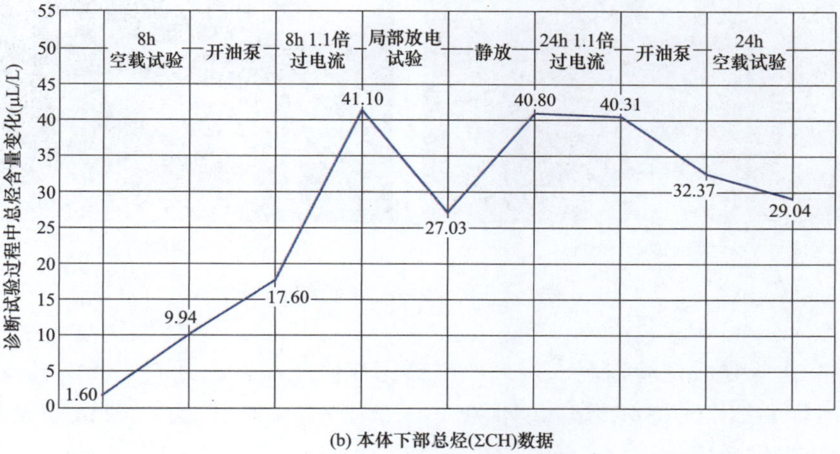

(b) 本体下部总烃(ΣCH)数据

图 1-2-15　诊断试验过程中本体上部、下部总烃（∑CH）含量变化曲线

相比较而言，换流变压器本体上部总烃（∑CH）含量要大于本体下部，初步分析认为故障部位位于本体上部的概率比较大，故障部位可能位于磁回路、载流回路。

2）第一次解体检查情况。对故障变压器开展解体检查，在拆除上铁轭过程中，上铁轭下部纸板上发现 13 个三角形硅钢片，其中 1 处三角形硅钢片有烧蚀痕迹，对应位置的上铁轭下表面硅钢片以及与其接触的纸板均有烧蚀痕迹，解体情况如图 1-2-16 所示。

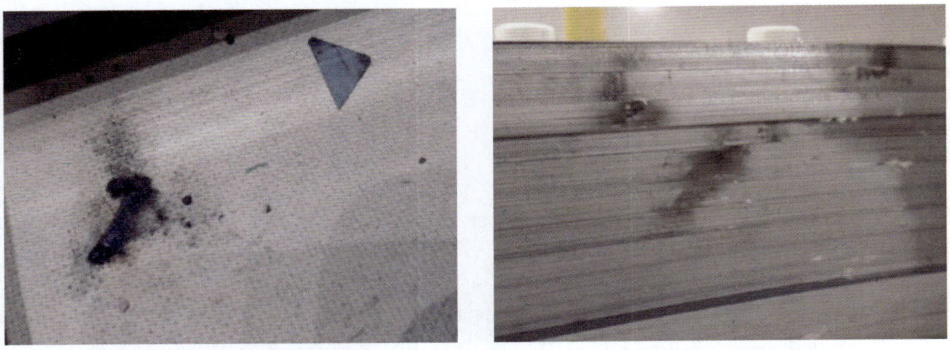

(a) 纸板上存在三角形硅钢片　　(b) 多处三角形硅钢片痕迹

图 1-2-16　第一次解体检查情况

3）第一次修复情况。结合油色谱数据及第一次解体检查情况，分析认为故障原因为：掉落的三角形硅钢片将铁心硅钢片短接，导致铁心形成局部环流发热。更换损伤的硅钢片并对上铁轭硅钢片开展逐片检查，确保片间无残存的三角片；更换上部磁分路，将上铁轭下部纸板更换为耐高温性能的纸板，修复情况如图 1-2-17 所示。

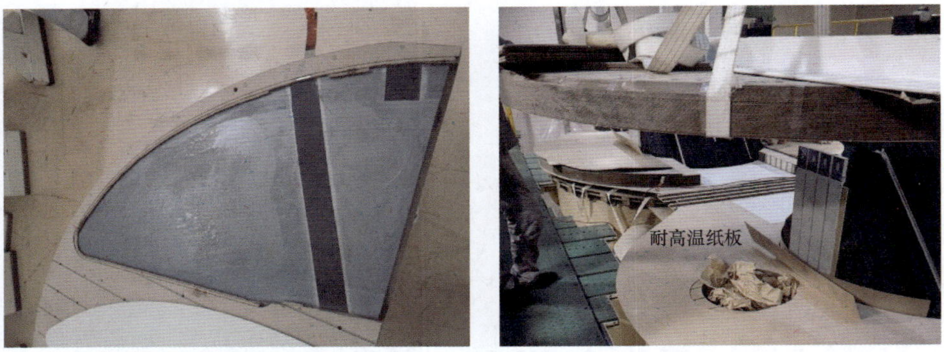

(a) 更换的肺叶磁屏蔽　　(b) 更换耐高温纸板

图 1-2-17　第一次修复情况

4）第一次修复后试验情况。换流变压器完成修复后，在开展 12h 温升试验时，油中总烃（$\sum$CH）出现持续增长，如图 1-2-18 所示，12h 长时空载试验期间油中总烃（$\sum$CH）未出现变化。

为进一步确定故障位置，决定在最大挡位 31 挡、中间挡位 16 挡、最小挡位 1 挡分别开展温升试验（从 31 分接到 1 分接，阀侧电流依次增大，网侧电流依次减小），均施加 940kW 损耗（技术参数表中额定位置总负载损耗为 920kW）。油色谱数据表明，在 31 分接和 16 分接试验时油中总烃（$\sum$CH）呈现增长现象，1 分接试验时总烃（$\sum$CH）增

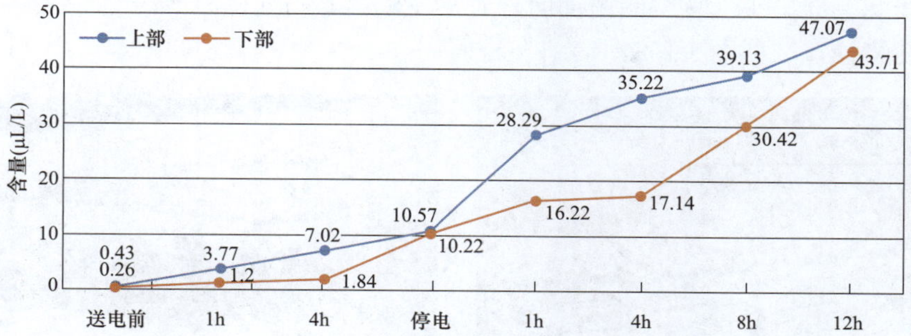

图 1-2-18　12 小时温升试验油中总烃变化趋势

长趋势不明显，如图 1-2-19 所示。

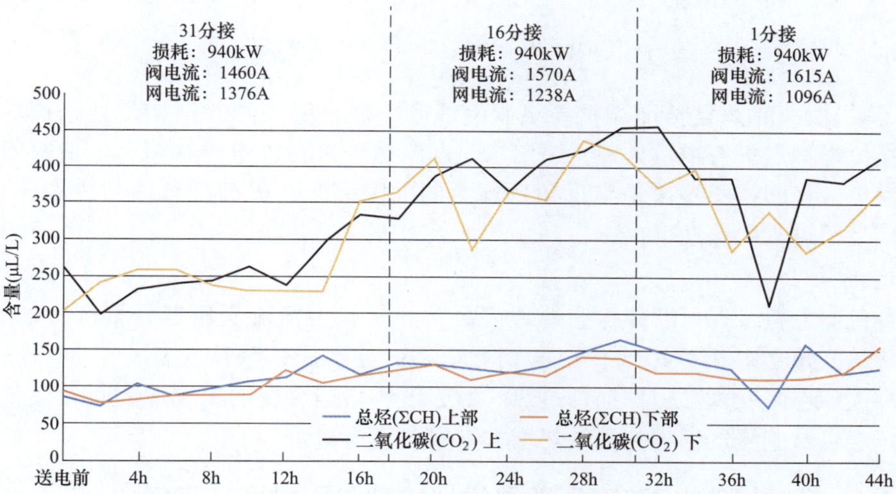

图 1-2-19　修复后 12h 温升试验油中总烃（ΣCH）变化趋势

总结修复前、后试验结果，分析认为：

a. 修复前开展长时空载试验时，油中特征气体以总烃（ΣCH）为主，具有典型高温过热的特点。对三角形硅钢片处理修复后，长时空载试验过程中总烃（ΣCH）未出现增长，说明主磁路过热性故障已经消除。

b. 对修复后的换流变压器开展温升试验时，油中再次出现总烃（ΣCH）增长趋势，说明换流变压器内部还存在其余部位过热性故障。

c. 不同分接挡位温升试验结果表明：①在阀侧电流最大、网侧电流最小的 1 挡时，油中总烃（ΣCH）增长趋势不明显，初步排除阀侧线圈存在故障点的可能性。②在调压线圈和调压引线都不接入的 16 挡位，总烃（ΣCH）仍然呈现增长趋势，调压线圈存在故障点的可能性相对较低。③在阀侧电流最小、网侧电流最大的 31 挡时，油中总烃（ΣCH）增长趋势明显，对比分析认为网侧线圈存在故障点的可能性大。

5）第二次解体检查情况。对故障换流变压器开展第二次解体检查，靠近阀侧套管侧柱 2 网线圈上部出头（从线圈内部向外看）左侧第 6 挡处、上部 3～4 饼导线纠结换位焊接处存在烧蚀点，如图 1-2-20 所示。

(a) 线圈烧蚀位置

(b) 导线焊接烧蚀点

图 1-2-20　第二次解体检查情况

6）第二次故障修复情况。重新绕制网线圈，优化网线圈纠结换位处结构，将同一挡位的换位焊接点进行错位处理。采用高强度耐热纸进行焊点绝缘包扎，适当增加换位处绝缘保护。将网线圈外撑条与反角环配合的间隙缩小，提高反角环与线圈的自由度，避免长期运行过程中振动磨损。

3. 原因分析

结合色谱分析及返厂解体检查处理情况，分析认为换流变压器异常产气的原因为：一是掉落的三角形硅钢片造成铁心硅钢片短接，导致局部环流过热；二是导线焊接不良，导致接触电阻变大，引发局部过热。引起气体增速突变的主要原因是设备长时间带病运行，焊点及绝缘逐渐劣化，发热增大导致产气增速。

2.4.3　案例 13：换流变压器导线焊接缺陷引发异常产气

1. 情况说明

（1）故障过程描述。2017 年 8 月 7 日，极Ⅰ Y/D-C 相换流变压器油中气体总烃（ΣCH）为 44.5μL/L，9 月 8 日总烃（ΣCH）含量增长到 135.6μL/L，9 月 17 日总烃（ΣCH）含量达到 150.9μL/L，超过 150μL/L 注意值。2017 年 11 月～2018 年 3 月，极Ⅰ Y/D-C 相换流变压器在降低负荷运行后，总烃（ΣCH）含量增长速度呈现下降趋势。2018 年 4 月，结合换流站年度检修对极Ⅰ Y/D-C 相换流变压器进行了更换。

（2）故障设备基本情况。换流变压器产品型号为 TCH146DR，投运时间为 2004 年。

2. 检查处理情况

（1）油色谱分析。换流变压器油色谱数据见表 1-2-5。2017 年 9～10 月，输送功率较高，总烃（ΣCH）含量由 156.5μL/L 快速增加至 388μL/L；2017 年 11 月～2018 年 3 月，输送功率降低后，总烃（ΣCH）含量增速明显降低。色谱三比值法编码为 021，故障性质为 300～700℃中温过热。进一步分析总烃（ΣCH）增长与功率变化之间关系，如图 1-2-21 所示，发现总烃（ΣCH）增长与功率变化呈现一定正相关，初步分析认为是线圈导线、引线等主通流回路发生故障的概率大。

表 1-2-5　　离线油色谱检测数据　　(μL/L)

日期	氢气 (H_2)	甲烷 (CH_4)	乙烯 (C_2H_4)	乙烷 (C_2H_6)	乙炔 (C_2H_2)	一氧化碳 (CO)	二氧化碳 (CO_2)	总烃 (∑CH)	功率 (MW)
2017年2月4日	4.8	23.6	5.7	5.5	0.4	1290	4550	35.2	441
2017年3月15日	5.0	20.9	5.0	4.6	0.3	1303	4204	30.8	1178
2017年5月4日	4.7	23.3	5.9	5.8	0.4	1352	5364	35.4	1165
2017年6月21日	4.0	24.1	6.9	6.0	0.4	1318	5782	37.4	1211
2017年8月7日	5.4	28.5	8.7	6.9	0.5	1536	6332	44.6	1204
2017年9月8日	22.8	69.0	48.6	17.5	0.7	1597	6721	135.8	1442
2017年9月15日	22.5	73.6	51.9	19.2	0.7	1525	6316	145.4	1500
2017年9月29日	24.8	86.6	64.4	25.2	0.7	1534	6415	176.9	1503
2017年10月5日	28.4	98.1	74.1	28.3	0.7	1516	6187	201.2	1507
2017年10月15日	55.8	173.7	132.5	47.3	0.8	1587	6100	354.3	1500
2017年10月30日	56.3	187.1	135.7	49.5	0.8	1527	5880	373.1	1500
2017年11月2日	53.2	190.0	144.0	53.2	0.8	1457	5891	388.0	1450
2017年11月13日	59.6	202.5	144.3	53.9	0.7	1575	5549	401.4	985
2017年11月30日	52.8	192.9	145.9	55.8	0.6	1485	5198	395.2	884
2017年12月4日	51.8	197.4	142.3	54.2	0.6	1354	5117	394.5	788
2017年12月19日	50.7	191.3	143.1	54.7	0.6	1282	4893	389.7	815
2017年12月26日	54.0	198.1	146.1	53.9	0.6	1305	4908	398.7	708
2018年1月8日	49.4	199.1	146.3	55.6	0.6	1404	4898	401.6	0
2018年1月16日	49.7	202.9	146.2	55.1	0.6	1423	4862	404.8	574
2018年1月31日	49.8	198.9	147.7	56.7	0.6	1396	4635	403.9	751
2018年2月9日	46.8	199.1	144.8	54.5	0.6	1420	4772	399.0	551
2018年2月23日	46.5	201.5	146.9	56.6	0.5	1383	4653	405.5	698
2018年3月5日	49.5	210.9	154.4	59.3	0.6	1485	4816	425.2	813
2018/3月21日	49.9	217.0	152.3	58.8	0.6	1482	4449	428.7	818

（2）排油内检情况。对换流变压器开展现场排油内检，主要对油箱内壁、螺栓、铁心夹件接地连接、上铁轭表面、夹件、外围屏、上下部公共端圈、绕组出线区域、引线表面、有载开关引线、有载分接开关选择开关触头等进行检查，均未发现放电或过热异常痕迹。对拉板-铁心、夹件，铁心-夹件，补偿铜排-铁心、夹件使用万用表进行绝缘检测，结果未见异常。

（3）解体检查情况。对故障换流变压器返厂开展解体检查，主要发现三处异常：

1）阀侧绕组引线存在局部放电痕迹，如图 1-2-22 所示。在靠近阀侧套管侧柱 2 阀

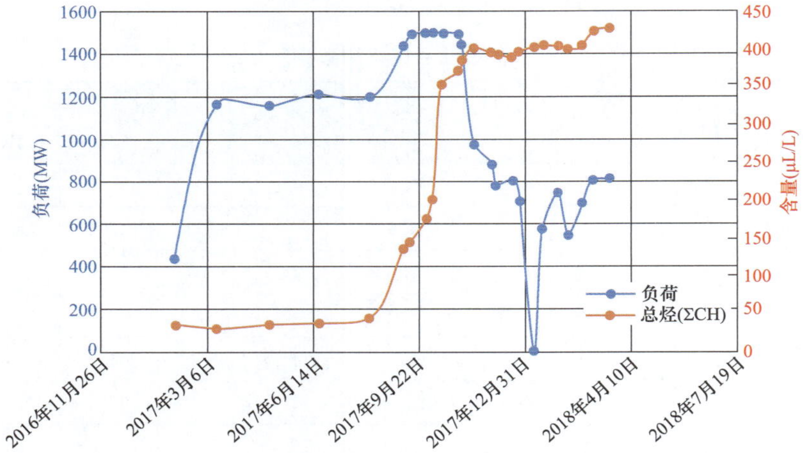

图 1-2-21　总烃（∑CH）增长与功率变化关系曲线图

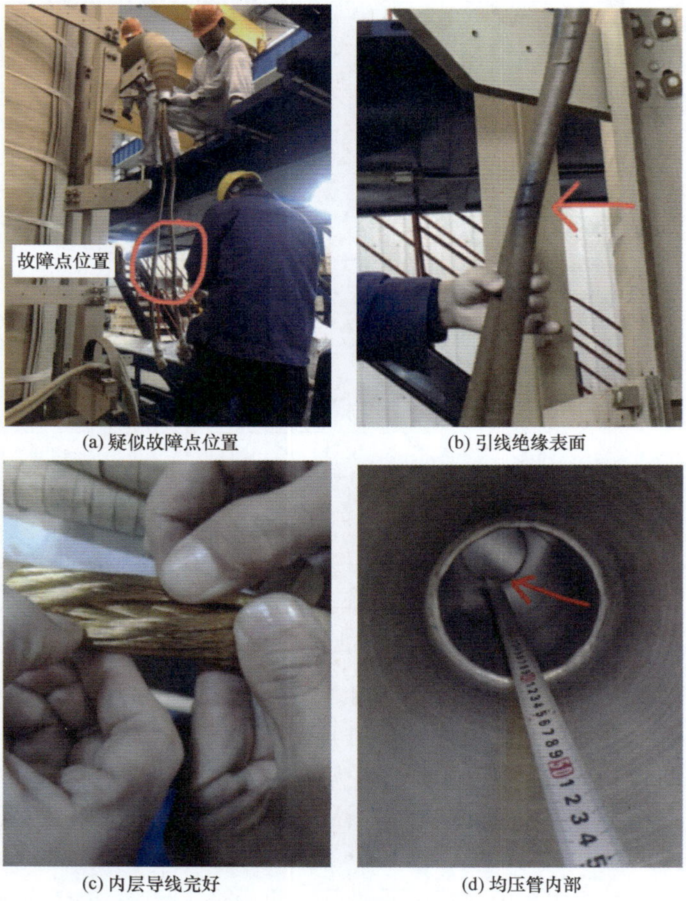

(a) 疑似故障点位置　(b) 引线绝缘表面

(c) 内层导线完好　(d) 均压管内部

图 1-2-22　阀侧绕组首端引线存在局部放电痕迹

侧线圈首端均压管内部的出线引线绝缘表面发现两处放电点，剥开绝缘层后内层绝缘及导线完好、无放电痕迹，初步分析认为均压管内部焊接处存在毛刺或异物，在运行过程中存在偶发性放电，该缺陷不是造成油色谱数据异常的主要原因。

2）上铁轭底部绝缘存在过热痕迹，如图 1-2-23 所示。上铁轭拆除后，发现上铁轭底部与绝缘件上表面有黑色过热痕迹，初步分析认为可能由以下两方面原因造成：一是上夹件下端钢拉带收紧力不足，铁轭长期运行松动，铁心硅钢片间产生间隙，引发级间小环流，导致局部过热；二是下铁轭松动后下沉，长期运行过程中，铁心硅钢片摩擦绝缘表面，绝缘件表面产生尖角毛刺，造成绝缘表面过热发黑。分析认为该故障并非为导致该变压器油色谱数据异常的主要原因。

图 1-2-23　上铁轭底部绝缘检查情况

3）网侧线圈焊接处存在断线，如图 1-2-24 所示。开展网侧线圈直流电阻测量，靠近阀侧套管侧柱 2 网侧线圈整根导线直阻 0.390 3Ω，折算至 80℃后电阻值为 0.508 1Ω，相对于参考值 0.473 1Ω，导线直阻偏大。拆解该线圈围屏后，发现第 12 挡和第 13 挡之

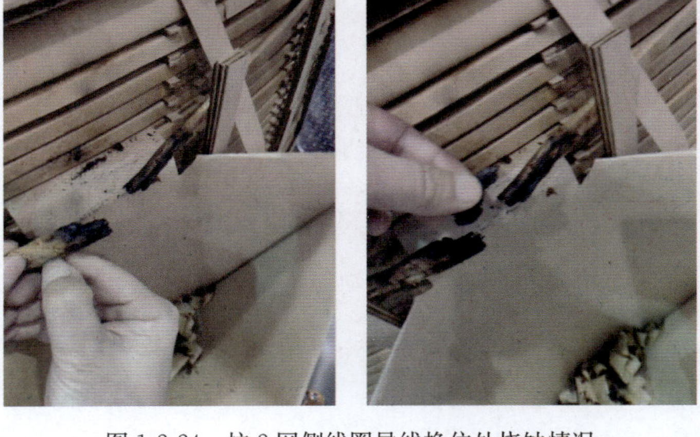

图 1-2-24　柱 2 网侧线圈导线换位处烧蚀情况

间、上端第 143 饼、第 144 饼四组合导线换位焊接处的 4 根导线均烧断，导线之间通过碳化物虚接。故障现象与直阻测量偏大结果一致，分析认为该故障为导致换流变压器油色谱数据异常的主要原因。

(4) 故障处理情况。根据解体检查情况，对缺陷进行逐一修复处理：

1) 更换网侧、阀侧线圈所有出线引线绝缘层，同时用细砂纸对均压管内部焊接处毛刺进行打磨处理。

2) 对已被磨损的绝缘件进行更换，叠片过程中对铁心片叠放位置、整齐度进行严格把控，在上夹件恢复过程中，按照厂标规定对固定铁轭的所有钢拉带进行收紧力调整，对固定螺母力矩进行检查，避免再次发生因收紧力不足而产生的局部过热现象。

3) 对柱 2 网侧线圈导线烧蚀位置进行恢复处理，包括导线更换、重新开展高频焊接、绝缘层恢复等，复测线圈单股导线直阻合格。

3. 故障原因分析

结合油色谱分析及解体检查结果，网侧线圈纠结换位处导线焊接存在质量缺陷，焊接处接触电阻偏大引发运行时局部过热，随着负荷增长，发热量将成倍增大，局部温度过高时引起铜线烧蚀、绝缘纸碳化、变压器油分解产气。此外，铁轭制作工艺不良导致发热，以及引线屏蔽管加工工艺不良导致放电也在一定程度导致油中溶解气体异常增长。

2.4.4 案例 14：换流变压器导线焊接缺陷引发异常产气

1. 情况说明

(1) 故障过程描述。2018 年 6 月 21 日，离线油色谱监测发现极Ⅰ Y/D-B 相换流变压器总烃（ΣCH）含量开始出现异常增长，达到 143.0μL/L。7 月 18 日，总烃(ΣCH) 含量增长至 304.0μL/L，超过 150μL/L 注意值。9 月 14 日，总烃（ΣCH）增长至 838.1μL/L，乙炔（C_2H_2）含量也增长至 1.1μL/L，大于 1μL/L 注意值。

(2) 故障设备基本情况。换流变压器为瑞典 ABB 公司生产，产品型号为 TCH146DR，投运时间为 2004 年。

2. 检查情况

(1) 试验验证情况。

1) 油色谱分析。换流变压器油色谱数据见表 1-2-6，油色谱三比值编码为 021，故障性质为 300～700℃中温过热。进一步分析总烃（ΣCH）增长与功率变化之间关系，如图 1-2-25 所示，发现总烃（ΣCH）增长与功率变化呈现正相关，初步分析认为是线圈导线、引线等主通流回路发生故障的概率大。

2) 试验检查情况。停电检修后，对换流变压器开展直流电阻、绝缘电阻等例行试验，试验结果未发现异常。

(2) 排油内检情况。对换流变压器开展现场排油内检，对油箱内壁、螺栓、铁心夹件接地连接、上铁轭表面、夹件、外围屏、上下部公共端圈、绕组出线区域、引线表面、有载开关引线、有载分接开关选择开关触头等进行重点排查，均未发现异常。

表 1-2-6　　**离线油色谱检测数据**　　(μL/L)

日期	氢气 (H_2)	甲烷 (CH_4)	乙烯 (C_2H_4)	乙烷 (C_2H_6)	乙炔 (C_2H_2)	一氧化碳 (CO)	二氧化碳 (CO_2)	总烃 (∑CH)	功率 (MW)
2018 年 3 月 26 日	7.0	40.0	18.9	10.5	0.3	1318	4909	69.7	863
2018 年 6 月 21 日	19.3	75.4	47.9	19.3	0.4	1670	6076	143.0	876
2018 年 7 月 18 日	35.1	149.5	109.5	44.5	0.5	1701	7142	304.0	1443
2018 年 8 月 6 日	47.1	196.8	143.8	58.9	0.5	1803	7390	400.0	1508
2018 年 8 月 31 日	77.6	290.8	230.1	98.8	0.5	1895	7725	620.2	1343
2018 年 9 月 13 日	88.7	310.1	258.7	102.6	0.9	1835	7063	672.3	1443
2018 年 9 月 14 日	110.5	378.2	330.4	128.4	1.1	1814	7454	838.1	1451

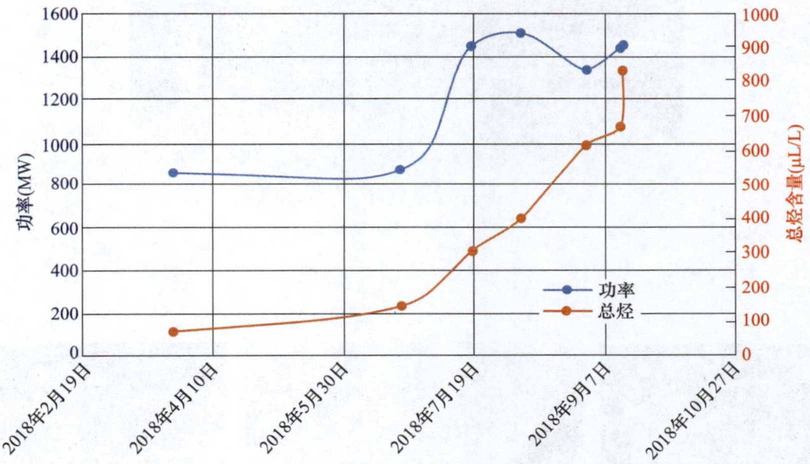

图 1-2-25　总烃（∑CH）增长与功率变化关系曲线图

(3) 解体检查情况。对故障换流变压器返厂开展解体检查，发现靠近阀侧套管侧柱2 阀侧线圈导线存在断线，故障点位于绕组上部第 7 段线饼；导线为四组合导线，剥开绝缘后发现第 2 股导线断口间的烧结物脱落，出现长约 25mm 的断口；第 1 股导线也发生了断裂；第 3 股导线表面绝缘纸受到高温影响发黑变色；第 4 股导线无发黑现象，解体情况如图 1-2-26 所示。

(4) 故障修复措施。移出烧断的导线，利用新导线加工成 S 形与线圈进行焊接，并在焊接点外面包覆绝缘，修复情况如图 1-2-27 所示。

3. 故障原因分析

结合油色谱分析及解体检查结果，换流变压器故障原因为：阀侧线圈纠结换位处导线焊接存在质量缺陷，导致接触电阻偏大，引发运行时局部过热，随着负荷增长，发热量成倍增大，局部温度过高时将会引起导线烧蚀、绝缘纸碳化、变压器油分解产气，随运行年限增加，故障累积效应凸显，产气现象更加明显，致使油中总烃（∑CH）含量快速增加。

(a) 柱2阀侧绕组

(b) 故障点剥开绝缘纸前

(c) 故障点剥开绝缘纸

图 1-2-26　返厂解体检查

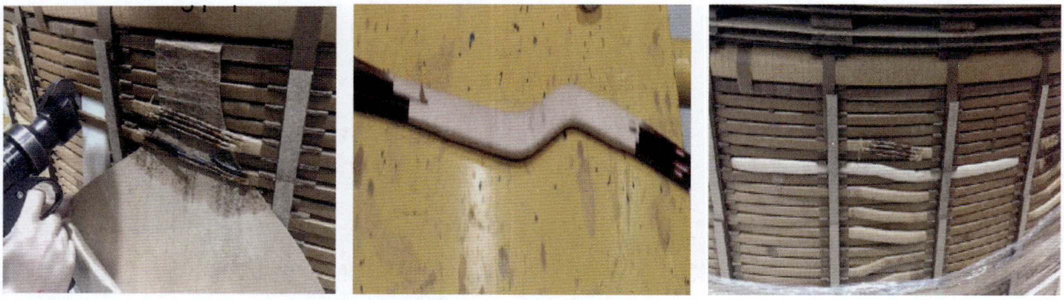

图 1-2-27　故障维修修复情况

2.4.5　案例 15：换流变压器静电板等位线放电故障

1. 情况说明

（1）故障前的运行情况。故障发生时，直流处于双极大地方式运行，双极输送功率 5400MW，运行平稳、未见异常。

（2）故障过程描述。2019 年 5 月 14 日 2 时，运维人员发现极Ⅱ低端 YD-A 相换流变压器油色谱在线监测数据异常，乙炔（C_2H_2）含量由 1.1μL/L 突增至 39.3μL/L，离线油色谱乙炔（C_2H_2）含量为 27.37 μL/L。发现异常产气后，立即开展红外测温、铁心及夹件电流、换流变压器器身及顶部法兰等处超声波测试、特高频局部放电测试，均未发现异常。为确保安全，15:32 灵绍直流极Ⅱ低端换流器停运。

（3）故障设备基本情况。该换流变压器为特变电工沈阳变压器有限公司生产，型号为 ZZDFPZ-412300/750-200，投运时间为 2016 年 8 月。该换流变压器自投运以来，运行平稳，2017 年及 2018 年年度检修均未发现异常。

2. 检查情况

（1）外观检查情况。故障换流变压器外观检查未见异常，气体继电器无集气，高压套管无闪络，分接开关无异常，潜油泵与冷却器运行正常，现场运行噪声正常。

（2）试验验证情况。

1）油色谱分析。换流变压器在线、离线油色谱数据分析见表 1-2-7 和表 1-2-8。从表中可以看出，特征气体主要为氢气（H_2）、乙炔（C_2H_2）、甲烷（CH_4）、乙烯（C_2H_4），色谱三比值编码为 102，初步判断内部存在高能放电。在线油色谱数据变化如图 1-2-28 所示。

表 1-2-7　在线油色谱数据　（μL/L）

监测时间	氢气（H_2）	甲烷（CH_4）	乙烯（C_2H_4）	乙烷（C_2H_6）	乙炔（C_2H_2）	一氧化碳（CO）	二氧化碳（CO_2）	总烃（∑CH）
2019 年 5 月 12 日 03:00:15	3.5	0	0.5	0	0.9	195.1	732.5	1.4
2019 年 5 月 12 日 07:00:15	3.1	0	0.3	0	1.6	196.4	728.8	1.9
2019 年 5 月 12 日 11:00:16	2.9	0	0.2	0.6	1.0	195.8	723.4	1.8
2019 年 5 月 12 日 15:00:17	3.2	0	0.3	0	1.3	196.5	728.7	1.6
2019 年 5 月 12 日 19:00:17	3.3	0	0.7	0.6	1.4	196.5	736.2	2.7
2019 年 5 月 12 日 23:00:18	3.6	0	0.7	0	1.0	199.3	735.8	1.7
2019 年 5 月 13 日 03:00:18	3.0	0	0.5	0.5	1.1	200.5	737	2.1
2019 年 5 月 13 日 07:00:19	3.6	0	0.7	2.2	1.3	200.6	737.1	4.2
2019 年 5 月 13 日 11:00:19	4.5	0	0.5	1.9	1.4	200.3	735.8	3.8
2019 年 5 月 13 日 15:00:09	4.7	0	0.7	2.5	1.8	209.5	742.7	5.0
2019 年 5 月 13 日 19:00:09	4.1	0	0.4	2.1	1.6	210.1	757.4	4.1
2019 年 5 月 13 日 23:00:10	171.3	30.7	21.6	1.6	39.3	252.2	761.8	93.2
2019 年 5 月 14 日 03:00:10	169.2	30.6	21.3	2.1	38.1	250.7	762.8	92.1
2019 年 5 月 14 日 07:00:11	169.2	30.6	21.6	2.1	38.0	253.6	771.6	92.3
2019 年 5 月 14 日 11:00:11	168.9	29.8	21.9	2.6	37.5	252.0	766.8	91.8
2019 年 5 月 14 日 12:30:12	168.8	30.2	21.5	2.9	37.5	251.0	766.6	92.1
2019 年 5 月 14 日 14:30:12	174.2	30.4	21.5	2.1	37.3	253.7	774.3	91.3
2019 年 5 月 14 日 16:30:08	170.1	29.9	21.5	2.1	37.4	254.9	773.1	90.9
2019 年 5 月 14 日 18:30:14	170.6	29.1	21.1	2.0	36.9	256.5	774.6	89.1
2019 年 5 月 14 日 20:30:06	170.0	30.9	21.1	2.0	36.9	255.4	772.4	90.9

表 1-2-8　　离线油色谱检测数据　　(μL/L)

取样位置	氢气 (H_2)	甲烷 (CH_4)	乙烯 (C_2H_4)	乙烷 (C_2H_6)	乙炔 (C_2H_2)	一氧化碳 (CO)	二氧化碳 (CO_2)	总烃 (ΣCH)
本体上部	161.93	34.45	23.06	1.9	32.81	203.52	687.53	92.22
本体下部	159.53	34.88	22.68	1.9	32.12	195.06	664.63	91.58
分接开关油室	3.5	2.5	0.9	0.5	0	31.0	396.7	3.9
网侧高压升高座	143.9	38.3	26.6	2.6	38.7	209.8	758.6	106.2
网侧中性点升高座	144.2	38.0	26.1	2.5	38.2	211.1	743.8	104.8
阀 a 升高座	159.56	35.07	22.8	1.82	32.03	201.21	651.86	91.72
阀 b 升高座	165.28	37.26	23.61	1.98	33.11	212.26	654.38	95.96

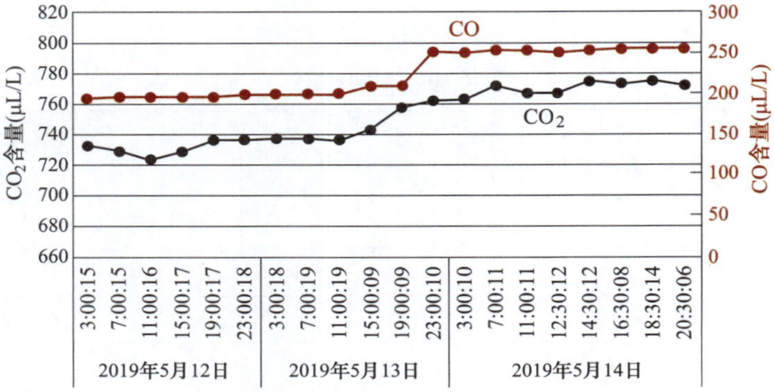

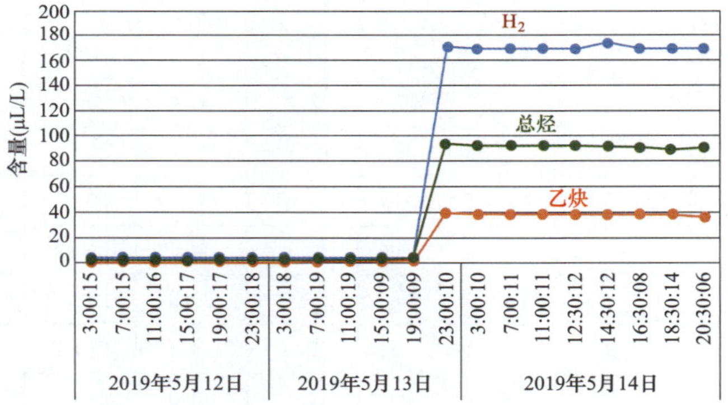

图 1-2-28　在线油色谱数据变化

a. 主通流回路方面。在乙炔（C_2H_2）含量发生明显增长期间，一氧化碳（CO）和二氧化碳（CO_2）含量未发生明显增长，初步分析判断放电部位不涉及本体的固体绝缘，可能放电原因为油中裸金属悬浮或接触不良。

b. 磁回路方面。在乙炔（C_2H_2）含量发生明显跃变期间，甲烷（CH_4）和乙烯（C_2H_4）占到了总烃（ΣCH）比例的60%，且乙烯（C_2H_4）含量不超过甲烷

（CH_4）含量，初步判断该缺陷是突发高能量放电，基本可以排除铁心多点接地或搭接不良引起的过热，可能放电原因为金属杂质附着于铁心高电位处所致，或者是金属连接线、铜屏蔽线、金属引线等发生松动或脱落形成高电位悬浮放电。

c. 换流变压器附件方面。网侧套管升高座离线油色谱乙炔（C_2H_2）含量稍高于本体的上部和下部，判断放电部位可能位于变压器绕组顶部，由于套管油室与换流变压器本体油室相比过小，且未发现套管油位有明显变化，可以基本排除套管油混入本体油的可能。

换流变压器采用的是 MR 公司生产的 VRGⅡ型真空灭弧分接开关，切换油室中油乙炔（C_2H_2）含量为 0，排除分接开关油室内产生乙炔（C_2H_2）并进入本体油中的可能。该换流变压器潜油泵与冷却器运行正常，现场噪声正常，初步排除潜油泵扫膛的可能。

2）试验检查情况。换流变压器停运后，现场开展绕组及套管绝缘电阻、绕组直阻、变比、分接开关过渡电阻及过渡波形试验，试验结果均无异常。

5 月 22 日，对故障换流变压器开展局部放电试验，试验电压为 $0.8U_m/\sqrt{3}$（即 370kV）时，在距离地面 2.8m、换流变压器两个绕组中间偏阀侧套管侧发现疑似放电信号，放电部位如图 1-2-29 所示。

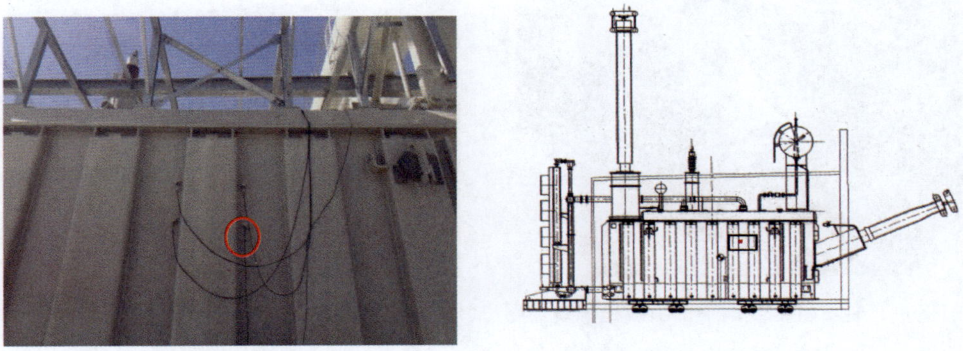

图 1-2-29　故障换流变压器超声波局部放电定位疑似放电部位

(3) 排油内检情况。5 月 24 日，对故障换流变压器开展现场排油内检，发现靠近阀侧套管侧柱 2 网侧线圈下部出线绝缘存在破损；下部出线对应的两侧垫块间及相邻两个间隙之中，发现破损的绝缘纸、铝箔和瓦楞纸板碎片，绝缘纸和瓦楞纸板表面存在炭黑迹象，铝箔有烧结现象，如图 1-2-30 所示。

(4) 返厂解体检查。换流变压器厂内解体检查发现，柱 2 网侧线圈下部引线铜线裸露，如图 1-2-31 所示；下部静电板引出线有两处断点，一是静电板内等电位线断裂，如图 1-2-32 所示，二是静电板等电位线与线圈引出线套筒焊接点断裂，如图 1-2-33 所示；静电板在线圈引出线“月牙口”位置处，因放电原因造成炭化并断裂，如图 1-2-34 所示。静电板结构如图 1-2-35 所示。

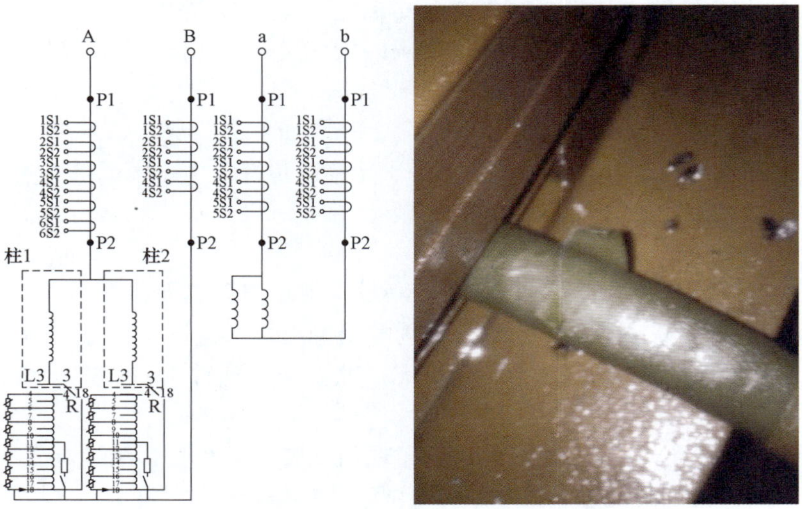

图 1-2-30　柱 2 线圈下部出线外部绝缘破损

图 1-2-31　柱 2 网侧线圈下部引线处铜线裸露

图 1-2-32　静电板内等电位线断裂

图 1-2-33　等电位线套筒线焊接处断裂

图 1-2-34　静电板等电位线断裂、月牙口炭化

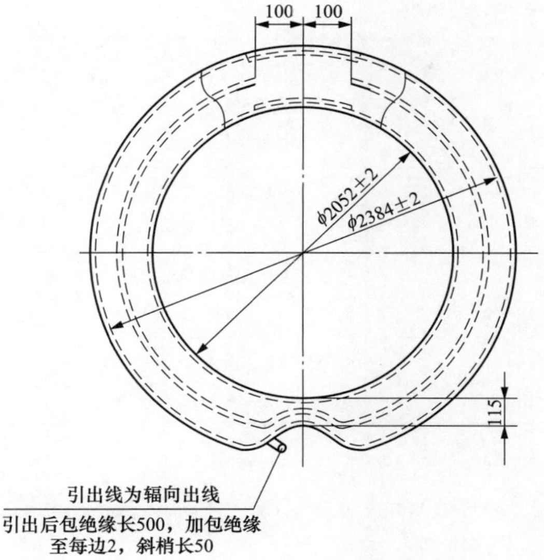

图 1-2-35 静电板结构图

3. 原因分析

综合分析认为，故障原因为柱 2 网侧线圈下部引出线静电板等电位线断开，导致静电板电位悬浮对线圈放电。静电板等位线断开的原因可能是由于等电位线长度余量不够、运行时振动及焊接工艺控制不良等因素所致。

2.4.6 案例 16：换流变压器线圈匝间短路故障

1. 情况说明

（1）故障前的运行情况。直流处于双极低端换流器大地回线全压方式运行，输送功率 4000MW。故障前后运行工况、环境温度均无变化。

（2）故障过程描述。6 月 4 日 21:01，极Ⅱ低端三套换流变压器保护星接小差工频变化量差动动作，极Ⅱ低端阀组 Y 闭锁停运，本体轻瓦斯报警，保护事件记录见表 1-2-9。离线油色谱检测数据显示极Ⅱ低端 YY-B 相换流变压器油中乙炔（C_2H_2）含量为 46.01μL/L，初步判断该换流变压器内部发生放电故障。

表 1-2-9 保护动作事件记录

序号	时间	主机	事件	备注
1	21:01:40.505	PCS977D	CTP22B/A/C 星接小差工频变化量差动出现	三套换流变压器保护装置小差保护均动作
2	21:01:40.508	P2CCP2B	三取二逻辑保护 V 闭锁	控制系统三取二后闭锁极Ⅱ低端阀组，发出交流进线开关跳闸命令
3	21:01:40.508	$P2C_2F2A$	三取二逻辑保护发出跳交流断路器命令	
4	21:01:40.508	P2CCP2B	三取二逻辑保护发出跳交流断路器命令	
5	21:01:40.513	P2CCP2B	闭锁顺序保护 Y 闭锁已执行	

续表

序号	时间	主机	事件	备注
6	21:01:40.531	P1PCP1A	功率控制过负荷限制器限制电流指令在 6322.9 A	极 1 低端换流器过负荷运行
7	21:01:40.554	ACC55B	交流场开关 WA. W5. Q1（5051）A/B/C 相断开	极Ⅱ低端换流变压器进线开关跳闸
8	21:01:40.554	ACC55B	交流场开关 WA. W5. Q2（5052）A/B/C 相断开	
9	21:01:59.685	P2CCP2B	极Ⅱ低端换流变压器星接 B 相本体轻瓦斯出现	19s 后本体轻瓦斯报警出现

（3）故障设备基本情况。该换流变压器为特变电工沈阳变压器有限公司生产，产品型号为 ZZDFPZ-405200/500-400，故障时换流变压器已投运 4 年。

2. 检查情况

（1）外观检查情况。故障换流变压器外观未见异常，本体气体继电器中有少量气体，轻瓦斯浮球落下，如图 1-2-36 所示。

（2）故障录波分析。换流变压器星接小差工频变化量保护示意图如图 1-2-37 所示，其中 TA1 为换流变压器网侧首端套管 TA ，TA2 为换流变压器网侧尾端套管 TA，TA3 为换流变压器阀侧首端套管 TA，TA4 为换流变压器阀侧首端套管 TA。

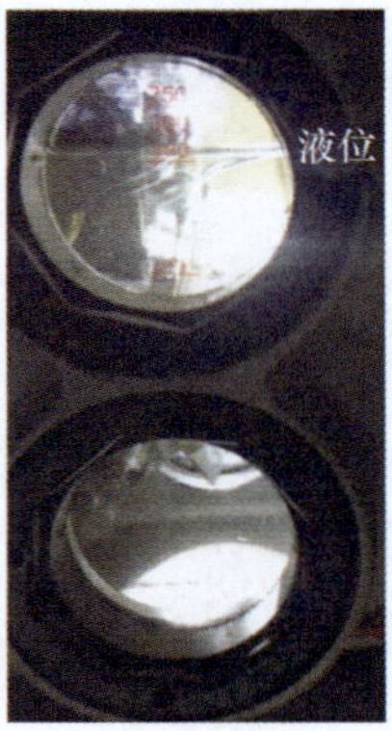

图 1-2-36 换流变压器本体气体继电器检查情况

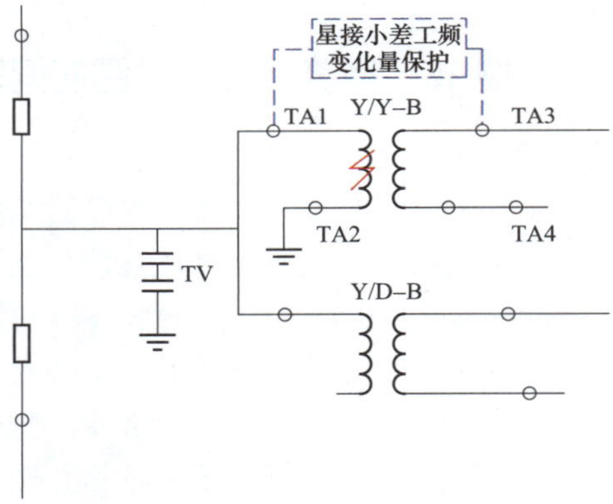

图 1-2-37 换流变压器星接小差保护示意图

极Ⅱ低端 Y/Y-B 相换流变压器故障录波如图 1-2-38 所示。T1 时刻，Y/Y-B 相换流变压器网侧首端套管 TA 电流与网侧尾端套管 TA 电流相同，同时增大至 2400A，换流变压器阀侧套管首端 TA 电流与阀侧尾端 TA 电流相同，且换流变压器网侧电压幅值无明显变化，符合换流变压器网侧绕组匝间短路的故障特征，换流变压器未发生接地故障。

将 Y/Y-B 相换流变压器网侧首端电流折算至阀侧，可计算出换流变压器小差保护差

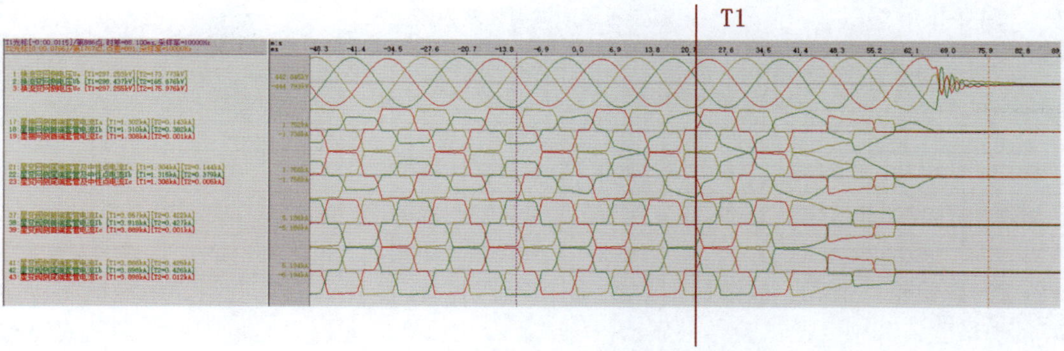

图 1-2-38　极Ⅱ低端 Y/Y-B 相换流变压器故障录波图

流值，如图 1-2-39 中红色曲线所示。T_1时刻，B 相换流变压器网侧电流折算至阀侧后，与实际阀侧电流相同（5000A）。T_2 时刻，B 相换流变压器网侧首端套管电流增大，此时 B 相换流变压器网侧首端套管电流与阀侧首端套管电流出现差流。T_3时刻，两者差值最大为 3600A 左右。

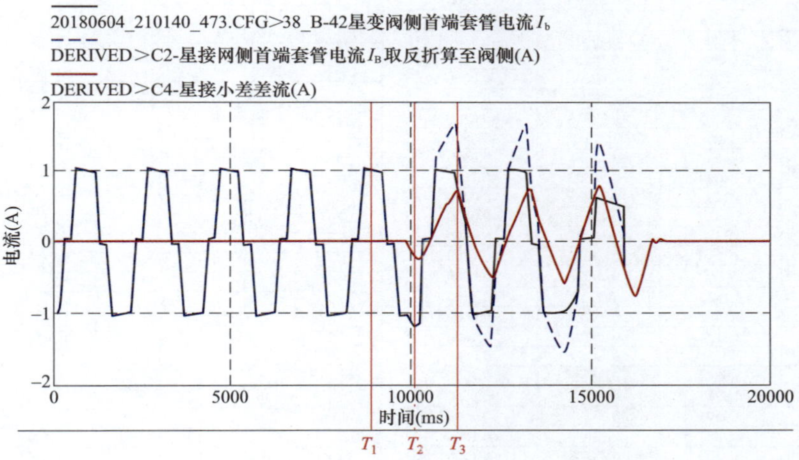

图 1-2-39　换流变压器小差保护电流值计算图
（黑色曲线为阀侧首端套管电流，蓝色曲线为网侧首端套管折算至阀侧的电流，红色曲线为两者的差流）

根据上述分析可以判断，换流变压器保护动作原因为换流变压器网侧绕组匝间短路，换流变压器小差工频变化量保护动作正确。

（3）试验验证情况。

1）油色谱分析。故障前与故障后油色谱检测数据对比情况见表 1-2-10，故障后本体油中氢气（H_2）、乙炔（C_2H_2）、甲烷（CH_4）、乙烯（C_2H_4）等特征气体含量均有明显增加，其中故障后顶部油样中乙炔（C_2H_2）含量达 47.81μL/L，油色谱三比值编码为 102，对应故障类型为电弧放电，原因可能为线圈匝间、层间短路、引线对油箱放电等。

表 1-2-10　　换流变压器本体离线油色谱数据　　(μL/L)

时间	位置	氢气 (H_2)	甲烷 (CH_4)	乙烯 (C_2H_4)	乙烷 (C_2H_6)	乙炔 (C_2H_2)	总烃 (ΣCH)	一氧化碳 (CO)	二氧化碳 (CO_2)
故障前	底部	6.08	0.79	0.08	0.00	0.00	0.87	45.69	618.18
故障后	上部	159.30	37.99	34.44	2.54	47.81	122.78	167.32	1121.65
	底部	155.21	36.20	33.06	2.78	46.01	118.05	169.23	1050.21

2）试验检查情况。故障后对该换流变压器进行了变比、直流电阻、绝缘电阻等全部常规试验，其中变比试验结果显示，故障后变比虽然在允许误差范围内，但所有分接的互查均大于出厂互查；网侧绕组直流电阻试验结果显示，所有分接的直流电阻均较出厂值及 2017 年预防性试验测量值增大 40%左右，如图 1-2-40 所示。综合试验及油色谱分析结果，初步换流变压器网侧线圈可能发生匝间放电故障。

档位	铭牌	实测变比	实测互差	出厂互差
1	3.9696	3.9649	−0.1184	−0.0500
2	3.9311	3.9276	−0.08903	0.0000
3	3.8925	3.8822	−0.26461	−0.0200
4	3.8534	3.8406	−0.33217	0.0000
5	3.8154	3.812	−0.08911	−0.0500
6	3.7769	3.7749	−0.05295	0.0000
7	3.7384	3.7354	−0.08025	−0.0500
8	3.6998	3.685	−0.40002	−0.0200
9	3.6613	3.6548	−0.17753	−0.0500
10	3.6227	3.6207	−0.055521	0.0000
11	3.5842	3.5706	−0.37944	−0.0800
12	3.5457	3.5325	−0.37228	−0.0500
13	3.5070	3.5088	0.051326	−0.0800
14	3.4686	3.4642	−0.12685	0.0000
15	3.4300	3.4098	−0.58892	−0.1100
16	3.3915	3.3776	−0.40985	−0.0200
17	3.3530	3.3434	−0.28631	−0.0500
18	3.3144	3.3154	0.030171	−0.0300
19	3.2759	3.2616	−0.43652	−0.1200
20	3.2373	3.236	−0.04016	−0.0300
21	3.1922	3.1873	−0.1535	−0.1500
22	3.1603	3.1482	−0.38288	−0.0600
23	3.1217	3.1124	−0.29791	−0.1600
24	3.0832	3.0788	−0.14271	−0.0600
25	3.0446	3.0344	−0.33502	−0.1600
26	3.0061	2.9964	−0.32268	−0.0600
27	2.9676	2.9595	−0.27295	−0.1600
28	2.9290	2.9237	−0.18095	−0.1000
29	2.8905	2.8808	−0.33558	−0.1700

(a) 变比测试结果

分接位置	出厂值(mΩ) (80℃)	实测值(mΩ) (50℃)	归算值(mΩ) (80℃)	绝对差值 (mΩ)	互差(%)
1	203.23	252.7	279.30	76.07	37.43
2	201.4	250.9	277.31	75.91	37.69
3	200.35	250	276.32	75.97	37.92
4	198.53	248.2	274.33	75.80	38.18
5	197.5	247	273.00	75.50	38.23
6	195.67	245.3	271.12	75.45	38.56
7	194.63	244.4	270.13	75.50	38.79
8	192.84	242.2	267.69	74.85	38.82
9	191.81	241.4	266.81	75.00	39.10
10	189.99	239.3	264.49	74.50	39.21
11	188.96	238.4	263.49	74.53	39.44
12	187.17	236.5	261.39	74.22	39.66
13	186.14	235.6	260.40	74.26	39.89
14	184.32	233.6	258.19	73.87	40.08
15	182.59	231.7	256.09	73.50	40.25
16	185.23	234.6	259.29	74.06	39.99
17	186.21	235.8	260.62	74.41	39.96
18	188.04	237.6	262.61	74.57	39.66
19	189.01	238.8	263.94	74.93	39.64
20	190.84	240.5	265.82	74.98	39.29
21	191.87	241.7	267.14	75.27	39.23
22	193.7	243.5	269.13	75.43	38.94
23	194.71	244.7	270.46	75.75	38.90
24	195.6	246.4	272.34	76.74	39.23
25	197.5	247.5	273.55	76.05	38.51
26	199.4	249.4	275.65	76.25	38.24
27	200.38	250.6	276.98	76.60	38.23
28	202.26	252.4	279.97	76.71	37.93
29	203.25	253.6	280.29	77.04	37.91

(b) 直流电阻测试结果

图 1-2-40　变比及直流电阻测试结果

(4) 排油内检情况。现场开展了故障换流变压器排油内检，重点检查了有载分接开关选择器触头及引线、线圈上下压板及端部绝缘油道、线圈围屏线圈上部引线出头、对上铁轭及拉带等可见部位，未发现明显故障部位。

(5) 返厂解体检查。故障换流变压器返厂解体检查，解体情况如图 1-2-41 所示，发现靠近有载分接开关侧柱 2 网侧线圈 14～17 饼在网侧引线对侧位置存在严重的断股、烧蚀现象，15～17 饼在对应网出头处导线向内凹陷严重，13 饼下表面、14～17 饼上下表面、18 饼上表面局部匝绝缘纸磨损露出导线。线圈向外 3 层围屏发黑，对应插花纠结区域约 50 饼线圈发黑严重。

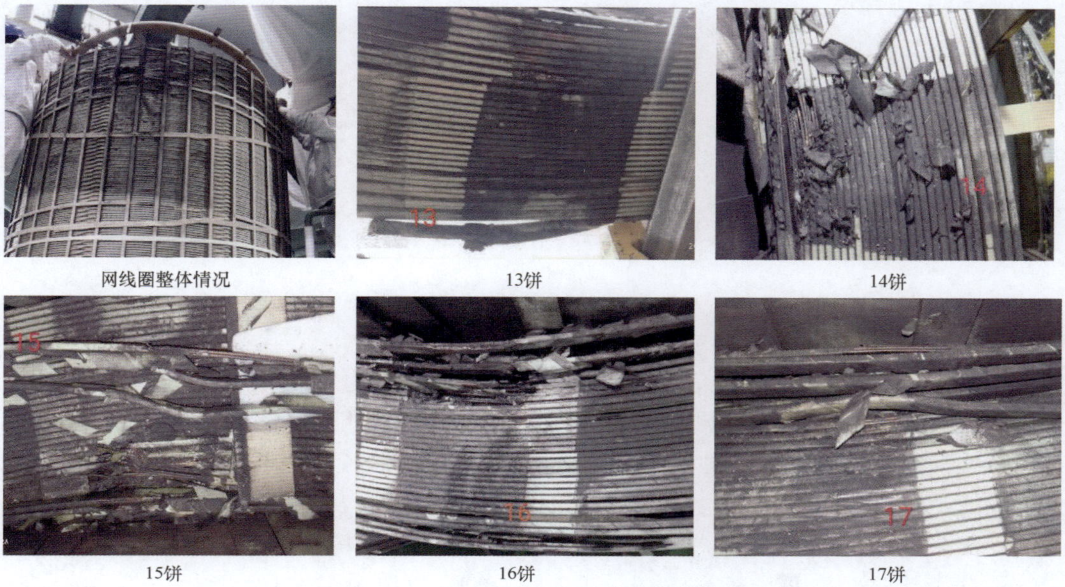

图 1-2-41　故障换流变压器解体情况

3. 原因分析

根据试验结果及解体检查情况，本次故障的原因为柱 1 网线圈匝绝缘存在局部破损缺陷，在长期运行时的电磁力作用下，导线之间振动摩擦，使匝间绝缘彻底失效形成匝间短路，进而形成第 15 饼、第 16 饼纠结单元的段间短路，短路电流造成导线的烧损，同时短路电流产生的电动力使绕组发生形变，其根本原因可能是导线质量不佳、组合导线绕制工艺欠缺等。

3 器 身

3.1 结 构 介 绍

3.1.1 总体介绍

线圈绕制完成后需套装到铁心上，同时借助铜绞线、电缆线、金属屏蔽管将绕组上下端出头引出，继而与有载分接开关、套管等连接，形成相对完整的结合体，俗称“器身”，结构如图 1-3-1 所示。通常靠近有载分接开关一侧的心柱称为“柱 1”，靠近阀绕组引出线的心柱称为“柱 2”。

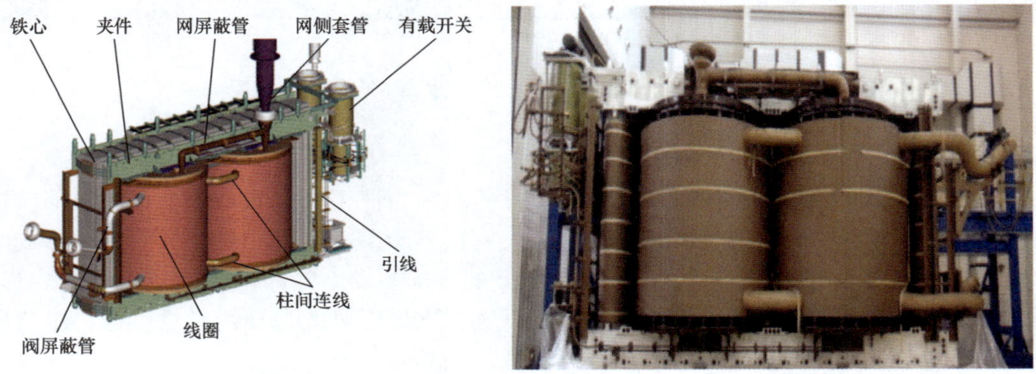

(a) 示意图 (b) 实物图

图 1-3-1 器身结构示意图

3.1.2 两种技术路线结构比对

1. 线圈排列方式

通常各线圈在器身中的排列主要有两种形式：“铁心—阀侧线圈—网侧线圈—调压线圈”（以下简称“阀—网—调”）排列形式和“铁心—调压线圈—网侧线圈—阀侧线圈”（以下简称“调—网—阀”）排列形式，如图 1-3-2 所示。一般情况下，调—网—阀的排列方式，适合于阀侧线圈绝缘水平高于网侧线圈绝缘水平的换流变压器的线圈排列。阀-网-调的排列方式，适合于阀侧线圈绝缘水平低于网侧线圈绝缘水平的换流变压器的线圈排列。Ⅰ型技术路线换流变压器多采用调—网—阀排列形式。Ⅱ型技术路线换流变压器，对于高端换流变压器，多采用调—网—阀排列形式，对于低端换流变压器，多采用阀—网—调排列形式。

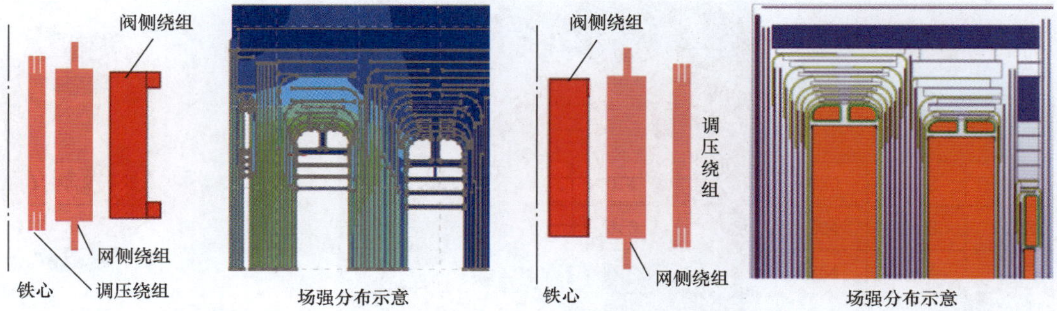

(a) 调-网-阀结构　　(b) 阀-网-调结构

图 1-3-2　绕组排列方式

2. 线圈组装

Ⅰ型技术路线换流变压器器身采用单个套装结构，即调压线圈、网侧线圈和阀侧线圈分别完成组装后再进行干燥处理，干燥合格后在规定的工艺时间内依次套装到换流变压器主柱铁心上。

每个线圈内径侧有硬纸筒作为独立的内部支撑骨架，在线圈绕制前将内径侧纸筒、撑条，底部端绝缘、静电环、内角环和垫块等全部进行装配，按照由内向外、由下向上的装配顺序，如图 1-3-3 所示。

图 1-3-3　线圈绕制前绝缘结构示意图

线圈绕制完成且高度压装到位后，开展外部纸筒、垫块、上部端部绝缘、静电环、外角环等绝缘件装配，按照由内向外、由下向上的装配顺序。Ⅰ型技术路线线圈套装结构如图 1-3-4 所示。

Ⅱ型技术路线换流变压器则采用整体组装结构，如图 1-3-5 所示，即将所有线圈（调压线圈、网侧线圈和阀侧线圈）及绝缘按顺序组装成一个整体后进行单柱器身干燥处理，然后在规定的工艺时间内整体套装到变压器主柱铁心上。

3. 器身装配

（1）器身压紧方式。Ⅰ型技术路线换流变压器线圈干燥前进行预压，在器身气相干

图 1-3-4　Ⅰ型技术路线线圈套装结构示意

燥结束后，按计算压力用油压胀管将器身整体压紧，用层压纸板垫块和调节撑条将器身垫实撑紧，如图 1-3-6 所示，保证器身和各线圈的轴向压紧力，确保换流变压器本体运输、运行和系统发生短路时，器身的机械强度满足要求。

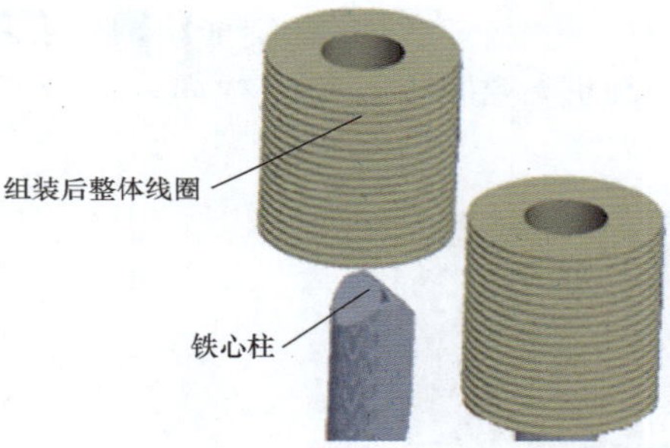

图 1-3-5　Ⅱ型技术路线器身整体组装示意

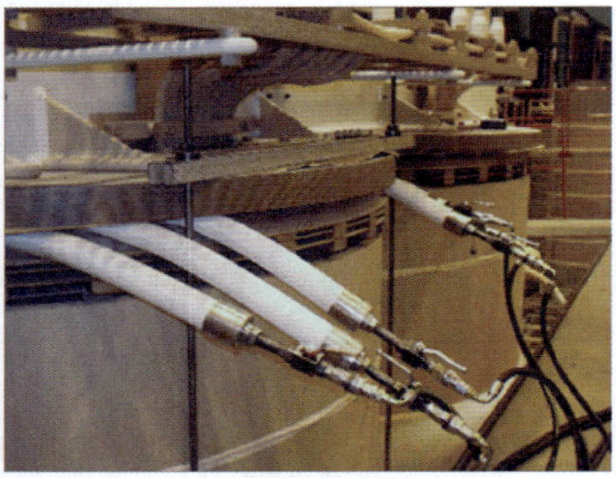

图 1-3-6　Ⅰ型技术路线器身压紧装置

图 1-3-7　Ⅱ型技术路线器身压紧装置

Ⅱ型技术路线换流变压器单体线圈采用恒压干燥、淋油，在器身气相干燥结束后，按计算压力用液压油缸将器身整体压紧，然后用垫块和调节纸板将器身压板垫实，如图 1-3-7 所示，保证器身和各线圈的轴向压紧力。

（2）器身冷却方式。换流变压器采用的冷却方式有强迫油循环风冷（OFAF）和强迫油循环导向风冷（ODAF）两种。

在早期特高压直流工程中，Ⅰ型技术路线换流变压器主要为 OFAF，油泵循环＋风机冷却，油流进入油箱后按自然阻力无定向循环，在后期工程采用 ODAF，如图 1-3-8 所示。

采用 OFAF 冷却方式，器身油路为开放式结构，器身中换流变压器绝缘油的循环靠器身上下的油温差来实现，线圈中冷却油的流动速度较慢，可以有效避免油流带电的发生。采用 ODAF 冷却方式，器身油路为封闭式结构，器身中绝缘油的循环靠外部油泵提供动力来实现，绝缘油通过外部金属联管强迫导流至内部的绝缘管内，在线圈下端设置的绝缘腔体内进行汇集，通过与挡位对应的导油孔直接导入到线圈内部。

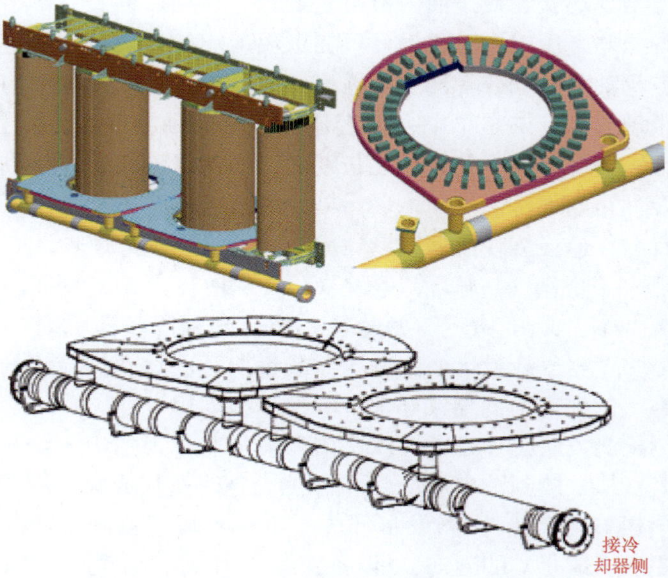

图 1-3-8　Ⅰ型技术路线器身冷却方式（ODAF）

Ⅱ型技术路线换流变压器一直采用 ODAF，油泵循环＋风机冷却＋导向管路，器身油路为封闭式结构，器身中绝缘油的循环靠外部油泵提供动力来实现，如图 1-3-9 所示。线圈中冷却油的流动速度需要通过合理设置油路来进行控制，确保避免油流带电发生。

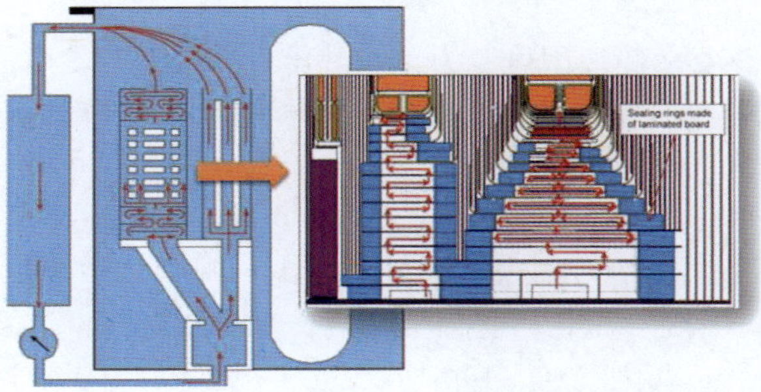

图 1-3-9　Ⅱ型技术路线器身冷却方式

3.2　故障及缺陷特征

换流变压器实际运行经验表明，换流变压器器身的典型故障类型主要有器身受潮引发氢气（H_2）异常增长、毛刺或异物引起偶发性放电、压板绝缘缺陷引发绝缘放电。

3.2.1 器身受潮引发氢气（H_2）异常增长

（1）可能原因。该类故障为换流变压器实际运行过程中多发频发故障，主要原因为：一是换流变压器现场安装或排油内检工艺处理不良导致器身受潮。例如，某些换流变压器套管下部均压球采用碗形对扣设计，在出现可能导致均压球露空的现场检修作业后，未采用抽真空等油务处理或者油务处理不彻底，导致绝缘受潮或均压球内部积存气体，带电投运后出现放电。二是早期换流变压器由于储油柜采用无胶囊非全密封结构，换流变压器绝缘油直接暴露在空气中，在长期运行中绝缘油氧化、受潮形成污染物，在热胀冷缩交换以及油箱底部排油作用下，污染物进入换流变压器器身，导致器身端部绝缘件发生放电。目前在运换流变压器均已完成储油柜的胶囊化改造。

（2）主要特征。一是氢气（H_2）、甲烷（CH_4）增长为典型特征，部分故障也表现出“氢气（H_2）在增长后趋于稳定”的特征，当受潮程度较严重时，可能导致绝缘爬电。二是该类故障多发生于新投运换流变压器或近期开展过现场检修的换流变压器，由于现场安装或检修工艺处理不良导致异常产氢。

（3）故障监测检测方法。一是以在线色谱和单氢监测为主，定期开展离线色谱与在线色谱比对。当监（检）测到油中氢气（H_2）增长速率过快或故障特征发生变化，要按照相关标准或公司相关规定［《国网设备部关于进一步规范特高压变压器、换流变压器油色谱异常处置要求（试行）的通知》（设备变电〔2022〕147 号）］，开展在线、离线油色谱［包含单氢（H_2）、单乙炔（C_2H_2）、常规油色谱等色谱装置］数据跟踪，缩短在线油色谱监测周期，必要时启动专家团队进行跟踪分析。二是开展油中含水量检测跟踪，并重点检查冷却器负压区、各法兰、各连接部位是否存在渗漏油以及吸湿器密封情况等。

3.2.2 毛刺、异物引起偶发性放电

（1）可能原因。该类故障原因可能为：一是器身结构复杂，质量控制不到位导致局部存在毛刺。二是装配和油务处理过程中，外部异物进入。内部毛刺、异物在换流变压器运行过程中进入高场强区域产生放电。

（2）主要特征。一是故障表现为电弧放电，色谱三比值编码一般为 10X。二是乙炔（C_2H_2）、氢气（H_2）突增为典型特征［对于高场强区域放电，乙炔（C_2H_2）增量一般会大于 3μL/L］，甲烷（CH_4）也有相应增长，当放电部位涉及纸绝缘时，也会伴随有一氧化碳（CO）、二氧化碳（CO_2）增长趋势。三是放电具有随机性或单次性，当毛刺或异物在放电过程中烧毁或转移到低场强区域，放电停止。

（3）故障监测检测方法。参照“1.2.1 等电位连接松动引发异常产气”故障监测检测方法。

3.2.3 压板绝缘缺陷或表面沉积杂质引发绝缘放电

（1）可能原因。该类故障原因可能为压板存在绝缘缺陷、表面沉积杂质等因素造成

垫块与铜屏蔽板之间发生高场强下的小间隙放电。

(2) 主要特征。一是故障表现为低能放电，色谱三比值编码一般为 202，故障严重时也会表现出电弧放电特征，色谱三比值编码为 10X。二是乙炔（C_2H_2）、氢气（H_2）、甲烷（CH_4）含量增长为典型特征，乙炔（C_2H_2）与甲烷（CH_4）比值一般不低于 2，乙炔（C_2H_2）总量一般要大于 3μL/L，严重故障时每升乙炔（C_2H_2）总量可能达到几十微升，多数故障中也会存在一氧化碳（CO）、二氧化碳（CO_2）增长趋势。

(3) 故障监测检测方法。参照“1.2.1 等电位连接松动引发异常产气”故障监测检测方法。

3.3 提升措施建议

(1) 对于储油柜胶囊破损或检修工艺不良引发器身受潮故障：一是做好现场安装或检修过程管控。①做好换流变压器紧固密封。按力矩要求开展换流变压器螺栓紧固并配备防松垫圈，密封垫要符合环境要求，安装时密封垫要仔细处理，防止挤压变形造成密封不严，重点关注冷却器油泵附近区域，当油泵转动后容易出现负压，一旦密封不严，容易造成水分进入换流变压器内部。②保证环境湿度满足检修要求。空气相对湿度超过 75%不允许安装操作，空气相对湿度 65%～75%允许暴露的最长时间 8h，空气相对湿度 65%以下允许暴露的最长时间 12h。③做好防水分进入检查清理。检查干燥空气发生器及管路是否完好、清洁，油务处理前要检查真空泵、滤油机滤网、各接头及管路是否完好、清洁，对注油机具和管路建议进行微正压注油（油压），避免外部水分、异物进入注油管路。④做好绝缘露空防护及处置。换流变压器开展排油检修工作时，应提前做好检修方案评审，现场排油时要避免套管尾端均压球、引出线或器身露空。当发现换流变压器绝缘露空受潮时，应开展抽真空、真空注油、热油循环等油务处理。二是加强换流变压器运行监视分析。①做好换流变压器历史检修记录，详细记录检修过程、工艺处理过程、测试结果、天气状况等内容，方便后续跟踪分析。②跟踪分析换流变压器油中氢气（H_2）含量变化趋势，重点做好油色谱及单氢在线监测数据的监视、跟踪、分析。③必要时开展油中含水量检测。当绝缘油中出现氢气（H_2）异常增长、怀疑绝缘受潮时，应进行油中含水量检测，重点检查冷却器负压区是否存在渗漏油，各法兰、连接部位是否存在渗漏油以及吸湿器密封情况等内容；若产气速度较快，建议停电进行试验检查。④做好年度检修或停电期间问题处置，重点开展绝缘电阻、介质损耗、频域介电谱等试验，检查储油柜密封性，必要时开展油箱保压试验检查（在保证压力释放阀或防爆膜不动作情况下，在储油柜最高油位施加 0.03MPa 的压力 24h，观察换流变压器所有接口是否渗漏）。若确认器身受潮，现场可采用低频加热和热油循环的方式进行处理。

(2) 对于毛刺、异物引发的放电故障，一是加强生产制造阶段异物管控。①换流变压器生产车间环境如温度、湿度、尘降量等均应满足工艺要求，部件加工后外观光洁平整、无变形，表面光滑无毛刺；②器身材料和部件存放期间必须防尘、防污、防潮；③制造厂应制定工器具管理办法，对所有使用到的工器具（例如：紧固件等金属件以及垫块等绝缘件）进行编号和统一管理，进出工作区域的人员要做好登记、核对管理；④进入器身开展工作时，指定专人负责工器具管理，按照“工具带入数量必须等于带出数量”原则做好管理；⑤换流变压器发运前应开展内检，对器身、油箱异物进行彻底清理，对油箱内部进行联合检查，重点关注油箱底部角落是否有工器具遗留。二是做好现场安装阶段过程监督记录。①换流变压器现场安装时应做好防尘、防风沙等应急措施；检查干燥空气发生器及管路是否完好、清洁；油务处理前，要检查真空泵、滤油机滤网、各接头及管路是否完好、清洁；油务处理前后，应做好铁心夹件绝缘电阻测量、记录；对注油机具和管路建议进行微正压注油（油压），换流变压器进油口增加一个绝缘材质滤网，防止异物进入。②参照“加强生产制造阶段异物管控”中工器具管理和进入器身开展工作相关要求开展现场安装阶段质量管控。三是加强换流变压器运行监视分析，重点做好油色谱在线监测装置及带电检测数据的监视、跟踪、分析，提升异常数据的分析能力。

（3）对于压板绝缘缺陷引发绝缘放电故障：一是针对性开展设计阶段电场校核及绝缘防护。①加强器身场强分布核算，充分校核电场分布不均匀及高场强下的绝缘裕度，避免因绝缘存在的小杂质导致的绝缘放电。②对于夹件外侧采用铜屏蔽结构的换流变压器，应在每个夹件铜屏蔽外部采用 Nomex 纸板防护。二是加强生产制造阶段绝缘件质量管控。①绝缘件厂家应加强对于纸浆等原材料的质量管控，要记录产地、生产日期。②对于有条件的换流变压器厂家应对绝缘件生产全过程进行监造，强化绝缘件抽检。③加强绝缘件储存环境管理，绝缘材料生产完后应控制存放环境的温湿度，防止绝缘件受污染或受潮。④绝缘件运抵换流变压器厂家后，应严格按照工艺要求进行干燥、浸油等工艺处理，提高产品绝缘件的安全可靠性。⑤出线装置支撑应进行载荷强度校核，严防出线装置长期运行后出现下沉、偏移情况。三是加强换流变压器运行监视分析，重点做好油色谱在线监测装置及带电检测数据的监视、跟踪、分析，提升异常数据的分析能力。

3.4 典型故障及缺陷案例

3.4.1 案例 17：换流变压器器身受潮引发氢气（H_2）异常增长

1. 情况说明

（1）故障前的运行情况。年度检修期间，某换流站对极Ⅰ Y/Y-C、极Ⅰ Y/D-B、极Ⅱ Y/D-B、极Ⅱ Y/D-C 等换流变压器开展现场部分排油，开展储油柜胶囊、气体继电器、压力释放阀、潜油泵、顶部截止阀更换工作，检修完成后恢复带电运行。

（2）故障过程描述。4 月 14 日换流变压器恢复带电运行后，例行油色谱检测发现极Ⅰ Y/Y-C、极Ⅰ Y/D-B、极Ⅱ Y/D-B、极Ⅱ Y/D-C 换流变压器油中氢气（H_2）含量异常，分别为 132、66、134、248μL/L，油中其他组分、微水、耐压试验均合格。

（3）故障设备基本情况。该换流变压器为瑞典 ABB 公司生产，产品型号为 ZZDPFZ-297500/500。

2. 检查情况

（1）外观检查情况。现场检查 4 台换流变压器网侧高压套管油位正常，本体各部位均无渗漏油，外观检查未见异常。

（2）试验检查情况。

1）油色谱分析。现场开展 4 台异常换流变压器油色谱数据跟踪，4 月 20 日氢气（H_2）含量分别增长至 217、202.8、391.6、380.6μL/L，见表 1-3-1，其他气体组分无明显变化。绝缘油微水、耐压等试验合格。

表 1-3-1　故障换流变压器油色谱氢气（H_2）含量跟踪　（μL/L）

序号	相别	4 月 14 日	4 月 20 日
1	极Ⅰ Y/Y-C	132	217.0
2	极Ⅰ Y/D-B	66	202.8
3	极Ⅱ Y/D-B	134	391.6
4	极Ⅱ Y/D-C	248	380.6

2）试验检查情况。对 4 台异常换流变压器开展带电检测，发现极Ⅰ Y/Y-C 相、极Ⅱ Y/D-B 相换流变压器网侧高压套管升高座底部超声局部放电检测异常，高频局部放电检测、红外精确测温正常，分析认为上述换流变压器内部可能存在低能放电。

4 月 22～24 日，换流变压器停运后，对极Ⅰ Y/Y-C 相和极Ⅱ Y/D-B 相换流变压器开展局部放电试验监测，极Ⅰ Y/Y-C 换流变压器在 $0.4U_m/\sqrt{3}$ 电压下视在局部放电量为 11 000pC，极Ⅱ Y/D-B 换流变压器在 $0.5U_m/\sqrt{3}$ 电压下视在局部放电量为 8700pC，试验均不合格，图谱显示存在典型气泡放电特征。极Ⅰ Y/Y-C 换流变压器局部放电试验时同步开展特高频和超声波局部放电定位，特高频未检测到异常，超声波定位发现网侧高压套管升高座底部存在异常信号，与带电检测结果相符。局部放电试验后，对网侧高压套管升高座处开展取油样分析，局部放电前后油色谱数据无明显变化。

（3）排油内检情况。对换流变压器开展排油检查，极Ⅰ Y/Y-C 相和极Ⅱ Y/D-B 网侧高压套管导电杆和引线绝缘包扎等部位未见异常，初步判断网侧高压套管升高座处存在气泡放电、受潮产氢缺陷，固体绝缘未受损。分析认为，另外两台存在氢气（H_2）异常增长但未发现放电信号的换流变压器，可能存在同样缺陷。

（4）故障处理情况。4 月 21～28 日，对换流变压器重新开展排油、抽真空、真空注油、热油循环、静置处理等全套油务处理，处理完成后换流变压器顺利通过局部放电试验，4 月 28 日 22:13 换流变压器重新投入运行，氢气（H_2）未再增长，油色谱数据正常。

3. 原因分析

经排查发现，在年度检修期间，氢气（H_2）异常增长的 4 台换流变压器在更换储油柜胶囊、气体继电器、压力释放阀、潜油泵、顶部截止阀时，均对换流变压器本体进行了部分排油，本体油位降至油箱顶部以下 200mm 处（器身未露空）。相对而言，未开展排油工作的换流变压器均未出现单氢异常增长现象。因此，怀疑换流变压器氢气（H_2）

异常增长与排油、注油工艺有关。

进一步分析，换流变压器网侧高压套管布置结构与常规变压器套管不同，如图 1-3-10 和图 1-3-11 所示。网侧高压套管下瓷套长度与升高座尺寸相近，当排油至箱顶下部 200mm 处时，套管尾端的均压球及引出线包扎的纸绝缘完全暴露。网侧高压套管下部均压球采用碗形对扣设计，一旦排油将导致上部均压球露空，采用常规自然注油方法，上部均压球内部积累的气体无法自然排出，导致投运后出现氢气（H_2）增长和局部放电异常等情况。

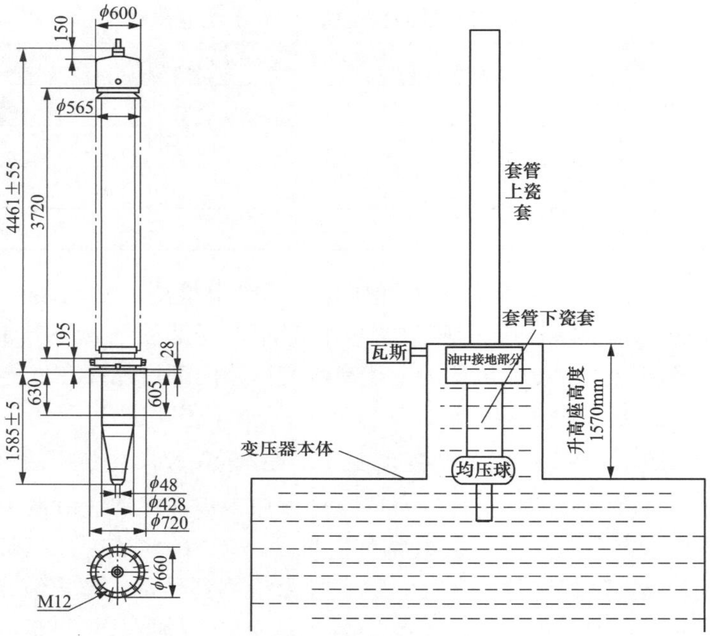

图 1-3-10 换流变压器网侧高压套管示意

3.4.2 案例 18：换流变压器器身受潮引发氢气（H_2）异常增长

1. 情况说明

（1）故障过程描述。极Ⅱ低端 Y/Y-C 相换流变压器在开展换流变压器全排油更换 ABB GOE 高压套管底部接线端子后，于 2019 年 7 月 1 日 05:52 恢复带电运行。7 月 3 日离线油色谱检测发现氢气（H_2）有增长趋势，至 8 月 3 日氢气（H_2）含量增长至 344.6μL/L，随后停电开展现场检查处理。

（2）故障设备基本情况。换流变压器为山东电力设备有限公司生产，产品型号为 ZZDFPZ-607500/750-550。

2. 检查情况

（1）试验验证情况。

1）油色谱分析。换流变压器自重新带电投运以来的油色谱数据见表 1-3-2，油中氢

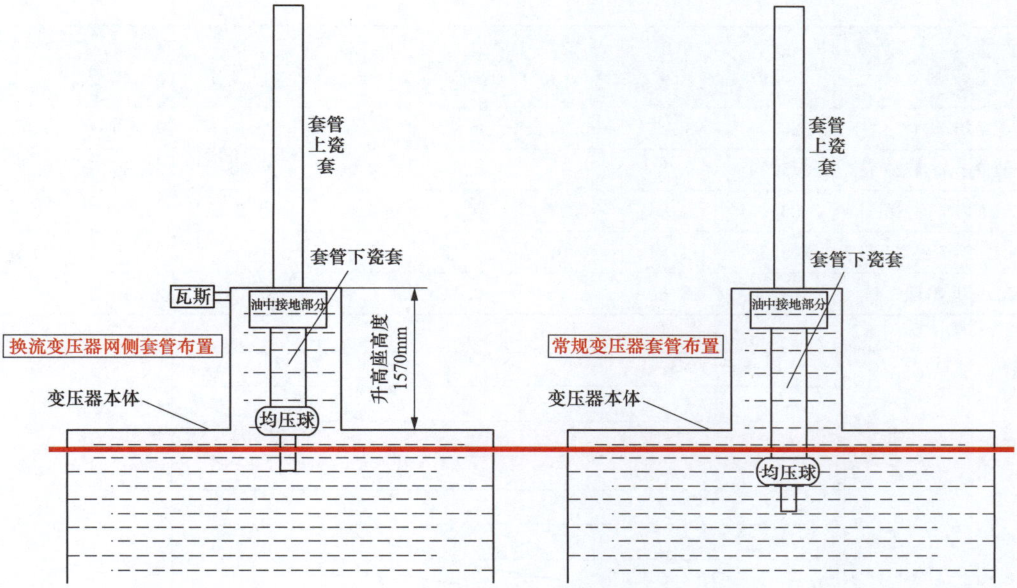

图 1-3-11　套管布置对比图（红线为排油位置）

气（H_2）和甲烷（CH_4）有明显增长，乙烯（C_2H_4）、乙炔（C_2H_2）等其他气体没有增长。氢气（H_2）、甲烷（CH_4）增长趋势图如图 1-3-12 所示。

表 1-3-2　　**换流变压器离线油色谱数据**　　（μL/L）

时间	氢（H_2）	甲烷（CH_4）	乙烯（C_2H_4）	乙烷（C_2H_6）	乙炔（C_2H_2）	一氧化碳（CO）	二氧化碳（CO_2）	总烃（∑CH）
2019年7月1日	0.91	0.30	0.05	0.04	0	15.23	86.83	0.39
2019年7月2日	1.86	0.32	0.05	0.05	0	15.25	97.33	0.42
2019年7月3日	8.88	0.45	0.06	0.04	0	15.07	122.87	0.55
2019年7月4日	17.39	0.66	0.06	0.06	0	16.46	102.07	0.78
2019年7月5日	27.54	0.89	0.05	0.06	0	16.93	127.28	1.00
2019年7月6日	33.34	1.06	0.05	0.06	0	17.26	104.06	1.17
2019年7月7日	39.65	1.26	0.05	0.04	0	16.81	130.08	1.35
2019年7月8日	53.39	1.64	0.07	0.08	0.06	19.40	127.95	1.85
2019年7月9日	68.71	2.10	0.06	0.09	0.06	20.24	112.89	2.31
2019年7月10日	77.13	2.42	0.06	0.11	0.06	20.07	119.09	2.65
2019年7月11日	84.26	2.72	0.08	0.11	0.06	20.19	119.88	2.97
2019年7月12日	93.06	3.06	0.07	0.13	0.06	20.15	131.86	3.32
2019年7月13日	108.60	3.55	0.07	0.15	0.06	20.93	120.41	3.83
2019年7月14日	118.14	3.92	0.07	0.17	0.07	21.43	134.29	4.23
2019年7月20日	184.72	6.71	0.08	0.27	0.06	24.92	151.61	7.12

续表

时间	氢 (H_2)	甲烷 (CH_4)	乙烯 (C_2H_4)	乙烷 (C_2H_6)	乙炔 (C_2H_2)	一氧化碳 (CO)	二氧化碳 (CO_2)	总烃 (∑CH)
2019年7月22日	228.00	8.45	0.11	0.41	0.06	28.55	192.00	9.03
2019年7月25日	245.29	9.07	0.15	0.53	0.08	27.25	191.34	9.83
2019年7月28日	306.17	11.83	0.11	0.47	0.07	31.64	244.33	12.48
2019年7月30日	309.30	11.81	0.08	0.43	0.05	30.58	209.16	12.37
2019年8月3日	344.60	13.60	0.10	0.54	0.06	32.92	226.60	14.30

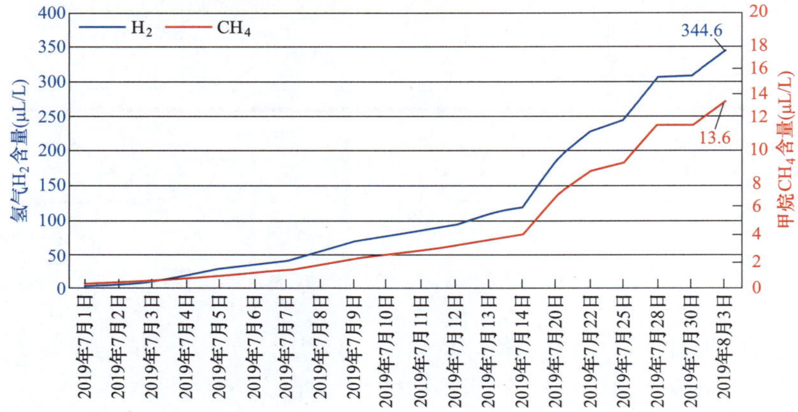

图 1-3-12　氢气（H_2）、甲烷（CH_4）增长趋势图

2）试验检测情况。氢气（H_2）异常增长以来，加大红外测温和铁心夹件电流测量频次，未发现异常。对本体绝缘油开展含水量检测，检测结果见表 1-3-3，发现绝缘油含水量虽未超过标准值，但较上次检测数据有增长明显，分析认为氢气（H_2）异常增长原因为内部绝缘受潮。

表 1-3-3　　　　　套管底座更换后换流变压器绝缘油含水量检测数据

检测日期	3月8～19日 本体下部	3月8～19日 网侧高压套管升高座	7月9日 本体下部
水分（mg/L）	4	6.8	12.1

注　《换流变压器交接及预防性试验规程》（DL/T 1798—2018）规定，运行中油中水分小于或等于 15mg/L。

（2）故障处理情况。现场采用低频电流短路法加热法（以下简称“低频加热”）对换流变压器开展加热，原理如图 1-3-13 所示，同时配合热油循环开展绝缘受潮处理。低频加热是一种内部加热方式，原理是对绕组施加电流产生热量。选择变压器适当的绕组（通常为低压或中压绕组）短路，在其另一侧绕组（通常为高压绕组）施加超低频（0.01～1Hz）电压进行励磁，两侧绕组上均产生感应电流，继而引发绕组发热。

本次处理采用网侧绕组加压、阀侧绕组短接的方式，加热电流取额定电流的 50%～70%，电压约为 600V，频率为 0.1～0.5Hz，电源容量约为 800kVA，低频加热接线如

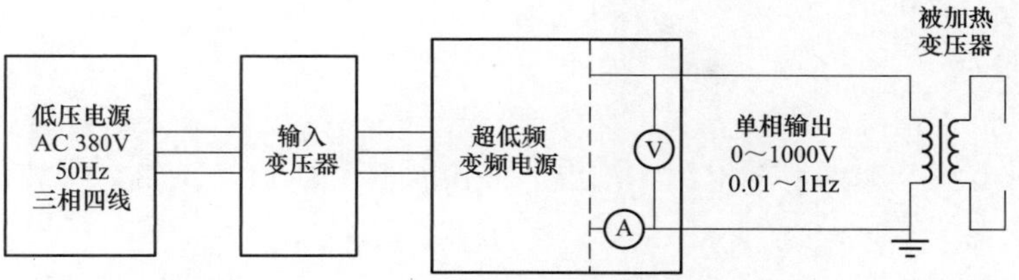

图 1-3-13　变压器低频电流短路法加热原理图

图 1-3-14 所示。采用热油循环配合低频加热，使油温上升至 80～85℃持续 96h 后快速放油，然后进行本体真空注油；之后再次开展热油循环配合低频加热，使油温上升至 80～85℃持续 96h 后快速放油，再次进行本体真空注油、热油循环、静放。经过现场两轮排、注油，完成换流变压器异常产氢缺陷处理。换流变压器通过局部放电试验后重新投入运行，未再发生氢气（H_2）异常增长情况，设备运行正常。

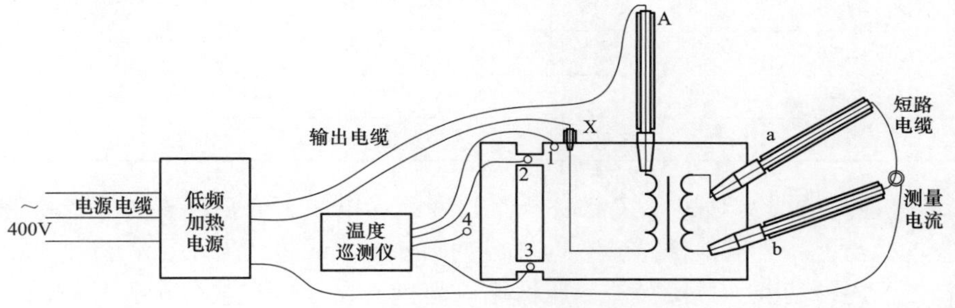

图 1-3-14　低频加热接线示意图

1—顶层油温温度计；2—冷却器出油口温度计；3—冷却器进油口温度计；4—环境空气温度计

3. 原因分析

根据油色谱数据及现场处理结果，换流变压器异常产气的原因为：前期套管底座更换等检修过程中可能存在工艺控制不良，导致器身绝缘受潮，在运行过程中产生氢气（H_2）和甲烷（CH_4）。

3.4.3　案例 19：换流变压器异物侵入引发放电故障

1. 情况说明

（1）故障前运行情况。直流处于双极四阀组额定电压方式运行，输送功率 4500MW，天气晴，气温 35℃。故障发生前，受端换流站极Ⅱ极母线直流分压器电压计算值错误，申请极Ⅱ换流器停电，在此期间，从 6 月 16 日 23:50 到 6 月 18 日 18:30，极Ⅰ高低端换流变压器满负荷运行将近 43h。

（2）故障过程描述。6 月 20 日 12:07:00，一体化在线监测平台中极Ⅰ高端 Y/D-A 相换流变压器油色谱乙炔（C_2H_2）含量高报警，乙炔（C_2H_2）数据为 7.79μL/L，较上次检测结果 0.28μL/L 有大幅升高，随后将该换流变压器停运进行检查处理。

（3）故障设备基本情况。故障换流变压器由西安西电变压器有限责任公司生产，型号为 ZZDFPZ-376600/500-600，故障时换流变压器已投运 3 年。

2. 检查情况

(1) 现场检查情况。运维人员立即到现场开展一次设备检查：红外测温、紫外放电、铁心泄漏电流、夹件泄漏电流、油温、油位及套管压力均正常；气体继电器集气盒及本体均未发现气体。

(2) 试验验证情况。

1) 油色谱数据分析。换流变压器离线油色谱数据变化趋势见表 1-3-4，氢气（H_2）、甲烷（CH_4）、乙烯（C_2H_4）、乙烷（C_2H_6）、乙炔（C_2H_2）等气体均有增长，色谱三比值编码为 201，故障类型为低能放电。

表 1-3-4　　换流变压器离线油色谱数据　　(μL/L)

日期	氢气 (H_2)	甲烷 (CH_4)	乙烯 (C_2H_4)	乙烷 (C_2H_6)	乙炔 (C_2H_2)	总烃 (∑CH)	一氧化碳 (CO)	二氧化碳 (CO_2)
5 月 24 日 15:00:00	12.68	5.16	0.33	0.72	0.13	6.34	575.00	1412.00
6 月 13 日 15:00:00	7.57	6.21	0.47	1.10	0.14	7.92	625.63	1648.39
6 月 20 日 12:25:00	55.45	13.36	5.36	2.22	18.43	39.37	687.98	1952.98
6 月 20 日 14:25:00	117.56	13.81	6.88	2.59	23.43	46.71	647.70	2158.01

2) 试验检查情况。对故障换流变压器开展绝缘电阻、介质损耗、直流电阻等全部常规试验，并与上一年度检修试验数据进行对比分析，试验结果无异常。

(3) 排油内检情况。故障换流变压器排油内检，在靠近有载分接开关侧网线圈上压板表面发现疑似铁心拨片的金属异物，异物与夹件之间有 3mm 间隙，进一步检查发现，夹件与金属异物上有明显放电痕迹，金属异物对应的压板位置有放电炭黑痕迹，如图 1-3-15所示。检查金属异物材质与形状，确认为镶装上铁轭铁心片接缝处使用的铁心拨片。

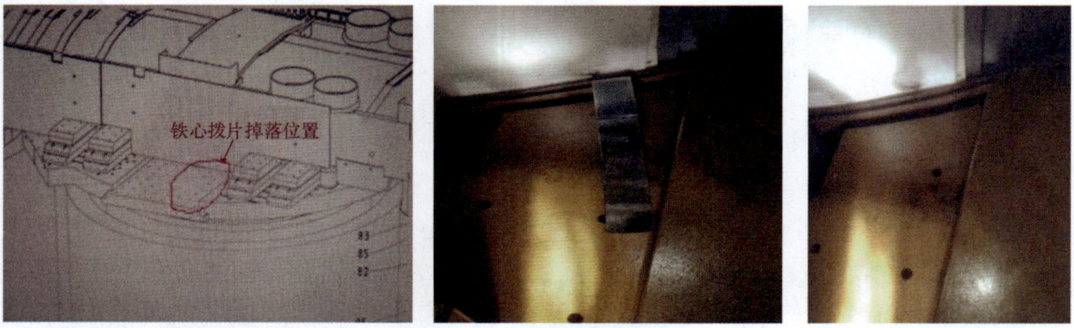

(a) 金属异物掉落位置　　(b) 拉板放电痕迹　　(c) 压板炭黑痕迹

图 1-3-15　排油内检发现疑似放电情况

3. 原因分析

基于现场排油内检结果，分析认为异常产气的原因是：换流变压器制造过程中，铁心镶片工艺结束后忘记取出铁心拔片。在前期运行过程中，铁心拔片与上铁轭铁心片接触形成等电位，没有影响换流变压器正常运行。换流变压器满负荷运行时，由于换流变压器振动等原因导致铁心拔片逐渐从上铁轭铁心片中脱离，掉落至网侧线圈上压板表面，造成悬浮电位，引发异常产气。

3.4.4 案例20：换流变压器线圈出线成型件放电故障

1. 情况说明

（1）故障前运行情况。在年度检修期间，对极 1 Y/D-B 相换流变压器开展储油柜胶囊、气体继电器、压力释放阀、潜油泵、顶部截止阀更换时，进行了部分排油，导致网侧高压套管尾端均压球和绝缘露空且未采用抽真空注油方式回油，导致换流变压器带电投运后异常产氢气（H_2）。通过对换流变压器重新排油、开展油务处理，4 月 28 日重新投入运行。故障前后，运行状态未有变化，也没有异常天气。

（2）故障过程描述。4 月 29 日 12:30，离线油色谱检测发现换流变压器本体油中乙炔（C_2H_2）、氢气（H_2）含量缓慢增长，4 月 29 日 23:12 乙炔（C_2H_2）含量突增至 56.32μL/L，随后紧急停运。

（3）故障设备基本情况。换流变压器为瑞典 ABB 公司生产，产品型号为 ZZDPFZ-297500/500-250。

2. 检查处理情况

（1）试验验证情况。

1）油色谱分析。换流变压器重新投运前后的离线油色谱检测数据见表 1-3-5，乙炔（C_2H_2）绝对产气速率为 4.9mL/天（注意值为 0.2mL/天），三比值法编码为 211，判断换流变压器内部存在油中裸金属高能放电。

表 1-3-5　　重新投运前后离线油色谱数据　　（μL/L）

取样时间	氢气（H_2）	甲烷（CH_4）	乙烯（C_2H_4）	乙烷（C_2H_6）	乙炔（C_2H_2）	一氧化碳（CO）	二氧化碳（CO_2）	总烃（∑CH）
4 月 26 日投运前	3.33	0.89	0.11	0.87	0.06	21.98	389.4	1.93
极 1 Y/D-B 换流变压器于 4 月 28 日 21:42 投运								
4 月 29 日 12:30	25.12	3.51	1.96	1.75	8.29	44.73	692.48	15.51
4 月 29 日 16:40	32.91	3.48	2.45	2.07	9.57	40.92	610.88	17.57
4 月 29 日 17:55	32.04	3.52	2.51	1.87	9.7	37.57	615.05	17.6
4 月 29 日 19:18	30.7	4.01	2.9	2.15	11.04	41.34	672.74	20.1
4 月 29 日 21:00	44.92	4.53	3.14	2.18	11.8	45.45	677.97	21.65
4 月 29 日 23:12	170.8	16.58	13.67	5.31	56.32	57.43	727.4	91.88

2）带电检测情况。停电前开展带电检测，发现网侧高压套管升高座底部以及冷却系统控制柜与阀侧套管间本体下部存在局部放电超声信号。

（2）解体检查情况。对故障换流变压器开展返厂解体检查，外部检查发现靠近阀侧套管侧柱 2 网侧线圈首端出线位置绝缘纸板有爬电痕迹，经与图纸对比，如图 1-3-16 所示，绝缘件未安装到位，纸板与波纹纸板排列呈不规则形态，器身表面其余各部位未见异常。

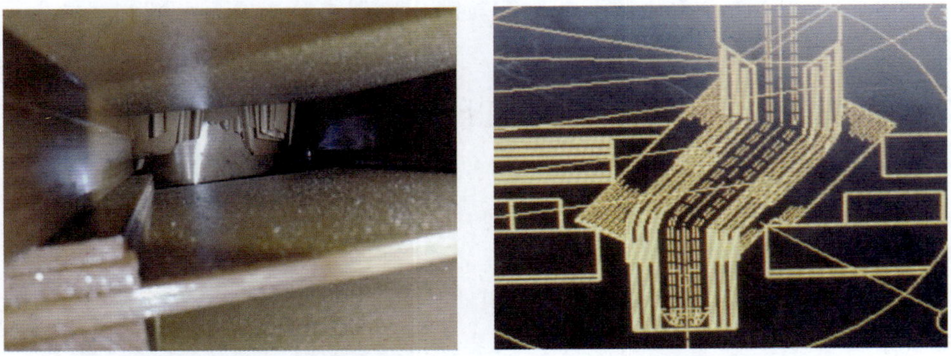

(a) 网侧首端出线位置绝缘纸板未安装到位　　(b) 出线绝缘纸板图纸示意

图 1-3-16　柱 2 网线圈首端出线位置绝缘纸板及与图纸对比

进一步检查，发现柱 2 网侧线圈根部均压管内壁有明显炭黑过热痕迹，对应位置引线绝缘、成型件存在炭黑，引出线连接均压管外包绝缘表面有烧蚀碳痕，如图 1-3-17 所示。

(a) 均压管内壁　　(b) 引线绝缘　　(c) 第一层成型件

图 1-3-17　均匀管内壁、引线绝缘、第一层成型件存在炭黑

网侧线圈首端出线上铁轭绝缘撑条、成型件、纸圈表面有炭黑放电痕迹，心柱铁心外表面对应位置绝缘纸板有击穿痕迹，如图 1-3-18～图 1-3-23 所示。

综合以上解体情况，比对换流变压器图纸，确定故障放电通道如下：柱 2 网侧均压管外包皱纹纸层间—3 段成型件—上铁轭绝缘撑条—铁心黑色绑扎带围屏纸板，如图 1-3-24 所示。

3. 原因分析

根据色谱分析及解体检查情况，换流变压器故障原因为：柱 2 网侧线圈首端引线外包波纹纸板及纸板未装配到位，绝缘强度未达到设计要求，同时前期的排油检修作业可能使柱 2 网侧首端出线成型件等绝缘材料发生劣化（杂质、气泡等），最终导致波纹纸板及纸板表面产生树状放电，造成换流变压器异常产气。

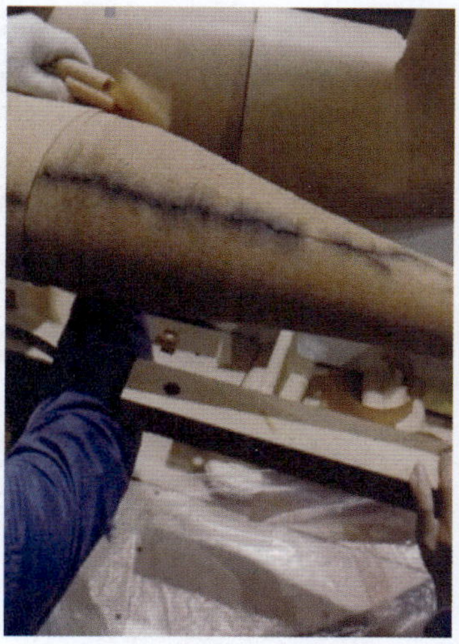

图 1-3-18 引出线连接均压管外包绝缘表面

图 1-3-19 上铁轭绝缘纸圈表面

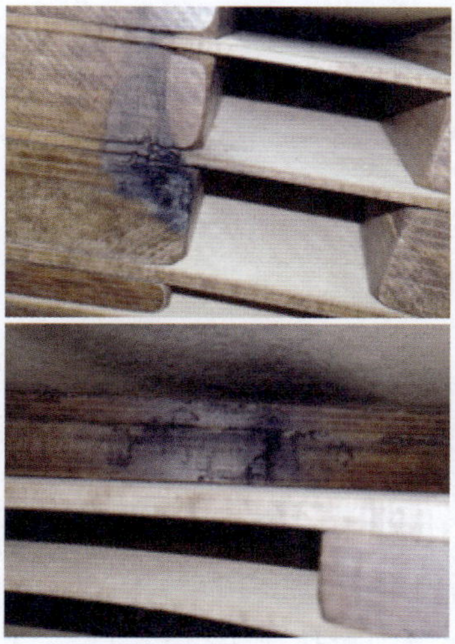

图 1-3-20 上铁轭绝缘撑条端面

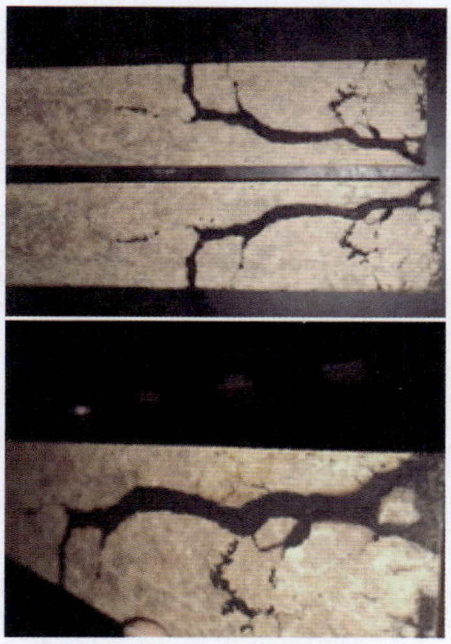

图 1-3-21 上铁轭绝缘撑条端面

3.4.5 案例 21：换流变压器副压板放电故障

1. 情况说明

（1）故障前的运行情况。故障发生时，双极四阀组大地方式运行，运行平稳、未见异常。故障前后运行工况、环境温度均无变化。

（2）故障过程描述。9 月 5 日，运维人员通过换流变压器油色谱在线监测数据发现，极Ⅱ低端 Y/Y-A 相换流变压器油中溶解乙炔（C_2H_2）含量持续快速增长，从 6:30～19:30 乙炔（C_2H_2）含量由 0.6μL/L 增长至 5.4μL/L，离线油色谱乙炔（C_2H_2）含量

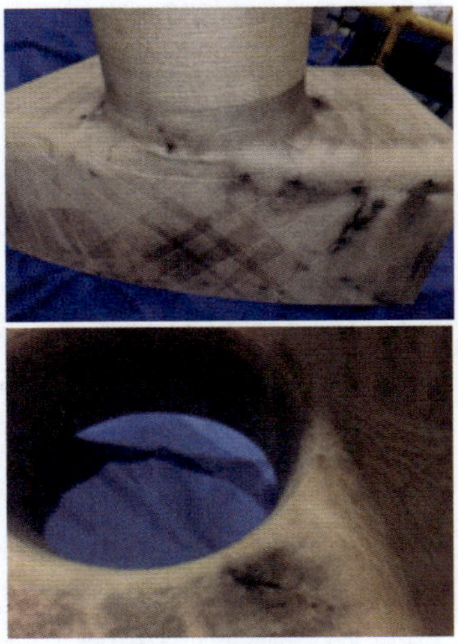

图 1-3-22　网线圈首端出线外侧成型件内外表面

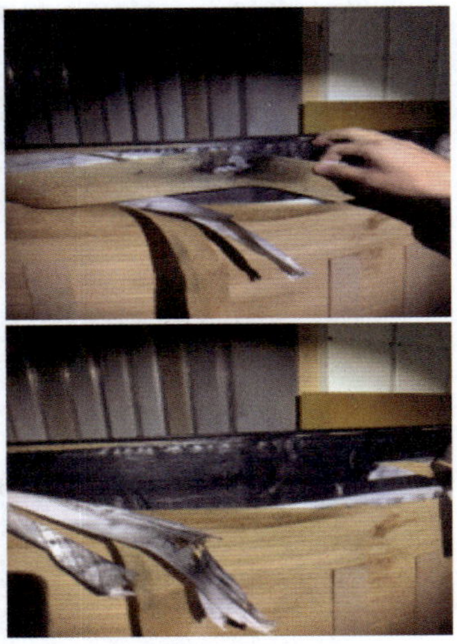

图 1-3-23　铁心外围半导体板表面放电痕迹

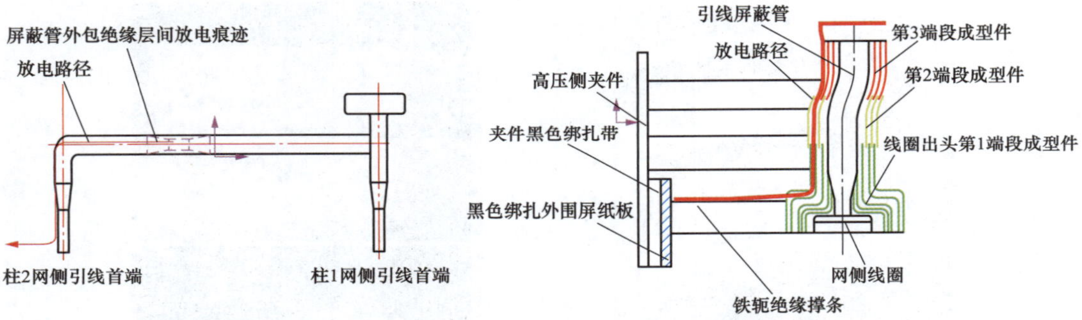

(a) 放电通道1　　(b) 放电通道2

图 1-3-24　放电通道示意图

4.9μL/L，超过 1μL/L 注意值。22:53，现场申请停运极Ⅱ低端换流器。

（3）故障设备基本情况。该换流变压器为山东电力设备有限公司生产，产品型号为 ZZDFPZ-493100/1000-400，故障时换流变压器已投运接近 2 年。该换流变压器投运刚满 1 年时，带电运行中发生网侧副压板层间放电故障，经现场修复后重新投入运行，运行期间未发生异常。

2. 检查情况

（1）外观检查情况。现场检查换流变压器外观无异常，风冷系统及潜油泵运行正常、无异响；油温、绕温正常；分接开关处于 9 挡且无升降挡。

（2）试验验证情况。

1）油色谱分析。发现异常后，现场将换流变压器油色谱在线监测装置监测周期调整为 1h/次，乙炔（C_2H_2）增长趋势明显。在线油色谱数据见表 1-3-6，变化趋势见图 1-3-25，离线油色谱检测结果见表 1-3-7，油色谱三比值编码为 202，对应故障类型为低能放电。

表 1-3-6　　　　在线油色谱数据　　　　（μL/L）

监测时间	氢气（H_2）	甲烷（CH_4）	乙烯（C_2H_4）	乙烷（C_2H_6）	乙炔（C_2H_2）	一氧化碳（CO）	二氧化碳（CO_2）	总烃（∑CH）
9 月 5 日 09:29:32	10.7	3.2	0.8	0.0	1.9	50.3	300.6	5.9
9 月 5 日 10:29:32	12.4	3.2	0.9	0.0	2.4	50.4	300.1	6.5
9 月 5 日 11:29:32	14.5	3.7	1.0	0.0	3.3	50.5	299.0	8.0
9 月 5 日 12:29:32	16.5	3.7	1.1	0.0	3.8	50.5	296.9	8.6
9 月 5 日 12:56:20	17.5	3.8	1.3	0.0	4.2	50.4	292.4	9.2
9 月 5 日 13:29:32	17.5	3.8	1.3	0.0	4.2	50.4	292.4	9.2
9 月 5 日 14:29:32	18.2	3.8	1.3	0.0	4.4	50.3	289.9	9.4
9 月 5 日 15:29:32	19.1	3.3	1.3	0.0	4.7	50.2	289.9	9.4
9 月 5 日 16:29:38	20.4	3.3	1.4	0.0	5.2	50.2	286.5	9.9
9 月 5 日 17:29:38	21.4	3.0	1.7	0.2	5.6	50.3	288.0	10.4

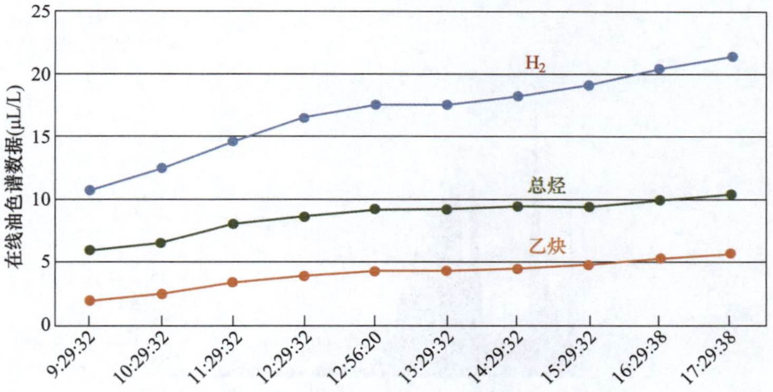

图 1-3-25　在线油色谱数据变化

表 1-3-7　　　　异常后离线油色谱检测数据　　　　（μL/L）

时间	位置	氢气（H_2）	甲烷（CH_4）	乙烯（C_2H_4）	乙烷（C_2H_6）	乙炔（C_2H_2）	一氧化碳（CO）	二氧化碳（CO_2）	总烃（∑CH）
9 月 5 日 11:10	底部	0	2.16	0.88	0.65	3.02	39.39	264.85	6.71
9 月 5 日 17:30	底部	0	2.53	1.32	0.72	4.69	38.68	263.88	9.26
9 月 5 日 17:20	中部	13.32	2.5	1.38	0.72	4.9	38.32	254.74	9.5
9 月 5 日 17:20	上部	13.87	2.54	1.38	0.72	4.92	39.6	250.33	9.56
9 月 5 日 23:00	底部	15.9	2.77	1.78	0.82	6.01	38.53	251.52	11.38
9 月 5 日 23:00	中部	15.55	2.81	1.77	0.8	6.03	38.13	245.88	11.41
9 月 5 日 23:00	上部	15.51	2.7	1.72	0.81	5.82	38.5	252.97	11.05
9 月 5 日 23:00	网侧升高座	12.94	2.57	1.61	0.75	5.39	33.95	277.61	10.32

2）带电检测情况。换流变压器异常期间，现场开展红外测温（含潜油泵）及铁心、夹件泄漏电流检测，并进行横向比较，结果无异常。

开展本体高频电流局部放电检测，在铁心和夹件处均发现异常放电信号，如图 1-3-26 所示，信号最大幅值约 82mV，且在第一和第三象限具有相位相关性，单放电脉冲中心频率在 15MHz 左右，符合绝缘局部放电高频信号特征，因此判断换流变压器内部存在异常放电。

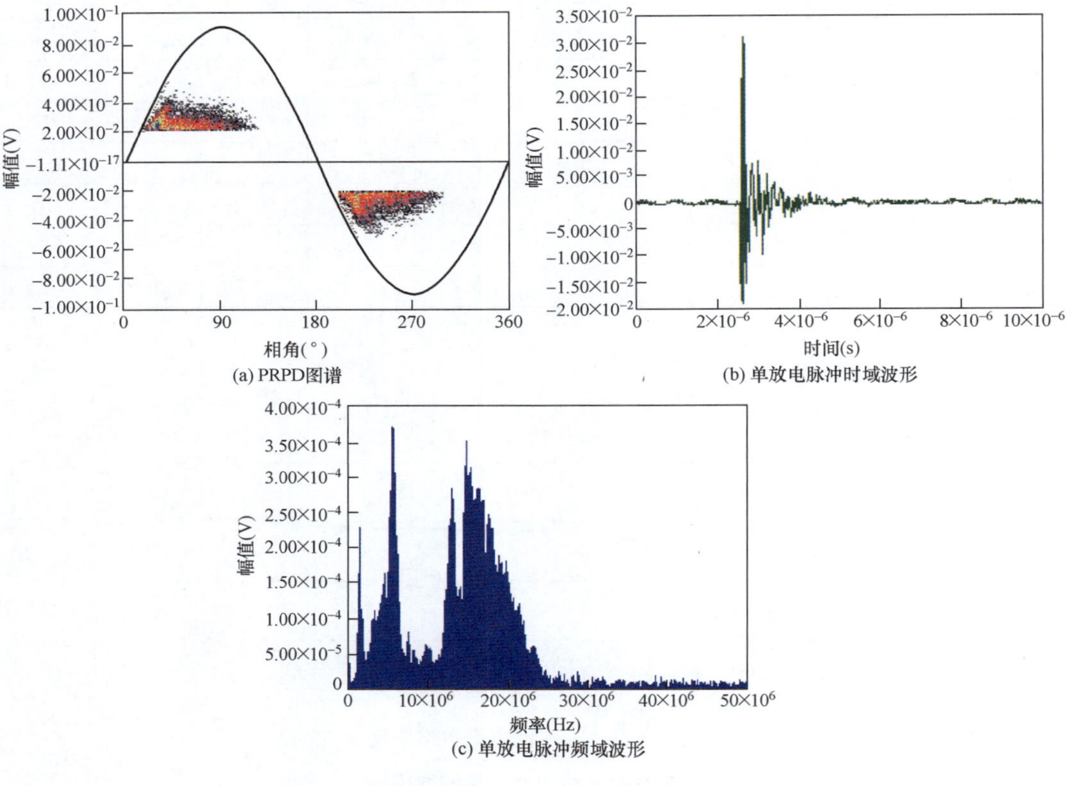

图 1-3-26　铁心处高频电流局部放电检测结果

3）试验检查情况。停电转检修后，换流变压器例行试验项目试验数据均合格。9 月 11 日，现场开展局部放电试验并开展超声定位。局部放电定位故障位置如图 1-3-27 所示。

a. 局部放电电压升到 $0.45U_{\mathrm{m}}/\sqrt{3}$ 时出现局部放电信号，电压升到 $1.0U_{\mathrm{m}}/\sqrt{3}$ 时，各部位监测的放电量分别为：阀侧 300～500pC，网侧 600～1000pC，夹件 3000pC，铁心 2600pC，同时可在油箱侧壁听到明显放电声。

b. 在后续持续加压过程中，放电量随之增大，至 $1.3U_{\mathrm{m}}/\sqrt{3}$ 时各侧放电量为：网侧 5000pC，阀侧 1500pC，夹件 11 000pC，铁心 9000pC，熄灭电压（0.3～0.5）$U_{\mathrm{m}}/\sqrt{3}$。

c. 利用超声波探头十字交叉法定位，经过反复查找确认，确定放电可能位于油箱中心线偏左上方，即器身侧视图标记区域。

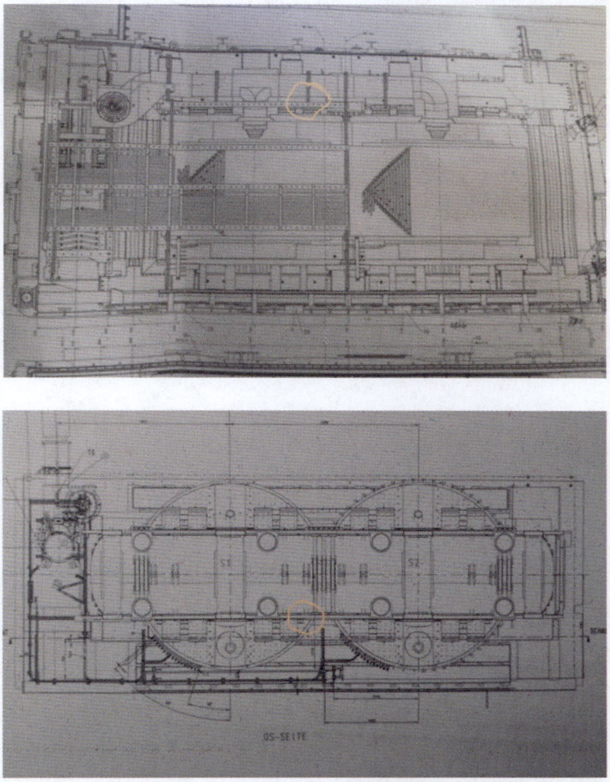

图 1-3-27　局部放电定位故障位置

（3）排油内检情况。9 月 12 日，对故障换流变压器开展排油内检，发现网侧柱 1（靠近冷却器侧）上部夹件铜屏蔽板与下面副压板有放电痕迹，如图 1-3-28 所示，该位置与放电定位位置基本一致，检查其他部位无异常。此次放电痕迹与 2018 年 10 月网侧柱 2（靠近阀套管侧）夹件铜屏蔽板副压板放电痕迹类似。

图 1-3-28　上压块与夹件腹板铜屏蔽处存在放电痕迹

（4）故障处理情况。由于该换流变压器连续出现两次副压板放电缺陷，怀疑副压板存在批次性质量问题，因此现场更换全部网侧副压板并在网侧夹件铜屏蔽表面加装Nomex护板。换流变压器完成现场修复并通过局部放电试验后，投入运行。现场处理具体过程如下：

1）现场准备。

a. 用塑料布在阀出线端人孔门周围搭建临时防尘棚，将人孔门及周围500mm范围内箱壁擦拭干净。

b. 解除变压器内部正压，确认本体内压力为零。打开阀侧下部的人孔门并用塑料布进行临时遮挡，换流变压器内部持续充入干燥空气。

c. 用滤油机吸净箱底残油，对箱底的异物进行清理。

d. 用绝缘电阻表测量铁心对夹件、铁心对油箱以及夹件对油箱绝缘电阻，并记录绝缘电阻值。

2）更换垫块。

a. 由3人穿戴防护用品进入油箱，其中2人在器身上部处理，1人在下部传递工具及物料。

b. 用紧缩布带将绝缘件、工艺垫块、液压缸、扳手等工具吊至网侧器身柱Ⅱ上部。将绝缘件放于上铁轭，扳手等小工具放置于塑料盒，液压缸放在上压板。用紧缩布带与夹件上定位进行临时固定。

c. 拔出垫块定位销。

d. 将2件液压千斤顶放在如图1-3-29和图1-3-30所示部位，液压千斤顶与铜屏蔽之间放置80mm宽的工艺垫块，在千斤顶与压板之间也要放置适当工艺垫块。

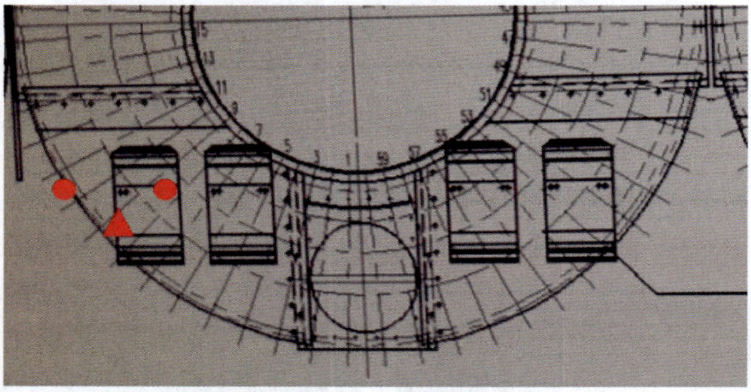

图1-3-29　液压千斤顶位置示意图

e. 缓慢给液压千斤顶进行加压，直至垫块松动。如压板出现明显倾斜，则通过控制液压装置进行调整。

f. 取出加压位置附近的两件垫块，垫块取出后将液压千斤顶泄压并撤出，检查清理夹件铜屏蔽表面异物，安装铜屏蔽护板，护板安装后绝缘螺杆采用460胶锁固，如图1-3-31所示。

g. 重新安放液压千斤顶，缓慢加压并安装压块，安装时更换最上面一层垫块。垫块

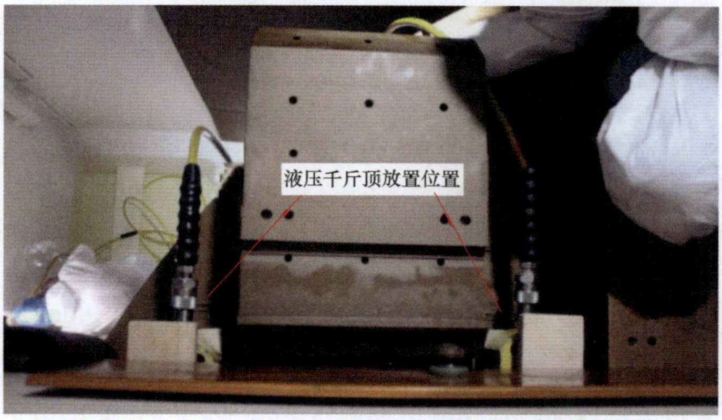

图 1-3-30　液压千斤顶实际位置图

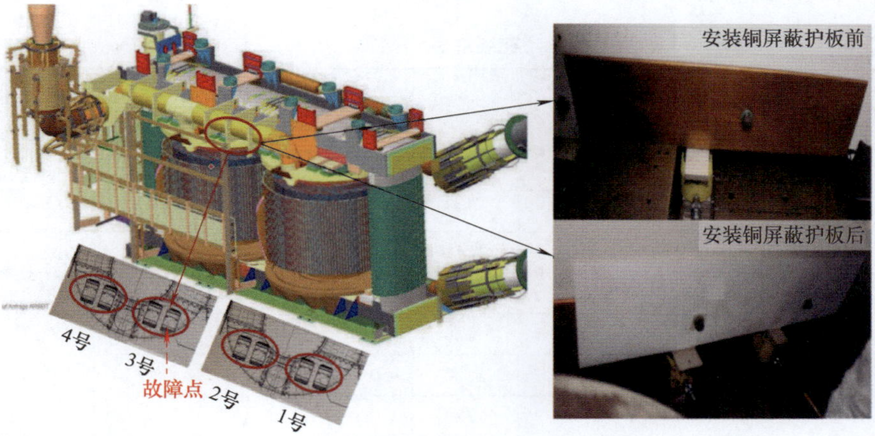

图 1-3-31　现场更换压块并加装防护板

安装后护板与铜屏蔽之间应贴实，垫块槽口端面与夹件铜屏蔽护板之间应至少留有10mm 间隙。

h. 安装垫块定位销并用麻绳固定。

i. 按照上述方法和要求更换网侧其他位置的垫块并在铜屏蔽上加装护板。

j. 更换完成后重新用绝缘电阻表测量并记录铁心对夹件、铁心对油箱及夹件对油箱的绝缘电阻。

3）清理检查。

a. 彻底检查清理器身上部及箱底，不得有遗留的工具和异物等，检查时对上轭、压板、箱底等位置进行拍照。

b. 密封人孔，密封时更换人孔密封垫。

3. 原因分析

根据油色谱分析及排油内检结果，本次故障原因为：由多层 T4 绝缘纸板高温粘压而成的上压块可能存在绝缘缺陷或表面沉积杂质，造成垫块与铜屏蔽板之间发生高场强下的小间隙放电。

4. 同台换流变压器发生相同故障

(1) 故障前的运行情况。9 月 25 日换流站年度检修期间，极Ⅱ低端 Y/Y-A 相换流变压器例行试验数据均未发现异常。自 10 月 10 日起，换流变压器一直处于充电状态。故障前后运行工况、环境温度均无变化。

(2) 故障过程描述。10 月 15 日 13 时，极Ⅱ低端 Y/Y-A 相换流变压器油色谱在线监测装置监测出本体油中产生乙炔（C_2H_2），并持续增长。异常产气后，立即开展红外测温、铁心及夹件电流检测，未发现异常。10 月 16 日 20 时，乙炔（C_2H_2）含量增长至 30.7μL/L 后趋于稳定，10 月 17 日 02 时，现场申请停运极Ⅱ低端换流器。

(3) 油色谱分析。换流变压器在线油色谱数据见表 1-3-8，变化趋势见图 1-3-32，可以看出，特征气体主要为氢气（H_2）、乙炔（C_2H_2）、甲烷（CH_4），乙烯（C_2H_4）较少，初步判断存在高能放电。

表 1-3-8　　在线油色谱数据　　（μL/L）

监测时间	氢气（H_2）	甲烷（CH_4）	乙烯（C_2H_4）	乙烷（C_2H_6）	乙炔（C_2H_2）	一氧化碳（CO）	二氧化碳（CO_2）	总烃（∑CH）
10 月 15 日 16:20:38	10.30	0.10	0.40	0.60	0.20	97.90	192.40	1.20
10 月 15 日 17:20:38	16.90	0.80	1.10	0.60	2.20	98.20	192.20	4.70
10 月 15 日 18:20:38	16.90	0.80	1.10	0.60	2.20	98.20	192.20	4.70
10 月 15 日 19:20:44	16.90	0.80	1.10	0.60	2.20	98.20	192.20	4.70
10 月 15 日 20:20:44	16.90	0.80	1.10	0.60	2.20	98.20	192.20	4.70
10 月 15 日 21:20:44	26.70	1.40	2.20	0.00	5.40	98.40	191.10	9.00
10 月 15 日 22:20:44	26.70	1.40	2.20	0.00	5.40	98.40	191.10	9.00
10 月 15 日 23:20:44	26.70	1.40	2.20	0.00	5.40	98.40	191.10	9.00
10 月 16 日 00:20:44	26.70	1.40	2.20	0.00	5.40	98.40	191.10	9.00
10 月 16 日 01:20:50	35.30	2.60	3.30	0.00	8.70	98.80	192.20	14.60
10 月 16 日 02:20:50	35.30	2.60	3.30	0.00	8.70	98.80	192.20	14.60
10 月 16 日 03:20:50	41.30	3.20	3.90	0.00	11.40	98.90	192.50	18.50
10 月 16 日 04:20:44	44.40	3.40	4.10	0.00	13.20	99.00	194.00	20.70
10 月 16 日 05:20:44	48.60	3.60	4.20	0.00	15.20	99.30	194.10	23.00
10 月 16 日 06:20:50	51.40	3.90	4.30	0.00	16.30	99.00	196.10	24.60
10 月 16 日 07:20:50	54.00	4.10	4.50	0.00	17.60	98.80	196.10	26.10
10 月 16 日 08:20:50	56.10	4.70	4.90	0.00	18.60	99.00	195.20	28.10
10 月 16 日 09:20:50	58.10	4.70	5.30	0.00	19.50	99.00	195.20	29.50
10 月 16 日 10:20:50	60.10	4.70	5.60	0.00	20.30	99.00	196.10	30.60
10 月 16 日 11:20:50	61.80	5.30	5.80	0.00	21.10	99.00	195.20	32.20
10 月 16 日 12:20:50	64.50	5.60	6.00	0.00	21.90	99.00	196.50	33.50

续表

监测时间	氢气 (H_2)	甲烷 (CH_4)	乙烯 (C_2H_4)	乙烷 (C_2H_6)	乙炔 (C_2H_2)	一氧化碳 (CO)	二氧化碳 (CO_2)	总烃 ($\sum CH$)
10月16日13:20:50	67.10	5.80	6.40	0.00	23.00	99.00	195.80	35.30
10月16日14:20:50	70.00	5.90	6.90	0.00	24.40	98.80	192.90	37.20
10月16日15:20:50	71.40	5.70	7.10	0.00	25.50	98.70	191.70	38.30
10月16日16:20:56	72.80	6.20	7.30	0.00	26.50	98.50	189.60	40.00
10月16日17:20:56	74.40	6.50	7.50	0.00	27.50	98.50	186.60	41.40
10月16日18:20:56	75.90	6.60	7.80	0.00	28.60	98.60	187.40	43.10
10月16日19:20:56	77.60	6.80	7.90	0.00	29.50	98.80	188.90	44.10
10月16日20:20:56	78.80	7.40	8.10	0.00	30.00	99.00	188.00	45.50
10月16日21:20:56	79.80	7.70	8.10	0.00	30.40	99.60	189.80	46.30
10月16日22:20:56	80.10	8.00	8.20	0.00	30.70	100.00	193.20	47.00
10月16日23:21:02	80.10	8.00	8.20	0.00	30.70	100.50	194.90	46.90
10月17日00:20:56	80.10	8.40	8.30	0.00	30.70	100.70	195.30	47.40
10月17日01:20:56	80.00	8.10	8.40	0.00	30.60	100.50	196.90	47.20
10月17日02:21:02	80.10	8.00	8.40	0.00	30.60	100.60	196.30	47.00
10月17日03:20:56	80.10	8.40	8.30	0.00	30.50	100.60	196.30	47.20
10月17日04:21:02	80.00	8.00	8.30	0.00	30.40	100.60	197.20	46.70
10月17日05:21:02	79.90	8.10	8.40	0.00	30.30	100.70	197.50	46.80
10月17日06:21:02	79.90	8.10	8.50	0.00	30.30	100.70	197.70	46.90
10月17日07:21:02	79.90	8.10	8.60	0.00	30.20	100.60	197.80	46.90
10月17日08:21:02	79.80	8.30	8.60	0.00	30.20	100.60	197.80	47.10
10月17日09:21:02	79.70	8.00	8.60	0.00	30.10	100.30	198.20	46.70
10月17日10:21:02	79.70	8.00	8.50	0.00	30.10	100.10	197.90	46.50
10月17日11:21:02	79.60	8.50	8.50	0.00	30.10	100.10	199.20	47.00
10月17日12:21:08	79.60	8.30	8.50	0.00	30.10	100.00	200.60	46.90
10月17日13:21:02	79.70	8.40	8.50	0.00	30.10	100.10	199.70	47.00
10月17日14:21:08	79.60	8.40	8.50	0.00	30.00	99.80	198.20	46.90
10月17日15:21:08	79.70	8.40	8.50	0.00	30.00	100.10	198.50	46.90
10月17日16:21:08	79.60	8.20	8.50	0.00	29.90	99.90	196.20	46.60
10月17日17:21:08	79.40	8.20	8.50	0.00	29.90	99.90	195.20	46.70
10月17日18:21:08	79.30	8.30	8.70	0.00	29.90	100.10	195.80	46.90

（4）试验检查情况。停运后开展绕组和套管绝缘电阻及介质损耗试验、绕组直阻及变比试验、低电压短路阻抗试验、低电压空载试验、有载分接开关动作特性试验等常规试验，试验结果均无异常。

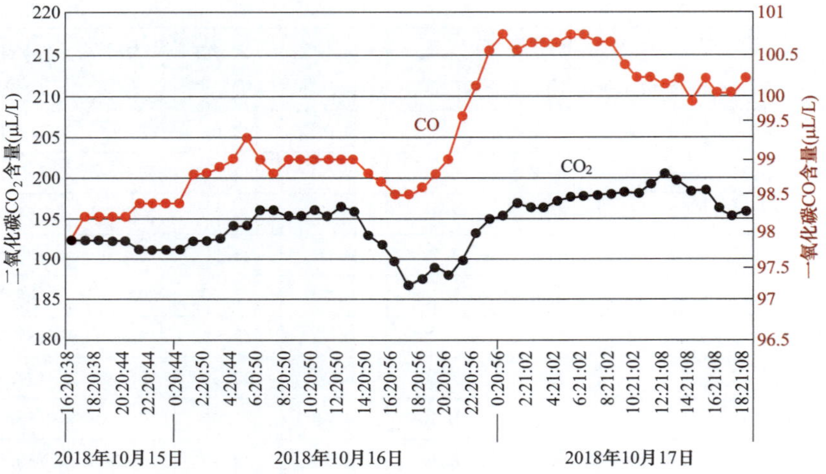

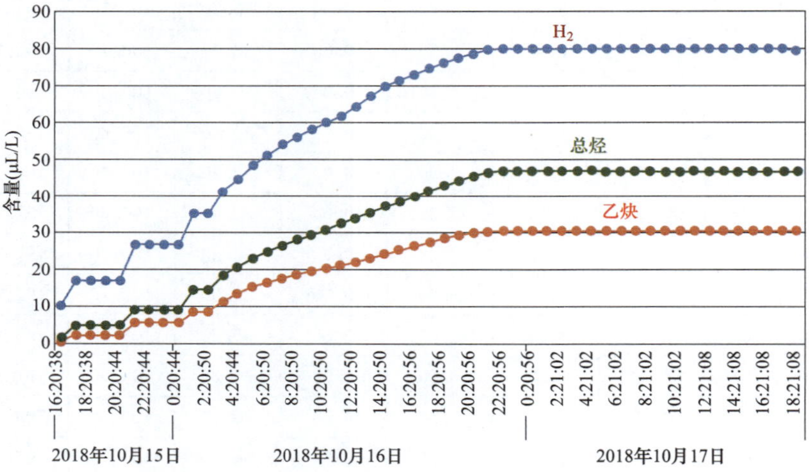

图 1-3-32　在线油色谱数据变化

10 月 19 日，对故障换流变压器开展局部放电试验，网侧电压升至 698.6kV（1.1 倍 $U_m/\sqrt{3}$），持续 5min，监测到铁心视在放电量由 400pC 逐渐升至 2200pC，阀侧和网侧视在放电量保持 200pC 左右无明显变化，如图 1-3-33 所示。同时，本体油箱内出现人耳可听见的内部放电声音，在阀侧套管箱壁左下方位置超声波检测幅值最大，如图 1-3-34 所示。

（5）排油内检情况。10 月 29 日，现场对故障换流变压器开展排油内检，重点对铝屏蔽、避雷器、夹件铜屏蔽、屏蔽棒、钢拉带、上铁轭、导线夹、引线电缆、下铁轭、开关连线、上铁轭地屏、心柱地屏等部件进行了检查，均未发现异常。

检查压板时，在阀套管侧心柱上，靠近相间的网侧副压板上发现尺寸 1mm 左右的放电痕迹，如图 1-3-35 所示。将副压板沿放电痕迹剥开，发现与夹件铜屏蔽靠近的位置

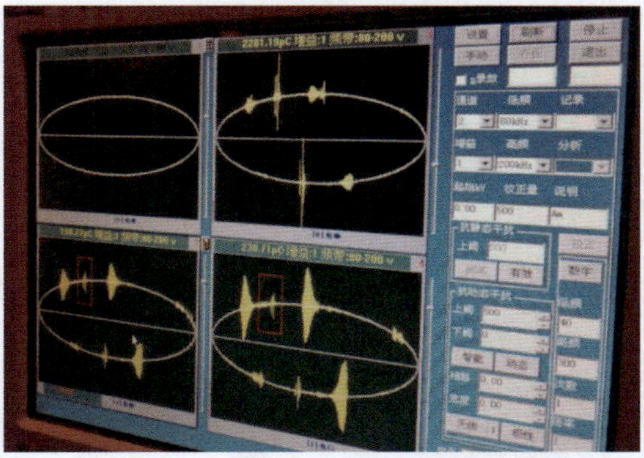

图 1-3-33　局部放电试验图谱

（图中：右上角为铁心放电图谱，左下角为阀侧 a 端放电图谱，右下角为网侧首端放电图谱）

图 1-3-34　超声定位放电信号位置

碳化，层内有树枝状放电痕迹，如图 1-3-36 所示。抽出副压板，发现与副压板放电痕迹位置对应的夹件铜屏蔽上存在多处放电痕迹，如图 1-3-37 所示。检查副压板底部压板无放电痕迹，附近结构未发现异常。

图 1-3-35　副压板侧面放电痕迹

（6）故障修复情况。故障位置确定后，重新制作了一件副压板并在换流变压器制造厂内进行干燥及浸油处理，运抵现场更换原有放电痕迹的压板，并用 Nomex 纸板对更换后的副压板和铜屏蔽间进行防护。修复完成后该换流变压器试验合格，恢复备用。

图 1-3-36　副压板内部放电痕迹

图 1-3-37　副压板上部炭黑状异物

4 引　线

4.1 结 构 介 绍

4.1.1 总体介绍

引线的主要作用是通过电缆或导线将线圈、套管、有载分接开关等各部位连接成电流的通路。网侧引线和调压引线的设计方法和原则与普通电力变压器基本相同，阀侧引线则与阀侧线圈一样，绝缘设计时要考虑长时直流耐受电压和极性反转试验电压作用下的绝缘强度。阀侧引线电极形状，与其覆盖绝缘的设计，必须控制场强，保证在交流和直流试验电压和工作电压作用下，引线绝缘和油中不发生局部放电和击穿。高电压大容量换流变压器网侧、阀侧引线通常采用金属屏蔽管来改善电极，屏蔽管外覆盖绝缘以保证足够的绝缘强度。调压引线采用软铜绞线，并设置保护用非线性电阻。换流变压器引线排布如图 1-4-1 所示。

图 1-4-1　换流变压器引线排布

4.1.2 两种技术路线结构比对

1. 调压引线

Ⅰ型技术路线换流变压器采用 2 个主柱并联结构时，调压引线在柱间完成汇流后引至有载分接开关；采用 3 个主柱并联结构时，直接引至调压开关，调压引线的级间设置氧化锌阀片，如图 1-4-2 所示，在雷电冲击过程中保护调压线圈、调压引线和开关级间不被击穿。

Ⅱ型技术路线换流变压器容量较小或调压级数不多时，采用单层圆筒式调压线圈，

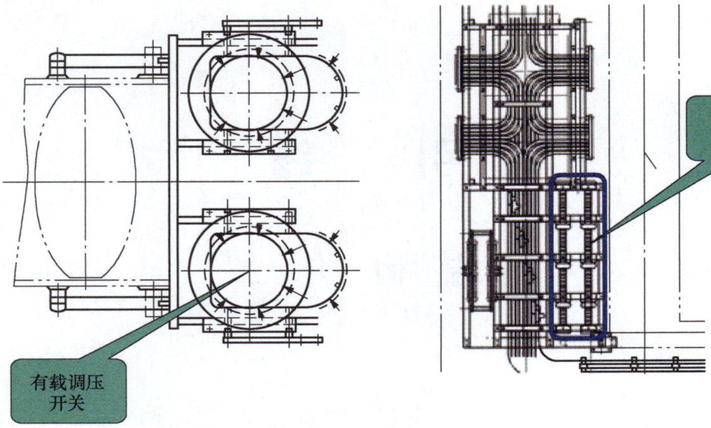

(a) Ⅰ型技术路线换流变压器调压引线及氧化锌避雷器安装示意

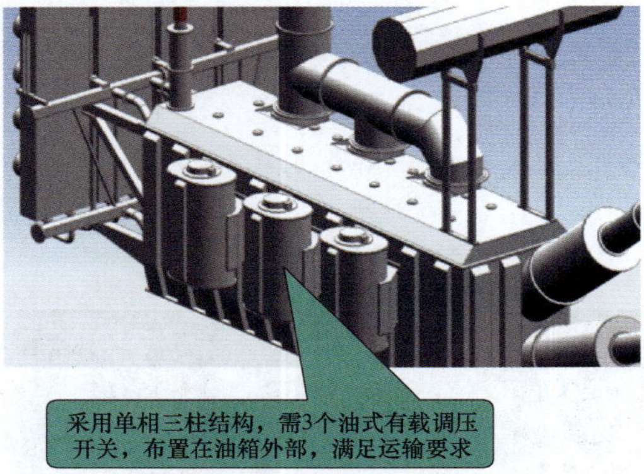

(b) 单相三柱式结构油箱结构布置

图 1-4-2　Ⅰ型技术路线换流变压器调压引线及三柱式结构油箱结构布置

调压引线与调压线圈连接后，引至有载调压开关完成汇流；当换流变压器容量较大或调压级数较多时，采用双层圆筒式调压线圈，调压引线在线圈端部进行内外线圈汇流，减小调压引线合成电流，在调压引线的级间设置氧化锌阀片。

2. 网侧引线

Ⅰ型技术路线换流变压器网侧引线采用均压管屏蔽，屏蔽管表面有纸绝缘覆盖，两柱（或三柱）引线在远离阀侧套管一端的主柱器身上端中心汇合，然后通过双环结构的网侧出线装置与网侧套管连接，具体结构如图 1-4-3 所示。

若大容量高电压送端，网侧引线可采用外置结构，常见的为 h 型或 m 型，h 型为两柱并联结构（见图 1-4-4），m 型为三柱并联结构，从而减小变压器本体运输尺寸。套管连接处屏蔽为双环结构，中部均压管为一字形，与器身引线为均压球结构。

后期套管连接处双环结构改进为均压球结构，中部均压管为一字型或 T 型，具体结构如图 1-4-5 所示。

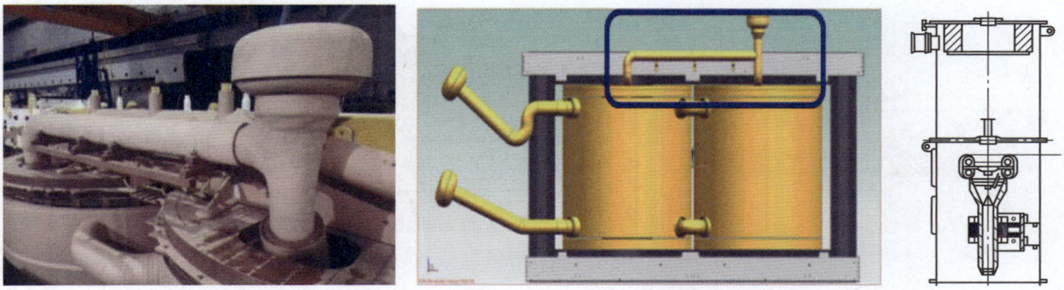

图 1-4-3　Ⅰ型技术路线换流变压器网侧引线示意

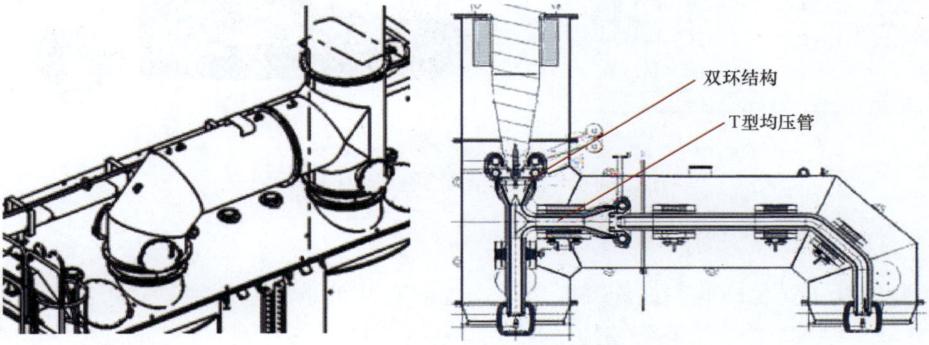

图 1-4-4　h 型升高座结构图

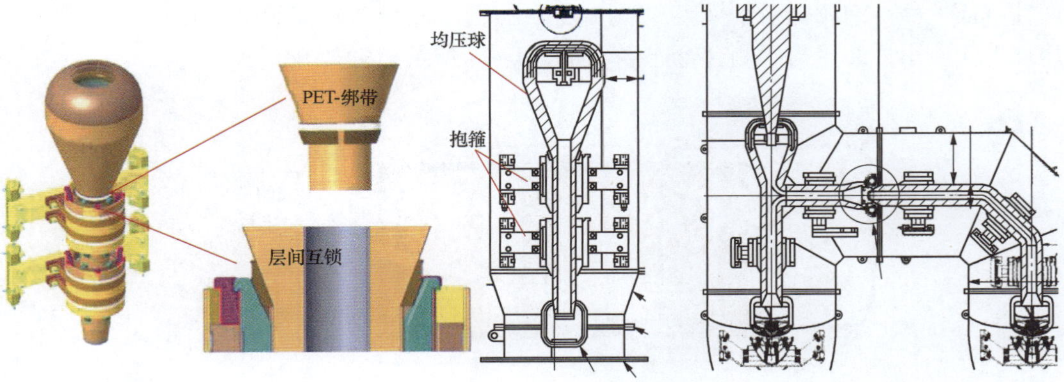

(a) 均压球结构　　　　(b) h型升高座

图 1-4-5　套管均压球及 h 型升高座结构

Ⅱ型技术路线换流变压器网侧引线采用均压管屏蔽，屏蔽管表面采用成型件绝缘覆盖，两柱（或三柱）引线在器身中心上端汇合，通过圆筒形结构的网侧出线装置与网侧高压套管连接。引线在油箱内并联后轴向出线，出线位置外侧有筒形均压球，引线通过夹件腹板上的导线夹进行支撑，目前主要有两种类型，如图 1-4-6 所示。

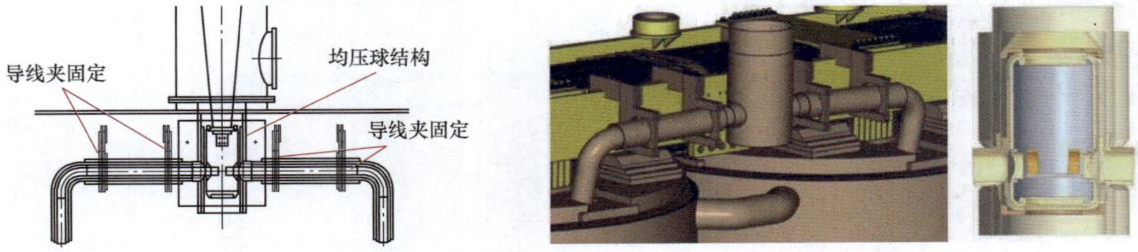

(a) 第一种类型

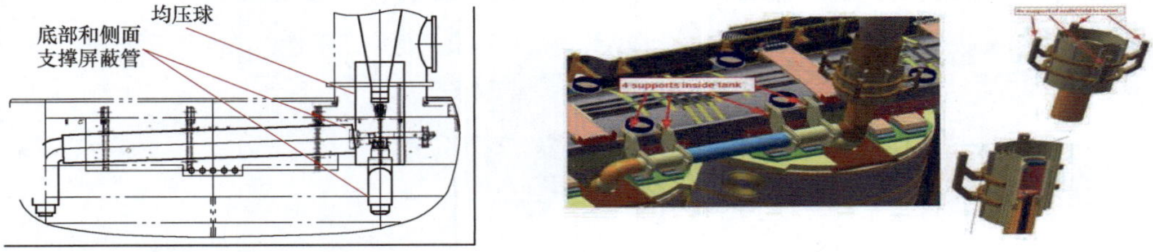

(b) 第二种类型

图 1-4-6　Ⅱ型技术路线网侧引线结构

3. 阀侧引线

阀侧引线主要是指阀侧柱间并联引线，主要有两种结构，分别是“手拉手”结构和“端部并联”结构，“手拉手”结构适用于阀侧线圈排列在外侧，“端部并联”主要适用于阀侧线圈排列在内侧结构。

Ⅰ型技术路线换流变压器阀侧引线均采用均压管屏蔽，屏蔽管表面有纸绝缘覆盖，两柱（或三柱）间阀侧引线采用“手拉手”结构，最后在阀侧套管一端采用均压管、均压球、阀侧出线装置与阀侧套管连接，如图 1-4-7 所示。

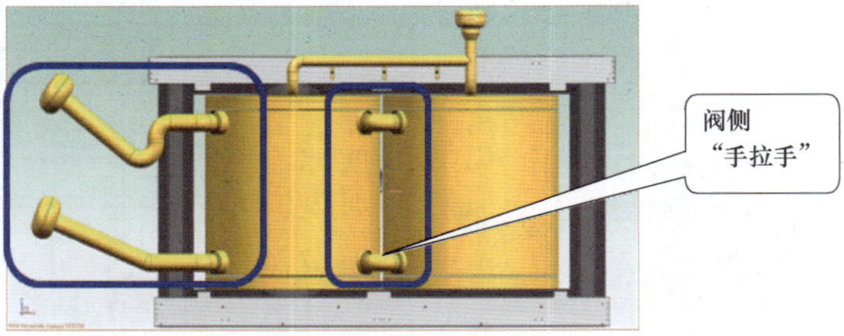

图 1-4-7　Ⅰ型技术路线换流变压器阀侧并联引线

Ⅱ型技术路线换流变压器阀侧引线在前期工程中采用均压管从器身上端引出，在阀侧套管一侧完成汇流后，通过均压管、均压球、阀侧出线装置与阀侧套管连接；下端阀侧引线采用均压管从器身下端引出，在阀侧套管一侧完成汇流后，通过均压管、均压球和阀侧出线装置与阀侧套管连接，如图 1-4-8 所示。后期也采用与Ⅰ型技术路线换流变压器类似的“手拉手”结构。

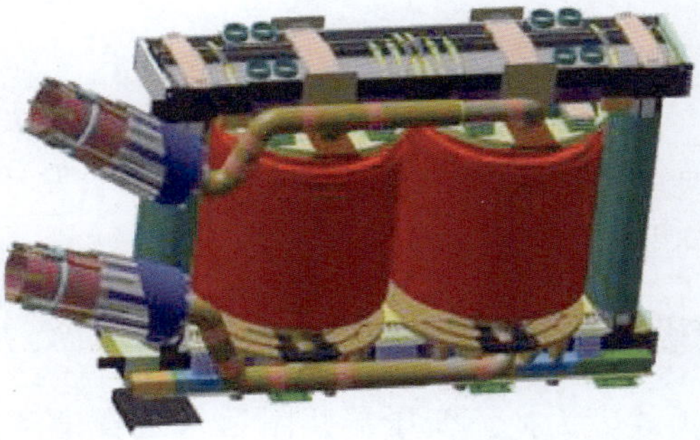

图 1-4-8　Ⅱ型技术路线换流变压器阀侧引线

4. 阀侧出线装置

Ⅰ型技术路线换流变压器阀侧出线装置为敞开式结构，如图 1-4-9 所示，采用“紧凑型多层纸板＋瓦楞纸围制”的绝缘结构，均压球固定在出线装置内部，在均压球内完成阀侧载流引线与套管尾部的连接。

图 1-4-9　Ⅰ型技术路线敞开式出线装置

Ⅱ型技术路线换流变压器阀侧出线装置为封闭式结构，如图 1-4-10 所示，采用撑条分隔油隙的绝缘结构，均压球固定在出线装置内部，在均压球内完成阀侧载流引线与套管尾部的连接。

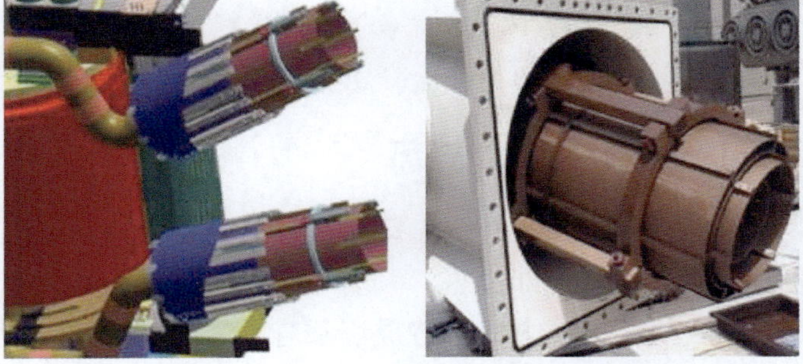

图 1-4-10　Ⅱ型技术路线封闭式出线装置

4.2 故障及缺陷特征

换流变压器引线的典型故障特征主要有引线绝缘破损引发环流过热、连接存在缺陷导致过热、绝缘件质量问题引发引线绝缘放电。

4.2.1 引线绝缘破损引发阀侧柱间并联引线环流过热

（1）可能原因。该类故障为换流变压器实际运行过程中多发频发故障，主要发生在阀侧柱间并联引线区域或屏蔽管内部。阀侧柱间并联引线即最外侧的两个阀侧绕组间上、下并联引线，为多根导线并联，该位置场强分布较复杂，采用两个半圆形屏蔽铝管将导线包裹，屏蔽铝管扩大了导体的曲率半径，改善引线表面电场分布，降低局部放电风险。如果载流导线未在屏蔽管中间位置可靠固定，由于运行中的导线振动引起导线与等电位线（或等电位线固定螺栓）反复摩擦，那么就会造成导线表面绝缘破损，形成电气回路。换流变压器运行时，漏磁通穿过电气回路形成感应环流，导致换流变压器油过热分解产气。此外，短路点的不稳定接触也会引发间歇性放电，产生乙炔（C_2H_2）。

（2）主要特征。一是故障表现为中、高温过热，色谱三比值编码为 021 或 022。二是总烃（∑CH）增长为典型特征，油色谱特征与“导线焊接缺陷引发异常产气”特征相似，相对于“导线焊接缺陷引发异常产气”故障，引线绝缘破损故障中乙烯（C_2H_4）占比更高，平均值约为 45%，甲烷（CH_4）、乙烷（C_2H_6）占比相对较低。三是故障气体与运行负荷存在正相关。三是总烃（∑CH）含量增长与负荷变化存在正相关。当负荷增大时总烃（∑CH）增长速率相应加快，当负荷降低时或处于某一平衡功率值时，总烃（∑CH）增长速率减缓或保持动态平衡。四是故障具有一定潜伏性，投运初期不易发现。换流变压器出厂试验阶段，换流变压器振动较小且持续时间较短，阀侧柱间并联引线因振动摩擦导致的绝缘破损、异常产气故障不易发现，换流变压器投入运行后，在长期带电振动及负荷变化情况下，故障点逐渐形成，最终引发过热产气。

（3）故障监测检测方法。参照“1.2.1 等电位连接松动引发异常产气”故障监测检测方法，重点做好特征气体增长速率与换流变压器负载率的相关性的分析诊断。

4.2.2 引线连接存在缺陷导致过热

（1）可能原因。异常产气原因为引线连接存在缺陷，导致接触电阻变大，在电流的作用下，缺陷处损耗偏大，造成局部过热，引发外绝缘纸碳化、异常产气。引线连接方式一般包括焊接、压接、螺栓连接方式。造成引线连接存在缺陷的原因可以分为三类：一是引线高频焊接不良，导致接触电阻变大，在电流的作用下，造成局部过热现象；二是引线接头压接工艺不良，接头与软铜线接触面较小，造成载流面不足，在电流作用容易发热，当油流不畅时会加剧热量集聚，造成发热产气；三是选用螺栓尺寸不当导致过热或放电，引线装配时误用尺寸较短螺栓，导致碟簧、垫圈、连接端子未能有效紧固，造成过热和放电。

(2) 主要特征。一是对于引线焊接不良故障，故障表现为过热性故障，色谱三比值编码一般为 02X，故障特征与“导线焊接缺陷引发异常产气”特征基本相似，当引线焊接点位于阀侧线圈时，由于阀侧线圈电流较大，发热相对严重，故障特征与“引线绝缘破损引发阀侧柱间并联引线环流过热”相似。二是对于引线接头压接工艺不良故障，故障表现多为中温过热（300～700℃），色谱三比值编码一般为 021。与“导线焊接缺陷引发异常产气”特征相比，甲烷（CH_4）、氢气（H_2）浓度更大［基于目前案例分析，甲烷（CH_4）、氢气（H_2）与总烃（$\sum CH$）的比值平均值一般不低于 50%］。该类故障多发生于早期换流变压器采用的引线“坑压”工艺。三是对于选用螺栓尺寸不当导致过热或放电故障，总烃（$\sum CH$）增长为典型特征，乙烯（C_2H_4）、甲烷（CH_4）、乙炔（C_2H_2）都呈现快速增长，由于缺陷位置处于主通流回路，随着故障的发展，乙烯（C_2H_4）、乙炔（C_2H_2）占比逐渐增多。基于目前故障案例分析，故障发展严重时，乙烯（C_2H_4）占总烃（$\sum CH$）的比重高达 60%以上，乙炔（C_2H_2）总量也大于10μL/L。四是三类故障总烃（$\sum CH$）含量增长与负荷变化均存在正相关。五是相对于引线接头压接工艺不良故障、选用螺栓尺寸不当导致过热或放电故障，引线焊接不良故障具有一定潜伏性，投运初期不易发现。

(3) 故障监测检测方法。参照“1.2.1 等电位连接松动引发异常产气”故障监测检测方法，重点做好特征气体增长速率与换流变压器负载率的相关性的分析诊断。

4.3　提升措施建议

(1) 对于阀侧柱间并联引线区域引线或等电位线绝缘破损引发环流过热故障：一是设计阶段针对性开展结构优化提升。①将外屏蔽铝管直径根据需要适量增大。②使用瓦楞纸板等方式将并联引线固定在屏蔽管中心位置，同时确保油流顺畅。③等电位线长度要按需配置，避免过紧引起断裂或过长引起摩擦干涉。④在等电位线螺栓固定点加装槽型垫块等防护措施，同时避免与导线摩擦。二是加强生产制造阶段质量管控。①在手拉手屏蔽管合上之前，要进行专检（记录等电位线长度）及留存影像记录。②换流变压器生产厂家制作手拉手区域标准样板，以实物或者照片的形式提供给操作人员。三是加强换流变压器运行监视分析，重点做好油色谱在线监测装置及带电检测数据的监视、跟踪、分析，提升异常数据的分析能力。

(2) 对于引线连接存在缺陷导致过热故障，一是针对性开展设计阶段优化提升。①对于引线接头压接工艺不良故障：优化出线均压管内接头工艺，避免采用引线接头“坑压”工艺，确保引线接头接触良好；图纸设计时明确屏蔽管内壁应清理光滑，不允许有焊瘤等毛刺，端口应圆滑处理并有绝缘覆盖；优先采用无接口屏蔽管，引线压接处进行倒角平滑处理；将铝屏蔽管外径根据需要适量增大，增加铝屏蔽管处导油通道，改善油流循环，确保油流畅通；②对于选用螺栓尺寸不当导致过热或放电故障，螺栓选型时不同规格的螺栓应有差异性，避免车间施工时混拿错放。二是加强生产制造阶段质量管控。①对于引线焊接不良故障，提升措施与“导线焊接缺陷引发异常产气故障提升措施”一致。②对于选用螺栓尺寸不当导致过热或放电故障：螺栓安装前，先测量螺栓的尺寸，核对无误后再进行安装；安装完毕后，摇晃引线端子确保紧固牢靠，然后由另外一人进行专检。三是加强换流变压器运行监视分析，重点做好油色谱在线监测装置及带电检测数据的监视、跟踪、分析，提升异常数据的分析能力。

4.4 典型故障及缺陷案例

4.4.1 案例 22：换流变压器阀侧线圈并联引线环流过热故障

1. 情况说明

（1）故障过程描述。某换流站极Ⅱ低端 Y/Y-C 相换流变压器 2017 年 6 月投运后，发现油中乙炔（C_2H_2）含量 0.18μL/L、总烃（∑CH）2.58μL/L，之后呈现缓慢增长趋势，截至 2019 年 1 月 28 日，乙炔（C_2H_2）、总烃（∑CH）分别为 0.6、87.2μL/L。2019 年 3 月，该台换流变压器进行网侧高压套管拉杆系统更换及滤油处理，开展常规诊断性试验及局部放电试验均无异常，滤油后油中乙炔（C_2H_2）含量 0μL/L，总烃（∑CH）0.6μL/L。再次投运后，油中总烃（∑CH）、乙炔（C_2H_2）缓慢增长情况仍然存在，综合历次例行试验、带电检测、油泵排查、分接开关动作前后取样对比均未发现异常。2021 年 2 月 28 日，韶山站因线路故障切换运行方式，极Ⅱ阀组经历 3min 满功率运行，随后立即对换流变压器开展离线色谱分析，相比于 2 月 26 日，总烃（∑CH）增加 8.6μL/L。2021 年 4 月结合年检退运并开展现场检查。

（2）故障设备基本情况。该换流变压器由特变电工衡阳变压器有限公司生产，型号为 ZZDFPZ-378600/500-400。

2. 检查情况

（1）试验验证情况。

1）油色谱分析。2017 年 6 月～2019 年 1 月、2019 年 3 月～2021 年 3 月期间油色谱数据见表 1-4-1、变化趋势如图 1-4-11 和图 1-4-12 所示，色谱三比值编码均为 022，故障类型为高于 700℃ 的高温过热，乙烯（C_2H_4）、甲烷（CH_4）、氢气（H_2）、乙炔（C_2H_2）都呈现缓慢增长趋势，与阀组最大功率变化存在一定相关性。二氧化碳（CO_2）、一氧化碳（CO）增量比值大于 3，故障涉及固体绝缘材料的概率低。

表 1-4-1　　　　换流变压器离线油色谱数据　　　　(μL/L)

时间	氢气 (H_2)	甲烷 (CH_4)	乙烯 (C_2H_4)	乙烷 (C_2H_6)	乙炔 (C_2H_2)	一氧化碳 (CO)	二氧化碳 (CO_2)	总烃 (∑CH)	阀组最大功率 (MW)
2017 年 6 月 23 日	4.6	1.3	0.9	0.2	0.18	31.4	255.9	2.58	200
2018 年 6 月 29 日	11.4	5.4	4.8	1	0.2	97.9	492.6	11.4	674
2018 年 8 月 10 日	18.2	15.6	18.7	6	0.4	117.1	544.5	40.7	968
2018 年 9 月 6 日	20.7	19	23.2	6.1	0.4	121.5	635.1	48.7	417
2018 年 10 月 25 日	21.4	21.7	25	5.3	0.4	151.3	762.2	52.4	489
2019 年 1 月 28 日	30	33.9	44.5	8.2	0.6	141.7	607.1	87.2	1117
2019 年 3 月现场开展 GOE 套管拉杆系统更换，重新滤油									
2019 年 3 月 20 日	0.3	0.3	0.3	0	0	3.2	58.1	0.6	796
2019 年 8 月 20 日	8.4	6.4	8.5	1.8	0.3	21.8	367.9	17	955
2019 年 9 月 20 日	9.9	9.4	11.9	2.2	0.3	27.6	333	23.8	416
2020 年 1 月 19 日	14.5	16.4	20	4.2	0.3	34.3	351	40.8	425
2020 年 3 月 10 日	23.6	25.1	30.8	6.1	0.5	38.1	486.2	62-5	750
2020 年 7 月 20 日	22.4	32.1	40.9	7.9	0.7	54.8	496.4	81.6	1000
2020 年 8 月 19 日	32.2	47.6	62	12.7	0.9	68.4	753.4	123.2	1250
2020 年 9 月 20 日	29.7	47.7	57.8	12.3	0.8	68.2	645.9	118.6	600
2020 年 10 月 18 日	30.3	51.6	61.4	12	0.8	79.2	312.4	125.8	600
2020 年 11 月 21 日	25.7	46.5	57.2	11.2	0.7	69.1	504.4	115.6	913
2020 年 12 月 20 日	28.2	48.2	57.5	12	0.7	74.8	574.3	118.4	1000
2021 年 1 月 21 日	27.1	50.4	59.2	12.9	0.6	72.5	492.1	123.1	1125
2021 年 2 月 28 日	34.1	58.2	70.2	15.5	0.7	87.7	500.9	144.6	2000
2021 年 3 月 10 日	29.3	56.1	67.3	15.7	0.7	75.5	492.5	140.3	1000

2）带电试验验证。为进一步明确换流变压器产气速率与阀组输送功率之间的关系，现场开展了功率调整验证试验。根据祁韶直流功率计划曲线，采取双极低阀组大地回线运行方式，维持输送功率 3000MW（75%额定功率），持续时间 12h。试验过程中采用两套油色谱在线监测装置开展实时监测，采样周期均设置为 2h，采样时间彼此相差 1h，试验前后对换流变压器本体上、下部开展离线取样分析比对，特征气体增长量见表 1-4-2。

根据《变压器油中溶解气体分析和判断导则》（DL/T 722—2014），试验期间本体上部总烃（∑CH）绝对产气率 3090mL/天，下部为 2192mL/天，远超 12mL/天注意值。试验结果表明，故障可能位于换流变压器引线等通流回路。

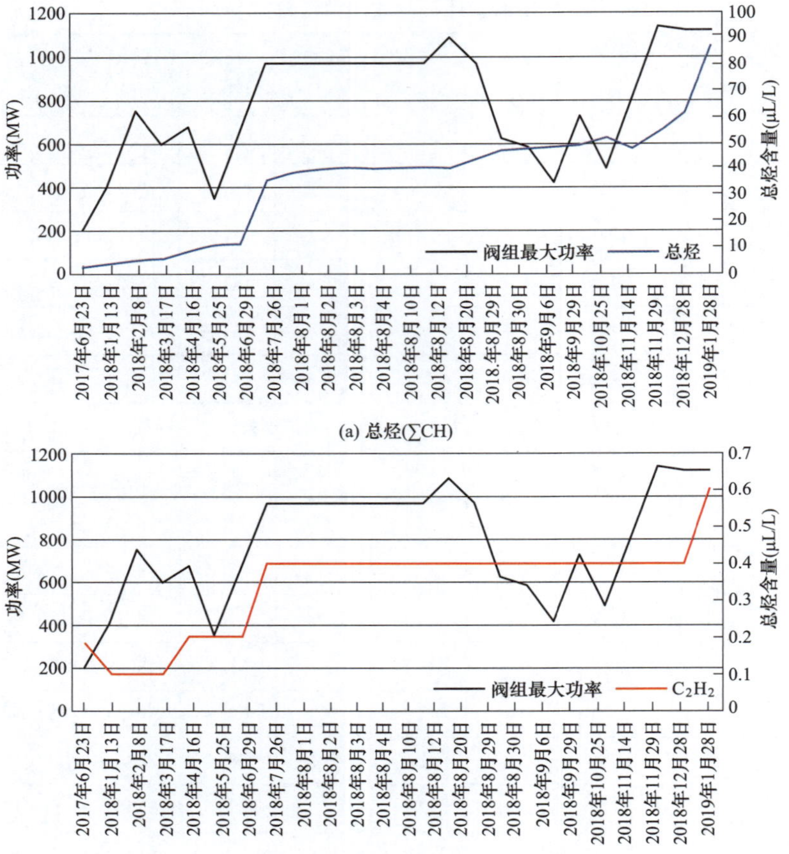

(a) 总烃(∑CH)

(b) 乙烃(C_2H_2)

图 1-4-11　2017 年 6 月～2019 年 1 月总烃（∑CH）、乙炔（C_2H_2）与阀组最大功率关系曲线

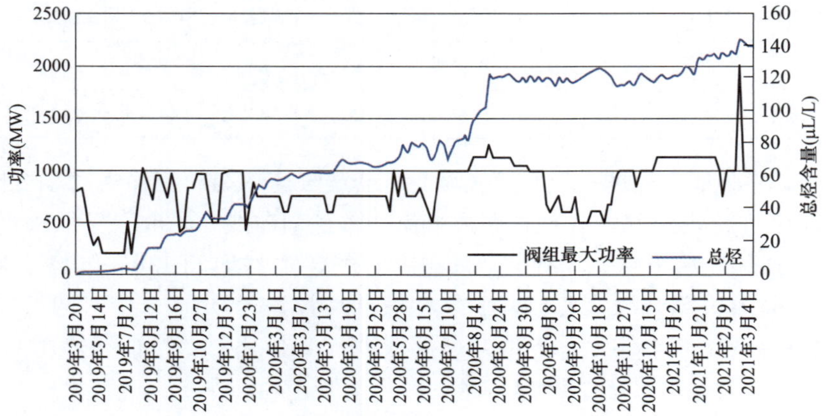

(a) 总烃(∑CH)

图 1-4-12　2019 年 3 月～2021 年 3 月总烃（∑CH）、乙炔（C_2H_2）与阀组最大功率关系曲线（一）

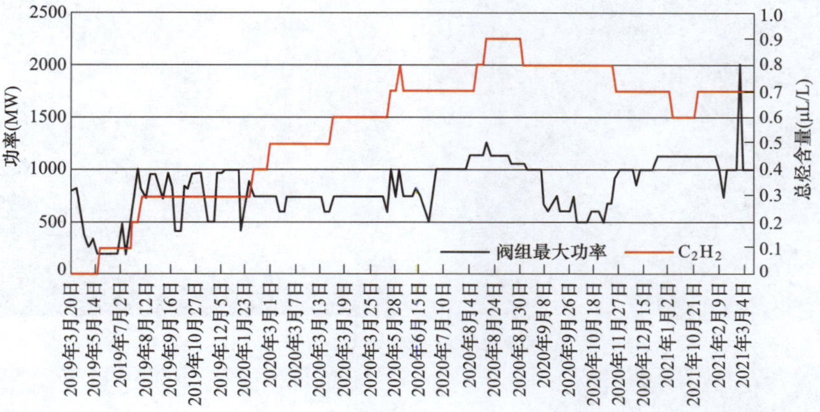

(b) 乙烃(C_2H_2)

图 1-4-12　2019 年 3 月～2021 年 3 月总烃（∑CH）、乙炔（C_2H_2）与阀组最大功率关系曲线（二）

表 1-4-2　　试验前后主要特征气体增长量　　(μL/L)

项目	总烃（∑CH）	乙炔（C_2H_2）	乙烯（C_2H_4）	甲烷（CH_4）
上部离线色谱	14.8	0.1	7.2	6.0
下部离线色谱	10.5	0.0	5.3	4.3
第一套在线色谱	8.43	0.38	4.20	2.86
第二套在线色谱	13.92	0.08	5.23	6.61

（2）排油内检情况。2021 年 4 月，结合年度检修对故障变压器开展现场排油内检。打开阀侧绕组下部并联引线（俗称“手拉手”引线）铝屏蔽管，发现等电位接线端子、接线端子与并联引线搭接处均有明显烧蚀痕迹，如图 1-4-13 所示。检查上部并联引线及其他可见部位，未见异常。

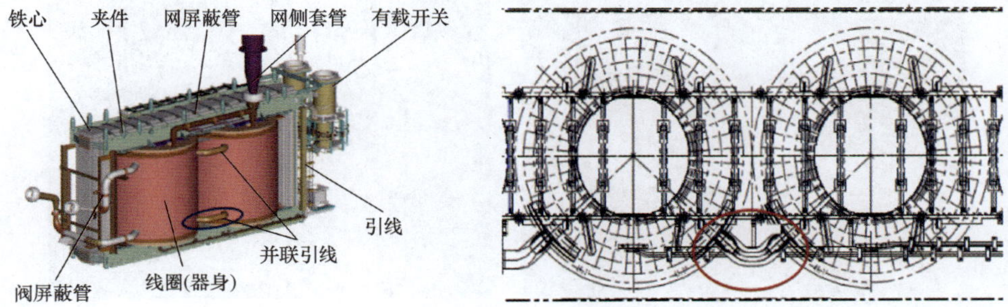

(a) 故障位置示意

图 1-4-13　故障位置及烧蚀痕迹（一）

(b) 铝屏蔽管等电位接线端子处有烧蚀痕迹

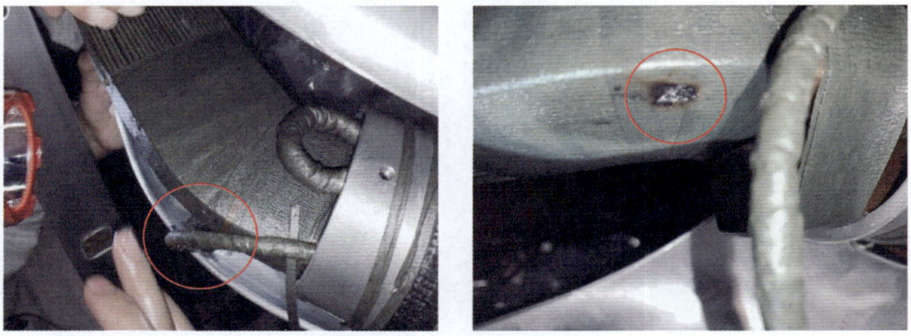

(c) 下部并联引线对应位置有烧蚀痕迹

图 1-4-13　故障位置及烧蚀痕迹（二）

（3）故障修复情况。对存在烧蚀痕迹的等电位接线端子、并联引线进行打磨修复，如图 1-4-14 所示。在上、下铝屏蔽管等电位接线底座位置加装槽型绝缘垫块，接线端子横向布置，做好隔离防护，如图 1-4-15 所示。对各接线底座对应的并联引线处加包耐热绝缘纸，额外增加两层 2mm×50mm×80mm 绝缘垫块，避免并联引线与接线端子直接接触。

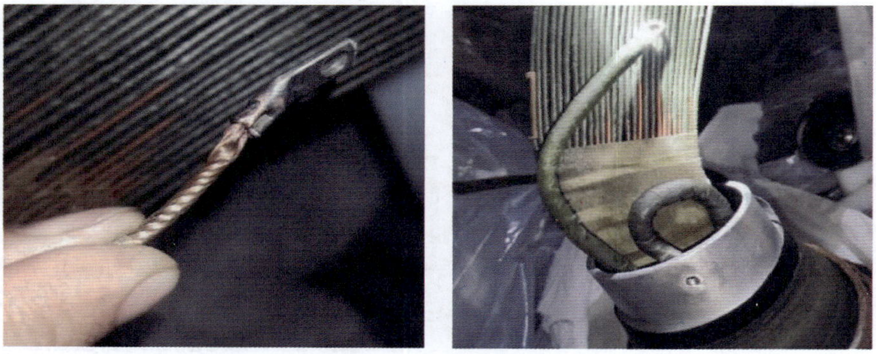

(a) 等电位线接线端子处烧蚀点打磨修复

图 1-4-14　等电位线接线端子、并联引线打磨修复（一）

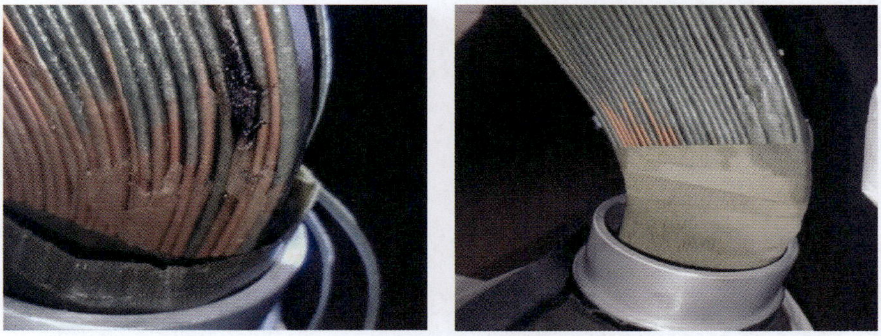

(b) 并联引线烧蚀点打磨修复

图 1-4-14　等电位线接线端子、并联引线打磨修复（二）

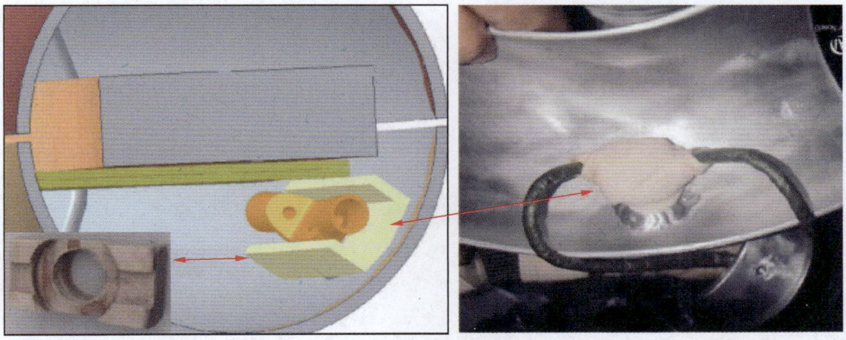

(a) 加装槽型垫块

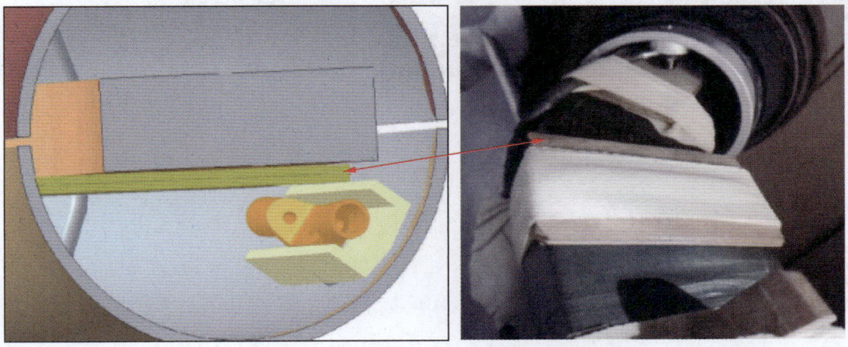

(b) 增加两层2 mm×50 mm×80 mm绝缘垫块

图 1-4-15　等电位线接线端子、并联引线处加强绝缘防护

3. 原因分析

（1）并联引线结构。对于采用阀侧中间并联引线的换流变压器，线圈从内到外分别为调压绕组—网侧绕组—阀侧绕组，具体结构如图 1-4-16 所示。为确保换流变压器尺寸满足运输要求，器身通常采用双线圈并联结构，即两个线圈中调压绕组＋网侧绕组、阀侧绕组分别并联后与套管相连。

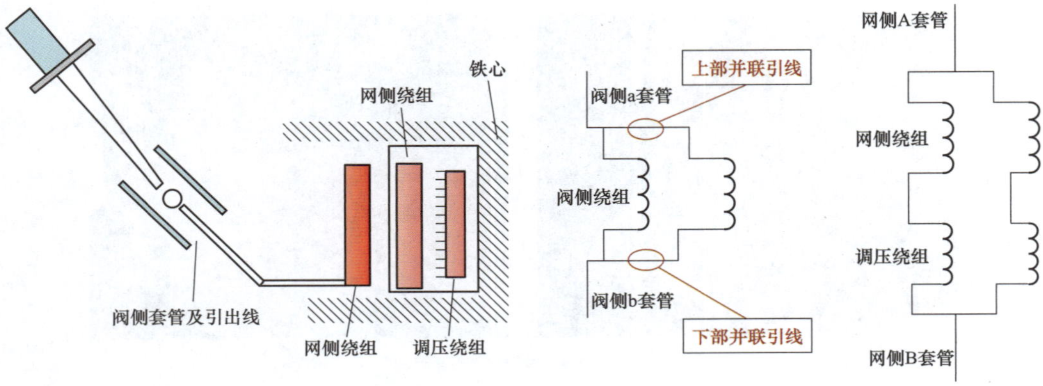

图 1-4-16　换流变压器线圈结构示意图

两柱线圈引出线一般通过焊接实现电气连接，引线外部采用直径约 100mm 的铝屏蔽管进行屏蔽防护，如图 1-4-17 所示。铝屏蔽管扩大了引线的曲率半径，改善引线表面电场分布，降低局部放电风险。铝屏蔽管与引线之间为矩形或三角形绝缘垫块，该垫块主要起支撑作用，避免导线与铝屏蔽管接触。

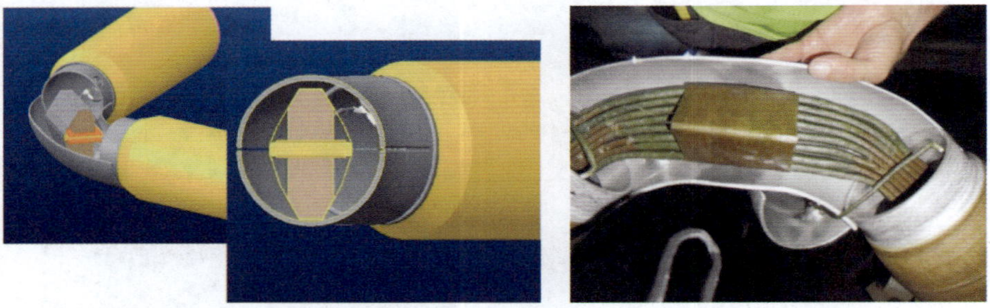

(a) 示意图　　(b) 实物图

图 1-4-17　并联引线截面示意图

结构上，并联引线可以分为靠近阀侧套管侧并联引线、中间并联引线、靠近分接开关侧并联引线三部分。中间并联引线由相互不连通的上、下两部分组成，铝屏蔽管外部采用皱纹纸包裹，如图 1-4-18 所示。1 号铝屏蔽管、2 号铝屏蔽管下半部分、2 号铝屏蔽管上半部分、3 号铝屏蔽管分别焊有①、②、③、④等电位接线底座，通过等电位线顺序连接；3 号铝屏蔽管与靠近分接开关侧线圈引出线最外侧导线等电位连接，实现所有铝屏蔽管与线圈引出线等电位。

（2）故障原因分析。故障换流变压器等电位接线底座②焊接在 2 号铝屏蔽管下半部分的侧面，等电位接线端子由上往下连接至固定点，接线端子与引线距离小，长期运行振动摩擦导致引线绝缘局部破损，形成“3 号铝屏蔽管与电磁线等电位连接点—④接线底座—③接线底座—②接线底座—摩擦导致绝缘破损点—线圈引出线—3 号铝屏蔽管与电磁线等电位连接点”电气回路，如图 1-4-19 所示。在漏磁引起的环流以及引线电流分

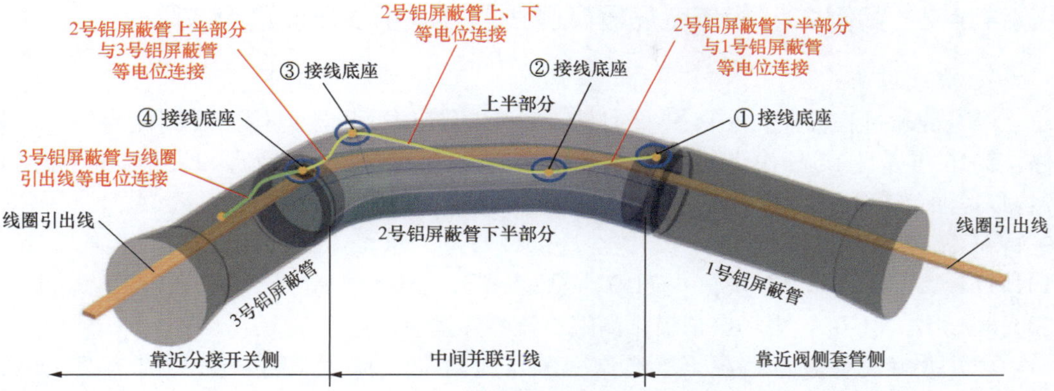

(a) 结构图

(b) 实物图一

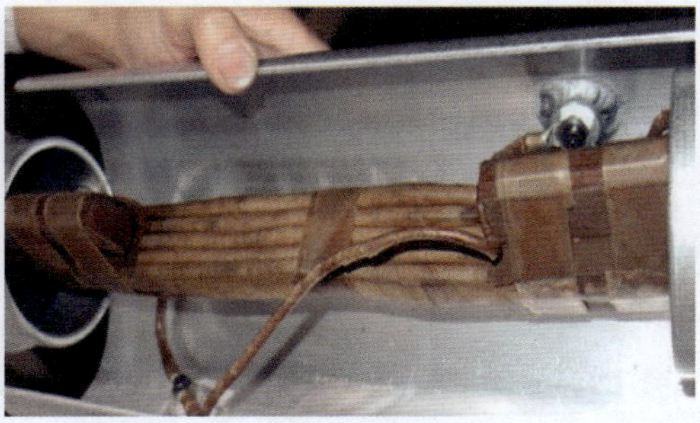

(c) 实物图二

图 1-4-18　并联引线结构图及实物图

流的综合作用下，接线端子与引线连接位置因接触电阻发热、烧蚀，产生乙烯（C_2H_4）、乙炔（C_2H_2）、氢气（H_2）等特征气体，由于局部过热尚未发展到外部固体绝缘介质，一氧化碳（CO）、二氧化碳（CO_2）未见明显增长，与前期离线色谱数据一致。

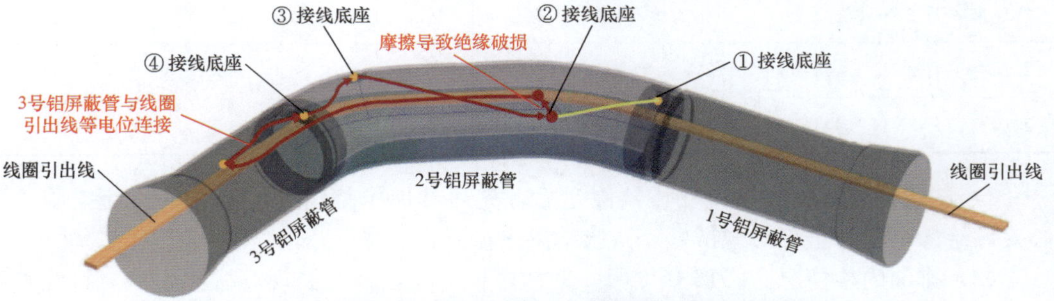

形成环路：“3号铝屏蔽管与线圈引出线等电位连接点—④接线底座 —③接线底座 —②接线底座—摩擦导致绝缘破损点—线圈引出线— 3号铝屏蔽管与线圈引出线等电位连接点”
(图中箭头仅作为“环”示意，不代表电流流向)

图 1-4-19　接线端子与引线连接搭接形成电气回路

4.4.2 案例 23：换流变压器阀侧线圈并联引线环流过热故障

1. 情况说明

(1) 故障过程描述。2014 年 8 月 1～10 日，换流变压器退运开展阀侧套管漏气检修，2015 年 5 月 15 日作为极Ⅰ高端 Y/D-C 运行相重新投入运行。2016 年 6 月 25 日 04:41，油色谱在线监测装置显示换流变压器氢气（H_2）、乙炔（C_2H_2）、总烃（$\sum CH$）等特征气体出现快速增长，其中乙炔（C_2H_2）、总烃（$\sum CH$）含量分别为 2.2、161.1μL/L；12:41，乙炔（C_2H_2）、总烃（$\sum CH$）含量分别增长至 5.9μL/L、336.3μL/L。13:02，现场申请极Ⅰ高端换流器停运。

(2) 故障设备基本情况。该换流变压器为瑞典 ABB 公司生产，型号为 ZZDFPZ-406000/500-800。

2. 检查处理情况

(1) 试验验证情况。

1) 油色谱分析。2016 年 6 月 25 日 01:41:05～16:41:04 期间，油色谱数据见表 1-4-3，氢气（H_2）、乙炔（C_2H_2）、总烃（$\sum CH$）增长趋势如图 1-4-20 所示。色谱三比值编码为 022，初步判断换流变压器内部存在高温过热缺陷，可能的缺陷包括引线接头接触不良、股间短路等。

表 1-4-3 故障换流变压器油色谱在线监测装置色谱数据 (μL/L)

时间	氢气 (H_2)	甲烷 (CH_4)	乙烯 (C_2H_4)	乙烷 (C_2H_6)	乙炔 (C_2H_2)	一氧化碳 (CO)	二氧化碳 (CO_2)	总烃 ($\sum CH$)
2016 年 6 月 25 日 01:41:05	41.4	47.6	58.5	9.8	1.6	127	569.4	117.5
2016 年 6 月 25 日 04:41:07	56.1	67	78.6	13.3	2.2	128.5	570.2	161.1
2016 年 6 月 25 日 05:41:04	58.8	71.1	82.3	13.9	2.4	123.9	556.3	169.7
2016 年 6 月 25 日 08:41:06	76.7	93.6	106.6	17.6	3.1	129.4	576.9	220.9
2016 年 6 月 25 日 12:41:05	112.8	143.3	161.6	25.5	5.9	126	566.5	336.3
2016 年 6 月 25 日 16:41:04	122.1	156.9	175.4	27.8	6.3	126.8	570.1	366.4

2) 试验检查情况。换流变压器停运后，先后开展了绕组连同套管的直流电阻、铁心夹件绝缘电阻等全部常规试验，试验结果未见异常。

(2) 排油内检情况。2016 年 6 月，对故障换流变压器开展现场排油内检，打开阀侧绕组下部并联引线（“手拉手”引线）铝屏蔽管后，发现中间铝屏蔽管下半部分、靠近有载分接开关侧的等电位接线螺栓与引线接触、烧蚀，同时，靠近有载分接开关侧的铝屏蔽管与从线圈引出的等电位线存在接触、烧蚀，如图 1-4-21 所示。

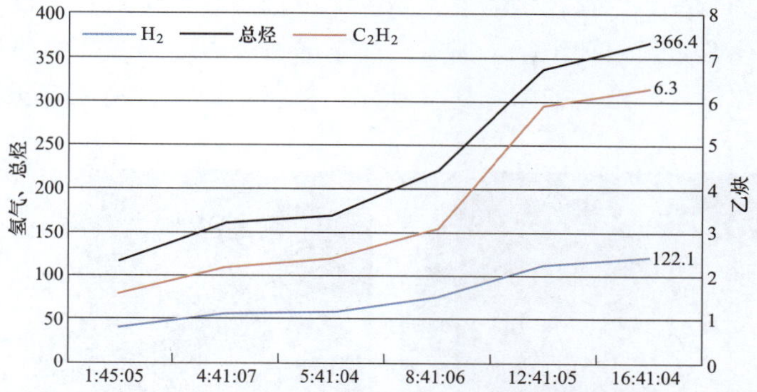

图 1-4-20 氢气（H_2）、乙炔（C_2H_2）、总烃（∑CH）增长趋势（单位：μL/L）

(a) 故障位置示意

(b) 下部并联引线支撑垫块移位及烧蚀点

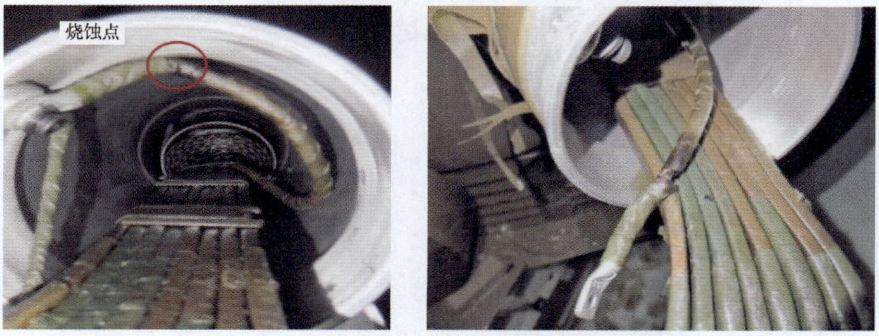

(c) 靠近有载分接开关侧铝屏蔽管与等电位线存在烧蚀点

图 1-4-21 故障位置及烧蚀痕迹

（3）故障处理情况。对存在烧蚀痕迹的等电位接线底座进行打磨修复，对引线、等电位线破损烧蚀位置重新包扎绝缘，加宽、加厚屏蔽管内的绝缘支撑垫块并重新开展绑扎固定，避免支撑垫块移位，如图 1-4-22 所示。修复完成后，换流变压器试验合格，恢复备用。

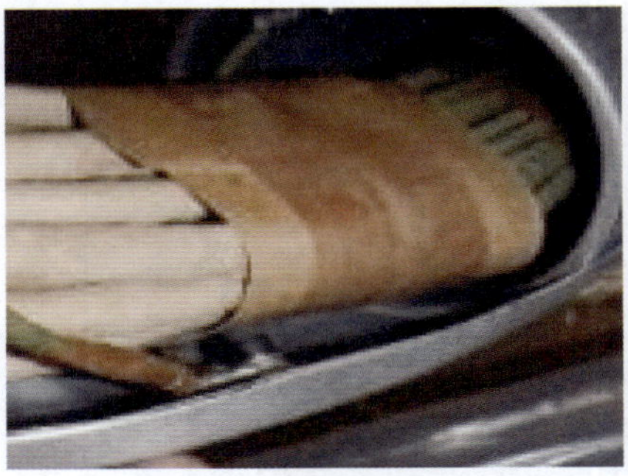

(a) 加强引线绝缘防护

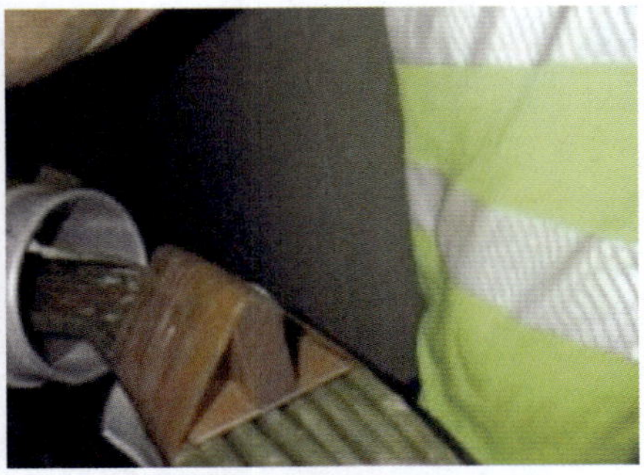

(b) 载流引线外部增加支撑垫块

图 1-4-22　并联引线现场修复

3. 原因分析

基于油色谱分析及排油内检结果，分析认为故障原因为：阀侧线圈下部并联引线支撑垫块固定不可靠，在运行振动下发生移位、失去支撑作用，导致载流引线与等电位接线螺栓发生摩擦，造成引线绝缘局部破损，形成“3 号铝屏蔽管与线圈引出线等电位连接点—④接线底座—③接线底座—摩擦导致绝缘破损点—线圈引出线—3 号铝屏蔽管与线圈引出线等电位连接点”第一个电气回路。同时，由于 3 号铝屏蔽管与等电位线摩擦导致等电位线绝缘局部破损，形成“④接线底座—3 号铝屏蔽管—3 号铝屏蔽管与等电位线摩擦破损点—④接线底座”第二个电气回路。两个环路如图 1-4-23 所示。在漏磁引起的环流以及引线电流分流的综合作用下，引发发热、烧蚀，产生乙烯（C_2H_4）、乙炔（C_2H_2）、氢气（H_2）等特征气体。

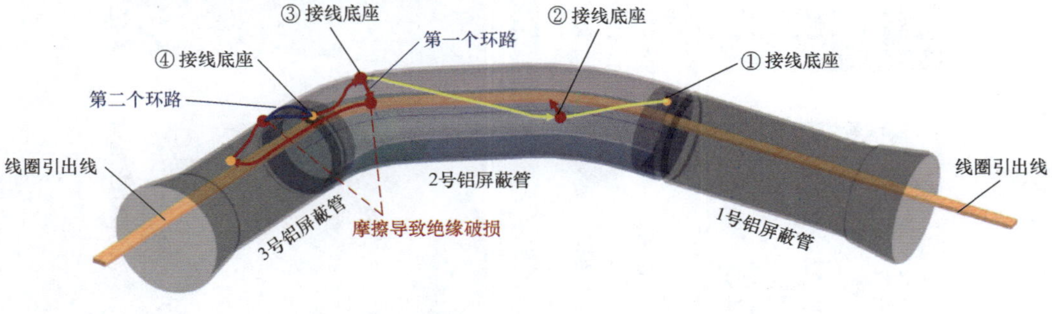

第一个环路：“3号铝屏蔽管与线圈引出线等电位连接点— ④ 接线底座 — ③ 接线底座 — 摩擦导致绝缘破损点—线圈引出线—3号铝屏蔽管与线圈引出线等电位连接点”；
第二个环路：④ 接线底座 — 3号铝屏蔽管—3号铝屏蔽管与等电位线磨擦破损点 — ④ 接线底座
(图中箭头仅作为“环”示意，不代表电流流向)

图 1-4-23　故障回路示意

4.4.3 案例24：换流变压器阀侧线圈并联引线环流过热故障

1. 情况说明

（1）故障过程描述。某站极Ⅰ高端Y/Y-A相换流变压器自2019年9月26日开始，离线色谱检测发现油中氢气（H_2）、总烃（$\sum CH$）含量有持续增长趋势，同时存在微量乙炔（C_2H_2）。2020年6月8～26日，总烃（$\sum CH$）由469.72μL/L增长至720μL/L，乙炔（C_2H_2）由0.1μL/L增长至0.4μL/L，总烃（$\sum CH$）增长速度加速，该时间段阀组负荷较高，为1318.9～1559.84MW，换流变压器负载率最高，约94%。2020年6月28日，申请极Ⅰ高端阀组停运，故障变压器采用备用变压器替代。

（2）故障设备基本情况。该换流变压器由保定天威保变电气股份有限公司生产，型号为ZZDFPZ-3408000/500-800。

2. 检查情况

（1）油色谱分析。换流变压器油色谱历史数据变化趋势如图1-4-24、图1-4-25及表

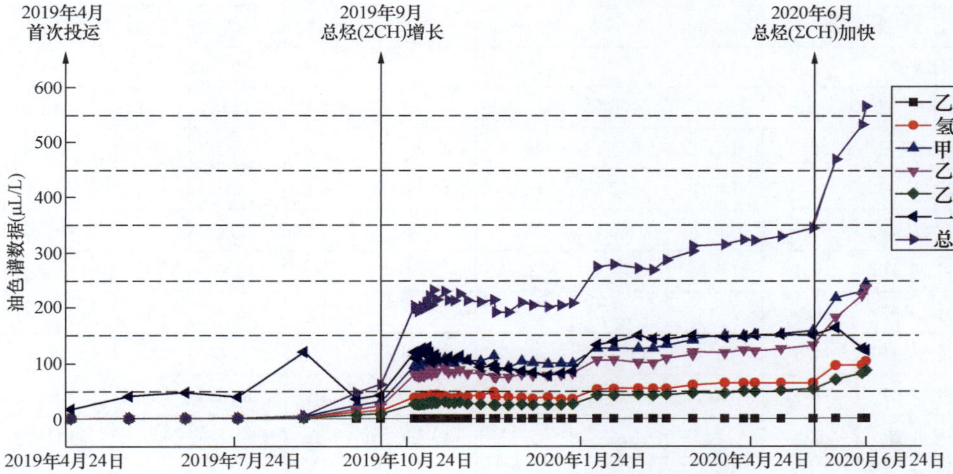

图1-4-24 换流变压器离线油色谱数据曲线

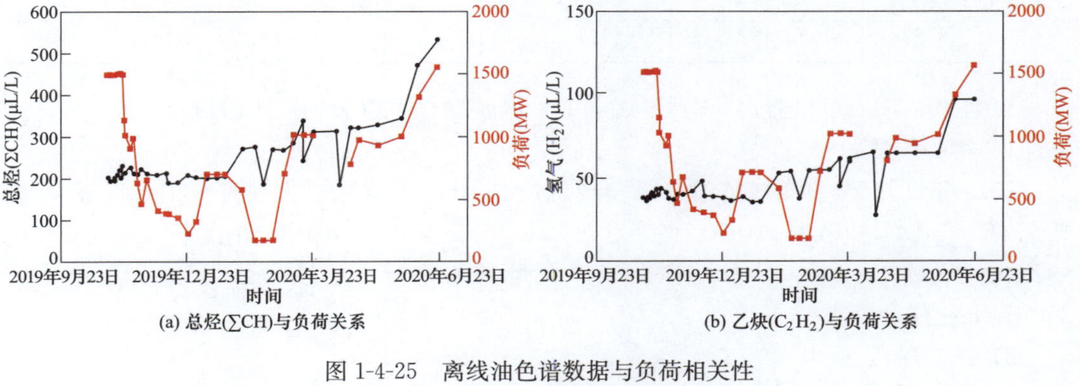

图1-4-25 离线油色谱数据与负荷相关性

1-4-4 所示，色谱三比值编码为 021 或 022，缺陷存在由中温过热向高温过热发展趋势。分析油色谱数据和负荷变化关系，发现总烃（ΣCH）、氢气（H_2）、乙炔（C_2H_2）、乙烯（C_2H_4）、乙烷（C_2H_6）、甲烷（CH_4）、二氧化碳（CO_2）含量与负荷呈正相关性。初步分析认为引线等载流回路发生故障的概率大。

表 1-4-4　换流变压器离线油色谱数据　（μL/L）

日期	氢气（H_2）	甲烷（CH_4）	乙烯（C_2H_4）	乙烷（C_2H_6）	乙炔（C_2H_2）	总烃（ΣCH）	一氧化碳（CO）	二氧化碳（CO_2）	负荷（MW）
2019 年 4 月 28 日	0.33	0.32	0	0.05	0	0.38	16.97	203	1125
2019 年 5 月 29 日	1.28	0.78	0	0	0	0.78	40.07	678	1076
2019 年 6 月 28 日	0.6	0.9	0.1	0.1	0	1.1	47.2	411	1403
2019 年 7 月 26 日	1.61	0.98	0.16	0.12	0	1.25	39.09	383	1493
2019 年 8 月 30 日	2.5	3.2	1.5	0.6	0	5.3	119.7	809	1503
2019 年 9 月 27 日	11.14	23.51	17.11	5.94	0	46.56	35.31	268	1509
2019 年 10 月 10 日	13.67	30.62	22.78	8.07	0	61.47	41.77	304	945
2019 年 10 月 28 日	37.7	95.6	80.2	26.1	0	201.9	119.6	747	1499.16
2019 年 10 月 30 日	35.6	91.1	76.4	24.8	0.04	192.3	114.3	716	1498.18
2019 年 11 月 25 日	39.4	103.6	81.8	26.8	0.05	212.2	105.8	564	664.78
2019 年 12 月 30 日	35.7	100.8	78	24.3	0.04	203.1	83	462	322.54
2020 年 1 月 20 日	35.2	99.1	82	26.1	0.04	207.2	85.4	467	707.59
2020 年 2 月 24 日	54.49	126.3	100.6	43.75	0	270.65	149.65	689.02	174.5
2020 年 3 月 24 日	61.04	144.3	119.76	47.15	0	311.2	149.56	782.4	1013
2020 年 4 月 26 日	64.65	151.04	121.61	48.6	0.12	321.27	150.69	794.51	976.65
2020 年 5 月 27 日	64.17	157.52	132.31	53.52	0.15	343.5	150.08	789.92	999.93
2020 年 6 月 8 日	95.94	217.26	181.85	70.33	0.28	469.72	163.33	937.57	1318.9
2020 年 6 月 22 日	96.4	229	221.7	81.6	0.4	532.7	125.8	864.7	1559.84
2020 年 6 月 24 日	103	243.3	235.4	86.8	0.4	565.9	123	853.8	1575
2020 年 6 月 25 日	107.6	262.3	250.3	92.5	0.4	605.5	129.1	893.1	951
2020 年 7 月 1 日	107.6	267.8	255.8	94.7	0.4	618.7	128.0	894	停运

根据图 1-4-26 可以看出，总烃（ΣCH）异常增长可以分为三个阶段：

1）第一阶段：

2019 年 9 月 27 日离线色谱跟踪发现总烃（ΣCH）含量首次跳变，由 5.3μL/L 增长至 46.56μL/L。10 月 30 日，总烃（ΣCH）增长至 192.3μL/L 并含有 0.04μL/L 微量乙炔（C_2H_2）。10～12 月，各类气体含量基本稳定，总烃（ΣCH）含量稳定在 200μL/L左右。

2）第二阶段：

2020 年 1 月～2020 年 5 月 27 日，总烃（ΣCH）由 200μL/L 左右缓慢增长至 343.5

μL/L，乙炔（C_2H_2）由 0.04μL/L 缓慢增长至 0.15μL/L，总烃（∑CH）相对产气速率约为 10%，接近《变压器油中溶解气体分析和判断导则》（DL/T 722—2014）标准规定的总烃（∑CH）相对产气速率注意值。该时间段阀组负荷较低，处于 1000MW 以下。

3）第三阶段：

2020 年 6 月 8 日至停运前，各类气体含量出现明显上涨，总烃（∑CH）由 469.72μL/L增长至 605.5μL/L，乙炔（C_2H_2）由 0.28μL/L 增至 0.4μL/L，总烃（∑CH）相对产气速率约 30%，远超标准规定的总烃（∑CH）相对产气速率注意值。该时间段阀组负荷较高，处于 1318.9～1559.84MW 区间，换流变压器负载率最高约 94%，总烃（∑CH）增长与负荷变化趋势基本一致，高温过热缺陷存在发展、裂化。

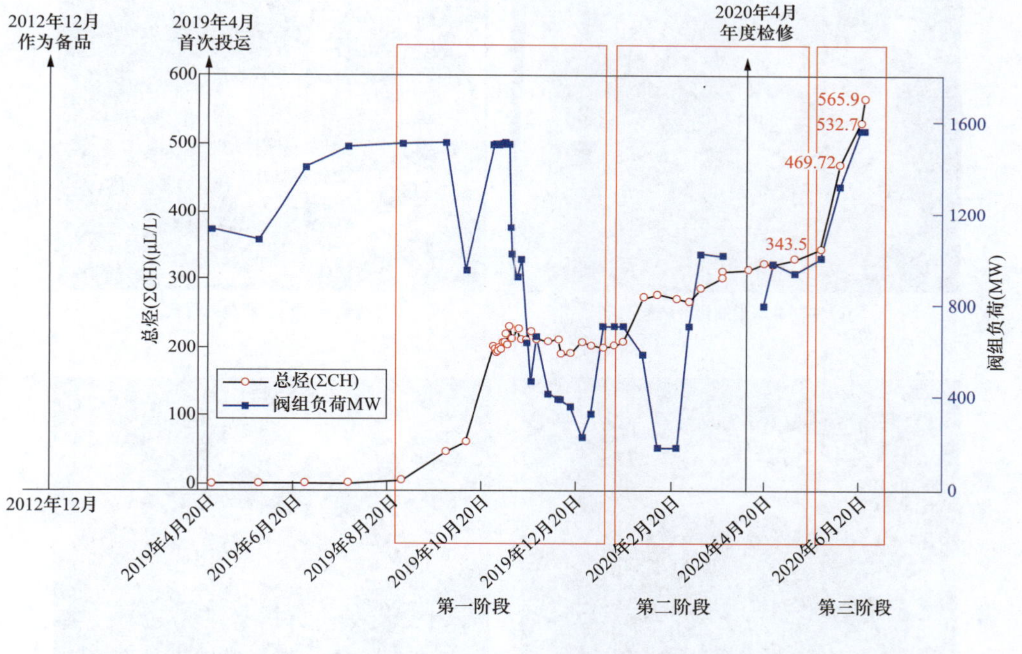

图 1-4-26 不同时间段总烃（∑CH）异常增长趋势

（2）排油内检情况。2020 年 8 月 1 日，对故障换流变压器开展现场排油内检，打开阀侧绕组下部并联引线铝屏蔽管后，发现连接中间铝屏蔽管上、下部分的等电位线烧断，断裂位置位于中间铝屏蔽管下半部分等电位接线端子根部，与烧蚀点对应的引线表面有长约 50mm 的烧蚀痕迹，如图 1-4-27 所示。铁心拉带、夹件屏蔽管、分接开关引线电气连接部位等其余位置均未发现放电痕迹。

（3）故障修复情况。为解决阀侧绕组上、下部并联引线中载流导线与等电位接线端子之间摩擦受损隐患，现场更换等电位连接线，在各等电位接线底座对应的并联引线处加包耐热绝缘纸并额外增加防护纸板，增加并调整载流引线支撑垫块位置，避免并联引线与接线端子接触，如图 1-4-28 所示。修复完成后，换流变压器试验合格，恢复备用。

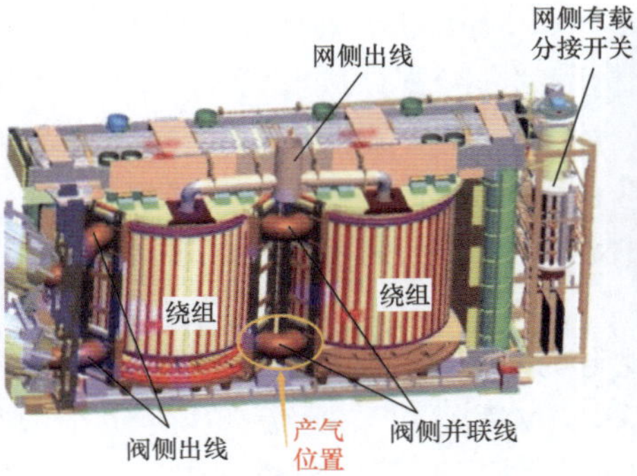

(a) 产气位置示意

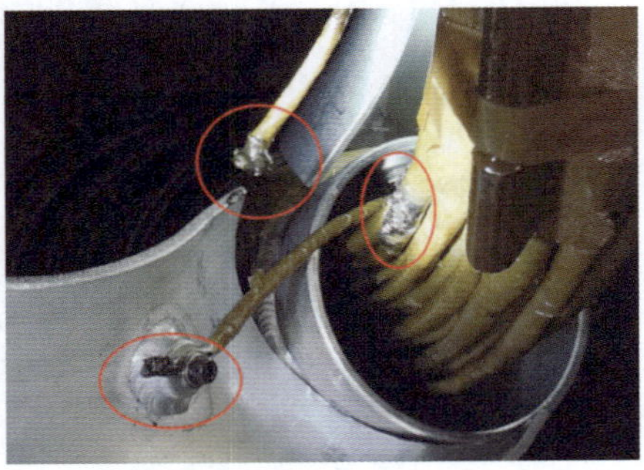

(b) 下部并联引线对应烧蚀点

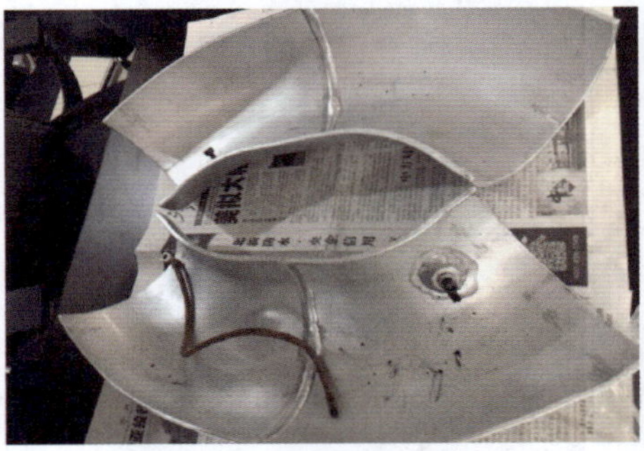

(c) 中间并联引线铝屏蔽管

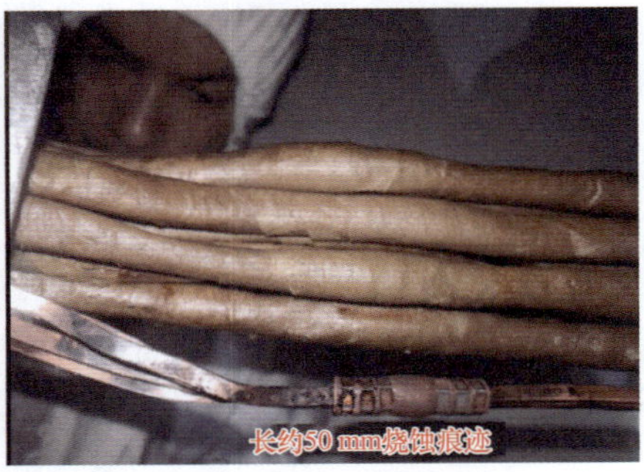

(d) 载流引线表面烧蚀情况

图 1-4-27　排油内检检查情况

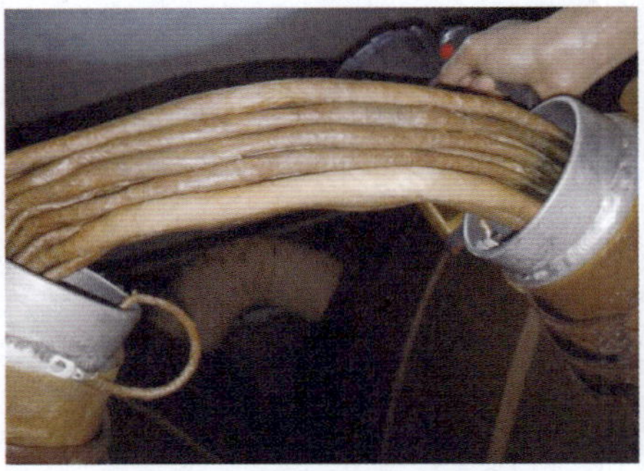

(a) 载流导线烧蚀位置现场修复

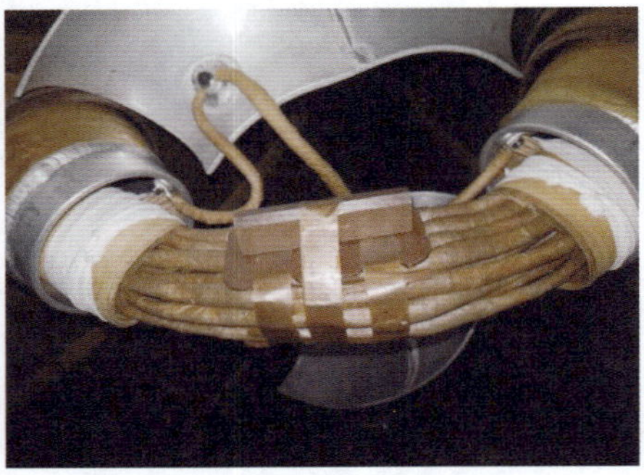

(b) 载流导线外部增加防护纸板

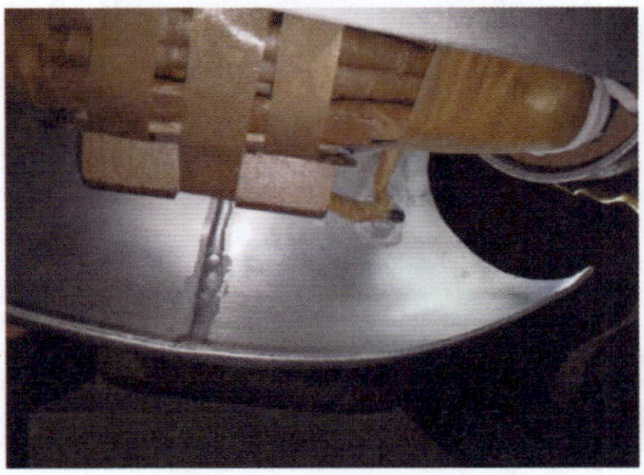

(c) 载流导线外部增加支撑垫块

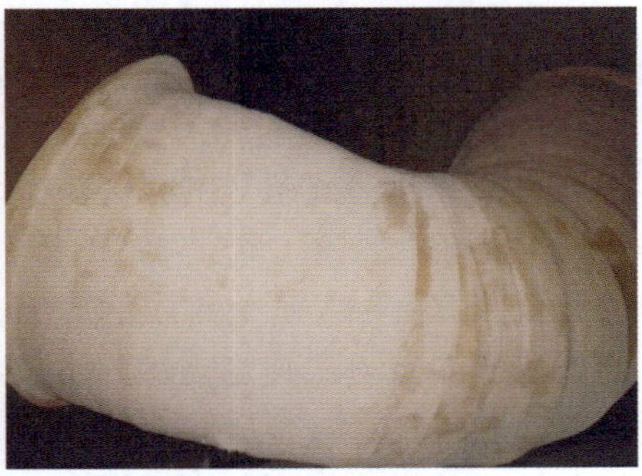

(d) 铝屏蔽管恢复绝缘

图 1-4-28　并联引线现场修复

3. 原因分析

基于现场排油内检结果，分析认为异常产气的原因是：阀侧绕组下部并联引线未在屏蔽管中间位置可靠固定，在运行过程中，连接中间铝屏蔽管上、下部分的等电位线接线端子与载流引线接触、摩擦，导致引线表面绝缘破损，形成电气回路。在漏磁引起的环流以及引线电流分流的综合作用下，接线端子与引线连接位置因接触电阻发热、烧蚀，产生氢气（H_2）、乙炔（C_2H_2）、总烃（ΣCH）等特征气体，与前期离线色谱数据一致。

4.4.4 案例25：换流变压器引线压接不良引发过热产气故障

1. 情况说明

（1）故障过程描述。换流变压器自2009年12月投运以来，油中总烃（ΣCH）含量一直存在缓慢增长趋势。2013年6月，由于原B相总烃（ΣCH）超注意值，更换为备用相；2016年5月，C相总烃（ΣCH）含量超注意值；2017年7月，A相氢气（H_2）、总烃（ΣCH）含量均超过注意值。截至2020年6月，在运A、C相换流变压器总烃（ΣCH）累计增长接近550μL/L，在运B相换流变压器总烃（ΣCH）累计增长接近300μL/L。

（2）故障设备基本情况。单元Ⅱ020B换流变压器为特变电工沈阳变压器有限公司首批生产制造的单相三绕组换流变压器，型号为ZZDFPSZ-299500/330。

2. 检查情况

（1）油色谱分析。

1）换流变压器A相。2017年7月，换流变压器A相氢气（H_2）、总烃（ΣCH）含量第一次超过注意值；2018年6月年检期间进行滤油脱气处理；2019年6月年检期间进行排油内检，未发现问题；2019年9月，A相氢气（H_2）含量第二次超过注意值；2020年6月2日，A相乙炔（C_2H_2）含量为0.27μL/L，氢气（H_2）含量为379.16μL/L，总烃（ΣCH）含量为247.03μL/L，见表1-4-5，其中氢气（H_2）、总烃（ΣCH）含量趋势图如图1-4-29所示。

表1-4-5　换流变压器A相油中气体含量

时间	乙炔（C_2H_2）（μL/L）	氢气（H_2）（μL/L）	总烃（ΣCH）（μL/L）	油温（℃）	备注
2017年7月26日	0.00	176.60	161.85	44	总烃（ΣCH）、氢气（H_2）超注意值
2018年5月28日	0.00	225.20	215.19	50	总烃（ΣCH）、氢气（H_2）超注意值

续表

时间	乙炔（C_2H_2）（μL/L）	氢气（H_2）（μL/L）	总烃（ΣCH）（μL/L）	油温（℃）	备注
滤油脱气后					
2018年6月9日	0.00	13.38	20.57	25	
2018年7月11日	0.00	69.20	53.60	50	
2018年9月17日	0.07	114.48	71.30	37	
2019年5月23日	0.09	120.16	86.48	66	
排油内检后					
2019年6月12日	0.00	0.69	2.25	47	
2019年7月16日	0.07	68.38	32.36	70	
2019年9月17日	0.07	173.30	83.55	49	氢气（H_2）超注意值
2020年2月18日	0.21	242.47	157.39	44	总烃（ΣCH）、氢气（H_2）超注意值
2020年6月2日	0.27	379.16	247.03	66	退运前

图 1-4-29　换流变压器A相氢气（H_2）、总烃（ΣCH）含量趋势图

2）换流变压器B相。2012年9月，换流变压器B相总烃（ΣCH）含量第一次超过注意值；2013年6月，将B相更换为备用相；2019年9月，B相总烃（ΣCH）含量再次超过注意值；2019年9月，B相（原备用相）总烃（ΣCH）含量超过注意值，见表1-4-6；2019年12月24日，B相乙炔（C_2H_2）含量为0.20μL/L，氢气（H_2）含量为

76.37μL/L，总烃（ΣCH）含量为158.57μL/L，超过150μL/L注意值。氢气（H_2）、总烃（ΣCH）含量趋势图如图1-4-30所示。

表1-4-6　　换流变压器B相油中气体含量

时间	乙炔（C_2H_2）（μL/L）	氢气（H_2）（μL/L）	总烃（ΣCH）（μL/L）	油温（℃）	备注
备用相更换后					
2013年9月25日	0.00	11.03	13.00	44	
2014年9月22日	0.16	11.01	24.05	48	
2015年9月8日	0.17	12.94	36.02	53	
2017年9月29日	0.00	31.25	79.50	49	
2018年9月28日	0.20	46.14	109.79	34	
2019年9月24日	0.23	73.44	150.59	51	总烃（ΣCH）超注意值
2019年12月17日	0.18	75.59	150.17	48	总烃（ΣCH）超注意值

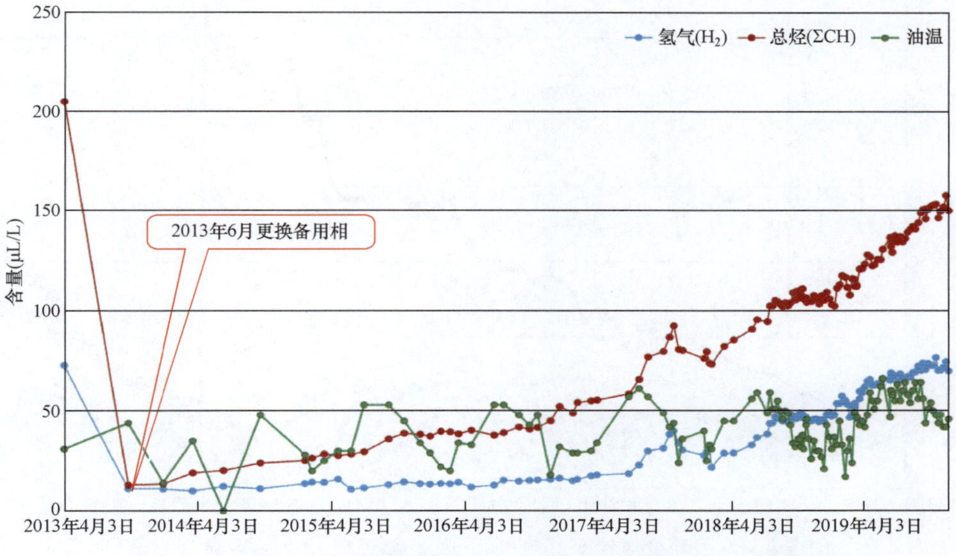

图1-4-30　换流变压器B相氢气（H_2）、总烃（ΣCH）含量趋势图

3）换流变压器C相。2016年5月，换流变压器C相总烃（ΣCH）含量第一次超注意值；2018年6月年检期间对C相换流变压器进行滤油脱气处理；2019年10月，C相总烃（ΣCH）含量再次超注意值；2019年12月17日，C相乙炔（C_2H_2）含量为0.06μL/L，氢气（H_2）含量为130.88μL/L，总烃（ΣCH）含量为156.32μL/L（脱气前320.07μL/L），见表1-4-7，其中氢气（H_2）、总烃（ΣCH）含量趋势图如图1-4-31所示。

表 1-4-7　　换流变压器 C 相油中气体含量

时间	乙炔 (C_2H_2)(μL/L)	氢气(H_2)(μL/L)	总烃(ΣCH)(μL/L)	油温(℃)	备注
2013 年 4 月 3 日	0.00	36.65	62.72	31	
2014 年 3 月 21 日	0.00	23.31	75.05	35	
2015 年 3 月 16 日	0.00	38.99	105.13	21.7	
2016 年 5 月 27 日	0.00	58.40	153.19	19	总烃(ΣCH)超注意值
2017 年 5 月 26 日	0.00	35.73	192.07	30	总烃(ΣCH)超注意值
2018 年 5 月 23 日	0.17	82.77	320.07	50	总烃(ΣCH)超注意值
滤油脱气后					
2018 年 6 月 9 日	0.00	1.85	17.13	25	
2019 年 6 月 18 日	0.00	102.16	113.09	59	
2019 年 10 月 1 日	0.12	119.24	152.75	66	总烃(ΣCH)超注意值
2019 年 12 月 17 日	0.06	130.88	156.32	42	总烃(ΣCH)超注意值

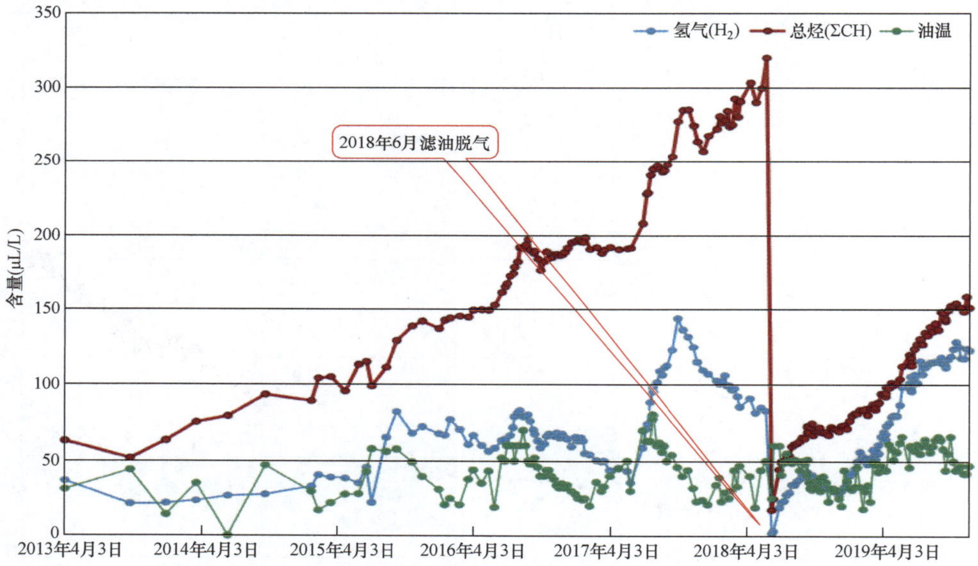

图 1-4-31　换流变压器 C 相氢气(H_2)、总烃(ΣCH)含量趋势图

综合设备运行工况、总烃(ΣCH)与氢气(H_2)增长规律，按照《变压器油中溶解气体分析和判断导则》(DL/T 722—2014)判断，换流变压器不存在电气绝缘缺陷，存在高温过热缺陷。

(2)解体检查情况。为尽快查明换流变压器异常产气原因，2020 年 8 月将产气速率最快的 A 相换流变压器返厂解体检修。

1)开盖检查。2020 年 9 月 19 日换流变压器返至厂内开展解体工作。打开上箱盖后，发现阀侧 Y 接绕组首端引线均压管外部绝缘存在发黑碳化现象，如图 1-4-32 所示，除此之外，器身表面、铁心表面及调压引线表面等部位均未见明显异常。

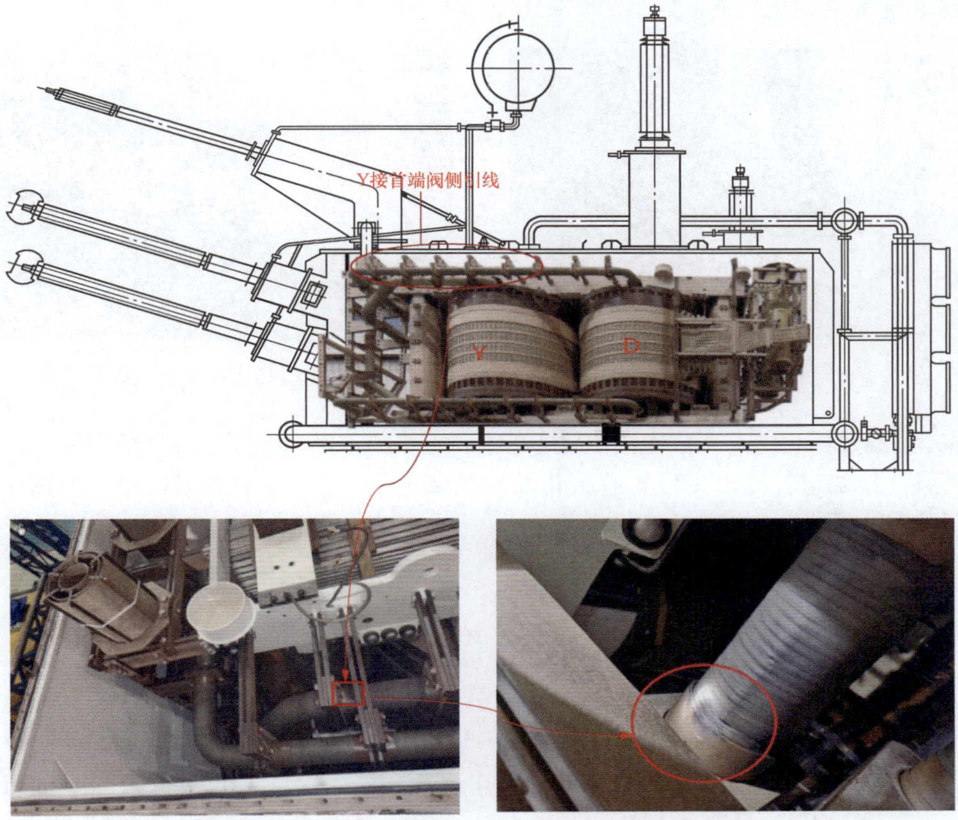

图 1-4-32　阀侧丫接绕组均压管外部发黑部位（俯视）

2）吊芯检查。吊出器身后，对阀侧丫接绕组首端引线均压管发黑部位外层绝缘进一步拆除，发现均压管外壁有明显过热发黑痕迹，且外部绝缘纸碳化粉碎，如图 1-4-33 和图 1-4-34 所示。

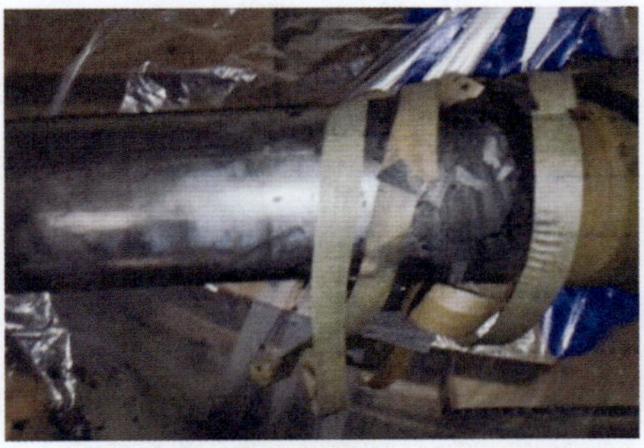

图 1-4-33　阀侧丫接绕组均压管绝缘纸

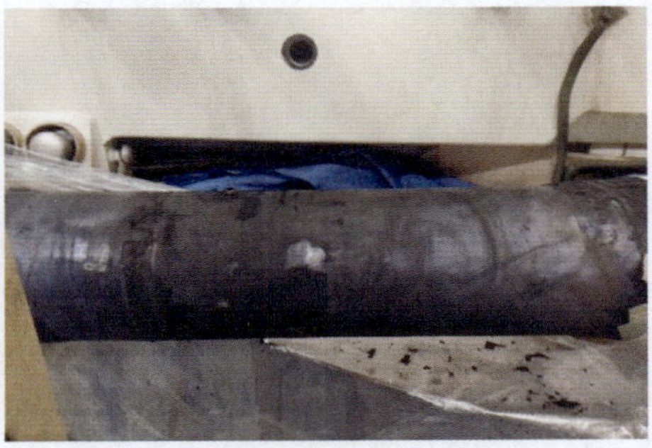

图 1-4-34　阀侧丫接绕组均压管外壁

3）引线检查。进一步拆解Y接绕组均压管连接部位，发现内部连接引线过热严重，白布带及绝缘纸碳化严重，如图 1-4-35 和图 1-4-36 所示。

图 1-4-35　打开阀侧Y接绕组均压管

图 1-4-36　Y接引线绝缘纸碳化严重

4）线圈及接头检查。依次拔出Y接绕组调压线圈、网侧线圈、阀侧线圈进行解体检查，发现Y接绕组首端出头位置有碳化及发黑痕迹，2 个线饼有轻微污染，如图 1-4-37 和图 1-4-38 所示。

图 1-4-37　阀侧绕组引线接线板碳化

图 1-4-38　阀侧绕组首端出头位置碳化

5）接头切割检查。对均压管及均压管内引线接头进行检查，发现接头及均压管金属有高温过热痕迹（紫色），切开引线接头后，发现软铜线与接头采用“坑压”工艺，未充分接触，压接工艺不良，如图 1-4-39 和图 1-4-40 所示。

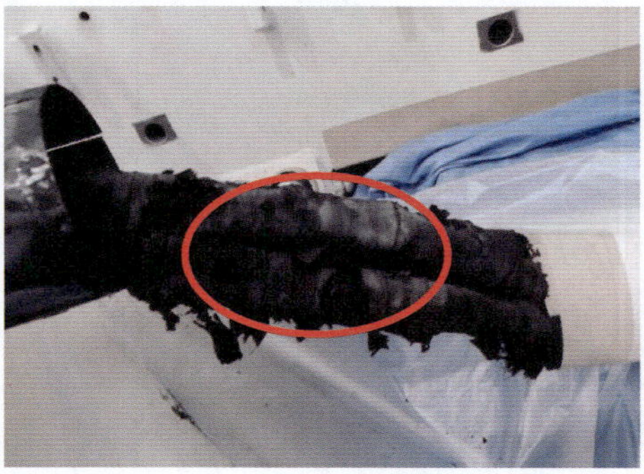

图 1-4-39　引线接头绝缘纸碳化严重

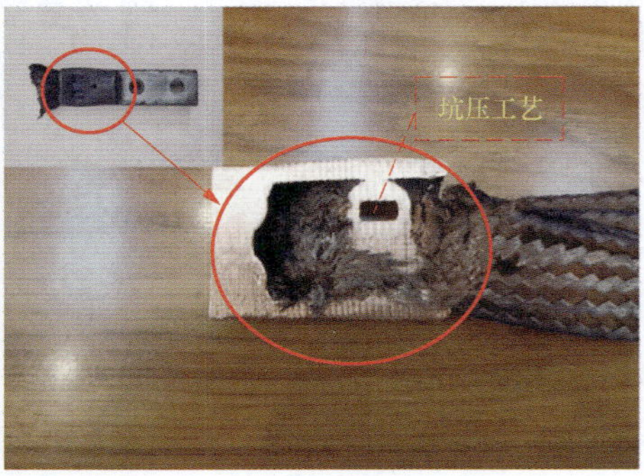

图 1-4-40　引线接头剖开实物图

（3）故障处置方案。

1）厂内修复方案。结合厂内解体检查结果，经讨论分析及仿真计算，确定修复方案：

一是优化阀侧Y接绕组首端出线均压管内接头工艺，更换Y接绕组首端均压管内连接引线（采用4根软铜绞线），将软铜绞线与铜板焊接，引线接头“坑压”工艺改为冷挤压工艺，确保引线接头接触良好。修复前“坑压”引线接头如图1-4-41所示，修复后“冷挤压”工艺如图1-4-42所示。

图1-4-41　修复前“坑压”引线接头

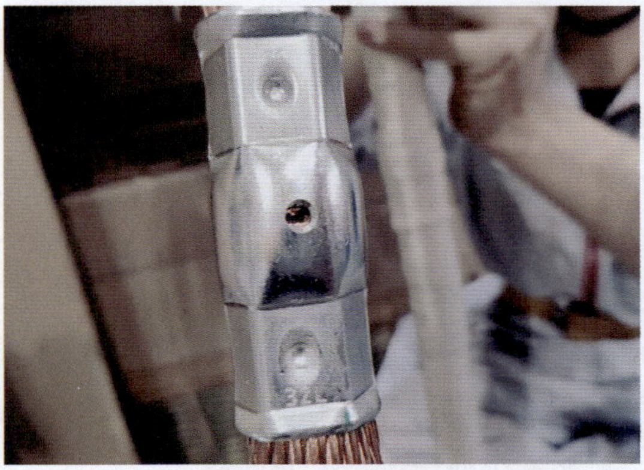

图1-4-42　修复后“冷挤压”工艺

二是在阀侧Y接绕组首端引线接头位置均压管增加导油通道，如图1-4-43和图1-4-44所示，改善油流循环，确保油流畅通。根据解体测量数据，通过仿真分析计算，改进后的均压管满足电气设计要求。

2）在运换流变压器临时运维管控措施。在运三台换流变压器均存在总烃（ΣCH）和氢气（H_2）平稳增长情况，属于同型号、同批次、同设计、同工艺产品，故障特征存在高度一致性，判断相同位置存在同类缺陷，严重威胁设备运行安全。对于在运的三台换流变压器，经商讨，决定按照“修复一台、退运一台、逐台返厂”的轮换返修策略开展隐患治理。在返厂修复之前，对在运三台换流变压器开展临时运维管控措施：一是为

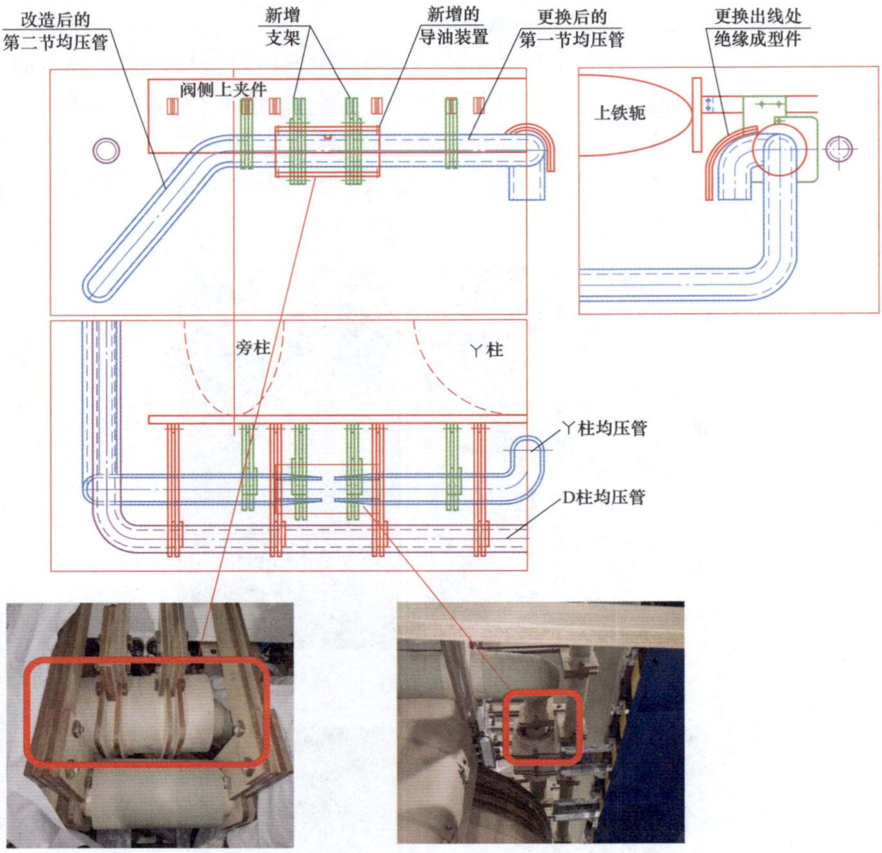

图 1-4-43　Y接绕组首端出线均压管改造实物图

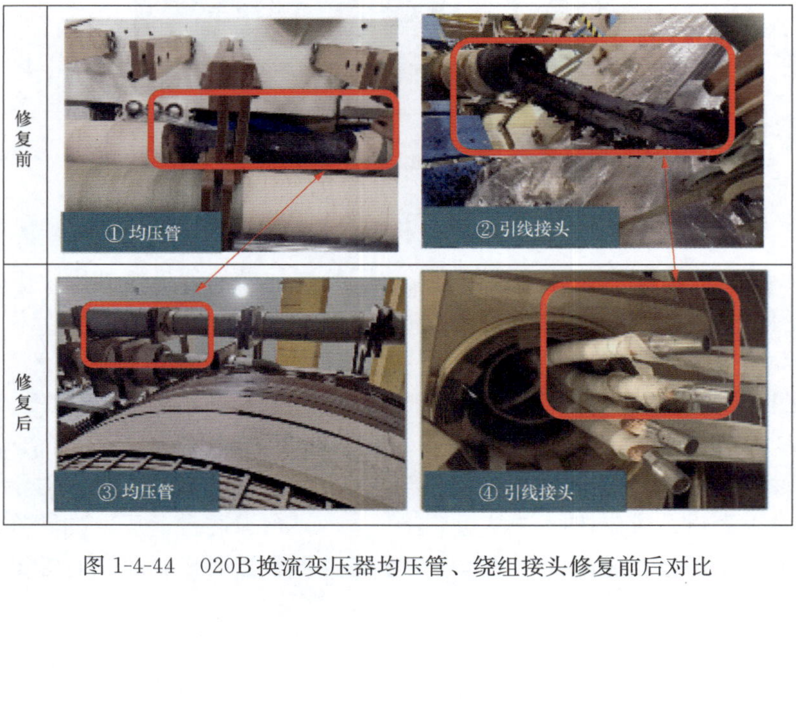

图 1-4-44　020B 换流变压器均压管、绕组接头修复前后对比

降低运行风险，经核算换流变压器绕组引线接头有效导流面积，统筹考虑设备安全运行，申请将换流变压器运行功率降低至70%，有效降低缺陷位置发热量50%左右，延缓劣化速度，为逐台返厂修复争取时间。二是针对高温大负荷时段，采取增加辅助风机、喷水降温等措施延缓总烃（$\sum$CH）增长趋势。三是增加设备带电检测频次，离线油色谱周期由1月/次调整为1周/次，每周开展紫外放电、红外热像、铁心夹件电流测试，每月开展特高频局部放电等带电测试。四是制定应急预案，开展事故预想，加强演练，做好应急准备。具体运维管控措施如图1-4-45～图1-4-47所示。

图1-4-45 增加红外、紫外带电检测

图1-4-46 常态化开展应急演练

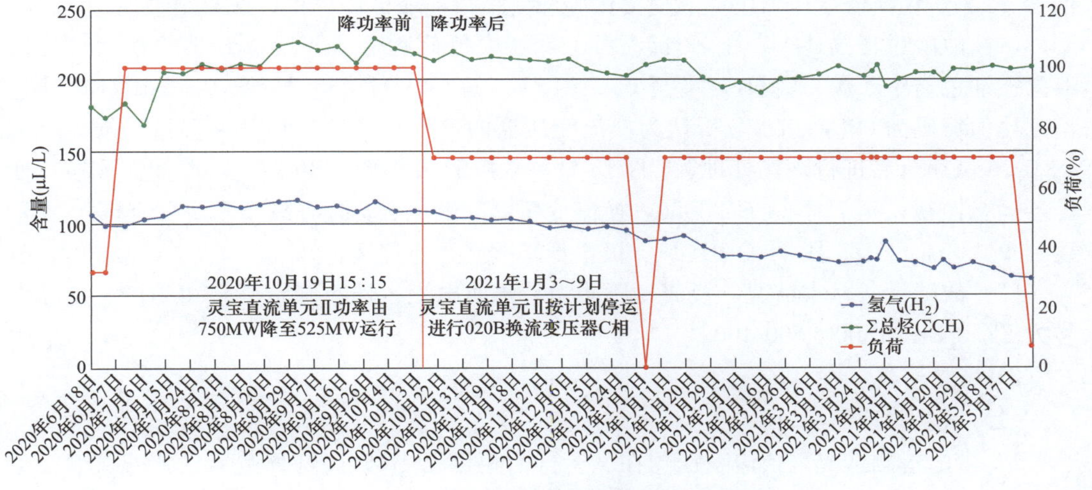

图1-4-47 换流变压器离线油色谱跟踪

3. 原因分析

根据换流变压器A相解体检查情况，换流变压器氢气（H_2）、总烃（$\sum$CH）异常增长原因为：

（1）阀侧Y接绕组首端引线接头采用“坑压”工艺，压接效果不良，换流变压器长期满负荷运行，在Y接绕组大电流（为D接的$\sqrt{3}$倍）作用下发热。

（2）引线屏蔽管无导油通道如图1-4-48所示，管内油流不畅，形成“死油区”，引起丫接上端均压管温度局部过高，导致引线及屏蔽管包裹绝缘纸受热老化、碳化，绝缘油局部受热分解产气。

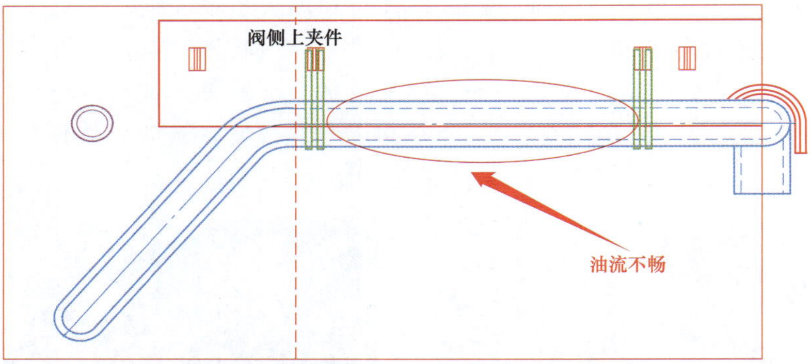

图 1-4-48 换流变压器丫接上端引线屏蔽管示意图

4.4.5 案例 26：换流变压器引线紧固螺栓尺寸不当引发过热放电故障

1. 情况说明

（1）故障前运行情况。极Ⅰ低端阀组于 7 月 11 日开始大负荷试验调试，调试前极Ⅰ低端 Y/Y-C 相换流变压器已完成交接试验和大负荷前取油样分析，试验结果均正常。

（2）故障过程描述。7 月 12 日，极Ⅰ低端大负荷运行 24h 后，Y/Y-C 相换流变压器离线油色谱中乙炔（C_2H_2）增至 0.95μL/L、总烃（∑CH）增至 70.19μL/L，油色谱三比值编码为 022，初步分析认为换流变压器内部存在金属性局部高温过热缺陷，完成 168h 试运行后进行现场处理。7 月 15 日，双极低端开始 168h 试运行并加强该换流变压器运行监视；至 7 月 23 日 23:50，换流变压器阀侧 2.2 套管升高座乙炔（C_2H_2）含量达到 17.88μL/L；7 月 24 日 01:11，极Ⅰ低端阀组紧急停运。

（3）故障设备基本情况。换流变压器为常州西电变压器有限责任公司生产，产品型号为 ZZDFPZ-415000/500-400。

2. 检查情况

（1）试验验证情况。

1）带电检测情况。换流变压器在试运行期间每隔 4h 开展红外测温、紫外检测等带电检测，均未发现异常；设备运行电压、电流等运行参数未发现异常。

2）油色谱分析。168h 试运行期间每隔 12h 对开展离线色谱跟踪检测，检测部位包括本体下部、本体上部、网侧高压套管升高座、阀侧首端套管升高座和阀侧尾端套管升高座，各部位乙炔（C_2H_2）趋势如图 1-4-49 所示，试运行期间阀侧尾端套管升高座离线油色谱数据见表 1-4-8。对比发现，阀侧尾端升高座乙炔（C_2H_2）、总烃（∑CH）等特征气体增长明显，一氧化碳（CO）、二氧化碳（CO_2）含量没有明显上升，乙炔（C_2H_2）突变时色谱三比值编码为 022，初步分析认为阀侧尾端升高座及套管区域存在局部高温过热缺陷，可能原因包括套管尾部表链与底座接触异常、套管尾部均压球加强板断裂导致局部环流等。

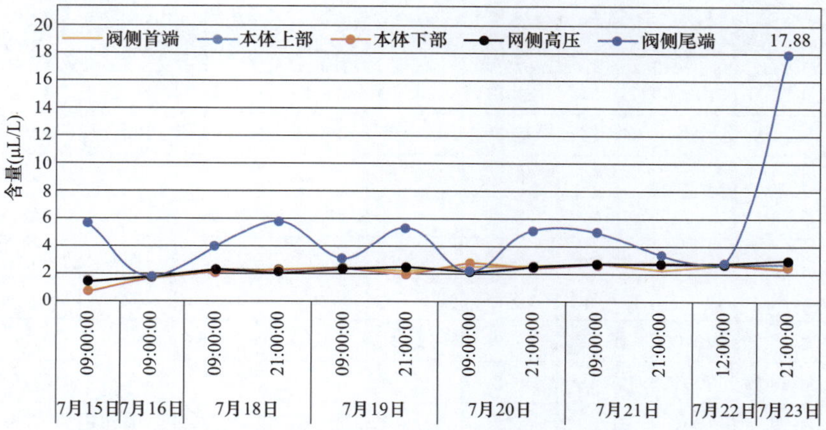

图 1-4-49　换流变压器各部位离线油色谱乙炔（C_2H_2）趋势图

表 1-4-8　　试运行期间阀侧尾端套管升高座离线油色谱数据　　（μL/L）

部位	取样时间	氢气（H_2）	甲烷（CH_4）	乙烯（C_2H_4）	乙烷（C_2H_6）	乙炔（C_2H_2）	一氧化碳（CO）	二氧化碳（CO_2）	总烃（$\sum CH$）
本体上部	7月15日	27.99	40.61	58.52	6.94	1.47	19.37	105.42	107.54
	7月16日	37.74	51.57	78.53	10.09	1.81	19.58	148.84	142.00
	7月18日 09:00	43.96	56.58	92.96	12.24	2.30	19.43	95.07	164.08
	7月18日 21:00	48.66	63.24	99.73	13.04	2.28	20.27	100.41	178.29
	7月19日 09:00	52.61	66.83	97.00	12.27	2.47	19.83	128.73	178.57
	7月19日 21:00	70.27	79.45	116.35	15.42	2.47	22.99	185.91	213.69
	7月20日 09:00	44.56	70.80	118.57	16.29	2.15	16.59	122.87	207.81
	7月20日 21:00	19.06	65.24	130.12	18.41	2.45	9.16	99.48	216.22
	7月21日 09:00	56.92	86.03	135.47	18.74	2.71	17.94	137.07	242.95
	7月21日 21:00	72.61	94.91	141.31	19.27	2.82	20.43	119.66	258.31
	7月22日 12:00	58.12	90.59	137.67	19.00	2.68	16.60	122.79	249.94
	7月23日 21:00	81.42	104.63	147.66	19.72	2.83	21.13	92.98	274.84
本体下部	7月15日	13.96	18.02	25.90	3.09	0.68	8.55	57.67	47.69
	7月16日	39.32	50.22	72.70	8.90	1.73	20.24	177.02	133.55
	7月18日 09:00	44.55	56.41	91.79	11.95	2.12	19.77	90.41	162.27
	7月18日 21:00	46.91	63.68	101.74	12.86	2.22	20.02	123.45	180.50
	7月19日 09:00	51.41	66.28	105.63	13.88	2.35	20.23	101.22	188.14
	7月19日 21:00	49.14	69.18	108.61	13.12	1.92	19.77	187.17	192.83
	7月20日 09:00	61.96	84.22	135.94	18.64	2.71	21.04	116.92	241.51
	7月20日 21:00	65.59	85.67	127.24	16.78	2.46	20.78	102.69	232.15

续表

部位	取样时间	氢气 (H_2)	甲烷 (CH_4)	乙烯 (C_2H_4)	乙烷 (C_2H_6)	乙炔 (C_2H_2)	一氧化碳 (CO)	二氧化碳 (CO_2)	总烃 (ΣCH)
本体下部	7月21日09:00	55.56	81.31	126.01	17.11	2.65	17.17	123.47	227.08
	7月21日21:00	65.34	88.59	135.17	17.48	2.60	17.67	143.07	243.84
	7月22日12:00	74.59	93.27	130.06	17.30	2.61	19.09	143.25	243.24
	7月23日21:00	78.29	98.37	130.59	16.55	2.45	19.86	104.43	247.96
网侧高压套管升高座	7月15日	28.68	38.85	55.38	6.59	1.40	19.71	84.72	102.22
	7月16日	37.82	47.55	65.64	7.81	1.61	19.89	140.96	122.61
	7月18日09:00	42.77	54.98	89.91	11.69	2.24	19.48	94.39	158.82
	7月18日21:00	43.48	58.29	92.51	11.88	2.11	18.76	124.93	164.79
	7月19日09:00	51.03	64.96	101.48	13.17	2.28	20.46	107.99	181.89
	7月19日21:00	73.45	82.38	121.31	17.50	2.31	24.42	142.81	223.50
	7月20日09:00	44.71	74.40	121.89	16.65	2.45	17.14	111.93	215.39
	7月20日21:00	62.23	82.42	133.03	18.06	2.62	21.48	93.45	236.13
	7月21日09:00	53.23	84.53	140.25	19.40	2.76	18.01	314.80	246.94
	7月21日21:00	53.21	80.30	123.03	16.76	2.45	16.78	150.42	222.54
	7月22日12:00	74.42	94.41	138.25	18.90	2.75	18.96	137.04	254.31
	7月23日21:00	80.58	101.42	153.47	21.87	2.93	20.97	90.72	279.69
阀侧首端套管升高座	7月15日	26.16	36.49	53.24	6.26	1.37	18.74	89.69	97.36
	7月16日	36.73	48.56	65.22	7.69	1.61	19.49	241.91	123.08
	7月18日09:00	46.72	56.68	88.51	11.18	2.08	20.75	80.54	158.45
	7月18日21:00	42.48	59.24	96.00	12.30	2.17	18.86	130.44	169.71
	7月19日09:00	53.65	68.62	99.35	12.32	2.29	21.02	100.45	182.58
	7月19日21:00	69.60	79.34	114.74	16.13	2.19	23.11	210.31	212.40
	7月20日09:00	52.18	75.94	124.94	17.03	2.38	19.24	118.39	220.29
	7月20日21:00	54.89	81.49	129.08	17.53	2.57	19.11	19.11	230.67
	7月21日09:00	62.46	86.15	138.57	19.09	2.75	18.81	96.88	246.56
	7月21日21:00	71.75	92.20	140.14	21.92	2.28	20.23	107.44	256.54
	7月22日12:00	75.04	95.13	138.13	19.15	2.72	18.96	136.83	255.13
	7月23日21:00	75.50	87.94	159.81	17.00	2.24	18.29	130.61	266.99
阀侧尾端套管升高座	7月15日	161.94	230.81	229.27	22.54	5.74	16.41	131.27	488.36
	7月16日	211.33	104.49	65.88	8.43	1.63	20.11	121.11	180.43
	7月18日09:00	100.97	157.87	127.69	15.82	3.96	15.23	66.06	305.34
	7月18日21:00	121.06	200.88	322.35	42.99	5.79	21.30	94.75	572.01
	7月19日09:00	125.27	187.70	217.19	33.31	3.17	20.35	120.20	441.37
	7月19日21:00	102.20	187.11	357.50	50.15	5.36	13.32	261.54	600.12

续表

部位	取样时间	氢气（H_2）	甲烷（CH_4）	乙烯（C_2H_4）	乙烷（C_2H_6）	乙炔（C_2H_2）	一氧化碳（CO）	二氧化碳（CO_2）	总烃（∑CH）
阀侧尾端套管升高座	7月20日09:00	160.20	260.16	293.44	46.65	2.12	19.36	111.19	602.37
	7月20日21:00	121.83	182.44	263.36	39.65	5.11	18.76	118.62	490.56
	7月21日09:00	115.74	167.64	243.00	35.65	4.97	21.17	421.33	451.26
	7月21日21:00	169.00	200.90	278.93	46.03	3.33	18.89	170.23	529.19
	7月22日12:00	106.40	107.44	141.86	18.79	2.64	19.65	126.91	270.73
	7月23日21:00	151.87	313.13	762.35	104.74	17.88	18.84	107.52	1198.1

（2）排油内检情况。对故障换流变压器开展排油内检，采用内窥镜检查阀侧尾端套管升高座出线装置，未发现异常；检查器身内部有载分接开关桩头螺栓，未发现松动和过热情况；检查磁路接地螺栓，未发现松动情况。检查换流变压器本体绕组、铁心等其他位置，未发现异常。

拆除阀侧套管及升高座后，对阀侧尾端套管均压球内接线端子进行检查，在6根绕组引线中发现其中1根引线螺栓松动且存在烧蚀炭黑痕迹，拆卸引线紧固螺栓后，发现松动的螺栓较其他螺栓更长，且未采用图纸规定的标准螺栓，如图1-4-50所示。

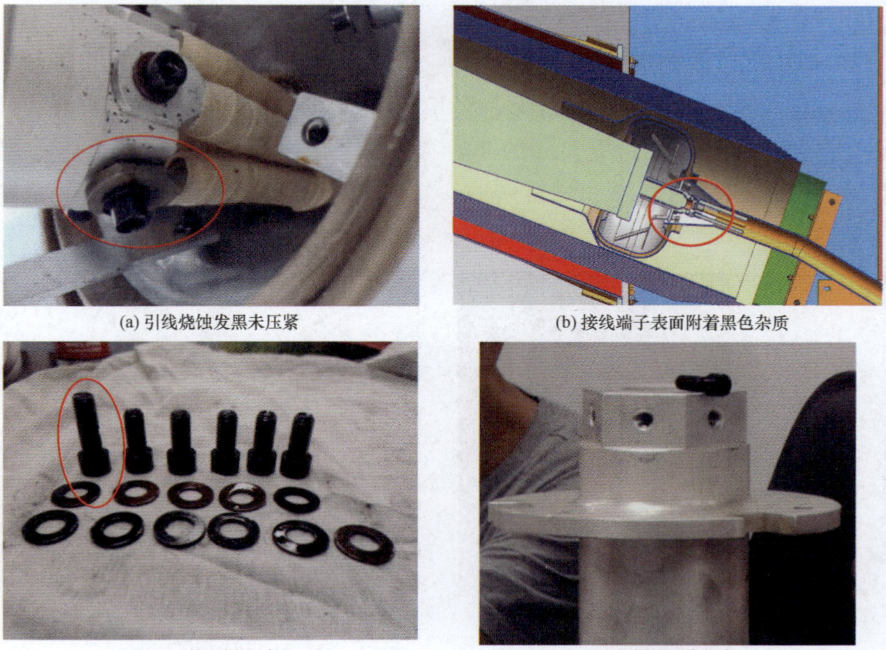

(a) 引线烧蚀发黑未压紧　(b) 接线端子表面附着黑色杂质

(c) 6只装配螺栓对比　(d) 螺栓及接线座

图1-4-50　阀侧尾端套管接线端子检查情况

拆除屏蔽管倾斜部分后，用内窥镜检查屏蔽管倾斜部分和水平部分，除屏蔽管倾斜部分外侧管口向内320mm区域有少量黑色异物外（呈现从管口向内逐步减少现象），管内未发现高温分解物遗留和烧蚀放电情况，如图 1-4-51 所示。

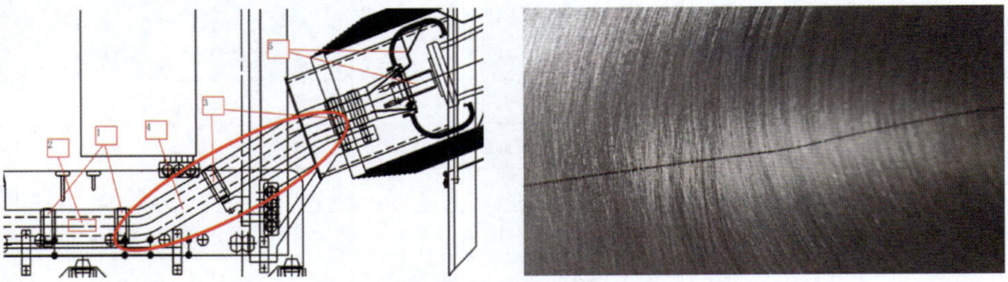

(a) 拆除屏蔽管检查，屏蔽管内部光滑

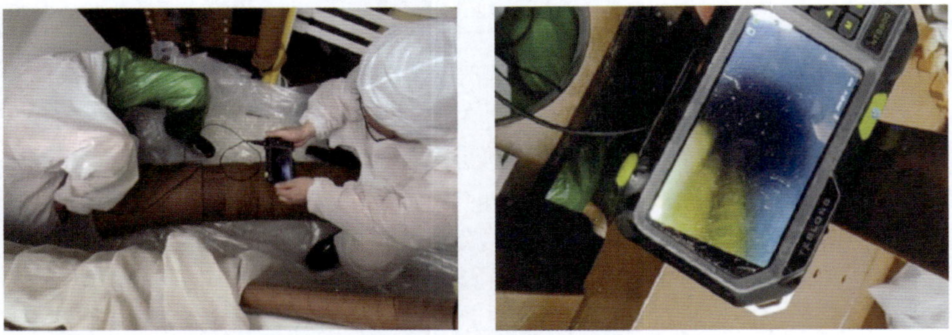

(b) 用内窥镜对屏蔽管内部检查

图 1-4-51　对屏蔽管拆除检查情况

（3）故障处理情况。用面团对放电部位黑色异物进行清理，对拆除的屏蔽管及均压球进行回装并包扎新皱纹纸，更换新的套管接线端子，如图 1-4-52 所示。复装结束后，用油泵对器身内部残留的绝缘油进行回收，清理器身底部的皱纹纸碎屑等杂质；对铁心、夹件等区域的碎屑进行清理。

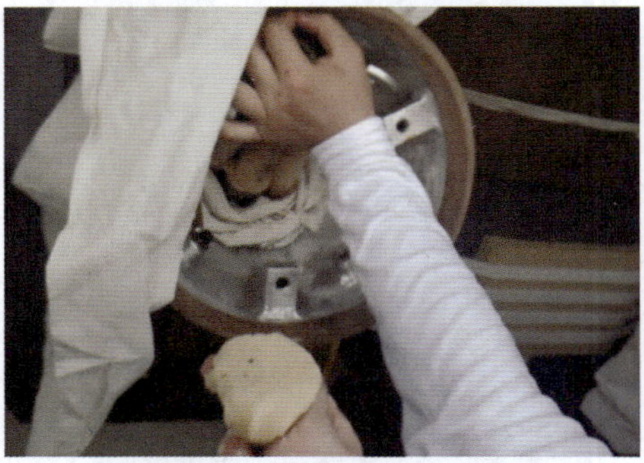

(a) 用面团进行清理

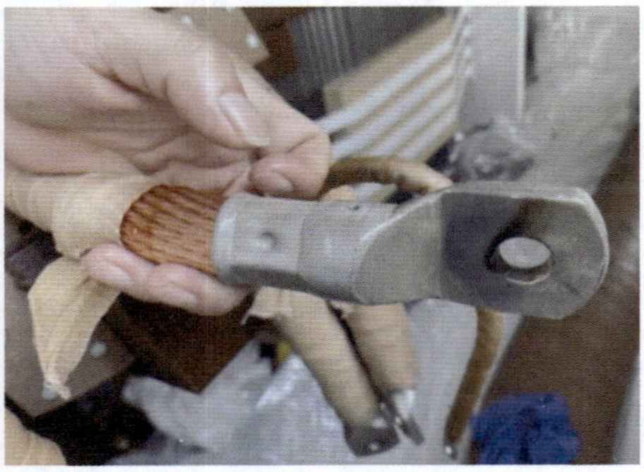

(b) 铜鼻子及引线良好

图 1-4-52　内部检查及处理情况

3. 原因分析

根据油色谱数据结果及排油内检情况，换流变压器异常产气的原因为：阀侧尾端套管接线端子与引线在装配过程中，引线螺栓未全部采用图纸要求的标准螺栓，导致其中一只螺栓过长，造成引线未可靠紧固，在带电运行过程中引发高温过热、局部放电。

5 油 箱

5.1 结 构 介 绍

5.1.1 总体介绍

换流变压器的油箱多采用桶式结构。桶式油箱结构简单，机械强度高，易于加工，可靠性高，适合于侧承式或自承式运输，充分利用运输限界，解决运输困难。

箱壁为平板式，用槽形加强筋加强，油箱箱壁、箱底、箱盖及加强筋的材料均为高强度结构钢，能承受住真空压力 13.3Pa 和正压 0.12MPa 的机械强度试验。箱盖、箱体上常开设有人孔，方便故障时排油内检。油箱四个侧面均设置加强筋，加强筋内可装设沙子，一方面提升油箱机械强度，另一方面可降低油箱振动及噪声。在油箱箱壁内侧焊有屏蔽，减少杂散损耗，避免油箱局部过热；并在网侧和阀侧出线处加装屏蔽环，改善电场分布。

油箱为外部组部件的安装提供了基础，外部还安装有网侧高压套管、网侧中性点套管、阀侧套管、有载分接开关、储油柜、冷却器、气体继电器、油面温控器、绕组温控器、压力释放阀、油流继电器等各组部件。油箱结构及换流变压器外形图如图 1-5-1 所示。

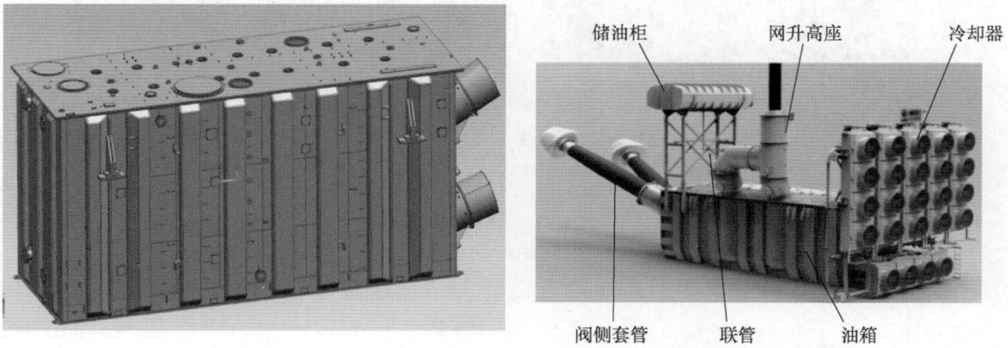

(a) 油箱结构　　(b) 换流变压器外形图

图 1-5-1　油箱结构及换流变压器外形图

换流变压器可以通过公路、铁路及水路运输，如图 1-5-2 所示，其中水路运输对换流变压器的运输外限几乎没有限制。其运输成本低，体积不受限制，运输时间长，对码头要求高。公路运输对变压器的宽度尺寸限制较小，运输灵活方便，高度和重量的限制较多，过桥梁、涵洞、桥梁，需要提前勘验。铁路运输的限制最多，无论是外形尺寸和运输重量都有严格的限制。但在铁路运输的限制之内，由于多台产品可以一次同时运输，其成本比公路运输要低。

(a) 水路　(b) 铁路　(c) 公路

图 1-5-2　换流变压器运输方式

5.1.2　两种技术路线结构比对

1. 油箱结构

Ⅰ型技术路线换流变压器桶式油箱与箱盖为全焊死结构。箱底为整板结构，多采用45mm厚度以上的Q345不拼接钢板；箱壁多采用厚度12mm以上的Q345钢板；阀侧箱壁多采用厚度40mm以上的Q345钢板；箱盖多采用厚度25mm以上的Q345钢板。油箱分为平板结构或拱形结构，平板结构通常用于公路+水路运输方式，拱形结构通常用于铁路运输方式，结构比对如图1-5-3所示。

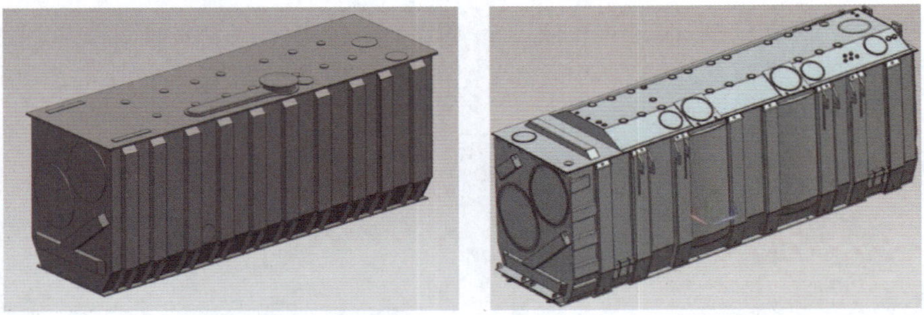

(a) 平板结构　(b) 拱形结构

图 1-5-3　油箱结构比对

Ⅱ型技术路线换流变压器桶式油箱与箱盖为螺栓连接。箱底为整板结构，多采用厚度30mm以上的Q345不拼接钢板；箱壁采用厚度12mm以上的Q345钢板；阀侧箱壁采用厚度40mm以上的Q345钢板。

2. 屏蔽结构

Ⅰ型技术路线换流变压器采用器身磁分路+油箱铜屏蔽，如图1-5-4所示，器身上下端设置磁分路，控制内部绕组端部漏磁和引线空间漏磁，避免绕组和其他金属构件产生局部过热。油箱长轴箱壁内侧焊有5mm以上铜板，将漏磁通反射回磁分路中，铜屏蔽在高度和长度方向上要覆盖线圈和引线的外限尺寸，铜屏蔽上覆盖有绝缘纸板。

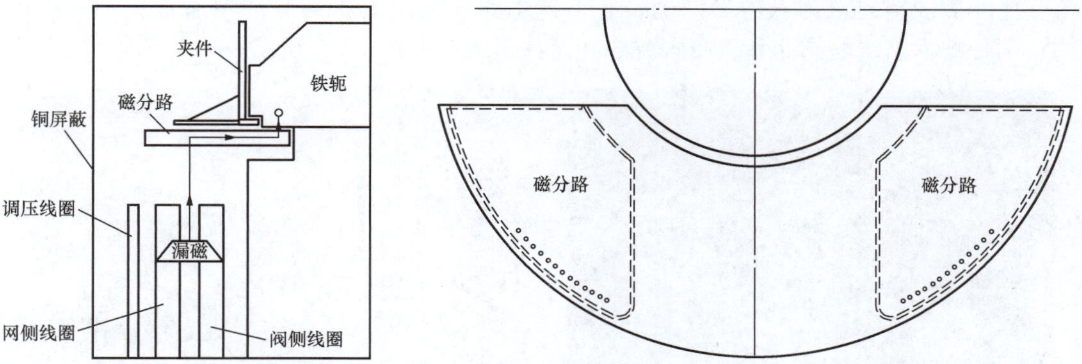

(a) 磁分路

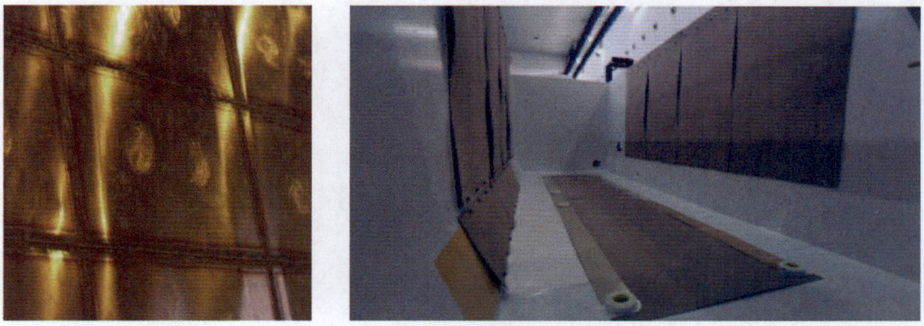

(b) 铜屏蔽

图 1-5-4　Ⅰ型技术路线换流变压器磁分路和铜屏蔽

Ⅱ型技术路线换流变压器采用器身磁屏蔽＋油箱磁屏蔽，如图 1-5-5 所示，内部绕组端部漏磁和引线空间漏磁通过夹件铜板反射至器身与油箱的空道中。在箱盖及箱底大电流引线通过处焊接磁屏蔽，降低杂散损耗并避免结构件局部发热。在箱盖和箱底焊接有长轴水平排列的条形磁分路，用于收集空间漏磁并通过旁柱形成闭合磁路。长轴箱壁配合上、下条形磁分路可以设置金属铜（铝）板屏蔽，或者纵向条形磁分路，用于降低油箱中涡流损耗与热效应。箱壁上的铜（铝）板或者条形磁分路要覆盖住线圈和引线映射在油箱内壁上的外限尺寸。

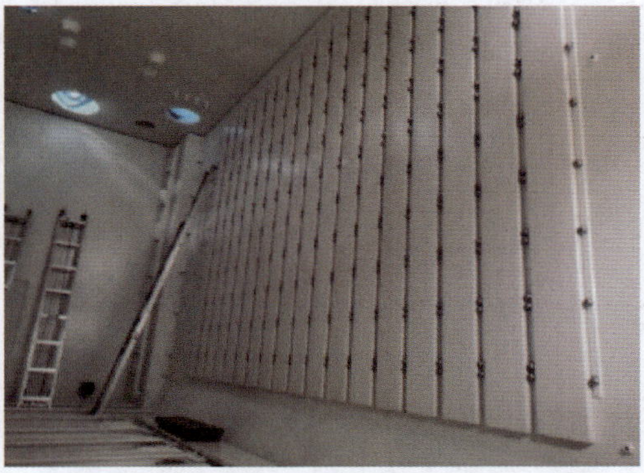

图 1-5-5　Ⅱ型技术路线换流变压器磁屏蔽

3. 外部关键组部件

Ⅰ型技术路线换流变压器阀侧套管从油箱侧壁伸出，安装方式采用水平布置，两只阀侧套管在同一水平面高度左右布置。Ⅱ型技术路线换流变压器阀侧套管从油箱侧壁伸出，安装方式采用垂直布置，两只阀侧套管沿同一垂直平面上下布置。Ⅰ型技术路线换流变压器储油柜通常为八边形结构；Ⅱ型技术路线换流变压器储油柜通常为圆筒形结构。两种技术路线的阀侧套管布置方式和储油柜比对如图 1-5-6 所示。

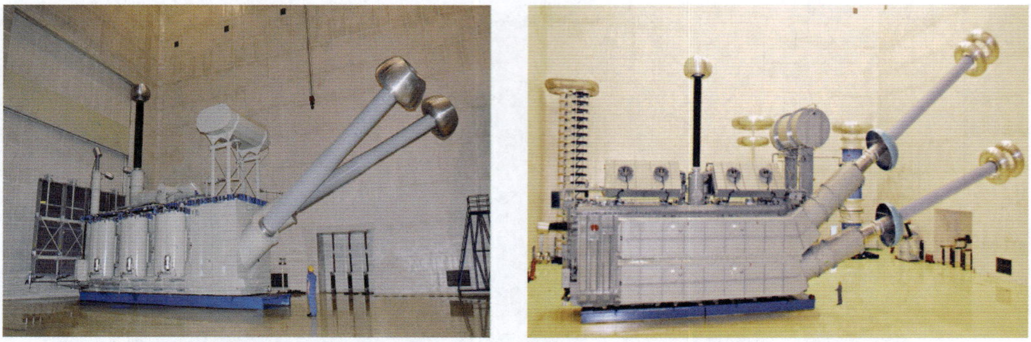

(a) 水平布置　　(b) 上下布置

图 1-5-6　两种技术路线的阀侧套管布置方式和储油柜比对

5.2　故障及缺陷特征

换流变压器油箱的典型故障特征主要有密封不良引起渗漏油或进气、漏磁引发油箱过热。

5.2.1　密封不良引发油箱渗漏油或进气

(1) 可能原因。油箱密封不良导致漏油也是换流变压器运行过程中的常见故障。主要原因为：一是密封垫圈老化或安装不到位。二是法兰连接螺栓长度与法兰厚度不匹配，螺栓紧固过浅，受换流变压器运行振动导致螺栓滑牙脱开，法兰面漏油。三是在长时间运行中潜油泵波纹管存在明显纵向位移，导致金属波纹管与法兰盘连接处开裂渗油。

(2) 主要特征。一是密封不良导致油箱渗漏油。二是气体进入油箱导致轻瓦斯告警或者绝缘油含气量异常增长。

(3) 故障监测检测方法。主要依靠巡视、在线油位、含气量测试发现是否存在油箱密封不良，依靠一体化视频监控后台监控气体继电器。

5.2.2　漏磁引发油箱过热

(1) 可能原因。该类故障多见于油箱螺栓、等电位线部位。漏磁引发油箱过热多发生于箱沿采用螺栓连接（未采用全焊接）结构的换流变压器，由于安装工艺分散性，部分螺栓接触不良，在漏磁作用下产生环流，导致局部过热。

(2) 主要特征。一是油箱表面温度升高。现场可通过红外热像仪测得箱沿、螺栓及跨接片异常发热，局部热点温度可高达 200℃以上。二是检查油箱外观可以发现热点位置有烧灼痕迹。

（3）故障监测检测方法。在设备巡视及周期性带电检测中，对换流变压器油箱定期开展红外测温检测。

5.3 提升措施建议

（1）对于密封不良引发油箱渗漏油故障，一是设计阶段做好管路固定及螺栓选型。①考虑到运行过程中换流变压器振动较大，因此对于与油箱相连的管路，尤其是长度大于 2m 的管路，应采取固定措施。②法兰螺栓应按需配置长度，同时配置防松垫片，保证紧固可靠。③应根据技术规范书或换流变压器实际运行环境，选择符合要求的密封垫圈，避免密封垫圈因材质选型不当造成寿命不达标或者老化渗油。④对接法兰结构应设置密封圈放置凹槽，确保密封良好。二是做好生产制造阶段试装检验。①油箱加工时要严格按照工艺要求开展密封性试验。②设备厂家应对换流变压器所有组部件进行厂内试装，严格按照工艺要求开展抽真空、真空注油、热油循环等油务处理，做好注油后的整体密封性试验。三是做好现场安装阶段过程监督记录。现场安装时对螺栓力矩、螺栓型号、力矩大小、工艺要求进行核对。四是加强换流变压器运行监视分析。①巡视时重点检查油箱、冷却器油泵负压区的渗漏油情况，重点做好油位、油色谱等在线监测装置及带电检测数据的监视、跟踪、分析，提升异常数据的分析能力。②结合年度检修或必要时对换流变压器本体进行油中含气量检验，若含气量存在增长趋势或高于其他相，应及时分析进气点，重点检查冷却器油泵负压区、油色谱在线监测装置回路、换流变压器排油装置回路等是否存在渗漏点或局部位置是否存在窝气。当含气量超过注意值时可以考虑滤油处理。

（2）对于漏磁引发箱沿过热故障，一是设计阶段做好油箱结构优化和漏磁核查。①箱沿宜采取全焊接结构。非全焊接结构需配备足量的短接铜排，保证箱沿在温升试验及运行工况下不出现过热产气问题。②箱盖内壁加强筋（如有）应合理设置导油槽；③合理布置调压引线，避免漏磁集中引起箱盖发热。④设计审查阶段换流变压器生产厂家应提供漏磁计算报告。二是加强温升试验热点检测。温升试验时，使用红外测温装置测量箱沿和箱盖的发热情况，发现问题及时处理。三是做好现场安装阶段过程监督记录。①对使用短接铜排结构的油箱，现场安装时应做好螺栓力矩检查。②大负荷试验时使用红外测温装置测量箱沿和箱盖的发热情况。四是加强换流变压器运行监视分析。①在设备巡视及周期性带电检测中，应加强对换流变压器油箱箱沿、升高座等发热重点区域的红外测温检测。②重点做好油色谱等在线监测装置及带电检测数据的监视、跟踪、分析，提升异常数据的分析能力。

5.4 典型故障及缺陷案例

5.4.1 案例 27：换流变压器法兰渗漏油故障

1. 情况说明

（1）故障前运行情况。直流处于双极四阀组满功率 8000MW 大地回线全压方式运行，故障前运行状况无变化，没有异常天气。

（2）故障过程描述。8 月 1 日 18:30，日常巡检时发现极Ⅱ高端 Y/D-A 相换流变压器本体表面存在漏油，进一步检查后确认换流变压器有载分接开关顶部外桶壁油管法兰面漏油，呈喷射状。为避免持续漏油导致油位降低而引发换流变压器重瓦斯动作，19:01 极Ⅱ高端阀组紧急停运并转检修。

（3）故障设备基本情况。换流变压器为西安西电变压器有限责任公司生产，产品型号为 ZZDFPZ-382000/500-600，故障时换流变压器已投运 2 年。

图 1-5-7 分接开关封板处本体油管法兰面漏油

2. 检查处理情况

（1）外观检查情况。故障后，现场检修人员对漏油情况进行检查，具体情况如图 1-5-7～图 1-5-10 所示，漏油法兰面由四颗 M10 螺栓紧固，其中两颗螺栓出现松动，换流变压器本体绝缘油从法兰面的两颗松动螺栓处喷出。进一步检查发现，漏油法兰面螺栓长度为 25mm，漏油处法兰厚度约为 18mm，弹簧垫圈厚约 1mm，因此螺栓实际旋入深度仅有 6mm（约 3 个丝牙）。检查松动的螺栓，发现螺栓下部约 3 个丝牙出现滑牙。查阅图纸发现，设计图纸中油管法兰面厚度应为 10mm，螺栓旋入深度应为 15mm（约 9 个丝牙），即现场实际使用的油管法兰面厚度要比设计尺寸厚约 8mm，导致螺栓旋入深度不够。

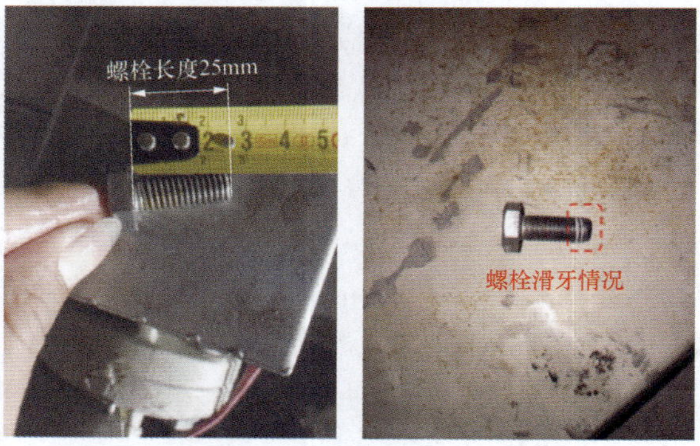

图 1-5-8 漏油法兰面螺栓长度及滑牙情况

对比故障前后油位表数值，发现换流变压器本体油位有明显降低。通过在线监测后台数据分析油位变化趋势，发现本体油位从 18 时开始呈现下降趋势，18:30 本体油位下降明显，而分接开关油室油位保持正常，如图 1-5-11 和图 1-5-12 所示。

（2）故障处理情况。

1）更换漏油面螺栓，将原 M10×25mm 螺栓更换为 M10×35mm 螺栓，如图 1-5-

图 1-5-9　漏油法兰面厚度

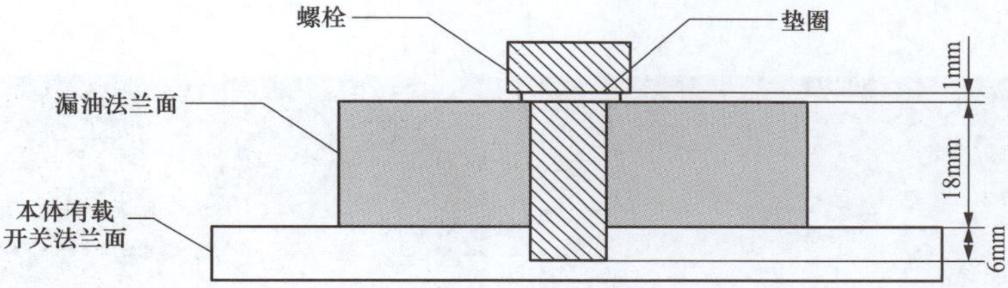

图 1-5-10　法兰面及螺栓剖面示意图

(a) 故障前油位　(b) 故障后油位

图 1-5-11　换流变压器本体故障前后油位对比

13 所示，确保法兰面紧固可靠。

2）对极Ⅱ高端存在相同隐患的 5 台换流变压器法兰面的螺栓进行同步更换。

3）对故障换流变压器补油，确保油位恢复至正常运行状态，对所有更换的螺栓进行力矩排查，确保紧固到位。

4）油管长度较长且没有固定支架，导致油管刚性不足、防振能力差。年度检修期间，对双极高端换流变压器有载分接开关油管增加了固定支撑，如图 1-5-14 所示。

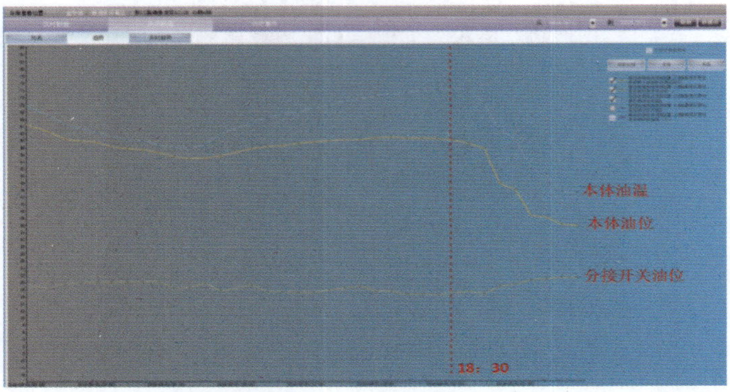

图 1-5-12　换流变压器本体及有载分接开关故障前后油位变化曲线

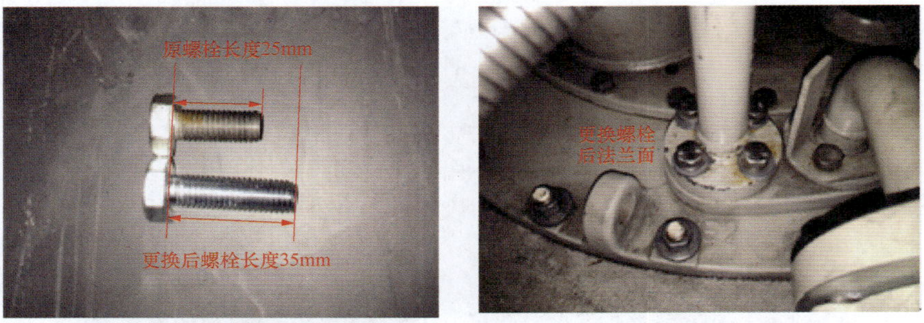

(a) 更换前螺栓对比　　(b) 更换螺栓后

图 1-5-13　更换 35mm 长度螺栓

图 1-5-14　对有载分接开关油管增加固定支撑

3. 原因分析

根据现场检查情况，分析认为法兰漏油原因为：有载分接开关油管连接法兰比设计尺寸厚约 8mm，导致螺栓旋入深度不够，同时油管长度较长且缺少有效固定支架，换流变压器运行过程中振动较大，导致法兰螺栓受力较大、丝牙逐渐磨损失效，在温度变化、运行振动综合作用下，最终导致螺栓滑牙脱开，法兰面漏油。

5.4.2　案例 28：换流变压器油箱箱沿过热故障

1. 情况说明

（1）故障过程描述。6 月 27 日大负荷试验期间，现场红外测温发现极Ⅰ高端 Y/D-C 相换流变压器和极Ⅱ高端 Y/D-A 相换流变压器油箱箱沿存在局部异常过热。

（2）故障设备基本情况。极Ⅰ高端 Y/D-C 相换流变压器为西安西电变压器有限责任公司生产，极Ⅱ高端 Y/D-A 相换流变压器为广州西门子变压器有限公司生产，产品型号均为 ZZDFPZ-382000/500-600。

2. 检查处理情况

（1）外观检查情况。现场通过红外热像仪测得网侧高压套管升高座附近箱沿、螺栓及 U 形短接铜排异常发热，热点温度达 217℃左右。对异常发热位置进一步检查，发现热点位置有烧灼痕迹。极Ⅰ高端 Y/D-C 相换流变压器、极Ⅱ高端 Y/D-A 相换流变压器油箱箱沿发热分别如图 1-5-15 和图 1-5-16 所示。

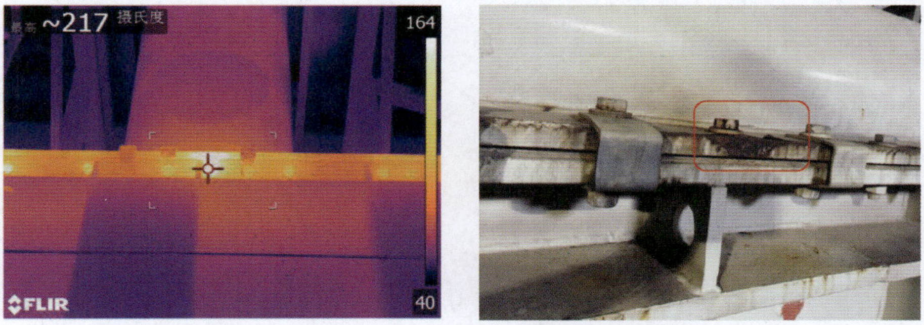

图 1-5-15　极Ⅰ高端 Y/D-C 相换流变压器油箱箱沿发热图

图 1-5-16　极Ⅱ高端 Y/D-A 相换流变压器油箱箱沿发热图

（2）故障处理情况。故障原因确定后，采取以下措施进行修复：

1）拆除网侧高压升高座附近箱沿接线片，对发热处锈蚀面进行打磨除锈，对箱沿螺栓孔周围油漆进行清除，保证接触面平整、光滑。

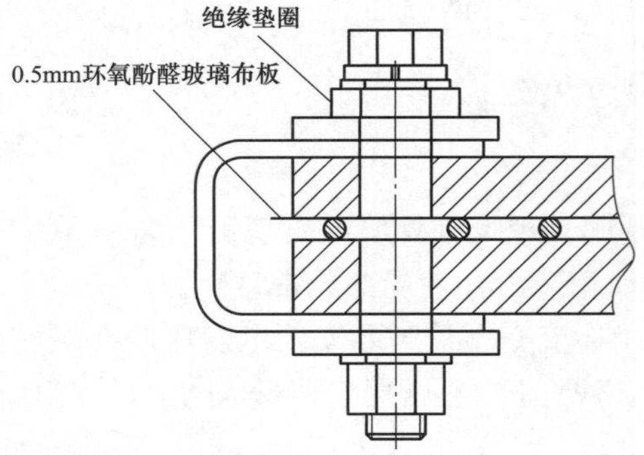

图 1-5-17　箱沿螺栓绝缘处理示意图

2）逐个更换网侧高压升高座附近的 U 形短接铜排，接线片与箱沿和垫板之间缝隙处涂填缝剂（可以选用可赛新 TS816，具有无腐蚀性、耐高温的特点）。

3）用包裹无纬玻璃丝粘带的螺栓替换发热螺栓，并进行绝缘处理，如图 1-5-17 所示。

修复完成后重新进行大负荷试验，原发热位置未再发现明显热点，平均温度 62℃，故障消除。

3. 原因分析

2015 年度迎峰度夏期间，该站同型号换流变压器也曾出现类似异常发热问题，通过在箱盖与油箱之间增加 U 形短接铜排，有效解决了油箱箱沿发热的问题。根据现场检查情况，此次油箱箱沿发热原因为：U 形铜排表面氧化及箱盖连接处锈蚀导致接触不良，在两柱线圈相间漏磁叠加作用下，箱盖和油箱之间产生环流，造成局部过热。

第二篇

换流变压器套管典型故障及缺陷案例分析

6 GOE 网侧套管

6.1 结 构 介 绍

GOE 系列网侧套管是换流变压器普遍采用的一类拉杆式、油浸纸电容型网侧套管，户外空气侧外绝缘和油中采用瓷绝缘子外套，电容芯体与上、下瓷绝缘子外套间充满绝缘油，GOE 1675-1300-2500 型拉杆式套管结构如图 2-6-1 所示。

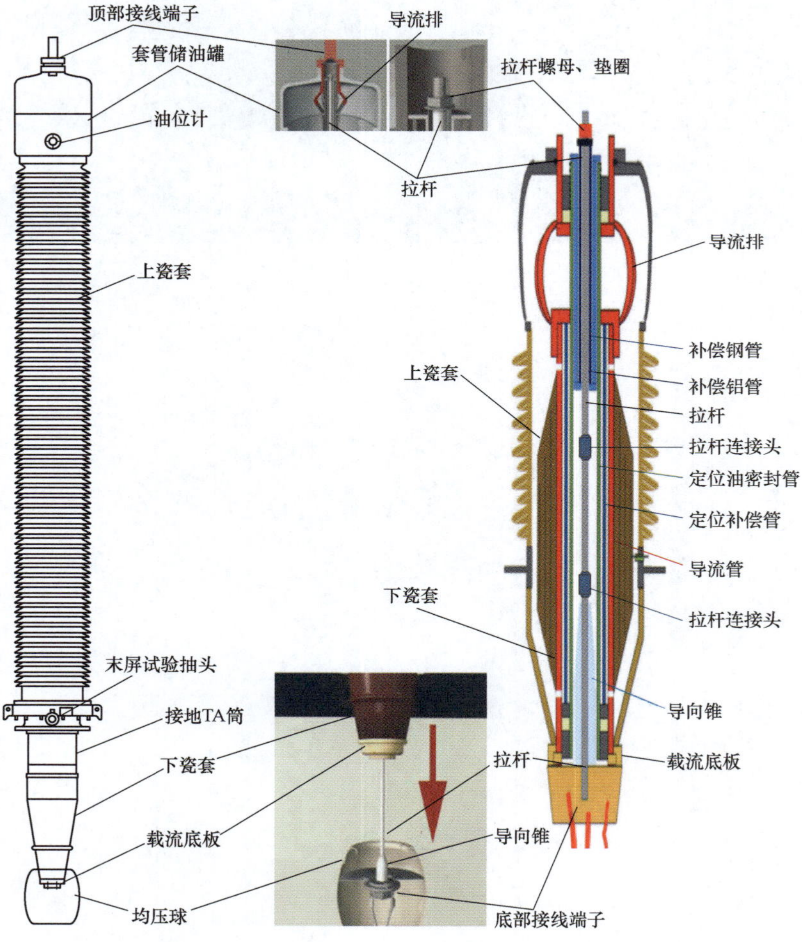

图 2-6-1 GOE 拉杆式套管结构

（1）底部接线端子：用于连接网侧绕组出线。通过套管内部拉杆系统与套管载流底板、导流管（电容芯体卷制管）连接，进行载流。其中，拉杆与底部接线端子采用螺纹连接（盲孔）、底部接线端子与套管载流底板为“对接平面接触”。

（2）顶部接线端子：也称“将军帽”，用于连接网侧空气端高压引线。通过套管内部软导流排与导流管连接，进行载流。

（3）套管拉杆系统：由钢拉杆、补偿铝管、补偿钢管、导向锥、拉杆螺母和垫圈组成，利用铝的热膨胀系数大于钢的热膨胀系数原理，消除钢拉杆的温度变化效应，保证套管拉杆始终受到向上的拉应力，底部接线端子与套管载流底板、导流管通过钢拉杆可靠连接。GOE 拉杆式套管温度补偿系统如图 2-6-2 所示。

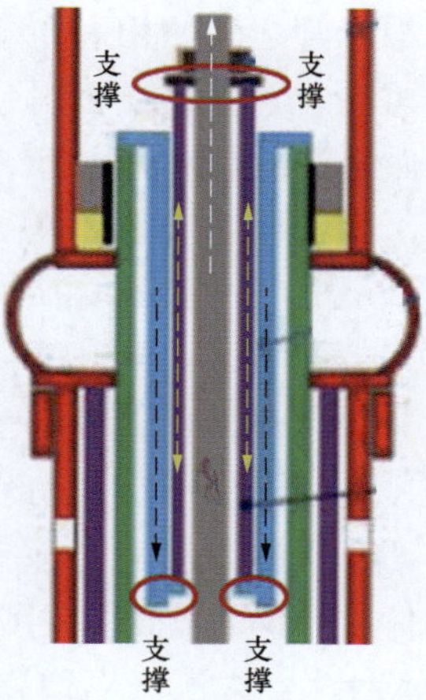

图 2-6-2　GOE 拉杆式套管温度补偿系统
白色箭头—拉杆受力方向；
黄色箭头—铝管；黑色箭头—钢管

6.2　故障及缺陷特征

换流变压器 GOE 网侧套管实际运行经验表明，GOE 网侧套管存在拉管之间搭接放电产气、底部接线端子脱落电弧放电、绝缘芯体受潮后局部放电、下瓷套沿面爬电等典型故障或缺陷。

6.2.1　拉管之间搭接放电产气

（1）可能原因。该类故障为换流变压器 GOE 网侧套管实际运行过程中多发频发故障，补偿管之间、补偿管与导流管之间仅通过很小的油间隙进行绝缘，在换流变压器振动下会造成补偿管之间的接触、拉杆与补偿管之间的接触、补偿管与导流管之间的接触，接触引起搭接分流，搭接部位在油中形成局部火花放电，在补偿管或导流管上形成局部过热。

（2）主要特征。一是故障表现为油中放电。搭接分流在油中形成局部火花放电，引发套管绝缘油裂解产气。乙炔（C_2H_2）增长为典型特征，部分故障案例中也表现出仅单乙炔（C_2H_2）增长，或者乙炔（C_2H_2）、氢气（H_2）同步增长。根据《绝缘套管 油为主绝缘（通常为纸）浸渍介质套管中溶解气体分析（DGA）的判断导则》（GB/T 24624—2009），存在乙炔（C_2H_2）/乙烯（C_2H_4）>1 的特征。二是故障表现为局部过热。搭接部位由于电流通过存在局部过热，产生氢气（H_2）和乙烷（C_2H_6）。若搭接部位位于导流管（电容芯体卷制管）上，局部过热会产生一定量的甲烷（CH_4）。

（3）监测检测方法。一是在套管末屏加装介质损耗、电容量在线监测装置。不改变套管末屏接地方式，在套管末屏位置接入高精度零磁通传感器，通过测量同一母线电压下的多根套管之间的相对介质损耗和电容变化量，判断套管芯体是否存在故障，目前该类在线监测装置已经在公司系统换流站推广应用。二是结合停电检修采用套管末屏局部放电传感器开展脉冲电流（30～300kHz）局部放电监测检测或者高频电流（3～30MHz）局部放电监测检测。脉冲电流局部放电检测参照《换流变压器交接及预防性试验规程》（DL/T 1798—2018）开展。若用于在线监测，检测及监测图谱应无典型特征，三相之间应无显著差异。该类方法易受换流站电晕干扰和换相干扰的影响，有效的局部放电脉冲容易被干扰信号淹没，局部放电检测监测无法辨识放电故障源于套管还是源于换流变压器。三是可以采用套管绝缘油中溶解氢气（H_2）在线监测。无论是放电还是过热产气，套管绝缘油中均会产生氢气（H_2），对氢气（H_2）进行在线监测可以提前发现套管芯体故障。在实际应用中，可以按照《绝缘套管 油为主绝缘（通常为纸）浸渍介质套管中溶解气体分析（DGA）的判断导则》（GB/T 24624—2009）相关规定，选择140μL/L作为油中溶解氢气（H_2）注意值（目前国家电网有限公司所辖换流站在运换流变压器尚未应用此类监测技术）。四是按照制造厂与用户之间的协议，定期对套管绝缘油取样并开展油中溶解气体分析，在乙炔（C_2H_2）>0.1μL/L时启动专家团队进行分析，各气体成分注意值按照《绝缘套管 油为主绝缘（通常为纸）浸渍介质套管中溶解气体分析（DGA）的判断导则》（GB/T 24624—2009）执行。

6.2.2 底部接线端子脱落电弧放电

（1）可能原因。由于钢拉杆螺纹外径分散性大、存在外径过小的不合格品，加之前期选用的拉杆拉紧力偏大，在温度和振动等因素综合作用下与紫铜底部接线端子脱离，导致套管载流回路电气连接失效，最终造成套管放电故障。

（2）主要特征。该类故障为换流变压器GOE网侧套管突发性故障，危害性大。故障会引起网侧高压升高座绝缘油快速裂解，气体析出致使气体继电器动作，严重时产生的热量会将尼龙导向锥融化。当套管载流回路电气连接失效时，钢拉杆与底部接线端子、导流管、顶部接线端子等区域间隙会被击穿，存在电弧灼烧痕迹。

（3）监测检测方法。一是在网侧高压套管升高座部位加装独立气体继电器作为非电量保护装置，按照“三取二”出口投跳闸。二是在网侧高压套管升高座部位加装油中溶解氢气（H_2）在线监测，当监测到油中氢气（H_2）超过注意值或者有显著增长时，按照相关标准或公司相关规定［国家电网有限公司目前遵照《国网设备部关于进一步规范特高压变压器、换流变压器油色谱异常处置要求（试行）的通知》（设备变电〔2022〕147号）执行］开展现场跟踪处置。三是结合年度检修，建议按照《换流变压器交接及预防性试验规程》（DL/T 1798—2018）或相关标准规定，开展绕组连同套管的直流电阻测试等预防性试验，必要时打开套管顶部接线端子对套管拉杆系统进行检查，对套管绝缘油取样分析。

6.2.3 绝缘芯体受潮放电

（1）可能原因。根据绝缘芯体受潮部位可以分为芯体外侧受潮和芯体内侧受潮两类。外侧受潮通常由绝缘油受潮引起，可能的原因有套管密封破损或低温下绝缘油体积收缩造成潮气、水分入侵。内侧受潮通常由芯体干燥不良引起，芯体干燥过程使用了整体干燥而不是分段干燥，最内侧绝缘纸中的水分无法穿透厚重的芯体散溢。

（2）主要特征。该故障为GOE套管运行过程中常见故障，故障发展过程包含芯体受潮、芯体局部放电、芯体部分击穿、芯体贯通击穿。在芯体受潮阶段，主要表现为油中溶解氢气（H_2）发生显著变化，其余组分变化不显著，介质损耗出现变化的可能较低；在芯体局部放电阶段，主要表现为油中溶解氢气（H_2）和甲烷（CH_4）显著变化，甚至伴随乙烷（C_2H_6）和乙炔（C_2H_2）的增长，介质损耗出现变化但是变化量与局部放电的程度有关，随着局部放电的持续发展会在放电部位产生气泡，游离气体的出现会引起套管绝缘油压力的上升；在芯体部分击穿阶段，套管电容量会出现显著变化；芯体贯通击穿则会引起故障跳闸。

（3）监测检测方法。参照“6.2.1 拉管之间搭接放电产气”监测检测方法。对于此类故障，部分运维单位也采用套管绝缘油压力监测手段进行故障跟踪（目前国家电网有限公司所辖换流站在运换流变压器尚未应用此类监测技术）。由于网侧中性点套管接地，介质损耗、电容量在线监测装置无法应用于网侧中性点套管，套管绝缘油压力监测手段可以弥补网侧中性点套管在线监测方面的不足。需要指出的是，所有套管在线监测装置的加装，都以保证套管末屏接地为原则。

6.2.4　下瓷套沿面爬电

（1）可能原因。GOE网侧套管下瓷套处于油-瓷-油构成的复杂介质交界面，沿面电位分布既受到电容芯体强制电位分布的影响，又受到瓷套表面洁净度的影响（油中颗粒杂质会吸附在瓷套表面）。在电容芯体确定好电位分布后，油中瓷套越短沿面场强越高，更易引起瓷套表面爬电；在电容芯体确定好电位分布后，油中颗粒杂质多或者瓷套表面有裂纹，都会引起瓷套表面爬电。

（2）主要特征。该故障属于GOE套管运行过程中的偶发性故障，瓷套沿面爬电会引发套管绝缘油裂解，表现出仅乙炔（C_2H_2）增长，或者乙炔（C_2H_2）、氢气（H_2）同步增长，根据《绝缘套管 油为主绝缘（通常为纸）浸渍介质套管中溶解气体分析（DGA）的判断导则》（GB/T 24624—2009），存在乙炔（C_2H_2）/乙烯（C_2H_4）>1的特征。

（3）监测检测方法。参照“6.2.1 拉管之间搭接放电产气”“6.2.2 底部接线端子脱落电弧放电”监测检测方法。

6.3　提升措施建议

（1）对于拉管之间搭接放电产气故障。一是加强设计阶段套管结构优化设计。①对于采用补偿管、导流管多管套装的结构，建议在管件外部增加多道绝缘隔离措施，避免拉管之间搭接分流甚至火花放电。②对于换流变压器这类振动大、负荷满的大型充油设备，建议选择结构简单的单导管套管，从根本上避免拉管搭接分流故障。二是加强生产阶段套管质量控制。①加强管件端面平整度和整体平直度的检测检验、质量控制，防止管件弯曲、偏心造成多管搭接。②增加拉管搭接的专项检测，振动导致的多金属管搭接是周期往复的，有显著的振动、声学、超声波信号，生产阶段应在振动场景下通过这些检测手段检验套管有无搭接问题。③加强套管出厂阶段的油中溶解气体检测，按照《交流电压高于 1000V 的绝缘套管》(GB/T 4109—2022) 的要求，套管出厂期间应开展绝缘油中溶解气体检测并附在出厂报告中，并且乙炔（C_2H_2）含量应为 0μL/L。三是加强周期性油中溶解气体的检测和研判。①油色谱分析是目前故障诊断最有效的手段，建议定期对 GOE 套管开展油中溶解气体色谱分析和微水检测［国家电网有限公司目前遵照《直流换流站精益化检修指导意见（试行）》（设备直流〔2022〕16 号）执行，投运后 1 年，以后每 6 年对换流变压器套管开展油中溶解气体色谱分析及微水检测］，乙炔（C_2H_2）超过 0.1μL/L 的应缩短绝缘油离线检测周期。②综合利用油中溶解氢气（H_2）监测装置以及介质损耗、电容量在线监测装置等在线装置开展状态跟踪分析，发现异常及时。③结合年度检修，开展套管预防性试验，必要时开展局部放电诊断性试验。

（2）底部接线端子脱落电弧放电。一是加强设计阶段底部接线端子结构优化。①GOE 型套管拉杆与底部接线端子应采用螺栓穿心连接，钢质螺纹套筒由底部紧固螺栓固定在接线端子上表面，在钢质螺纹套筒和底部紧固螺栓之间增加侧面限位销钉，防止二者发生相对旋转。②优先采用侧面载流的接线端子，增加载流端子与导电管之间的接触面积，增大载流端子与导电管之间的位移裕度（目前 GOE 型套管已经升级为 GOP 型侧面导流的套管），具体结构如图 2-6-3 所示。二是加强生产阶段的质量控制。①按照《高压套管技术规范 第 4 部分：交流变压器（电抗器）用套管》(Q/GDW 12125.4—2021)，对于 550kV 变压器高压套管，端子板应能承受 400N·m 的力矩而不发生变形；对于 800kV 变压器高压套管，端子板应能承受 1000N·m 的力矩而不发生变形。对于 1100kV 变压器高压套管，端子板应能承受 1000N·m 的力矩而不发生变形。②出厂阶段在组装完整状态下开展 100A 电流下的直流电阻测试并将结果列入出厂试验报告，确保底部接线端子与导流管接触良好。三是加强安装期间的工艺监督和质量控制。①换流变压器生产厂家应督促套管厂家提供适合换流变压器运行环境的安装使用说明书，明确拉杆拉力、安装方式和检验标准等工艺参数，保证套管拉杆系统安装牢靠。②GOE 套管现场组装完成后开展套管直流电阻测试（测试电流不低于 100A），测试结果与出厂值偏差不应超过 30%。四是加强非电量保护措施和智能感知手段。网侧套管升高座加装独立双浮球气体继电器并设按照“三取二”出口投跳闸，网侧套管升高座加装油中溶解氢气（H_2）在线监测，网侧套管末屏增加介质损耗、电容量在线监测装置等，提高网侧套管升高座区域以及网侧套管故障预警感知能力。

（3）绝缘芯体受潮放电。一是加强生产阶段芯体含水量的质量控制。①使用四段至六段芯体干燥流程，卷制一部分干燥一部分，每次干燥完成后测试芯体的介质损耗（<0.5%），确保芯体最内层的干燥质量。②加强套管出厂阶段、换流变压器出厂阶段

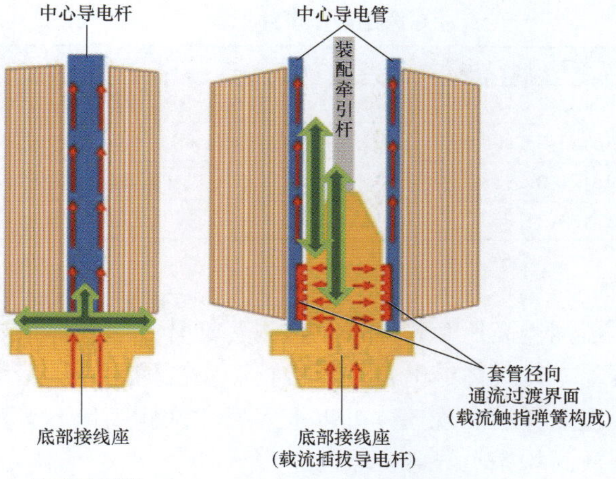

图 2-6-3 套管底部接线端子载流接触改进情况

套管绝缘油的微水、氢气（H_2）检测，建议将检测结果列在套管出厂报告和换流变压器出厂报告中，保障制造过程中没有外界水分侵入套管。二是加强安装期间的试验检查和质量控制。①套管到货验收、安装完成后应取样进行油中溶解氢气（H_2）和油中微水检测，油中氢气（H_2）含量应低于 10μL/L，油中微水含量应低于 10mg/L。②加强套管电容量及介质损耗检测的研判，应密切关注介质损耗、电容量的变化、分析。③对于怀疑有泄漏的套管应该进行正压密封性能测试，施加 100kPa 的压力，持续 12h，压力不应有显著变化（变化率小于 10%）。三是加强周期性油中溶解气体的检测和研判。参照“6.2.1 拉管之间搭接放电产气”相关提升措施建议。

（4）下瓷套沿面爬电。一是加强设计阶段下瓷套电位分布的优化及校核。500kV GOE 套管的油中瓷套长度不应低于 1300mm，在 1min 工频试验电压下，瓷套内外表面场强裕度不应低于 1.3。二是加强生产过程中的绝缘油颗粒度质量控制。推荐采用滤芯精度 0.5～2.0μm 的高精度滤油机处理绝缘油，以保障绝缘油液满足《变压器油中颗粒度限值》（DL/T 1096—2018）的要求（大于 5μm 的颗粒数量不超过 1000 个）。三是加强安装期间对绝缘油颗粒度的检查。建议到货验收或安装完成后开展绝缘油颗粒度检测，以大于 5μm 的颗粒数量不超过 1000 为标准。

6.4 典型故障及缺陷案例

6.4.1 案例 29：网侧高压套管底部接线端子脱落故障

8 月 9 日 15:02，某站极Ⅱ低端 Y/Y-C 相换流变压器网侧高压套管升高座气体继电器轻瓦斯报警，极Ⅱ低端阀组紧急停运，损失 900MW。保护动作事件记录见表 2-6-1。现场对换流变压器网侧高压套管升高座和本体进行了油中溶解气体分析，网侧高压套管升高座油中溶解乙炔（C_2H_2）含量达到 250.49μL/L，本体油中溶解乙炔（C_2H_2）含量仅为 0.41μL/L。

表 2-6-1　　　　保护动作事件记录

序号	日期	时间	事　件
1	8 月 9 日	15:02:33.781	B 套保护极Ⅱ低端 Y/Y-C 相换流变压器网侧首端套管轻瓦斯报警
2	8 月 9 日	15:02:33.995	A 套保护极Ⅱ低端 Y/Y-C 相换流变压器网侧首端套管轻瓦斯报警
3	8 月 9 日	15:21:39.138	极Ⅱ低端换流器在线退出
4	8 月 9 日	15:33:34.318	极Ⅱ低端换流器转检修

1. 外观检查情况

现场对换流变压器网侧高压套管油位、网侧套管升高座气体继电器、换流变压器压力释放阀、换流变压器本体气体继电器进行检查，发现网侧高压套管升高座气体继电器内部有气体，经集气盒取样后发现气体可以被点燃，网侧高压套管油位正常，本体气体继电器和本体压力释放阀均未见异常。

2. 试验检查情况

检修人员对某换流站极Ⅱ低端 Y/Y-C 相换流变压器开展了诊断性试验。试验项目包括：绝缘油中溶解气体分析、网侧绕组连同套管的直流电阻、网侧套管芯体电容量及介质损耗，测试结果见表 2-6-2～表 2-6-4。

表 2-6-2　　　　某站极Ⅱ低端 Y/Y-C 相换流变压器各部位油样气体含量　　　　(μL/L)

序号	取样位置	甲烷 (CH_4)	乙烯 (C_2H_4)	乙烷 (C_2H_6)	乙炔 (C_2H_2)	氢气 (H_2)	一氧化碳 (CO)	二氧化碳 (CO_2)	总烃 (ΣCH)
1	本体底部参考值	10.33	1.41	1.06	0.34	12.37	651.08	3249.67	13.14
2	网侧高压套管	5.16	0.37	0.90	0.00	11.92	402.36	676.21	6.43
3	网侧高压套管高座	502.00	1386.69	876.29	250.49	4345.86	2770.28	14 785.39	3015.47
4	本体顶部	10.16	1.51	1.16	0.37	13.29	644.93	3325.87	13.20
5	本体底部	10.04	1.69	1.53	0.41	13.25	643.46	3317.16	13.67
标准注意值		—	—	—	1	150	—	—	150
结论		换流变压器网侧高压套管升高座部位的绝缘油，油中乙炔 (C_2H_2)、氢气 (H_2)、总烃 (ΣCH) 超过规程注意值，升高座部位绝缘油严重裂解。三比值编码为 101，网侧高压套管升高座部位有电弧放电故障							

表 2-6-3　　　　绕组连同套管直流电阻测试结果

分接位置	交接值 (80℃) (mΩ)	实测值 (53℃) (mΩ)
1	203.86	开路
24	197.16	开路
29	203.73	开路
参考标准	《换流变压器交接及预防性试验规程》(DL/T 1798—2018)：绕组连同套管直流电阻，|初值差|小于或等于 2%	
试验结论	网侧绕组与网侧套管之间的电气连接存在开路	

表 2-6-4　　　　网侧高压套管电容量及介质损耗测试结果

项目	出厂值	实测值	初值差（%）
绝缘芯体电容量（pF）	454.8	455.2	1.11
绝缘芯体介质损耗（%）	0.299	0.268	10.4
参考标准	《换流变压器交接及预防性试验规程》（DL/T 1798—2018）：油浸纸绝缘套管电容量，｜初值差｜小于或等于 3%；油浸纸绝缘套管介质损耗，绝对值小于 0.5%，增量不大于 130%		
结论	网侧高压套管电容芯体未见异常		

3. 解体检查情况

检查网侧套管顶部接线端子（将军帽），发现将军帽内壁满是炭黑，将军帽内壁中心有烧蚀熔融痕迹，拉杆顶部及拉杆锁紧螺母有烧蚀熔融痕迹，检查结果表明拉杆顶部对将军帽内壁中心有电弧放电。故障套管的放电部位示意图如图 2-6-4 所示，将军帽及拉杆存在放电痕迹如图 2-6-5 所示。

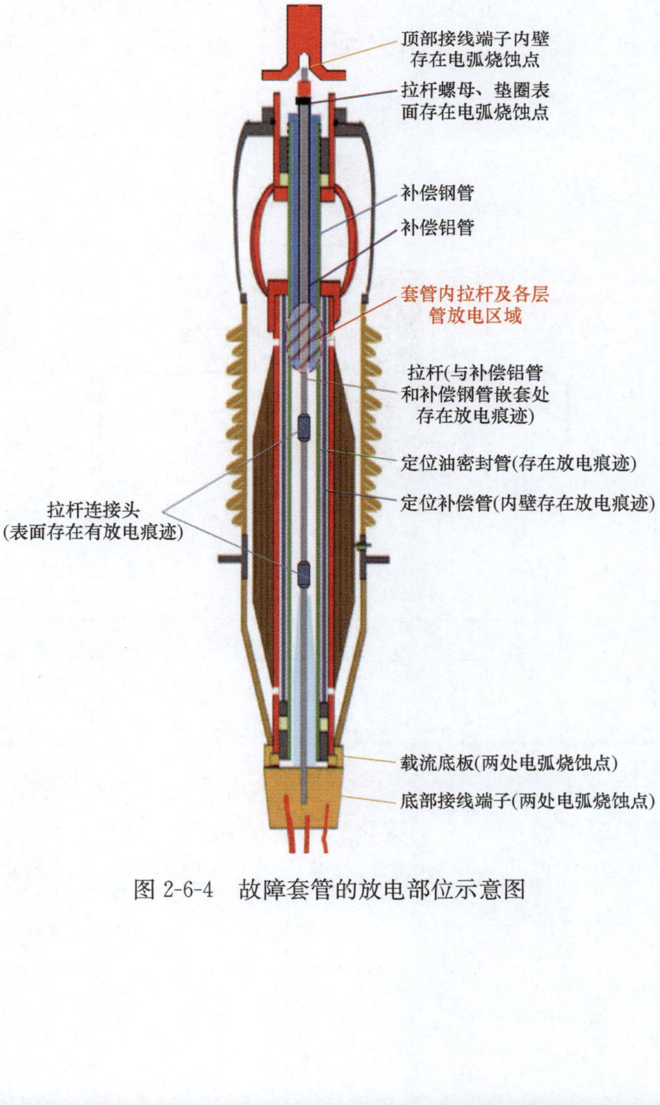

图 2-6-4　故障套管的放电部位示意图

图 2-6-5　将军帽及拉杆存在放电痕迹

检查网侧套管的顶部拉杆开。对网侧套管顶部拉杆位置、拉管顶部位置、锁紧螺母位置进行了测量。拉管顶部位置为 28.4mm，比故障前增加 136.7%；拉杆顶部位置是 11.0mm，故障前仅为 0mm，出现大幅增加；锁紧螺母位置为 19.3mm，比故障前降低 14.2%。拉杆径向位置没有发生显著变化。测量结果表明锁紧螺母有松动，拉杆位置发生了显著的轴向上移。套管拉杆顶部结构如图 2-6-6 所示，套管拉杆顶部位置测量结果见表 2-6-5。

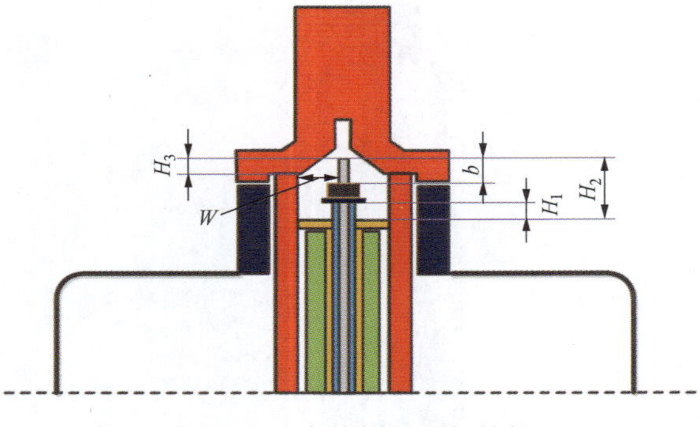

图 2-6-6　套管拉杆顶部结构

表 2-6-5　　**套管拉杆顶部位置测量结果**　　（mm）

测量日期	H_1	H_2	H_3	b	W_{min}	W_{max}
6 月 25 日	12	53	0	22.5	30	32
8 月 11 日	28.4	64.9	11.0	19.3	28.9	32.5

检查网侧套管底部接线端子。拆除套管后发现接线端子与拉杆脱离，接线端子上表面、套管根部有聚四氟乙烯（C_2H_4）碳化后黑色残留物，如图 2-6-7 所示；接线端子上有两处电弧烧蚀点，在套管载流底座对应位置也有明显的烧蚀点；拉杆底部螺纹内有残留铜丝，接线端子铜螺纹已损坏。

图 2-6-7　拉杆与接线端子脱开

4. 现场处理情况

现场对故障套管进行了更换，新更换的网侧套管使用传奇电气（沈阳）有限公司生产的无油化网侧套管，套管芯体选用环氧树脂浸纸电容式，型号为 ECTA-550/2500-4，额定电流 2500A，温升试验电流为 3150A。新更换的套管底部接线端子采用插拔式通流结构，表带状载流触指数量为两条，轴向位移裕度为 40mm。

6.4.2　案例 30：网侧高压套管受潮放电故障

5 月 8 日，运维人员在红外热像巡视过程中，发现±800kV 某换流站极Ⅱ高端换流变压器 Y/D-B 相网侧高压套管将军帽充油部分较 A、C 相高约 3℃。9 月 18 日对极Ⅱ高端换流变压器 Y/D-B 相网侧高压套管进行高压试验发现，套管一次对末屏介质损耗达到 0.576%，较出厂值增加 64.5%，相间互差 43.2%。套管实物图如图 2-6-8 所示。

图 2-6-8　套管实物图

1. 外观检查情况

停电后，着重检查了套管油位、套管末屏、将军帽密封、铁瓷结合部密封等，未见异常。

2. 试验验证情况

抽取温度异常的极Ⅱ高端换流变压器 Y/D-B 相网侧高压套管内部绝缘油，开展了油中溶解气体分析（DGA）、绝缘油含水量、绝缘油介质损耗测试，测试结果见表 2-6-6 和表 2-6-7。套管油中溶解气体以氢气（H_2）为主，甲烷（CH_4）次之，乙烷含量也大幅超过标准注意值，乙炔（C_2H_2）为 2.12μL/L，略微超过规程注意值。分析结果表明套管内部出现了局部放电和局部过热。绝缘油含水量达到 16.93mg/L，击穿电压降低至 33.21kV，表明绝缘油存在受潮现象。

表 2-6-6　　绝缘油中溶解气体分析数据

套管名称	氢气（H_2）	甲烷（CH_4）	乙烯（C_2H_4）	乙烷（C_2H_6）	乙炔（C_2H_2）	一氧化碳（CO）	二氧化碳（CO_2）	总烃（∑CH）
Y/D-B 相	11 088.62	574.23	2.12	262.59	2.12	841.23	34.71	141.45
标准注意值*	140	40	30	70	2	—	1000	3400
结论	套管内部存在局部放电和油中过热							

* 参考自《绝缘套管 油为主绝缘（通常为纸）浸渍介质套管中溶解气体分析（DGA）的判断导则》（GB/T 24624—2009）。

表 2-6-7　　绝缘油含水量、绝缘油介质损耗数据

套管名称	绝缘油含水量（mg/L）	绝缘油介质损耗（%）	绝缘击穿电压（kV）
Y/D-B 相	16.93	0.23	33.21
标准注意值*	15	2.0	55
结论	绝缘油含水量及击穿电压不合格		

* 参考自《变压器油维护管理导则》（GB/T 14542—2017）。

将 Y/D-B 相套管返厂进行局部放电测量，在 156kV 试验电压下套管局部放电量为 48.3pC，电压提高至 333kV 时局部放电量为 110pC，大幅超过规程注意值。（规程要求 550kV 下局部放电量应小于 10pC）。

3. 解体检查情况

解体过程中发现套管电容芯体最内层绝缘纸存在 X 蜡，富有黏性并伴有特殊气味，如图 2-6-9 所示；套管最内层缠绕在铝导电管的绝缘纸上存在放电黑斑，如图 2-6-10 所示。

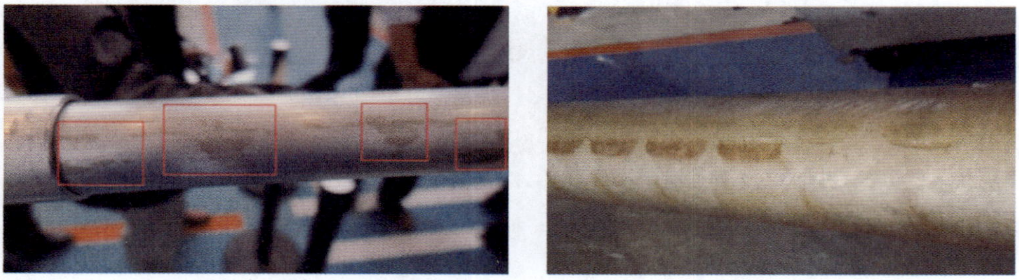

图 2-6-9　电容芯最内层绝缘纸存在 X 蜡

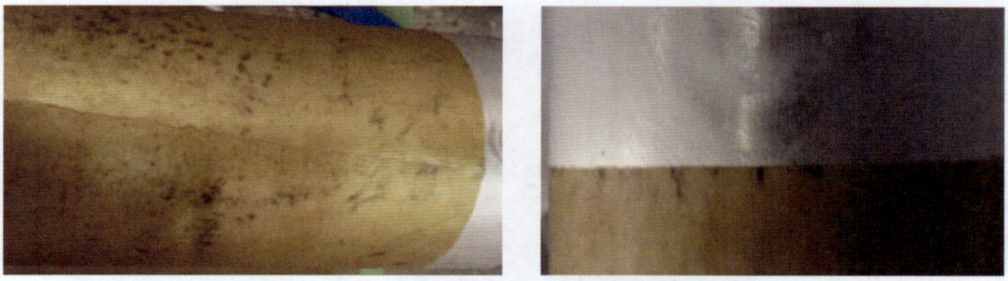

图 2-6-10　铝导电管的绝缘纸上存在放电黑斑

6.4.3　案例 31：网侧高压套管局部放电故障

4 月 10 日，停电检修期间发现±800kV 某换流站极Ⅱ低端 Y/Y-A 相换流变压器网侧高压套管电容芯体状态量数据见表 2-6-8，介质损耗达到 0.625%，较之前年度检修测试值增加 27.8%。异常套管型号为 GOE 1675-1300-2500-0.3，套管已运行 4 年。绝缘油中氢气（H_2）含量 12 819μL/L，甲烷（CH_4）含量 577.4μL/L，绝缘油含水量 7.6mg/L，绝缘油介质损耗因数 0.39%。330kV 试验电压下局部放电量为 110pC，解体检查发现套管最内层电容屏下的绝缘纸存在局部放电留下的黑色斑点，表明套管存在局部放电异常，如图 2-6-11 所示。

表 2-6-8　　某换流站同类型故障套管的状态量数据

状态量	某换流站极Ⅱ低端 Y/Y-A 相	某换流站极Ⅰ低端 Y/Y-C 相
绝缘芯体介质损耗初值（%）	0.489	0.304
绝缘芯体介质损耗实测值（%）	0.625	0.447
介质损耗初值差（%）	27.8	47.0
氢气（H_2）(μL/L)	12 819	16 504.5
甲烷（CH_4）(μL/L)	577.4	459
乙烷（C_2H_6）(μL/L)	905.4	432.1
乙烯（C_2H_4）(μL/L)	5.39	3.79
乙炔（C_2H_2）(μL/L)	3.10	2.86
绝缘油含水量（μL/L）	6.54	16.63

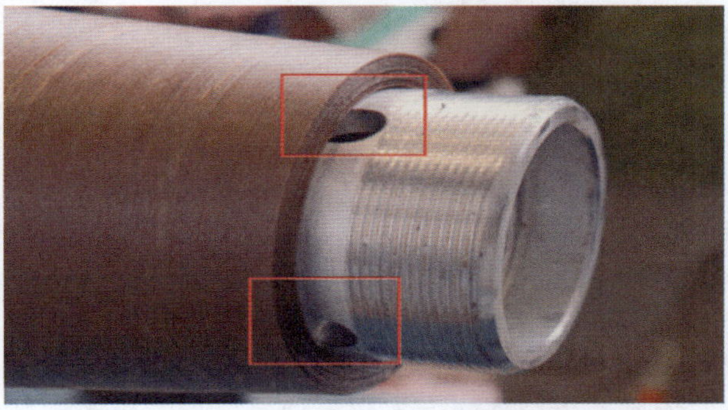

图 2-6-11　某换流站异常套管芯体的窜动情况及局部放电痕迹

7 南京电气网侧套管

7.1 结 构 介 绍

南京电气 BRLW-550/2500-3 型换流变压器网侧套管空气侧接线端子（以下简称“将军帽”）的结构如图 2-7-1 所示。将军帽与导电杆之间使用刚性螺纹连接，使用并紧圆螺母固定导电杆，承担导电杆重力，调节及限制导电杆的伸出长度；延展圈一方面压紧橡胶垫圈，保证电容芯体卷制管与导电杆之间空腔的密封（该空腔与换流变压器本体相通），另一方面完成对将军帽的限位，防止将军帽旋转。

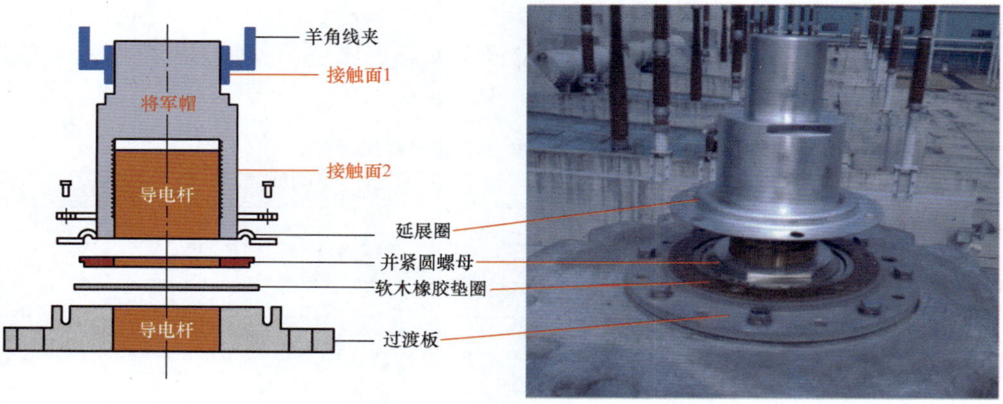

图 2-7-1　南京电气 BRLW-550/2500-3 型换流变压器网侧套管空气侧接线端子结构图

7.2 故障及缺陷特征

换流变压器南京电气网侧套管实际运行经验表明，高压套管空气侧接线端子（将军帽）发热是常见故障，最高发热温度可达 130℃。

（1）可能原因。该类故障为螺纹连接型换流变压器网侧套管多发频发故障，一方面并紧螺母为薄片小支点，载流导杆长时间的运行振动及伸缩形变会引起并紧圆螺母松动，此时载流导杆的重力全部由将军帽螺纹承担，造成螺纹损伤、电气接触劣化，将军帽内部载流接触面异常发热。另一方面，套管将军帽受到顶部切向拉力，此拉力无法有效传导至套管本体，仅作用于将军帽与导杆之间，引起将军帽倾斜，造成将军帽与导杆有效接触面积减小，导致将军帽内部异常发热。

（2）主要特征。一是故障有显著的红外热像特点。将军帽内螺纹损伤电气接触劣化，将军帽内部载流接触面异常发热，依照《带电设备红外诊断应用规范》（DL/T 664—

2016），缺陷类型为电流致热型缺陷，热点温度与负载功率正相关。二是套管直流电阻甚至是绕组连同套管直流电阻有显著增加，依据《换流变压器交接及预防性试验规程》（DL/T 1798—2018），部分挡位的绕组连同套管直流电阻初值差超过 2%的注意值。

（3）监测检测方法。一是定期开展红外精确测温，按照五通检测细则每个月开展将军帽、T 形线夹、管母抱箍等载流部位的热点温度，计算相对温差，按照《带电设备红外诊断应用规范》（DL/T 664—2016）判别缺陷严重程度，必要时记录热点温度（相对温差）与换流变压器负荷的关系。二是定期开展绕组连同套管直流电阻测试，按照《换流变压器交接及预防性试验规程》（DL/T 1798—2018）相关规定，每三年开展一次绕组连同套管直流电阻测试，计算各个分接位置直流电阻测试值的初值差，在初值差大于 2%时对各个载流部位的接触电阻进行测量，查找电气接触劣化部位。三是利用无人机红外热像巡视、机器人红外热像巡视、红外可见光视频监控等先进手段，快速自动检测电气连接部位的热点温度，对温度异常的连接部位进行及时预警和 24h 跟踪监视。

7.3　提升措施建议

一是加强设计阶段将军帽载流接触结构的优化。①采用抱箍夹持承力结构，使用宽度厚度机械强度比并紧螺母更强的抱箍作为支点，避免将军帽内螺纹承力损伤。②设计上避免在螺纹啮合载流部件上使用定位螺钉，螺纹啮合型载流结构的接触效果易受公差影响，安装时定位螺钉的位置误差会放大这一影响，为保证定位螺钉安放到位，将军帽旋入过多会损伤载流螺纹，将军帽旋入过少会导致接触面积不足，都会引发接触不良。

二是加强安装期间的工艺监督和质量控制。安装完成后使用不低于 100A 的电流进行电气连接部位接触电阻的测试，一个是将军帽顶部通过一羊角线夹与引线相连形成的接触面，另一个是将军帽内部通过螺纹与导电杆接触形成的接触面，接触电阻不超过 10μΩ。

三是做好定期巡视和定期检测。①定期开展将军帽部位的红外精确测温并计算相对温差，必要时记录热点温度（相对温差）与换流变压器负荷的关系。②定期测试绕组连同套管直流电阻，计算各个分接位置直流电阻测试值的初值差。③用好无人机、机器人、红外可见光视频监控等数字化手段，筛查异常发热部位，评估缺陷等级。

7.4　典型故障及缺陷案例

7.4.1　案例 32：换流变压器网侧高压套管将军帽发热故障

7 月 7 日，某换流站 8000MW 满负荷运行期间，红外测温发现极Ⅱ低端 Y/D-A 相换流变压器网侧高压套管将军帽温度达到 100℃，红外热像图谱如图 2-7-2 所示。经过两天时间连续跟踪测温，截至 7 月 9 日中午温度升至 130℃。7 月 9 日 15 时 25 分，调度下令极Ⅱ低端转检修，对极Ⅱ低端 Y/D-A 相换流变压器网侧高压套管将军帽进行检查

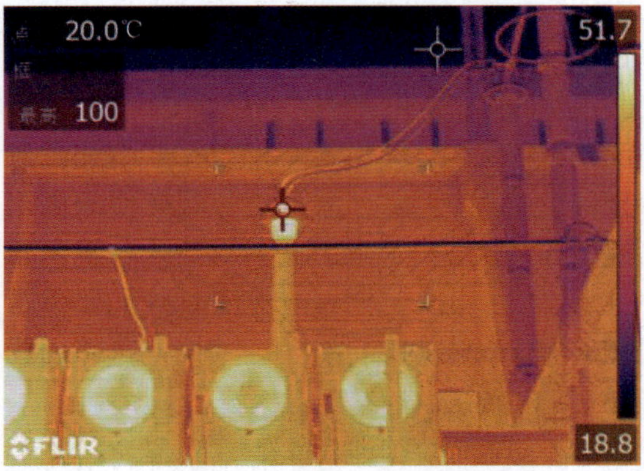

图 2-7-2　换流变压器网侧套管将军帽红外热像图谱

处理。

1. 检查情况

（1）巡视检查情况。7 月 7～9 日，现场对套管油位、套管铁瓷结合部位、套管瓷质绝缘外套、套管末屏进行了检查，未见明显异常。对套管将军帽温度进行跟踪检测，特巡跟踪期间发现热点温度有明显上升趋势，表明发热缺陷不断劣化，热点温度超过《带电设备红外诊断应用规范》（DL/T 664—2016）规定的温度限值，属于危急缺陷，特巡期将军帽热点温度跟踪结果如图 2-7-3 所示。

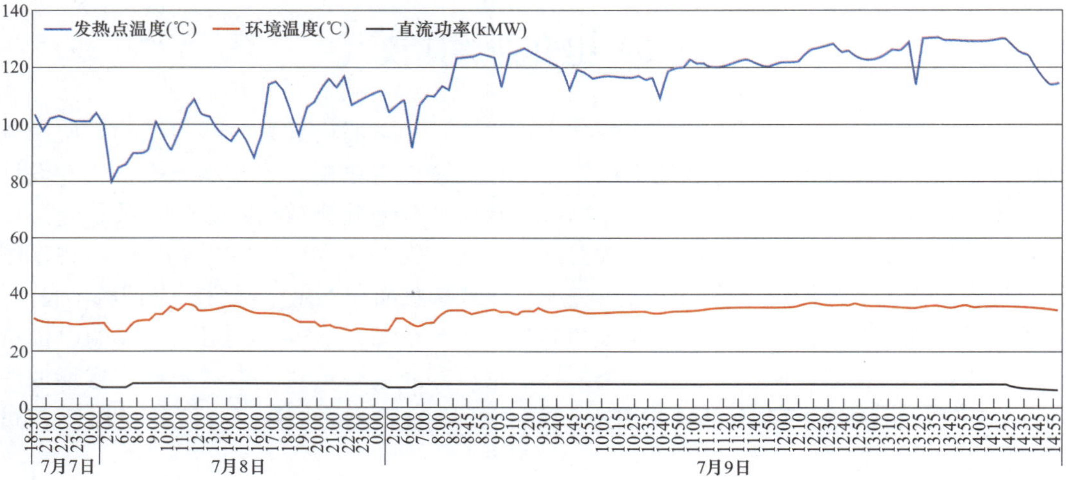

图 2-7-3　特巡期将军帽热点温度跟踪结果

（2）试验验证情况。对套管内部绝缘油进行取样，开展了油中溶解气体分析，分析结果见表 2-7-1，未见异常。表明套管的局部过热温度较低，没有引起绝缘油的劣化。

表 2-7-1　　绝缘油中溶解气体分析结果　　（μL/L）

成分	氢气（H_2）	甲烷（CH_4）	乙烯（C_2H_4）	乙烷（C_2H_6）	乙炔（C_2H_2）	一氧化碳（CO）	二氧化碳（CO_2）	总烃（∑CH）
检测值	0	2.96	0.16	0.06	0	22.42	319.53	3.18
注意值	140	40	70	30	2	1000	3400	—
参考标准	《绝缘套管 油为主绝缘（通常为纸）浸渍介质套管中溶解气体分析（DGA）的判断导则》（GB/T 24624—2009）							
结论	套管绝缘油未见异常							

换流变压器停电后开展网侧绕组连同套管直流电阻测试，测试结果如图 2-7-4 和表 2-7-2 所示，与出厂值及上次测试值偏差较大，经过计算直流电阻初值差最大值为 2.5%（见图 2-7-5），已超过 2.0%的警示值。测试结果表明套管连同绕组存在接触不良缺陷。

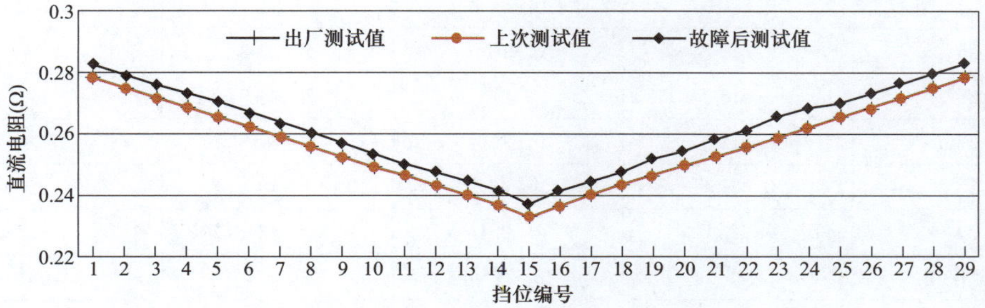

图 2-7-4　绕组连同套管直流电阻测试结果（85℃）

表 2-7-2　换流变压器绕组连同套管直流电阻测试结果　（Ω）

挡位编号	出厂值（14.5℃）	上次测试（11.0℃）	本次测试（35.0℃）	初值差（%）
1	0.223 4	0.220 8	0.242 9	1.5
2	0.220 8	0.218 3	0.24	1.5
3	0.218 4	0.215 7	0.237 8	1.6
4	0.215 7	0.213 2	0.234 6	1.5
5	0.213 3	0.210 8	0.232 4	1.7
6	0.210 7	0.208 5	0.229 3	1.6
7	0.208 2	0.205 9	0.226 3	1.5
8	0.205 6	0.203 5	0.224 2	1.8
9	0.203 1	0.200 5	0.221 4	1.8
10	0.200 5	0.198 2	0.218 5	1.7
11	0.198 1	0.195 7	0.215 6	1.6
12	0.195 4	0.193 4	0.213 5	2.0
13	0.193	0.190 8	0.210 7	1.9
14	0.190 4	0.188 2	0.207 8	1.9
15	0.187 4	0.185 4	0.204 5	1.9
16	0.190 4	0.188 1	0.207 9	1.9
17	0.193	0.190 7	0.210 8	2.0
18	0.195 4	0.193 2	0.213 3	1.9
19	0.198 1	0.195 8	0.216 9	2.2
20	0.200 5	0.198 7	0.219	2.0
21	0.203 2	0.200 8	0.222 5	2.2

续表

挡位编号	出厂值（14.5℃）	上次测试（11.0℃）	本次测试（35.0℃）	初值差（%）
22	0.205 6	0.203 2	0.225 1	2.2
23	0.208 3	0.205 5	0.228 8	2.5
24	0.210 7	0.207 8	0.231	2.3
25	0.213 3	0.210 9	0.232 2	1.6
26	0.215 7	0.213	0.234 9	1.7
27	0.218 4	0.215 4	0.237 8	1.6
28	0.220 8	0.218 2	0.240 5	1.7
29	0.223 5	0.221	0.243 1	1.5
阀侧绕组	0.035 74	0.034 96	0.038 46	0.5
参考标准	《换流变压器交接及预防性试验规程》（DL/T 1798—2018）			
结论	19～24 挡直流电阻初值差超过 2%（规程注意值），绕组连同套管出现接触不良，接触不良发生在主绕组与套管之间			

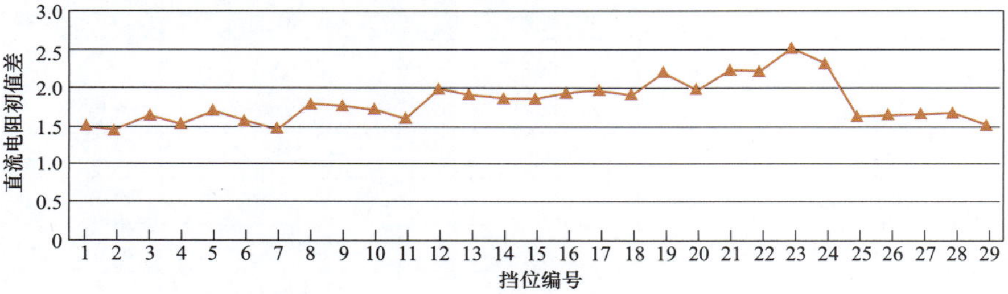

图 2-7-5　绕组连同套管直流电阻初值差

根据故障前红外热成像分析结果，接触不良较大可能发生在将军帽与羊角线夹的接触部位，套管上部过渡板通过软木橡胶垫圈与导电头部件（即将军帽）组成封闭结构。通流回路内共有两个接触面，一是将军帽顶部通过一羊角线夹与引线相连形成接触面 1，二是将军帽内部通过螺纹与导电杆接触形成接触面 2。

为明确局部过热位置，对将军帽与羊角线夹的接触电阻 R_1 开展现场测量，当年年度检修及 7 月 9 日停电后 R_1 电阻测试结果见表 2-7-3。测试结果表明 R_1 电阻满足标准要求，可排除将军帽与羊角线夹接触不良故障因素。初步分析认为此次发热故障是将军帽内部与导电杆的螺纹连接存在接触不良导致。

表 2-7-3　　极Ⅱ低端 Y/D-A 换流变压器网侧高压套管将军帽接头

测量时间	接触电阻（μΩ）	注意值（μΩ）
2017 年度检修	2.1	<20
2017 年 7 月 9 日	10	<20

（3）解体检查情况。7 月 14 日对故障套管进行解体检查，外观检查发现该套管导电

杆与将军帽咬死无法正常拆除，导电杆及电容芯体整体上移约 30mm，如图 2-7-6 所示。

图 2-7-6　导电杆与将军帽因螺纹损伤无法分离

轴向切割拆除将军帽，检查紧固螺纹，发现将军帽和导电杆螺纹均有明显变形与损伤，部分螺纹有显著的过热发黑痕迹，如图 2-7-7 所示。

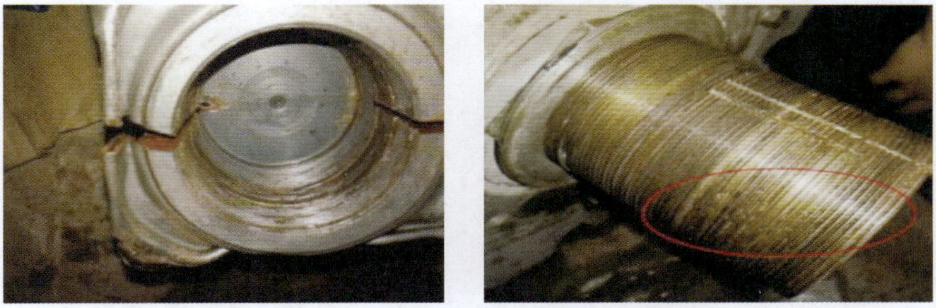

图 2-7-7　将军帽与导电杆螺纹受损

2. 现场处理情况

确定故障部位后对该套管将军帽进行改进，将军帽采用螺纹与抱箍结合方式进行紧固，提高将军帽与导杆间锁紧程度。在导电杆与套管上盖板间增加固定螺母，使将军帽所受切向拉力传导至套管本体，防止因切向力引起将军帽倾斜。取消将军帽密封设计，在过渡板与套管上盖板间增加弹性板与密封结构，提高套管整体密封性，如图 2-7-8 所示。对同类型套管的空气侧接线端子进行更换。

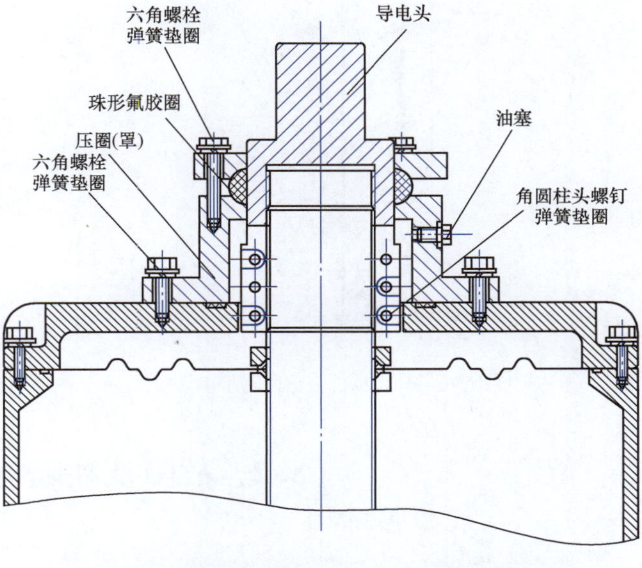

图 2-7-8　螺纹与抱箍结合方式的套管空气侧端子

8 GSETFT 阀侧套管

8.1 结 构 介 绍

阀侧套管主绝缘采用环氧树脂胶浸纸电容芯体，套管外套采用硅橡胶空心复合绝缘子外套，在环氧树脂浸纸电容芯体与套管外套间充 SF_6 气体。套管电容芯内采用双导管结构形式，外导管为铝合金电容芯卷制导管，用于缠绕电容芯体但不载流，内导管为纯铜载流导电管。套管电容芯外部，载流铜导杆通过表带触指与另一段载流铝导电管构成“铜铝过渡连接”段。阀侧套管具体结构如图 2-8-1 所示。

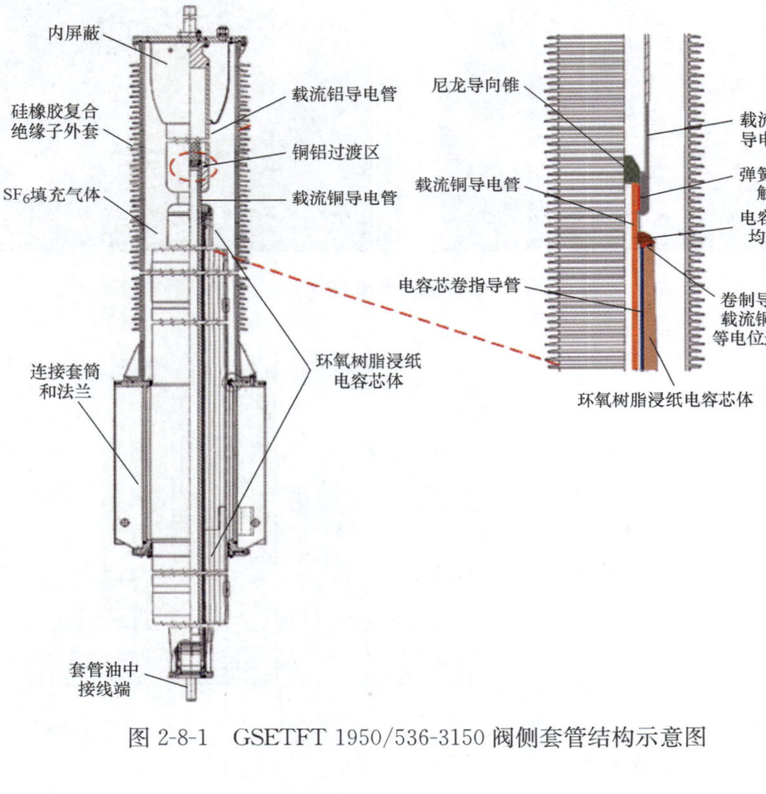

图 2-8-1 GSETFT 1950/536-3150 阀侧套管结构示意图

8.2 故障及缺陷特征

换流变压器 GSETFT 阀侧套管实际运行经验表明，GSETFT 阀侧套管存在载流管表带触指铜铝过渡结构发热典型故障或缺陷，严重的发热导致电容芯体沿面闪络，闪络电流烧损汇流环和烧断末屏引线。

（1）可能原因。该类故障为GSETFT阀侧套管多发频发故障，可能的故障原因有表带触指未镀银以及表带触指摩擦劣化。故障过程分为镀银层损伤、铜铝基底腐蚀、持续局部发热、芯体沿面闪络四个阶段。①镀银层损伤阶段。这类套管采用表带触指连接两段载流导体，在负荷变化、温度变化、机械振动下两段载流导体会发生相对运动，引起载流导体和表带触指的相互摩擦。镀银层的特点在于即使存在氧化膜腐蚀膜，仍然可以保持低且稳定的接触电阻，但是镀银层质软易因摩擦受损。相比之下，铜的氧化膜及腐蚀膜是不良导体，会加剧表带触指的发热。因此，两段载流导体由于受热膨胀和机械振动产生了相对位移，致使表带触指与载流导体发生相对摩擦造成局部磨损。②铜铝基底腐蚀阶段。倘若镀银层较薄（$<2\mu m$），短期磨损后局部镀银层耗尽并暴露出铜质或铝制基底，铜铝在六氟化硫（SF_6）环境及相对摩擦下生成含硫腐蚀膜，温度越高腐蚀现象越严重。③持续局部发热阶段。铜铝基体表面的含硫腐蚀膜导电性较差，造成局部电接触不良，引起局部发热，进一步加剧铜质或铝制基底的腐蚀劣化，接触点的局部过热现象会持续发展。④芯体沿面闪络阶段。局部过热点位于载流导体上，属于电容芯体的末端，具有电位高电场集中的特点，局部过热会引起电容芯体末端表面材料的劣化，导致芯体表面微粒杂质的形成，加剧交直流混合电压下沿面电荷的积聚，在不良因素共同作用下，芯体沿面电场发生严重畸变，最终发展为沿面击穿。

（2）主要特征。故障在镀银层损伤阶段的发展过程中没有可观的典型特征，但是发展至铜铝基底腐蚀、持续局部发热、芯体沿面闪络三个阶段时，会有显著的故障特点。一是故障有显著的红外热像特点。表带触指与载流导体之间电气接触的劣化，会引起载流导体续接部位的持续发热，这一局过热可以显著地表现在红外热像图谱中，严重的过热甚至会导致套管内部六氟化硫（SF_6）气体压力的增大。二是有接触不良的典型表现。在停电试验检查中，阀侧绕组连同套管的直流电阻会高于出厂值，初值差达到甚至超过2%的注意值，套管自身的直流电阻会增加数倍。三是故障有绝缘劣化特征。首先套管气室内部会出现二氧化硫（SO_2）、硫化氢（H_2S）等六氟化硫（SF_6）气体分解产物，其次套管电容芯体沿面泄漏电流增加，套管介质损耗会降低，套管绝缘电阻也会出现下降。四是阀套管沿面击穿后的故障电流呈现相间短路特征。接地故障发生后，接地故障点、换流变压器阀侧绕组、处于导通状态的晶闸管、接地极线路与接地极四者构成完整的电流回路，两相换流变压器绕组由晶闸管、接地极线路、接地极所短接，故障电流由故障相流入非故障相，这期间由于两个六脉动整流桥串联，非故障换流变压器组也会向上述短路环中注入电流，路径示意如图2-8-2所示。

（3）监测检测方法。一是定期开展红外精确测温，按照五通检测细则每个月开展阀侧套管外护套表面温度曲线测量，重点关注铜铝过渡部位（续接部位）的热点温度，计算相对温差，按照《带电设备红外诊断应用规范》（DL/T 664—2016）判别电流致热型缺陷严重程度，必要时记录热点温度（相对温差）与换流变压器负荷的关系。二是必要时开展绕组连同套管直流电阻测试，可以按照《换流变压器交接及预防性试验规程》（DL/T 1798—2018）每三年开展一次绕组连同套管直流电阻测试，计算各个分接位

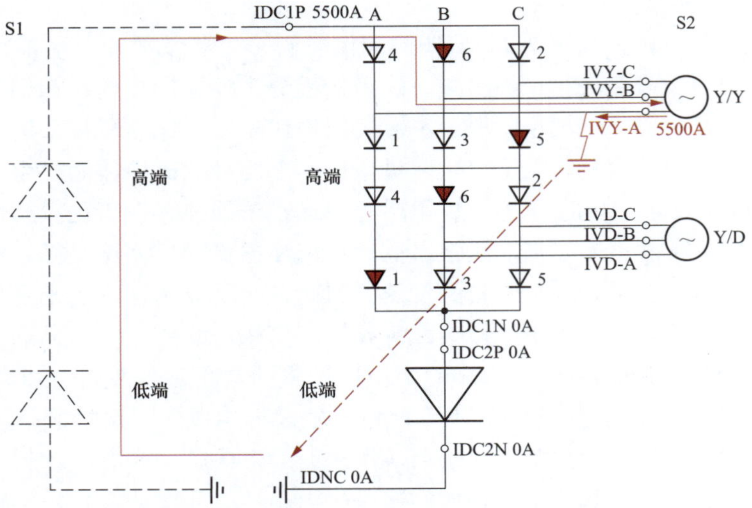

图 2-8-2　阀侧套管闪络故障下的故障电流路径示意图

置直流电阻测试值的初值差，在初值差大于 2%时对各个载流部位的接触电阻进行测量，查找电气接触劣化部位。三是利用无人机红外热像巡视、机器人红外热像巡视、红外可见光视频监控等先进手段，快速自动检测电气连接部位的热点温度，对温度异常的连接部位进行及时预警和 24h 跟踪监视。

8.3　提升措施建议

一是加强设计阶段阀侧载流导体结构的优化。①采用大尺寸完整载流导体，避免使用表带触指过渡结构连接分段载流导体。②设计上增大表带触指使用数量，适当配置余量，提升载流裕度。

二是加强加工制造期间表带触指镀银层的质量控制。对表带触指进行到货检验，检测表带触指镀银层厚度，确保镀层厚度不低于 8μm，检测表带触指表面损伤程度，触指不应出现显著形变。

三是加强安装期间的工艺监督和质量控制。套管到货后使用不低于 100A 的电流进行套管直流电阻的测试，套管直流电阻与出厂值不应有显著差异（30%以内）。

四是做好定期巡视和定期检测。①定期开展套管外护套的红外精确测温并计算相对温差。②必要时开展绕组连同套管直流电阻测试分析。③定期检测套管气室的六氟化硫（SF_6）分解产物，按照《换流变压器交接及预防性试验规程》（DL/T 1798—2018），应无二氧化硫（SO_2）、硫化氢（H_2S）分解产物检出。

五是用好红外可见光视频、六氟化硫（SF_6）气体压力监控等的数字化手段。快速自动检测阀侧套管外护套表面温度曲线，自动分析表带触指过渡部位的热点温度。跟踪捕捉阀侧套管外护套表面紫外放电光子数，及时响应表带触指过渡部位的放电缺陷（故障）。跟踪监视阀侧套管气室内部的六氟化硫（SF_6）气体压力，分析套管气室温度的上升变化。

8.4　典型故障及缺陷案例

8.4.1　案例33：换流变压器阀侧套管闪络故障

4月16日01:04，某换流站极Ⅱ直流保护A、B系统阀组直流差动保护动作，极Ⅱ发生X闭锁，换流变压器交流侧3313、3312开关跳闸。故障后极Ⅰ单极大地回线运行，故障时IDP（阀组高压侧电流）基本为0kA，IDNC（阀组低压侧电流）约为10kA，同时差动量IDIF_VALVE（最大约为10kA）远大于制动量VDCDP_RES（最大约为1kA），换流器差动保护Ⅱ段动作出口。极Ⅱ PCPA保护量故障录波如图2-8-3所示，极Ⅱ PPRA保护量故障录波如图2-8-4所示，极Ⅱ PPRA阀区域保护量故障录波如图2-8-5所示。

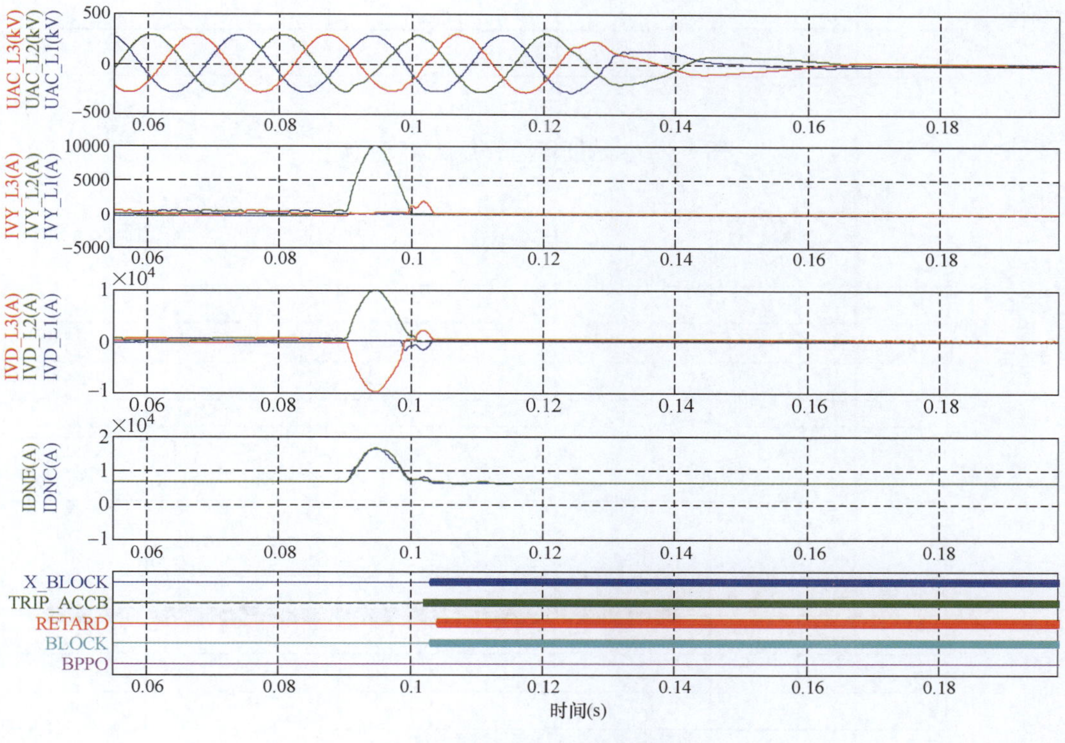

图2-8-3　极Ⅱ PCPA故障录波

1. 外观检查情况

极Ⅱ换流变压器Y/Y-B相换流变压器阀侧末端套管末屏接地线有过热现象，末屏封盖侧有明显放电痕迹，内部元件熔断脱落，如图2-8-6所示。极Ⅱ换流阀差动保护范围内其他一、二设备及接地极址设备未见异常。

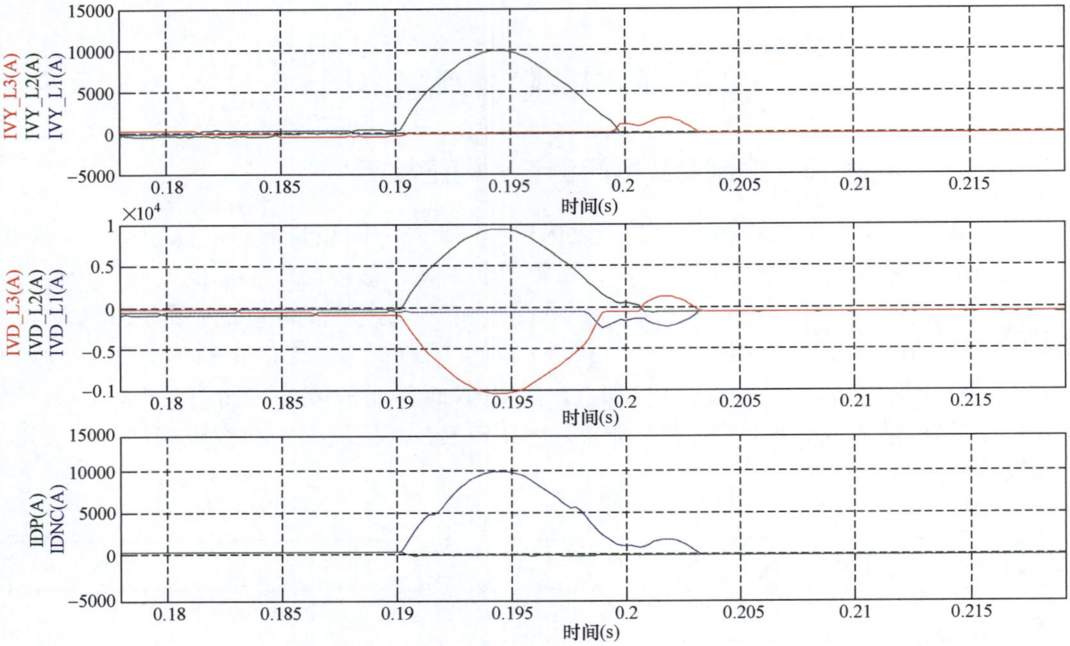

图 2-8-4　极Ⅱ PPRA 保护量故障录波

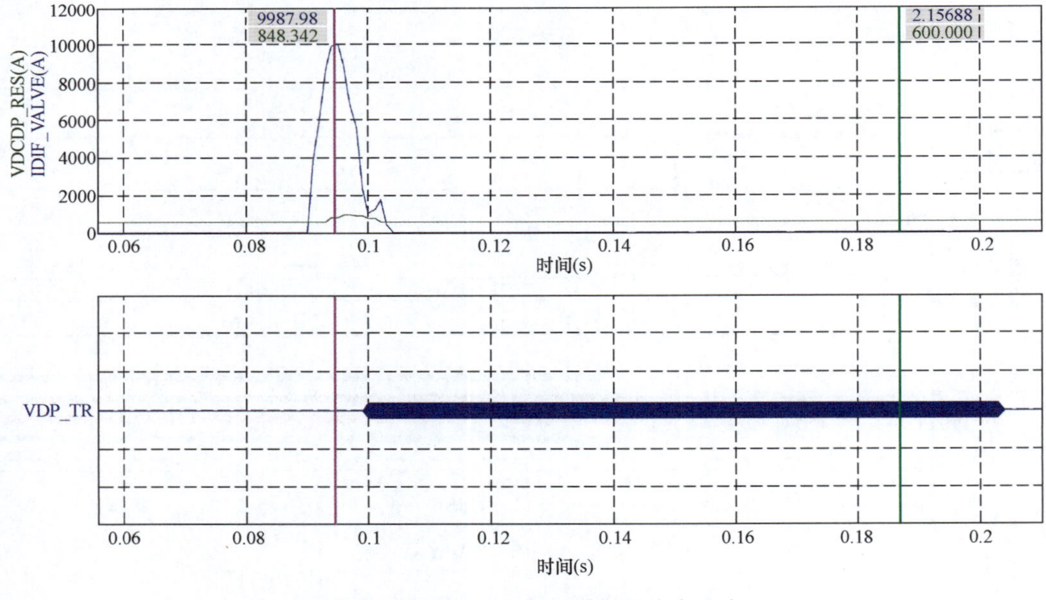

图 2-8-5　极Ⅱ PPRA 阀区域保护故障录波

2. 试验检查情况

现场停电转检修后，对故障相套管开展诊断性试验，试验项目有六氟化硫（SF_6）分解产物检测、套管连同绕组直流电阻测量、套管芯体绝缘电阻、套管芯体电容量及介

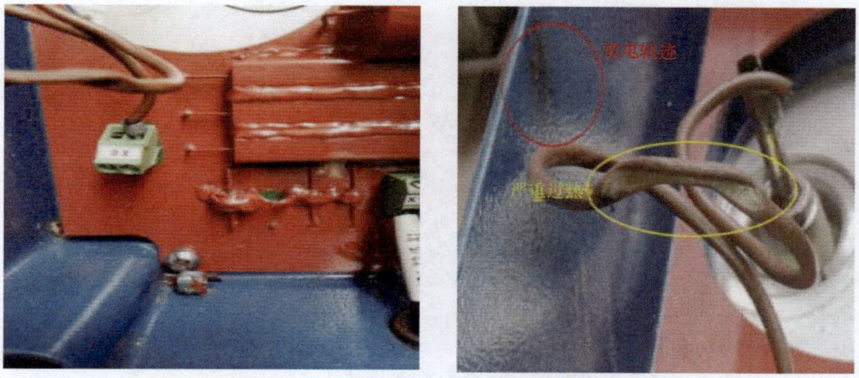

图 2-8-6　阀侧套管末屏过热及断线情况

质损耗测量，诊断性试验结果见表 2-8-1。故障套管起始内部二氧化硫（SO_2）含量为 150μL/L，远大于 1.0μL/L 的注意值；套管连同绕组直流电阻从 35mΩ 增长到 54mΩ，套管连同绕组的直流电阻增大了 54%；套管芯体绝缘电阻降低至 140MΩ，因为泄漏电流较大无法开展 10kV 电压下的电容量及介质损耗测试。

表 2-8-1　　故障套管诊断性试验结果

特征状态量	初值	实测值	注意值	初值差（%）	备注
二氧化硫（SO_2）（μL/L）	0	150	1.0	—	
直流电阻（mΩ）	35	54	∣初值差∣小于或等于 2%	54	
绝缘电阻（MΩ）	10 000	140	10 000	98.6	
电容量（pF）	—	—	∣初值差∣小于或等于 3%	—	泄漏电流告警
介质损耗（%）	—	—	≤0.5%	—	泄漏电流告警
结论	套管内部存在不可恢复的沿面放电，套管与绕组存在接触不良				
参考标准：《换流变压器交接及预防性试验规程》（DL/T 1798—2018）					

3. 解体检查情况

5 月 2 日，对故障套管返厂进行解体和检查，在套管复合绝缘子外套纵横向切矩形窗口，窗口部位正位于导电杆铜铝过渡区域的位置，同时将载流导电管从套管电容芯体中拔出，发现载流导电管表面存在两处异常区域，异常区域 1 为铜铝载流导电管过渡区域，该区域铜导电管和铝导电管表面过热熏黑；异常区域 2 为载流铜导电管中间段表面，对应套管电容芯体油中端子 2.5～4.0mm 区域，发现过热和放电痕迹。在绝缘外套上切割窗口同时拆除绝缘子外套如图 2-8-7 所示，故障套管开窗检查情况如图 2-8-8 所示。

拆除套管复合绝缘外套，发现套管六氟化硫（SF_6）气体侧电容芯体表面有从电容芯端部高压盖板至接地汇流环间的贯通型放电通道。接电地法兰筒体内放电流的入地点

图 2-8-7 在绝缘外套上切割窗口同时拆除绝缘子外套

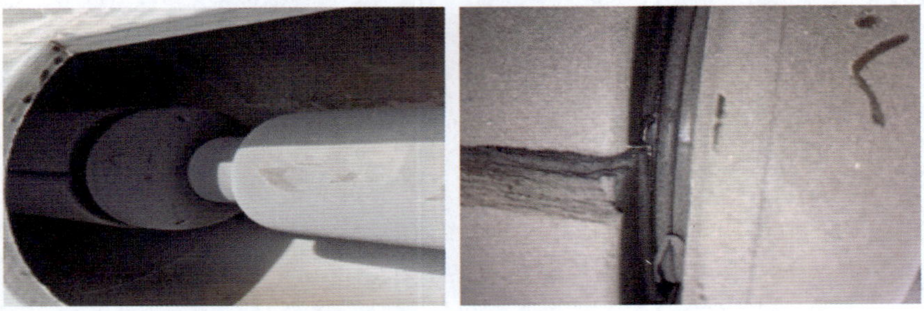

图 2-8-8 故障套管开窗检查情况

如图 2-8-9 所示，沿面闪络贯穿通道的起止点如图 2-8-10 所示。

图 2-8-9 接电地法兰筒体内放电流的入地点

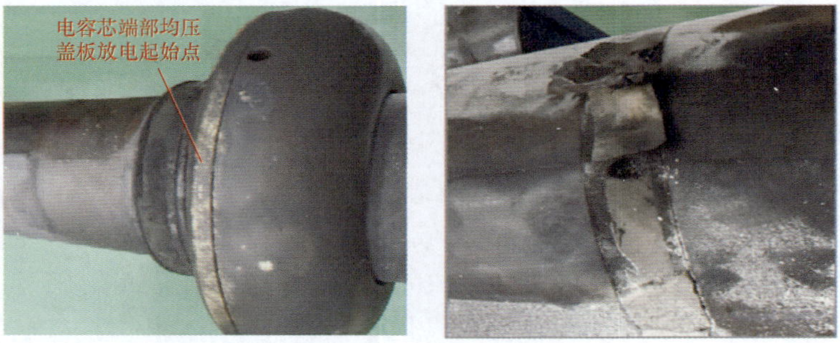

图 2-8-10 沿面闪络贯穿通道的起止点

对铜铝载流导电管的过渡区域进行剖面和横截面切割，将铜、铝导电管分离后，发现表带触指已经完全烧灼受损，并黏在铝导电管内部，铜铝导电管结合部位存在明显的过热和放电灼烧痕迹，铜导电管顶部的尼龙导向锥受热完全融化。融化的导向锥和熔断的等电位线如图 2-8-11 所示。

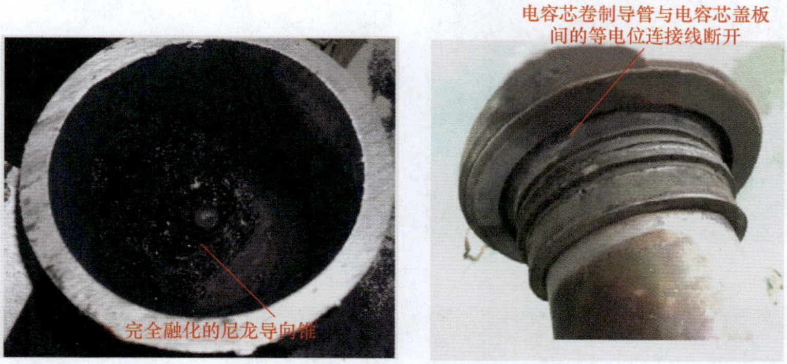

图 2-8-11　融化的导向锥和熔断的等电位线

8.4.2　案例 34：换流变压器阀侧套管爬电故障

6 月 28 日 06:23:11，某换流站 OWS 报 P1PPR B 系统发直流过流跳闸报警、A 系统报阀直流差动保护动作跳闸报警，极Ⅰ直流系统闭锁。极Ⅰ换流变压器 Y/Y-B 阀侧套管为德国 HSP 公司生产的胶浸渍纸电容式充 SF_6 气体复合外套结构，型号为：GSETFf 1950/553-3800 DC，故障时套管已运行 2 年。现场检查过程中发现，工业视频记录中极Ⅰ换流变压器 Y/Y-B 相阀侧套管有放电光点，如图 2-8-12 所示。开展了气体分解产物、绝缘电阻、电容量及介质损耗三项诊断性试验。分解产物测试过程中试验人员嗅到浓重的臭鸡蛋气味，为避免试验人员中毒，立即停止了试验；电容芯体绝缘电阻为 44.7MΩ，远低于 10GΩ 的标准注意值；由于表面泄漏电流过大，电容芯体电容量及介质损耗测试无法开展。解体检查发现末屏端子与套管末屏的连接线已熔断，铜铝过渡接头处熔融，

图 2-8-12　极Ⅰ换流变压器 Y/Y-B 相套管放电截图

绝缘芯体外表面有贯穿性放电通道。事后对同类型套管进行了排查，将弹簧触指和过渡载流连接部件进行更换。套管末屏抽头熔断如图 2-8-13 所示，套管气侧汇流环熔断如图 2-8-14 所示，环氧芯体贯穿性爬电通道如图 2-8-15 所示，气侧铜铝过渡烧蚀严重如图 2-8-16 所示。

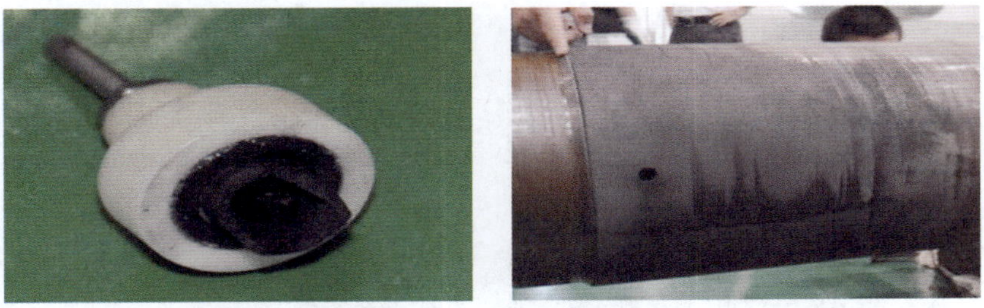

图 2-8-13　套管末屏抽头熔断

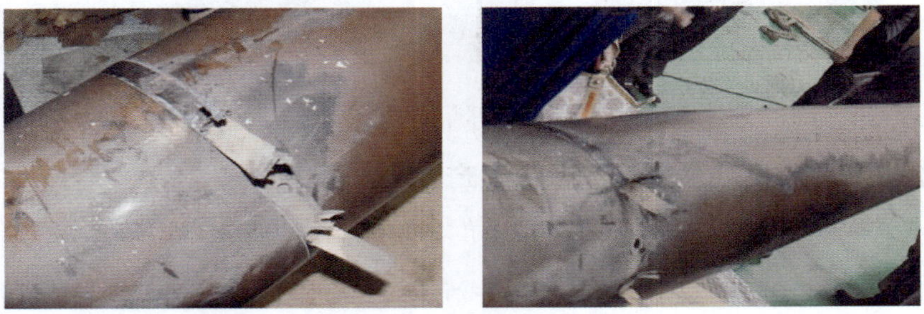

图 2-8-14　套管气侧汇流环熔断

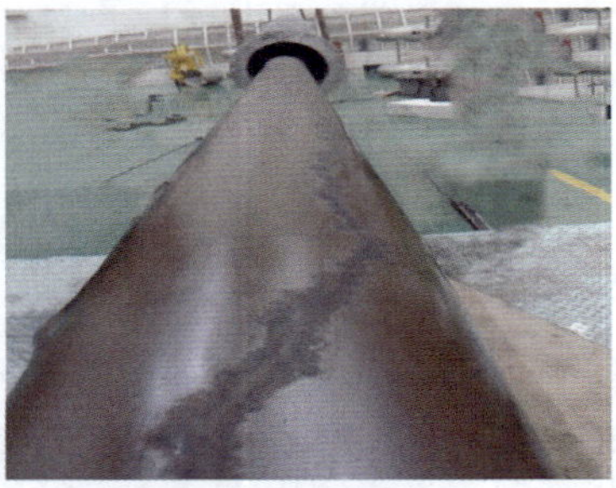

图 2-8-15　环氧芯体贯穿性爬电通道

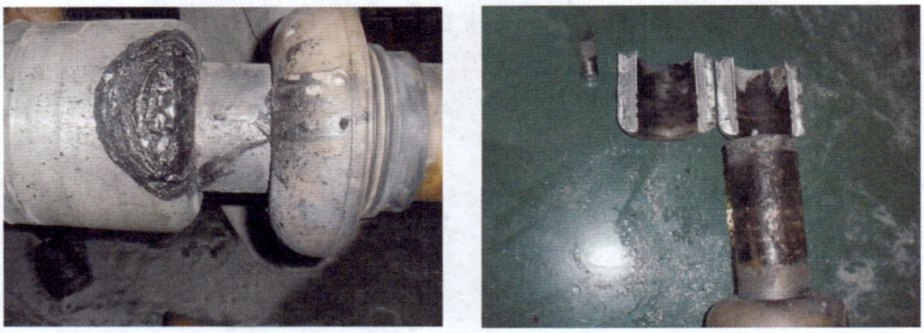

图 2-8-16　气侧铜铝过渡烧蚀严重

8.4.3　案例 35：换流变压器阀侧套管局部发热故障

9 月 19 日 18 时，某换流站运维人员在红外热像巡视期间，发现极Ⅱ Y/Y-A 相阀侧 2.2 套管温度异常，红外热像图谱如图 2-8-17 所示，套管热像图谱热点位于绝缘外套，温度分布出现显著分层，同时发现无线测温套管接头温度高达 48.5℃，相间温差达到 15℃，同时套管压力升至 3.8bar（1bar＝10^5Pa），较其他套管压力高 0.3bar。在紧急停运后对异常套管开展了气体分解产物、绝缘电阻、电容量及介质损耗三项诊断性试验，试验结果见表 2-8-2，套管气室内部二氧化硫（SO_2）含量为 86.5μL/L，电容芯体绝缘电阻为 14.5GΩ，绝缘芯体介质损耗为 0.464%，相比上次检测增长了 36.5%。解体检查发现表带触指发黑变形，铜制插头表面有点状烧蚀，如图 2-8-18 所示。事后对同类型套管进行了排查，将弹簧触指和过渡载流连接部件进行更换。

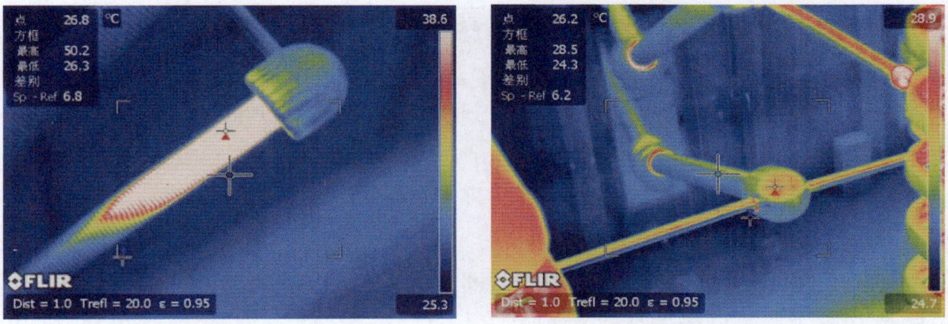

(a) 异常套管　　(b) 正常套管

图 2-8-17　极Ⅱ Y/Y-A 相阀侧套管红外热像图谱

图 2-8-18　极Ⅱ Y/Y-A 相阀侧套管气侧铜铝过渡

表 2-8-2　　极Ⅱ Y/Y A 相异常套管诊断性试验结果

特征状态量	初值	实测值	注意值	初值差（%）	备注
SO_2(μL/L)	0	86.5	1.0	—	
直流电阻（μΩ）	35	515	—	13 714	套管直流电阻
绝缘电阻（MΩ）	10 000	145 000	10 000	—	
电容量（pF）	1200	1172	|初值差|小于或等于 3%	2.3	
介质损耗（%）	0.34	0.464	≤0.5%	36.5	
结论	套管内部存在不可恢复的沿面放电，套管与绕组存在接触不良				
参考标准：《换流变压器交接及预防性试验规程》(DL/T 1798—2018)					

8.4.4　案例 36：换流变压器阀侧套管油侧端子接触不良

换流站 4 月年检期间，开展换流变压器试验时发现双极高端 6 台在运的 800kV 换流变压器阀侧套管连同绕组直流电阻值较出厂值和往年值明显偏大（3.05%～9.62%），其中极 1 高端 Y/Y-C 相换流变压器的直阻互差达到 9.62%，极 1 高端 Y/Y-B 相换流变压器的直阻互差达到 9.52%，超过±2%的规程警戒值。

1. 故障设备基本情况

6 台阀侧绕组直流电阻异常的换流变压器基本信息见表 2-8-3，其中，有 4 台是西门子生产制造，有 1 台是西电西变生产制造，有 1 台是天威保变生产制造。直阻初值差最大的极 1 高端 Y/Y-C 相换流变压器，由西门子生产制造。发现异常时，套管已运行近 11 年。

表 2-8-3　　故障换流变压器基本信息表

换流变压器名称	制造厂家	阀侧电流（A）
极 1 高 YYA	西门子	3266
极 1 高 YYB	西门子	3266
极 1 高 YYC	西门子	3266
极 2 高 YYA	西电西变	3266
极 2 高 YYB	天威保变	3266
极 2 高 YYC	西门子	3266

故障换流变压器的阀侧 HSP 套管采用双导管载流结构形式，外导管为铝合金电容芯卷制管，承载电容芯体但不载流，内导管为纯铜材载流导电杆。套管上部载流铜导杆通过弹簧表带触指与另一段载流铝导管构成“铜铝过渡连接”段，如图 2-8-19 所示，用于补偿温度变化时绝缘子外套和载流导电管的相对位移。套管底部使用弹簧表带触指与升高座出线装置连接，如图 2-8-20 所示。

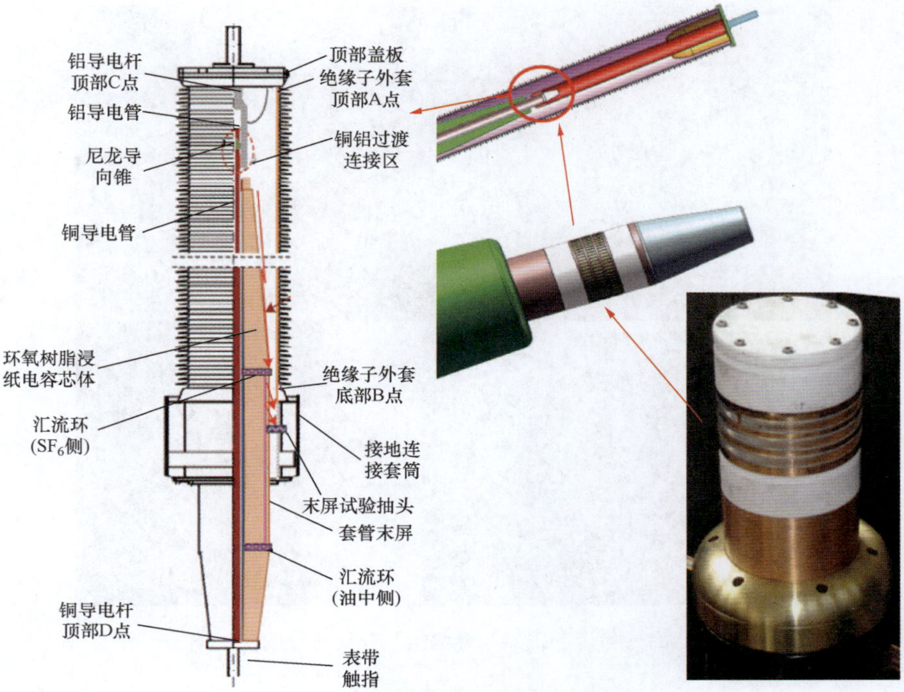

图 2-8-19　阀侧套管内部气侧铜铝过渡区域结构图

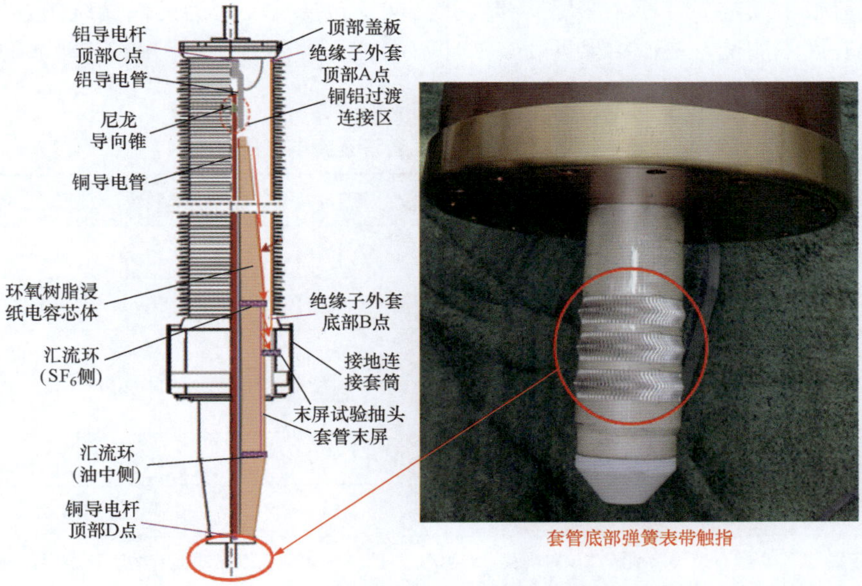

图 2-8-20　阀侧套管底部油侧连接触指结构图

升高座出线装置与绕组也采用弹簧表带触指形式的插拔连接，如图 2-8-21 所示。

图 2-8-21　换流变压器阀侧绕组与升高座处的插拔连接

2. 检查情况

（1）绕组直流电阻试验检查情况。常温状态绕组连同套管直流电阻测试。4 月 17 日检修人员对极Ⅰ高端 3 台换流变压器和极Ⅱ高端 3 台换流变压器的阀侧绕组连同套管的直流电阻开展了测试，测试结果见表 2-8-4，6 台变压器的直流电阻初值差均超过了规程警戒值。

表 2-8-4　　额定挡位下阀侧绕组连同套管直流电阻初值差

换流变压器名称	第一次测试	第二次测试	第三次测试
极 1 高 Y/Y-A	3.33%	3.14%	3.05%
极 1 高 Y/Y-B	7.85%	9.81%	9.62%
极 1 高 Y/Y-C	8.66%	9.44%	9.52%
极 2 高 Y/Y-A	5.28%	6.84%	6.67%
极 2 高 Y/Y-B	8.12%	8.77%	8.72%
极 2 高 Y/Y-C	2.26%	3.09%	3.22%

参考标准：《换流变压器交接及预防性试验规程》（DL/T 1798—2018）绕组连同套管的直流电阻，现场测量值与出厂值相比，其变化量小于或等于 2%

高温状态绕组连同套管直流电阻测试。对初值差最大的极Ⅰ高 Y/Y-B 相换流变压器开展热态电阻测试，测试结果如图 2-8-22 所示，试验期间换流变压器顶层油温初始温度

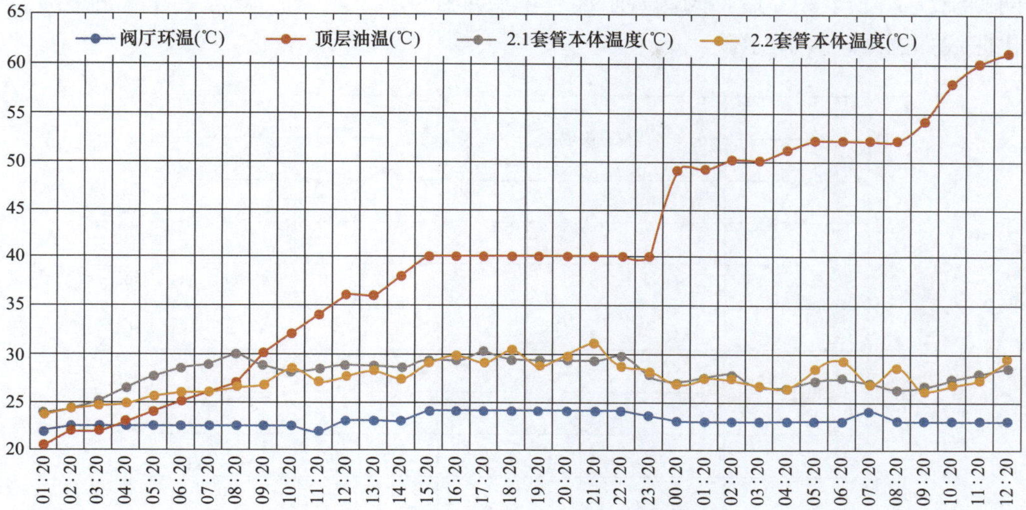

图 2-8-22　极 1 高 Y/Y-B 相换流变压器升温曲线

为 65℃，顶层油温终止温度为 20℃。热态电阻测试期间交替进行阀侧绕组、网侧绕组直流电阻测试，将网侧绕组直阻与阀侧绕组直阻归算至 80℃，与出厂值进行比较。

测试过程中阀侧绕组直阻有如下三个特点：

1）网侧绕组直阻归算值随油温下降而平滑下降，阀侧绕组直阻归算值随着油温下降缓慢增长，如图 2-8-23 所示。低频加热停止后，76.51℃网侧绕温下阀侧绕组直阻归算值为第一个测试值（13.50mΩ），24.16℃网侧绕温下阀侧绕组直阻归算值为最后一个测试值（13.89mΩ），变化量达到 2.89%。

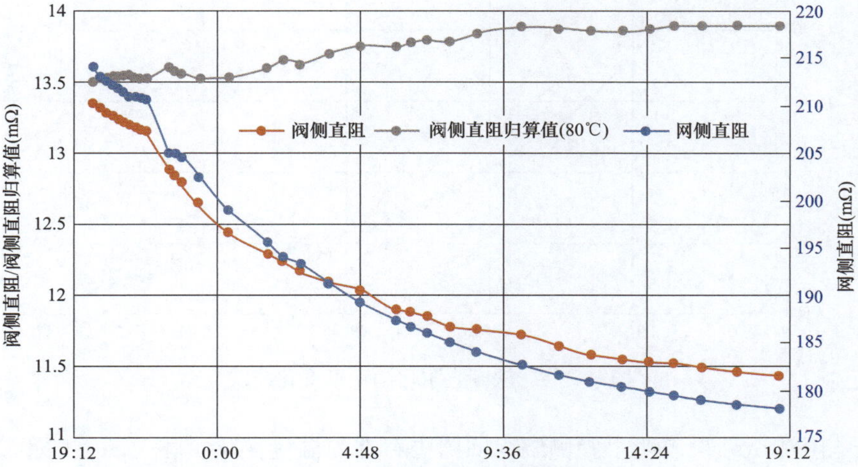

图 2-8-23　网侧绕组、阀侧绕组直阻变化曲线

2）随着绕温逐渐下降，阀侧绕组直阻初值差呈增大趋势，从 1.27%增长至 4.22%。

当网侧绕温下降至30℃后，阀侧直阻偏差率稳定在4.2%左右。阀侧直阻偏差率随温度变化曲线如图2-8-24所示。

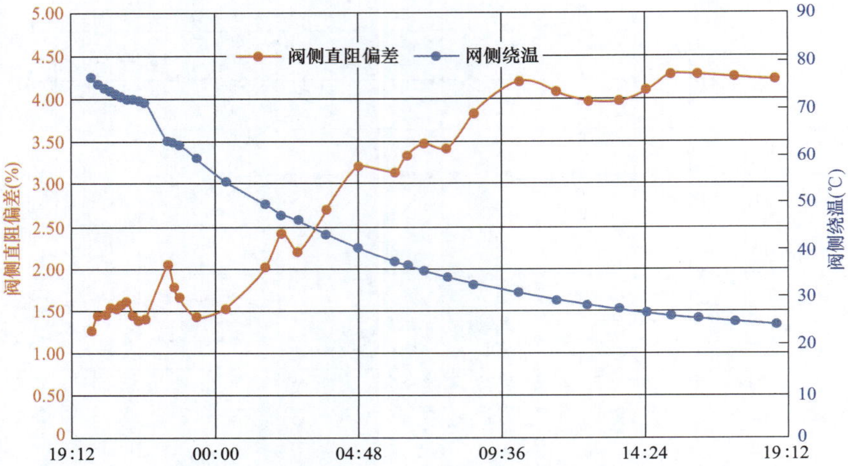

图 2-8-24　阀侧直阻偏差率随温度变化曲线

3）随着网侧绕温下降，网阀直阻比总体呈下降趋势，从16.04下降至15.70。出厂试验时，网阀直阻比为16.24（分接开关位于−5挡）。网阀直阻比随温度变化曲线如图2-8-25所示。

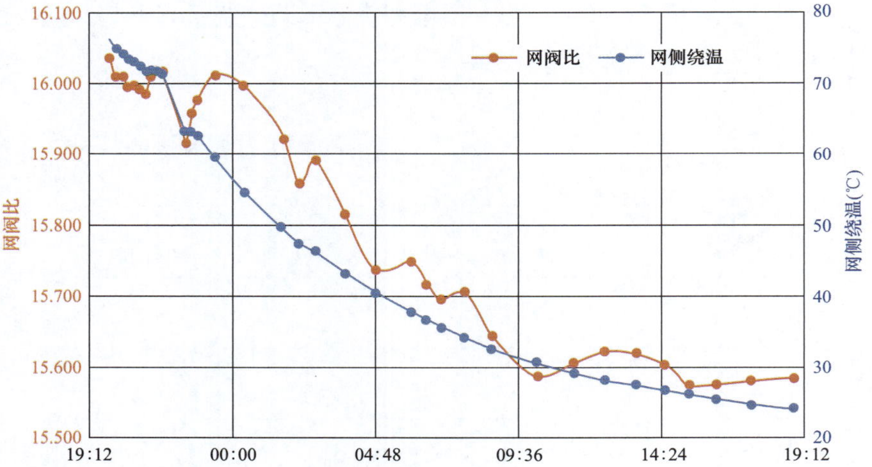

图 2-8-25　网阀直阻比随温度变化曲线

直流电阻测试结果表明，阀侧绕组回路中存在与温度变化负相关的接触不良缺陷。

（2）回路直流电阻测试检查情况。使用部分测量的方法测量极1高Y/Y-C相换流变压器阀侧绕组的直流电阻，确定接触不良的部位，测试回路如图2-8-26所示，测量结果见表2-8-5。

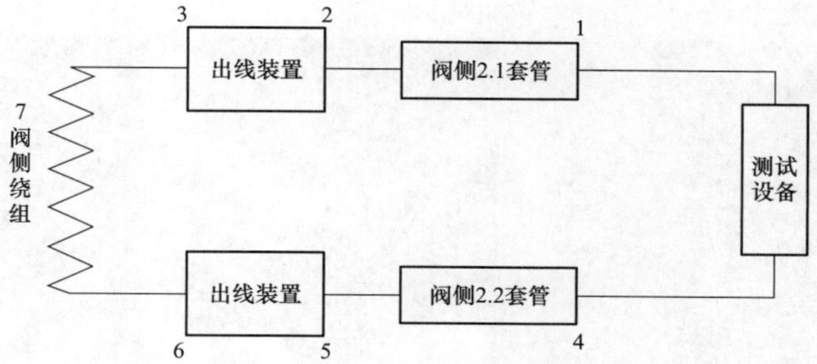

图 2-8-26　阀侧回路直流电阻分部位测试示意图

1—2.1 套管直流电阻；2—2.1 套管与出线装置间的接触电阻；
3—2.1 出线装置与绕组间的接触电阻；4—2.2 套管直流电阻；5—2.2 套管与出线装置间的接触电阻；
6—2.2 出线装置与绕组间的接触电阻；7—阀侧绕组直流电阻

表 2-8-5　　极 1 高 Y/Y-C 相阀侧回路直流电阻分部位测量结果

部位编号	出厂值（μΩ）	实测值或计算值（μΩ）	初值差（%）
1	42	195.5	365.5
2	—	—	—
3	—	24	—
4	42	52.2	24.3
5	—	—	—
6	—	24	—
7	10 769	10 620	1.4
备注	第“2”“5”部分接触电阻合计约 304.3μΩ，显著大于第“3”“6”部分接触电阻		

第“1”部分回路电阻为 195.5μΩ，大于出厂值（42μΩ），2.1 套管内部存在接触不良缺陷。第“2”“5”部分接触电阻合计约 304.3μΩ，第“3”“6”部分接触电阻合计约 48μΩ，第“2”“5”两处插拔部分存在接触不良。

（3）解体检查情况。4 月 26 日，对原极 1 高 Y/Y-C 相换流变压器两支阀侧套管进行拆除，对第“2”号和第“5”号两处接触部位进行检查。拆除阀侧套管后，2 组套管底部连接触指表带（共 6 根）均有不同程度变色（发黑），且触指颜色越黑凹陷程序越严重。发黑表带表面有黑色物质覆盖，电镜检查有 S、C、O 元素，分析为触指发热时与绝缘油化学反应产物。清理干净后黑色位置由原本的银色变成黄铜色。表带触指发黑及劣化情况如图 2-8-27 所示，凹陷情况如图 2-8-28 所示。

变色触指均存在不同程度凹陷情况，发黑越严重，凹陷程度越严重。

现场拆除阀侧 2.1 套管目视检查“2”号接触点，套管底部连接触指有明显的疑似高温灼伤痕迹，大部分已灼伤的触指发生不可逆形变，未灼伤的触指弹性较好，未发生

图 2-8-27　表带触指发黑及劣化情况

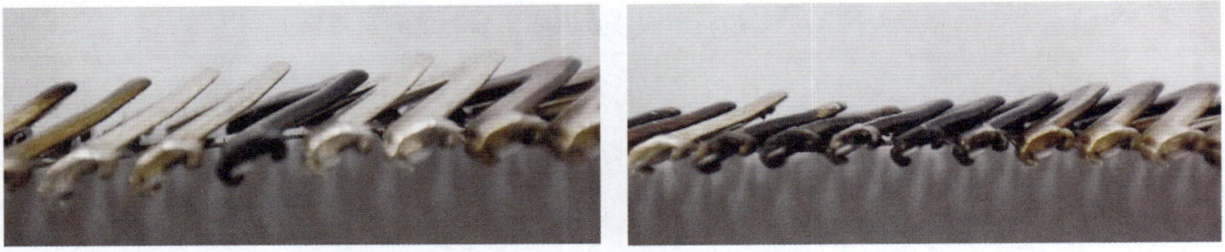

图 2-8-28　表带触指凹陷情况

明显形变。触指表带烧蚀点分布情况如图 2-8-29 所示，变色（发黑）及凹陷情况见表 2-8-6。

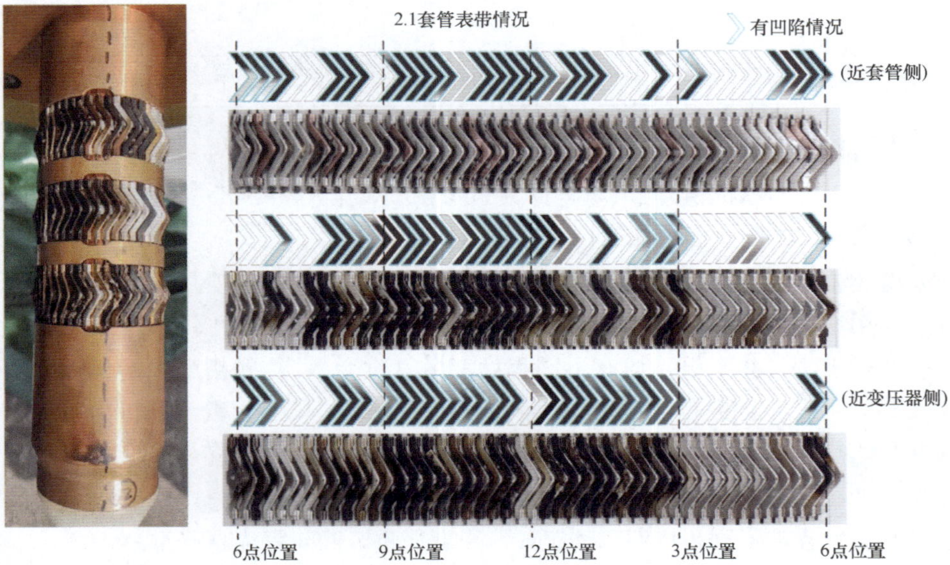

图 2-8-29　阀侧 2.1 套管底部连接触指表带烧蚀点分布情况

表 2-8-6　　阀侧 2.1 管底部连接触指表带变色（发黑）及凹陷情况

表带位置	总片数	变色（发黑）片数	凹陷片数
近套管侧表带	47	33	22
中间表带	47	19	16
近变压器侧表带	47	32	28

现场拆除阀侧 2.2 套管目视检查“5”号接触点，2.2 套管底部连接触指灼伤情况相对较轻，灼伤位置大幅减少，大部分触指的弹性良好，未发生明显形变。2.2 套管底部连接触指表带烧灼触指数量少，同样主要集中在时刻 12～9 点和 12～3 点区域。表带烧蚀点分布情况如图 2-8-30 所示，变色（发黑）及凹陷情况如表 2-8-7 所示。

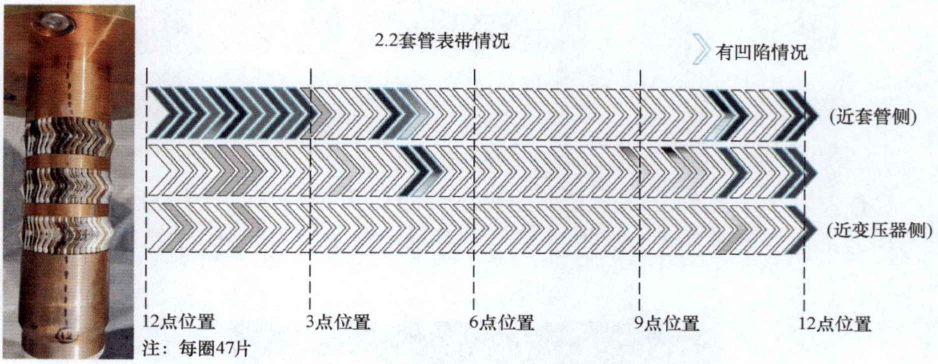

图 2-8-30　阀侧 2.2 套管表带烧蚀点分布情况

表 2-8-7　　“5”号接触部位触指变色（发黑）及凹陷情况

表带位置	总片数	变色（发黑）片数	凹陷片数
近套管侧表带	47	19	18
中间表带	47	12	5
近变压器侧表带	47	4	1

进一步拆除极 1 高 Y/Y-C 相换流变压器阀侧 2.1 套管升高座，对“3”号接触部位进行检查，发现与升高座连接触指（公头）相连的母头发现部分黑色杂质。升高座连接触指（公头）部分有烧灼痕迹，但比 2.1 套管底部连接触指表带处烧蚀痕迹轻微，触指仍有弹性。触指烧蚀情况如图 2-8-31 所示，变色（发黑）及凹陷情况如表 2-8-8 所示。

表 2-8-8　　“3”号接触部位触指变色（发黑）及凹陷情况

表带位置	总片数	变色（发黑）片数	凹陷片数
近套管侧表带	46	19	18
中间表带	46	12	5
近变压器侧表带	46	4	1

图 2-8-31　“3”号连接部位表带触指烧蚀情况

现场拆除极 1 高 Y/Y-C 相换流变压器阀侧 2.2 套管升高座，对“6”号接触部位进行检查，检查发现 2.2 套管升高座底部连接绕组的插拔头触指灼伤位置较少，弹簧性能良好状态较为良好。升高座底部插拔头检查情况如图 2-8-32 所示，表带变色（发黑）及凹陷情况见表 2-8-9。

图 2-8-32　阀侧 2.2 套管升高座底部插拔头检查情况

表 2-8-9　“6”号接触部位弹簧表带变色（发黑）及凹陷情况

表带位置	总片数	变色（发黑）片数	凹陷片数
近套管侧表带	46	20	17
中间表带	46	7	3
近变压器侧表带	46	2	1

（4）现场处理情况。双极 5 台 800kV 换流变压器同时拖出并检查套管状况，选出四只最好的套管现场更换套管底部连接，用于极 1 高端的先期复役。返厂的套管用于极 2 高端后期复役。

拔出套管后套管直流电阻不超 70μΩ 的，现场更换套管底部连接头，连接头采用铜镀银材质，表带触指增加至 4 条；套管直流电阻超过 70μΩ 的，说明套管内接头的触指也存在烧蚀问题，需返厂处置，采用新触指更换套管内的触指。

拔出套管后，测量两个升高座连接头以及阀侧绕组的直流电阻，不超标的可不拔出线装置，回装套管恢复即可。直流电阻超标的，更换升高座内带触指且发热的铜接头（公头），铜接头表带触指采用铜镀银材质，表带触指增加至 4 条。

9 沈阳传奇 GSETF 阀侧套管

9.1 结 构 介 绍

阀侧套管主绝缘采用环氧树脂胶浸纸电容芯体，套管外套采用硅橡胶空心复合绝缘子外套，在环氧树脂浸纸电容芯体与套管外套间充 SF_6 气体，结构与上节提及的 GSETF 阀侧套管相同，如图 2-9-1 所示。

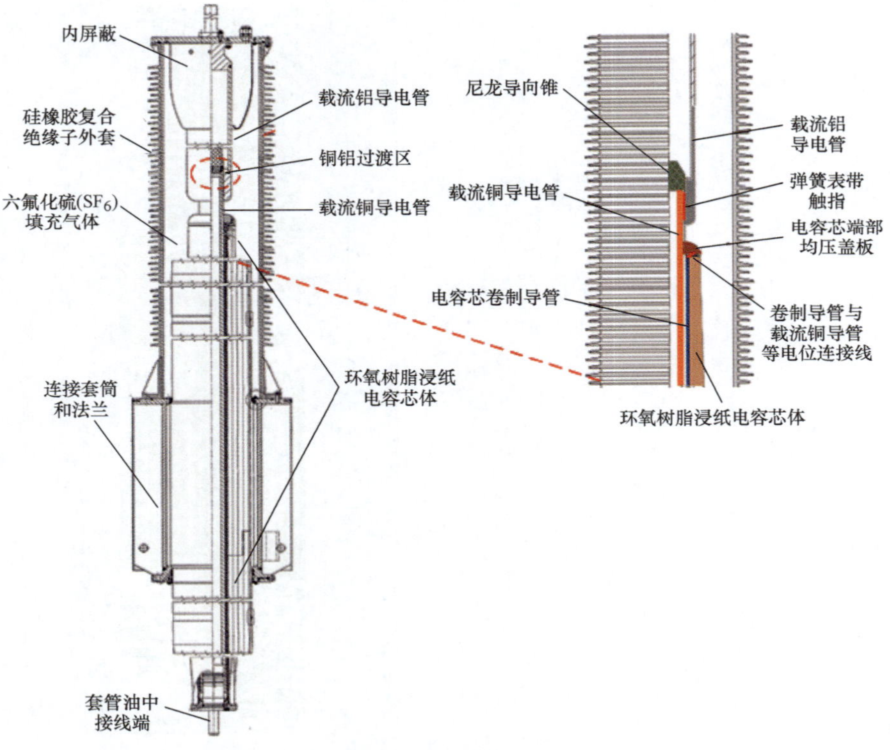

图 2-9-1 沈阳传奇 GSETF 阀侧套管结构简图

9.2 故障及缺陷特征

沈阳传奇 GSETF 阀侧套管实际运行经验表明，GSETF 阀侧套管存在金属汇流环悬浮放电、法兰末屏预留孔开裂漏气，两类故障均为频发故障。

（1）可能原因。对于金属汇流环悬浮放电故障，可能原因为金属汇流环与末屏的接触不牢固，金属汇流环与末屏极板之间存在较大电位差，致使金属汇流环产生局部放电，烧蚀芯体表面的环氧绝缘材料。对于法兰末屏预留孔开裂漏气故障，可能原因为法兰末屏预留孔内壁过薄、金属砂眼、外力破坏。

（2）主要特征。一是金属汇流环悬浮放电故障。①在运行状态上，故障会导致换流变压器阀侧电压大幅升高，与正常状态相比阀侧电压升高10%以上，换流变压器本体油中溶解气体超过注意值，根据《变压器油中溶解气体分析和判断导则》（DL/T 722—2014）油中气体三比值为“102”，呈现电弧放电的典型特征，甚至引起换流变压器阀侧升高座气体继电器轻瓦斯动作、换流变压器本体气体继电器轻瓦斯动作。②在试验数据上，故障会导致阀侧套管末屏对地绝缘电阻大幅降低，阀侧套管芯体电容量及介质损耗显著增加。③在套管电容芯体外观上，环氧绝缘芯体会存在击穿孔洞，金属汇流环表面存在放电烧蚀，金属汇流环附近的环氧材料会出现剥落，套管法兰与绝缘芯体的接触面会存在大量油泥炭黑。二是对于法兰末屏预留孔开裂漏气故障。①在运行状态上，故障会导致换流变压器阀侧套管六氟化硫（SF_6）压力持续降低，甚至触发低压力告警以及低压力闭锁。②在试验检测上，包扎检测时，六氟化硫（SF_6）密度继电器、末屏接线盒等部位会出现六氟化硫（SF_6）报警，红外热像巡视过程中，六氟化硫（SF_6）密度继电器、末屏接线盒等部位会发现烟絮状影像。③外观检查上，目视检查会发现法兰预留孔、气体继电器预留孔等开孔处，存在金属裂缝或者沙眼。

（3）监测检测方法。一是对于金属汇流环悬浮放电故障。①换流变压器阀侧电压监测。金属汇流环悬浮放电故障发展过程中，阀侧套管电容芯体有一个表面损伤、放电孔洞、屏间击穿、芯体击穿的演变过程，屏间击穿后阀侧套管电容量增加，阀侧电压升高是电容芯体屏间击穿的直观表现，阀侧电压监测是预防阀侧套管芯体击穿故障跳闸的有效手段。②换流变压器油中溶解气体监测。部分金属汇流环在换流变压器阀侧升高座内部，浸于换流变压器本体绝缘油当中，汇流环的放电故障会引起阀侧升高座区域绝缘油的裂解劣化，产生乙炔（C_2H_2）、氢气（H_2）等特征气体，使用单氢快速监测装置、乙炔（C_2H_2）快速监测装置、多组分的油中溶解气体监测装置，都可以及早发现故障并跟踪放电故障的发展。通过对比不同升高座油样以及本体油样的检测结果，根据浓度差异可以较好地判断哪个升高座存在放电异常。③非电量保护手段。金属汇流环悬浮放电故障是一种放电能量不断增加的故障，故障初期产气速率较低，气体溶解在绝缘油中，故障后期产气速率陡增，气体以气泡形式析出并涌进就近的气体继电器中，一般是进入阀侧升高座气体继电器。因此可靠高效的阀侧升高座气体继电器可以很好地防止阀侧套管击穿燃爆这类恶性事故。④阀侧套管的电容量及末屏电容量分析。电容量是诊断套管芯体屏间击穿、几何变化的有效手段，汇流环与末屏断开会引起末屏对地电容量的下降，电容芯体击穿空洞会形成屏间短路引起芯体电容量的上升，通过电容量检测可以有效判断故障的状态。二是对于法兰末屏预留孔开裂漏气故障。①六氟化硫（SF_6）气体压力监测。法兰作为阀侧套管密闭气室的关键部分，开裂漏气会引起气室压力的降低，降低速率与开裂程度正向相关。根据《交流电压高于 1000V 的绝缘套管》（GB/T 4109—

2022)，充入 0.1MPa 压力 12h 后压力变化率应小于 10%。根据长期运行维护经验，阀侧套管压力与阀侧套管温度密切相关，一天时间内因温度引起的变化量不大于 5%，因此可选择 10%～15%作为压力变化的注意值。②泄漏率检测及漏点排查。按照五通检测细则，建议每两年开展一次包扎法的阀侧套管泄漏率检测，年泄漏率不应大于 1%。对于异常泄漏的，使用红外热像仪、声学成像仪查找泄漏点，或者使用局部包扎查找漏点。

9.3 提升措施建议

（1）金属汇流环悬浮放电故障。一是加强设计阶段金属汇流环等电位连接的优化。使用带有电压抽头的双末屏冗余设计，使用多引线焊接的冗余连接设计，提高汇流环接地的冗余路径和可靠性。开展汇流环断线情况下的电场裕度计算校核，降低汇流环断线后芯体放电的风险。二是做好运行阶段状态跟踪分析。①加强油中溶解气体的监测分析。当监测到换流变压器本体绝缘油乙炔（C_2H_2）突增时，对阀侧升高座区域的绝缘油开展取样检测，对比阀侧升高座与本体绝缘油中乙炔（C_2H_2）的浓度差异，必要时综合利用局部放电检测辅助开展故障定位。②密切关注阀侧电压监测的异常变化。阀侧电压是反映阀侧套管电容芯体绝缘状态劣化情况的唯一有效手段，阀侧电压的升高预示着主绝缘电容的增加（电容芯体屏间击穿），阀侧电压的降低预示着末屏分压器的损伤。在阀侧电压变化率超过 10%时，应开展油中溶解气体分析、超声波局部放电检测等诊断性检测，必要时停电进行电容量测量确认套管芯体绝缘状态。③加强阀侧升高座非电量保护装置的管理。阀侧升高座非电量保护装置（气体继电器）的告警或跳闸等功能，可以有效避免阀侧套管绝缘芯体击穿后导致的套管严重故障，应做好非电量保护装置每年的校验、检查，避免装置误动作以及拒动作。④结合年度检修开展套管电容量等预防性试验分析。按照《换流变压器交接及预防性试验规程》（DL/T 1798—2018）每 3 年开展一次阀侧套管电容量检测，套管电容量与出厂值或上次试验值的相对差值不应超过±3%。开展阀侧套管末屏电容量检测，电容量不应出现大幅变化。

（2）法兰末屏预留孔开裂漏气故障。一是在设计选型阶段优化末屏预留孔的位置。末屏预留孔应远离电压抽头（次末屏）预留孔、密度继电器预留孔、防爆膜预留孔，避免多孔交界部位出现机械薄弱部位。二是在加工制造阶段强化质量控制。使用超声波探伤、磁粉探伤、显色剂浸渍探伤等手段，对法兰上预留孔（含螺栓孔）周围进行裂纹探查和孔眼探查，不应发现显著裂纹（裂缝）。开展密封性能试验（泄漏率检测），根据《交流电压高于 1000V 的绝缘套管》（GB/T 4109—2022），充入 0.1MPa 压力 12h 后压力变化率应小于 10%。三是在安装完成后定期开展泄漏率测试。参照《输变电设备状态检修试验规程》（DL/T 393—2021）定期（每年）开展一次泄漏率测试检测，使用包扎法对套管法兰、绝缘护套等部位检测，泄漏率应小于 1%/年。在泄漏率出现异常后，可以使用红外热像仪、声学成像仪等可视化手段查找泄漏部位。四是密切关注气体压力的变化。六氟化硫（SF_6）气体压力应维持在一个恒定水平，压力变化量应在10%～15%以内，当压力出现显著变化时应开展泄漏点检测，使用红外热像仪、声学成像仪等可视化手段查找泄漏部位。

9.4 典型故障及缺陷案例

9.4.1 案例37：换流变压器阀侧套管闪络故障

7月31日09:27，某换流站极Ⅱ低端Y/D-A相换流变压器阀侧电压降低至接近零，阀侧电压互感器TV故障告警和轻瓦斯告警先后发出；09:32，极Ⅱ低端阀组差动保护、极差保护、Y/D-A相换流变压器本体重瓦斯相继动作。

1. 外观检查情况

现场对故障换流变压器的套管油位、本体油位、气体继电器、压力释放阀等进行检查，发现本体气体继电器有气体，本体压力释放阀排油管路附近有黑色油迹，故障后换流变压器气体继电器及压力释放阀的情况如图2-9-2所示。

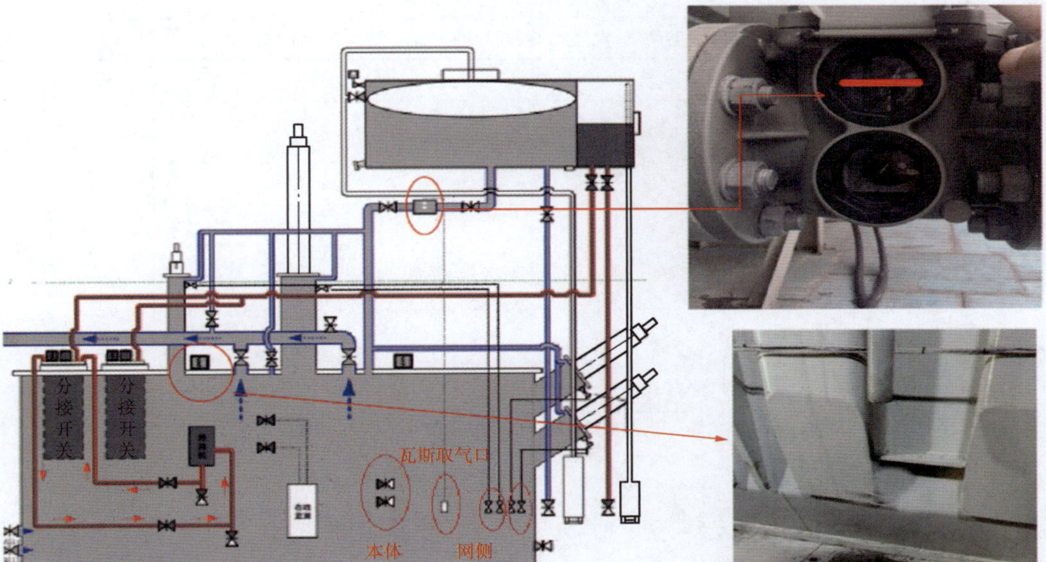

图2-9-2　故障后换流变压器气体继电器及压力释放阀的情况

2. 试验检查情况

故障后对换流变压器本体及升高座共6个位置开展了油中溶解气体分析，故障换流变压器油中溶解气体分析结果见表2-9-1，不同取样部位的油中溶解气体含量如图2-9-3所示。

表 2-9-1　　　　故障换流变压器油中溶解气体分析结果

点位序号	部位名称	氢气 (H_2)	甲烷 (CH_4)	乙烷 (C_2H_6)	乙烯 (C_2H_4)	乙炔 (C_2H_2)	总烃 (ΣCH)	一氧化碳 (CO)	二氧化碳 (CO_2)
0	基准值	32.21	2.23	0.24	0.26	0.08	2.81	161.78	608.41
1	本体底部	263.38	65.44	3.80	59.38	120.84	249.46	212.22	559.71
2	本体顶部	281.12	76.49	5.39	80.52	159.86	322.26	218.57	554.95
3	阀侧首端套管升高座	983.23	189.25	8.68	146.02	307.42	651.37	280.55	1167.45
4	阀侧末端套管升高座	787.35	229.66	14.72	227.23	440.94	912.55	289.42	598.15
5	网侧高压套管升高座	649.53	202.70	12.65	193.42	381.99	790.76	232.16	785.95
6	网侧中性点套管升高座	511.08	115.01	5.68	95.28	201.65	417.62	252.85	489.03
注意值		150	—	—	—	1	150	—	—
结论		换流变压器内部有电弧放电，放电点靠近阀侧升高座							
参考标准		《变压器油中溶解气体分析和判断导则》(DL/T 722—2014)							

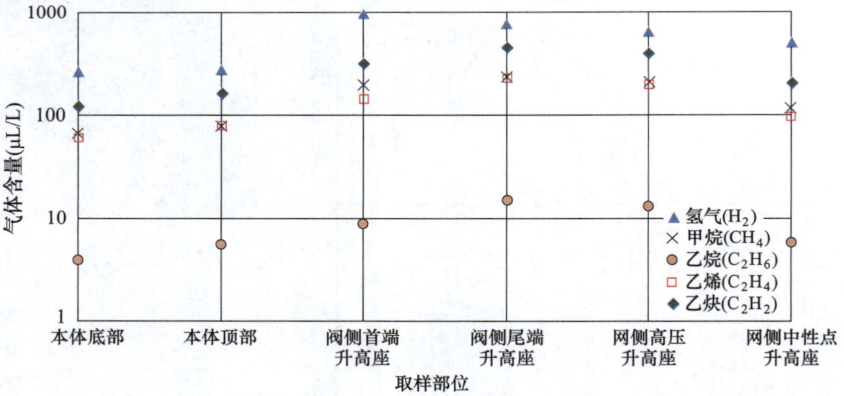

图 2-9-3　不同取样部位的油中溶解气体含量

根据不同部位油中溶解气体分析结果，故障产生的特征气体有明显的扩散。阀侧 b 升高座乙炔（C_2H_2）含量最大，达到了 440.94μL/L；网侧 A 升高座乙炔（C_2H_2）含量次之，达到了 381.99μL/L；阀侧 a 升高座乙炔（C_2H_2）含量再次之，约为 307.42μL/L。阀侧 a 升高座氢气（H_2）含量最高，约为 983.23μL/L；阀侧 b 升高座氢气（H_2）含量次之，达到了 787.35μL/L；网侧 A 升高座氢气（H_2）含量 649.53μL/L。六个点位的色谱三比值编码均为 102，表明变压器内部有电弧放电。

在油中溶解气体分析完成后，对故障变压器的阀侧绕组和阀侧套管开展了诊断性电气试验，诊断性试验项目和试验结果见表 2-9-2。

表 2-9-2　　诊断性试验项目和试验结果

序号	试验项目	初值	实测值	初值差（%）	注意值
1	阀侧绕组绝缘电阻（MΩ）	12 900	1260	90.2	10 000
2	阀侧绕组电容量（pF）	18 800	19 060	1.4	3.0%
3	阀侧绕组介质损耗（%）	0.231	3.583	1451	130%
4	阀侧绕组连同套管直流电阻（mΩ）	35.74	94.35	166	2.0%
5	阀侧首端套管末屏对地绝缘电阻（MΩ）	3000	0.9	—	1000
6	阀侧末端套管末屏对地绝缘电阻（MΩ）	3000	50 000	—	1000
7	阀侧首端套管芯体电容量（pF）	1355	0.126	—	3.0%
8	阀侧首端套管芯体介质损耗（%）	0.413	5.161	1150	绝对值小于或等于 0.7%；增量小于或等于 130%
9	阀侧末端套管芯体电容量（pF）	1348	1376	2.1	3.0%
10	阀侧首端套管芯体介质损耗（%）	0.406	0.309	23.9	绝对值小于或等于 0.7%；增量小于或等于 130%
参考标准	《换流变压器交接及预防性试验规程》（DL/T 1798—2018）				
结论	阀侧首端套管的绝缘电阻和电容量有明显降低，阀侧首端套管电容芯体介质损耗超过注意值，阀侧绕组直流电阻增量超过注意值，阀侧首端套管有放电击穿，阀侧绕组连同阀侧首端套管这一载流回路存在接触不良				

阀侧绕组绝缘电阻（阀侧绕组对网侧绕组及地）降低至 1.26GΩ，降幅高达 90%；阀侧绕组电容量为 19.06nF，初值差 1.4%，电容量没有明显变化；阀侧绕组介质损耗增加至 3.583%，远大于 0.5%的规程注意值。阀侧绕组连同套管直流电阻增加至 94.35mΩ，增幅高达 164.0%，远大于 2.0%的规程警示值。试验表明阀侧绕组绝缘有明显降低，阀侧绕组存在接触不良、断线断股等载流回路异常。

阀侧首端套管末屏对地绝缘电阻仅为 0.9MΩ，末屏对地绝缘已经击穿；阀侧末端套管末屏对地绝缘电阻为 50GΩ，绝缘良好；阀侧首端套管芯体电容量为 0.12pF，介质损耗为 5.16%；阀侧末端套管芯体电容量为 1376pF，电容增量为 2%。试验结果表明阀侧首端套管末屏对地已击穿，电容芯体与末屏已失去连接。

3. 解体检查情况

对故障套管进行解体分析，套管油侧接地汇流环掉落，接地汇流环烧断，内表面存在多处放电烧蚀痕迹，如图 2-9-4 和图 2-9-5 所示。复合硅橡胶绝缘护套无异常，接地法兰表面无明显放电痕迹。从图 2-9-4 中可以看出，换流变压器侧电容芯体油中部分存在严重的放电烧蚀痕迹，最外层环氧树脂绝缘层多处剥落，可见最末层电容屏。在距离套管末端端盖 91cm 处或距离法兰 64cm 处有一处明显放电击穿点，该处放电点轮廓呈现 7cm×5cm 的椭圆形，该击穿点位于接地合金带处。法兰密封圈烧损，同时法兰面处存在黏稠状黑色物质。

对套管端盖、护套和接地连接筒进行检查。拆除套管端盖、复合绝缘护套和接地连接套筒后，接地法兰附近的电容芯体严重受损，芯体表面有大面积电弧灼伤，如图 2-9-6 所示。

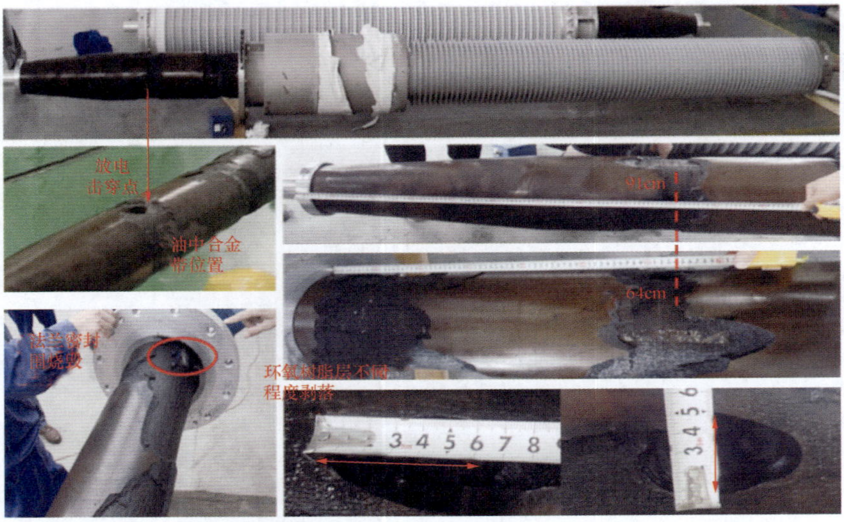

图 2-9-4　套管靠近换流变压器侧放电烧蚀痕迹

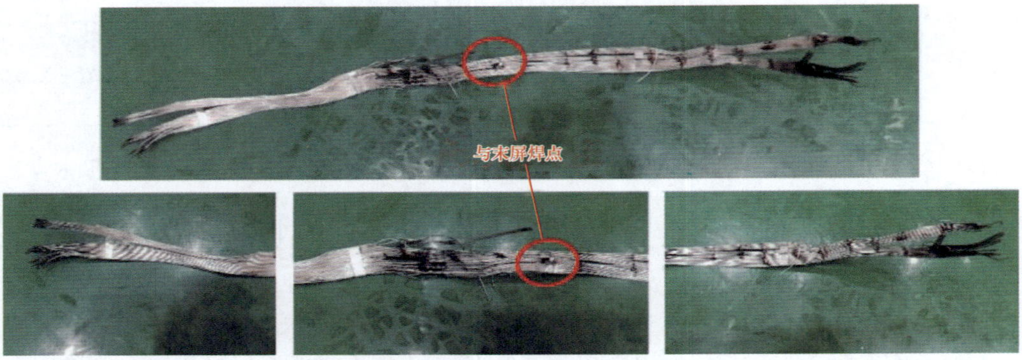

图 2-9-5　掉落断裂的油侧接地汇流环

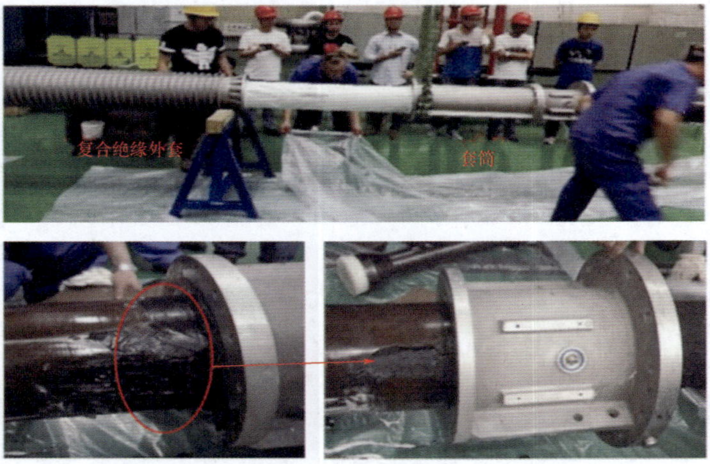

图 2-9-6　套管拆装检查图

对接地法兰进行切割拆除后，使电容芯体完全暴露。法兰表面碳化烧蚀痕迹明显，电容芯体环氧树脂绝缘层烧蚀严重，如图 2-9-7 所示。

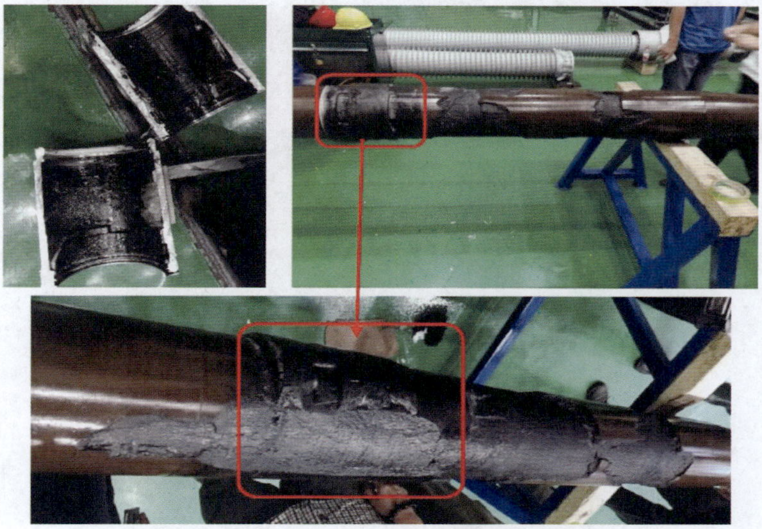

图 2-9-7　接地法兰处电容芯体受损情况

将导电杆从电容芯体里拔出，整根导电杆表面过热熏黑，在距离底部接线端子 90cm 处发现明显的放电痕迹，导电杆上有电弧灼伤的凹坑，并且与电容芯体击穿点位置一致，如图 2-9-8 所示。

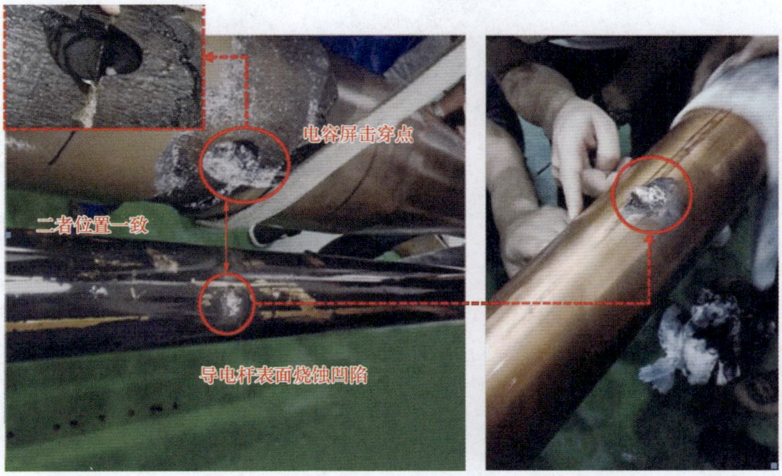

图 2-9-8　载流导电杆检查

将阀侧汇流合金带拆开，与油侧汇流合金带进行对比，如图 2-9-9 所示。阀侧汇流合金带表面光滑，无灼烧痕迹；而油侧汇流合金带已被熔断，其表面出现多处漏铜点，存在多处放电点。在油侧汇流合金带上存在与末屏连接的焊点，如图 2-9-10 所示，同时环氧树脂绝缘体上末屏引出孔内焊锡及末屏连接线消失，但孔洞大小并无变化。

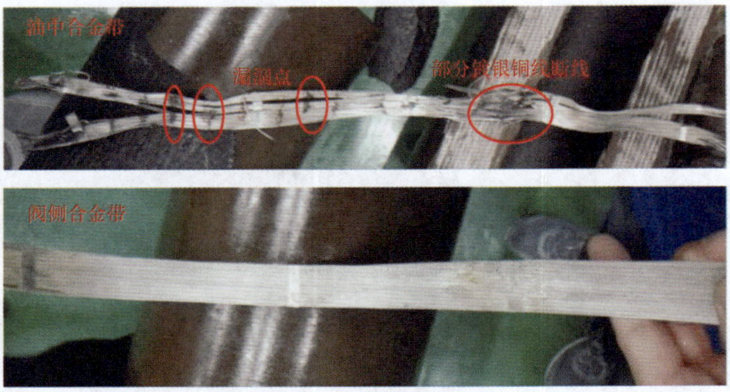

图 2-9-9　合金带对比图

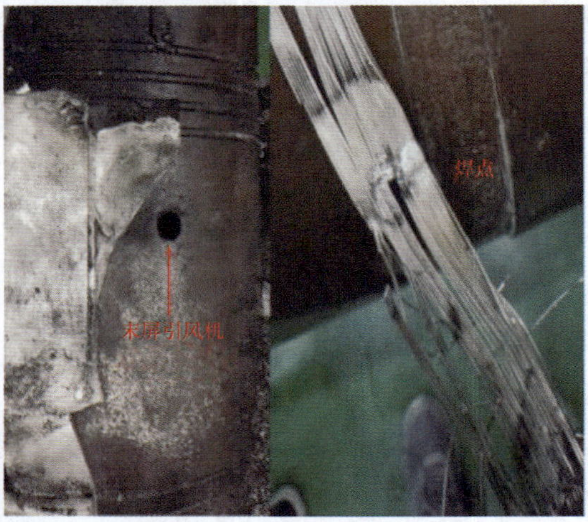

图 2-9-10　电容芯体上末屏引出孔及其焊点

沿电容芯体击穿点两侧、末屏引出位置进行纵向环切，切割 1、2、3 断面未见异常。再对击穿点位置进行了二次切割（纵切 4、环切 5），电容芯体内部导电杆到末屏之间形成贯穿型放电通道，放电通道表面光滑、由外往内逐渐缩小，并且呈现螺旋形，同时该部位内壁脱落并存在碳化痕迹。电容芯体环切（断面未见异常）如图 2-9-11 所示，电容芯体放电通道如图 2-9-12 所示。

9.4.2　案例 38：换流变压器阀侧套管闪络故障

9 月 15 日 19:43，某换流站极 Ⅰ 低端 Y/Y-A 相换流变压器阀侧套管电压异常报警。换流变压器阀侧电压 A 相为 164.6kV，高于 B 相的 129.0kV 及 C 相的 126.2kV（Y/Y 换流变压器阀侧电压一般应在 124～130kV）。现场人员对阀侧套管末屏二次电压进行实地测量，测量结果 A 相 85V，B、C 相 63V，A 相电压跃升 30%。9 月 16 日 06:37:27，极 Ⅰ 停运并转检修。故障时，套管已运行 10 年。

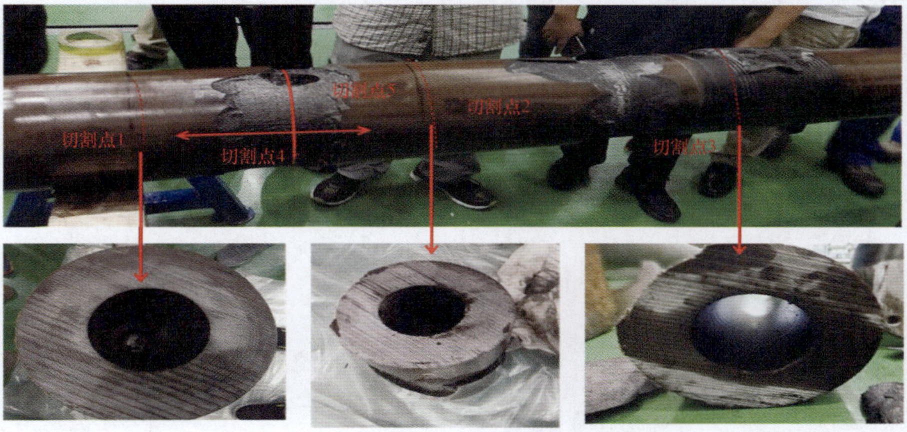

图 2-9-11 电容芯体环切（断面未见异常）

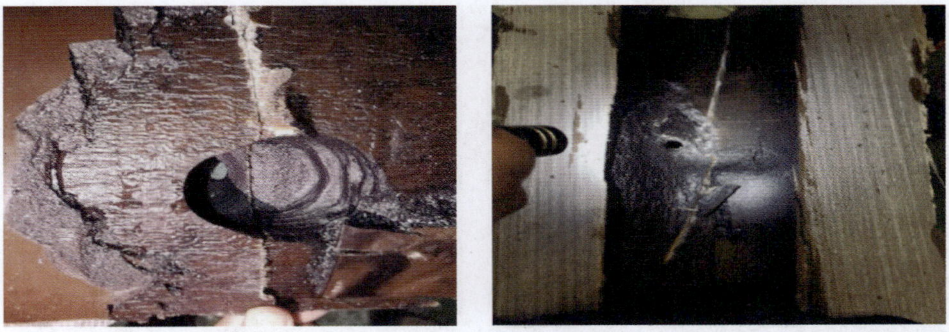

图 2-9-12 电容芯体放电通道

开展 SF_6 气体分解物检测，极Ⅰ Y/Y A 相换流变压器 Ya、Yb 套管 SF_6 分解物检测见表 2-9-3，二氧化硫（SO_2）含量从年初的 0.0μL/L 跃升至 3.3μL/L，超过 1.0μL/L 的规程注意值；进一步对 Ya、Yb 套管进行介质损耗测试和电容值测量，检测结果见表 2-9-4，并与交接试验记录进行对比分析，发现 Ya 套管电容值增加约 33%。

表 2-9-3　　极Ⅰ Y/Y A 相换流变压器 Ya、Yb 套管 SF_6 分解物检测　　（μL/L）

试验时间	被试套管	二氧化硫（SO_2）	硫化氢（H_2S）	一氧化碳（CO）
1月	Ya 套管	0	0	75.1
	Yb 套管	0.1	0	72.9
9月	Ya 套管	3.3	0	193
	Yb 套管	0	0	120.6

表 2-9-4　极Ⅰ Y/Y A 相换流变压器 Ya、Yb 套管介质损耗 tanδ 及电容值 C_x 检测

序号	设备名称	交接试验		预试	
		tanδ(%)	C_x(pF)	tanδ(%)	C_x(pF)
1	Ya 套管	0.56	660	0.317	872.4
2	Yb 套管	0.558	655.8	0.29	666.1

对故障套管进行了解体检查，解体后电容芯体表层发现存在三处裂痕，如图 2-9-13 所示，一处位于油侧汇流环附近，另两处集中在气侧汇流环附近，三处裂缝基本上处于同一直线上，裂缝位于电容芯体轴向上方。

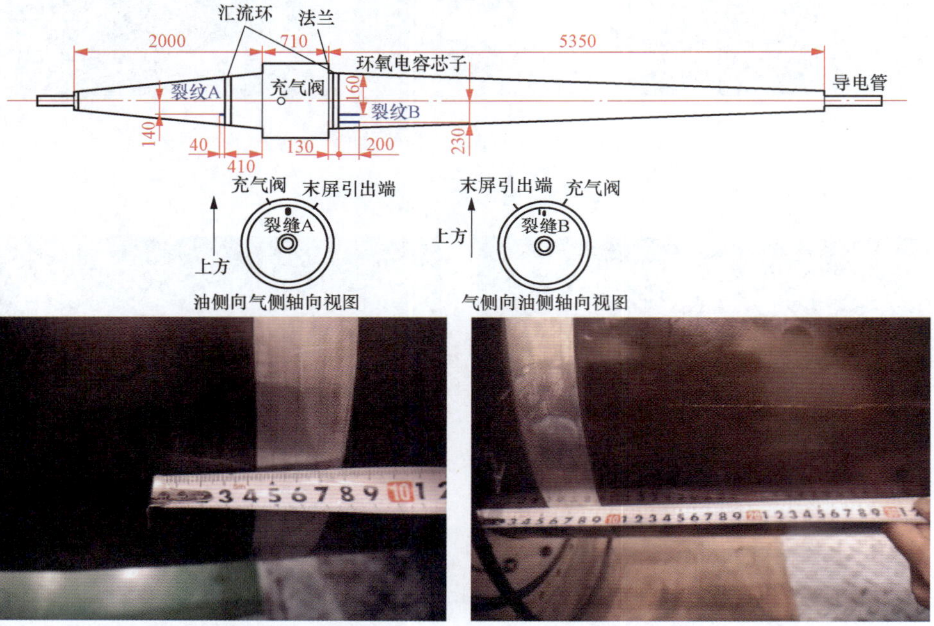

图 2-9-13　套管芯体油侧（左）和气侧（右）裂缝（单位：mm）

解体检查期间开展了电容芯体逐层电容量的测量，检测结果见表 2-9-5，电容屏从外到内编号，共 64 屏电容屏，第 1 屏（末屏）和第 2 屏之间电容编号为 1 号电容，依次类推。最外侧的 1～12 屏电容量变化显著，其中 3～7 屏完全导通，占电容屏总数量的 7.8%。解体后电容芯体表层发现存在三处裂痕，一处位于油侧汇流环附近，另两处集中在气侧汇流环附近，三处裂缝基本上处于同一直线上，裂缝位于电容芯体轴向上方。

表 2-9-5　电容芯体单层电容屏电容量检测

油侧芯体		气侧芯体	
单层电容编号	电容（nF）	单层电容编号	电容（nF）
63	19.4	63	27.8
62	19.6	62	28.4

续表

油侧芯体		气侧芯体	
单层电容编号	电容（nF）	单层电容编号	电容（nF）
61	19.4	61	28.2
60	20.6	60	29.8
59	20.9	59	29.4
58	21.7	58	29.3
57	21.4	57	30.1
56	21	56	30.2
55	21	55	29.6
54	21.1	54	30.3
53	19.7	53	30.6
52	19.6	52	29.5
51	19.7	51	29.9
50	20.2	50	29.3
49	17.9	49	30.2
48	18.5	48	26.4
47	18.4	47	27
46	17.1	46	26.8
45	17.4	45	24.5
44	17.4	44	25.1
43	17.6	43	25.4
42	17.5	42	25.8
41	18.4	41	25.3
40	18.8	40	25.5
39	21.6	39	25.9
38	23.6	38	26.1
37	18.8	37	26.3
36	18.9	36	26.6
35	19.1	35	26.5
34	18.4	34	26.9
33	17.7	33	25.3
32	17.7	32	25
31	17.6	31	24.7
30	17.4	30	24.7
29	17.9	29	24.4
28	18.1	28	26.1

续表

油侧芯体		气侧芯体	
单层电容编号	电容（nF）	单层电容编号	电容（nF）
27	20.7	27	24.3
26	20.6	26	28.7
25	20.8	25	27.9
24	20.2	24	27.4
23	21.3	23	26.5
22	21.5	22	27.3
21	21.5	21	30
20	18.8	20	28.3
19	18.8	19	30.3
18	19	18	23.1
17	17.6	17	25.7
16	14.3	16	27
15	16.9	15	26.6
14	18.9	14	19.4
13	18.7	13	20.8
12	18.7	12	2
11	18.2	11	6
10	17.7	10	110
9	17.4	9	6
8	16.5	8	25
7	17.4	7	导通
6	16.5	6	导通
5	16.6	5	导通
4	15.8	4	导通
3	15.9	3	导通
2	15	2	44
1	11	1	14.9

注 单层电容从外到内编号，共 64 屏电容屏，第 1 屏（末屏）和第 2 屏之间电容编号为 1 号电容，依次类推。

对电容芯体油侧裂缝解体，发现第 1～3 层电容屏存在明显放电痕迹，如图 2-9-14 所示，该放电痕迹位于第 2 层电容屏铝箔搭接处，在高频情况下该搭接处存在微小电压差的可能性，是绝缘薄弱点，可能为故障的起始放电点，最终发展为部分电容屏击穿。

对电容芯体气侧裂缝解体，发现第 3～14 层电容屏存在贯穿放电通道，如图 2-9-15 所示，碳化最严重的区域位于第 7 层左右。套管解体发现的放电痕迹与分层电容测量结果相符。

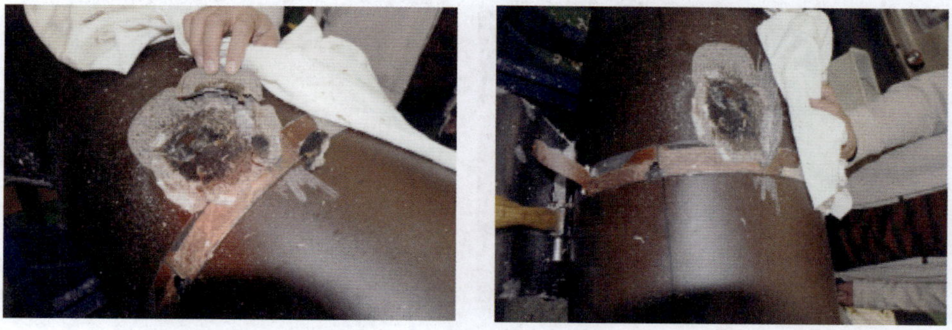

图 2-9-14 油侧电容芯体放电痕迹

图 2-9-15 电容芯体放电痕迹

9.4.3 案例 39：换流变压器阀侧套管气体泄漏故障

7 月 5 日，某换流站运维人员定期巡检发现极 I 低 Y/Y-B 相换流变压器阀侧套管 SF_6 压力值为 3.15bar，相间互差 14.9%；7 月 4 日极 I 低 Y/Y-B 相换流变压器阀侧套管 SF_6 压力值为 3.6bar，相间互差 5.3%。

7 月 6 日，检修人员使用 SF_6 渗漏检测仪对极 I 低端换流变压器 Y/Y-B 相阀侧套管开展全面检查，发现套管密度继电器导气管与法兰逆止阀连接部位存在渗漏，更换导气管及逆止阀后 SF_6 渗漏检测仪依然报警。拆开末屏密封盖板，发现末屏密封盖板安装孔（该孔为备用口，用于安装在线监测装置）靠换流变压器本体侧有明显的贯穿性裂纹。套管漏气及裂纹部位如图 2-9-16 所示。

9.4.4 案例 40：换流变压器阀侧套管气体泄漏故障

10 月 27 日，某换流站运维人员定期巡检发现某站极 I 低端 Y/Y-A 相换流变压器阀侧 4.1 套管压力 0.34MPa，相间互差 10.5%；进一步开展红外热像检漏，发现末屏接线盒处存在漏气。

1. 泄漏检测情况

10 月 28 日，检修人员使用 SF_6 红外检漏仪对漏气套管进行检查，发现阀侧套管末

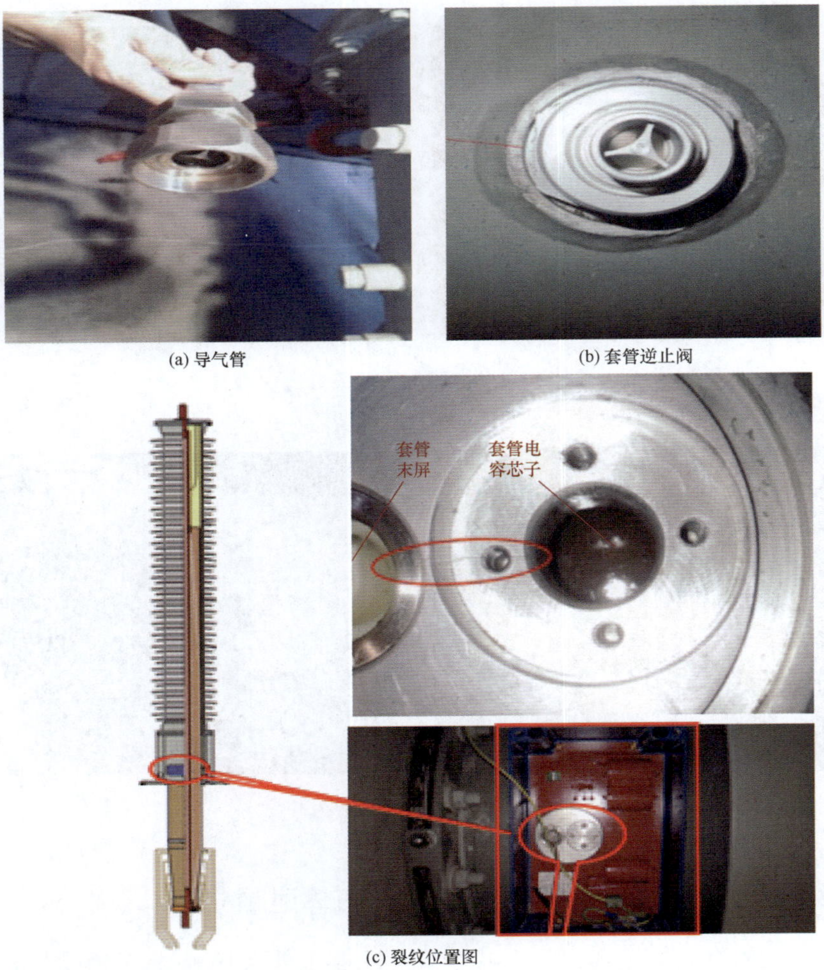

图 2-9-16　套管漏气及裂纹部位

屏接线盒有轻微漏气，从末屏引出线接线柱顶端区域喷出。当用手指按在末屏引出线接线柱顶端时，观察不到 SF_6 气流。阀侧套管漏气的红外热像图谱如图 2-9-17 所示。

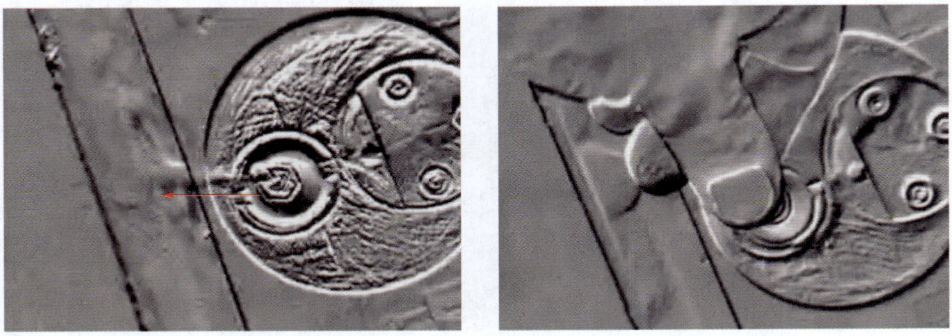

图 2-9-17　阀侧套管漏气的红外热像图谱

2. 解体检查情况

在沈阳传奇对故障套管进行解体检查，漏气源头为备用末屏引出口的盖板，将盖板打开后可见备用末屏引出口，发现法兰末屏处内外侧均有明显裂纹。法兰末屏位置的裂纹如图 2-9-18 所示，半圆形备用末屏引出口盖板如图 2-9-19 所示。

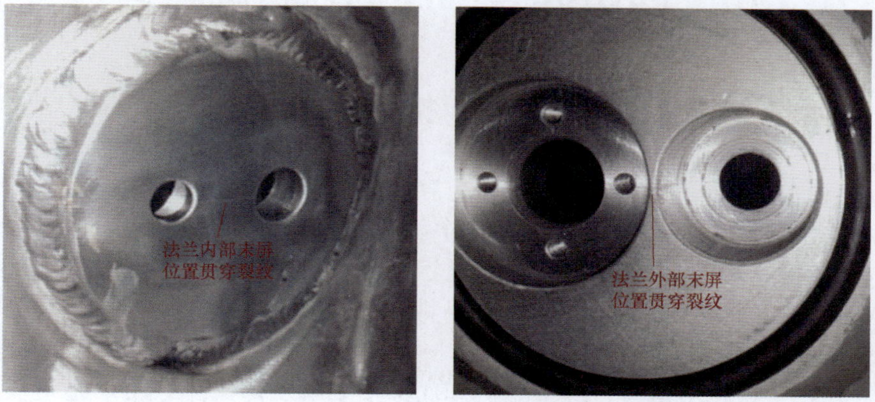

图 2-9-18　法兰末屏位置的裂纹

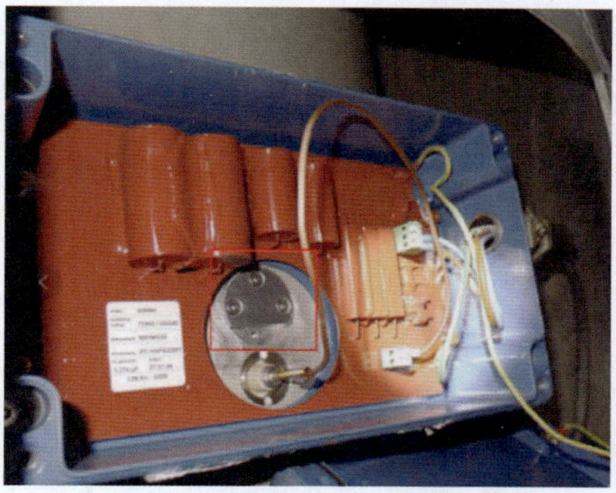

图 2-9-19　半圆形备用末屏引出口盖板

10 西电西套 BRFGZ 阀侧套管

10.1 结 构 介 绍

阀侧套管主绝缘采用环氧树脂胶浸纸电容芯体，套管外套采用硅橡胶空心复合绝缘子外套，在环氧树脂浸纸电容芯体与套管外套间充六氟化硫（SF_6）气体。套管电容芯内采用双管结构形式，载流导管为铜质、电容芯体卷制管为铝制，铝制芯体卷制管与环氧绝缘电容芯体之间填充一层半导电橡胶材料，用于缓冲卷制管和电容芯体膨胀系数不同导致的局部应力；BRFGZ 阀侧套管使用一根完整的载流导管，在套管内部不存在“铜铝过渡连接”段，但是套管的空气侧和底部接线端子均采用表带触指型插拔端子。西电西套 BRFGZ 阀侧套管结构示意图如图 2-10-1 所示。

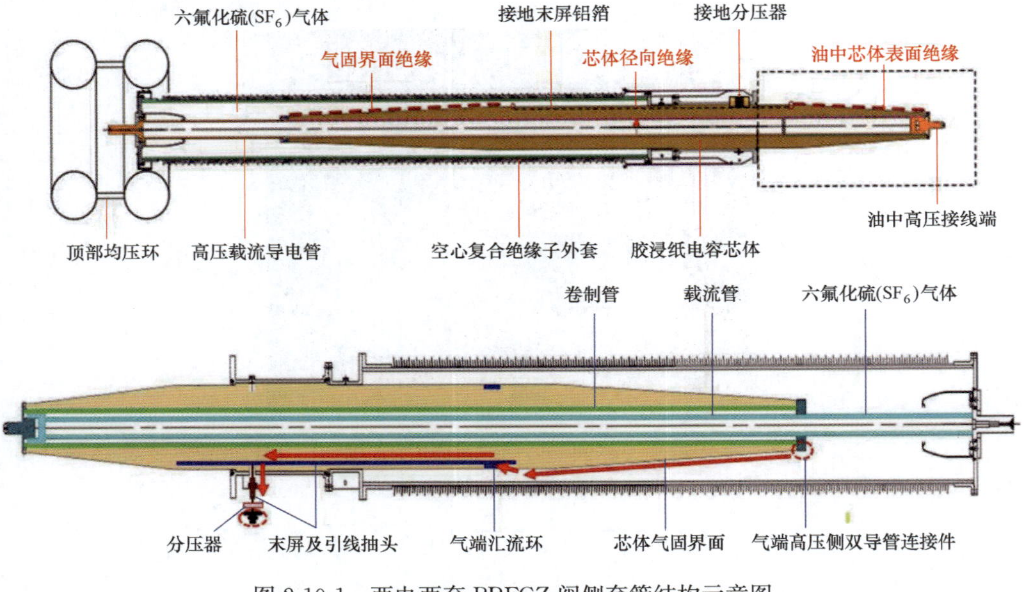

图 2-10-1　西电西套 BRFGZ 阀侧套管结构示意图

10.2 故障及缺陷特征

换流变压器西电西套 BRFGZ 阀侧套管实际运行经验表明，BRFGZ 阀侧套管存在气侧芯体沿面闪络故障。这类故障预兆特征少、故障能量大，故障发生后会引起阀组保护动作闭锁。

(1) 可能原因。可能原因为套管芯体表面粗糙度控制不佳，表面电荷积聚引起电场畸变，诱发沿面爬电并发展至沿面闪络。

(2) 主要特征。一是故障电流大故障能量高。电容芯体外表面因放电产生大面积积碳，可见树枝状放电痕迹，复合绝缘桶内壁也可能存在电弧烧蚀痕迹。故障电流可能会导致套管汇流环表面烧蚀熔融、末屏金属箔条烧蚀穿孔、末屏引线烧蚀熔断等。二是气体分解产物多。故障属于发生在密闭气室的高能量放电故障，产生大量二氧化硫（SO_2）、硫化氢（H_2S）、氟化氢（HF）等六氟化硫（SF_6）分解产物。三是套管芯体绝缘正常，表面绝缘显著降低。故障后的套管芯体表面附着有污染物，导致套管芯体表面泄漏电流很大，诊断性试验过程中可能存在试验电压无法建立的现象，出现绝缘电阻降低（$<10G\Omega$）、电容量大幅降低等异常。由于是套管沿面闪络故障，在清除芯体表面脏污后，按照《交流电压高于1000V的绝缘套管》（GB/T 4109—2022）开展工频外施耐压、直流外施耐压、局部放电、极性反转、电容量及介质损耗等试验，套管芯体往往呈现出绝缘正常的现象。

(3) 监测检测方法。针对套管沿面闪络故障，目前暂时没有成熟可靠的监测手段。根据故障电荷积聚、表面局部爬电、沿面闪络击穿的发展过程，阀侧套管末屏电压监测比对分析、局部放电监测和阀侧套管分解产物（SO_2、H_2S）监测具有可行性。但是阀侧套管局部放电监测受阀组换相干扰大、无法分辨局部放电在本体还是阀侧套管、缺乏监测阈值标准；阀侧套管分解产物监测中，局部过热、局部放电等故障都会产生二氧化硫（SO_2），作为最终产物在监测到二氧化硫（SO_2）含量异常后还需要其他手段辅助评判。

10.3 提升措施建议

一是加强设计阶段芯体温升的控制优化。可以使用氧化镁（MgO、氧化铝（Al_2O_3）等金属氧化物掺杂提升绝缘芯体的热导率。二是在制造阶段提高芯体表面粗糙度的质量控制。使用600目及以上工艺完成芯体表面打磨，粗糙度控制在1.4μm及以下。三是研制开发局部放电、分解产物监测手段。降低换流阀换相脉冲对局部放电监测的影响，提升分解产物检测灵敏度，实现沿面爬电缺陷的捕捉和研判，解决阀侧套管气侧芯体沿面闪络故障缺乏预警预报的问题。

10.4 典型故障及缺陷案例

10.4.1 案例41：换流变压器阀侧套管闪络故障

2月17日06:01:48，某换流站极Ⅰ高端换流器差动保护、极差保护动作，极Ⅰ闭锁。06:04:39极Ⅰ低端换流器自动重启成功，无直流功率损失。故障后极Ⅰ低端换流器、极Ⅱ双换流器全压运行，输送功率800MW。故障发生前现场无检修工作，天气小雪。保护动作事件记录见表2-10-1，故障时刻故障录波图如图2-10-2所示。

表 2-10-1　　保护动作事件记录表

时间	事件来源	系统告警	事件描述	备注
06:01:48.945	S2P1CPR1	A	换流器差动保护Ⅱ段动作	三套阀组差动保护动作
06:01:48.945	S2P1CPR1	C	换流器差动保护Ⅱ段动作	
06:01:48.946	S2P1CPR1	B	换流器差动保护Ⅱ段动作	
06:01:48.947	S2P1PCP1	A	保护 X 闭锁	开始执行闭锁指令
06:01:48.982	S2P1CCP1	A	进线开关跳闸	
06:01:48.987	S2P1PPR1	A	极差保护Ⅱ段动作	三套直流极差保护动作
06:01:48.987	S2P1PPR1	C	极差保护Ⅱ段动作	
06:01:48.987	S2P1PPR1	B	极差保护Ⅱ段动作	
06:01:49.003	S2P1PCP1	B	极非正常停运出现	极隔离完成
06:02:18.921	S2P1PCP1	B	极隔离	
06:02:23.937	S2P1PCP1	B	极 1 阀组自动解锁功能启动	低端阀组重启过程
06:03:42.146	S2P1CCP1	A	高端阀组隔离成功	
06:04:17.916	S2P1PCP1	B	极已连接	
06:04:39.735	S2P1CCP2	B	低端阀组解锁	

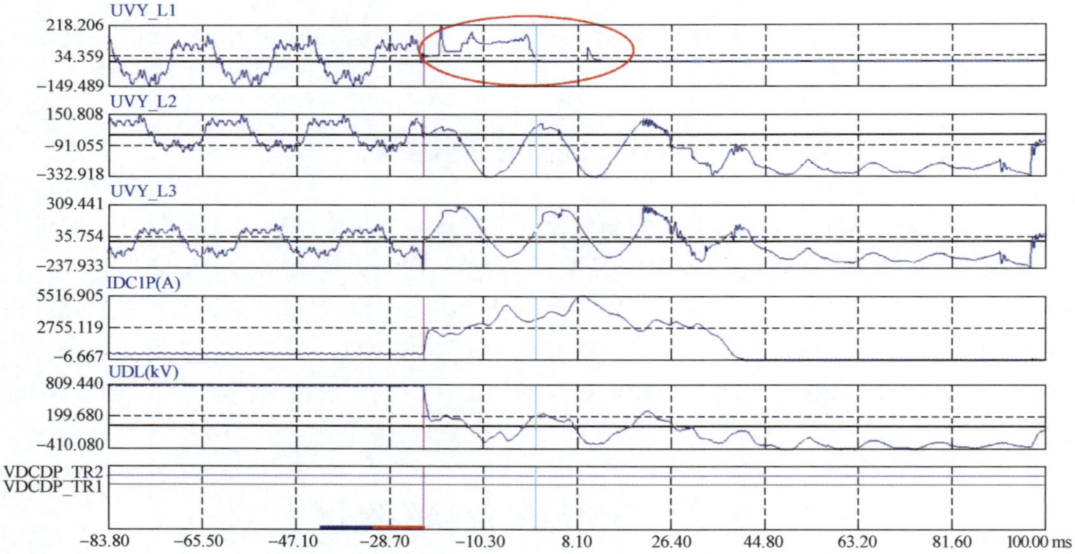

图 2-10-2　故障时刻故障录波图

1. 故障录波检查

直流场电流互感器 TA 配置图如图 2-10-3 所示，极 Ⅰ 极控故障录波如图 2-10-4 所示，故障前，直流场主回路互感器测量电流均为 500A 左右。故障发生时刻（06:01:48.935），直流电压下跌至 0kV 左右，IDC1N、IDC_2P、IDC_2N、IDNC 等测点电流突然下降为 0A 左右，IDL 和 IDC1P 增加至 5500A 左右。从电流特征可以判断，极Ⅰ高端阀组 IDC1P、IDC1N 测点间发生了接地故障，导致阀组差动保护、极差动保护先后动作。

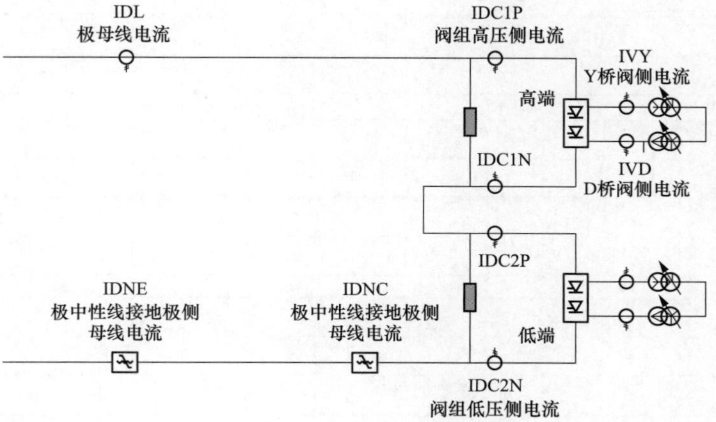

图 2-10-3　直流场 TA 配置图

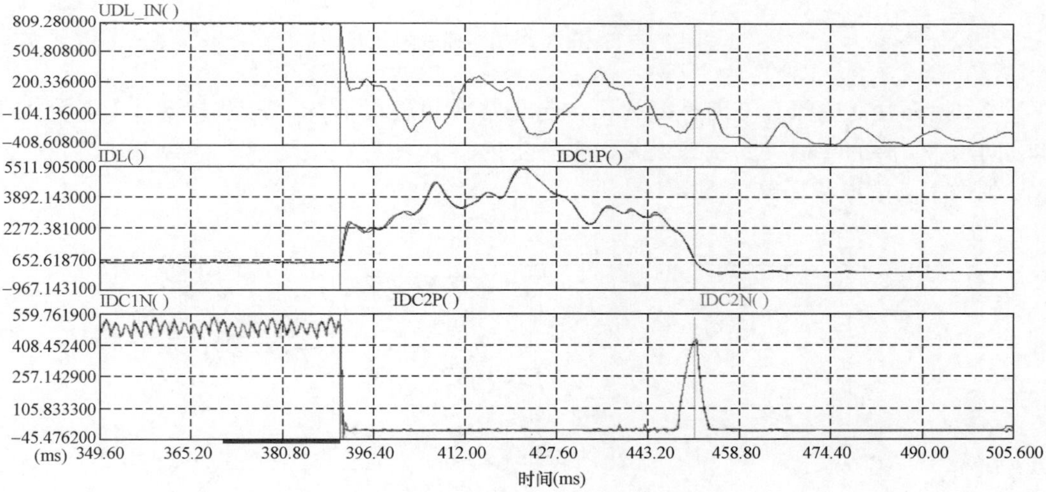

图 2-10-4　极Ⅰ极控故障录波

极Ⅰ高端阀控故障录波如图 2-10-5 所示，故障时刻极Ⅰ高端 Y 桥三相电流峰值为 5kA 左右，D 桥三相电流下跌至 0kA，低端 Y 桥 D 桥三相电流均下跌至 0kA，推断故障点使得极Ⅰ高端阀组 D 桥和极Ⅰ低端阀组 Y 桥 D 桥均被旁路。

06:01:48.933，极Ⅰ高端 Y 桥 V5、V6 阀导通，D 桥 V1、V6 阀导通。故障发生时刻（06:01:48.935），极Ⅰ高端 Y 桥 V1 阀在触发脉冲尚未发出时，A 相换流变压器阀侧首端 TA 测量电流（IVY_L1）开始增大（此时 Y 桥 A 相电流从换流变压器流出，B 相电流从换流变压器流入），即流出 A 相换流变压器的电流增大，且 V1 阀尚未导通，由此推断 A 相换流变压器阀侧套管靠 TA 外侧发生接地故障的可能性较大。

故障发生后 60ms 内，IVY_L2、IVY_L3 电流为正，BC 相之间有换相过程，但

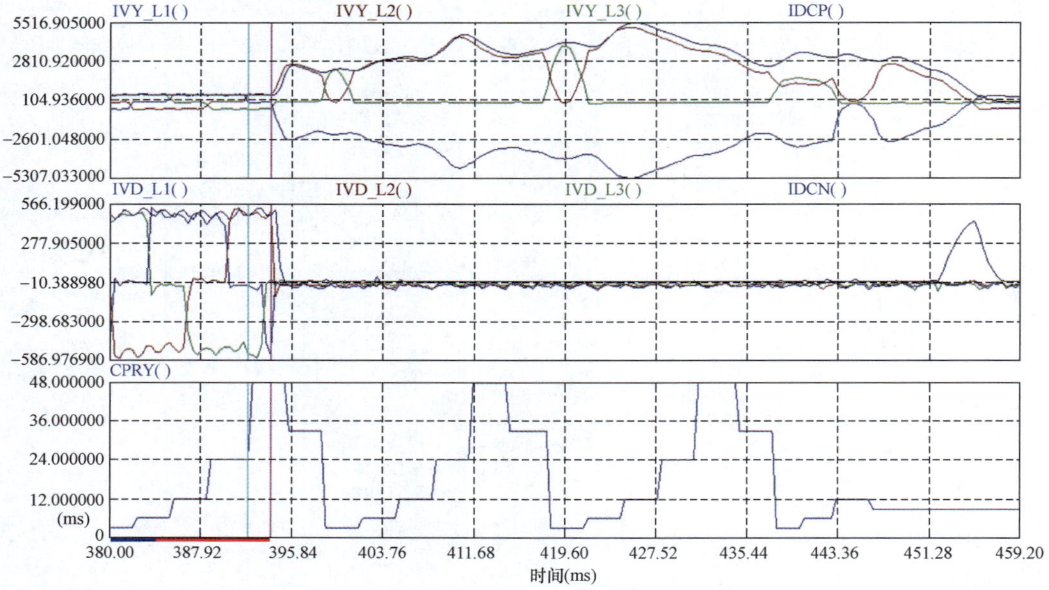

图 2-10-5　极Ⅰ高端阀控故障录波

IVY_L1 始终存在电流且方向持续为负，与正常换相过程不符，表明 IVY_L1 电流大小和方向与 V1 阀的导通关断状态无关，进一步证明 A 相存在接地点。综合上述分析，故障时刻极Ⅰ高端电流回路如图 2-10-6 所示。

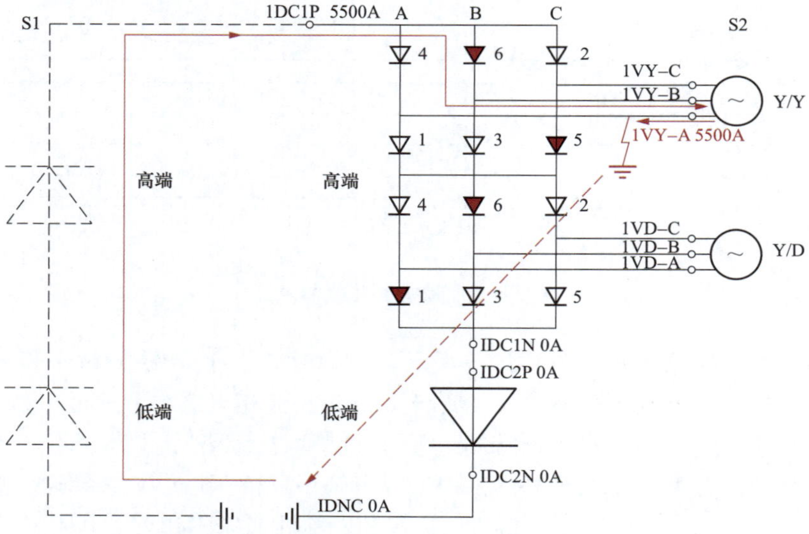

图 2-10-6　故障时刻极Ⅰ高端电流回路

检查换流变压器保护录波，发现 A 相换流变压器阀侧首末端套管电流大小相等，可以确认换流变压器阀侧绕组无故障。

2. 套管末屏电压波形分析

故障前后三相末屏电压波形图如图 2-10-7 所示，通过录波分析可见，故障前末屏电压三相对比正常，故障发生 22ms 后极Ⅰ高 YY-A 相阀侧首端套管末屏电压才跌落为 0V，初步分析为套管突发性故障。

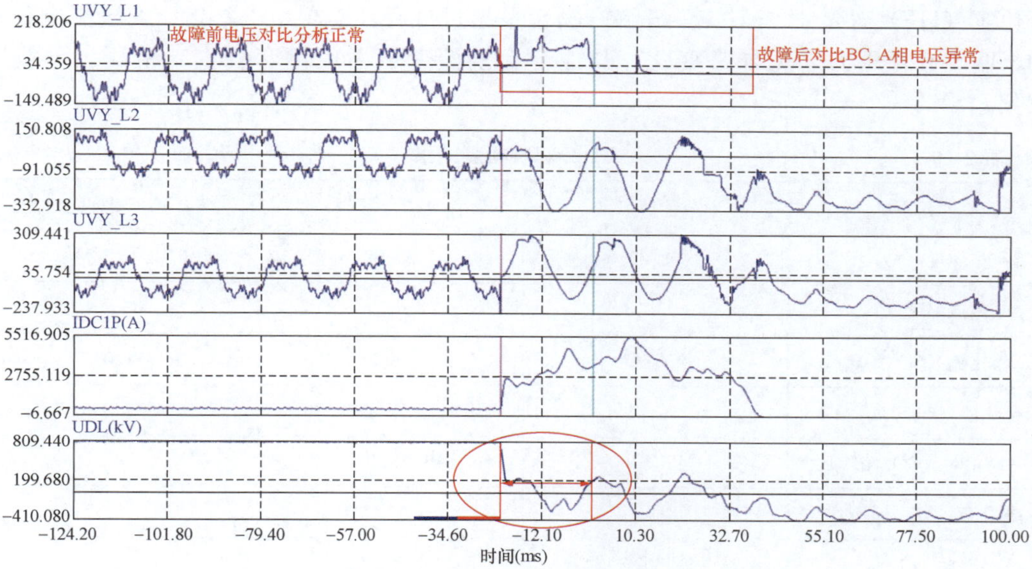

图 2-10-7　故障前后三相末屏电压波形图

3. 外观检查情况

2 月 17 日故障后，检查换流变压器气体继电器、套管油位、压力释放阀等均未见异常。极Ⅰ高端 Y/Y-A 相换流变压器阀侧 2.1 套管末屏分压盒周围有黑色印记，打开末屏分压盒，末屏接地连线已熔断，固定引线的接线端子已掉落，分压盒内有大量烟尘，如图 2-10-8 所示。在对其余 5 台换流变压器末屏接线盒检查过程中未见异常。

(a) 故障前套管末屏分压盒　　(b) 故障后套管末屏分压盒

图 2-10-8　末屏接线盒检查

4. 试验检查情况

套管六氟化硫（SF_6）分解物检测。运维人员利用气体综合分析仪开展极Ⅰ高端Y/Y-A相换流变压器阀侧套管六氟化硫（SF_6）分解物测试，2.1套管测试结果见表2-10-2，检测到大量分解产物，二氧化硫（SO_2）含量232μL/L、硫化氢（H_2S）含量180μL/L、氟化氢（HF）含量124μL/L，分解产物含量超过规程注意值。2.2套管未检测出分解物，两支套管压力未见异常变化，其他5台换流变压器阀侧套管也未检测出分解物成分。

表2-10-2　SF_6 分解物检测结果

项目	故障后1h	故障后8h	规程注意值
纯度（%）	98.27	99.99	97（体积分数）
露点温度（℃）	−1.18	−7.7	—
二氧化硫（SO_2）(μL/L)	233.15	99.9	1.0
硫化氢（H_2S）(μL/L)	207.49	60.6	1.0
一氧化碳（CO）(μL/L)	3.6	28.5	—
氟化氢（HF）(μL/L)	124.8	—	—
微水（μL/L）	5502	3152	300
结论	分解产物超过注意值，内部有明显放电		

检修现场电气绝缘试验。故障后对极Ⅰ高端Y/Y-A相换流变压器阀侧套管开展了电气绝缘试验，试验项目包括芯体绝缘电阻、芯体电容量、芯体介质损耗，试验结果见表2-10-3。电容芯体电容量及介质损耗没有发生显著变化，西套生产阀侧套管的绝缘电阻显著降低，绝缘电阻不合格。

表2-10-3　电气绝缘诊断性试验结果

套管名称	2.1阀侧套管（西套）			2.2阀侧套管（和新）			规程注意值
项目	上年度年度检修	故障检查	初值差（%）	上年度年度检修	故障检查	初值差（%）	
芯体电容量（pF）	2437	2433	0.16	2379	2373	0.25	3%
芯体介质损耗（%）	0.292	0.311	6.51	0.344	0.360	4.65	30%
芯体绝缘电阻（MΩ）	38 400	6300	83.6	37 400	37 400	0.0	10000
结论	极Ⅰ高端Y/Y-A相换流变压器2.1阀侧套管芯体绝缘电阻不合格						

厂内清洁复装后的电气绝缘试验。进一步诊断绝缘芯体的状态，排出套管内部绝缘气体然后拆除套管绝缘桶，在完成芯体清洁和绝缘筒清洁后，复装套管开展高压绝缘试验，试验内容包括工频交流外施耐受、局部放电量测量、雷电冲击耐受、操作冲击耐受、直流外施耐受、极性反转试验，试验结果见表 2-10-4。上述试验全部一次通过，表明套管芯体绝缘性能没有降低，绝缘电阻降低由外绝缘污秽导致。

表 2-10-4　　　　高压绝缘试验结果

序号	试验项目	试验条件	试验结果	试验标准
1	工频交流外施耐受	试验电压：1083kV；耐压时间：60s	无击穿，局部放电小于 4.5pC	没有出现闪络或击穿
2	介质损耗、电容量测量	试验电压：1083kV	满足出厂值	0.7%
3	雷电冲击耐受试验	三次全波负极性 2160kV；两次截波负极性 2375kV	无闪络，电流波形与出厂试验一致	在任一极性下都没有出现击穿
4	操作冲击耐受试验	五次操作冲击负极性 1843kV	无闪络，电流波形与出厂试验一致	负极性冲击下在空气中没有出现闪络
5	长时工频耐受电压下局部放电	试验电压：1083kV；耐压时间：60min	局部放电小于 7pC	＜10pC
6	直流耐受带局部放电测量	试验电压：＋1493kV；耐压时间：120min	＞2000pC 局部放电数量为 0	≥2000pC 的局部放电脉冲数不超过 10 个
7	极性反转试验带局部放电测量	试验电压：±1157kV；耐压时间：90min、90min、45min	＞2000pC 局部放电数量为 0	≥2000pC 的局部放电脉冲数不超过 10 个
结论		套管芯体绝缘性能未见明显降低		

5. 解体检查情况

拆除复合绝缘桶对电容芯体进行检查。发现气侧电容芯体外表面有大面积积碳，可见树枝状放电痕迹，放电通道贯穿了高压双导管连接件和气端汇流环。汇流环表面有大面积烧蚀熔融，汇流环与末屏抽头接触部位由于烧蚀形成孔洞。对复合绝缘桶内壁进行检查。发现绝缘桶内壁有大面积烧蚀，烧蚀部位与电容芯体爬电部位一致。根据检查结果，阀侧套管发生了沿面闪络。

11 F&G 公司 GOTF 阀侧套管

11.1 结 构 介 绍

F&G 公司 GOTF 阀侧套管为油浸纸绝缘型套管，套管由油侧绝缘护套、安装法兰、空气侧绝缘护套、储油柜共同构成与换流变压器本体隔离的密闭油室（油腔），阀侧套管主绝缘为油浸纸电容芯体，油侧绝缘护套和空气侧绝缘护套均为瓷质。

11.2 故障及缺陷特征

F&G 公司 GOTF 阀侧套管于 1989 年带电投运，至发生故障批量更换已有 23 年，实际运行经验表明，GOTF 阀侧套管存在下瓷套沿面击穿碎裂，故障发生后会引起阀组保护动作闭锁，碎裂的瓷套也会损伤阀侧绝缘出线装置，污染换流变压器本体。

（1）可能原因。对于下瓷套沿面击穿碎裂故障，产生原因可能为瓷质瓷套长期承受电场应力，诱发表面爬电和沿面击穿，电弧击穿导致瓷套碎裂。换流变压器阀侧套管长期承受交直流复合电压，电压分布受电阻率和介电常数的双重影响，由于瓷外套电阻率相对较大，因此瓷外套将承受较大直流电压，瓷套沿面电场畸变，高场强区域易引发爬电并发展为沿面闪络，因此处于直流电压较高的星接换流变压器阀侧套管容易发生这类故障。

（2）主要特征。一是故障电流大故障能量高。故障通道可能会贯穿阀侧套管电容芯体的油中部分，套管油中侧高电位端子、穿心互感器屏蔽桶边沿出现电弧烧蚀，油侧瓷绝缘护套碎裂，电容芯体外表面因放电产生积碳。换流变压器本体重瓦斯动作出口，产生的巨大能量可能引起换流变压器箱壳漏油。二是油中溶解气体具有电弧放电特征。换流变压器本体绝缘油中含有大量乙炔（C_2H_2），阀侧套管绝缘油中溶解气体也含有大量乙炔（C_2H_2），两个部位绝缘油的气体相对含量基本一致，表明阀侧套管油室与换流变压器本体油室连通，油中溶解气体三比值编码为“102”，对应故障类型为“电弧放电故障”。三是套管芯体绝缘正常，表面绝缘显著降低。故障后的套管芯体表面有大量脏污，诊断性试验过程中试验电压建立正常，绝缘电阻、电容量及介质损耗与以往试验数据没有较大变化，满足《换流变压器交接及预防性试验规程》（DL/T 1798—2018）的要求。

（3）监测检测方法。目前套管油中溶解气体检测（监测）是相对有效的预警手段。根据瓷套劣化、局部爬电、沿面击穿（闪络）的发展过程，故障发展至局部爬电阶段后，阀侧套管绝缘油会中含有大量乙炔（C_2H_2），甚至伴有氢气（H_2）。根据《绝缘套管 油为主绝缘（通常为纸）浸渍介质套管中溶解气体分析（DGA）的判断导则》（GB/T 24624—2009），阀侧套管绝缘油中乙炔（C_2H_2）含量应小于 2.0μL/L，但是根据多年运维经验，大多数阀侧套管绝缘油中乙炔（C_2H_2）含量小于 1.0μL/L。

11.3　提升措施建议

一是加强阀侧套管油侧护套的设计选型。阀侧套管工作在交直流复合电压下，油中侧护套表面电位分布受护套电阻率和护套介电常数的双重影响，极易出现局部电场畸变，因此阀侧套管设计选型应避免使用油中侧护套。二是在制造阶段加强阀侧套管油中溶解气体的检测分析，根据《交流电压高于 1000V 的绝缘套管》（GB/T 4109—2022），油浸纸绝缘套管在完成绝缘试验、温升试验、密封性能试验后，应开展绝缘油中溶解气体分析，油中乙炔（C_2H_2）含量应为 0μL/L。三是定期开展阀侧套管绝缘油的油中溶解气体检测分析（诊断性试验）。

11.4　典型故障及缺陷案例

11.4.1　案例 42：换流变压器阀侧套管闪络故障

12 月 21 日跨区直流双极大地回线全压运行，输送功率 700MW，11:02:48:138，受端站极Ⅱ换流器差动保护Ⅱ段动作；11:02:48:157，Y 桥差动保护Ⅲ段动作；11:02:48:182，极Ⅱ双套换流变压器保护"比率差动"动作；11:02:48:251，换流变压器 C 相双套重瓦斯保护动作。故障后极Ⅰ单极大地回线方式输送功率为 600MW，损失负荷 100MW。

现场检查发现，极 2 换流变压器 C 相本体顶盖出现漏油，压力释放阀未动作，阀侧套管升高座及端部漏油。故障换流变压器漏油情况如图 2-11-1 所示，故障套管外观图如图 2-11-2 所示。

图 2-11-1　故障换流变压器漏油情况

对换流变压器本体及套管绝缘油开展了绝缘油中溶解气体分析，绝缘油中溶解气体

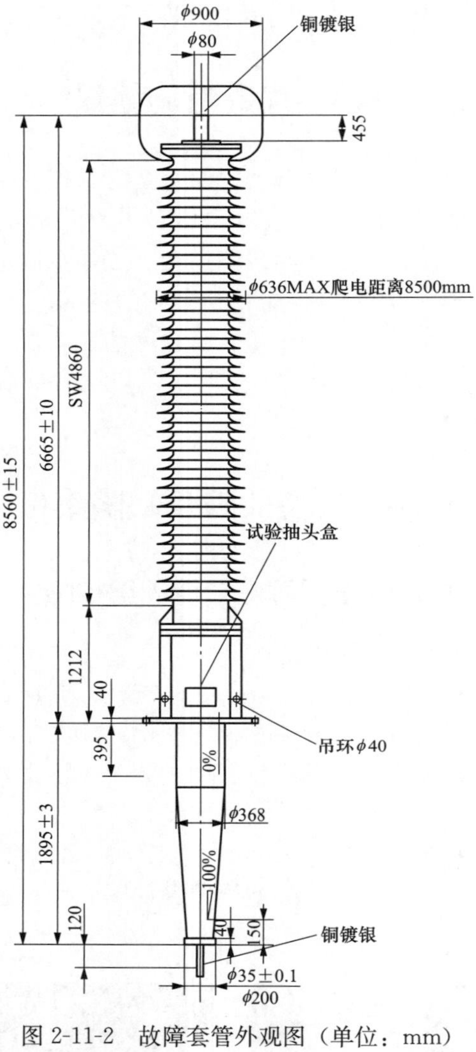

图 2-11-2 故障套管外观图（单位：mm）

检测结果见表 2-11-1。气体相对含量柱状图如图 2-11-3 所示，根据该图，换流变压器 C 相套管绝缘油中溶解气体的构成与 C 相换流变压器本体一致，但是各项气体的含量低于 C 相换流变压器本体，表明套管绝缘油与换流变压器本体绝缘油相通。

表 2-11-1 绝缘油中溶解气体检测结果 （μL/L）

分析对象	换流变压器 C 相本体	C 相故障套管	规程注意值
氢气（H_2）	1217	343	150
甲烷（CH_4）	267.2	51.9	—
乙烷（C_2H_6）	18.6	4.9	—
乙烯（C_2H_4）	200.8	37.6	—
乙炔（C_2H_2）	301.13	53.99	5

续表

分析对象	换流变压器 C 相本体	C 相故障套管	规程注意值
总烃（ΣCH）	787.7	148.4	150
一氧化碳（CO）	395	292	—
二氧化碳（CO_2）	6957	1763	—
参考标准	《变压器油中溶解气体分析和判断导则》（DL/T 722—2014）		
结论	氢气（H_2）、乙炔（C_2H_2）、总烃（ΣCH）含量超过规程注意值； A 相本体绝缘油中溶解气体三比值编码为“102”； A 相本体内部存在电弧放电		

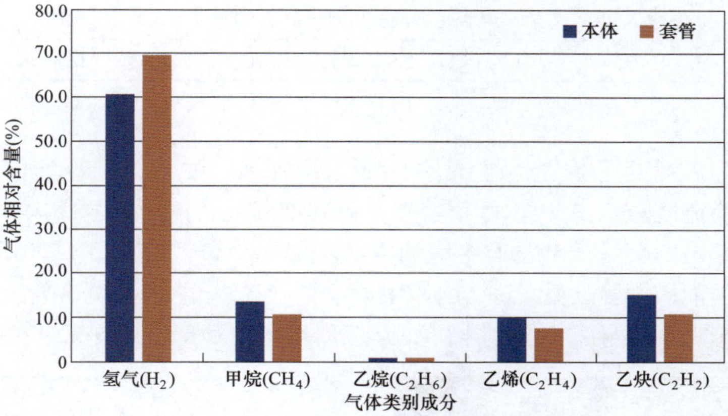

图 2-11-3　气体相对含量柱状图

对换流变压器 C 相的故障套管、出线绝缘、换流变压器箱体内部部件进行了仔细检查，检查过程中发现：

（1）故障套管下瓷套炸碎散落，电容芯裸露，电容芯表面距套管下端部约 25cm 处，有一明显击穿点，表面最大直径约 5cm。套管应力锥端部金属圆盘锥侧、套管法兰处（瓷套根部）有明显的电弧烧灼痕迹。

（2）出线绝缘成型件破裂、散落，损坏严重，器身表面有少量瓷套碎片，如图 2-11-4 所示。

图 2-11-4　故障套管瓷套碎裂芯体暴露

11.4.2 案例 43：换流变压器阀侧套管闪络故障

1 月 31 日 05:34:51:447，某换流站极Ⅰ换流器差动保护Ⅱ段动作；05:34:51:454，Y 桥差动保护Ⅲ段动作；极Ⅰ的双套换流变压器保护比率差动动作，05:34:57:570，换流变压器双套重瓦斯保护动作。保护动作事件记录见表 2-11-2。

表 2-11-2　　保护动作事件记录

保护动作时间	保护动作事件
05:34:51:447	P1-PPR A 发“换流器差动保护Ⅱ段动作”
05:34:51:454	P1-PPR A/B 发“Y 桥差动保护Ⅲ段动作”
05:34:51:454	极Ⅰ换流变压器保护 A/B 发“比率差动”动作
05:34:57:570	极Ⅰ换流变压器保护 A/B 发“本体重瓦斯 A 相”动作

1. 外观检查情况

变压器故障后对变压器气体继电器、压力释放阀、油箱、套管油位等开展现场检查，发现极Ⅰ换流变压器 A 相本体顶盖及左侧底部漏油，压力释放阀未动作，阀侧套管顶部外罩有鼓起，对套管放油没有绝缘油流出，如图 2-11-5 和图 2-11-6 所示，初步判断套管下瓷套有可能破裂，套管油室与本体油室发生连通，两根网侧套管及其余 3 根阀侧套管的外表面未见明显异常，套管末屏、互感器端子盒等部位无异常。

图 2-11-5　油箱底部焊缝开裂并且大量漏油

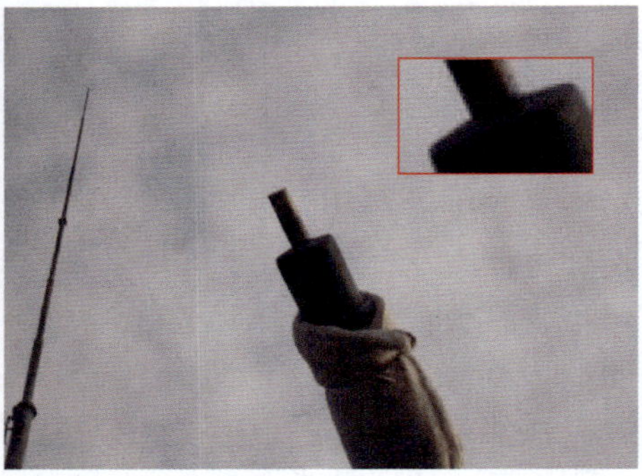

图 2-11-6　阀侧套管顶部有明显鼓起

2. 试验验证情况

对换流变压器本体及套管绝缘油开展了绝缘油中溶解气体分析，溶解气体含量结果见表 2-11-3。换流变压器 A 相故障套管绝缘油已流尽，表明套管电容芯体油室与换流变压器本体油室连通。

表 2-11-3　　绝缘油中溶解气体含量结果　　(μL/L)

分析对象	换流变压器 A 相本体	A 相故障套管	规程注意值
氢气（H_2）	824	—	150
甲烷（CH_4）	245.5	—	—

续表

分析对象	换流变压器 A 相本体	A 相故障套管	规程注意值
乙烷（C_2H_6）	50.9	—	—
乙烯（C_2H_4）	188.0	—	—
乙炔（C_2H_2）	297.5	—	5
总烃（∑CH）	781.9	—	150
一氧化碳（CO）	296.0	—	—
二氧化碳（CO_2）	11 775	—	—
备注	—	套管绝缘油流尽	—
参考标准	《变压器油中溶解气体分析和判断导则》（DL/T 722—2014）		
结论	氢气（H_2）、乙炔（C_2H_2）、总烃（∑CH）含量超过规程注意值； A 相本体绝缘油中溶解气体三比值编码为“102”； A 相本体内部存在电弧放电		

1 月 31 日对极 1 换流变压器 A 相开展了电气绝缘试验，由于绝缘油已基本流尽，仅对变压器本体开展了绝缘电阻测量，绝缘电阻测试结果见表 2-11-4。

表 2-11-4　　绝缘电阻测试结果

绝缘电阻		A 相（故障相）	B 相	C 相
网侧绕组对其他绕组及地（MΩ）	1min	8000	24 000	20 000
	10min	10 000	38 400	30 000
	极化指数	1.25	1.6	1.5

在 5000V 电压下，故障相网侧线圈绝缘电阻下降至 10GΩ，是正常相的 1/3 左右，极化指数降低至 1.25，低于 1.5 并且是正常相的 85%，主绝缘受潮严重。

3. 解体检查情况

对换流变压器 A 相的故障套管、出线绝缘、换流变压器箱体内部部件进行了仔细检查，检查过程中发现：

(1) 套管下瓷套完全破裂，出线绝缘破损严重，如图 2-11-7 所示。

图 2-11-7　套管下瓷套完全碎裂

（2）电容芯体全部外露但是结构完整，芯体沿面未见明显放电痕迹；套管根部均压球（高压端）有明显放电痕迹，套管法兰内侧有明显放电痕迹。2.1 套管尾椎电容芯如图 2-11-8 所示，故障套管贯穿放电起止点如图 2-11-9 所示。

图 2-11-8　2.1 套管尾椎电容芯

(a)套管油侧高压端子

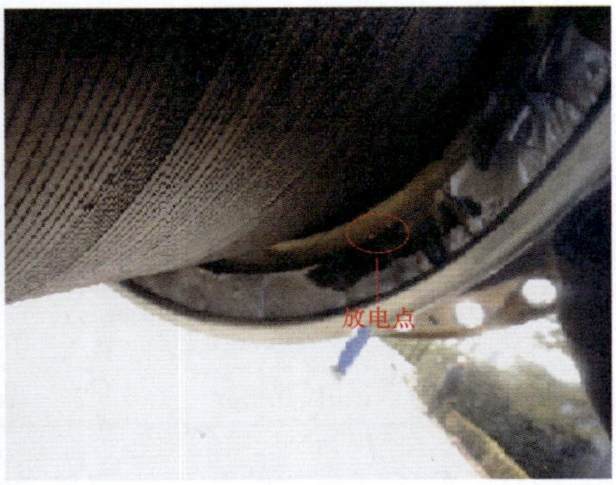

(b)互感器屏蔽筒边沿

图 2-11-9　故障套管贯穿放电起止点

第三篇

有载分接开关典型故障及缺陷案例分析

12 ABB绝缘油灭弧有载分接开关

12.1 结 构 介 绍

1. 开关型号

在运换流站换流变压器ABB绝缘油灭弧有载分接开关（以下简称“ABB油式开关”）常用型号为UCLRE 380/900/ⅢS、UCLRE 380/600/ⅢS或UCLRE 380/600/FS。以UCLRE 380/900/ⅢS为例，ABB油式开关型号含义如图3-12-1所示。

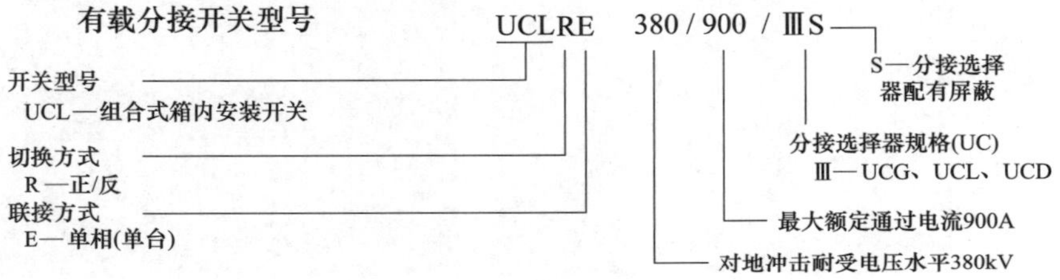

图3-12-1 ABB油式开关型号含义

2. 开关结构

有载分接开关和电动操动机构如图3-12-2所示，ABB油式开关主要由切换开关、分

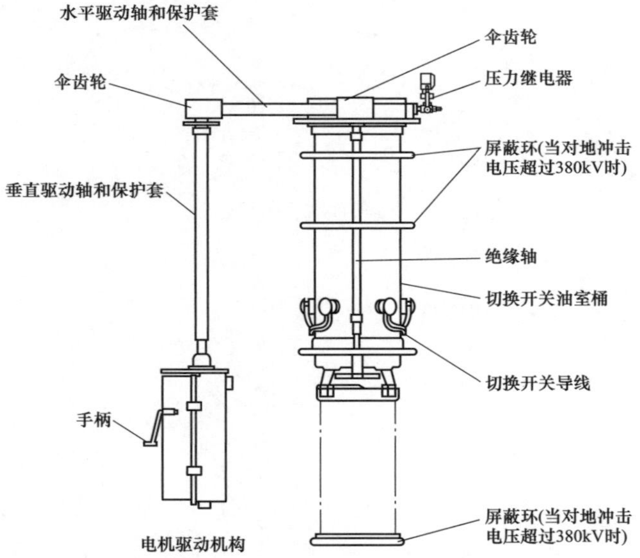

图3-12-2 有载分接开关和电动操动机构

接选择器、电动机构、传动系统等部件组成，切换开关和分接选择器为开关主体。以UC型有载分接开关为例，其基本结构如图3-12-3所示，其中上部为切换开关，下部为分接选择器。切换开关为单独油室，上部结构包括法兰盖板、压力释放阀、压力继电器、齿轮盒等；底部结构包括驱动齿轮、驱动盘、电流引出端子、定位孔等；内部切换机构包括过渡电阻、动静触头、快速机构、电流桥等。两种型号的分接选择器如图3-12-4所示。

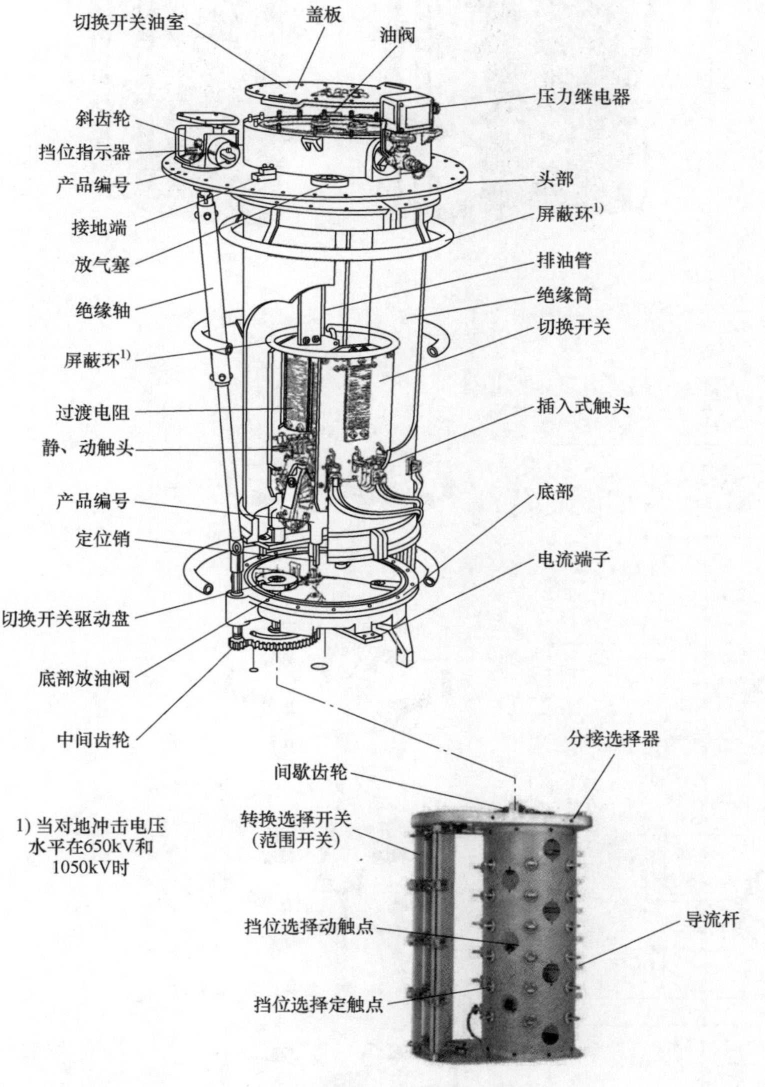

图3-12-3 UC型有载分接开关的基本结构

3. 有载分接开关工作原理

有载分接开关由两个单独的部分组成，即置于有载分接开关油室之内的切换开关和装设于油室下面的分接选择器组成。切换开关由动触头、静触头及过渡电阻组成，分接

(a) Ⅲ型分接选择器　　(b) F型分接选择器

图 3-12-4　有载分接开关分接选择器

开关“6→5”挡位切换工作原理如图 3-12-5 所示。

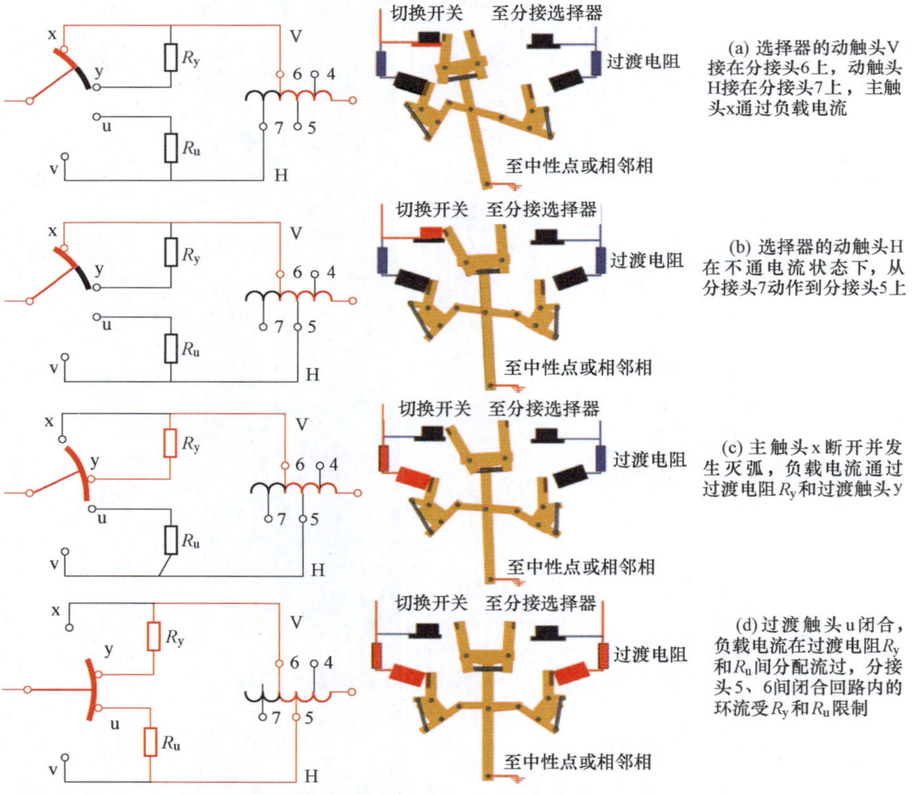

图 3-12-5　分接开关“6→5”挡位切换工作原理（一）

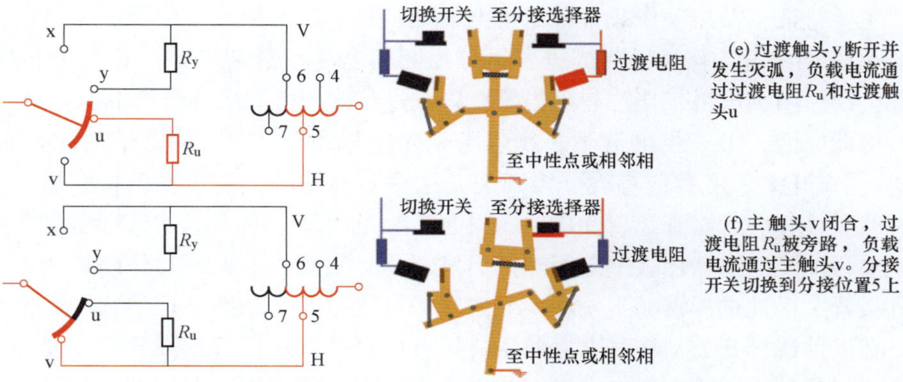

图 3-12-5　分接开关“6→5”挡位切换工作原理（二）

12.2　故障及缺陷特征

由于在运 ABB 油式开关多为两台或三台并联调压，挡位调节时对开关传动机构或传动连杆要求较高，运行过程中经常因传动轴松脱、端子松动等造成三相分接位置不一致、保护动作或告警、挡位显示异常等故障，其中三相分接位置不一致故障发生次数最多，接近所有故障和缺陷总数的 50%。

1. 三相分接位置不一致

（1）主要特征。三相分接位置不一致故障是指三相分接开关挡位切换不同步，ABB 油式开关主要涉及拒动故障和滑挡故障。

（2）可能原因。①拒动故障发生的原因可分为接触器或继电器（包括升降挡、时间、延时继电器等）、接线端子松动、电源或电源保护回路故障、挡位变送装置故障（电阻盘）、机构或触头卡涩、挡位控制回路故障（节点）、温度传感回路故障、传动轴松脱、端子排短接片故障等。其中，接触器或继电器（包括升降挡、时间、延时继电器等）引发的故障占比最多。②滑挡故障发生的原因可分为接触器或继电器故障（升降挡）、挡位控制回路故障（节点）、行程开关故障、机构或触头卡涩（制动盘）、启动继电器固定螺丝松动、行程开关及时间继电器同时故障等。其中，接触器或继电器（升降挡）引发的故障占比最多。

（3）监测检测方法。一是做好直流运行监盘，当换流变压器出现“分接开关三相不一致”“分接开关不同步”等报警信息且不复归时，应汇报调度并暂停功率升降，待检查分析处理后进行下一步操作。二是定期开展端子箱、机构箱、接线盒巡检，检查箱门密封良好，密封条变形、脱落应及时处理，防止雨水、沙尘进入箱体导致继电器或接触器故障。三是对于参与升降挡操作的关键接触器等，可以考虑在接触器上引出一副动合节点接入控保软件，出现报警则立即检查处理，目前该监视方案已经在国家电网有限公司所辖部分换流变压器有载分接开关控制机构箱中进行了试点应用。

2. 保护动作或告警

（1）主要特征。保护动作或告警是指电气量、非电量保护装置告警或运行值班系统告警等，ABB 油式开关保护动作或告警可分为三相电流不平衡告警、油流继电器跳闸、电气量保护动作闭锁阀组、挡位越限告警、电机过负荷或电源故障告警等。

（2）可能原因。①三相电流不平衡告警发生原因均为 ABB 油式开关传动轴松脱，由于 ABB 油式开关采用多台有载分接开关共用一套传动轴，当传动轴松脱后，导致其中一台有载分接开关无法到达目标挡位，引起三相电流不平衡；②油流继电器跳闸发生的原因主要为油流继电器挡板整定值降低引发误动。③电气量保护动作闭锁阀组主要由于有载分接开关极性选择器触头松动，导致负载电流下触头过热、产生火花，绝缘油产气劣化，在极性选择开关动作时引发调压绕组首尾短路。④挡位越限告警主要表现为分接头挡位超出范围告警或挡位未在规定范围内告警。故障原因主要有端子松动、行程开关故障、挡位变送装置故障、接触器或继电器故障、限位齿轮破裂。⑤电机过负荷或电源故障告警，主要表现为“分接头 380V 电源故障告警”或“电机空气开关跳开”，发生原因多为电压监视继电器、时间继电器等故障。对于挡位越限告警、电机过负荷或电源故障告警问题，多见于早期三峡送出直流换流站，近年来在运或新建换流站有载分接开关发生此类告警问题频次较少。

（3）监测检测方法。一是加强运行监盘。针对采用两台或三台有载分接开关共用一套传动连杆方式的有载分接开关，各运维单位发现中性点电流异常或三相电流不匹配时，要重点核查传动连杆是否存在故障，必要时停电处理。同时，做好有载分接开关挡位切换以及过极性动作次数的记录、本体油色谱分析，发现挡位越限告警等告警信号，及时分析处置。二是结合年度检修，对非电量保护跳闸信号回路进行绝缘测试，避免因二次回路绝缘破损问题导致保护误动；以 5 年为周期，对气体继电器和油流继电器轮流送检校验；按照《换流变压器交接及预防性试验规程》（DL/T 1798—2018）要求，定期开展套管连同绕组直流电阻试验，必要时开展有载分接开关检查试验。

3. 挡位显示异常

（1）主要特征。挡位显示异常是指分接开关实际挡位与显示挡位不一致。

（2）可能原因。主要原因可分为挡位变送装置故障、挡位变送器电源端子松动、双稳继电器故障 3 类。

（3）监测检测方法。一是监盘时应加强分接头挡位变换监视，发生挡位显示异常等告警信号时，及时开展分析处置。二是结合年度检修，对分接开关挡位变送装置、控制回路继电器、计数器等进行检查，更换不合格或存在隐患的元器件。

4. 渗漏油

（1）主要特征。主要表现为齿轮盒渗漏油、有载分接开关油室渗漏油。

（2）可能原因。导致渗漏油发生的原因均为密封圈老化。

（3）监测检测方法。一是加强齿轮盒远程监控巡视，发现渗漏油情况及时分析处理。二是采用一体化平台后台监视或现场红外测温方式，做好有载分接开关油室油位变化趋势分析，发现油位缓慢下降时要开展针对性排查分析。三是结合年度检修，分批次对齿轮盒等进行检查，密封胶圈如存在挤出、老化、龟裂现象，应及时进行更换。

5. 零部件松脱或开裂

(1) 主要特征。主要表现为肉眼可见的零部件松脱或开裂，均在有载分接开关吊芯检查时发现。

(2) 可能原因。发生原因多为零部件安装质量不佳，受长期运行振动影响，导致零部件松脱。

(3) 监测检测方法。一是按要求做好切换芯子吊检。有载分接开关动作次数达到10万次或年限达到7年时，应进行吊芯检查。二是必要时可以加装基于声纹振动或电机电流监测等信号的有载分接开关在线监测装置，对于零部件松脱或开裂等机械问题，具有一定的在线监测能力。

6. 其他问题

ABB油式开关在运行过程中，也存在因传动轴连接处存在锈蚀或杂质导致传动机构异响、计数器器件故障导致分接开关动作次数显示不准确等问题，发生频次相对较低。对于上述问题，建议在日常巡视和年度检修期间针对性开展挡位切换过程中异响排查，发现异常分析处置。

12.3　提升措施建议

有载分接开关结构复杂、动作频次高，是换流变压器产品上唯一的带电切换装置，控制机构箱内含有继电器、接触器、行程开关等多种组部件，在运行过程中易受运行环境的影响，提升有载分接开关运行可靠性需要从规划设计、采购制造、基建安装、调试验收、运维检修五个方面进行系统考虑。

1. 规划设计阶段

(1) 加强绝缘裕度设计水平。新建±800kV/8GW直流工程换流变压器套管、分接开关等关键组部件按照10GW工程容量要求配置。有载分接开关的引线、间隙绝缘设计水平不低于绕组级间绝缘耐受水平的2.0标幺值。

(2) 加强电子元器件设计选型。接触器、继电器等电子元器件应采用高可靠性产品，满足现场高热、高湿、振动、粉尘、电磁干扰等工况要求，同时满足各自功能上对动作值、返回值、功率、时间、精度、绝缘电阻、接触电阻、可靠性、使用寿命等技术要求。

(3) 加强户外控制箱防护等级。①换流变压器有载分接开关机构箱应满足电子元器件长期工作环境条件要求且便于维护，防护等级不低于IP55（风沙地区不低于IP65），控制柜内直流工作电源与直流信号电源应独立。②户外端子箱（接线盒）的选材应合理，避免长期运行后变形进水。针对多沙尘天气，户外端子箱应采用防沙尘双层门密封设计，防止沙尘进入造成设备卡涩拒动。

(4) 加强非电量保护装置选型核对。①换流变压器油式开关、真空开关应选用油流速动继电器、压力释放阀作为标准非电量保护配置，油流速动继电器应投跳闸，压力释放阀投报警。②换流变压器、油浸平波电抗器油路设计或油路改造时，应对油流继电器、压力释放阀等非电量保护装置动作定值进行核对检查，防止非电量保护误动。

（5）源头做好“方便运维”设计措施。①做好备用换流变压器有载分接开关维护。备用换流变压器应设置电源柜和就地控制柜，具备风扇、潜油泵和有载分接开关例行运行维护条件。②为便于现场人员巡视检修，换流变压器有载分接开关机构箱应设置在油箱长轴侧，不应设置在油箱与冷却器之间。

2. 采购制造阶段

（1）加强协议、图纸及标准审查。相关单位应在设备采购技术协议谈判、图纸审查、安装调试、现场验收等各阶段逐一核查非电量保护动作原理、“三取二”出口跳闸逻辑、二次回路电源设计等是否满足标准要求，发现问题应立即整改。

（2）加强开关及组部件入厂质量检验。①换流变压器厂家应做好有载分接开关入厂检验，包括外观查验、出厂试验报告核查、机械传动和切换结构检查等，保证有载分接开关结构完好、功能正常。②产品设计阶段，油流继电器生产厂家应提高磁铁等零部件材质选型标准，加强装配工艺控制和出厂质量检验，保证动作定值偏差不应超过±15%、防止因继电器磁铁老化失效导致保护误动。

（3）加强换流变压器厂内生产及组装质检。①联管材质工艺。有载分接开关联管应采用标号不低于S30408不锈钢材质；联管与法兰的角接头应采用氩弧焊等气体保护焊进行双侧焊接，焊接区域外部喷漆、内部不涂漆并严禁使用喷砂工艺；联管应在厂内完成焊接、酸洗、外观检查、内窥镜检查以及探伤等工作；运输储存过程应内置干燥剂，法兰两端加装密封装置，防止异物进入联管内部。②加强出厂试验。按照规程标准做好有载分接开关生产制造厂内、换流变压器厂内试验验证，出厂试验前后做好厂内吊检，避免有载分接开关零部件损坏，提升产品质量。

3. 基建安装阶段

（1）做好联管安装防异物措施。有载分接开关联管现场安装时，应对联管开展内窥镜检查，确保内壁清洁、无异物，必要时应使用热油进行冲洗。

（2）加强切换芯子吊检。对于随换流变压器运抵现场且无需在现场重新安装的有载分接开关，应在投运前对全部有载分接开关切换芯子开展现场吊检。有载分接开关现场吊检或现场安装时，应对开关芯子内部进行清洁和检查，安装完成后应对每副触头测量接触电阻，测试动作特性并存档备查。

4. 调试验收阶段

（1）做好开关功能测试及防异响隐患排查。按照交接验收标准，严格开展分接开关各项功能验证试验，发现问题及时处置。在手摇或电动操作分接挡位切换过程中，通过借助在线监测装置或采用倾听方式，排查分接开关是否存在异响等传动机构隐患。

（2）核查非电量保护装置接线及动作定值。开盖检查非电量保护接线盒跳闸接点腐蚀和紧固情况，确保接点无腐蚀松动。运维单位应在投运前核查非电量保护继电器功能完好，动作定值与定值单保持一致。

5. 运维检修阶段

（1）规范运维操作避免出现误操作。①换流变压器运行时禁止用摇把调节有载分接开关挡位，且有载分接开关摇把接点信号不应作为有载分接开关控制回路跳闸条件。②在有载分接开关油管路上或油流继电器二次回路上工作时，分接开关油流继电器应临时改投报警或退出相应保护。③防止换流变压器分接开关误操作。换流变压器出现“分接开关三相不一致”“分接开关不同步”等报警信息且不复归时，应汇报调度并暂停功率升降，待检查分析处理后进行下一步操作。换流变压器分接开关故障处理过程中，应防止同换流器各相换流变压器挡位相差 3 挡及以上，以免保护误动作。换流变压器分接开关挡位不一致时，首先通过远方手动操作等方式将异常相换流变压器分接开关挡位调至与正常相挡位相同。异常相分接开关无法调节且与正常相挡位差达到 2 挡及以上，可调整正常相分接开关挡位与异常相挡位相差 1 挡，故障处理过程中应避免保护动作，必要时申请换流变压器停运。换流变压器分接开关异常处理工作完成后，在分接开关控制模式由手动切换到自动之前，如果条件允许，可向调度申请在运行人员工作站上远方手动对同换流器换流变压器分接开关同时进行一次升、降操作，确认分接开关调节功能正常。换流变压器运行时禁止用摇把手动调节分接开关挡位。

（2）完善分接开关故障应急处置预案。建议各运维单位跟踪所辖换流变压器分接开关实际情况，修订分接开关故障应急处置预案，发现异常及时处置［国家电网有限公司所辖换流站可以基于《关于印发换流变压器有载分接开关运行异常现场处理方法的通知》（设备直流〔2011〕6 号）进行修订］。

（3）定期开展端子箱、机构箱、接线盒巡检。①户外设备端子箱、机构箱门密封情况检查纳入换流站定期巡视项目，检查箱门密封良好，密封条变形、脱落应及时处理，防止雨水进入箱体导致设备故障。②定期检查室外接线盒锈蚀情况，确认防腐防锈蚀措施有效，锈蚀严重的接线盒应及时更换。③大风沙尘天气不宜打开机构箱箱门、汇控柜柜门，防止沙尘进入造成设备卡涩拒动。尽量避免雨天室外作业，防止雨水进入柜体导致端子排受潮。

（4）结合年检开展非电量保护装置检查及传动机构隐患排查。在按照预试标准规范开展例行检修基础上，建议重点做好如下工作：①例行检修时，应检测非电量保护回路绝缘情况，确保回路芯间及对地绝缘良好。②停电检修时，对户外非电量保护继电器、接线盒按照每年 1/3 的比例进行轮流开盖检查；以 5 年为周期，对气体继电器和油流继电器轮流送检校验。无法开盖检查及送检校验的，应经省公司审核并报上级单位备案。③停电检修时，应开展 Qualitrol 压力释放阀 C 形销缺失检查、Messko 压力释放阀传动杆锈蚀卡涩排查，发现问题应及时处理。④停电检修时，检查端子箱内是否有螺栓松动、元器件烧损现象，发现问题及时更换。⑤年度检修期间，应对换流变压器有载分接开关传动轴各部位固定螺栓按照规定力矩进行检查紧固，对传动齿轮磨损情况、齿轮盒密封性进行检查并补充润滑油，防止运行期间因传动机构故障导致有载分接开关出现三相不一致等异常情况。同时，按照《电力变压器分接开关运行维修规程》（DL/T 574—2021）规定或厂家产品说明书，当开关动作次数达到规定次数或运行年限达到相关年份时，应开展现场吊芯检查。

（5）做好继电器或接触器等关键组部件备品采购。对于运行阶段多发频发的继电器、接触器等零部件，要动态更新备品清单，及时做好备品采购入库。

(6) 开展继电器或接触器失效模式研究以及分接开关在线监测装置试点应用。建议组织开展继电器、接触器等零部件失效模式研究，为后续制定检修策略提供技术支撑。同时，必要时可以开展分接开关在线监测装置试点应用，力争及早发现零部件松脱或开裂等机械故障，切实提升故障监测能力、提高设备运行安全。

12.4 典型故障及缺陷案例

12.4.1 案例44：电动机构控制回路接触器失效导致滑挡

1. 情况说明

(1) 故障前的运行情况。直流处于双极四阀组大地回线降压方式下运行，输送功率1750MW。

(2) 故障过程描述。11月6日至12月4日，换流站极Ⅱ低端Y/Y-B相换流变压器升挡过程中发生5次滑挡故障。11月6日首次出现滑挡，运维人员手动调整分接开关与其他相一致。11月9日、12月1日、12月2日升挡中又出现3次滑挡，手动将6台换流变压器挡位调整一致，检查接触器状态正常，对开关刹车连杆进行了处理。12月4日，该换流变压器再次出现滑挡。

(3) 故障设备基本情况。故障换流变压器型号为ZZDFPZ-363400/500-400，联结组别为Ii0（三相YNyn0），电压比为$(535/\sqrt{3})/(+22\sim-6)\times1.25\%/171.3/\sqrt{3}$kV，故障时有载分接开关已经运行5年，分接开关选用瑞典ABB油浸式有载分接开关，型号为UCLRE 380/900/ⅢS。

(4) 分接开关电动机构原理。

1) 电动机构控制回路分析。分接头完成一个完整的挡位调节过程，电动机需要转动25圈。分接开关控制原理如图3-12-6所示，分接开关步进图如图3-12-7所示。

根据分接开关控制原理图和分接开关步进图，分析分接开关电动机构控制回路动作过程如下。

S1为远方/就地控制开关。当S1在远方（REMOTE）位置时，S1(1，4)(9，10)(5，6)接点闭合，其中－X3(5，6)分别接入来自控制系统远方的分接头“升/降”命令信号，电源从S1(1，4)引入。

当S1在就地（LOCAL）位置时，S1(1，2)接点闭合，就地操作控制把手S2(1，2)(1，4)分别发出分接头就地“升/降”命令信号。

以分接头升挡为例，详细的动作过程如下：

a. 从X3(5)接到远方升挡指令，或从S2(1，4)接到就地升挡指令，接触器K2励磁。

S1在远方（REMOTE）位置时，K2开始励磁的回路如下：

220V相线－X3(2)→S1(1，4)→－X3(5)→S1(9，10)→－K1(31，32)→S12(7，8)→S6.2(3，4)→S5(11，12)→K3(22，21)→K2(A1，A2)→N

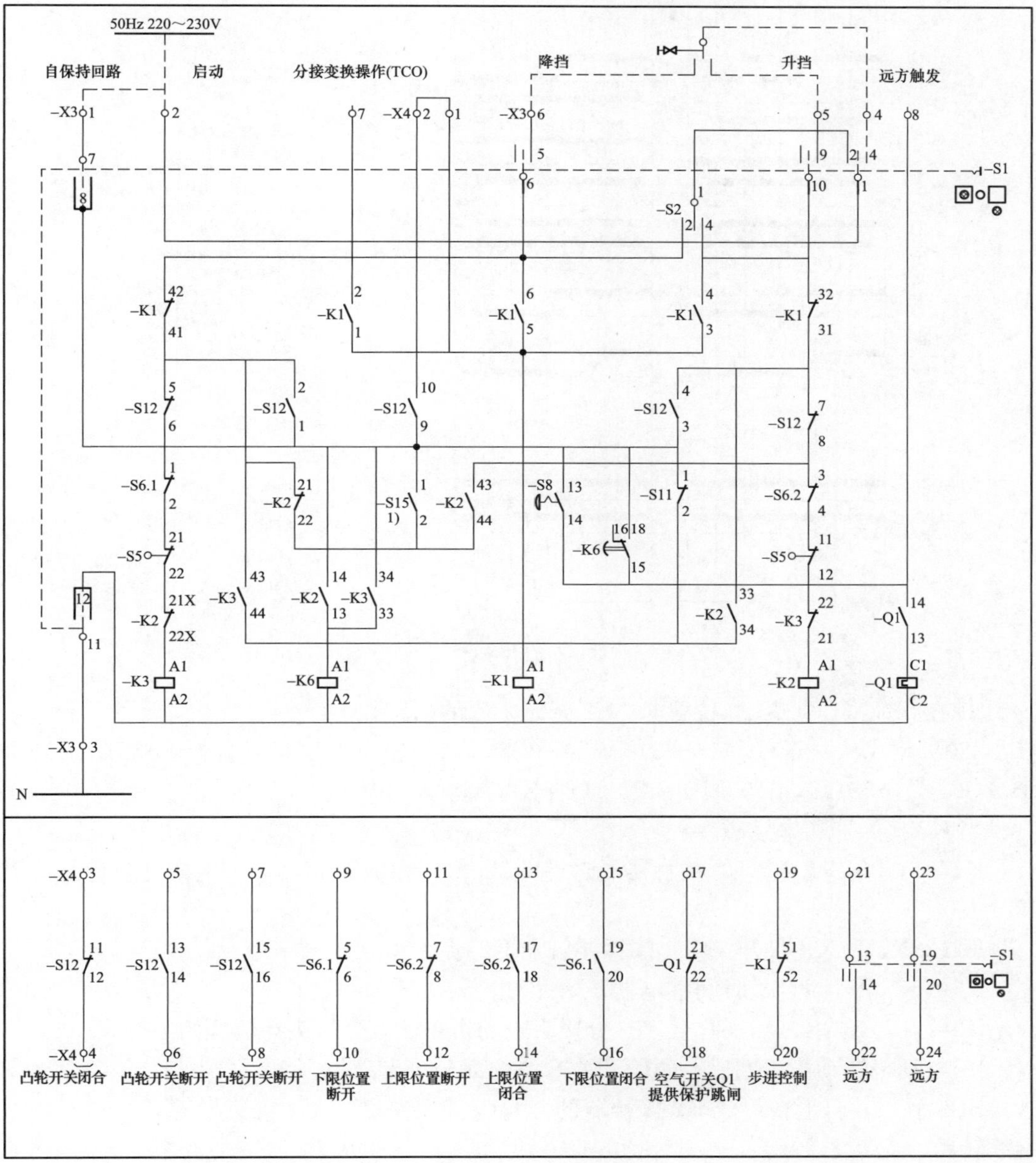

图 3-12-6　分接开关控制原理图

S1—远方就地选择开关；S2—就地升降控制开关；K2—升挡接触器；
K3—降挡接触器；K1—步进接触器；K6—滑挡保护时间继电器；S11—凸轮开关；
S12—凸轮开关；S15—极性转换作用接点；S5—手柄联锁开关；
S6—限位开关；S8—紧急制动；Q1—电动机保护开关

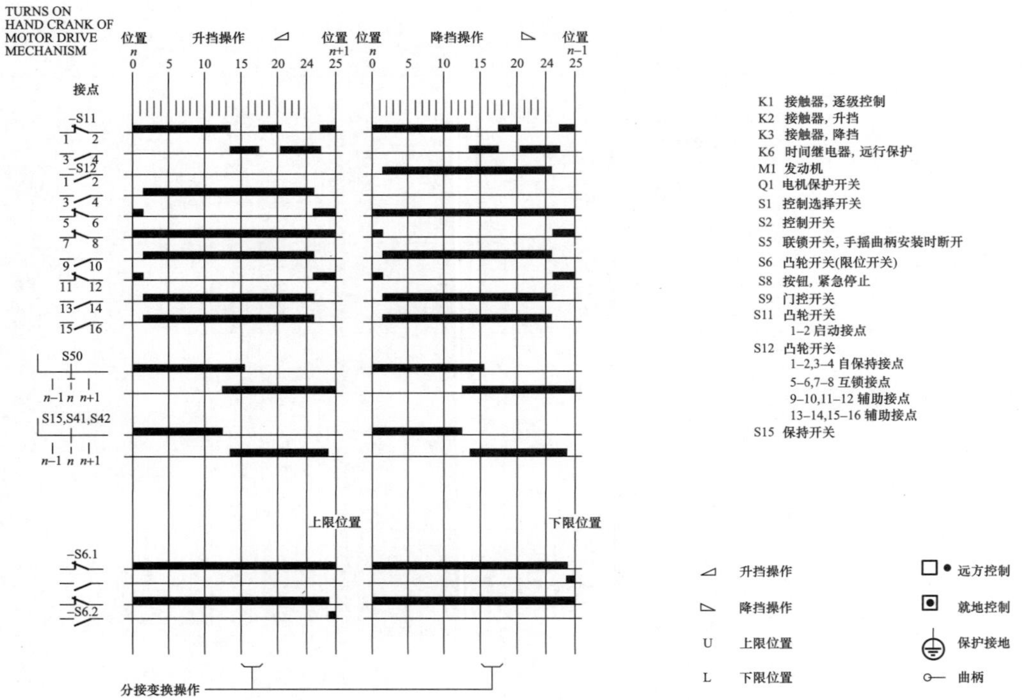

图 3-12-7　分接开关步进图

S1 在就地（LOCAL）位置时，K2 开始励磁的回路如下：

220V 相线从－X3(2)→S1(1，2)→S2(1，4)→－K1(31，32)→S12(7，8)→S6.2(3，4)→S5(11，12)→K3(22，21)→K2(A1，A2)→N。

当 K2 接触器通电励磁后：

K2(34，33）闭合，K2 接触器通过 S11(1，2）和 K2(34，33）构成“自保持回路 1”。

K2(22X，21X）打开，防止降挡接触器 K2 励磁。

K2(13，14）闭合，时间继电器开始计时。

K2(1，2)(3，4)(5，6）合上，分接头电动机正转，分接头挡位开始上升。

b. 电动机转动第 1 圈后，凸轮开关 S12 的部分接点动作。

S12(3，4）合上，形成 K2 接触器的“自保持回路 2”，K2 继续励磁，分接头电机继续转动。

S12(5，6）断开，断开 K3 接触器的控制回路。

S12(9，10）合上，这样 220V 电源由－X3(1)→S12(9，10)→－K1(A1，A2)。于是步进接触器 K1 励磁。K1(31，32)(41，42）断开，分接头电动机回路不再接收来自控制回路的指令。

S12(13，14)(15，16）闭合，向控制系统发出分接头动作中信号。

c. 电动机转动第 13～17 圈，凸轮开关 S11(1，2）断开再返回，检查 S12 接点是否正常动作。

此时 K2 接触器失去通过 S11(1，2) 的“自保持回路 1”，仅通过 S12(3，4) 实现的“自保持回路 2”来励磁，如果 S12(3，4) 未能正常闭合，此时 K2 会失磁，电动机会停转。

d. 电动机转动 20～24.5 圈，凸轮开关 S11(1，2) 再次断开，作用同上。

e. 电动机转动 24.5 圈，分接头即将到位，凸轮开关 S12 的接点返回。

当分接头电动机转动到在 24～25 圈的过程中。存在一段时间窗口，凸轮开关 S11 和 S12 都断开，此时 K2/K3 接触器失磁，电动机停转。

上升过程中，存在一段时间窗口（如图 3-12-8，蓝色和红色线之间的时间间隔），这段时间 S11(1，2) 和 S12(3，4) 同时断开，K2 接触器失磁，保证分接头挡位调节到位后，电动机不会持续转动导致分接头挡位连续调节。

下降过程中，同样存在一段时间窗口，S11(1，2) 和 S12(1，2) 同时断开，才能保证接触器 K3 失磁。分接头动作步进图中，凸轮开关 S11 和 S12 的配合如图 3-12-8 所示。

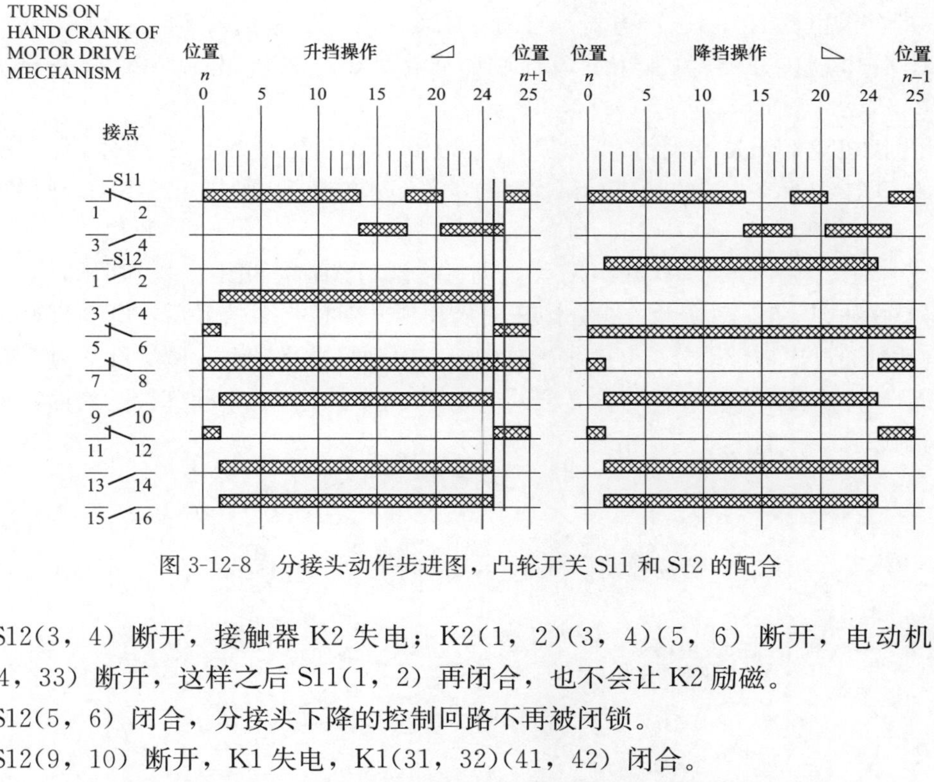

图 3-12-8 分接头动作步进图，凸轮开关 S11 和 S12 的配合

S12(3，4) 断开，接触器 K2 失电；K2(1，2)(3，4)(5，6) 断开，电动机停止；K2(34，33) 断开，这样之后 S11(1，2) 再闭合，也不会让 K2 励磁。

S12(5，6) 闭合，分接头下降的控制回路不再被闭锁。

S12(9，10) 断开，K1 失电，K1(31，32)(41，42) 闭合。

S12(11，12) 闭合，向控制系统发出的分接头到位信号回路接通。

S12(13，14)(15，16) 断开，分接头动作中信号回路断开。

2) 分接开关控制回路各连锁功能介绍

a. 控制回路连锁。

(a) 当 K2 或 K3 一旦励磁，都能闭锁对方回路。

(b) 当上升/下调开始之后，凸轮开关 S12 可以断开反向的控制回路。

b. 升降过程中断后重新动作。如果分接头在挡位上升过程中控制回路瞬时失电，S12(3，4) 的闭合保证了在恢复供电之后 K2 可以继续励磁，分接头挡位上升能够继续进行。同时，如果在恢复供电的同时远方或就地发出下调指令，由于下调回路中 S12(5，6) 已断开，K3 也不可能被励磁。不会造成回路无法判断应该上调还是下调的混乱。

c. 防止终端越位 S6。控制回路中有终端限位凸轮开关 S6。

当分接头到达最高挡位的时候 S6.2(3，4) 断开，闭锁分接头上调的控制回路，同时 S6.2(11，12)(15，16) 断开，闭锁分接头上调的电动机回路。

当分接头到达最低挡位的时候 S6.1(1，2) 断开，闭锁分接头下调的控制回路，同时 S6.1(9，10)(13，14) 断开，闭锁分接头下调的电动机回路。

d. 手柄操作 S5。S5 (11，12)、S5 (21，22) 为手柄联锁辅助接点，当手柄插入时，该接点断开，闭锁了分接头控制回路，此时只能使用手柄手动升/降分接头挡位。远方和就地的控制指令不会被接收。

e. 时间继电器 K6。K6 继电器是时间继电器，若产生滑挡则 K6 会励磁，K6 (18，15) 动作让电动机开关 Q1 脱扣。具体励磁回路如下：220V 电源－X3(1)→K2(13，14)/K2(33，34)→K6(A1，A2)→N。

f. 电动机空气开关 Q1 脱扣。保护开关 Q1 可以通过延时继电器（时间设定为 16s，约为分接头连续调节 3 挡的时间）和就地的紧急停止按钮 S8 脱扣。具体励磁回路如下：－X3(1)→K6(18，15)→Q1(13，14)→Q1(C2，C1)→－X3(3)→N，脱扣。

3) 电动机构制动器。ABB BUE 型电动机构制动器结构如图 3-12-9 所示，电动机构制动器实物如图 3-12-10 所示。在分接开关接收到升降挡指令信号后，电动机首先会启动，电动机通过皮带带动分接开关主轴转动，在电动机轴承转动 1 圈后会通过主轴带动 S12 凸轮开关转动，刹车连杆与 S12 会同时动作，刹车连杆的中间部位是斜面，斜面上压着与刹车片一体的上下两个滑轮。

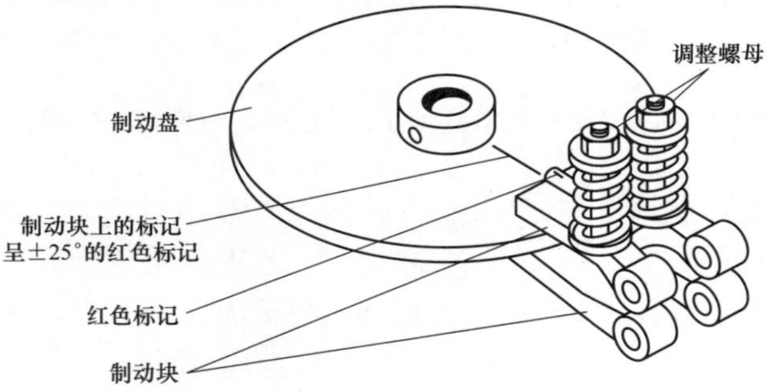

图 3-12-9　ABB BUE 型电动机构制动器结构

升挡时刹车连杆向右移动，降挡时向左移动，由于刹车连杆与刹车片滑轮接触面是斜面，在刹车连杆左右移动时，会将刹车片撑开，这样刹车圆盘才能转动，在一挡调整完毕后，凸轮开关首先会复位，带动刹车连杆复位，刹车片上部有两个弹簧，通过弹簧

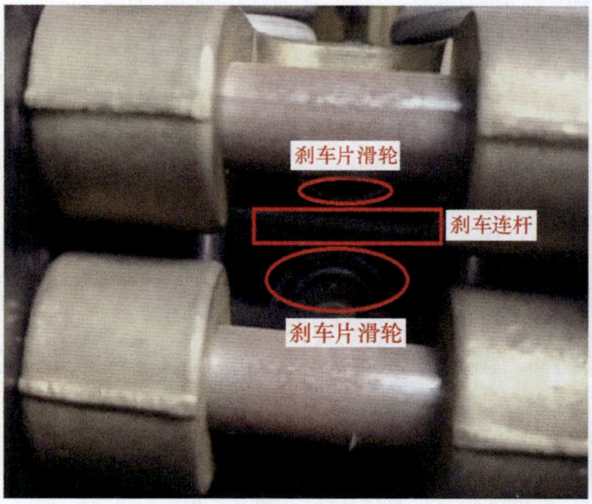

(a) 滑轮

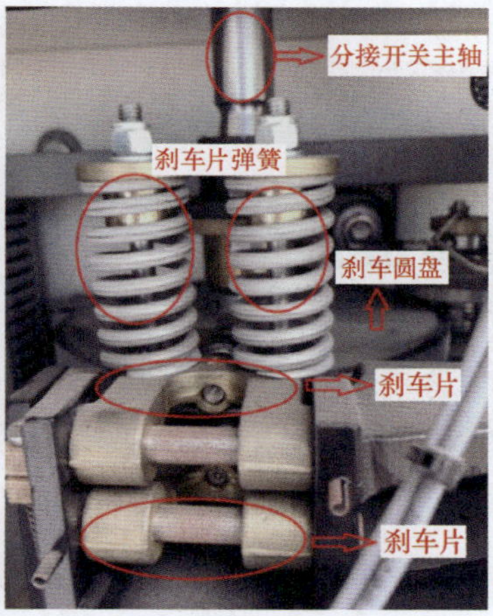

(b) 剎车连杆

图 3-12-10　电动机构制动器实物图

的力量将剎车片压紧剎车圆盘，剎车圆盘与主轴连为一体，剎车圆盘被固定后主轴也会停止转动，这样分接头调挡完毕。

2. 检查处理情况

(1) 外观检查情况。12 月 3 日，设备外观检查无异常。现场将“远方/就地”控制把手打至 0 位置，彻底断开接触器控制回路电源，步进接触器和升挡接触器复位，判断接触器没有问题，分析可能为 S12 凸轮开关、剎车片和传动轴润滑不良引起。现场检查发现与 S12 相连的剎车连杆生锈，如图 3-12-11 所示。

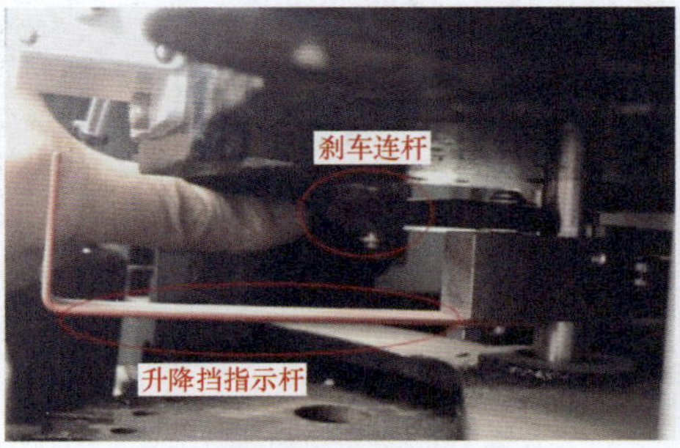

(a) 剎车连杆与升降挡指示杆

(b) 查看剎车连杆生锈

图 3-12-11　开关剎车连杆与升降挡指示杆检查

(2) 故障处理情况。现场开展与 S12 相连的剎车连杆生锈处理，打磨、涂润滑油脂。

将升降挡指示杆向升挡方向扳动，发现剎车连杆有白色异物，用吸油纸将其擦拭干净，细砂纸打磨处理后涂润滑油脂，如图 3-12-12 所示。

将升降挡指示杆向降挡方向扳动，未发现明显异常，如图 3-12-13 所示。随后用细

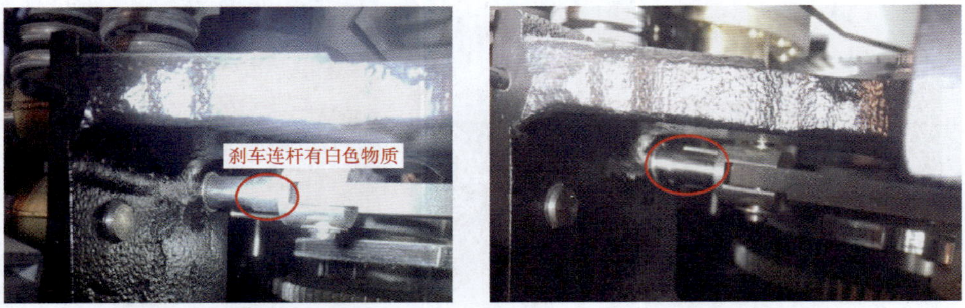

(a) 刹车连杆有白色物质　　(b) 白色物质处理

图 3-12-12　开关刹车连杆检查

砂纸进行打磨处理，并涂抹润滑油脂。

处理后运行人员将远方就地把手打至就地控制，恢复开关电动机电源，就地分别升降一次，设备运行正常。

12 月 3 日刹车连杆处理后，12 月 4 日再次出现滑挡情况，说明此次产生滑挡的原因不是刹车连杆问题，分析控制回路升挡接触器 K2 故障，升挡接触器如图 3-12-14 所示。

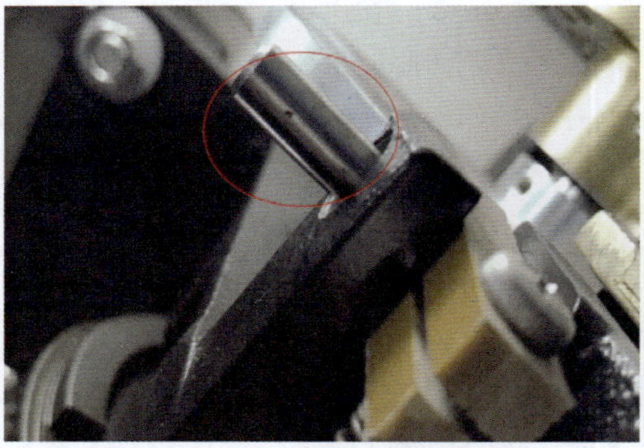

图 3-12-13　向左扳动指示杆检查

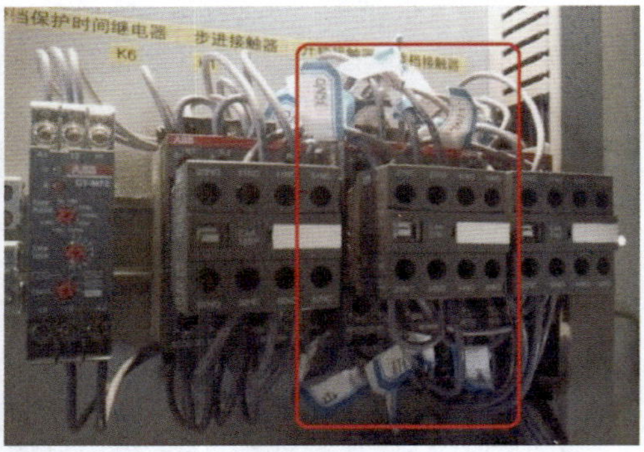

图 3-12-14　升挡接触器

现场对 K2 接触器进行了更换，更换完毕后现场升降挡一次，无异常；后台升降挡一次，无异常。

检查发现刹车圆盘上的红线与刹车片未完全对齐，偏差稍大，但在厂家标准之内。图 3-12-5（a）中红线是调整之前的位置，正常时应该在蓝线处，实际偏差角度约 20°，厂家要求值为 25°。更换完接触器后，通过调整刹车片上弹簧顶部螺母对刹车圆盘进行了调整。螺母拧紧会增大刹车片的压力，这样刹车圆盘会减速更快。调整之后刹车圆盘上的红线与刹车片上的红线基本对齐。调整前后对比如图 3-12-15 所示。

（3）原因分析。换流变压器前 4 次滑挡故障原因为分接开关刹车连杆内白色异物和生锈引起，第 5 次滑挡原因为控制回路升挡接触器 K2 故障引起。

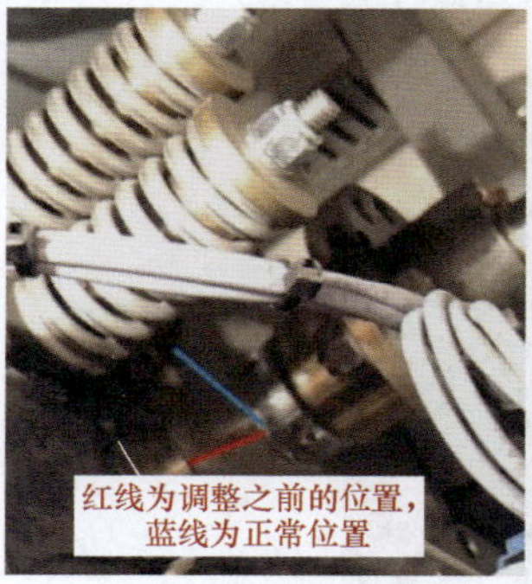

(a) 调整前

(b) 调整螺栓

(c) 调整后

图 3-12-15 刹车盘调整

12.4.2 案例 45：电动机构控制回路接触器卡涩导致滑挡

1. 情况说明

（1）故障前的运行情况。直流处于双极三换流器大地回线方式下运行，潮流方向为正送，极Ⅰ高端阀组处于充电状态。

（2）故障过程描述。12 月 28 日 22:22，换流站运维人员在进行功率升降过程中极Ⅱ低端阀组出现分接开关挡位不一致现象。后台显示极Ⅱ低 YD-A 相换流变压器分接头挡位在 17 挡，现场检查该换流变压器在 16～17 挡之间、电动机电源跳开，其余 5 台换流变压器后台及现场均在 19 挡。随后，将极Ⅱ低端阀组转至冷备用状态，极Ⅱ低端阀组负荷转带至极Ⅰ低端阀组、极Ⅱ高端阀组运行，未损失负荷。

（3）故障设备基本情况。故障换流变压器型号为 ZZDFPZ-363400/500-200，联结组别为 Ii0，故障时有载分接开关已经运行 6 年，有载分接开关选用 ABB 有载分接开关，型号为 UCLRE380/900/Ⅲ S。

2. 检查处理情况

（1）分接头挡位检查。现场检查极Ⅱ低 YD-A 相换流变压器分接头挡位在 16～17 挡之间，如图 3-12-16 所示，其余 5 台换流变压器分接头挡位在 19 挡，软件检查极Ⅱ低 YD-A 相换流变压器分接头挡位为 17 挡，其余 5 台为 19 挡，与 OWS 显示一致。

图 3-12-16 现场分接头挡位

（2）控制回路元器件检查。现场检查极Ⅱ低端 YD-A 相换流变压器分接开关 K1（步进接触器）和 K3（降挡接触器）保持在吸合状态，如图 3-12-17 所示，滑挡保护时间继电器 K6 动作并亮红灯，分接开关电动机电源开关跳开，各元器件外观无异常。

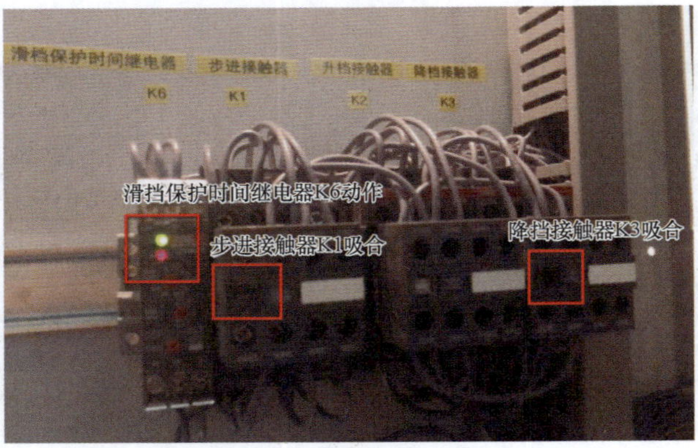

图 3-12-17　控制回路元器件状态

（3）分接开关皮带及传动轴检查。现场对极Ⅱ低端 YD-A 相换流变压器分接开关皮带及传动轴进行检查，未发现传动轴脱落、皮带掉落等异常。

（4）电动机检查。现场检查电动机三相绕组电阻平衡，对地绝缘正常，无发热现象，试验结果见表 3-12-1。

表 3-12-1　　现场试验结果

相别	绝缘电阻（MΩ）	组别	直阻（Ω）
A-地	275	A-B	52.9
B-地	275	B-C	52.3
C-地	275	C-A	50.9

3. 处理情况

后台将分接头控制模式从“自动”切至“手动”，将该阀组 6 台换流变压器分接开关打到就地后，运维人员将极Ⅱ低端 YD-A 相换流变压器分接开关控制电源断开，断电后步进接触器 K1、降挡接触器 K3、滑挡保护时间继电器 K6 自动恢复正常，然后合上电动机电源，分接头调节不成功。

更换降挡接触器 K3 后，恢复电动机电源，分接开关自动降至 16 挡，现场检查分接开关齿轮盒内挡位与就地显示一致与远方显示一致，如图 3-12-18 和图 3-12-19 所示，刹

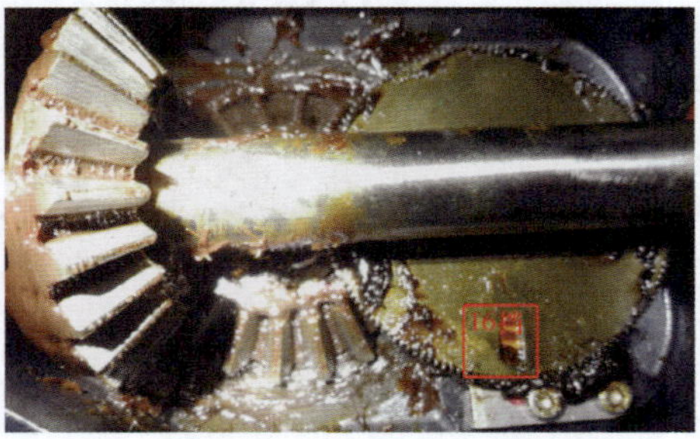

图 3-12-18　分接开关 1 齿轮盒检查

图 3-12-19　分接开关 2 齿轮盒检查

车盘和刹车片中心点刹车距离不超过±25°，如图 3-12-20 所示，满足规程要求。

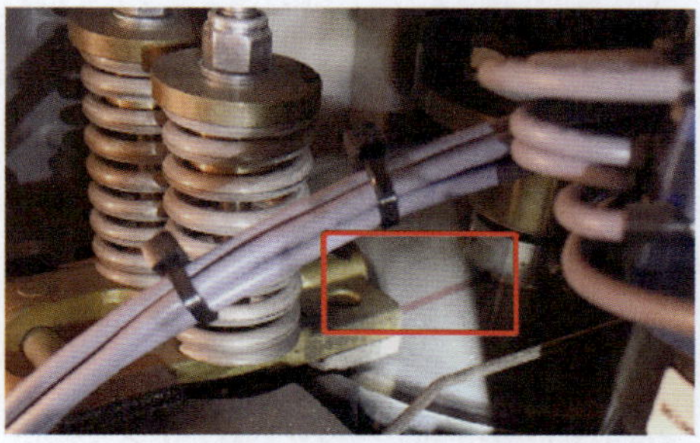

图 3-12-20　刹车片中轴线偏差检查

现场检查无异常后，就地及远方分别进行 1～29 挡的升挡操作及 29～1 挡的降挡操作，功能正常。

4. 原因分析

分接开关控制原理如图 3-12-21 所示，在分接头调节过程中，极Ⅱ低端阀组换流变压器分接头降挡接触器 K3 持续励磁，其（33，34）动合节点闭合，此时滑挡保护继电

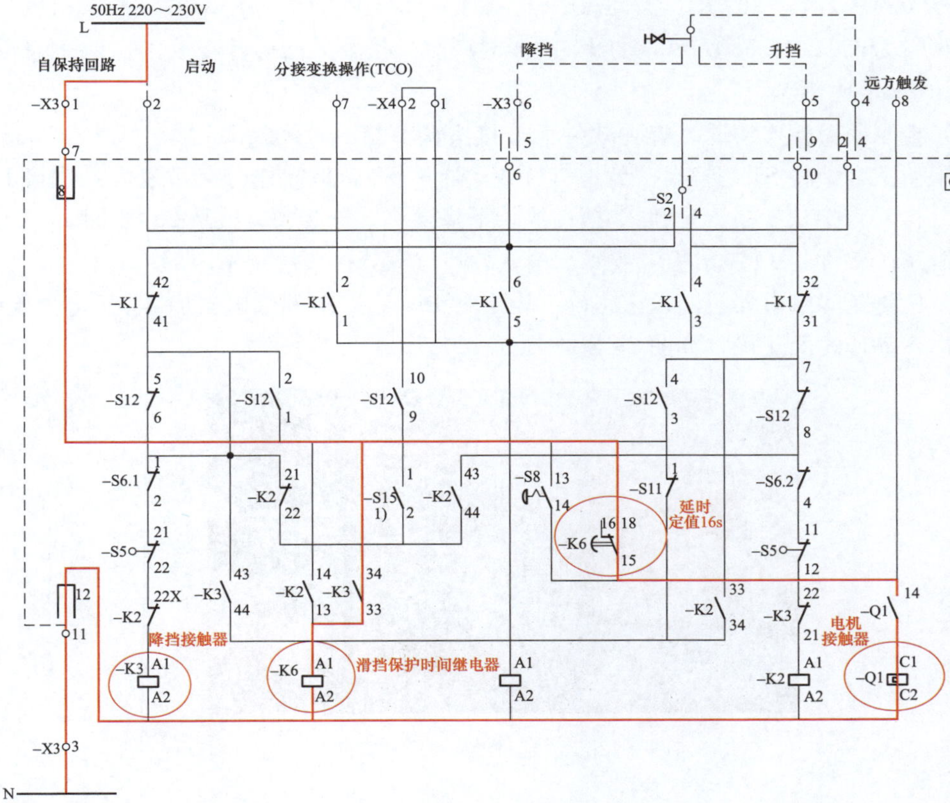

图 3-12-21　分接开关控制原理

器 K6 开始计时，达到整定时间（16s）后，延时节点（15，18）闭合，接通分接开关电动机电源跳闸回路。

通过对极Ⅱ低端 YD-A 相换流变压器分接头进行就地操作，发现降挡接触器 K3 间歇性卡涩，在挡位到达时接触器铁心未能及时释放导致接触器持续励磁造成滑挡。该台换流变压器分接开关降挡操作次数为 8252 次，距寿命（1 千万次）相差甚远，锦屏站自 2015 年 11 月 8 日极Ⅱ低端阀组多次发生滑挡故障，初步判断为产品批次原因导致接触器间歇性卡涩引起滑挡。

12.4.3 案例 46：电动机构控制回路凸轮开关接点黏连导致滑挡

1. 情况说明

（1）故障过程描述。4 月 12 日 21:48，受端换流站极Ⅰ低端换流变压器分接头不同步告警，极Ⅰ低端 Y/Y-A 相换流变压器分接头为 1 挡，其余为 23 挡。22:13 换流变压器磁饱和保护一段告警，22:27 换流变压器磁饱和保护二段告警，电流积分值继续上升并接近跳闸定值，运行人员申请停电检查处理，22:42 极Ⅰ低端阀组转检修。

（2）故障设备基本情况。故障换流变压器为型号为 ZZDFPZ-297100/500-400，电压比为 $515/\sqrt{3}(+22, -6)\times1.25\%/157.6/\sqrt{3}$kV，分接开关选用 ABB 油浸式有载分接开关，型号为 UCLRE 380/1800/ⅢS，故障时有载分接开关已运行 4 年。

2. 检查处理情况

（1）控制回路检查情况。查看软件无分接头调节指令，测量 IO 输出板卡 PS853 的接点电阻值正常，将 S1 切换至“就地”位置，通过 S2 就地操作分接头发现：执行上升操作，分接头直接从 1 挡上升到 29 挡；执行下降操作，分接头直接从 29 挡下降到 1 挡。排除控制系统软件、IO 输出板卡故障，确认故障点在分接头控制柜内部。

（2）检查延时继电器时间设定正确（设定为 16s），对时间继电器加 220V 电源验证，时间继电器动作时间正确，如图 3-12-22 所示。

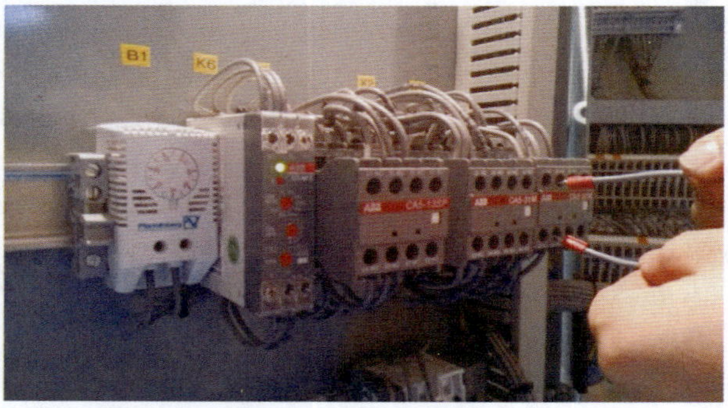

图 3-12-22　延时继电器 K6 验证

短接延时继电器 K6（18-15）接点，Q1 没有跳开，检查 Q1（C1，C2）的电阻值异常。所以，Q1 脱扣器故障为导致分接头动作超过 3 挡后 Q1 没有跳开的原因。

3. 原因分析

（1）可能原因。分接头启动后直接升高到最高挡或降低到最低挡说明 K2 和 K3 接触器持续励磁，K2 和 K3 持续励磁的有两种情况，如图 3-12-23 所示。

将分接头控制回路电源、电动机电源断开，手动摇动分接头，测量 S11（1，2）的通断，测量结果 S11（1，2）在电动机转动的 25 圈内持续导通，从而形成自保持回路。将分接头控制回路电源、电动机电源断开，手动摇动分接头，测量 S12（1，2）和 S12（3，4）的通断，测量结果无异常，符合分接开关步进图。

由此可知，故障原因为凸轮开关 S11 的（1，2）接点故障，一直闭合导通，导致降挡接触器 K3 持续励磁，分接头挡位持续下降到 1 挡。

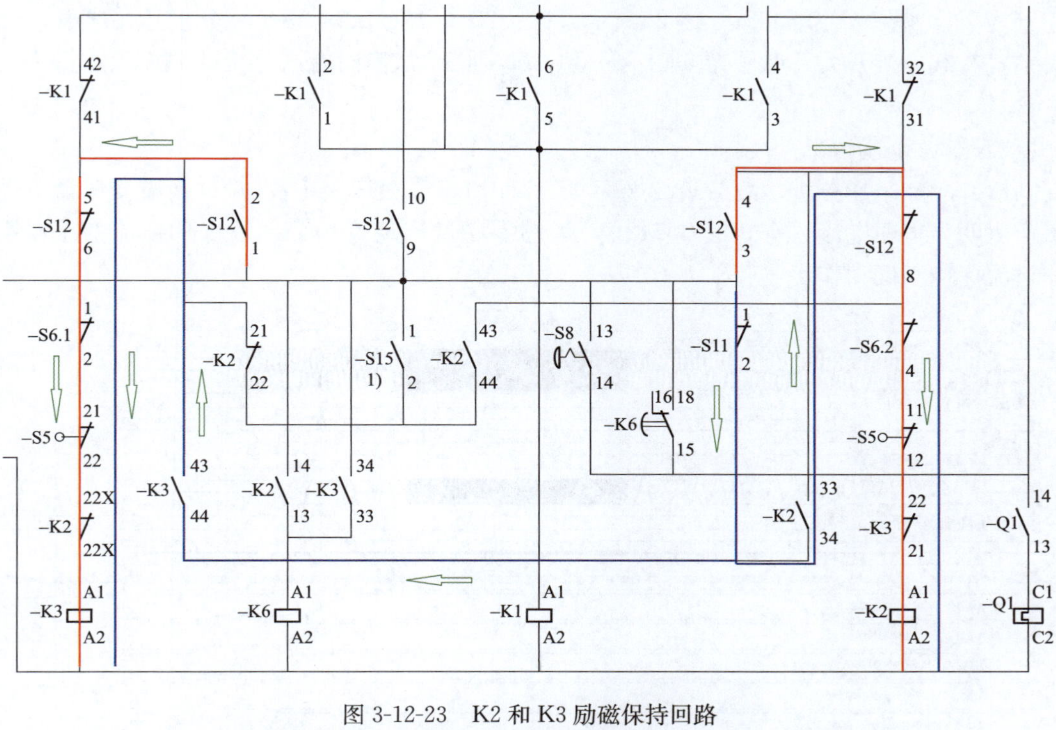

图 3-12-23　K2 和 K3 励磁保持回路

注：自保持回路 1-图中蓝色回路：通过 S11（1，2）和 K2（33，34）形成；
自保持回路 2-图中红色所示：通过 S12（1，2）、S12（3，4）形成。

（2）措施建议。

1）凸轮开关 S11 或者 S12 单元件故障，会导致分接头连续升挡或降挡，建议定期开展凸轮开关的隐患排查。

2）发现 Q1 电动机开关跳开时，在没有确认 K2、K3 接触器是否仍然励磁情况下，禁止贸然试合 Q1 电动机开关，防止由于回路故障接触器自保持导致分接头继续动作。

12.4.4 案例 47：传动轴卡箍脱落导致三相电流不平衡

1. 情况说明

（1）故障前的运行情况。换流变压器极Ⅰ低、极Ⅱ双换流器大地回线方式运行，功率 3738MW。

（2）故障过程描述。10 月 29 日 05:20，调试中下令合 5143 开关，将极Ⅰ高换流变压器转运行，05:24:31，5143 开关合闸正常，05:24:37，极Ⅰ高端换流变压器保护 A/B/C 主机分别报“角变零序过流 1 段、角变零序过流 2 段报警”。05:24:37，439 极Ⅰ高阀控主机报“换流变压器保护系统 A/B 跳闸”，5143 断路器跳开。

（3）故障设备基本情况。故障换流变压器型号为 ZZDFPZ-406MVA/600kV，联结组别为 Ii0，电压比为 $530/\sqrt{3}(+25\sim-5)\times1.25\%/171.88/\sqrt{3}$kV，分接开关选用 ABB 真空式有载分接开关，型号为 UCLRE380/900/ⅢS，故障时有载分接开关投入运行不足 1 年。

2. 检查处理情况

（1）故障录波分析。故障录波如图 3-12-24 所示，显示极Ⅰ高 Y/D 换流变压器中性点产生明显零序电流，有效值 0.542A，远超零序过流定值 0.15A，6s 后换流变压器零序过流保护正确动作。

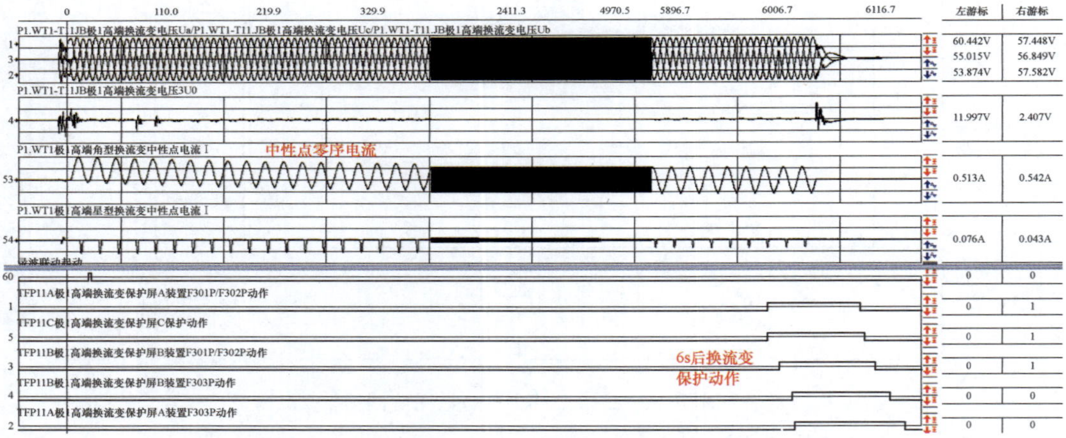

图 3-12-24 故障录波

现场检查换流变压器保护装置动作报文，如图 3-12-25 所示，角变网侧 3I0 测量值为 0.541A，与录波值一致，动作时间 5.98s，零序过流Ⅰ、Ⅱ段动作，与动作报文一致，零序过流保护Ⅰ、Ⅱ段动作正确。

换流变压器零序过流保护配置如图 3-12-26 所示，取自网侧中性点零序 TA，Ⅰ、Ⅱ段保护定值均为 0.15A，延时 6s。

（2）外观检查情况。现场检查发现极Ⅰ高 Y/D-C 相换流变压器分接开关转动杆顶部

SBH-101A/R1/F换流变压器保护

厂站名称		装置编号		装置地址	059
打印项目	保护动作报告	打印时间	2014年10月29日		05:34:24

故障序号	374	启动动作时间	2014年10月29日　05:24:31:450
序号	动作元件名称	动作相别	动作相对时间
01	角变零序过流1段		5980ms
02	角变零序过流2段		5980ms

角变零序过流1段故障参数

序号	名称	量值	序号	名称	量值
01	角变网侧$3I_0$	0.541∠211　A			

角变零序过流2段故障参数

序号	名称	量值	序号	名称	量值
01	角变网侧$3I_0$	0.541∠211　A			

图 3-12-25　换流变压器保护动作报告

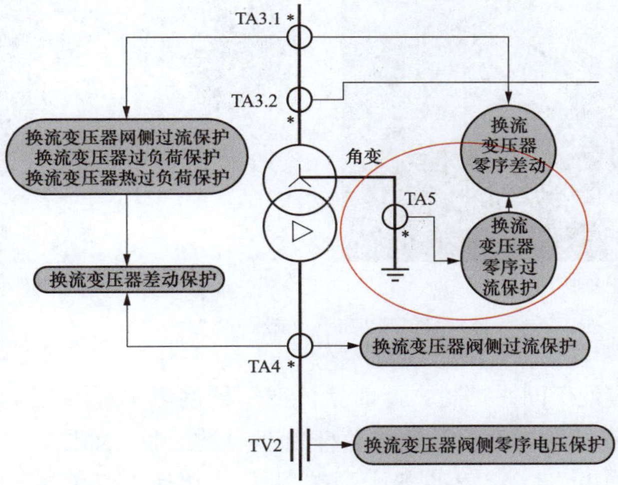

图 3-12-26　换流变压器零序过流保护配置

抱箍松脱造成滑挡，实际机械位置为 23 挡，A/B/C 三相换流变压器分接开关表盘及远方指示均为 1 挡，如图 3-12-27 所示。说明换流变压器刚充电还不及上调一挡分接头挡位，零序过流保护即动作。

(3) 现场处理情况。如图 3-12-28 所示，重新安装分接开关传动轴后，就地对该换流变压器进行升降挡操作正常，随后对极Ⅰ高所有换流变压器分接头传动装置进行检查，发现其余换流变压器传动杆螺丝均存在不同程度松动情况，已现场紧固。

3. 原因分析

正常情况下，换流变压器停运时分接头挡位应退至最低挡（1 挡），同一时刻阀组内

(a) 就地指示　　　　(b) 实际位置

图 3-12-27　极Ⅰ高端 Y/D-C 相分接开关位置

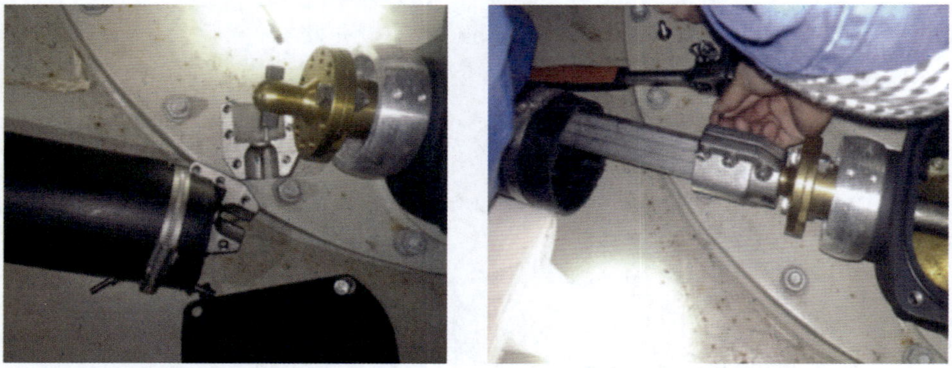

(a) 传动杆脱扣　　　　(b) 传动杆连接处理

图 3-12-28　传动杆脱扣

6 台换流变压器均应处于同一挡位，此时换流变压器网侧中性点 TA 和阀侧套管 TA 均应无电流。现场检查发现故障相开关传动杆顶部抱箍松脱，如图 3-12-29 所示，分接头在刚充电时机械位置为 23 挡，表明极Ⅰ高端 Y/D-C 相换流变压器分接头在该阀组停运前已出现传动杆脱扣情况，停运时实际机械挡位不能退至 1 挡，再次充电时仍处于较高挡（23 挡）。

由于故障换流变压器实际在 23 挡，其他换流变压器均在 1 挡，网侧电压相同，所接入网侧绕组匝数不同，故障相分接头挡位与其他相相差 22 挡，接入绕组匝数少，阻抗小，C 相网侧套管电流必定较另两相大。极Ⅰ高 YD 换流变压器网侧三相电流比较图如图 3-12-30 所示，A、B 两相网侧首段套管电流为 0.165A，而 C 相为 0.216A，网侧出现零序电流。

对于角变阀侧电流，因分接头挡位差别较大，直接造成阀侧电压不对称，在阀组解锁之前阀侧为角形连接，阀侧角形接线内将形成环流，三相电流相位一致，大小相同，约 0.25A，如图 3-12-31 所示。

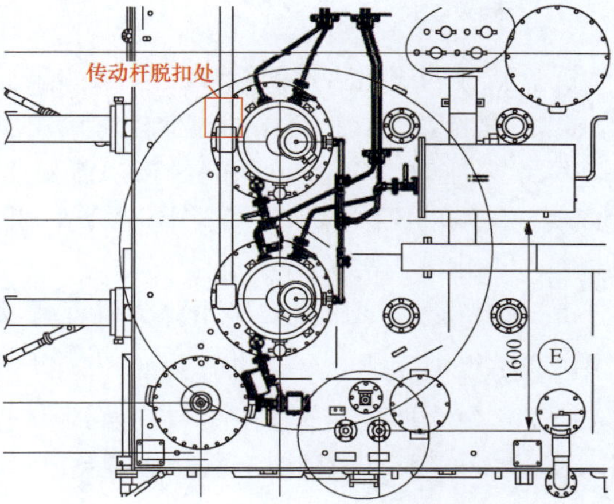

图 3-12-29　传动杆脱扣位置

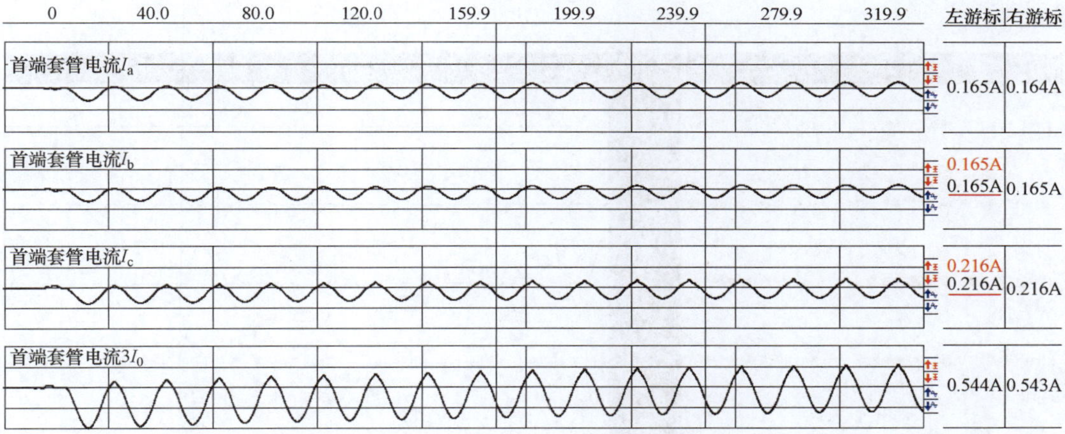

图 3-12-30　极 I 高 YD 换流变压器网侧三相电流比较图

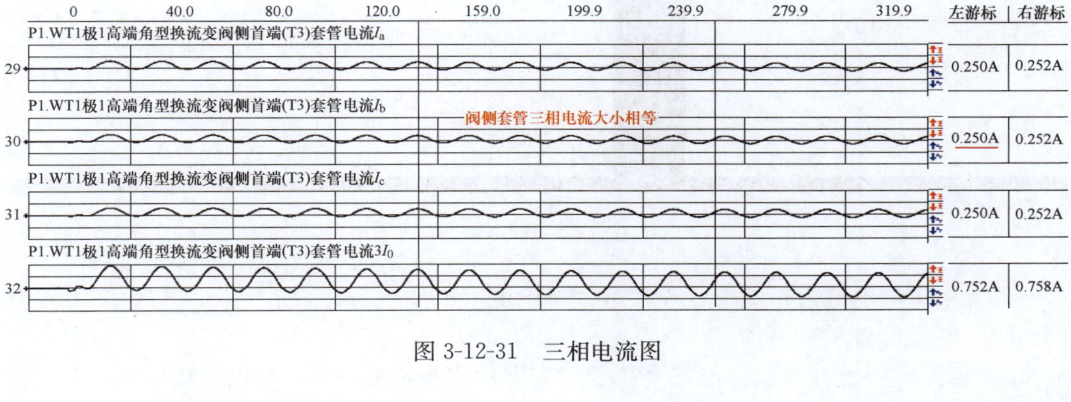

图 3-12-31　三相电流图

12.4.5 案例 48：传动轴卡箍脱落导致三相电流不平衡

1. 情况说明

（1）故障前的运行情况。双极四阀组大地回线降压运行，输送功率 3000MW。

（2）故障过程描述。6 月 19 日，受端换流站通过监控后台发现极Ⅰ高端换流变压器星接中性点电流为 41A，其余均为 0A。对极Ⅰ高端星接换流变压器各相网侧电流检查发现 YY-A 相网侧套管首端、尾端电流约 555A，YY-B、YY-C 相电流约为 513A，三相存在不平衡电流，A 相和 B、C 相偏差率为 7.6%。

（3）故障设备基本情况。故障换流变压器为单相双绕组有载调压换流变压器，型号 ZZDFPZ-405130/500-800，联结组别为 Ii0（三相 YNyn0），电压比为 $530/\sqrt{3}(+25,-5)\times1.25\%/171.88/\sqrt{3}$kV，每台换流变压器配置有三台 ABB 分接开关，为一拖三背包式结构，型号为 UCLRE380/600/FS。故障时有载分接开关已运行 2 年。

2. 检查处理情况

（1）故障录波分析。为进一步确认异常原因，手动触发录波，如图 3-12-32 所示。波形显示极Ⅰ高端换流变压器星接网侧首端电流 A 相高于 B、C 相，而阀侧首端电流基本平衡。

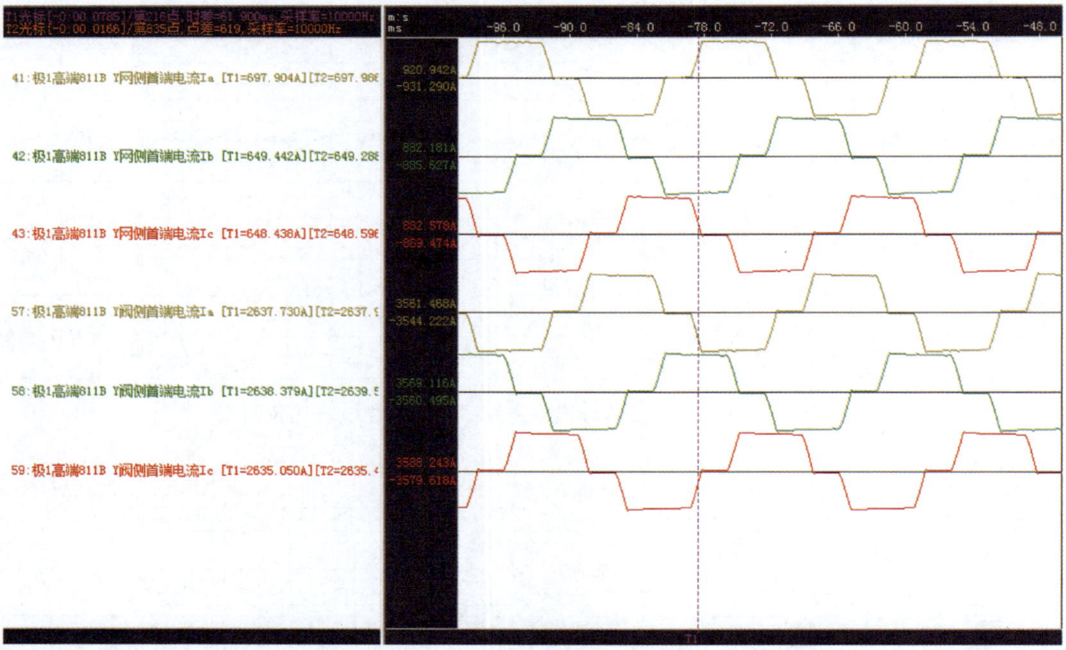

图 3-12-32 手动触发录波波形图

现场用钳形电流表检测中性点接地铜排电流，如图 3-12-33 所示，结果为 42.4A。

（2）外观检查及试验情况。

1）相关保护检查情况。换流变压器三套保护采集中性点 CT 数据，用于零序过流和饱和保护。经核查控保程序，换流变压器星接零序过流保护动作定值为300A，延时7.5s出口跳闸，阀控执行Y闭锁；饱和保护动作折合有效值95A，延时750s出口跳闸。

2）红外测温及绝缘油色谱分析。发现异常后，对极Ⅰ高端换流变压器进行红外热成像检测，换流变压器相关的引线、接头、套管、中性点TA等设备及元件温度均正常，无异常发热情况。

图3-12-33　钳形电流表测量中性点接地铜排电流

对极Ⅰ高端Y/Y-A、B、C三台换流变压器进行绝缘油色谱分析，见表3-12-2，各项数据均正常，与5月8日色谱数据对比，无明显增长。

表3-12-2　　极Ⅰ高端Y/Y相换流变压器故障后油色谱数据　　(μL/L)

检测时间	相别	氢气 (H_2)	甲烷 (CH_4)	乙烷 (C_2H_6)	乙烯 (C_2H_4)	乙炔 (C_2H_2)	总烃 ($\sum CH$)	一氧化碳 (CO)	二氧化碳 (CO_2)
2019年5月8日	Y/Y-A	3.36	2.29	0.1	0.19	0	2.58	128.2	314.65
2019年5月8日	Y/Y-B	4.39	2.58	0	0.19	0	2.95	186.56	289.45
2019年5月8日	Y/Y-C	3.85	2.03	0.10	0.17	0	2.30	131.70	165.41
2019年6月19日	Y/Y-A	2.10	2.38	0.22	0.20	0	2.80	134.42	321.49
2019年6月19日	Y/Y-B	4.45	4.98	0	0.18	0	5.16	191.14	375.15
2019年6月19日	Y/Y-C	3.22	3.71	0	0.18	0	3.89	152.81	348.31

3）分接开关挡位检查。对极Ⅰ高端Y/Y-A相换流变压器分接开关挡位检查，确认OWS后台和现场机构箱显示挡位均为1挡。

6月25日，直流输送功率增至5000MW，极Ⅰ高星接换流变压器不平衡电流随之增大至58.5A。为进一步确认异常原因，对极Ⅰ高端Y/Y-A相换流变压器分接开关顶部齿轮盒开盖检查（每台换流变压器共配置有3个背包式分接开关），如图3-12-34所示，发现1号分接开关挡位为15挡，2、3号分接开关挡位均为1挡。

直流双极70%降压方式运行，换流变压器挡位均应在1挡。极Ⅰ高端Y/Y-A相换流变压器三台分接开关挡位不一致，影响换流变压器正常运行。6月26日16:49，将极Ⅰ高端换流器申请转检修进行检查处理。

（3）现场处理情况。换流变压器转检修后，检查分接开关水平传动轴，如图3-12-35所示，发现1号分接开关传动轴与主轴之间卡箍脱落分离，2、3号分接开关连接正常。

确认1号分接开关传动轴与主轴之间卡箍脱落分离后，现场进行了分接开关在1、8、15、24、26、31挡位下的电压比、绕组连同套管的直阻、短路阻抗试验。试验完成后，对1号分接开关传动轴恢复，进行调挡试验，未发现异常。再次在上述6个挡位下进行换流变压器绕组连同套管的直阻、电压比、短路阻抗试验，试验数据详见表3-12-

(a) 1号分接开关为15挡　(b) 2号分接开关为1挡　(c) 3号分接开关为1挡

图 3-12-34　分接开关齿轮盒内挡位指示

(a) 分接开关传动轴　(b) 传动轴脱扣　(c) 连接卡箍

图 3-12-35　1 号分接开关传动轴卡箍脱扣

3～表 3-12-5。

表 3-12-3　　1 号传动轴恢复前后绕组连同套管的直阻试验数据对比　　（mΩ）

开关挡位	出厂值（34.5℃）	恢复前（30℃）	折算	偏差（%）	恢复后 30℃	折算	偏差（%）
1	209.3	198.9	202.3	−3.36	207.3	210.8	0.73
8	198.2	193.1	196.4	−0.92	193.9	197.2	−0.51
15	187.5	183.5	186.6	−0.47	184.0	187.1	−0.20
24	198.8	192.6	195.9	−1.47	195.2	198.5	−0.14
26	201.9	194.8	198.1	−1.88	199.6	203.0	0.54
31	209.3	197.9	201.3	−3.84	206.6	210.1	0.39

表 3-12-4　　1 号传动轴恢复前后电压比试验数据对比

开关挡位	出厂值	恢复前	偏差（%）	恢复后	偏差（%）
1	4.047 2	3.852 1	−4.82	4.051 4	0.10
8	3.777 3	3.682 9	−2.50	3.774 2	−0.08
15	3.507 5	3.511 8	0.12	3.510 2	0.08

续表

开关挡位	出厂值	恢复前	偏差（%）	恢复后	偏差（%）
24	3.160 6	3.266 6	3.35	3.155 4	−0.16
26	3.083 5	3.212 7	4.19	3.080 1	−0.11
31	2.890 8	3.073 4	6.32	2.893 1	0.08

表 3-12-5　　1 号传动轴恢复前后短路阻抗试验数据对比　　（Ω）

开关挡位	出厂值	恢复前	偏差（%）	恢复后	偏差（%）
1	81.94	73.30	−10.54	82.16	0.27
8	70.3	66.72	−5.09	70.48	0.26
15	60.15	60.31	0.27	60.38	0.38
24	48.42	51.93	7.25	48.55	0.27
26	46.17	50.19	8.71	46.33	0.35
31	40.97	45.95	12.16	41.09	0.29

对试验数据分析可得如下结论：1 号传动轴恢复前，各项数据与出厂值偏差较大，且分接开关挡位与 15 挡偏差越大，相关试验数据偏差也越大；1 号传动轴恢复后，各项数据与出厂值偏差明显变小，试验均合格。

为了进一步确认分接开关状态，现场对该换流变压器分接开关吊芯检查。如图 3-12-36 所示，检查分接开关外观发现 1 号分接开关表面洁净，2、3 号分接开关表面有明显游离碳附着。

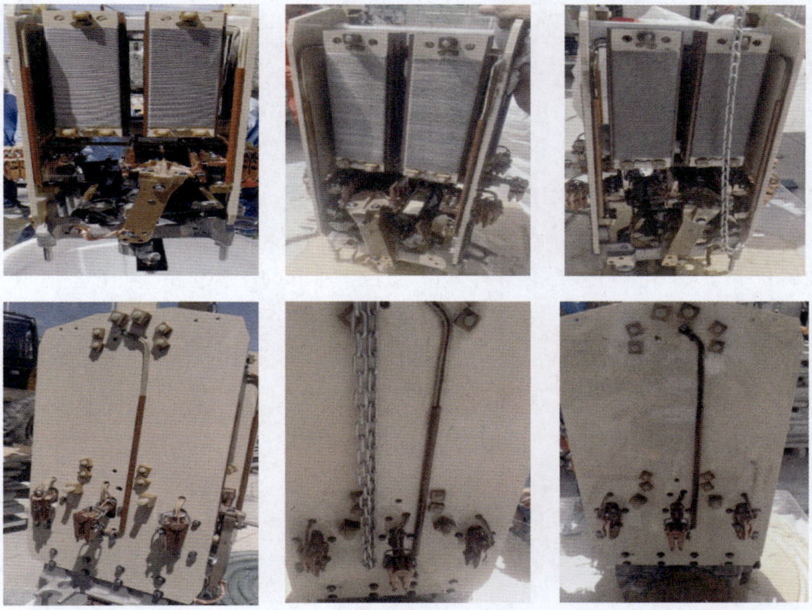

(a) 1号分接开关　　(b) 2号分接开关　　(c) 3号分接开关

图 3-12-36　分接开关吊芯检查

对过渡电阻、触头厚度等参数进行测试，结果均符合厂家要求值。

吊芯检查完成，手动及自动操作检查分接开关无异常后，再次对换流变压器开展绕组连同套管的直阻、电压比试验，测试结果符合要求。极Ⅰ高端阀组于2019年6月29日恢复带电运行。

3. 原因分析

本次故障原因为1号分接开关传动轴卡箍脱落，导致1号分接开关停留在15挡，失去控制，当换流变压器挡位偏离15挡时，极Ⅰ高端Y/Y-A相换流变压器3个分接开关挡位出现不一致，引起该换流变压器网侧绕组直阻、电压比与B、C相不对称，中性点产生电流。

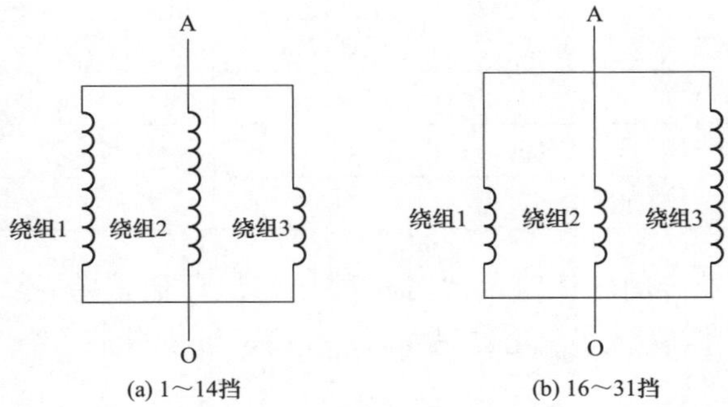

图 3-12-37　Y/Y-A 换流变压器网侧绕组示意图

由变压器磁通势平衡原理可知，在二次侧条件不变的情况下，一次侧绕组匝数越多，一次侧电流越小；一次侧绕组匝数越少，一次侧电流越大。Y/Y-A换流变压器网侧绕组示意图如图3-12-37所示。

在1～14挡的情况下，A相变压器网侧绕组情况如图（a）所示。在阀侧电流相等的情况下，A相网侧三个绕组之一绕组匝数变少，根据磁通势平衡原理，所需电流增大，此时A相电流大于B、C两相。

在16～31挡的情况下，A相变压器网侧绕组情况如图（b）所示。在阀侧电流相等的情况下，A相网侧三个绕组之一绕组匝数变多，根据磁通势平衡原理，所需电流减少，此时A相电流小于B、C两相。

在15挡的情况下，A相三绕组匝数相等，没有不平衡电流，与现场观察到的结果一致。

若换流变压器空载，三个调压绕组在不同挡位，造成各自绕组变比不同，三个阀侧绕组流过的电流并不相等。在1～14挡，故障绕组支路变比k_{15}小于k_n，折算到阀侧该支路电压大，所以该支路电流大于另外两个支路，同时由于总的等效短路阻抗小，造成A相总电流大于B、C两相；在16～31挡，故障绕组支路变比k_{15}大于k_n，折算到阀侧该支路电压小，所以支路电流小于与另外两个支路，同时由于总的等效短路阻抗大，造成A相总电流小于B、C两相。A相三个绕组支路电流不相等，相当于内部有环流，环流I_C大小可以用以下公式计算：

$$\dot{I}_C=\frac{\dfrac{\dot{U}_W}{k_{15}}-\dfrac{\dot{U}_W}{k_n}}{Z_n+\dfrac{Z_n}{2}}=\frac{2\dot{U}_W}{3Z_n}\left(\frac{1}{k_{15}}-\frac{1}{k_n}\right)$$

根据上述公式以及换流变压器参数，可以计算得到不同挡位下Y/Y-A三个绕组之间的环流。典型挡位Y/Y-A绕组间环流计算见表3-12-6。

表 3-12-6 典型挡位 Y/Y-A 绕组间环流计算

挡位	1	8	16	24	31
k	4.054	3.777	3.474	3.158	2.894
环流（A）	526.1	275.6	−44.3	−443.2	−843.3

为了验证上述分析，对 Y/Y 换流变压器进行建模（三相除挡位外其他参数均相同），根据录波数据进行仿真分析，仿真计算结果与录波数据的误差不超过 1%。

12.4.6 案例 49：极性选择器触头放电导致阀组闭锁

1. 情况说明

(1) 故障前的运行情况。直流处于双极四换流器大地回线运行方式，输送功率 2200MW。11 月 25 日 01:43 换流变压器开始进行充电试验，经过三次充电试验，无异常；于 04:50 阀解锁，进行站系统调试，调试结果正常。于 2019 年 11 月 29 日调试开展极Ⅰ双换流器降压运行转全压运行方式，输送功率 2200MW。

(2) 故障过程描述。11 月 29 日，极Ⅰ高端在完成降压运行试验后恢复全压过程中发生故障。极Ⅰ高端换流变压器于 09:03 充电，09:50 换流器解锁，负荷为 200MW，10:55:39 分接开关在由 15 向 15B 操作过程中，高端 Y/D-C 相换流变压器突发故障跳闸，角接小差工频变化量差动、大差工频变化量差动均动作，极Ⅰ高端阀组Ⅴ闭锁停运，5031 断路器跳闸，中柱（共三柱）有载分接开关外挂油箱轻瓦斯二段动作，约 60ms 后故障切除。

(3) 故障设备基本情况。故障换流变压器为特变沈变产品，型号 ZZDFPZ-405200/500-600，电压比为 $530/\sqrt{3}(+23\sim-5)\times1.25\%/171.9$kV，投运时间为 2013 年 12 月 31 日，铁心采用单相五柱式，绕组排列为：铁心—调压绕组—网绕组—阀绕组，分接开关选用 ABB 油浸式有载分接开关，型号为 UCLRE 380/600/Ⅲ，换流变压器外形图如图 3-12-38

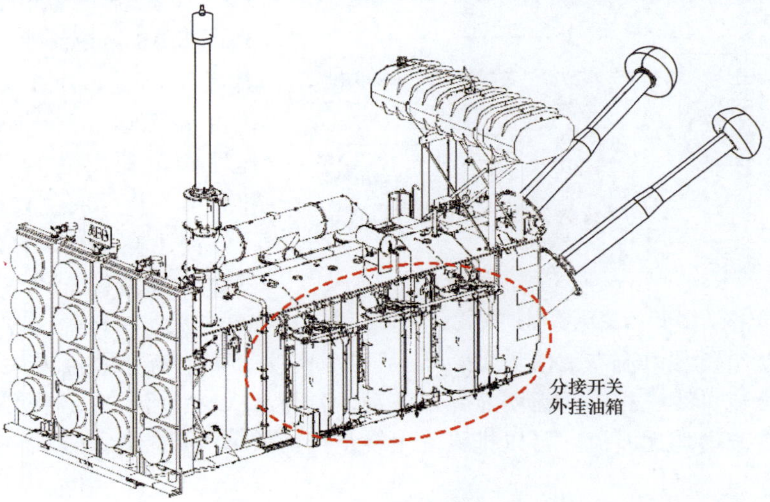

图 3-12-38 换流变压器外形图

所示。故障换流变压器长期处于备用状态，现场每年按规程进行例行检修（检查）试验，状态正常，移至运行位后开展了常规试验和绕组变形试验，未见异常。

2. 检查处理情况

（1）故障录波分析。对故障时刻事件记录进行分析。故障时刻事件记录见表 3-12-7，从表中可以看出，极Ⅰ高端换流变压器分接开关到达 15 挡 28s 后（即 15→15b 切换过程中），极Ⅰ高端角接小差工频变化量与大差工频变化量保护均动作；故障 55ms 后，换流变压器本体内的分接开关 2 柱区域的重瓦斯动作，为单节点动作，未出口；故障 67ms 后，换流变压器本体内的分接开关 2 柱区域的轻瓦斯动作，动作后 53ms 轻瓦斯跳闸出现，轻瓦斯改跳闸逻辑动作正确❶。

表 3-12-7　　故障时刻事件记录

序号	事件记录
1	2019-11-29 10:54:52:112 挡位 14（高端）　13→14　20.832
2	2019-11-29 10:55:12:944 挡位 15A（高端）　14→15A　20.832s
3	2019-11-29 10:55:18:032 挡位 15（高端）　15A→15　5.088s
4	2019-11-29 10:55:39:086 挡位 15B（低端显示到位，高端未收到该信号）　低端　15-15B　20.832s
5	2019-11-29 10:55:39:993 母线保护启动出现（从低端到 15B 挡到报警 905ms）
6	2019-11-29 10:55:39:996 录波启动
7	2019-11-29 10:55:40:011 角接小差差动保护动作
8	2019-11-29 10:55:40:067 换流变压器 Y/D C 相有载调压 2 轻瓦斯二段跳闸

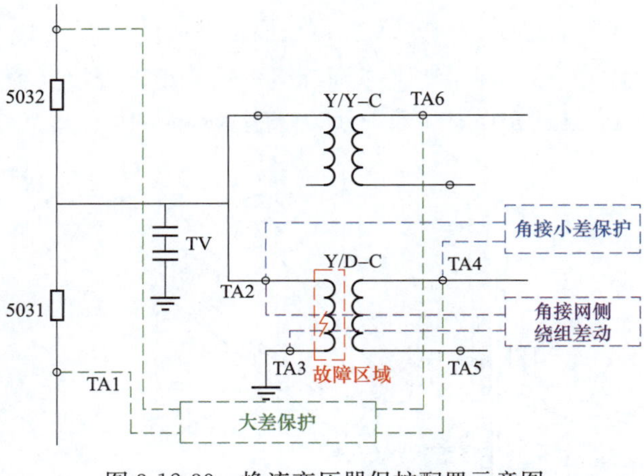

图 3-12-39　换流变压器保护配置示意图

换流变压器保护配置示意图如图 3-12-39 所示，其中 TA1 为交流场换流变压器进线开关 TA，TA2 换流变压器网侧首端套管 TA，TA3 为换流变压器网侧尾端套管 TA，TA4 为换流变压器阀侧首端套管 TA，TA5 为换流变压器阀侧首端套管 TA，TA6 星接换流变压器阀侧首端电流。

极Ⅰ高端 Y/D-C 相换流变压器故障录波图如图 3-12-40 所示。故障前，极Ⅰ高端 Y/D-C 相换流变压器网侧绕组负载电流有效值为 120A，故障后网侧套管电流有效值最大达到 3000A。在此期间，交流母线三相电压无明显异常波动，且 Y/D-C 相换流变压器网侧首末端电流与阀侧绕组首末端均无差流，可以排除发生绕组接地故障的可能性。

❶ 已完成轻瓦斯改跳闸的软件修改，轻瓦斯动作后延时 50ms 闭锁直流。

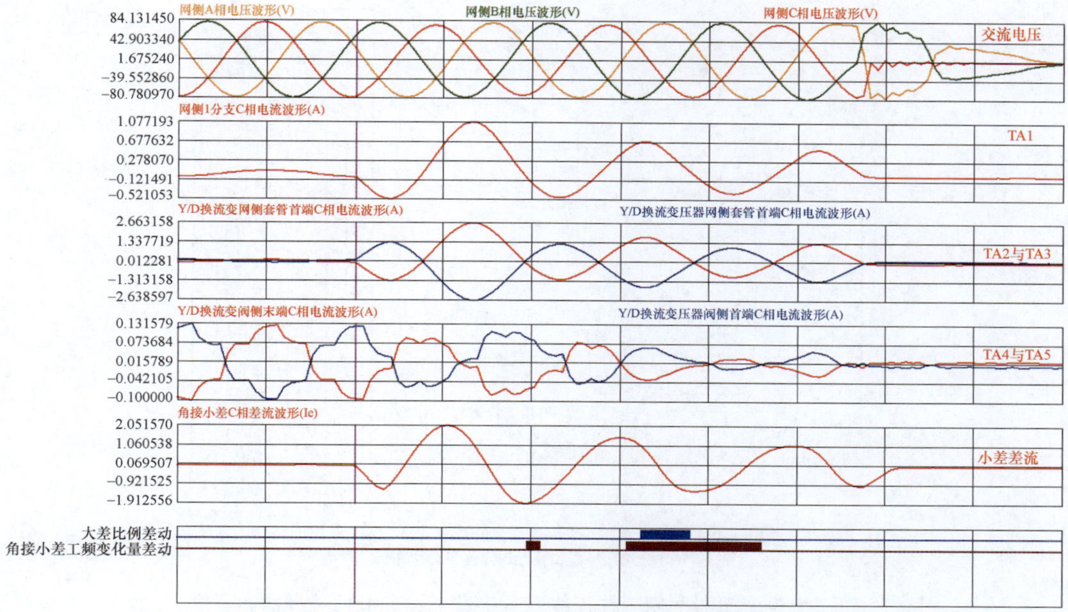

图 3-12-40　极Ⅰ高端 Y/D-C 相换流变压器故障录波图

（2）分接开关切换过程分析。分接开关完成一次分接变换操作，电动机机构转 25 圈，每圈 200ms，完成一次分接变换操作约 5s。从时间记录可见 14 挡到 15 挡分接变换正确，15A 挡到 15 挡变换正确、15 挡到 15B 挡变换期间，收到低端 15B 挡到位信号，未收到高端到位信号，可见故障应发生在 15 挡到 15B 挡变换过程中。换流变压器网侧三柱接线及分接选择器和极性选择器布置如图 3-12-41 所示。

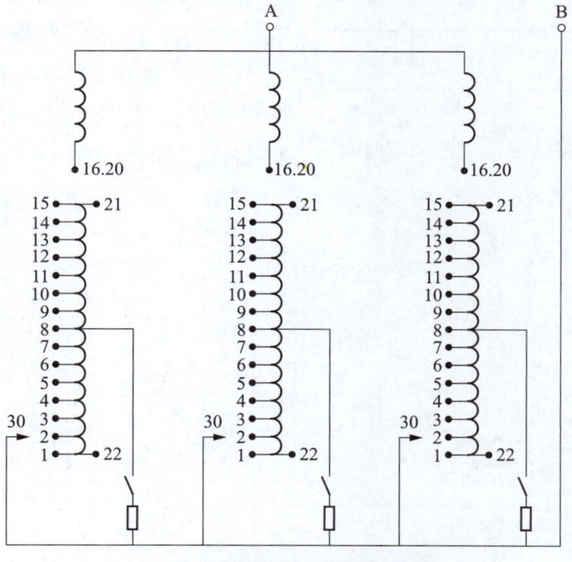

(a) 换流变压器网侧三柱接线原理图

图 3-12-41　换流变压器网侧三柱接线及分接选择器和极性选择器布置图（一）

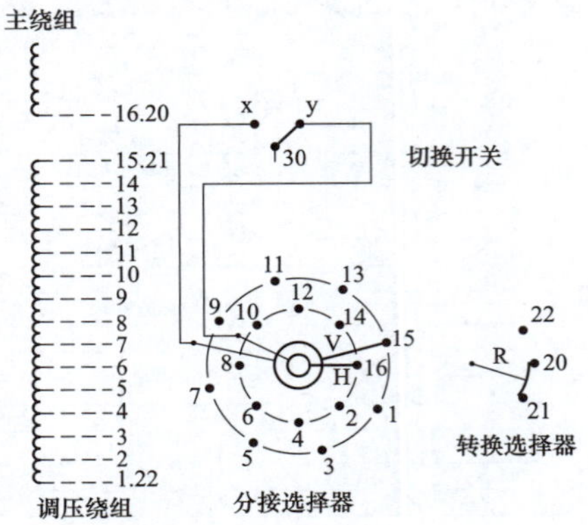

分接位置	极性选择器位置		分接选择器触头和切换开关连接方式	
1	↓	↑	1–V–x	
2			2–H–v	
3			3–V–x	
4			4–H–v	
5			5–V–x	
6			6–H–v	
7			7–V–x	
8	20–21	20–21	8–H–v	
9			9–V–x	
10			10–H–v	
11			11–V–x	
12			12–H–v	
13			13–V–x	
14			14–H–v	
15A			15–V–x	
15			16–H–v	30
15B			1–V–x	
16			2–H–v	
17			3–V–x	
18			4–H–v	
19			5–V–x	
20			6–H–v	
21			7–V–x	
22	20–22	20–22	8–H–v	
23			9–V–x	
24			10–H–v	
25			11–V–x	
26			12–H–v	
27			13–V–x	
28			14–H–v	
29	↓	↑	15–V–x	

(b) 分接选择器和极性选择器各分接布置

图 3-12-41 换流变压器网侧三柱接线及分接选择器和极性选择器布置图（二）

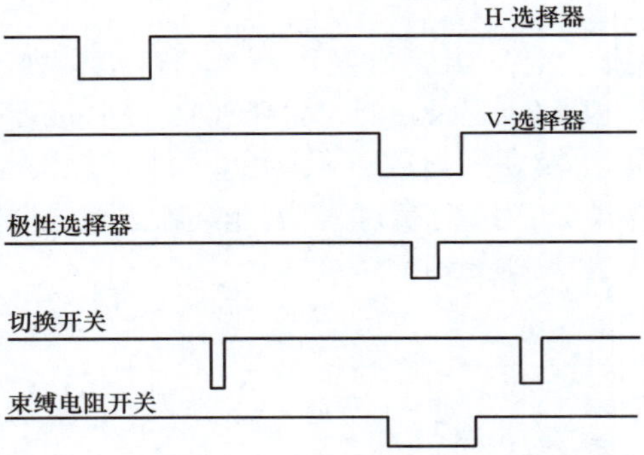

图 3-12-42 分接开关的分接变换操作时序

1）分接开关 14 挡到 15A 挡分接变换操作过程。分接开关的分接变换操作时序如图 3-12-42 所示，分接开关首先是在电动机构转动 4～5 圈时，电位开关闭合；7～8 圈时极性开关打开，直到闭合后，电位开关打开；切换开关开始动作，完成一次分接变换操作，电动机构转 25 圈，每圈 200ms，共计 5s。

2）分接开关 14 挡到 15A 挡分接变换操作过程。分接开关 14 挡到 15A 挡分接变换操作过程如图 3-12-43 所示，分接选择器 V 臂转动与调压绕组抽头 16 闭合，然后切换开关动作，完成一次分接变换操作。

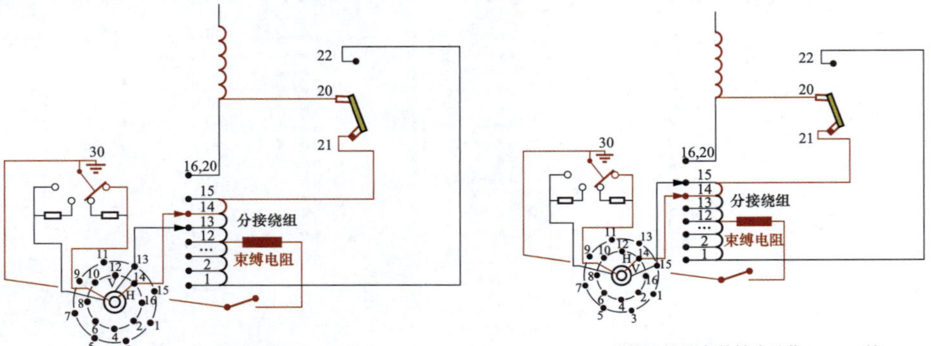

(a) 14挡分接位置　　(b) 分接选择器奇数触头动作(13→15挡)

图 3-12-43 分接开关 14 挡到 15A 挡分接变换操作过程（一）

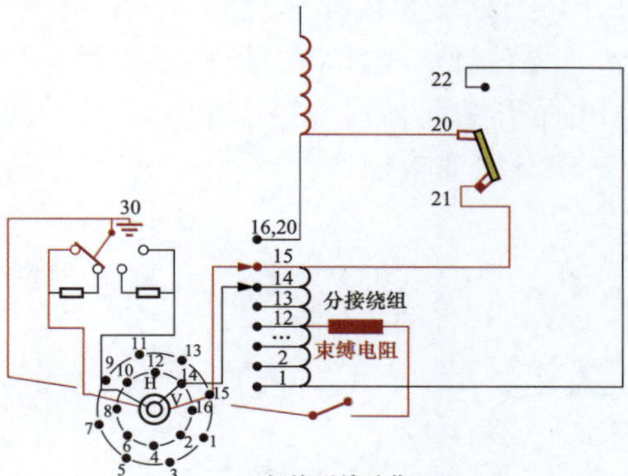

(c) 切换开关动作

图 3-12-43　分接开关 14 挡到 15A 挡分接变换操作过程（二）

3）分接开关 15A 挡到 15 挡分接变换操作过程。分接开关 15A 挡到 15 挡分接变换操作过程如图 3-12-44 所示，分接选择器 H 臂转动与调压绕组抽头 15 挡闭合，然后切换开关动作，完成一次分接变换操作。

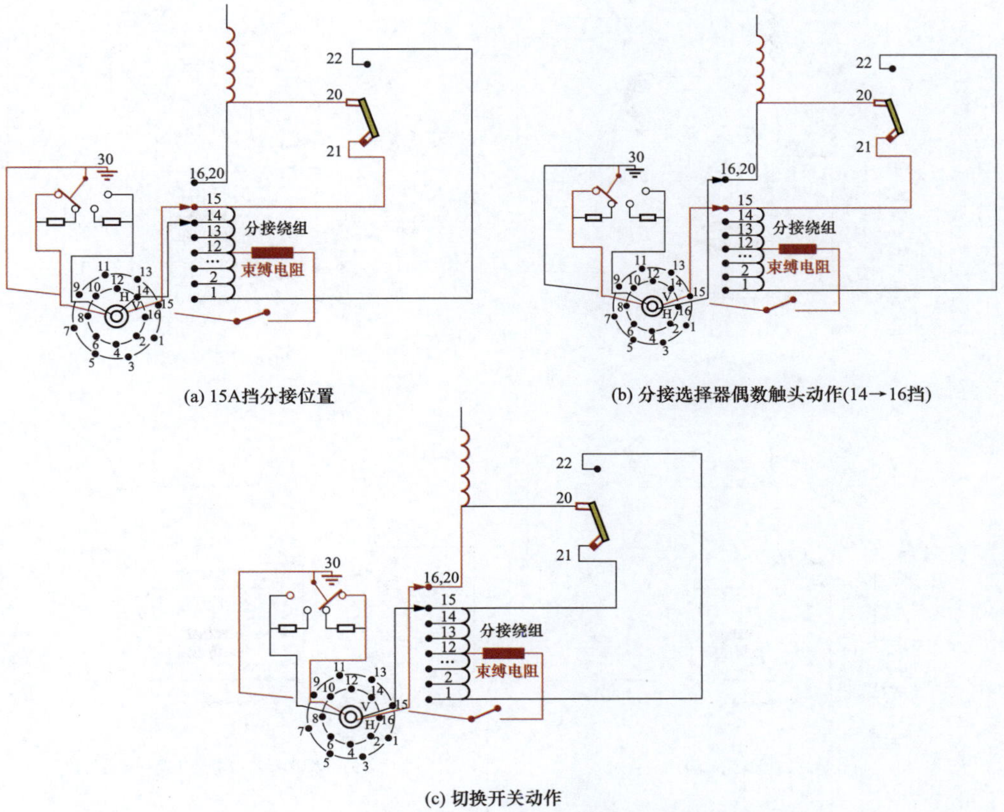

(a) 15A挡分接位置

(b) 分接选择器偶数触头动作(14→16挡)

(c) 切换开关动作

图 3-12-44　分接开关 15A 挡到 15 挡分接变换操作过程

4）分接开关 15 挡到 15B 挡分接变换操作过程。分接开关 15 挡到 15B 挡分接变换操作过程如图 3-12-45 所示，电位开关先闭合，极性器动触头转动，离开静触头 21、20 挡，与 20、22 挡闭合后，电位开关断开，分接选择器 V 臂转动与调压绕组抽头 1 闭合，然后切换开关动作，完成一次分接变换操作。

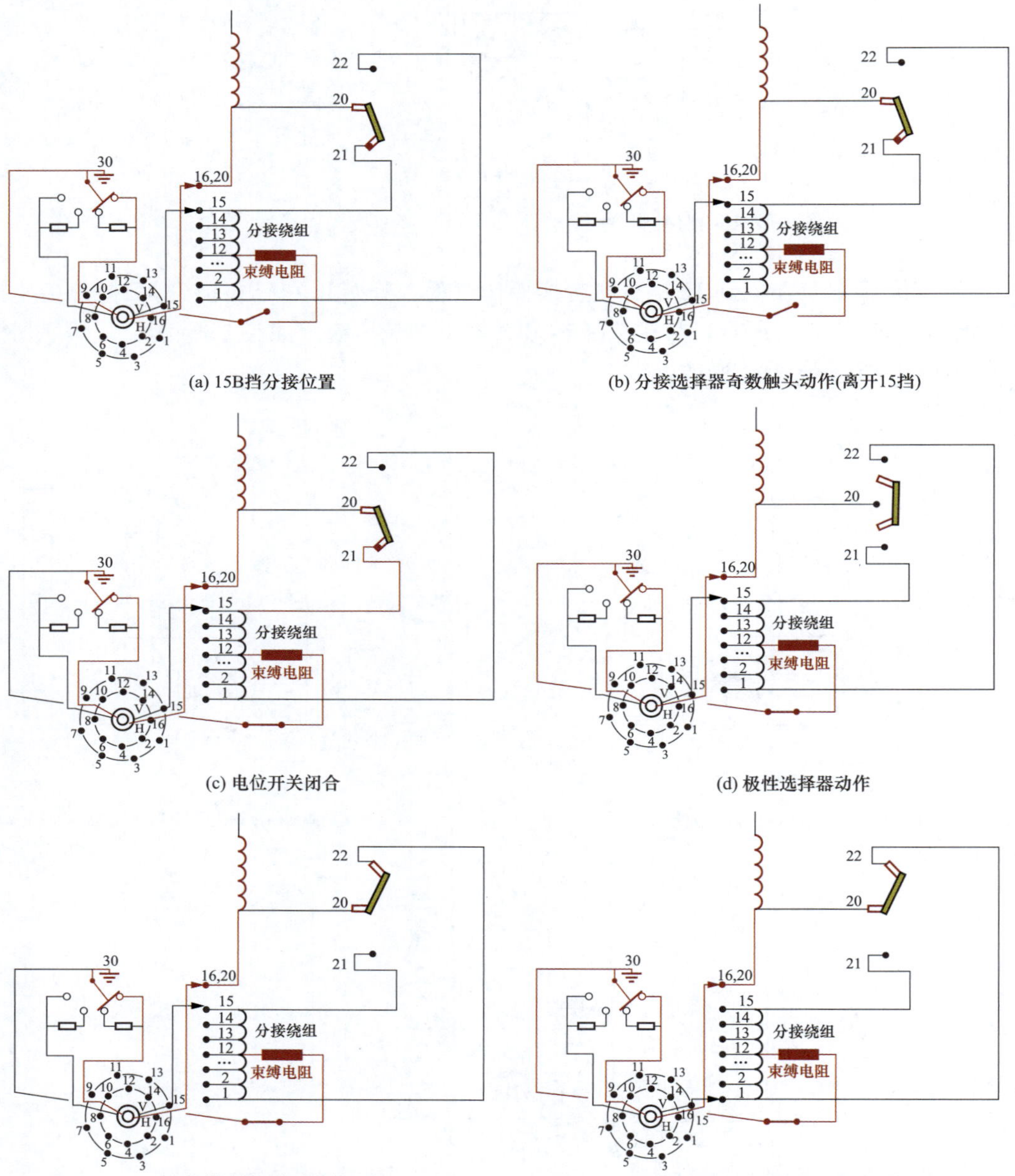

(a) 15B挡分接位置　(b) 分接选择器奇数触头动作(离开15挡)

(c) 电位开关闭合　(d) 极性选择器动作

(e) 极性选择器完成极性反转　(f) 分接选择器奇数触头动作(到达1挡)

图 3-12-45　分接开关 15 挡到 15B 挡分接变换操作过程（一）

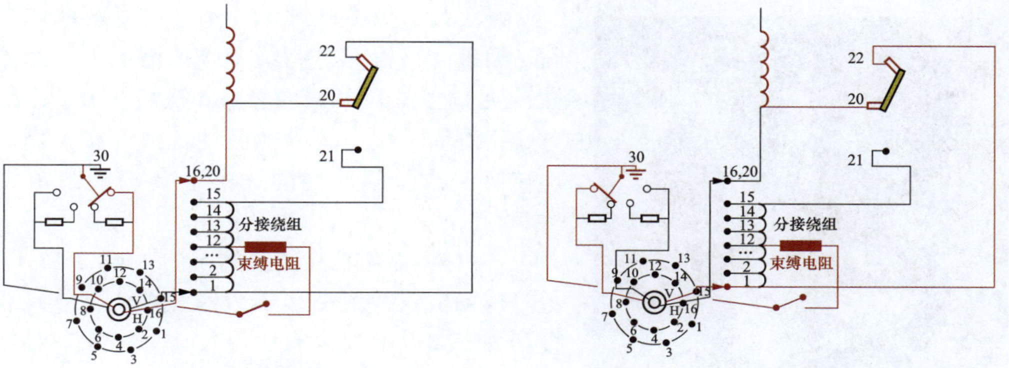

(g) 电位开关断开　　(h) 切换开关动作

图 3-12-45　分接开关 15 挡到 15B 挡分接变换操作过程（二）

5）分接开关 15B 挡到 16 挡分接变换操作过程。分接开关 15B 挡到 16 挡分接变换操作过程如图 3-12-46 所示，分接选择器 H 臂转动与调压绕组抽头 2 闭合，然后切换开关动作，完成一次分接变换操作。

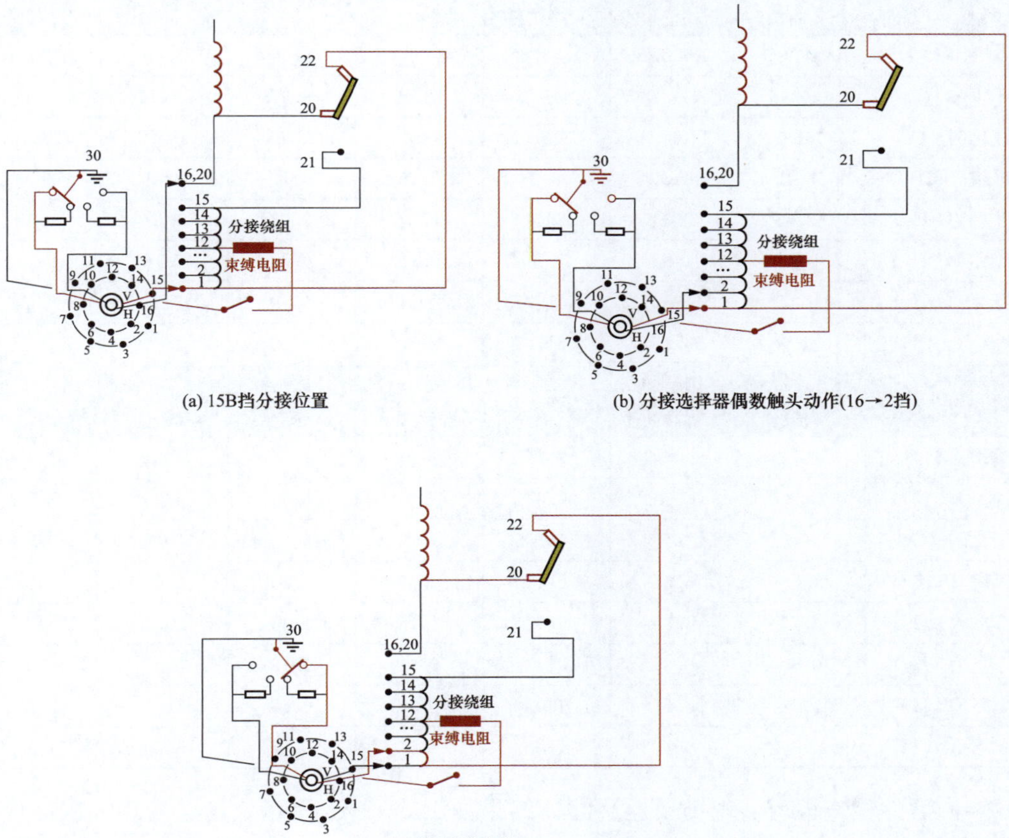

(a) 15B挡分接位置　　(b) 分接选择器偶数触头动作(16→2挡)

(c) 切换开关动作

图 3-12-46　分接开关 15B 挡到 16 挡分接变换操作过程

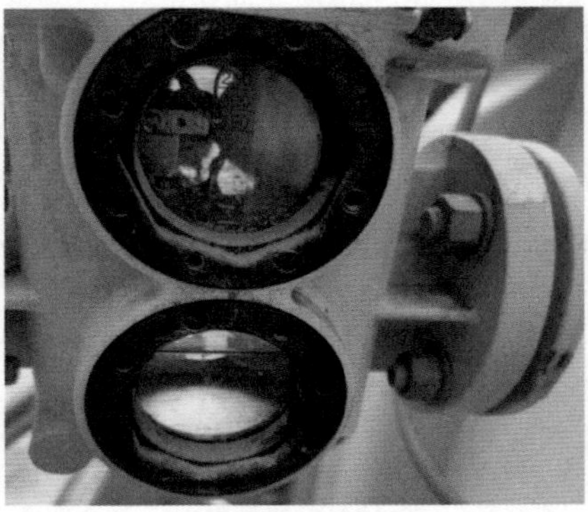

图 3-12-47　换流变压器 2 号有载分接开关气体继电器

经统计，极Ⅰ高调试（不含站系统调试）期间，换流变压器充电阀组未解锁情况下，升挡极性转换 17 次，降挡极性转换 1 次，换流变压器充电阀组解锁情况下，升挡极性转换 7 次，降挡极性转换 7 次。调试期间，极Ⅰ高端阀组最大功率 300MW。

（3）外观检查及试验情况。如图 3-12-47 所示，现场检查换流变压器外观正常，2 号有载分接开关气体继电器内有少量气体，轻瓦斯浮球已落下。

对故障后油样进行离线色谱数据进行分析，见表 3-12-8，分接开关 2 号油箱内乙炔（C_2H_2）和氢气（H_2）以及其他烃类气体严重超标。

表 3-12-8　　色谱分析数据及取样位置　　（μL/L）

油样位置	极Ⅰ高 YDC 开关油室 2	极Ⅰ高 YDC 开关油室 1	极Ⅰ高 YDC 开关油室 3	本体上部	本体中部	本体下部	本体主瓦斯
氢气（H_2）	988.45	1323.75	1258.62	13.93	4.43	8.89	12.33
一氧化碳（CO）	145.99	128.9	180.35	12.42	8.97	11.48	8.9
二氧化碳（CO_2）	2081.12	1705.18	2322.58	65.60	92.09	68.63	72.15
甲烷（CH_4）	58.12	67.74	66.34	3.26	0.79	2.21	3.73
乙烯（C_2H_4）	45.55	52.58	5054	2.57	0.63	1.63	5.30
乙烷（C_2H_6）	1.70	1.85	1.71	0.22	0.08	0.16	0.42
乙炔（C_2H_2）	415.71	443.61	441.77	4.97	1.59	3.39	9.66
总烃（∑CH）	521.08	565.78	560.36	11.02	3.09	7.39	19.11
油样位置	网侧高压套管升高座	网侧中性点套管升高座	阀侧 a 套管升高座	阀侧 b 套管升高座	开关 1 油箱继电器	开关 3 油箱继电器	开关 2 油箱继电器
氢气（H_2）	20.4	24.64	2.13	1.34	4.10	4.31	9149.0
一氧化碳（CO）	16.62	17.42	7.08	10.20	6.99	5.21	757.8
二氧化碳（CO_2）	225.21	73.85	116.05	194.56	134.69	180.45	197.1
甲烷（CH_4）	5.56	5.66	0.41	0.25	1.20	1.05	3916.9
乙烯（C_2H_4）	4.73	4.68	0.37	1.15	1.40	0.97	4833
乙烷（C_2H_6）	0.73	0.38	小于检测限	0.61	0.13	0.07	304.6
乙炔（C_2H_2）	7.92	8.55	1.03	0.07	2.58	1.51	9776.3
总烃（∑CH）	18.94	19.27	1.81	2.08	5.31	3.60	18 830.8

（4）解体检查情况。现场及返厂解体结果如图 3-12-48 所示，检查发现：①极性分接选择器 21 侧动触头 4 个夹紧销子中的一个销子脱落，另一个销子上部压环弹簧脱落，脱落的销钉和螺母有烧蚀现象。21 静触头发现电弧严重烧蚀现象，为尖状突起；右侧动

触头与静触头接触部分无烧蚀现象。②22号动静触头发现大电流痕迹。③开展各分接挡位直流电阻测试，结果无异常。④内部检查束缚电阻未发现断线、燃弧等异常情况；分接选择器各触头及引线未见异常；开关切换芯体未见异常。⑤器身本体外观检查完好，没有污染，与开关箱连接的调压引线有局部变形。

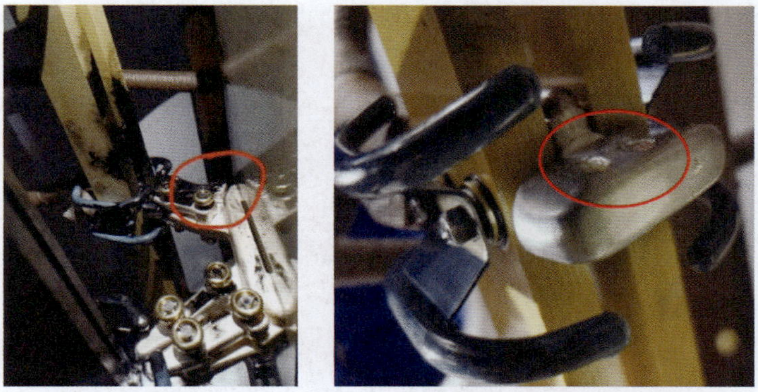

(a) 21动静触头电弧拉弧痕迹　　(b) 静触头22上下表面流过大电流痕迹

图 3-12-48　分接开关解体检查结果

(5) 短路电流计算。根据简化电路对故障情况进行短路电流计算。按照运行200MW，折合到换流变压器容量为40.5MVA（模型单柱容量按13.5MVA）。如果调压线圈全范围短路，按照网侧为500kV电压假设，实际短路瞬间将会产生电压跌落，计算的短路电流值存在偏差。网绕组按电压$500/\sqrt{3}$kV、考虑92%以及85%不同程度的电压跌落三种情况，所有计算假设阀绕组开路。其中，网绕组782匝，调压绕组14级，共123匝（11级9匝，3级8匝），阀绕组395匝，调压全范围短路，网侧不同电压下短路电流计算结果见表3-12-9。

表 3-12-9　　短路电流计算结果

情况	电压（kV）	弧道电阻（Ω）	网侧电流（kA）	调压短路电流（kA）
1	$500/\sqrt{3}$	—	3.342	21.24 8
2	$0.92\times500/\sqrt{3}$	—	3.075	19.548
3	$0.85\times500/\sqrt{3}$	—	2.841	18.061

根据网侧电压从500kV到电压跌落至500kV的92%以及85%的不同情况，单柱最大短路电流约21、19.5、18kA。

对照现场故障录波峰值3979A，折算到有效值为2814A可知，情况3的网侧电流与实际故障情况基本吻合。

(6) 试验检测情况。12月4日，对换流变压器进行低电流下网线圈与调压线圈之间阻抗测量。为便于对比，分别测量正常柱和故障柱的阻抗欧姆值，阻抗测量值见表3-12-10。

表 3-12-10　　　　　　低电流下网线圈与调压线圈之间阻抗测量值

网-调	测量电压（V）	施加电流（A）	阻抗（Ω）
柱 1 调压全范围 15 挡～1 挡	85.2	1.06	80.4
柱 2 调压全范围 15 挡～1 挡	259.5	1.13	229.6
柱 2 调压全范围 15 挡～1 挡	259.8	1.13	229.9
柱 2 调压半范围 15 挡～8 挡	260.7	1.12	232.8
柱 2 调压半范围 8 挡～1 挡	232.4	1.0	232.4

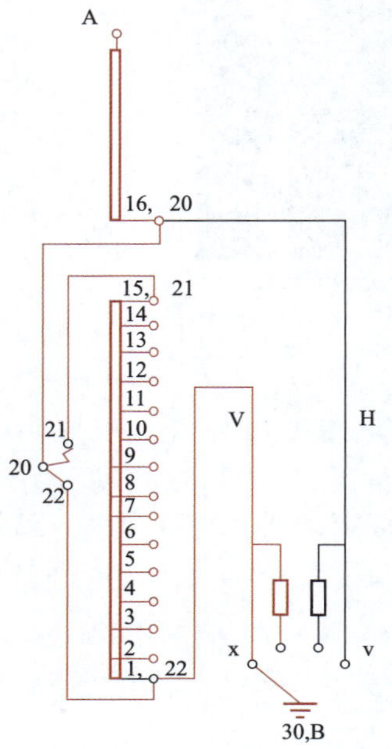

图 3-12-49　调压线圈全范围短路简化电路图

从低电流下正常柱和故障柱的网线圈与调压线圈阻抗测量阻抗欧姆值对比可以看到，柱 2 的阻抗值远远大于正常柱的阻抗，说明调压线圈变形较严重。

3. 原因分析

经初步分析，本次故障的根本原因是极性选择器动触头存在松动，导致负载电流下触头过热、产生火花，绝缘油产气劣化，从 15 挡向 15B 挡动作过程中动触头离开 21 号静触头时拉弧，当动触头到达 22 触头形成调压绕组的首尾短路，如图 3-12-49 所示，网侧故障电流和负载电流流过 1 号触头，导致分接选择器绝缘筒内部 1 号触头产生较大电流痕迹。

12.4.7　案例 50：有载分接开关过渡回路螺母脱落

1. 情况说明

（1）故障过程描述。某换流站年度检修期间对分接开关吊芯检查，发现极Ⅱ低端 Y/Y-A 相换流变压器 1 号分接开关 1 个过渡电阻触头连杆上螺母和垫片脱落至油室底部，随后取出该螺母和垫片，并重新安装紧固后，检查测试未见异常。

（2）故障设备基本情况。故障换流变压器型号为 ZZDFPZ-363400/500-400，分接开关选用瑞典 ABB 油浸式有载分接开关，型号为 UCLRE 380/900/Ⅲ S，故障时有载分接开关已运行 6 年。

2. 检查处理情况

（1）外观检查情况。吊芯检查中发现过渡电阻 R_u 的 3 号触头与导线间固定螺母及垫片脱落，如图 3-12-50 所示。外观检查结果正常，未发现过热及放电痕迹。

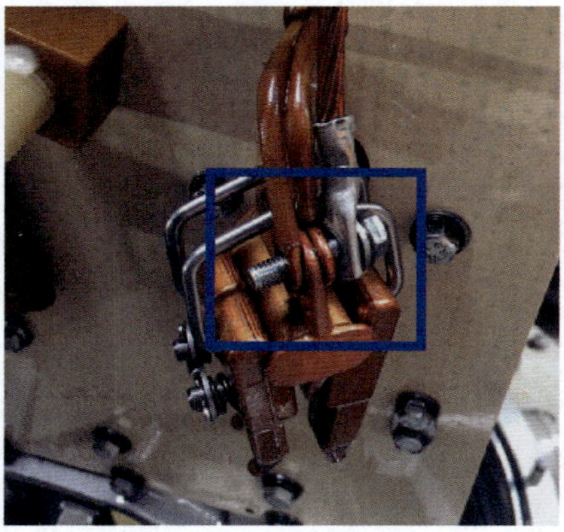

图 3-12-50　螺母及垫片脱落

分接开关过渡电阻 R_y 和 R_u 分别由三组过渡电阻并联组成，原理及实际位置如图 3-12-51 所示。

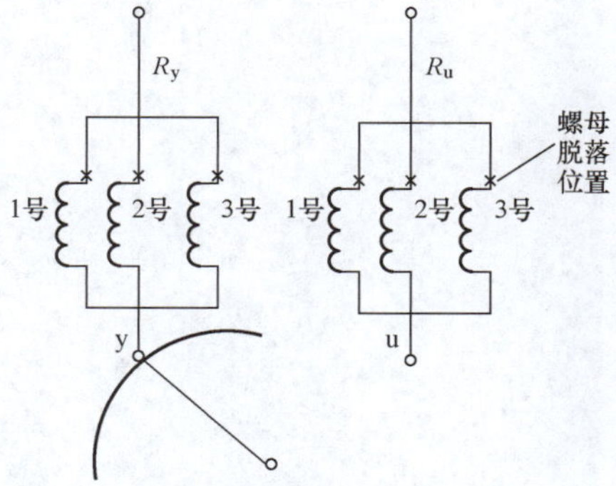

(a) 过渡电阻原理示意图

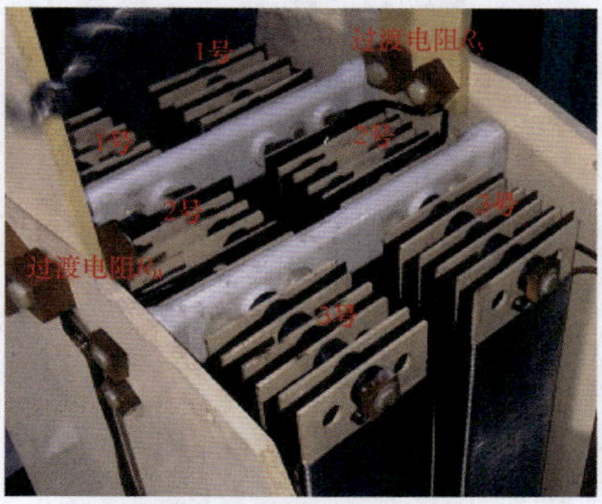

(b) 过渡电阻实际位置

图 3-12-51　过渡电阻松动螺母位置

故障换流变压器的 2 台分接开关均安装有屏蔽环，且屏蔽环的等电位线连接至出线螺母脱落的触头上，如图 3-12-52 所示，检查均压环无放电痕迹。其余 18 台分接开关无屏蔽环。

(a) 位置图

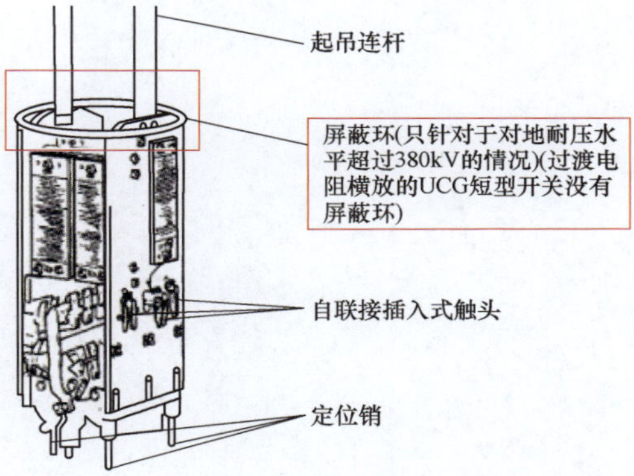

(b) 原理图

图 3-12-52　切换开关屏蔽环

（2）故障处理情况。吊芯后发现螺母及垫片脱落至开关油室底部，现场对其进行复装并紧固，如图 3-12-53 所示。

换流变压器在运行期间未发生因分接开关本体原因造成的故障。对复装后的分接开关检查试验合格，油室内绝缘油检测合格。

3. 原因分析

故障原因为该螺母在安装中未紧固到位，分接开关动作过程中振动导致螺母及垫片脱落。过渡电阻脱落未引起放电，主要原因为过渡电阻为三组电阻并联结构，其中 1 组松动不会造成切换过程中电路断开。在极端情况下，一组过渡电阻与触头完全断开，过渡电阻由 3 组并联变为 2 组并联，阻值增大，但不会开路，加之切换时间仅为 45ms 左右，绝缘油未出现劣化。

(a) 油室内脱落的螺母和垫片

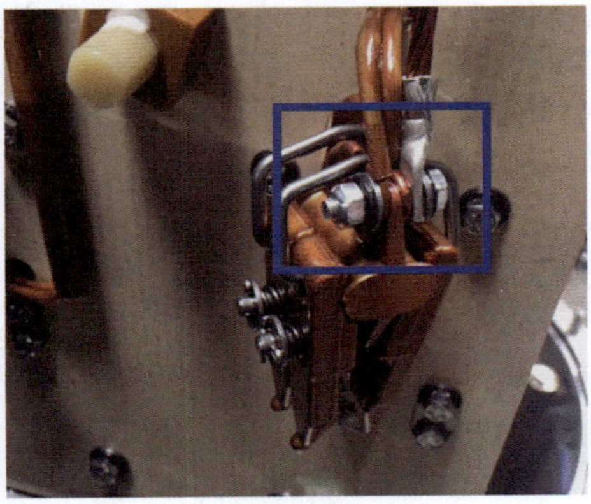

(b) 螺母复装后

图 3-12-53　螺母及垫片脱落及复装图

13　ABB 真空有载分接开关

13.1　结　构　介　绍

1. 开关型号

在运换流站换流变压器 ABB 真空开关常用型号为 VUCLRE 1050/2 * 1000/FS，即真空灭弧型组合式箱内安装有载分接开关。相关型号字母含义与 ABB 油式开关相同，其中 2 * 表示强制分流方式。

2. 开关结构

ABB 真空开关与 ABB 油式开关结构基本相同，都是由切换开关、分接选择器、电动机构、传动系统等部件组成，如图 3-13-1 所示。切换开关为单独油室，结构如图 3-13-2 所示，上部结构包括法兰盖板、压力释放阀、压力继电器、齿轮盒等；底部结构包括驱动齿轮、驱动盘、电流引出端子、定位孔等；内部切换机构包括过渡电阻、偏置电

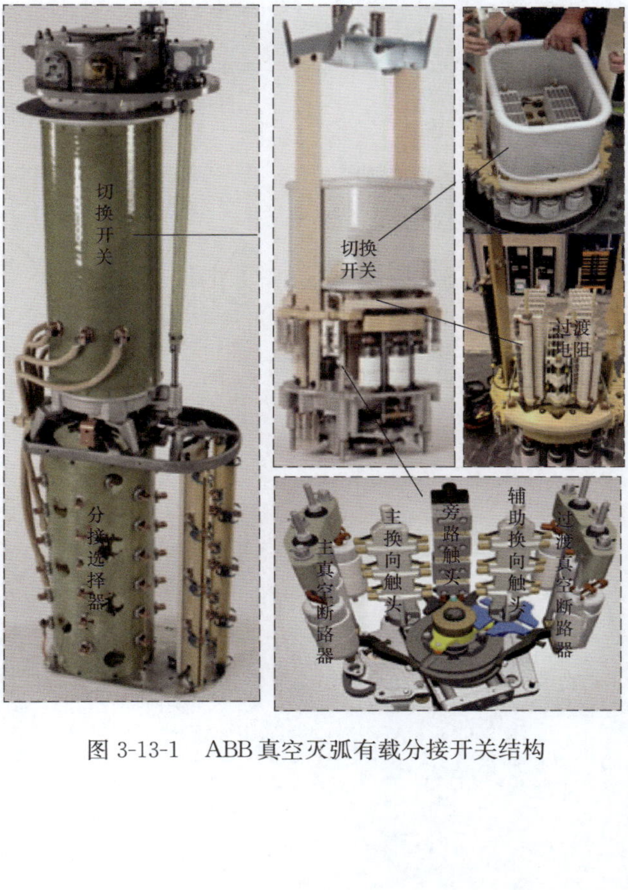

图 3-13-1　ABB 真空灭弧有载分接开关结构

阻、MV 主真空断路器、RV 过渡真空断路器、主转向触头、辅助换向触头等组成。

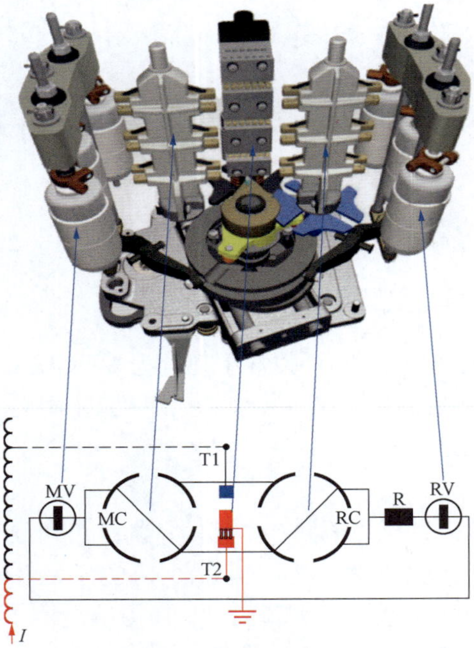

图 3-13-2　ABB 真空开关切换开关结构

MV—主真空泡；RV—辅助真空泡；MC—主转换开关；RC—辅助转换开关；R—过渡电阻；T1、T2—主触头

3. 工作原理

ABB 真空开关 VUCLRE 1050/2×1000/FS 挡位切换原理如图 3-13-3 所示。

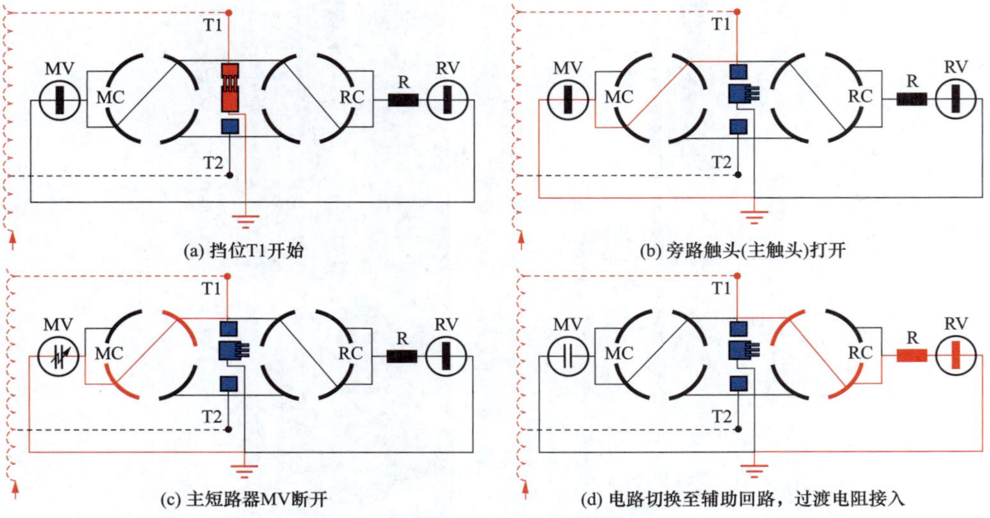

图 3-13-3　ABB 真空开关切换原理（一）

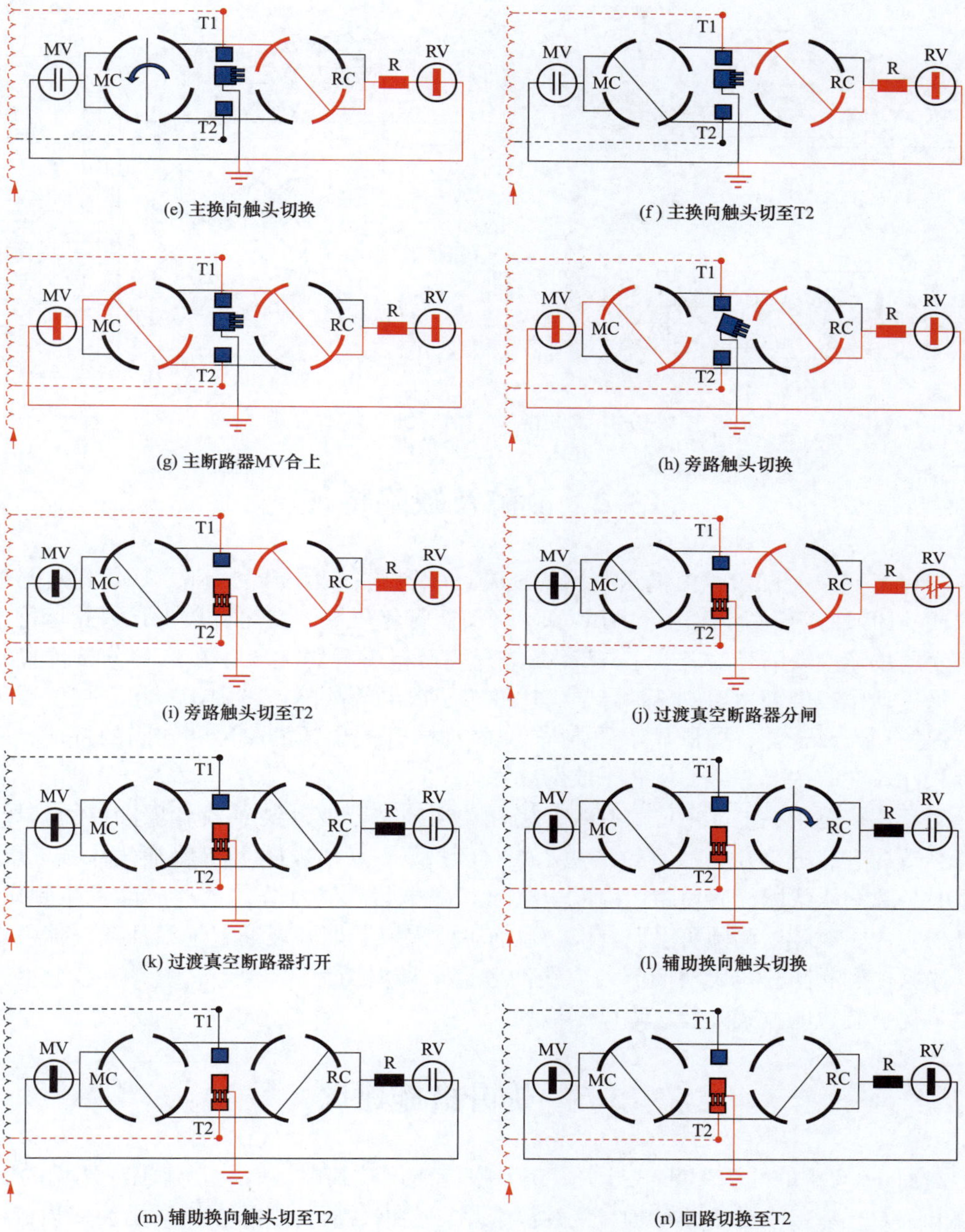

(e) 主换向触头切换　(f) 主换向触头切至T2

(g) 主断路器MV合上　(h) 旁路触头切换

(i) 旁路触头切至T2　(j) 过渡真空断路器分闸

(k) 过渡真空断路器打开　(l) 辅助换向触头切换

(m) 辅助换向触头切至T2　(n) 回路切换至T2

图 3-13-3　ABB 真空开关切换原理（二）

ABB 真空开关从 19 挡向 20 挡切换过程的工作原理如图 3-13-4 所示，红色线条表示电流通路。

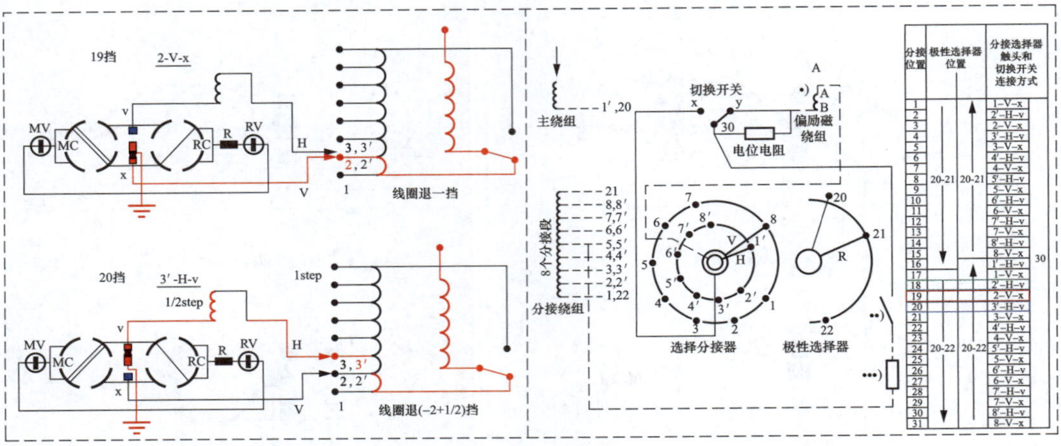

图 3-13-4　19 挡向 20 挡切换过程工作原理

13.2　故障及缺陷特征

2017 年以来，随着直流输送容量的提升，级容量、级电压更高的 ABB 真空开关逐步取代 ABB 油式开关。但由于 ABB 真空开关运行年限短、在运台数少，因此运行过程中发生的故障或缺陷相对较少。ABB 真空开关运行过程中主要存在三相分接位置不一致、保护动作或告警、挡位显示异常、切换芯子放电等故障，其中，三相分接位置不一致、保护动作或告警、挡位显示异常与 ABB 油式开关出现的故障和缺陷的特征、原因基本相同，在此主要介绍切换芯子放电故障。

对于切换芯子放电，主要由有载分接开关切换芯子驱动装置或者零部件缺陷导致，故障会造成有载分接开关油室绝缘油乙炔（C_2H_2）、氢气（H_2）等特征气体异常增长，严重时导致调压线圈级间短路，引发电气量、非电量保护动作。该类故障发生频次低、故障损害大、故障监测预警手段有限，目前主要采取定期开展油室绝缘油离线油色谱分析（国家电网有限公司所辖换流站离线油色谱采样周期为 3 个月）、统一有载分接开关非电量保护装置的方式开展故障监测检测。

13.3　提升措施建议

参照 12.3 中的“ABB 油式开关”提升措施建议，其中，后续新建工程选用的 ABB 真空开关，建议：一是主驱动轴材质建议选用合金钢材质；二是更换开关油室顶盖，将原铝制顶盖替换为加厚钢制顶盖。钢制顶盖与变压器油箱之间通过有载分接开关法兰加装支撑，顶盖承受静态压力的能力提升至 24bar。

14　MR 真空有载分接开关

14.1　结　构　介　绍

1. 分接开关型号说明

在运换流站换流变压器 MR 真空有载分接开关（以下简称“MR 真空开关”）常用型号为 VRGII1302-72.5/E-16313WS，MR 真空开关型号字母含义如图 3-14-1 所示。

2. 分接开关结构说明

分接开关结构如图 3-14-2 所示，由切换开关、分接选择器（带极性选择器）组成，由安装在变压器箱壁上电动机构经垂直传动轴、伞齿轮盒和水平传动轴传动。其中，切换开关由绝缘转轴、快速机构、真空管切换机构和过渡电阻器等组成，如图 3-14-3 所示。绝缘转轴由头部传动轴、均压环和环氧玻璃丝缠绕管（或引拔管杆）组成，如图 3-14-4 所示。

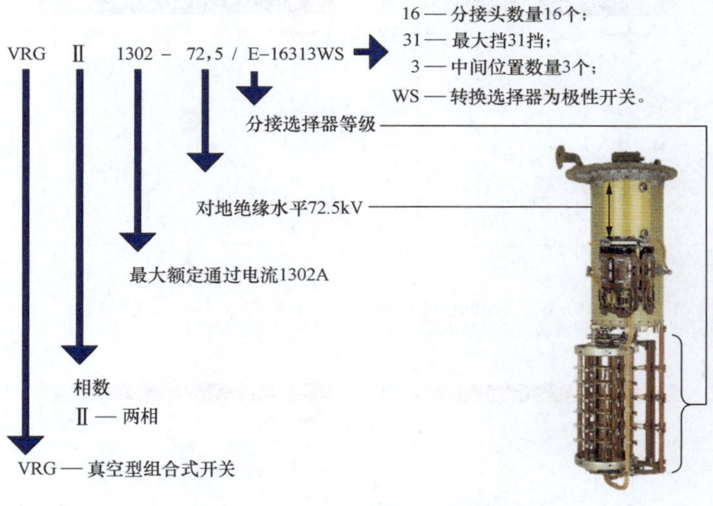

图 3-14-1　MR 真空开关型号字母含义

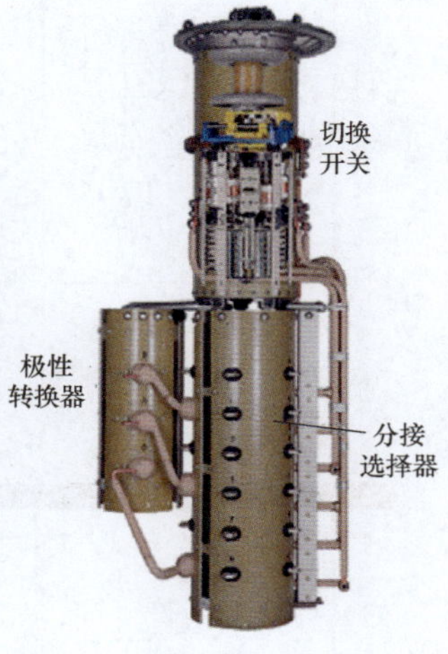

图 3-14-2　分接开关结构

3. 分接开关工作原理

有载分接开关是采用快速电阻切换原理，一个分接变换的整个顺序动作是由电动机构带动。电动机构从启动开始就通过间歇机构带动分接选择器慢速运动，同时也开始为驱动切换开关的蓄能器（弹簧负载机构）储能，储能过程完成时，弹簧机构通过偏心轮过拐点释放能量驱动完成切换开关，实现分接头的倒换。蓄能器的快速释放导致的转换时间有 40～60ms。在切换操作时，过渡电阻器将被接入，其负载时间为 20～30ms。

一次分接变换从电动机构启动到切换开关操作完成，总时间在 3～10s 的范围内。

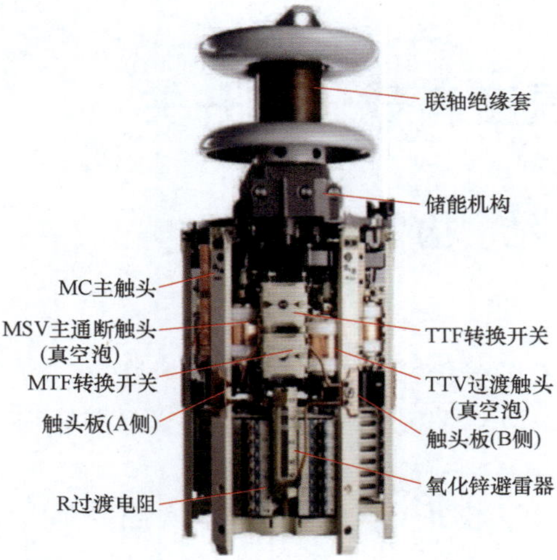

图 3-14-3　切换开关结构

图 3-14-4　绝缘转轴

切换开关从 n 挡切换到 $n+1$ 挡的分合动作顺序原理如图 3-14-5 所示。

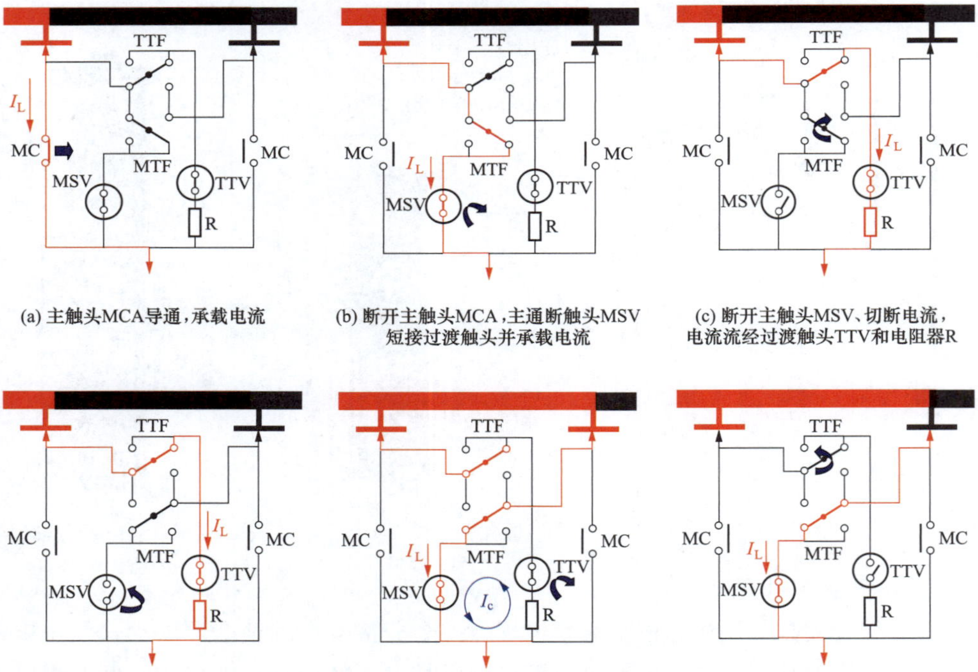

(a) 主触头MCA导通，承载电流

(b) 断开主触头MCA，主通断触头MSV短接过渡触头并承载电流

(c) 断开主触头MSV、切断电流，电流流经过渡触头TTV和电阻器R

(d) 转移开关MTF转到图中位置

(e) 合上主通断触头MSV，两级线圈间存在循环电流

(f) 断开过渡触头TTV

图 3-14-5　n 挡切换到 $n+1$ 挡的分合动作顺序示意图（一）

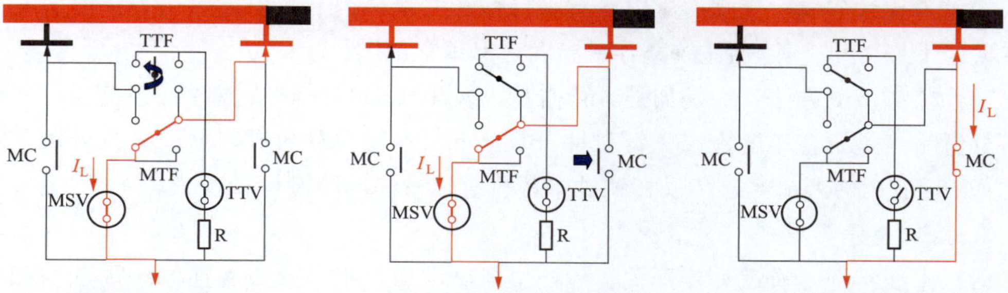

图 3-14-5　n 挡切换到 $n+1$ 挡的分合动作顺序示意图（二）

14.2　故障及缺陷特征

MR 真空开关在运行过程中经常因行程开关安装不当、挡位同步器故障、接触器或继电器故障、油中异物等造成三相分接位置不一致、保护动作或告警、挡位显示异常、传动机构异响、渗漏油、切换芯子放电等故障。其中三相分接位置不一致故障发生次数最多。

1. 三相分接位置不一致

（1）主要特征。故障表现主要为拒动和挡位切换不到位。

（2）可能原因。①拒动发生的原因可分为行程开关故障、接触器或继电器因机构箱密封不严发生进沙卡涩、接线端子松动、挡位变送装置故障（电阻盘）、挡位同步器回路故障（同步器信号接头松动或烧蚀）、PT100 温度传感回路故障、端子排短接片故障等。其中，挡位同步器回路故障是 MR 有载分接开关特有的故障。②挡位切换不到位主要是由于控制机构箱内凸轮限位开关存在问题引起，该类故障发生频次低。

（3）监测检测方法。参照 12.3 的 5 中“ABB 油式开关三相分接位置不一致”监测检测方法。对于挡位同步器回路故障，一是日常运维过程中加强对有载分接开关同步正常指示灯 H1 的巡视，指示灯熄灭时应及时检查处理，必要时在同步回路 H1 指示灯处并联扩展继电器，增加同步回路故障报警监视接点并送至 OWS 后台，便于运维人员及时发现问题并开展消缺，避免进一步发展为开关不同步故障，必要时对有载分接开关开盖检查，排除。二是结合停电或年度检修，对 MR 真空开关同步器外部接线进行检查，发现接线松动、电缆破损等情况要及时整改；有载分接开关吊检或大修时，要开展同步器信号插头针对性排查。

2. 保护动作或告警

（1）主要特征。MR 真空开关保护动作或告警主要表现为压力释放阀告警、温度异常告警等。

（2）可能原因。压力释放阀告警主要是二次电缆绝缘松脱产生缝隙或接线盒与本体间隙未密封导致接线盒受潮、压力释放阀行程开关复位销卡涩引发误告警；温度异常报警主要是PT100温度传感器故障导致温度超出正常范围。

(3) 监测检测方法。一是加强运行监盘，发现压力释放阀或温度告警信号，要及时分析处置。二是结合年度检修，针对性开展Messko压力释放阀（MR有载分接开关多使用Messko压力释放阀）传动杆锈蚀卡涩排查以及防雨防潮巡视检查。

3. 挡位显示异常

(1) 主要特征。有载分接开关实际挡位与显示挡位不一致或者在同一周期内相邻三相换流变压器挡位动作次数存在差异。

(2) 可能原因。造成挡位显示异常的主要有两方面原因，一是变阻器或变送器异常导致BCD编码器未输出正确挡位信号，造成实际挡位与显示挡位不一致；二是计数器器件故障，造成同一周期内相邻三相换流变压器挡位动作次数存在差异。

(3) 监测检测方法。参照12.2的4中“ABB油式开关挡位显示异常”监测检测方法。

4. 渗漏油

(1) 主要特征。主要表现为有载分接开关储油柜油位持续升高、法兰或阀门渗漏油。

(2) 可能原因。一是分接开关油室底部放油塞密封垫装配不达标，在长期运行中挤压产生空隙，致使绝缘油持续不断渗入油压相对较低的有载分接开关油室。二是有载分接开关螺栓长度与换流变压器对接法兰厚度不匹配，导致螺栓紧固过浅，换流变压器运行振动造成螺栓滑牙脱开漏油。

(3) 监测检测方法。一是采用一体化平台后台监视或现场红外测温方式，做好有载分接开关油室油位变化趋势分析，发现油位缓慢下降或持续上升时要开展针对性排查分析。二是加强有载分接开关区域远程监控巡视，发现渗漏油情况及时分析处理。

5. 传动机构异响故障

(1) 主要特征。挡位切换过程中传动机构存在异响。

(2) 可能原因。运行经验表明，造成MR真空开关传动机构异响主要有两方面原因，一是有载分接开关机构箱轻微形变且固定螺栓不在同一平面，造成驱动电动机齿轮与垂直连杆产生异常扭力，挡位切换过程中存在异响；二是PT100温度传感器与绝缘转轴上部均压环存在干涉摩擦。

(3) 监测检测方法。一是在手摇或电动操作分接挡位切换过程中，通过借助在线监测装置或采用倾听方式，排查有载分接开关是否存在异响等隐患。二是加强换流变压器充电、功率调整较大时期换流变压器巡视。一旦发现分接开关异常声响，应引起重视，及时分析处理。

6. 切换芯子放电

(1) 主要特征。故障会造成有载分接开关油室绝缘油乙炔（C_2H_2）、氢气（H_2）等特征气体异常增长，严重时导致调压线圈级间短路，引发电气量、非电量保护动作。

（2）可能原因。异物在油流作用下进入高场强区域、绝缘油受污染或者主通流回路金属接触面接触不良，造成油中放电。

（3）监测检测方法。该类故障发生频次低、故障损害大、故障监测预警手段有限，目前主要采取定期开展油室绝缘油离线油色谱分析、统一有载分接开关非电量保护装置的方式开展监测检测。

14.3　提升措施建议

参照 12.3 中的“ABB 油式开关”提升措施建议。

14.4　典型故障及缺陷案例

14.4.1　案例 51：挡位同步器信号插头松动导致无法调挡

1. 情况说明

（1）故障过程描述。1 月 15 日 10:05，某换流站极Ⅱ低端阀控 A、B 报“极Ⅱ低端换流变压器 Y/Y-B 相分接开关本体与电动机构同步消失”异常信号。信号发出时，现场各阀组运行正常，无功率升降操作，无分接开关升降指令。经查，最近一次该阀组分接开关挡位调整时间为 2021 年 1 月 12 日 11:38，由 13 挡降至 12 挡。

（2）故障设备基本情况。故障换流变压器型号为 ZZDFPZ-493100/1000-400，分接开关选用 MR 真空开关，型号为 VRG Ⅱ 1302-72.5/E-16311WS，操动机构型号 ED100L，故障时有载分接开关已运行 3 年。

（3）挡位同步器原理。MR 分接开关二次回路中设计有同步器，其目的在于：①避免电动机驱动装置和切换开关转轴（下滑盖）之间不同步；②避免油式并联切换开关中 1 个驱动装置带的多个转轴之间操作不同步。

同步器位于切换开关头盖内部，照片及位置如图 3-14-6 所示。

同步器控制回路如图 3-14-7 所示。回路中 S155、S156 位于机构箱内，反应的是调挡过程中电动机驱动轴凸轮开关状态。S80、S81 位于分接开关头盖同步器内，反应的是调挡过程中切换开关主轴的状态。只有在同步指示灯 H1 绿灯点亮状态，才允许操作有载分接开关。

S80、S81 为 MR 分接开关挡位同步器，安装在分接开关油室头盖下部，其结构及原理如图 3-14-8 所示。切换开关进行挡位切换时分为奇数挡位与偶数挡位，分接开关芯体通过传动杆带动磁铁往复运动控制 S80、S81 干簧管的通断。偶数挡时 S80 干簧管 NC 接点与 S81 干簧管 NO 接点导通，奇数挡时 S80 干簧管 NO 接点与 S81 干簧管 NC 接点

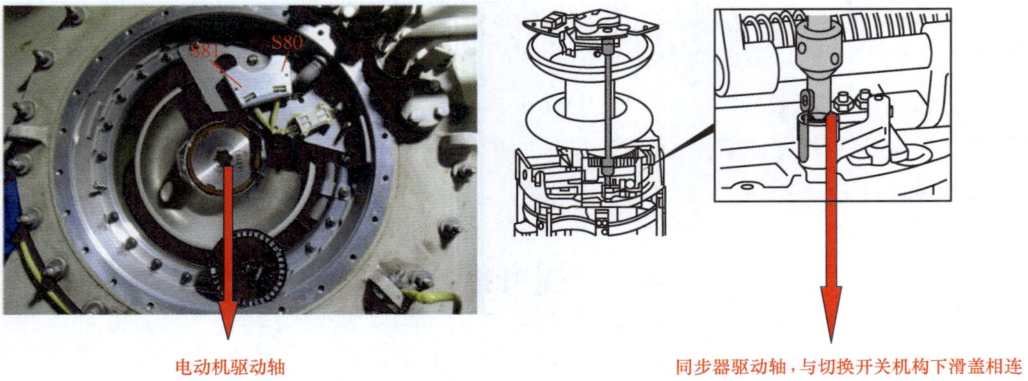

图 3-14-6　同步器安装照片及位置

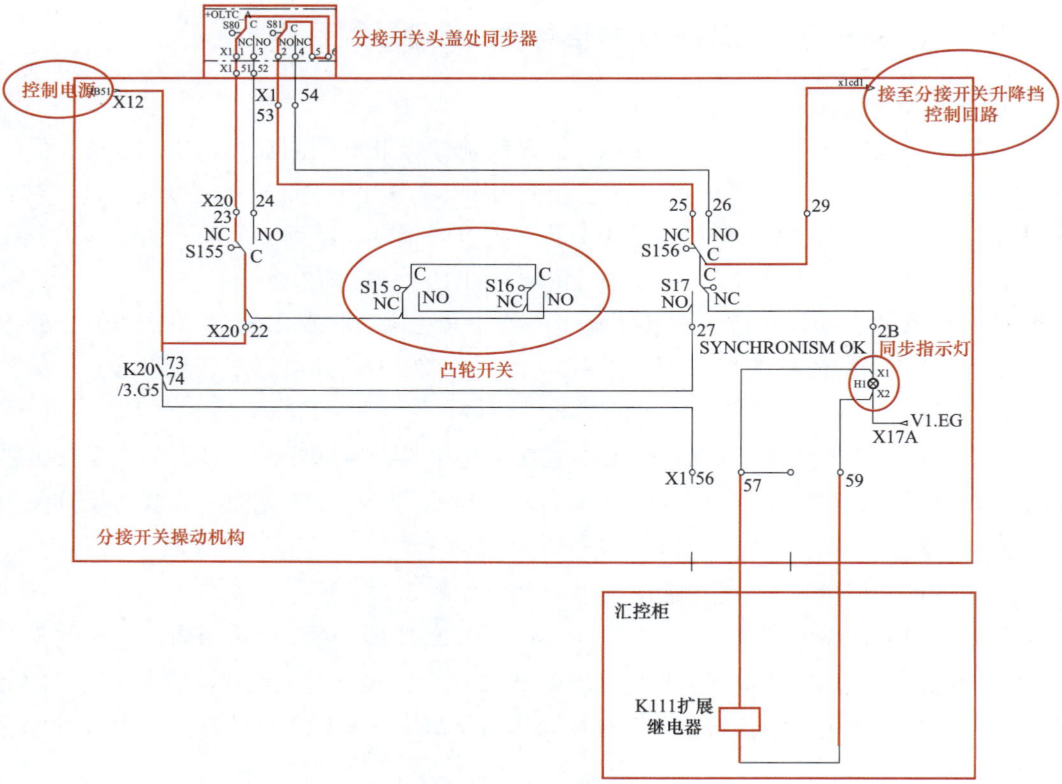

图 3-14-7　同步器控制回路

导通，S80、S81 相互配合构成电流通路，通过 X1：29 端子串入分接开关升降挡接触器控制回路为后续升降挡位提供启动电源，同时同步指示灯 H1 正常工作。

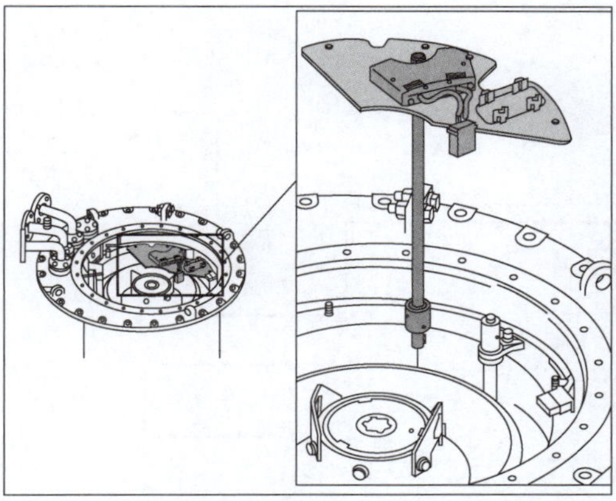

(a) 安装位置示意

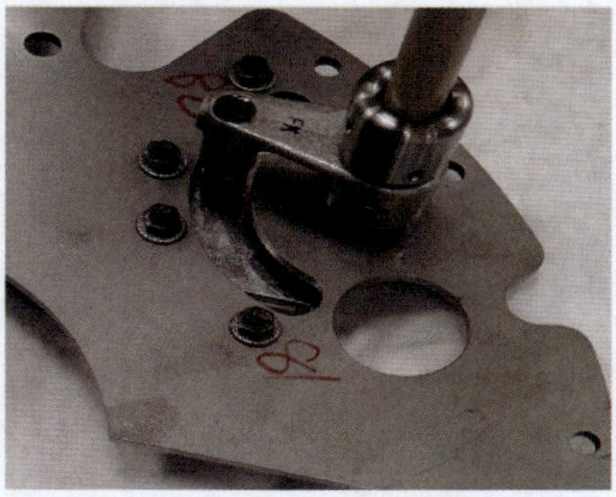

(b) 挡位监控装置结构

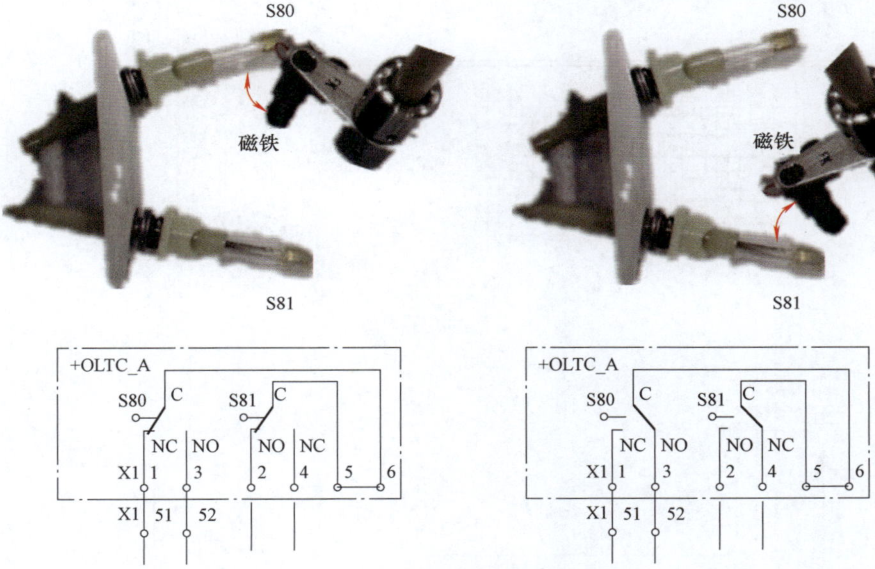

(c) 挡位监控原理

图 3-14-8　挡位监控装置结构及原理

同步器控制回路动作过程如下：

初始状态如图 3-14-9 所示。控制电源经过 S155NC-S80NC-S81NO-S156NC 给操作回路控制电源供电，并点亮同步正常指示灯。

电动机转动 2 圈后如图 3-14-10 所示。S17 由动断转为动合，此时操作回路控制电源变为双路供电，同步正常指示灯熄灭。回路导通状态分别为 S155NC-S80NC-S81NO-S156NC 和 S15NC-S16NC-S17NO。

电动机转动 3.5 圈后如图 3-14-11 所示。S16 由动断转为动合，此时操作回路控制电源变为单路供电：S155NC-S80NC-S81NO-S156NC，同步正常指示灯熄灭。

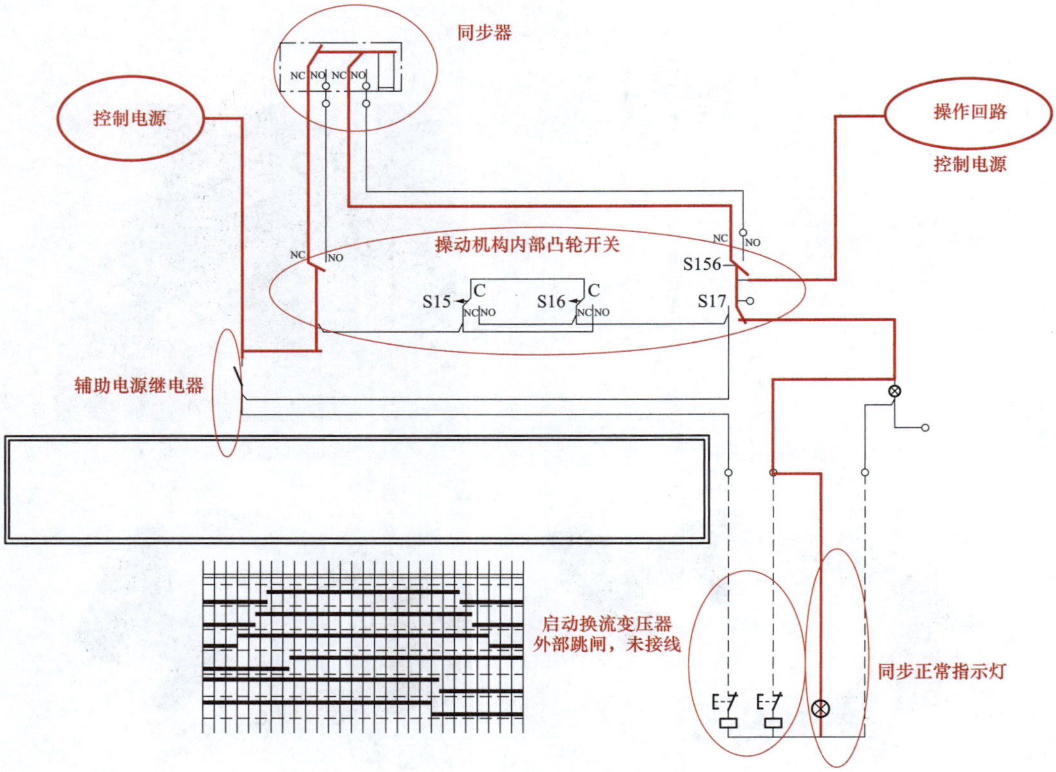

图 3-14-9　初始状态

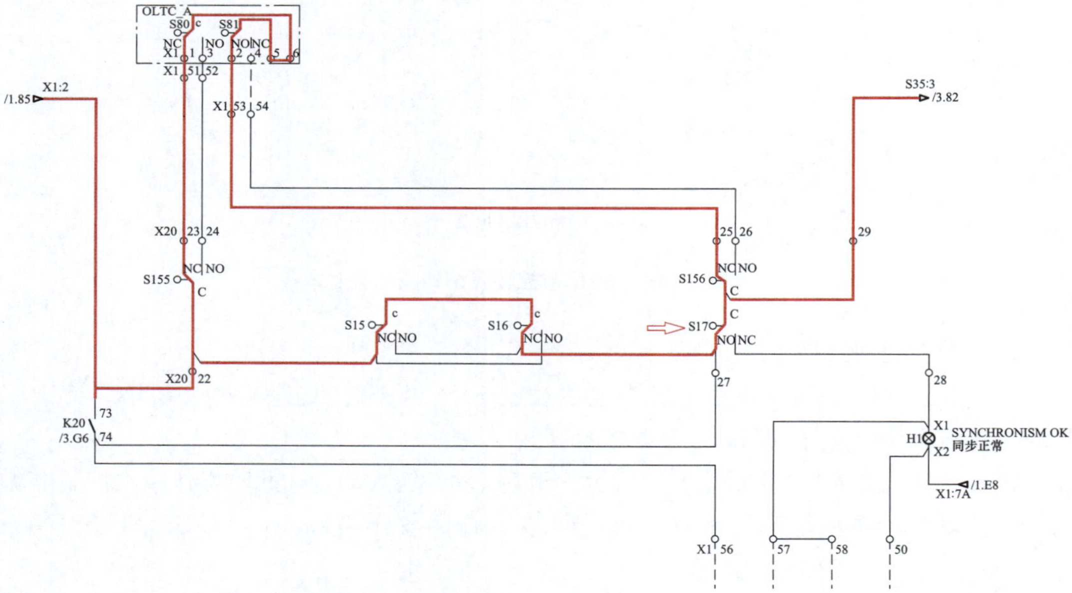

图 3-14-10　电动机转动 2 圈后

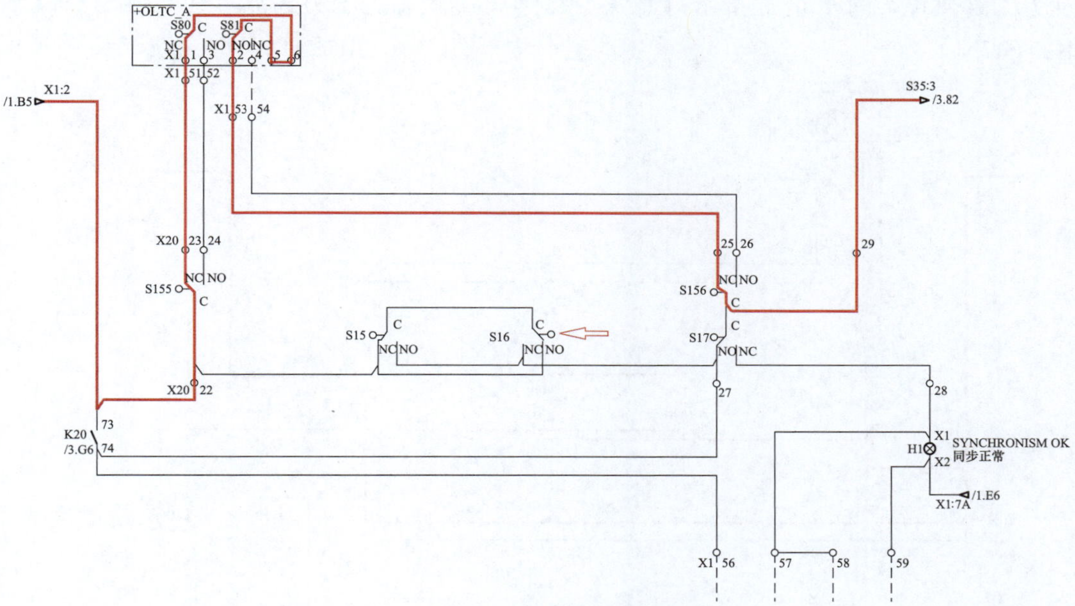

图 3-14-11　电动机转动 3.5 圈后

电动机转动 4.5 圈后如图 3-14-12 所示。S15 由动断转为动合，且 K20 闭合，此时操作回路控制电源变为三路供电，同步正常指示灯熄灭。回路导通状态为 S155NC-S80NC-S81NO-S156NC-S15NO-S16NO-S17NO 和 K20-S17NO。

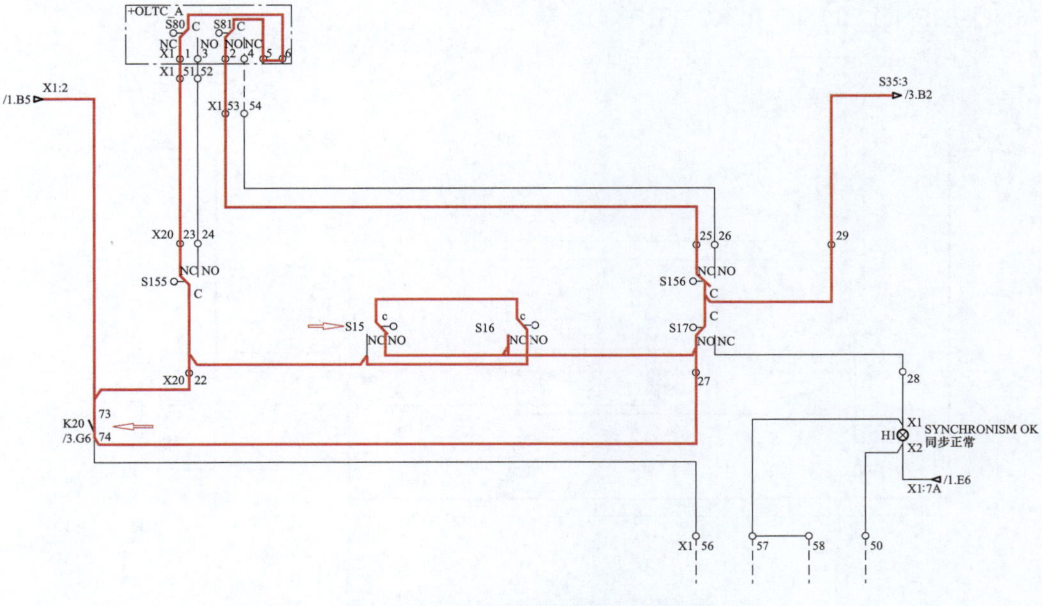

图 3-14-12　电动机转动 4.5 圈后

电动机转动 6.5 圈后如图 3-14-13 所示。S155 由动断转为动合，此时操作回路控制电源变为二路供电，同步正常指示灯熄灭。回路导通状态为 K20-S16NO-S15NO-S17NO 和 K20-S17NO。

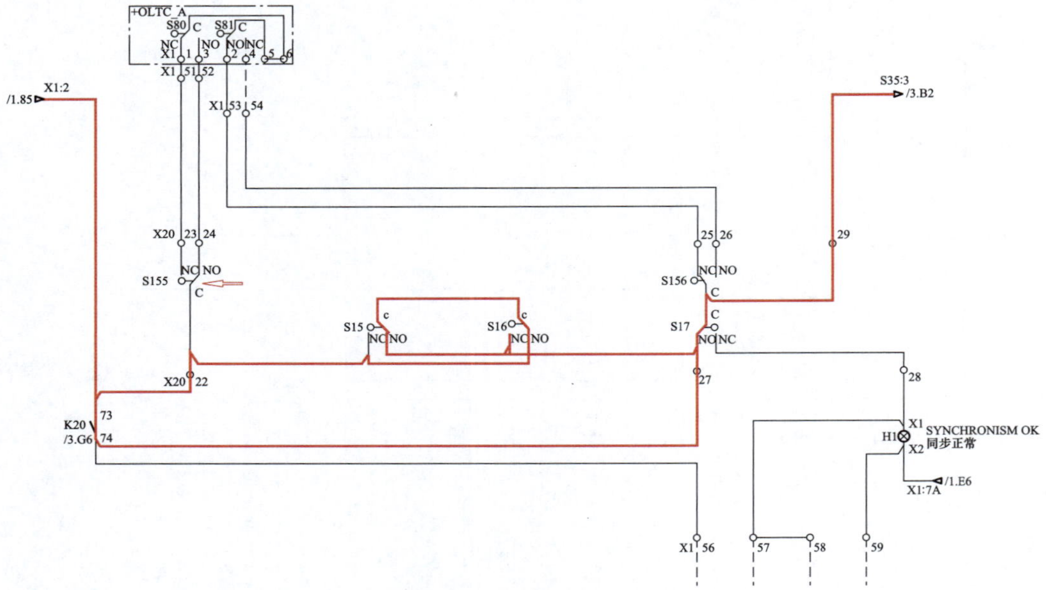

图 3-14-13　电动机转动 6.5 圈后

电动机转动 26 圈后如图 3-14-14 所示。S80 由动断转为动合，S81 由动合转为动断，此时操作回路控制电源变为二路供电，同步正常指示灯熄灭。回路导通状态为 K20-S16NO-S15NO-S17NO 和 K20-S17NO。

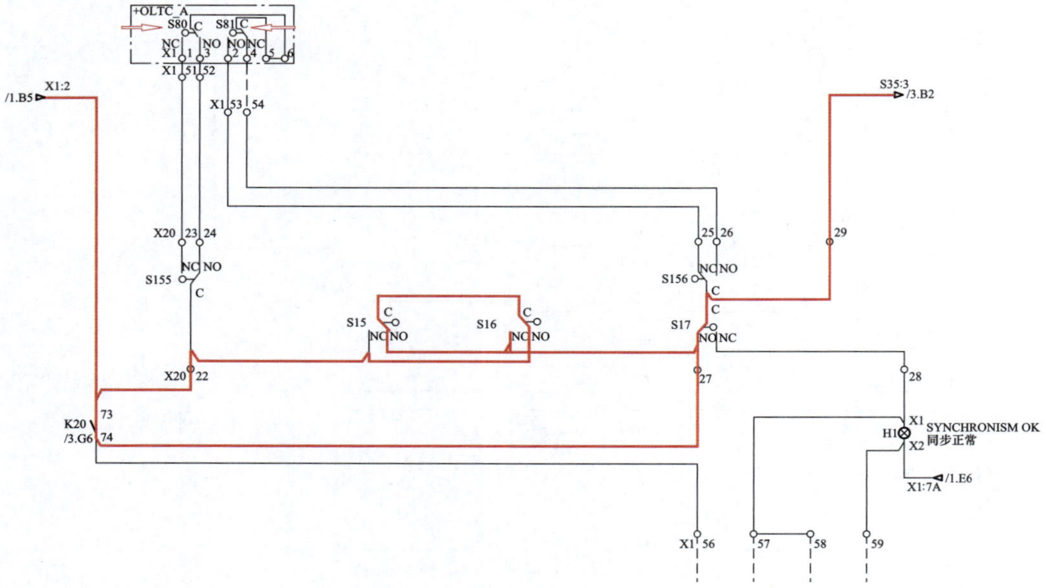

图 3-14-14　电动机转动 26 圈后

电动机转动 26.5 圈后如图 3-14-15 所示。S156 由动断转为动合，此时操作回路控制电源变为三路供电，同步正常指示灯熄灭。回路导通状态为 S155NO-S80NO-S81NC-S156NO、S15NO-S16NO-S17NO 和 K20-S17NO。

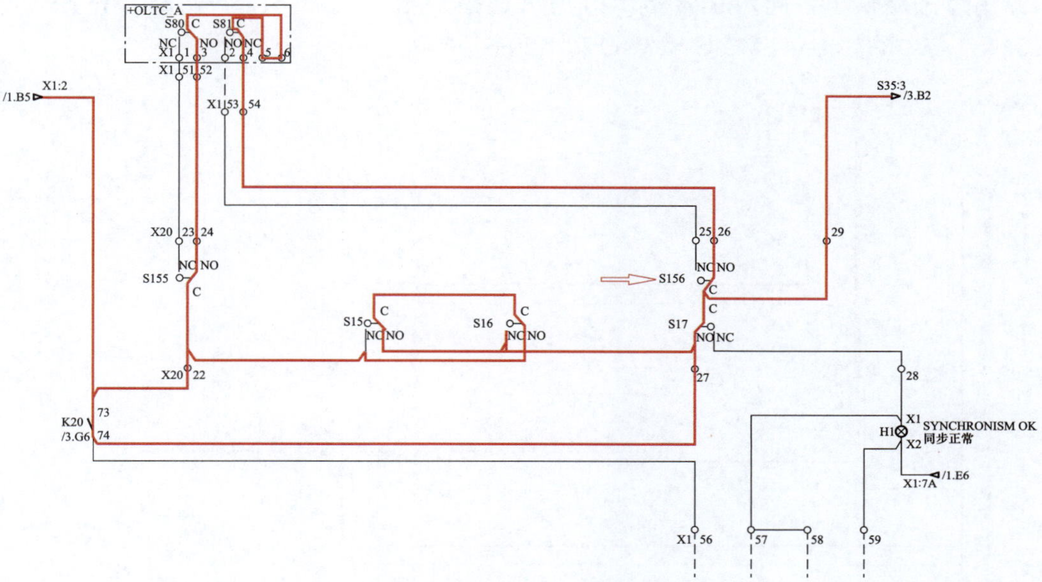

图 3-14-15　电动机转动 26.5 圈后

电动机转动 28.5 圈后如图 3-14-16 所示。S15 由动合转为动断，此时操作回路控制

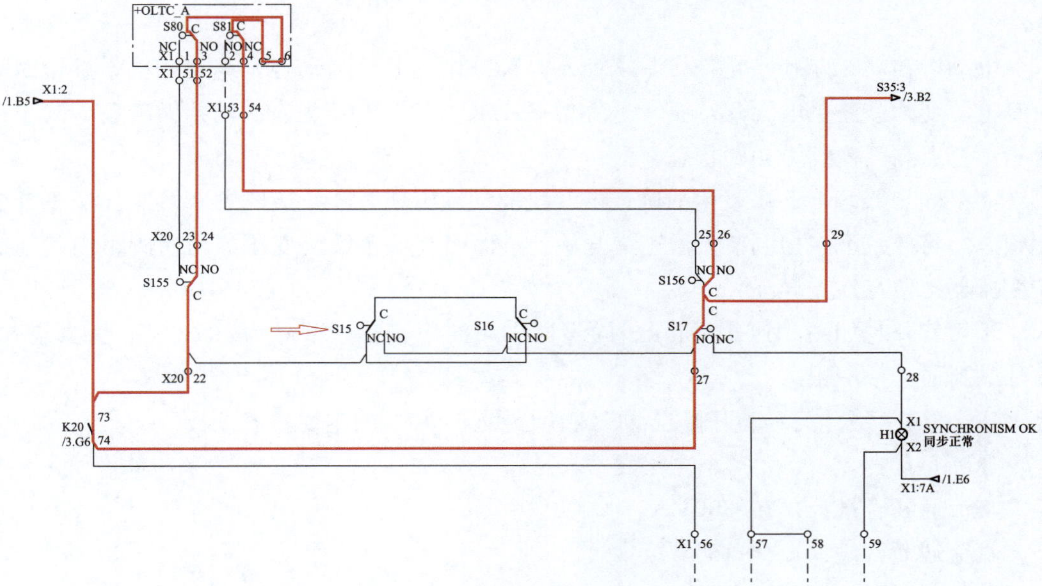

图 3-14-16　电动机转动 28.5 圈后

电源变为二路供电，同步正常指示灯熄灭。回路导通状态为 S155NO-S80NO-S81NC-S156NO 和 K20-S17NO。

电动机转动 29.5 圈后如图 3-14-17 所示。S16 由动合转为动断，此时操作回路控制电源变为三路供电，同步正常指示灯熄灭回路导通状态为 S155NO-S80NO-S81NC-S156NO、K20-S15NC-S16NC-S17NO 和 K20-S17NO。

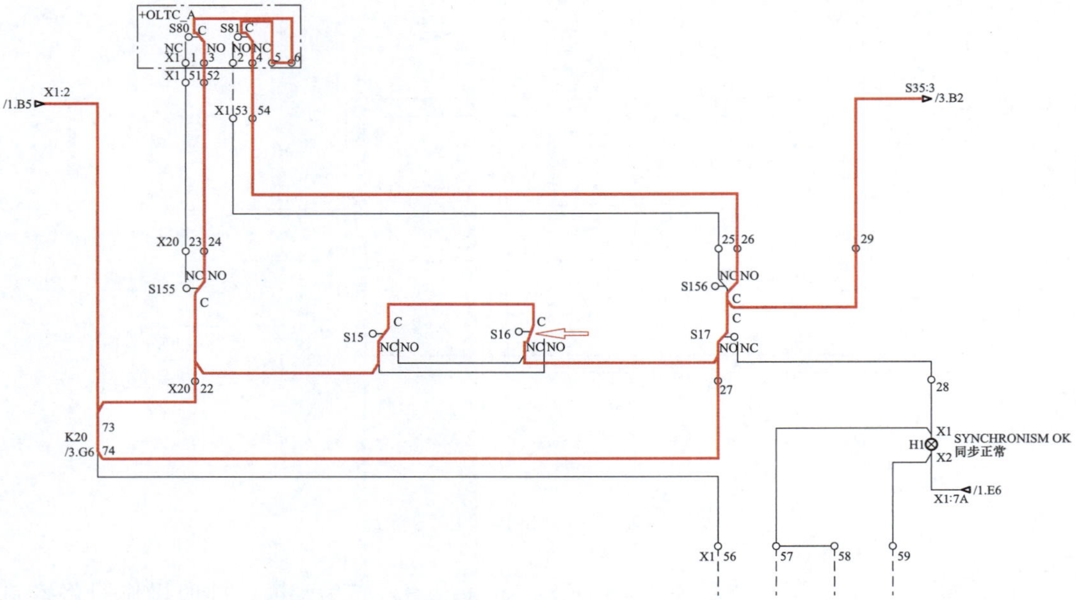

图 3-14-17　电动机转动 29.5 圈后

电动机转动 31 圈后如图 3-14-18 所示。K20 由动断转为动合，结束调挡，操作回路控制电源变为一路供电，S155NO-S80NO-S81NC-S156NO。为下次调挡做准备，同步正常指示灯点亮，恢复为初始状态。

如果同步器 S80/S81 发生故障或电动机驱动轴出现脱落，造成 S80/S81 无法正常变化状态，将导致下一挡调节无法正常开始。进而引起该台换流变压器与同阀组内其他换流变压器挡位存在差异。

干簧管外观如图 3-14-19 所示。同步器采用的干簧管（型号为 RS2001）为真空式，簧片的材质为锡酸银。

RS2001 干簧开关（动开接点 NC 或动合接点 NO）的主要技术参数：

通断容量：

交流通断容量：1.2～200VA；

直流通断容量：1.2～130W。

AC/DC 的最大允许电压：

最大允许电压：250V；

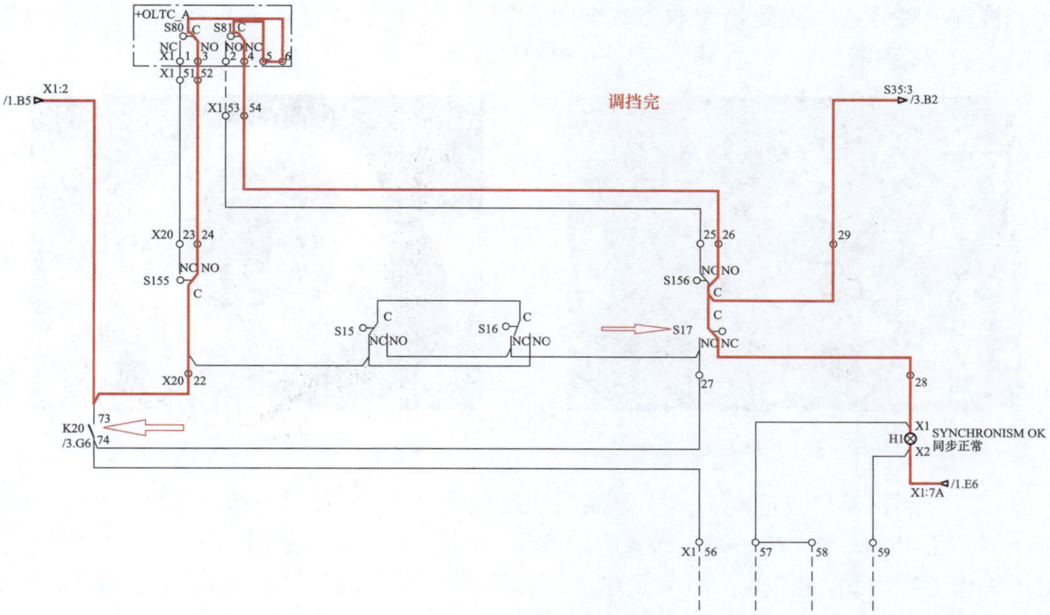

图 3-14-18　电动机转动 31 圈后

最小允许电压：24V。

AC/DC 的通断电流：

最大通断电流：1A；

最小通断电流：250V 时 4.8mA。

2. 检查处理情况

（1）外观检查情况。检查发现 B7 温度指示继电器显示为 26℃，如图 3-14-20 所示，温度正常；分接开关同步指示灯 H1 不亮，如图 3-14-21 所示，表明同步器回路出现开路。

图 3-14-19　干簧管外观

图 3-14-20　温度显示 26℃

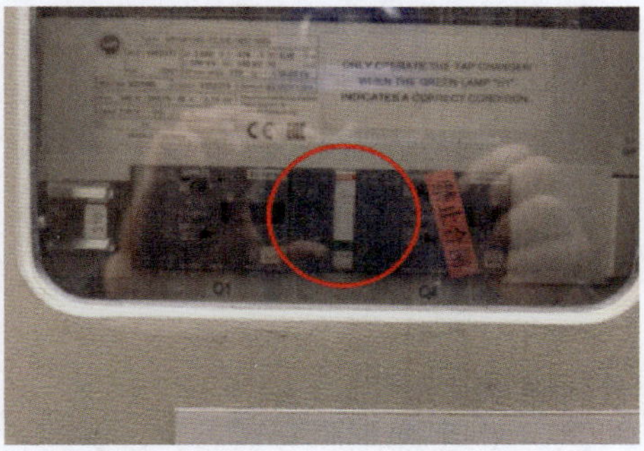

图 3-14-21　H1 指示灯不亮

检查分接开关头盖处挡位观察窗，显示挡位为 12 挡，与操动机构挡位指示一致，如图 3-14-22 和图 3-14-23 所示，其余五相挡位均为 12 挡。

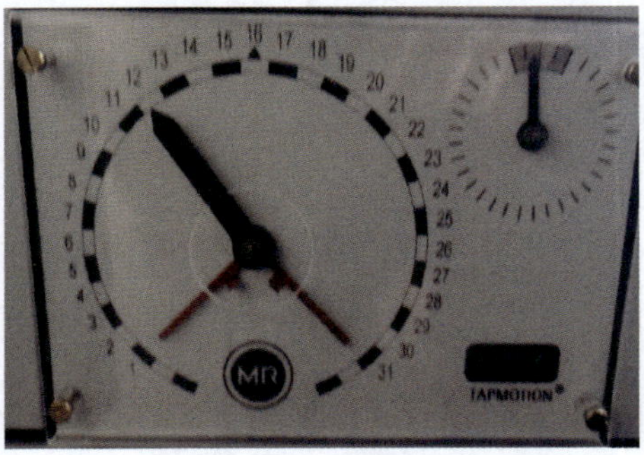

图 3-14-22　操动机构挡位指示

图 3-14-23　分接开关挡位观察窗

（2）控制回路检查情况。同步器控制回路如图 3-14-24 所示。检查 X20：22、23 端子＋57V 正电，X20：25、28、29 端子－57V 负电，X1：51 端子＋57V 正电，X1：52 端子无电，X1：53 端子为－57V 负电（正常运行情况下为＋57V 正电），X1：54 端子无电。

进一步检查分接开关头盖处同步器 X1：1-6 端子，端子无松动，S81“NO”接点两侧 X2 与 X5 端子不导通。初步判断，故障原因为同步器内部信号插头接触不良或 S81 干簧管故障。

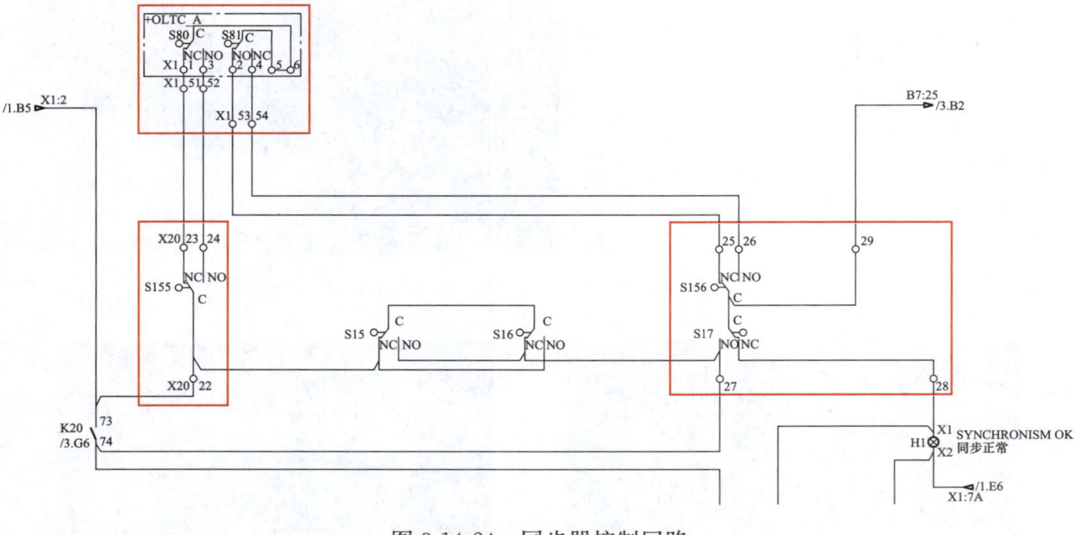

图 3-14-24　同步器控制回路

手动操作分接开关，在 12 挡、11 挡分别检查缺陷情况，确认分接开关内部 S81 干簧管 NC、NO 接点均不导通，判断为内部故障。

将分接开关头盖清理干净，储油柜阀门关闭，对分接开关油室排油后打开头盖，同步器外观正常，信号插头外观正常，如图 3-14-25 所示。

继续排油露出同步器及信号插头，如图 3-14-26 所示，打开信号插头发现 5 号公头插针有烧灼痕迹，对应的 5 号母头插孔回缩，未固定卡紧，其他接头正常。

现场清理 5 号端子公头、母头烧灼痕迹，清除氧化层后，对回缩的母头重新安装，并听到“咔嗒”声确认锁紧到位后，用尖嘴钳检查所有端子连接线，确认均安装到位。重新接好信号插头，测量干簧管接点通断正常。对同步器接线盒、操作箱、汇控柜内相关回路再次检查确认紧固良好。经测试，电动操作分接开关升降挡正常，后台信号正常。

图 3-14-25　同步器外观正常，信号插头外观正常

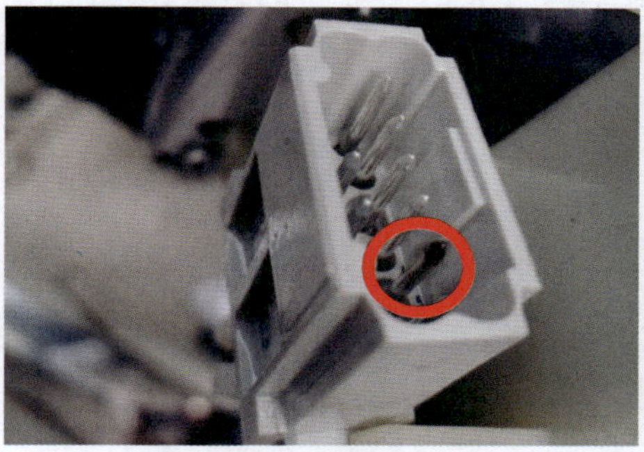

(a) 5号公头插针端部烧灼痕迹

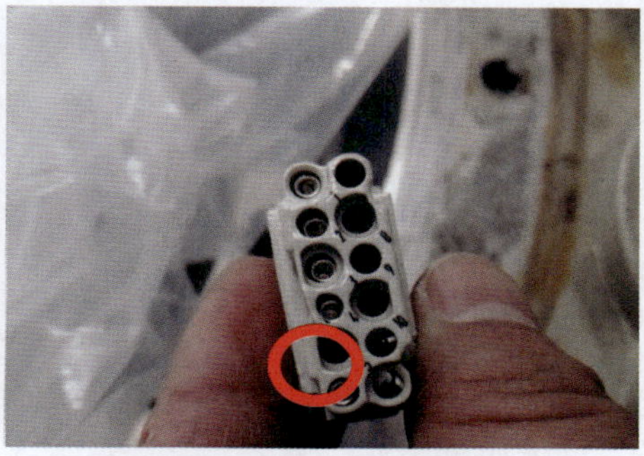

(b) 5号母头插孔端子缩回

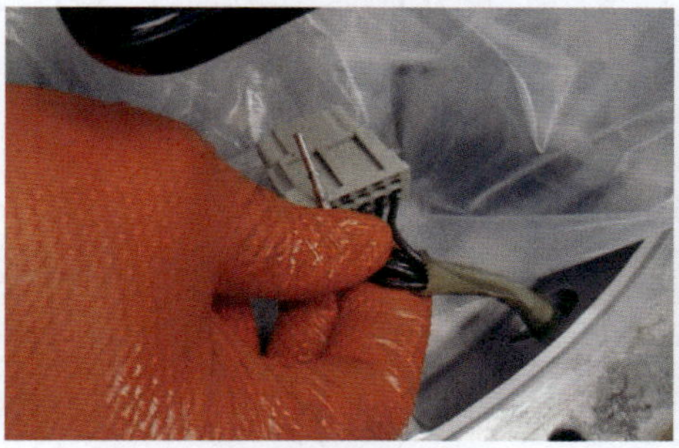

(c) 5号母头可以用手拔出

(d) 5号母头处理恢复后

图 3-14-26　5 号端子烧蚀痕迹及处理情况

3. 原因分析

根据现场检查情况，确定同步信号消失的原因为：分接开关同步器信号插头 5 号插孔未安装到位，随换流变压器运行及分接开关升降挡振动，插孔出现松动、与插针接触不良，导致同步监视回路 S81 的 NC、NO 接点不能正常导通，H1 指示灯、K111 扩展继电器断电，阀组控制系统接收不到“分接开关本体与电动机构同步”信号，禁止输出分接开关升降挡指令，导致分接开关无法调挡。公母头插孔锁簧如图 3-14-27 所示。

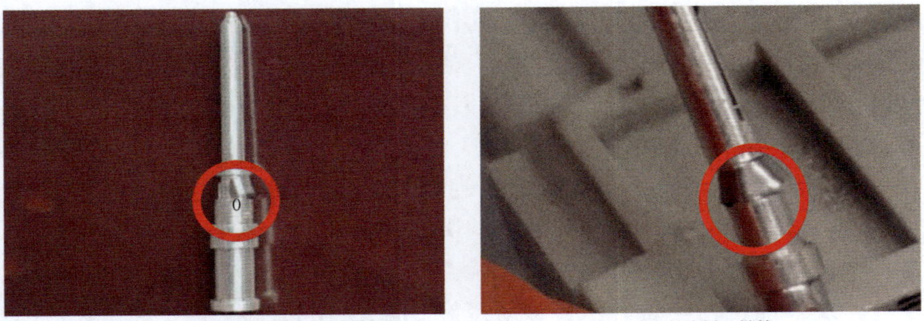

(a) 公头插针锁簧　　(b) 母头插孔锁簧

图 3-14-27　公母头插孔锁簧

14.4.2　案例 52：油室渗油导致油位异常升高

1. 情况说明

（1）故障过程描述。2017 年 7 月开始，某换流站在线监测数据显示极Ⅱ低端 Y/Y-A 相换流变压器 MR 分接开关油位在运行过程中持续升高，油温降低时油位仍不断上升，与 Y/Y-B、Y/Y-C 分接开关油位存在明显差异。2018 年 3 月 12 日，油位达到 83.88%，现场根据厂家建议，排油至 50%。通过后续持续跟踪，发现有载分接开关油室油位仍然呈现增长趋势。

（2）故障设备基本情况。故障换流变压器型号 ZZDFPZ-412300/750-400，电压比为 $770/\sqrt{3}(+26\sim-4)\times0.86\%/174.9/\sqrt{3}$ kV，有载分接开关选用 MR 真空开关，型号为 VRGⅡ 1302-72.5/E-16311W，故障时有载分接开关投运不足 1 个月。

2. 检查处理情况

（1）油位检查情况。通过调取表 3-14-1 所示在线监测数据对极Ⅱ低端星接 A、B、C 三相横向比较，发现极Ⅱ低端 Y/Y-A 分接开关油位在油温明显降低情况下略有升高趋势，如图 3-14-28 所示。

表 3-14-1　极Ⅱ低端星接 A、B、C 三相分接开关在线监测油位数据

时间	极Ⅱ低 Y/Y-A		极Ⅱ低 Y/Y-B		极Ⅱ低 Y/Y-C	
	油温（℃）	油位（%）	油温（℃）	油位（%）	油温（℃）	油位（%）
2017 年 7 月 15 日 12：00	70.46	68.881	44.322	63.581	45.152	61.51
2017 年 8 月 15 日 12：00	71.39	72.412	43.735	62.449	44.186	59.611
2017 年 9 月 15 日 12：00	60.271	69.801	35.752	54.377	36.617	52.703
2017 年 10 月 15 日 12：00	47.711	66.968	26.698	47.569	27.859	45.614
2017 年 11 月 15 日 12：00	41.118	68.198	22.438	44.398	23.03	42.029
2017 年 12 月 15 日 12：00	18.491	68.702	20.566	41.477	22.509	40.259
2018 年 1 月 15 日 12：00	16.885	69.855	19.234	39.723	22.509	40.259
2018 年 2 月 15 日 12：00	15.372	72.881	19.521	39.558	20.923	36.266

为进一步确定该油位的真实性以及油位计是否存在故障隐患，用红外热像仪测量了极Ⅱ低端 Y/Y-A 储油柜油位，实际油位与油位计显示数据、远传数据一致。如图 3-14-29 所示，红外图谱显示极Ⅱ低端 Y/Y-A 分接开关实际油位高于极Ⅱ低端 Y/Y-B。

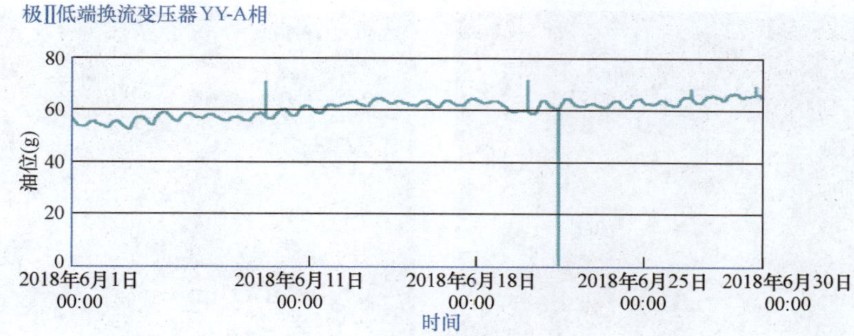

(a) 2018年6月

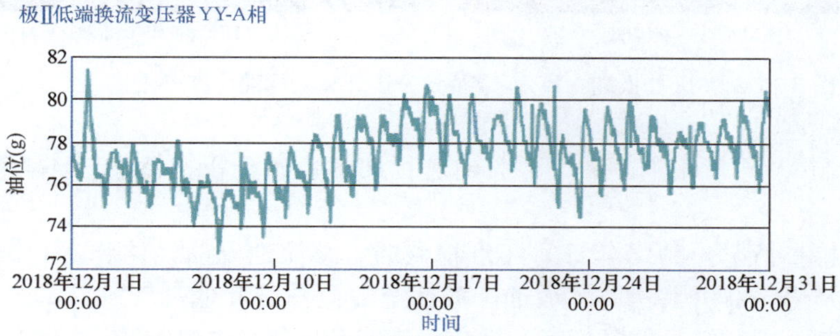

(b) 2018年12月

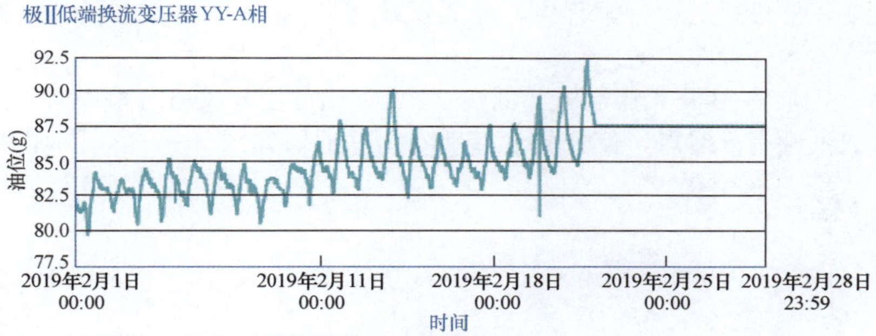

(c) 2019年2月

图 3-14-28　极Ⅱ低端 YY-A 分接开关在线监测油位趋势

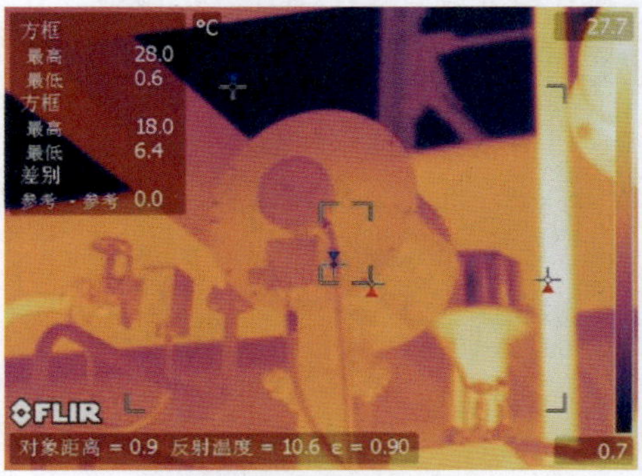

(a) 极Ⅱ低端Y/Y–A相(铁红色)

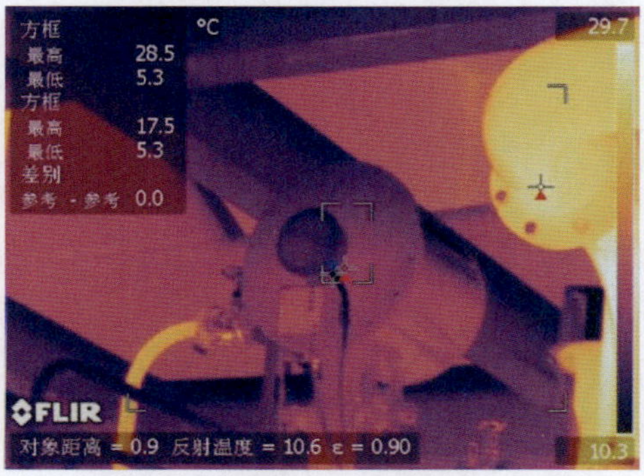

(b) 极Ⅱ低端Y/Y–B相(铁红色)

图 3-14-29　极Ⅱ低端 YY-A、YY-B 分接开关实际油位红外图谱（一）

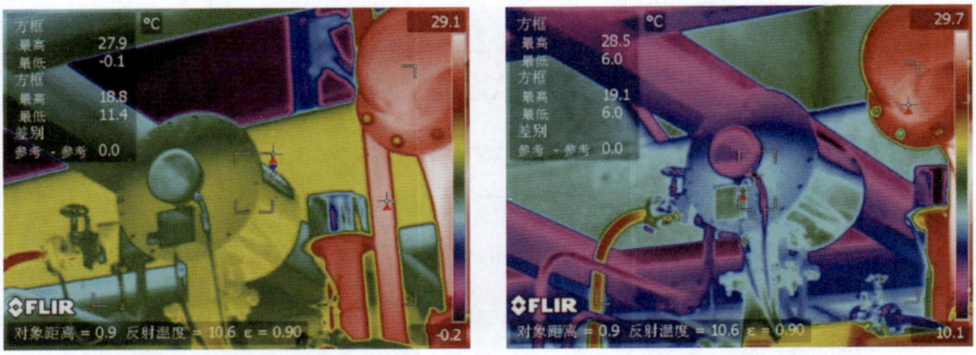

(c) 极Ⅱ低端Y/Y–A相(彩虹)　　(d) 极Ⅱ低端Y/Y–B相(彩虹)

图 3-14-29　极Ⅱ低端 YY-A、YY-B 分接开关实际油位红外图谱（二）

对极Ⅱ低端 Y/Y-A 相本体油、开关油进行油的色谱分析，特征气体含量未发现异常突变。

（2）吊芯检查情况。2018 年 5 月年度检修时，参照油温曲线铭牌，对极Ⅱ低端 Y/Y-A 相换流变压器分接开关进行了放油，放油至油位与极Ⅱ低端 Y/Y-B、Y/Y-C 一致。受检修条件限制，同时结合故障特点和性质，未对开关进行吊芯检查。

在换流变压器投运后运行过程中，极Ⅱ低端 Y/Y-A 分接开关油位持续升高，判断分接开关油室与本体存在串通。

2019 年 5 月，在对极Ⅱ低端极Ⅱ低端 Y/Y-A 相分接开关吊芯检查时，发现分接开关油室下部放油塞有渗漏点，使开关油室和本体联通，如图 3-14-30 所示，将其紧固之

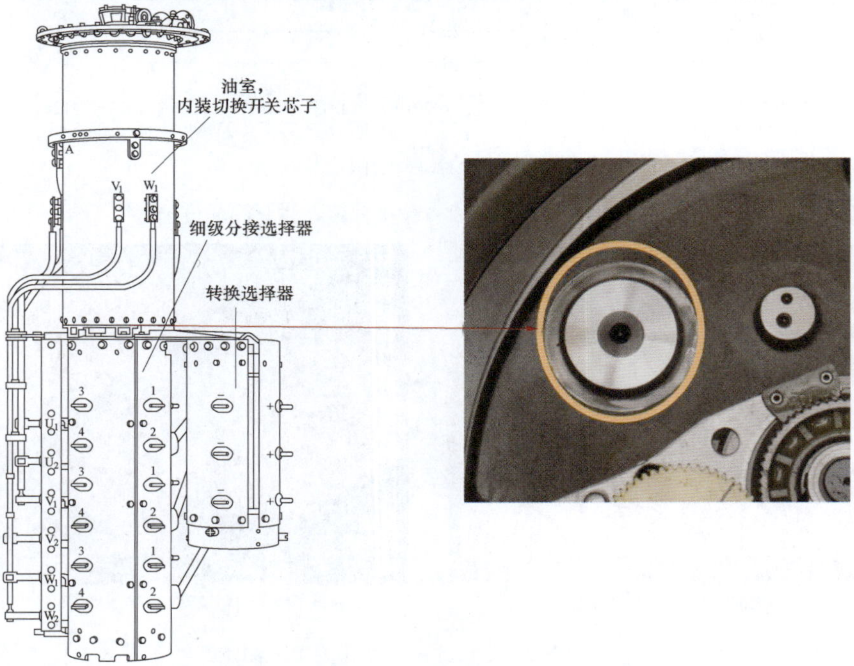

图 3-14-30　分接开关油室渗漏点示意图

后检查仍有轻微渗漏。

现场对底部放油塞密封垫进行更换，并打压 15kPa 观察 1h，未再发现渗油痕迹，渗油故障消除，处理过程如图 3-14-31 所示。

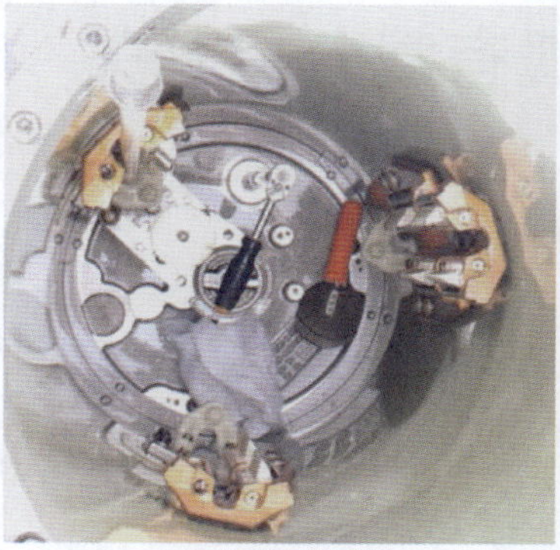

(a) 底部油塞拆除

(b) 底部油塞检查

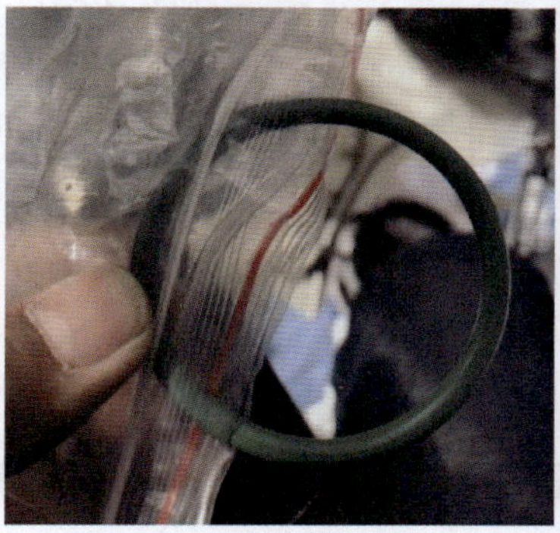

(c) 旧密封垫

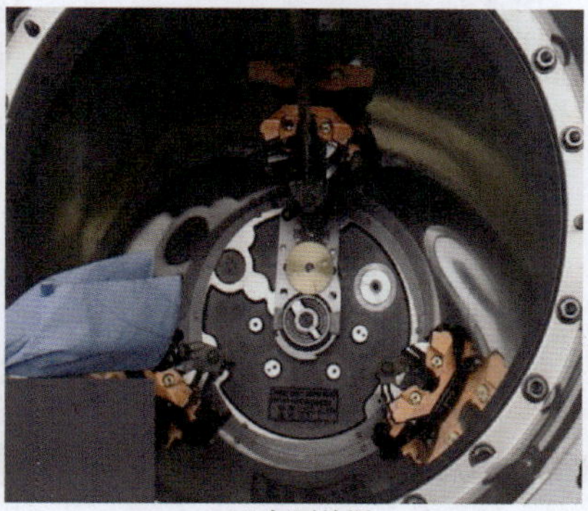

(d) 打压检漏

图 3-14-31　分接开关油室渗油处理

3. 原因分析

分接开关油位异常升高的原因为分接开关油室底部放油塞密封垫装配工艺不达标，在运行中变形错位产生空隙，导致与本体油箱串通，本体油压高于分接开关油室压力，绝缘油在压力差作用下持续渗入油压相对较低的开关油室，油位升高。

15 MR 绝缘油灭弧有载分接开关

15.1 结 构 介 绍

图 3-15-1 R 型油灭弧有载分接开关

15.1.1 开关结构

目前在运的 MR 绝缘油灭弧有载分接开关（以下简称“MR 油式开关”）主要是 R 型开关，由切换开关、分接选择器（带极性选择器）等组成，R 型开关整体结构如图 3-15-1 所示，命名方式与 MR 真空开关命名方式相同。

15.1.2 分接开关工作原理

切换开关从 a 侧触头过渡到 b 侧触头分合动作顺序如图 3-15-2 所示。

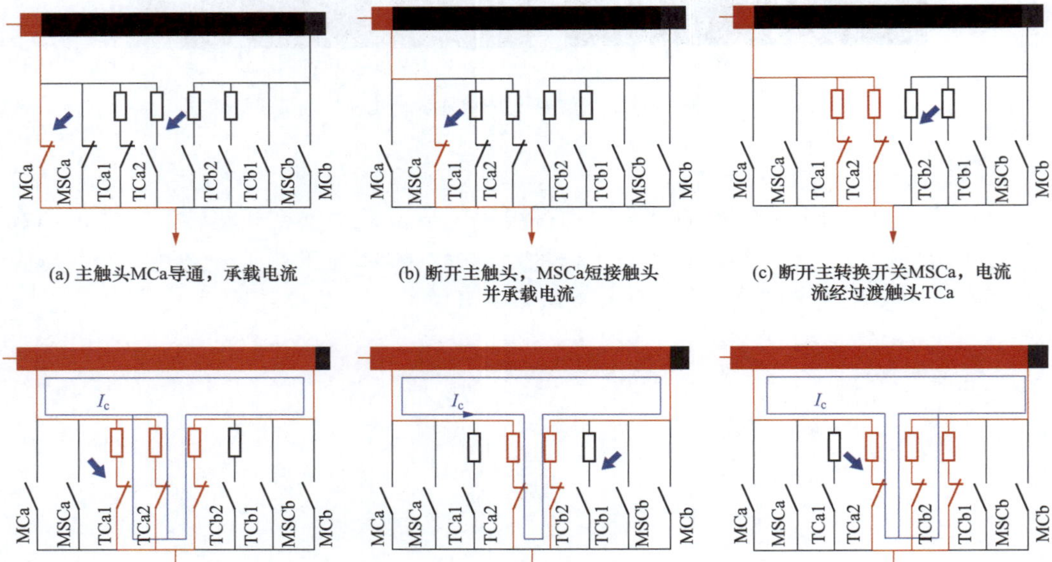

(a) 主触头MCa导通，承载电流

(b) 断开主触头，MSCa短接触头并承载电流

(c) 断开主转换开关MSCa，电流流经过渡触头TCa

(d) 过渡触头TCb2通流，两级线圈之间存在循环电流

(e) 断开过渡触头TCa1，两级线圈之间存在循环电流

(f) 过渡触头TCb1通流，两级线圈之间存在循环电流

图 3-15-2 切换开关从 a 侧触头过渡到 b 侧触头分合动作顺序原理（一）

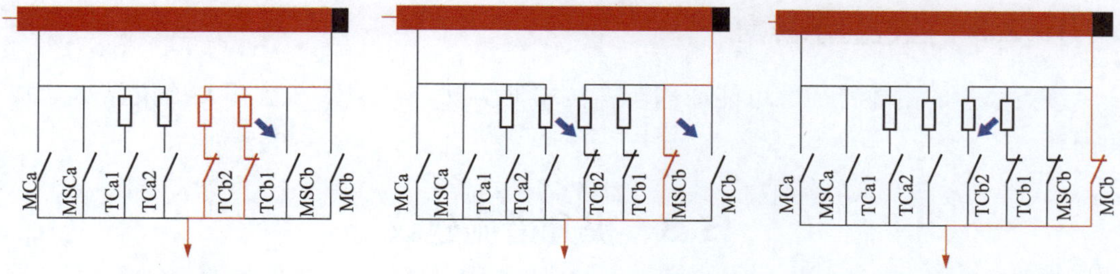

(g) 断开过渡触头TCa2，过渡触头TCb1、TCb2通流　(h) 主转换开关MSCb导通，承载电流　(i) 主触头MCb导通，完成挡位切换

图 3-15-2　切换开关从 a 侧触头过渡到 b 侧触头分合动作顺序原理（二）

15.2　故障及缺陷特征

MR 油式开关在运行过程中经常因挡位变送装置故障、接触器或继电器故障、接线端子松动、行程开关故障、挡位同步器回路故障、压力释放阀微动开关故障等造成三相分接位置不一致、保护动作或告警、挡位显示异常等故障。自 2010 年以来，MR 公司主推真空开关，在运 MR 油式开关数量较少。

15.2.1　三相分接位置不一致

（1）主要特征。故障表现主要为拒动。

（2）可能原因。拒动发生的原因可分为接触器或继电器故障（升降挡继电器等）、接线端子松动、挡位同步器回路故障（干簧管或接点故障）、行程开关故障（S13、S80）、电源或电源保护回路故障（电机电源开关 Q1）等。其中，挡位同步器回路故障是 MR 有载分接开关特有的故障。

（3）监测检测方法。参照 14.2 的 1 中“MR 真空开关三相分接位置不一致”监测检测方法。

15.2.2　保护动作或告警

（1）主要特征。主要表现为电源故障告警、分接开关位置故障告警、油流继电器误动等。

（2）可能原因。①电动机过负荷或电源故障告警，主要表现为“分接头 380V 电源故障告警”，原因为电压监视继电器（F1 继电器）故障。②分接开关位置故障告警，主要表现为分接开关挡位指示不正确，原因为行程开关故障或接线端子松动。③油流继电器误动，该类故障发生频次低，主要原因为流速整定值偏小。此类问题主要发生在早期直流换流站中，近年来在运或新建换流站有载分接开关发生此类告警问题频次较少。

（3）监测检测方法。参照 14.2 的 2 中“MR 真空开关保护动作或告警”监测检测方法。同时，要做好油流继电器定值校验以及继电器、行程开关的隐患排查工作。

15.2.3 挡位显示异常

该类故障的主要特征、可能原因与监测检测方法与“MR 真空开关挡位显示异常”相同。

15.3 提升措施建议

参照 12.3 中的“ABB 油式开关”提升措施建议。

15.4 典型故障及缺陷案例

15.4.1 案例 53：油流继电器挡板整定磁铁失效导致阀组闭锁

1. 情况说明

(1) 故障前运行情况。故障前，极Ⅰ直流系统单极金属回线方式运行，输送功率 1450MW，极Ⅱ直流系统冷备用状态。站内无检修工作。

(2) 故障过程描述。6 月 5 日 19:31:00，直流系统极Ⅰ执行金属回线转大地回线运行方式过程中，极Ⅰ直流系统发 012B-C 相换流变压器调压开关油流跳闸，极Ⅰ直流系统执行 Y 闭锁。极Ⅰ换流变压器进线开关跳开并锁定，无功控制退出 5613、5612、5624、5622、5623、5631 交流滤波器。故障时，天气情况良好。

2. 故障设备基本情况

故障换流变压器型号为 ZZDFPZ-297600/500-250，电压比为 $525/\sqrt{3}$ (+25，−5)×1.25%/210.4kV，分接开关选用 MR 真空式有载分接开关，型号为 RI 1202-72.5/E-18344WS，故障时有载分接开关已运行近 5 年。

3. 检查处理情况

(1) 故障录波分析。19:31:02，大地回线转换开关 0040 分闸，极Ⅰ直流系统接地极电流由 2560A 升至最高 3122A；极Ⅰ极线电流由 3020A 升至最高 3085A，直流系统进入短时过负荷运行（过负荷定值 3047A）。

19:31:10，极Ⅰ 012B-C 相分接开关油流继电器发跳闸信号（三副接点同时动作），非电量保护动作跳闸，保护执行 Y 闭锁。闭锁时刻，直流系统未启动录波。查看故障前（19:31:03）录波波形，系统交直流电压、电流正常；故障后（19:31:33）录波显示直流系统已闭锁。故障后极Ⅰ直流波形如图 3-15-3 所示。

(2) 外观检查情况。故障发生后，对极Ⅰ 012B-C 相换流变压器进行检查，对有载分接开关油流继电器接线盒内三副接点进行测量，发现全部动作，其余设备未发现异常。

(3) 试验验证情况。对该换流变压器本体及分接开关进行了电气试验和油样分析，各项数据未见异常。初步判断为油流继电器误动作，现场更换故障油流继电器，恢复正

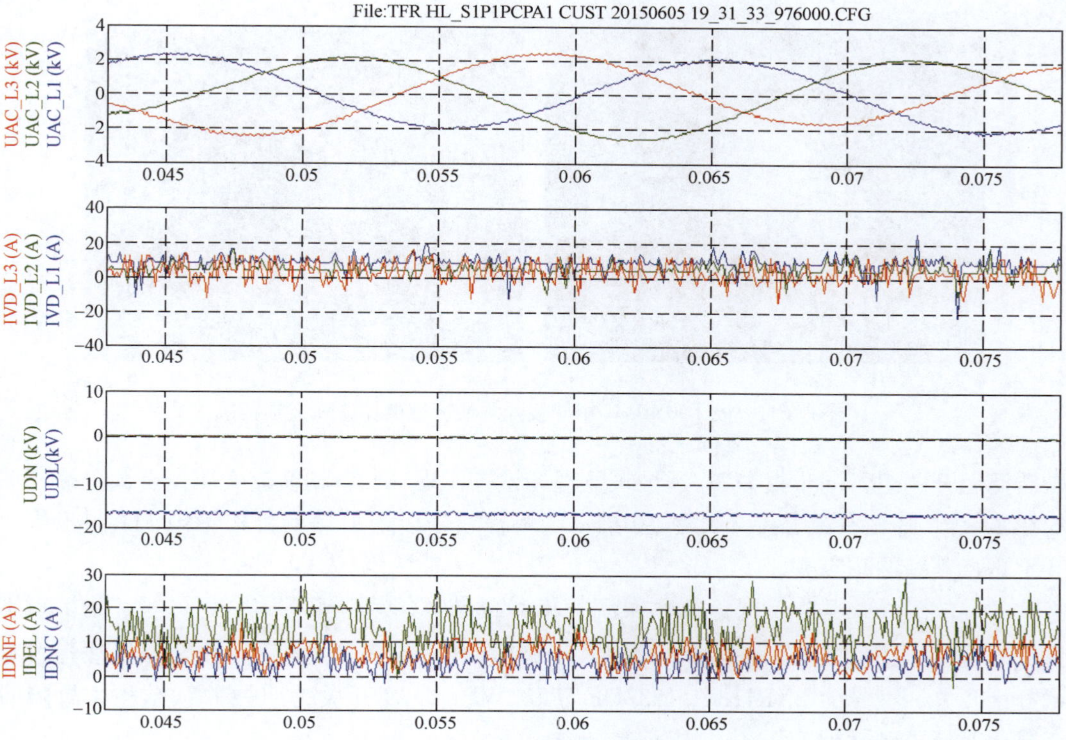

图 3-15-3　故障后极Ⅰ直流波形

常运行。

4. 原因分析

为进一步确定故障原因，将该油流继电器拆卸后送检，检测发现当油流速达到不高于 0.20m/s 时，继电器即动作发出跳闸信号，该型号继电器设备技术条件要求应在油流速达到 3.0m/s ±0.45m/s 时发出跳闸信号，检定值比要求值下限降低很多。分析本次故障是在极Ⅰ由金属回线向大地回线方式转换过程中，出现短时过负荷运行，加之该油流继电器定值降低，导致换流变压器分接开关油流继电器误动，极Ⅰ闭锁。

换流变压器油流继电器为 2012 年 6 月非电量“三取二”改造时更换设备，型号 URF 25/10，德国 EMB 生产。检查继电器内部结构，发现油流继电器挡板整定磁铁失效，导致挡板整定值降低，不能达到 3.0m/s ±0.45m/s 的跳闸流速要求。极Ⅰ 012B-C 相分接开关油流继电器磁铁破损情况如图 3-15-4 所示。

15.4.2　案例 54：挡位同步器回路故障导致挡位不同步

1. 情况说明

（1）故障过程描述。9 月 16 日 15:02，某站极控 PCP 主机发“P1PCPB 对侧换流变

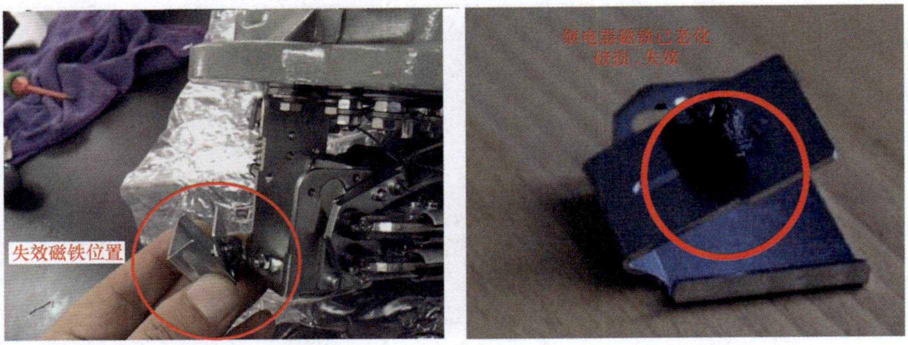

图 3-15-4　极Ⅰ 012B-C 相分接开关油流继电器磁铁破损情况

压器调压开关组不同步报警”。运维人员现场检查发现 A、C 相换流变压器有载分接开关均在 11 挡，B 相有载分接开关在 10 挡，B 相有载分接开关操动机构箱内 H1 同步指示灯不亮，其余两相点亮。

（2）故障设备基本情况。故障换流变压器型号 ZZDFPZ-405130/500-400，联结组别为 Ii0，电压比为 $525/\sqrt{3}$（＋25，－5）×1.25％/210.4kV，分接开关选用 MR 油浸式有载分接开关，型号为 2XRI1201-123/DE-10181WP，切换开关为双柱并联结构，故障时有载分接开关已运行 2 年。

2. 检查处理情况

故障后，在操作箱内测量 A 柱切换开关干簧管内触点状态，发现 S81 干簧接点 2（动合）与 S80 干簧管接点 1（动断）不通，导致控制回路正电源丢失，同步正常指示灯熄灭。

对 A 柱切换开关排油吊芯后，发现将小磁铁贴在＋OLTC_A 同步器 S81 干簧接点 2 侧时，接点 2 和 5（动合）外观观察连片已接触，但用万用表进行测量为不导通状态。将小磁铁贴在 S81 干簧接点 4 侧时，接点 4 和 5（动断）为导通状态。用同样方式对＋OLTC_A 同步器 S80 进行检查，动作结果与设计原理相符。综上判断调挡失败为 S81 干簧管触点存在异常导致。

检查发现 S80、S81 干簧管内簧片均已出现黏连发黑迹象。

检查 S80、S81 同步器外接电缆时发现，电缆在机构箱电缆封堵部位有短路烧焦现象，如图 3-15-5 所示。

3. 原因分析

根据电缆及干簧管簧片受损情况，分析故障原因为：电缆表皮磨损后，回路绝缘能力降低造成短路放电，进而引起大电流流过干簧管，故障电流回路示意如图 3-15-6 所示，导致簧片烧蚀黏连，接点无法正常导通。电缆烧蚀部位位于电缆进入机构箱处，该部位电缆与电缆护套进线孔存在摩擦破损情况。

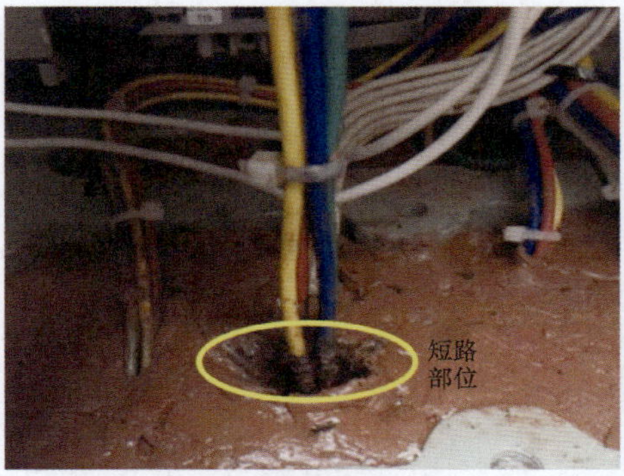

(a) 电缆短路位置

(b) 电缆表皮磨损、烧蚀

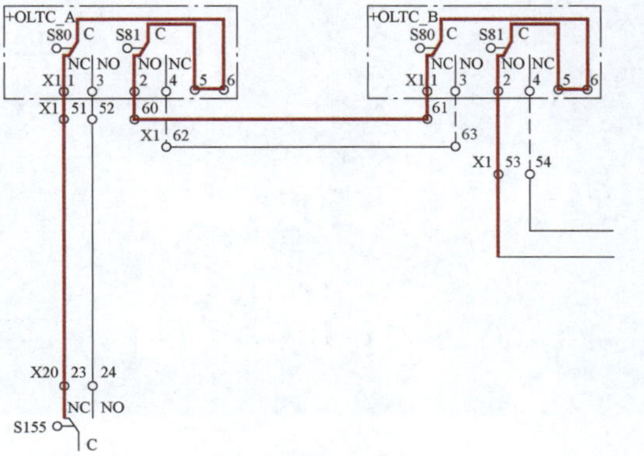

(c) 正常工作回路

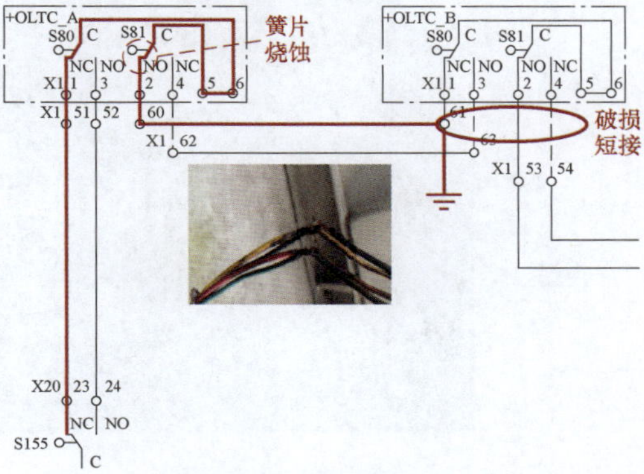

(d) 故障电流回路示意

图 3-15-5　黑河站分接开关同步器干簧管电缆故障及电流回路示意

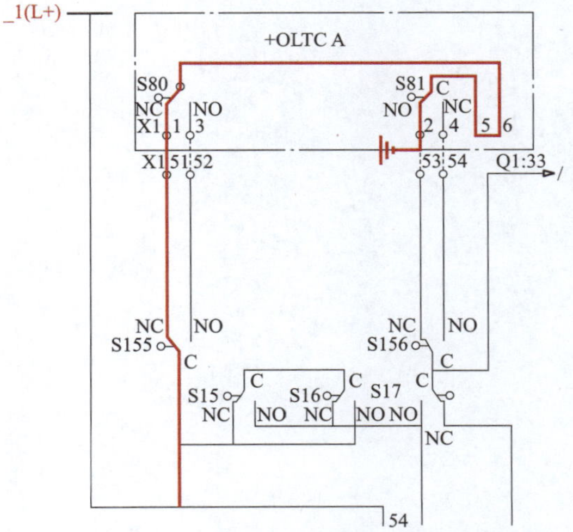

图 3-15-6　分接开关同步器干簧管电缆故障及电流回路示意

第四篇

组部件典型故障及缺陷案例分析

16 压力释放阀

16.1 结构介绍

压力释放阀是换流变压器的一种压力保护装置，当换流变压器内部有严重故障时，绝缘油分解产生大量气体，由于换流变压器是密闭的结构，仅靠储油柜的联管不能有效迅速地降低压力，造成油箱压力急剧升高，达到压力释放阀动作压力设定值后，压力释放阀将及时动作排油并发送告警信号，降低油箱内的压力，待油箱内部压力降低后，压力释放阀将自动闭合，保持油箱的密封。

压力释放阀包括换流变压器本体压力释放阀和有载分接开关压力释放阀，其中换流变压器本体压力释放阀一般在换流变压器箱盖上对角分布。目前在运压力释放阀目前主要有 Qualitrol、Messko 两种品牌，其结构及外形图如图 4-16-1 所示。压力释放阀的主要结构是外弹簧式，分为带或不带喷射装置两种类型。主要由外罩弹簧组、压盖、阀盘、微动开关、信号杆、顶盖、密封件等组成。

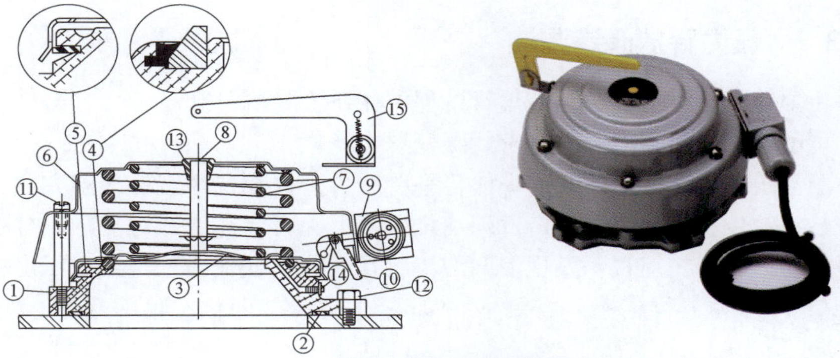

(a) Qualitrol压力释放阀结构及外形图

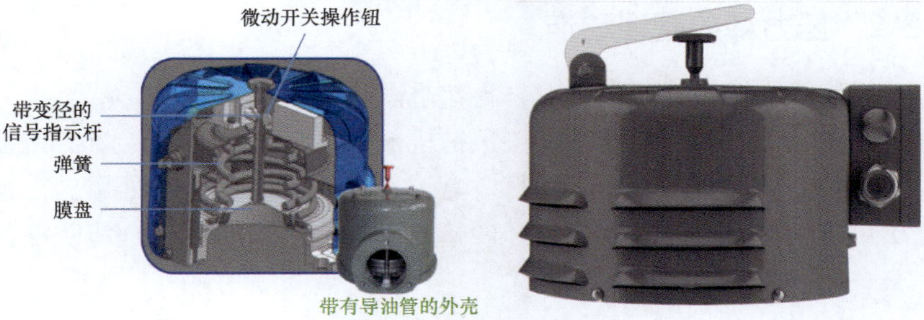

(b) Messko压力释放阀结构及外形图

图 4-16-1　压力释放阀结构及外形图

从 Qualitrol 压力释放阀剖面图中可以看到，压力释放阀是被 1/2 英寸六角螺栓固定在变压器法兰上并且由安装密封圈②密封。释放阀的顶盖⑥由螺栓固定在法兰①上，双弹簧负荷系统⑦通过盖⑥对膜盘③施加压力，膜盘③通过两个密封圈顶部④和侧面⑤密封。当换流变压器绝缘油在膜盘③面积上的压力大于弹簧系统⑦的压力时，膜盘③开始向上移动，变压器油的压力相继作用在密封圈⑤上。由于作用面积增加，膜盘③上的压力快速增加，膜盘③移动到弹簧系统⑦限定的位置，变压器油排除。变压器内部的压力迅速降低到正常值，膜盘③受到弹簧系统⑦的作用，回到原来位置，压力释放阀重新密封。膜盘③向上移动时，具有艳丽颜色的机械指示销⑧受到膜盘③的推动也向上移动，并由销导向套保持在向上位置，不随膜盘③恢复到原位置而下落。指示销⑧向上突出，可以从远处看到，给运行人员提示压力释放阀已经动作。指示销⑧只能手动下压复位，使其返回到与膜盘③相接触位置。压力释放阀可以提供长臂信号杆，以便在更远的距离观察到压力释放阀已经动作。压力释放阀可以提供安装在顶盖上、防水密封的开关⑨，开关为单刀双掷型，由膜盘③触发。开关动作后会自动闭锁，必须用复位杆⑩手动复位。放气塞用于带储油柜的变压器，保证换流变压器绝缘油完全与膜盘③接触。

16.2 故障及缺陷特征

压力释放阀运行中常见的缺陷包括：密封圈变形或老化导致渗漏油、压力释放阀误动作等。

16.2.1 压力释放阀渗漏油

（1）主要特征。压力释放阀在运行过程中存在渗漏油现象。

（2）可能原因。故障原因多为密封圈变形或老化。

（3）监测检测方法。一是采用一体化平台后台监视或现场红外测温方式，做好有载分接开关油室油位变化趋势分析，发现油位缓慢下降时要开展针对性排查分析。二是加强压力释放阀远程监控巡视，发现渗漏油情况及时分析处理。三是结合年度检修，分批次对压力释放阀等进行检查，密封胶圈如存在挤出、老化、龟裂现象，应及时进行更换。

16.2.2 压力释放阀误动作

（1）主要特征。压力释放阀误发告警信号。

（2）可能原因。行程开关存在复位顶销机械卡涩、锈蚀，或者接点回路受潮。

（3）监测检测方法。一是做好运行监盘，发现告警信号及时处置。二是结合年度检修，分批次对压力释放阀接点及回路开展接点黏连、防雨防潮、电缆防破损等隐患排查治理。

16.3 提升措施建议

(1) 针对压力释放阀渗漏油问题。①优化密封圈选型。针对高海拔运行环境，研究抗老化性能更佳的密封圈（如氟硅橡胶），延长设备使用寿命。②做好现场巡视及运维。重点巡视分接开关油位、温度、呼吸器呼吸及硅胶变色情况，结合年度检修开展压力释放阀安装及密封圈状态检查。

(2) 针对压力释放阀误动作问题。①对于在运工程，要结合停电做好以下工作：一是对作用于非电量保护跳闸及重要报警回路的组部件逐一开盖检查、功能测试，重点做好压力释放阀行程开关卡涩、锈蚀排查，做好防雨防潮、电缆防破损等隐患的集中治理；对于投运年限较长的换流站，要结合密封圈、接头材料等老化特性，及时进行更换。二是开展端子箱受潮隐患排查、做好二次电缆绝缘电阻测试及比对工作（可以参照《国网设备部关于开展变电站（换流站）端子箱受潮及交流窜入直流电源系统隐患排查治理工作的通知》相关要求）。②对于新建工程，要全力做好现场电缆选型、安装施工、交接验收质量管控，遏制“问题增量”：一是开展二次电缆设计选型审查，根据电缆安装位置和功能选用合适的绝缘和护层类型；二是监督施工单位执行标准工艺，强化户外附件保护，换流变压器气体继电器、油流速动继电器、SF_6 密度继电器、压力释放阀等非电量保护装置应加装防雨罩，严防二次电缆施放和电缆头制作过程中损伤电缆及芯线绝缘；三是通过在敷设施工全过程采用视频资料存档方式保证工作质量；四是记录二次电缆绝缘实测数据和环境信息，开展绝缘电阻试验数据纵向、横向对比，对有较大差异的电缆应查明原因并及时处置。

16.4 典型故障及缺陷案例

16.4.1 案例 55：压力释放阀密封圈老化导致漏油

1. 情况说明

(1) 故障过程描述。8 月 15 日 13:46，某高海拔地区换流站后台报极 Ⅰ 换流变压器 A 相有载分接开关油位低告警。检查发现极 Ⅰ 换流变压器 A 相分接开关顶部严重漏油，分接开关储油柜油位指示已降至 0。8 月 15 日 18:48，极 Ⅰ 双阀组紧急停运并转检修。

故障前后，直流运行方式无变化，无异常天气。故障时极 Ⅰ 换流变压器挡位为 20 挡，故障前 3h 内有载分接开关无动作情况。

(2) 故障设备基本情况。换流变压器为单相三绕组换流变压器，由特变电工沈阳变压器有限公司生产，型号为 ZZDFPSZ-117660/220-400，每台换流变压器配置一套 ABB 油式分接开关（实际为两台 ABB 油式分接开关并联），分接开关选用 Qualitrol 公司生产的 206 型压力释放阀，故障时有载分接开关已运行 8 年。

2. 检查情况

(1) 现场检查情况。检查发现 2 号分接开关油室法兰存在大量油迹，1 号分接开关压力释放阀及分接开关周围管道均无油迹，1、2 号分接开关压力释放阀、油流继电器均未动作。对 2 号分接开关油室顶盖油迹进行清理，观察数分钟发现压力释放阀处渗油，如图 4-16-2 所示，同时压力释放阀密封圈存在外露变形，如图 4-16-3 所示。

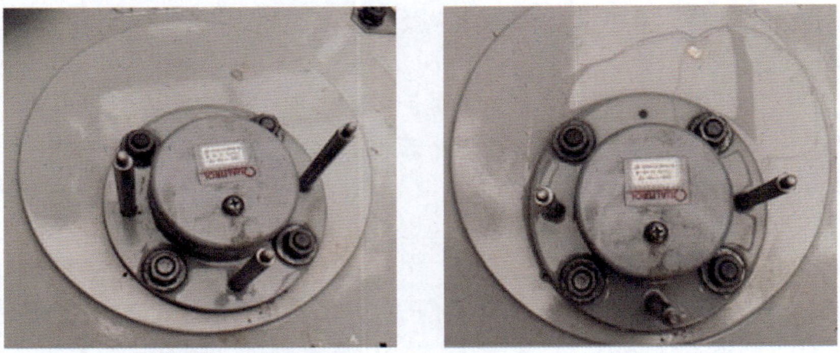

(a) 清理油迹1min后　　(b) 清理油迹5min后

图 4-16-2　压力释放阀存在渗漏油

图 4-16-3　压力释放阀密封圈变形

（2）吊芯检查情况。对分接开关切换芯子现场吊芯检查，如图 4-16-4 所示，芯体外观、过渡电阻、接触电阻、切换波形等都未发现明显异常，可以排除分接开关芯体故障的可能性。

（3）解体检查情况。现场将压力释放阀拆解后，如图 4-16-5 所示，发现内部密封圈严重变形，压力释放弹簧紧固螺栓松动，弹簧之间间隙增大，螺母有一定位移，导致压力释放阀存在间隙进而漏油。

（4）故障修复情况。排查发现极Ⅰ换流变压器 B 相 1 号分接开关、C 相 1 号和 2 号分接开关密封圈均发生变形，现场对存在缺陷的压力释放阀进行更换。

3. 原因分析

同一换流站同年 9 月 8 日 10:50，极Ⅱ换流变压器 A 相出现分接开关顶部严重漏油，

(a) 切换芯子

(b) 试验检查

图 4-16-4　分接开关吊芯检查

(a) 弹簧检查

(b) 密封圈严重变形

图 4-16-5　压力释放阀解体检查

与 8 月 15 日极Ⅰ换流变压器 A 相 2 号分接开关压力释放阀密封圈变形导致漏油情况一致，排查发现极Ⅱ换流变压器 B 相 1 号和 2 号分接开关、C 相 1 号分接开关密封圈均存在变形情况，现场对存在缺陷的压力释放阀进行更换。

拉萨站换流变在发生漏油故障时，站内天气晴，负荷率 33%左右，挡位在 20 挡，故障前 3h 内分接头开关无动作情况，本体油温 36～40℃。故障时及故障前未发生极端天气、事件，可排除因换流变油温高、分接开关动作、压力释放阀动作等原因导致漏油的可能。因此，分接开关的压力释放阀的密封圈发生严重变形是引起本次漏油故障的原因。此密封圈位于释放阀内部，采用丁腈橡胶材料，在工厂内与阀体一起安装，无法单独更换。

密封圈的材料是影响其长期工况下密封性能的主要因素。目前应用于变压器类设备的密封材料主要包括丁腈橡胶、丙烯酸酯橡胶、氟硅橡胶、氟橡胶、氢化丁腈橡胶五种。开展针对特高压变压器常用的密封件材料性能研究工作，对特高压变压器常用的典型密封件材料进行试验检测和性能评估，以确定不同环境条件适用的密封件材料类型。

针对特高压变压器用密封件，研究了密封件材料的物理性能、力学性能、与油的相容性、运行条件下的老化性能、装配结构性能检测技术，搭建了相应的试验平台，开展了特高压变压器用密封件材料的物理与力学性能、与油的高温长期相容性、热空气高温加速老化性能、臭氧老化性能、紫外老化性能、极寒性能以及装配结构的密封性能检测与评估，主要得到以下结论：

（1）根据五种密封件材料 100℃的 28 天浸变压器油试验结果，采取加权积分评估，结果表明不同种类密封件与油的相容性排序为：氟橡胶→氟硅橡胶→丁腈橡胶→氢化丁腈橡胶→丙烯酸酯橡胶。

（2）开展了五种密封件材料 100、125、150℃的热空气加速老化试验，采用加权积分量化进行评估，结果表明密封件加速老化试验性能排序为：氟橡胶→氟硅橡胶→丙烯酸酯橡胶→氢化丁腈橡胶→丁腈橡胶。

（3）开展了五种密封件材料的臭氧老化试验，结果表明丁腈橡胶和氢化丁腈橡胶的耐臭氧能力比较差，只能耐受 50pphm/16h 的臭氧不龟裂；丙烯酸酯橡胶、氟橡胶、氟硅橡胶的耐臭氧能力较好，能够耐受 500pphm/16h 不龟裂。

（4）开展了五种密封件材料的 1000h 紫外老化试验，结果表明 1000h 的 UVB313 的照射下性能未发生明显变化；采取加权积分评估紫外老化性能的结果为：氟硅橡胶→氢化丁腈橡胶→丁腈橡胶→氟橡胶→丙烯酸酯橡胶。

（5）开展了五种密封件材料在极寒条件下的性能试验及评估，分析了从 20℃到－40℃的密封件物理及力学性能、耐变压器油性能、与变压器油的相容性等，并采用积分量化评估得到极寒条件下的性能排序为：氟硅橡胶→氟橡胶→氢化丁腈橡胶→丁腈橡胶→丙烯酸酯橡胶。然而，由于氟橡胶的玻璃化转化温度仅为－15℃左右，因此极寒地区推荐选用氟硅橡胶与氢化丁腈橡胶。

从以上分析可以看出，选用不同材质对密封圈的老化性能具有十分重要的影响。换流站换流变压器分接开关压力释放阀所用的密封圈为丁腈橡胶材料，此材料在热老化、极寒条件下性能、耐臭氧能力性能等方面均相对较差。加上当地气候昼夜温差大（最大温差 28℃）、有载分接开关切换挡位频繁（切换时过渡电阻温度可能达到 130℃，频繁切换会导致开关油室内油温升高）、换流变投运已近 10 年等因素，密封圈在换流变长期运行过程中发生了老化变形。

分接开关挡位切换时，切换油室存在拉弧放电，变压器油分解产气，进而导致切换油室压力升高（压力未达到释放报警值 175kPa），由于压力释放阀传动位置密封圈严重老化、存在间隙，造成有载分接开关压力释放阀漏油，如图 4-16-6 所示。

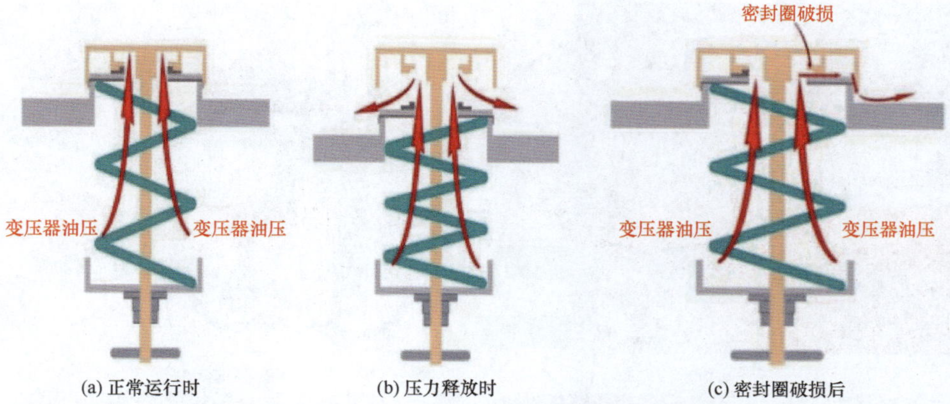

图 4-16-6　分接开关压力释放阀漏油事故分析示意

16.4.2　案例 56：压力释放阀行程开关故障导致误报警

1. 情况说明

(1) 故障过程描述。4 月 15 日 17:03:05，换流站极Ⅰ Y/D-B 相换流变压器在双极直流功率由 900MW 升至 1150MW、分接头挡位由 20 挡升至 21 挡过程中有载分接开关压力释放 8.3 报警，初步判断报警原因为压力释放阀本体行程开关故障，为彻底弄清该分接开关是否存在异常，4 月 16 日 18:17 申请将极Ⅰ直流系统停电检查。

(2) 故障设备基本情况。故障压力释放阀型号为：LPRD00-00007580 20PSI 1.38bar，厂家为：美国 Qualitrol，2006 年 11 月投运，故障时有载分接开关已运行 13 年。

2. 检查情况

(1) 外观检查情况。现场检查发现，压力释放指示杆未弹出，阀体周围无油迹，由此可以判断压力释放阀本体并未动作；推动压力释放阀行程开关复位挡杆，发现动作挡杆无法复位，行程开关驱动臂存在卡涩。

(2) 试验检查情况。检查压力释放阀至换流变压器本体汇控柜回路，对地绝缘正常，测量端子之间电阻为 0.3Ω，显示节点导通，与报警符合。

现场取故障相换流变压器、相邻相换流变压器本体及有载分接开关绝缘油进行油色谱、油耐压和微水试验，数据未见异常。

3. 原因分析

压力释放阀结构及现场检查情况如图 4-16-7 所示，基于现场检查情况，可以判断故障原因为：压力释放阀行程开关存在复位顶销机械卡涩、行程受阻，不能稳定顶住动作挡杆，在换流变压器分接开关切换过程中振动导致动作挡杆松脱，从而引发报警。

16.4.3　案例 57：压力释放阀接线盒受潮导致阀组闭锁

1. 情况说明

(1) 故障前的运行情况。直流处于双极四阀组降压方式下运行，输送功

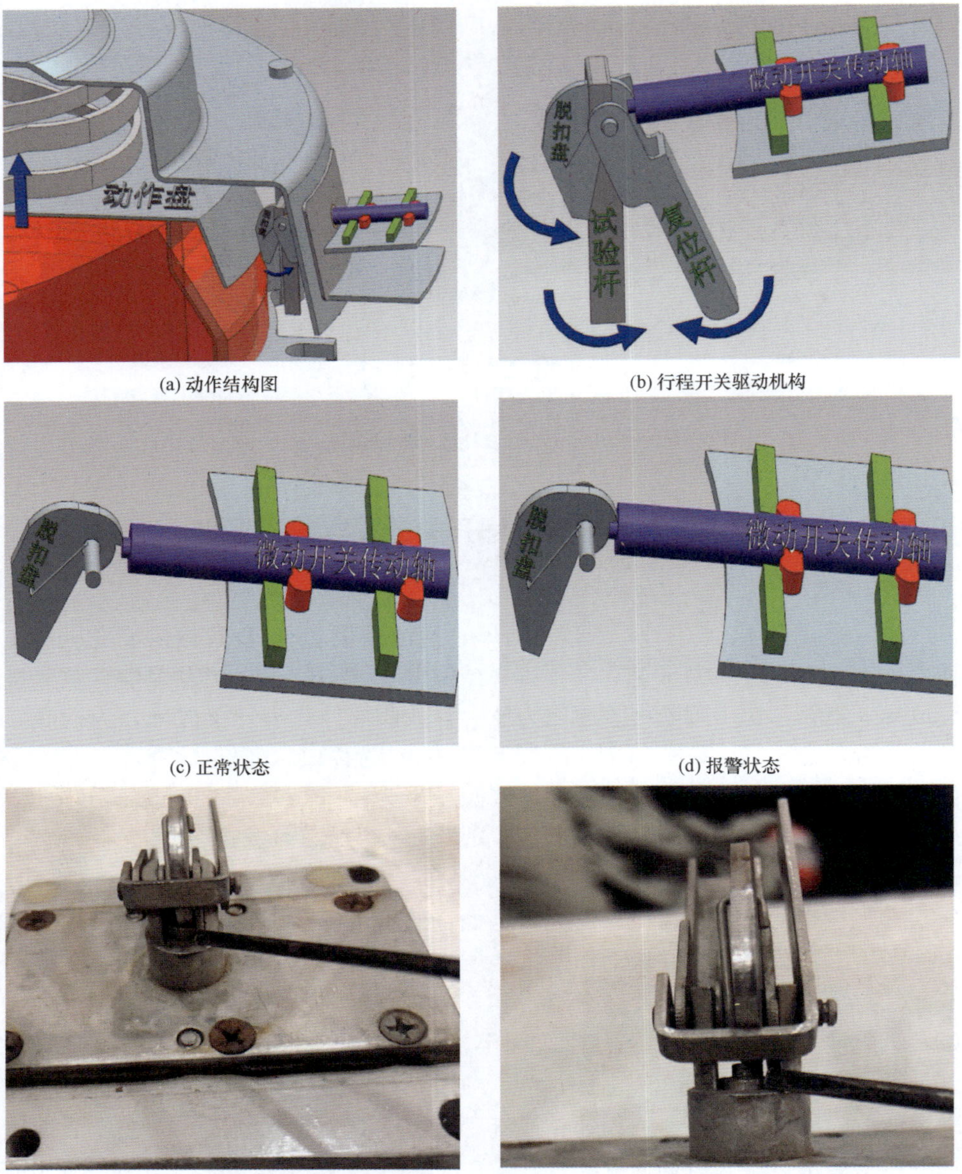

(a) 动作结构图　(b) 行程开关驱动机构
(c) 正常状态　(d) 报警状态
(e) 现场检查　(f) 动作挡杆无法复位

图 4-16-7　压力释放阀结构及现场检查情况

率 1106MW。

（2）故障过程描述。3 月 10 日 00:23:47，极Ⅰ低端阀组 A 套控制主机报“Y/Y-A 相换流变压器分接开关压力释放报警 跳闸”（由于前期有载分接开关故障，临时将压力释放阀由报警改跳闸），极Ⅰ低端阀组闭锁。闭锁后功率由运行阀组转带正常，未造成功率损失。主要事件记录见表 4-16-1。

表 4-16-1　　主要事件记录表

时间	主机	事　件
00:23:47:432	CCP121A	换流变压器分接开关压力释放报警跳闸
00:23:47:434	CCP121	保护 Z-闭锁已执行
00:23:47:434	CCP121	极Ⅰ换流阀 U2 旁路
00:23:47:513	CCP121	极Ⅰ换流阀 U2 闭锁
00:23:48:457	ACC5B	极Ⅰ低端阀组跳闸
00:23:48:542	ASCB	安稳 A/B 系统动作
00:23:48:544	ASCA	安稳 A/B 系统动作
00:23:48:547	BCP1A	极Ⅰ低端阀组非正常停运 ON
00:23:48:555	BCP1B	极Ⅰ低端阀组非正常停运 ON
00:24:08:427	CCP121A	换流变压器 Y 相 L1 有载分接开关压力释放阀报警

(3) 故障设备基本情况。故障换流变压器为特变电工沈变产品，型号 ZZDFPZ-321100/500-400，有载分接开关为 MR 产品，型号为 VRG Ⅱ 1302-72.5/E-16313W，压力释放阀为 Messko 公司生产的 LMPRD20PSI 型号，故障时有载分接开关已运行 11 年。

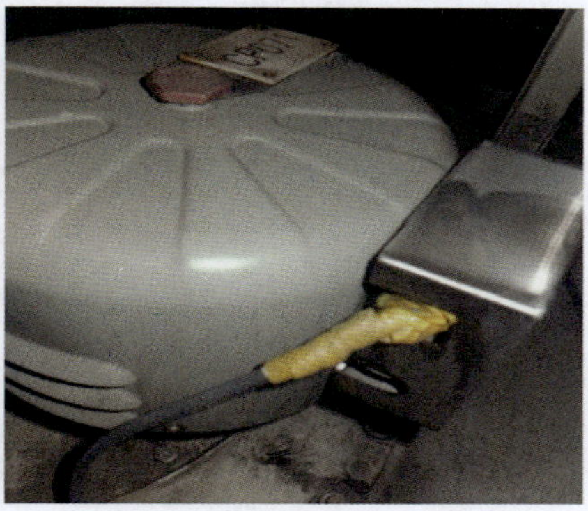

图 4-16-8　压力释放阀本体检查

2. 检查处理情况

(1) 外观检查情况。如图 4-16-8 所示，压力释放阀未动作，现场无油迹，防雨罩完好，外观无异常，分接开关储油柜油位正常。

(2) 试验验证情况。对极Ⅰ低 Y/Y-A 相换流变压器本体及分接开关开展油色谱分析，见表 4-16-2，结果无异常。

表 4-16-2　　油色谱记录

设备名称	油中溶解气体组分及含量 (μL/L)							
	氢气 (H_2)	一氧化碳 (CO)	二氧化碳 (CO_2)	甲烷 (CH_4)	乙烯 (C_2H_4)	乙烷 (C_2H_6)	乙炔 (C_2H_2)	总烃 (∑CH)
换流变压器本体	0	362.71	4579.95	10.73	0.71	3.34	0	14.78
换流变压器分接开关	0	324.13	3075.15	15.68	2.65	1.28	0	19.61
结论	合格							

(3) 二次回路检查情况。在极Ⅰ低端换流变压器接口柜内，将 Y/Y-A 相换流变压器分接开关压力释放阀外部电缆接线解开，对电缆进行绝缘测试，如图 4-16-9 所示，发现电缆芯间绝缘电阻仅为 59kΩ，不满足“绝缘电阻不低于 10MΩ”的标准要求，绝缘性能严重下降。

打开压力释放阀二次接线盒，发现内部有明显潮气。进一步检查发现接线工艺不合

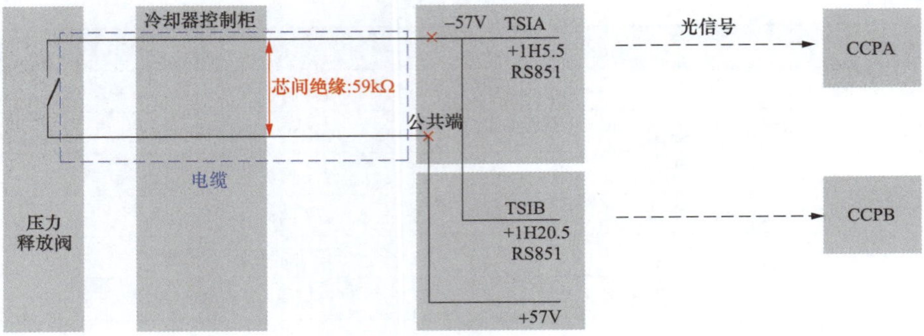

图 4-16-9　信号电缆回路

格，如图 4-16-10 所示，二次电缆未直接穿入格兰头，而是将二次线芯使用绝缘胶带缠绕包裹后穿入二次接线盒格兰头，长期运行后绝缘胶带松脱导致接线盒电缆穿孔处存在缝隙，引发接线盒内部受潮、电缆芯间绝缘下降，继而导致压力释放保护误动作。

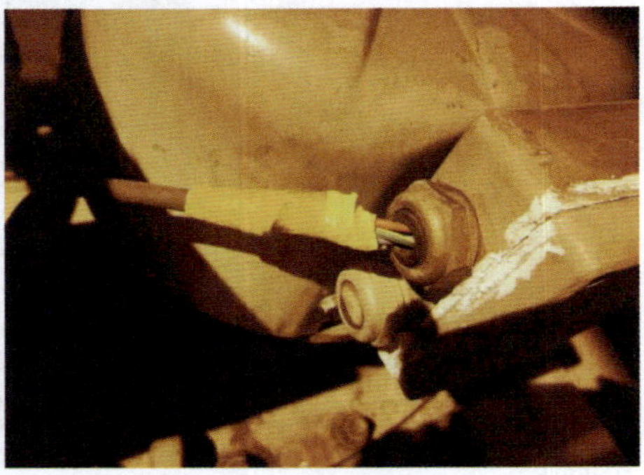

图 4-16-10　接线盒穿孔处密封失效

现场使用热烘枪对极Ⅰ低端 Y/Y-A 相换流变压器压力释放阀接线盒内部烘干后，电缆芯间绝缘恢复正常（1000MΩ）。按照完善工艺要求，二次电缆通过格兰头接入，更换接线盒内干燥剂并打胶密封。检查极Ⅰ低端另外 5 台换流变压器，未发现同类异常。

3. 原因分析

基于现场检查处理情况，故障原因为极Ⅰ低端 Y/Y-A 相换流变压器分接开关压力释放阀电缆接线工艺不合格，二次线芯仅使用绝缘胶带缠绕包裹、未直接使用格兰头密封，长期运行或检修维护处置不当时易导致绝缘胶带松脱、接线盒电缆穿孔处存在缝隙，引发接线盒内部受潮、电缆芯间绝缘下降，导致压力释放保护误动。

17 气体继电器

17.1 结构介绍

气体保护是换流变压器内部故障的主保护，如果换流变压器本体的气体保护因故不能投入运行时，不允许将换流变压器投入运行。气体保护的主要元件是气体继电器，安装在换流变压器油箱与储油柜之间的连接管道上，为了使油箱内气体顺利进入储油柜，要求从油箱通往储油柜的连管应有1%～1.5%的坡度，包括各套管升高座等可能产生窝气的最高点，都必须用管路与该连管连通，同样应满足上述坡度的要求。部分换流变压器的升高座也加装有独立的气体继电器。

当换流变压器发生内部故障时，高热量或高能放电使绝缘油、绝缘材料发生热分解产生大量气体，导致换流变压器油箱内部压力增大。在压力的驱动下，油流和气流迅速通过油箱与储油柜之间的联管冲向储油柜，如果气体继电器内部气体含量达到动作阈值或者流速达到动作定值时，瓦斯保护动作（目前国家电网有限公司所辖特高压换流变压器轻重瓦斯动作均投跳闸），快速断开各侧断路器，切除电源、隔离故障，防止事故扩大。

目前在运换流变压器主要采用德国 EMB 双浮球式气体继电器，套管升高座、储油柜与本体连接的主联管分别选用管道公称内径为 25、80mm 的气体继电器。如图 4-17-1 所示，换流变压器油中产气或漏气时，气体继电器收集游离气体，上浮球会随着液面下降而下降，当液面下降至一定位置，上浮球下移将导致磁性干簧管动作，触发轻瓦斯报警或动作，阈值为 200～300mL。换流变压器突发故障时，换流变压器绝缘油压升高并使本体油流向储油柜方向，油流流速超过气体继电器挡板的动作定值时，挡板顺着油流方向运动，触发跳闸指令（气体继电器跳闸值为 1.0m/s±0.15m/s）。

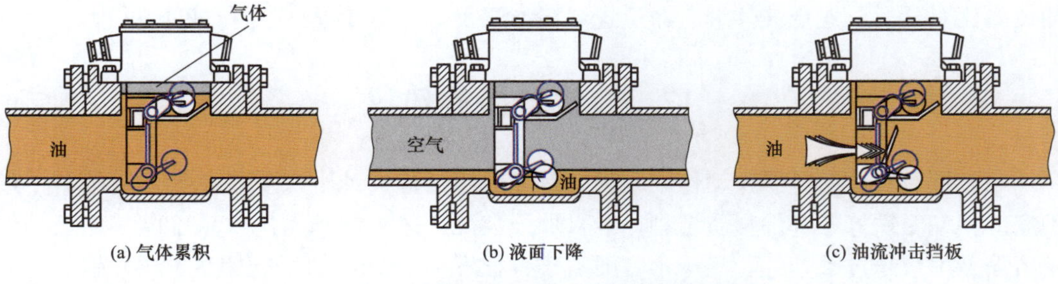

(a) 气体累积　(b) 液面下降　(c) 油流冲击挡板

图 4-17-1　气体继电器结构及工作原理示意

17.2 故障及缺陷特征

气体继电器运行中常见的缺陷包括：气体继电器误动作、气体继电器渗漏油。

17.2.1 气体继电器误动作

（1）可能原因。①气体继电器浮球由于制造质量问题存在裂缝等缺陷，浮球进油后下沉，导致气体继电器误动作。②当气体继电器存在挡板整定磁铁失效、挡板整定值降低或气体继电器“浮球永磁面动作行程”偏小等缺陷时，将导致气体继电器抗干扰能力降低，在油流扰动、换流变压器本体振动影响下易发生气体继电器误动作。③气体继电器二次接线盒盖板变形、雨水沿电缆保护套倒灌、二次电缆破损等原因导致二次接线盒盖受潮进水或破损时，二次回路绝缘能力降低导致误发跳闸信号。④部分换流变压器气体继电器与油箱本体采用管道硬连接，与储油柜之间采用波纹管软连接，形成“悬臂梁”结构，在换流变压器运行振动下容易造成误动。

（2）主要特征。故障表现主要为轻瓦斯、重瓦斯误动作。

（3）监测检测方法。一是做好直流运行监盘，利用换流变压器全自动巡视系统做好气体继电器监视，当出现气体继电器动作信号、气体继电器内部含有气体或浮球下沉时，应及时结合换流变压器在线油色谱数据开展排查分析。二是结合年度检修开展定期开展端子箱、机构箱、接线盒巡检，检查箱门密封良好，密封条变形、脱落应及时处理，防止雨水、沙尘进入箱体导致继电器或接触器故障。

17.2.2 气体继电器渗漏油

（1）可能原因。气体继电器接线盒内部接线柱和固定底板结合处存在工艺缺陷，导致绝缘油从密封不良部位渗漏到接线盒内，进而渗漏到气体继电器外面。该类问题发生频次较低。

（2）主要特征。故障表现主要为气体继电器缓慢渗油或漏油。

（3）监测检测方法。由于气体继电器安装位置都高于箱盖，气体继电器渗漏油不易发现，可以利用换流变压器全自动巡视系统做好气体继电器监视，同时做好换流变压器油位的比对分析，发现气体继电器位置渗漏油要及时分析处置，必要时停电处理。

17.3 提升措施建议

（1）针对气体继电器误动作问题。一是加强组部件设计生产质量。气体继电器生产厂家应提高磁铁等零部件材质选型标准，加强装配工艺控制和出厂质量检验，保证动作定值偏差不应超过±15%、浮球永磁面动作行程不小于2mm，防止因继电器磁铁老化失效、浮球破裂进油导致保护误动，防止玻璃观察窗破裂、内部接线柱和固定底板密封不严导致漏油。二是加强现场产品校验，气体继电器在现场安装之前，应取得有资质的校验单位出具的校验报告。三是针对二次回路绝缘问题，气体继电器等非电量保护装置应加装防雨罩并采取措施，防止带电运行过程中防雨罩损伤电缆；非电量保护装置接线盒的引出电缆应以垂直U形方式接入继电器接线盒，避免高挂低用；电缆护套应具有防进水、防积水保护措施，防止雨水顺电缆倒灌；二次电缆如使用软铜线，应使用接线鼻子进行压接；电缆穿过穿管时应加强防护，在穿线管口应加装保护胶套，防止电缆划伤导致回路短路。四是年检期间做好检查校验。停电检修时，对户外非电量保护继电器、接线盒按照每年1/3的比例进行轮流开盖检查；以5年为周期，对气体继电器和油流继电器轮流送检校验。无法开盖检查及送检校验的，应向上级管理单位审核备案。

（2）针对气体继电器渗漏油问题。针对在运换流站，在做好日常监视、巡视基础上，应加强气体继电器检查，如有渗漏油情况及时分析处理；结合气体继电器送检校验，检查接线柱是否有松动、渗漏油，排污孔是否堵塞。针对新建换流站，应加强设备选型，避免选用接线柱和固定底板结合处存在工艺缺陷的设备；验收时，开展继电器结构与外观检查，打开壳体后继电器内部零件应完好，各螺丝应有弹簧垫并紧固，固定支架牢固可靠，各焊缝处应焊接良好无漏焊。

17.4　典型故障及缺陷案例

17.4.1　案例58：气体继电器浮球破裂导致阀组闭锁

1. 情况说明

（1）故障过程描述。3月13日23:19，按照调令，开始进行极Ⅰ降功率操作，功率由1500MW降至800MW，23:22，极Ⅰ功率降至约1300MW时，极Ⅰ换流变压器星接C相本体重瓦斯动作，极Ⅰ发生Y闭锁。故障前极Ⅰ单极全压大地回线方式运行，控制保护系统运行正常。

（2）故障设备基本情况。换流变压器由常州西电变压器有限责任公司生产，气体继电器选用EMB BF80/10气体继电器，故障时换流变压器已运行11年。

2. 检查情况

（1）外观检查情况。换流变压器本体外观检查无异常，未发现漏油等情况，相关二次设备检查无异常。本体气体继电器内部充满油、未排出气体。上浮球位于上观察窗上部，处于正常漂浮状态，下浮球处于下观察窗中下部，处于异常落下位置，如图4-17-2所示。

（2）试验检查情况。对换流变压器油色谱在线监测数据、故障后离线油色谱数据进行分析，结果均正常。对换流变压器开展绕组连同套管的直流电阻测量、绕组连同套管的介质损耗因数和电容量测量等常规试验，与出厂、交接试验结果比对均合格。可以排除换流变压器本体故障的可能性。

（3）解体检查情况。对气体继电器拆除检查，如图4-17-3所示，相对于上浮球，下浮球更重、外观颜色略深，浮球静置摆放发现有油迹渗出，判定换流变压器绝缘油渗入下浮球内部。

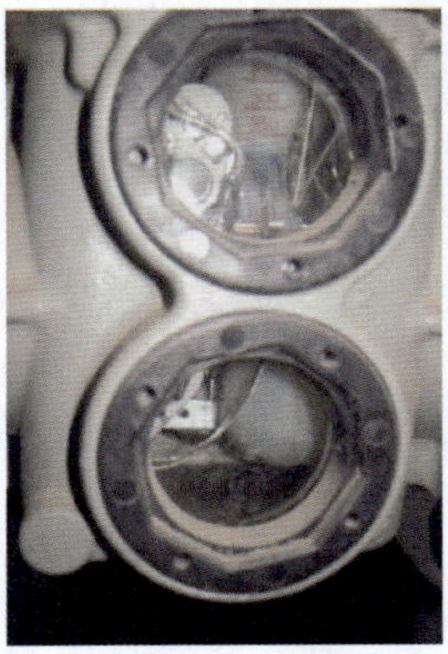

图 4-17-2　故障变压器本体气体继电器下浮球处于下落位置

图 4-17-3　故障气体继电器上、下浮球颜色对比

如图 4-17-4 所示，将上、下浮球分别放于绝缘油中，上浮球正常漂浮在油中，下浮球下沉。进一步检查发现，下浮球存在渗油点，渗漏点位于浮球中缝连接处。

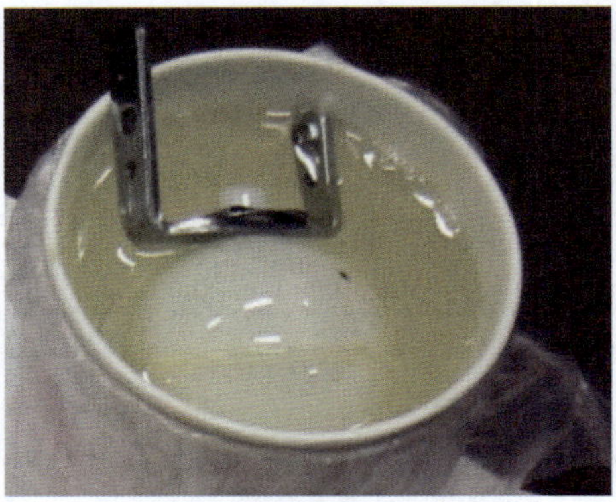

(a) 正常上浮球

(b) 故障下浮球

图 4-17-4　故障气体继电器上、下浮球浮沉对比

3. 原因分析

基于现场检查分析结果，本次故障原因为：气体继电器下浮球两个半球熔接处存在裂缝，在换流变压器长期运行过程中绝缘油逐渐渗入下浮球，导致浮球重量逐渐增加，最终造成浮球重量超过浮力下沉，引发重瓦斯动作。

17.4.2　案例 59：气体继电器接点行程短导致阀组闭锁

1. 情况说明

（1）故障过程描述。10 月 25 日 11:49，换流变压器满负荷运行时，后台报极Ⅱ Y/D-B 相换流变压器阀侧 a 套管升高座重瓦斯跳闸（轻瓦斯未动作），极Ⅱ换流变压器非电量保护动作，极Ⅱ闭锁。故障前，双极大地回线方式全压运行。天气晴，大风，环境温度 12℃。现场无检修工作。事件报文如图 4-17-5 所示。

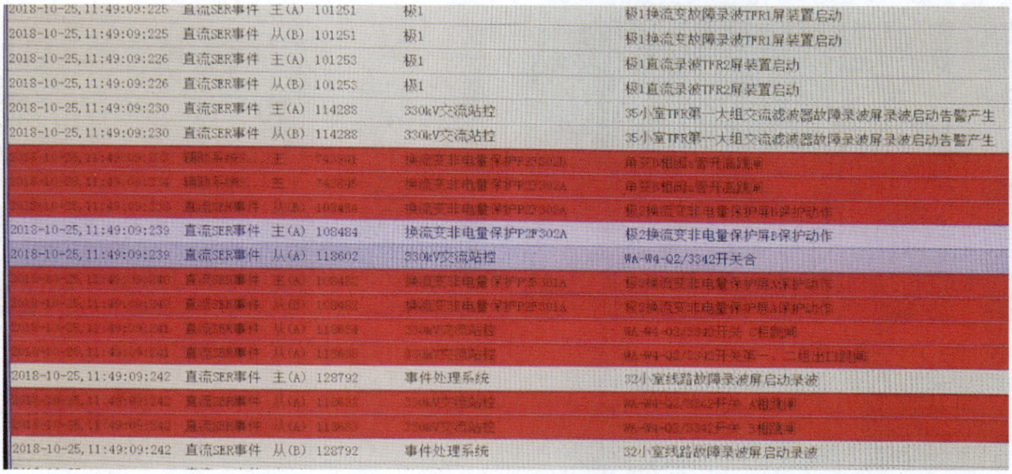

2018-10-25, 11:49:09:225	直流SER事件	主(A)	101251	极1	极1换流变故障录波TFR1屏装置启动
2018-10-25, 11:49:09:225	直流SER事件	从(B)	101251	极1	极1换流变故障录波TFR1屏装置启动
2018-10-25, 11:49:09:226	直流SER事件	主(A)	101253	极1	极1直流录波TFR2屏装置启动
2018-10-25, 11:49:09:226	直流SER事件	从(B)	101253	极1	极1直流录波TFR2屏装置启动
2018-10-25, 11:49:09:230	直流SER事件	主(A)	114288	330kV交流站控	35小室TFR第一大组交流滤波器故障录波屏录波启动告警产生
2018-10-25, 11:49:09:230	直流SER事件	从(B)	114288	330kV交流站控	35小室TFR第一大组交流滤波器故障录波屏录波启动告警产生
[illegible]	[illegible]	主	[illegible]	[illegible]	[illegible]
[illegible]	[illegible]	主	[illegible]	[illegible]	[illegible]
[illegible]	直流SER事件	[illegible]	[illegible]	换流变非电量保护P2F302A	[illegible]
2018-10-25, 11:49:09:239	直流SER事件	主(A)	108484	换流变非电量保护P2F302A	极2换流变非电量保护屏B保护动作
2018-10-25, 11:49:09:239	直流SER事件	从(A)	118602	330kV交流站控	WA-W4-Q2/3342开关合
[illegible]	[illegible]	主(A)	[illegible]	[illegible]	[illegible]
[illegible]	直流SER事件	[illegible]	[illegible]	[illegible]	[illegible]
[illegible]	[illegible]	从(A)	[illegible]	330kV交流站控	[illegible]
[illegible]	[illegible]	从(A)	[illegible]	[illegible]	[illegible]
2018-10-25, 11:49:09:242	直流SER事件	主(A)	128792	事件处理系统	32小室线路故障录波屏启动录波
[illegible]	[illegible]	从(A)	[illegible]	[illegible]	[illegible]
[illegible]	[illegible]	从(A)	[illegible]	[illegible]	[illegible]
2018-10-25, 11:49:09:242	直流SER事件	从(B)	128792	事件处理系统	32小室线路故障录波屏启动录波

图 4-17-5　事件报文

（2）故障设备基本情况。换流变压器由西安西电变压器有限责任公司生产，型号 ZZDFPZ-403000/330-330，2011 年 2 月 28 日投运。气体继电器为 EMB 公司生产的双浮球气体继电器，型号 BF25/10，距离上一次校验接近 2 年。

2. 检查情况

（1）外观检查情况。换流变压器本体及套管升高座外观正常，未发现漏油等异常情况，阀侧 a 套管升高座气体继电器充满油，上、下浮球均处于正常漂浮位置，如图 4-17-6 所示。极Ⅱ换流变压器一次设备外观检查正常。对阀 a 套管升高座气体继电器开展传动试验和二次回路绝缘检查，轻重瓦斯正确动作，二次回路绝缘未见异常。

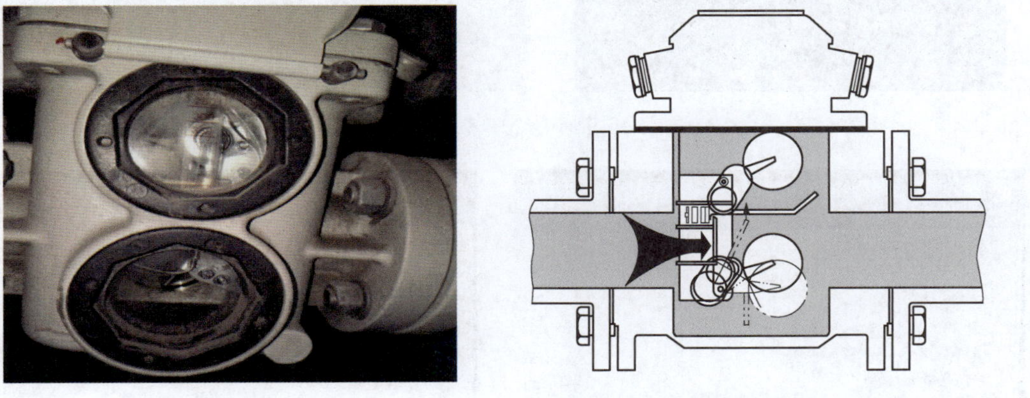

(a) 上、下浮球均处于正常漂浮位置　　(b) 气体继电器原理图

图 4-17-6　气体继电器现场检查情况

（2）故障录波分析。

1）检查极Ⅱ换流变压器网侧、阀侧的电压、电流故障录波，如图 4-17-7 所示，均无异常。

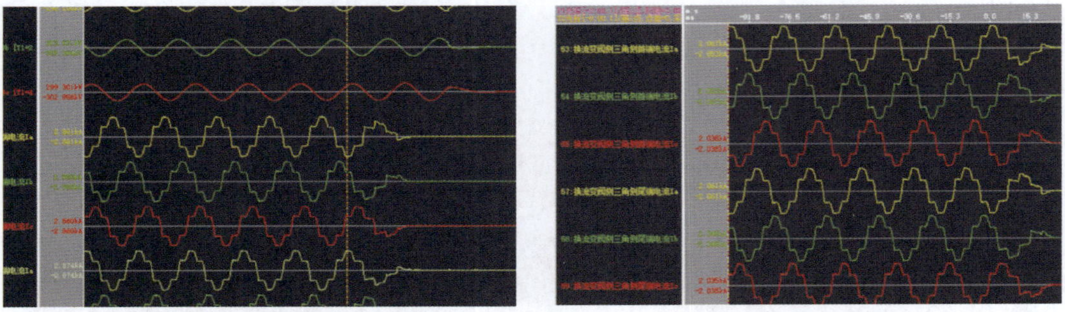

(a) 网侧首端、尾端电流录波　　(b) 阀侧首端、尾端电流录波

图 4-17-7　YD 侧换流变压器网侧、阀侧电流录波

2）检查极Ⅱ换流变压器非电量保护装置，如图 4-17-8 和图 4-17-9 所示，Y/D-B 相阀 a 套管升高座气体继电器三副跳闸开入接点均变位，双套非电量保护“三取二”动作，非电量保护动作持续时间 146ms。

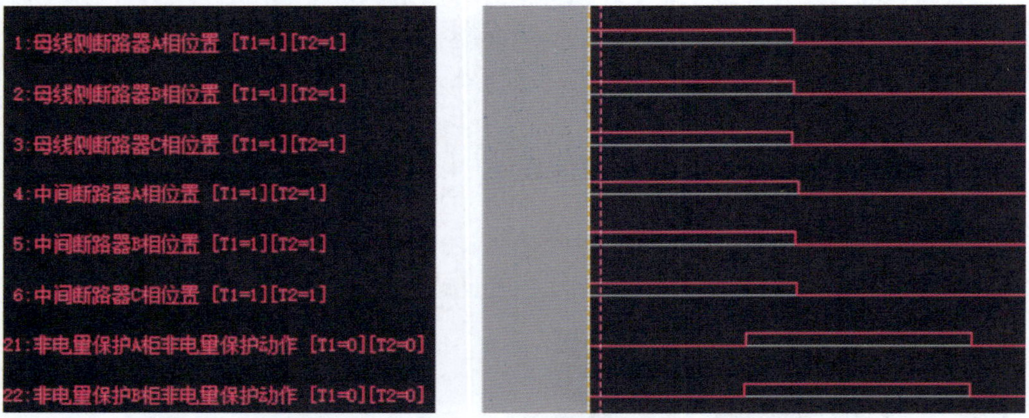

图 4-17-8　极Ⅱ换流变压器非电量保护动作录波

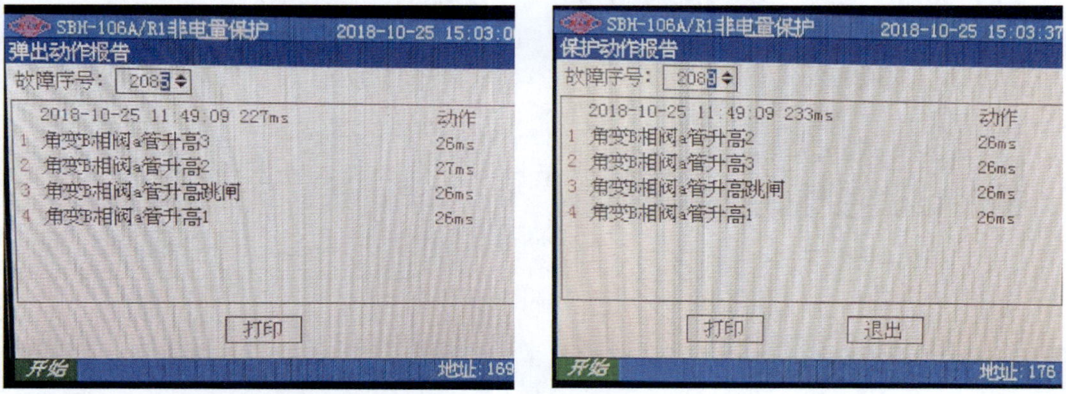

(a) 第一套非电量保护动作报告　　(b) 第二套非电量保护动作报告

图 4-17-9　双套非电量保护动作报告

（3）试验检查分析。对换流变压器本体及阀侧 a 套管升高座开展离线油色谱分析，见表 4-17-1，结果正常，判断换流变压器本体及升高座内部无放电故障。

表 4-17-1　　换流变压器离线油色谱数据　　(μL/L)

组分	取油部位			组分含量注意值
	网侧高压套管升高座	阀侧首端套管升高座	阀侧尾端套管升高座	
氢气(H_2)	34.77	35.16	33.12	≤150
一氧化碳（CO）	390.29	371.48	378.80	
二氧化碳（CO_2）	3731.75	3587.29	3892.28	
甲烷（CH_4）	17.73	17.34	18.38	
乙烯（C_2H_4）	1.27	0.99	1.09	
乙烷（C_2H_6）	3.46	3.28	3.59	
乙炔（C_2H_2）	0.09	0.09	0.11	≤1
总烃（∑CH）	22.55	21.70	23.17	≤150

组分	取油部位		组分含量注意值
	本体上部	本体下部	
氢气（H_2）	37.39	40.42	≤150
一氧化碳（CO）	395.88	416.65	
二氧化碳（CO_2）	4083.04	3873.25	
甲烷（CH_4）	18.78	19.1	
乙烯（C_2H_4）	1.25	1.07	
乙烷（C_2H_6）	3.79	3.53	
乙炔（C_2H_2）	0.09	0.09	≤1
总烃（∑CH）	23.91	23.79	≤150

（4）解体检查情况。对异常气体继电器开展进一步检查，检查结果如下：

1）气体继电器外观检查。继电器密封良好，螺杆无松动、放气阀和探针等完好。放气阀、探针操作灵活，干簧管固定牢固并有缓冲套，玻璃管完好无渗油，根部引出线连接可靠，挡板转动灵活。

2）气体继电器密封性检查。继电器充满变压器油后，在常温下加压至 0.2MPa、稳压 20min 后，检查放气阀、探针、干簧管、出线端子、壳体及各密封处无渗漏。

3）气体继电器流速值测试。油流速从 0m/s 开始，在流速整定值（1.0m/s）的 30%～40%流速冲击下，稳定 3～5min 后观察稳定性，然后开始缓慢、均匀增加流速，直至有跳闸动作输出，测得稳态流速值为整定值，过程中流速变化量不大于 0.02m/s。气体继电器校验结果见表 4-17-2，重复试验 3 次，各次动作值误差均不大于整定值的 10%，3 次测量动作值之间的最大误差不超过整定值的 10%。

表 4-17-2　　气体继电器校验结果

日期及标准	重瓦斯（流速，m/s)	轻瓦斯（气体容积，mL)	备注
上一次校验	0.934	240	依据 DL/T 540—2013《气体继电器检验规程》
故障后	1.007	272	
校验标准	1.0 (1±10%)	200～250	
制造厂要求值	1.0 (1±15%)	200～300	—

对异常气体继电器及站内 6 只备品利用“标记法”开展“浮球动作行程”测试，测试结果见表 4-17-3，发现异常气体继电器“浮球动作行程”最小，抗干扰能力弱。

表 4-17-3　　气体继电器浮球动作行程统计　　(mm)

编号	异常气体继电器	第 1 只	第 2 只	第 3 只	第 4 只	第 5 只	第 6 只
行程	0.87	2.14	2.32	2.02	2.14	1.96	2.20

“浮球动作行程”是气体继电器浮球从高位运动至干簧触点导通时的距离，该距离间接反映继电器的动作灵敏度。如图 4-17-10 所示，标记浮球高位为点 1，干簧触点导通位置标记为点 2，测量两点间直线距离。

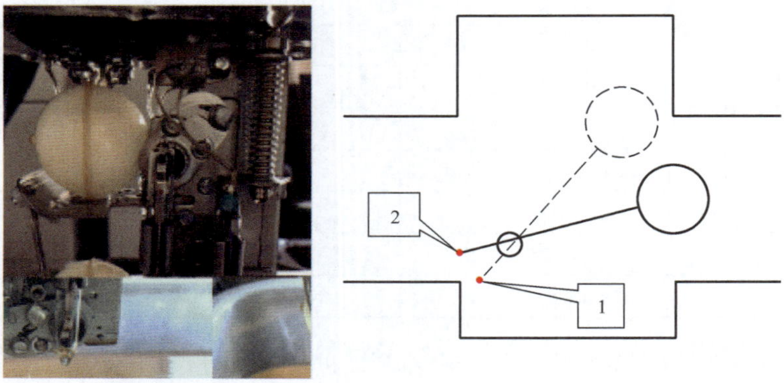

(a) 继电器侧面结构图　　(b) “浮球动作行程”示意图

图 4-17-10　继电器侧面结构及“浮球动作行程”示意

3. 原因分析

从离线油色谱结果可以初步判断换流变压器本体及升高座内部无放电故障。从故障录波及二次回路绝缘测量结果可以判断二次回路无异常。轻瓦斯未动作、重瓦斯动作 146ms 后返回，可以排除气体积累和绝缘油流失引发气体继电器动作的可能性。气体继电器浮球动作行程统计结果表明，异常气体继电器可能存在质量缺陷，下浮球动作行程过短，换流变压器运行过程中由于振动等因素造成气体继电器动作跳闸。

18 储　油　柜

18.1　结　构　介　绍

储油柜是为适应油箱内换流变压器油体积变化而设置的一个与换流变压器油箱相通的容器。受热胀冷缩影响，换流变压器绝缘油的体积随油温而不断变化，为了防止换流变压器油温过高时溢油和油温过低时器身露出油面，所以中大型油浸式变压器一般都要设储油柜。

储油柜的容积一般不小于8%换流变压器的总油量，应保证在最高环境温度及允许过负荷情况下绝缘油不溢出，在最低环境温度且换流变压器未投入运行时能监视到油位。因此，在储油柜的一端装有油位计，便于监视换流变压器油位的变化。储油柜的结构应便于对内部进行清理，具有注油、放油、放气和排污装置。目前在运换流变压器普遍采用胶囊式储油柜，其结构如图 4-18-1 所示。

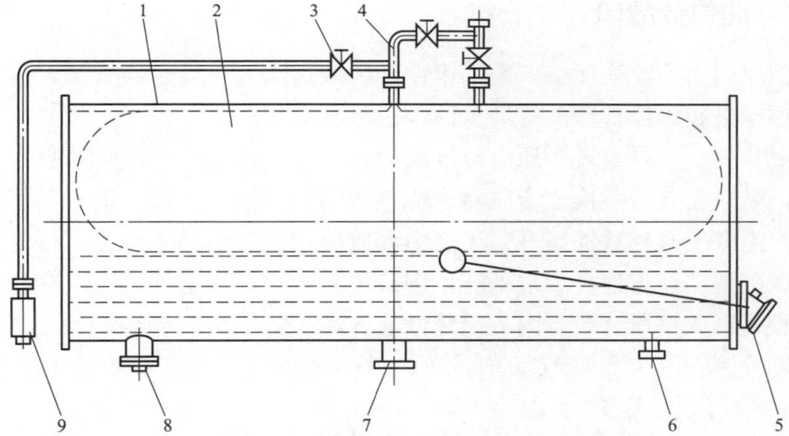

图 4-18-1　胶囊式储油柜结构示意图

1—柜体；2—胶囊；3—阀门；4—连管（连接抽真空装置）；5—油位计；
6—注/放油管；7—气体继电器连管；8—集污盒；9—吸湿器

18.2　故障及缺陷特征

在实际运行过程中，储油柜及组部件存在的问题主要为胶囊破损、油位计故障。

18.2.1 储油柜胶囊破损

（1）可能原因。储油柜的关键部件是胶囊，胶囊本身的质量缺陷是造成胶囊破损的主要原因，质量缺陷主要包括：胶囊存在砂眼、胶囊出厂时存在隐性损伤、胶囊运行中老化开裂等。

（2）主要特征。一是储油柜漏油，严重时导致气体继电器动作。胶囊破损后换流变压器绝缘油进入胶囊，随着油温升高，储油柜内部绝缘油顺着油流通道从呼吸器流出，漏油严重时会在虹吸效应作用下，最终造成实际油位低于本体气体继电器，导致气体继电器动作。对于装有胶囊泄漏报警装置的换流变压器，也会引发胶囊泄漏仪预警。二是对于胶囊破损程度较低的故障，在长期运行呼吸过程中，外部空气会逐渐溶入绝缘油中，造成油中含气量升高。三是极端情况下破损的胶囊会堵塞储油柜与换流变压器本体的油流交换通道，温度下降时会引发气体继电器动作，温度上升时会引发换流变压器本体压力释放阀动作喷油，该类问题发生频次低。

（3）监测检测方法。一是采用一体化平台后台监视或现场红外测温方式，做好换流变压器本体油位变化趋势分析，发现油位下降、储油柜漏油或者气体继电器、压力释放阀等非电量保护动作时开展针对性排查分析。二是定期开展绝缘油含气量检测，若含气量缓慢增长时且换流变压器联管法兰位置未有明显异常时，应重点关注胶囊破损故障。

18.2.2 油位计故障

（1）可能原因。换流变压器普遍采用浮杆机械指示油位计，通常因浮杆长度不符合设计要求、浮球破裂、浮杆弯曲等导致油位指示数据异常。

（2）主要特征。一是表现为压力释放阀动作。储油柜油位计浮球连杆过长，导致参考油位不准，造成安装阶段换流变压器注油量过大，储油柜上部呼吸空间裕度小，胶囊阻塞呼吸孔，温度上升导致油压升高、压力释放阀动作。二是表现为呼吸器漏油。储油柜油位计浮球破裂，浮球连杆尖端裸露，刺破胶囊导致胶囊进油，换流变压器本体油位升高时，对胶囊形成挤压，胶囊内的绝缘油通过本体储油柜呼吸器喷出。

（3）监测检测方法。参照 18.2.1 的（3）中“储油柜胶囊破损”监测检测方法。

18.3 提升措施建议

（1）针对储油柜胶囊破损问题。①针对在运换流站，应结合日常巡视对储油柜油位、呼吸器状态进行检查，定期开展含气量检测。对于绝缘油中含气量变化趋势异常或者怀疑胶囊破裂的换流变压器，年度检修期间对本体储油柜胶囊开展专项检查，可按照“棉棒探油-内窥镜-静态保压”顺序检查胶囊是否漏油，对检查结果留存影像记录，确保胶囊完好。运行年限超过 15 年的换流变压器和油浸式平波电抗器应更换储油柜胶囊或隔膜。②针对新建换流站，新（改、扩）建工程换流变压器应配置带一体成型胶囊的本体储油柜，胶囊宜采用丁腈橡胶或更优质材料；储油柜设计时应采取措施避免胶囊破裂后堵塞储油柜与本体连接管道，防止本体油位变化引起气体继电器或压力释放阀误动；安装前，胶囊应在缓慢充气胀开后检查无漏气现象；换流变压器注油前，应检查胶囊与储油柜间固定法兰螺栓检查，胶囊两侧吊点固定良好，油位计浮杆转轴、油位计浮球、胶囊破损仪等位置无尖端和刺破胶囊隐患。

（2）针对油位计故障问题。①加强安装工艺管控。对在运换流变压器，可以结合年度检修，通过外接透明软管等方式，比对换流变压器油位。对于新建工程，在储油柜安装时需测量浮球连杆的实际长度，检查人工检验浮球连杆上下活动正常，核实浮球连杆上下活动时油位计能否正确输出“高油位报警”“低油位报警”等信号。②加强注油流程管理。换流变压器安装注油时应测量本体储油柜实际油位，确保储油柜实际油位有足够裕量，能够满足油温-油位对应曲线的油位调整。

18.4　典型故障及缺陷案例

18.4.1　案例 60：储油柜胶囊破裂导致气体继电器动作跳闸

1. 情况说明

（1）故障过程描述。4 月 29 日，极Ⅱ高端 Y/Y-C 相换流变压器本体储油柜呼吸器出现严重漏油，如图 4-18-2 所示，流速达 1～2L/min，持续一段时间后呼吸器漏油停止，现场检查 Y/Y-C 相换流变压器油位略低于相邻的 A、B 相，但明显高于低油位报警的指示液面，各部位未发现明显异常，计划 5 月 5 日停电后对换流变压器开展全面检查，明确漏油具体位置。5 月 2 日 04:44，极Ⅱ高端 Y/Y-C 相换流变压器本体轻瓦斯报警，04:54 本体重瓦斯保护动作跳闸，极Ⅱ高端阀组闭锁。故障前，直流双极四阀组 1000MW 运行（额定功率 6400MW）。

图 4-18-2　储油柜呼吸器漏油

（2）故障设备基本情况。换流变压器由西门子公司生产，型号为 ZZDFPZ-321100/500-800，选用法国 PRONAL 胶囊，故障时换流变压器运行不足 1 年。

2. 检查情况

（1）外观检查情况。现场检查情况如图 4-18-3 所示，发现换流变压器本体气体继电器观察窗内油面较低，气体继电器上、下浮球均落下。储油柜管路未见漏油，油位表的指示未降至报警油位，未发油位低报警信号。

(a) 气体继电器油位降低、浮球下落　(b) 油位表示数

图 4-18-3　现场检查情况

（2）试验检查情况。对换流变压器开展本体油样离线油色谱分析，试验结果均正常，可排除换流变压器本体故障。

（3）解体检查情况。打开气囊法兰，使用棉棒分别伸入储油柜左右两个胶囊内进行检查，发现左侧胶囊破损进油，右侧胶囊未见异常，如图 4-18-4 所示。

图 4-18-4　本体储油柜左侧胶囊进油

取出左侧胶囊检查，发现胶囊已破裂，如图 4-18-5 所示。同时，左侧胶囊取出后储油柜油位计指示下降并发出油位低告警信号，如图 4-18-6 所示。

（4）故障处理情况。现场对破损胶囊进行更换，对储油柜开展真空注油，检查无异常后于 5 月 3 日 02:43 恢复极Ⅱ高端换流器运行。

3. 原因分析

根据现场检查情况，分析认为故障原因为：胶囊破裂是根本原因，呼吸器大量漏油后未采取有效措施是故障进一步扩大的主要原因。胶囊破裂进油，胶囊内空气进入储油柜顶部，破裂的气囊自然垂落，形成油流通道，随着油温升高，储油柜内部绝缘油顺着油流通道从呼吸器流出，并形成虹吸效应持续漏油，如图 4-18-7 所示。油位计浮球连杆受破损胶囊影响，无法准确指示油位变化，随着环境温度降低（白天最高温 32℃，2 日凌晨温度 13℃），实际油位进一步下降，最终造成实际油位低于本体气体继电器，导致极Ⅱ高端换流器闭锁。

图 4-18-5　储油柜左侧胶囊破裂明显

图 4-18-6　储油柜油位计指示恢复正常

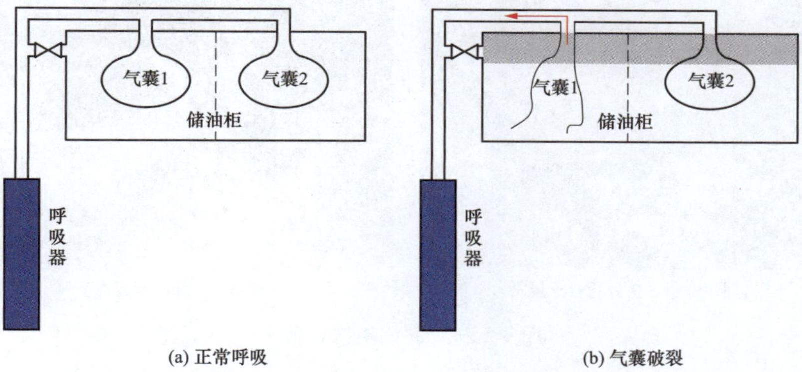

图 4-18-7　呼吸器漏油示意图

18.4.2　案例 61：储油柜油位计浮球破裂导致胶囊漏油

1. 情况说明

（1）故障过程描述。6 月 12 日 15:04，极Ⅰ完成检修后投入运行。15:31，输送功率上升至 1200MW。18:30，运维人员开展设备巡视，发现极Ⅰ Y/D-B 相换流变压器呼吸器出现大量漏油，如图 4-18-8 所示，为防止发生闭锁故障，极Ⅰ直流系统于 6 月 12 日 19:42 停运。故障前极Ⅰ单极金属回线运行正常，天气晴，气温 31℃。

（2）故障设备基本情况。换流变压器由 ABB 公司生产，储油柜油位计选用意大利 COMEM LAN22-XON 型号，故障时换流变压器已运行 5 年。

2. 检查情况

（1）外观检查情况。换流变压器外观检查无异常，对本体储油柜开展进一步检查。

图 4-18-8　换流变压器本体储油柜呼吸器喷油

1）储油柜检查。检查储油柜顶部旁通阀门，旁通阀门处于关闭位置并有限位螺栓，阀门正常，如图 4-18-9 所示。

(a) 储油柜旁通连接处检查无异常

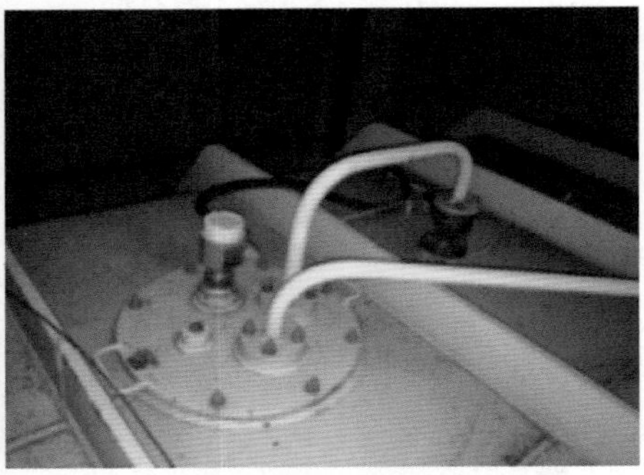

(b) 储油柜旁通阀检查无异常

图 4-18-9　储油柜检查情况

2）油位测量。使用透明软管测量储油柜油位，测量结果油位高度约 65%，高于油位计指示值。

3）胶囊检查。打开储油柜胶囊密封法兰，检查发现胶囊内部已进油，如图 4-18-10 所示，胶囊泄漏报警传感器及电缆均浸泡在油中，胶囊泄漏报警传感器未正确报警。

图 4-18-10　储油柜胶囊进油

（2）排油内检情况。将换流变压器储油柜内部绝缘油排空后，对胶囊破损情况开展进一步检查，发现胶囊有 2 处破裂点。第 1 处破裂点如图 4-18-11 所示，位于油位计浮球上方，直径约 1cm；第 2 处破裂点如图 4-18-12 所示，位于胶囊与储油柜内壁挂点处，直径约 0.5cm。

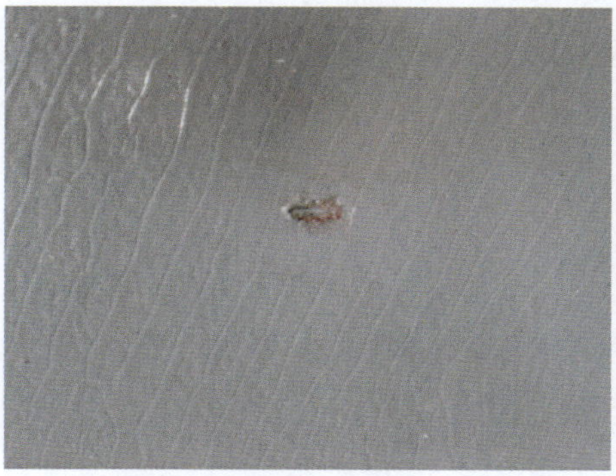
图 4-18-11 储油柜油位计浮球上方破裂点

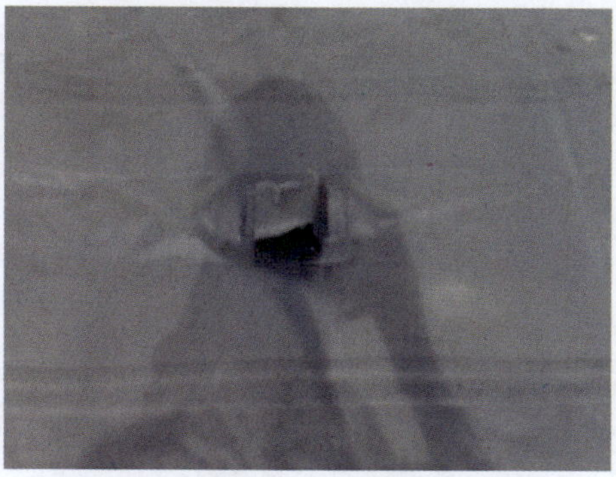
图 4-18-12 储油柜胶囊挂点处破裂点

储油柜油位计双浮球其中一个浮球破裂，残留在储油柜底部。储油柜油位计浮球连杆端部浮球破裂如图 4-18-13 所示。

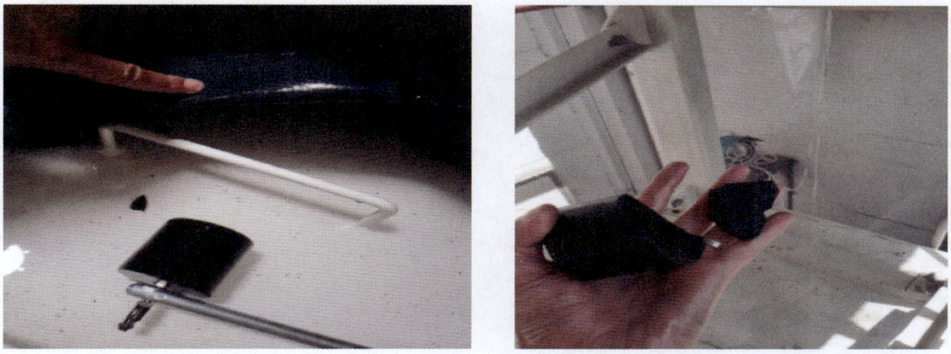
图 4-18-13 储油柜油位计浮球连杆端部浮球破裂

（3）故障修复情况。6 月 13 日，现场更换胶囊、油位计、胶囊泄漏传感器，对剩余 5 台换流变压器储油柜及胶囊进行全面排查，无异常后换流变压器恢复运行。

3. 原因分析

基于现场检查情况，分析认为胶囊破损原因为：储油柜油位计浮球破裂，浮球连杆尖端裸露，刺破胶囊形成直径约 1cm 的破损点，导致胶囊进油。胶囊与储油柜内壁挂点处受力增加，无法承受胶囊内部绝缘油重力，造成胶囊在挂点处撕裂，形成直径约 0.5cm 的破裂孔洞。

呼吸器喷油原因为：胶囊破损，绝缘油进入胶囊内部，极Ⅰ投运后，在短时间内负荷升至 1200MW，换流变压器本体油温、油位迅速上升，对胶囊形成挤压，胶囊内的绝缘油通过本体储油柜呼吸器喷出，如图 4-18-14 所示。

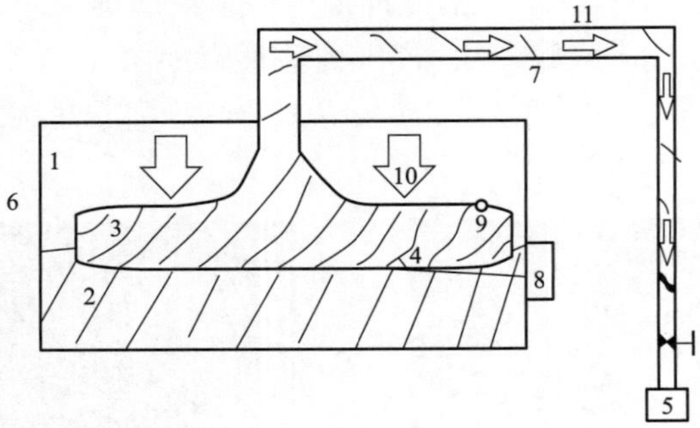

图 4-18-14　储油柜胶囊破裂后状态

1—本体储油柜含空气区域；2—本体储油柜充油区域；3—本体储油柜胶囊（已进油）；4—油位计浮杆磨破的胶囊小孔；5—呼吸器；6—储油柜；7—呼吸器管路；8—油位表；9—胶囊悬挂点破裂小孔；10—储油柜内大气压力方向；11—胶囊内油流方向

19 冷 却 装 置

19.1 结 构 介 绍

换流变压器采用的冷却方式有强迫油循环风冷（OFAF）和强迫油循环导向风冷（ODAF）两种，两者的主要区别在于绝缘油在换流变压器内部流动的方式不同。OFAF 冷却方式下，油流进入油箱后按自然循环自由流动。ODAF 冷却方式下，油流进入油箱按照一定的路径流过绕组，冷却效果相对更好。不同冷却方式油流路径示意图如图 4-19-1 所示。

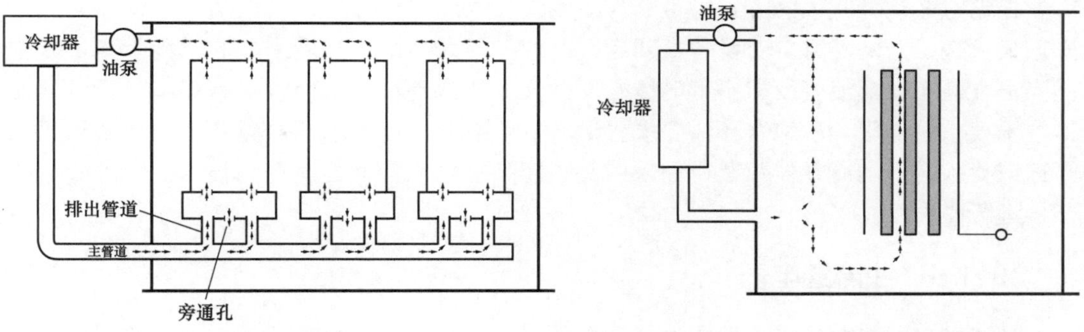

(a) ODAF冷却方式　　(b) OFAF冷却方式

图 4-19-1　不同冷却方式油流路径示意图

换流变压器冷却系统由冷却器本体、潜油泵、风机、油流继电器等部件组成，各部件功能及介绍如下。

19.1.1 冷却器本体

冷却器本体是由一簇冷却管与上、下集油管经焊接或法兰紧固连接方式组成的冷却装置。根据绝缘油在冷却管内折流的次数，可以分为单回路或多回路结构，回路数越多冷却效率越高，但受结构和油泵参数的限制，回路数不会太多。为了降低潜油泵的转速和扬程，换流变压器使用较多的冷却器一般是单回路或双回路两种结构，也有少数采用三回路结构。

19.1.2 潜油泵

潜油泵是一种特制的油内电机型离心泵或轴流泵，电机的定子和转子浸在油中，使油系统构成密闭的循环系统。潜油泵通过法兰连接到冷却器与换流变压器本体之间的连管中。潜油泵的安装位置有两种方式，一种安装在冷却器的回油管上，即冷却器的底部汇流管与换流变压器本体之间的连管上，该位置距地面的高度适中，便于对油流继电器动作指示以及潜油泵的声音、振动和温度等情况进行检查，也便于对潜油泵进行维修和更换，该类安装方式较为常见。但该位置靠近换流变压器油循环的进口处，冷却器基本全处于油泵的负压区域，如果出现冷却器渗漏油缺陷，空气和水分容易进入油箱内部。另一种是潜油泵安装在冷却器进油管上，该位置在冷却器的顶部，不便于对潜油泵的运行情况进行检查、维护和更换。但冷却器基本全处于油泵出口的正压区，可以减少空气和水分进入油箱内部的风险。

潜油泵的扬程选择与换流变压器的冷却结构有关，既要满足换流变压器控制温升和冷却油流路径扬程的需要，又要防止对换流变压器内部形成负压区，对设备运行带来不利影响。因此，潜油泵的扬程选择是换流变压器设计审查的重要内容之一。

19.1.3 风机

根据对散热管吹风的方式，可分为抽风式、吹风式两种。采用大功率冷却器有利于降低换流变压器的温升，对设备长期运行有利。但大功率冷却器巨大的风压带来了较大的噪声，甚至在换流变压器不带电情况下，仅冷却器自身的噪声就达到或超过换流变压器技术要求的上限，不符合环保要求。目前主要根据换流变压器器温升适时调整风机的转速或投入运行的冷却器数量，如采用变频控制技术或其他智能控制技术，合理降低冷却器运行噪声等。

19.1.4 油流继电器

油流继电器（油流指示器或油流计）是用来监视潜油泵是否反转、油回路阀门是否打开和油流是否正常的元件。它安装在潜油泵出口与冷却器的连管上，其挡板深入到连管中，当油流达到一定流速时，挡板被冲动带动指针转动。与此同时，连接在转轴上的磁铁带动隔板另一侧的磁铁旋转，使微动开关动作，可以发出潜油泵运行正常或异常的信号。

19.2 故障及缺陷特征

目前，换流变压器冷却系统在实际运行过程中存在的问题主要包括：管路密封不严导致渗漏油或负压进气、管路阀门开合失效引发油温升高、潜油泵线圈放电导致本体绝缘油色谱异常等。

19.2.1 管路密封不严导致渗漏油或负压进气

（1）可能原因。换流变压器冷却系统包括冷却器本体、潜油泵、风机、油流继电器、阀门、波纹管等多种零部件组成，各部件本体及部件之间连接件较多，连接法兰安装缺陷、软连接破裂、密封件失效、部件本身材质缺陷等问题均可能造成冷却系统渗漏油、进气。

（2）主要特征。一是表现为渗漏油。二是表现为换流变压器本体油中含气量超标。三是极端情况下可能造成气体继电器误动作。空气通过负压区域进入换流变压器内部后，会在换流变压器顶部聚集，造成气体继电器集气量增加，导致气体继电器误动作。

（3）监测检测方法。一是采用一体化平台后台监视或现场红外测温方式，做好换流变压器本体油位变化趋势分析，发现油位下降或者气体继电器动作时要开展针对性排查分析。二是定期开展绝缘油含气量、油色谱检测，若含气量缓慢增长时，应重点开展冷却器负压区渗漏油或胶囊破损排查。

19.2.2　管路阀门开合失效引发油温升高

（1）可能原因。蝶阀开闭多次后挡板与阀杆间连接螺丝断裂，阀片与阀杆紧固失效造成蝶阀不能正常开闭。

（2）主要特征。由于冷却系统蝶阀无法正常打开，导致换流变压器绝缘油散热效率降低，油温升高。

（3）监测检测方法。一是换流变压器投运后定期开展红外测温检测，通过横向比较判断阀门开启状态是否良好。二是在换流变压器冷却器大修后，应用超声波流量计检测冷却器阀门状态，确认冷却器阀门确已开启、管路内部油流畅通。

19.2.3　潜油泵缺陷引发本体绝缘油色谱异常

（1）可能原因。换流变压器冷却器潜油泵处于油流回路中，潜油泵线圈放电或扫膛会导致附近绝缘油裂化产气或产生杂质，随油流进入换流变压器本体中，导致换流变压器本体绝缘油色谱异常或引发放电。

（2）主要特征。由于潜油泵线圈放电故障发生频次低且具有一定的隐蔽性，很容易误认为是换流变压器本体故障，故障主要表现为放电故障或过热故障，换流变压器本体绝缘油中氢气（H_2）、甲烷（CH_4）、乙烯（C_2H_4）、乙炔（C_2H_2）等气体含量缓慢增长，跟故障油泵启停强相关。当潜油泵扫膛或放电产生的金属粉末进入换流变压器器身后，会附着在器身绝缘表面发生局部放电，严重时可导致绝缘击穿，现场开展局部放电试验时检测到放电信号的概率较大。当放电不涉及金属粉末时，局部放电试验检测到放电信号的概率小。

（3）监测检测方法。加强油色谱在线监测和数据分析，对于运行超过15年的潜油泵，建议结合年度检修开展油泵运行电流检测、油流速度检测等工作，必要时可以加装声纹及电机电流在线监测装置。

19.3　提升措施建议

（1）管路密封不严导致渗漏油或负压进气。①对于在运工程，在按照前文提及的

“监测检测方法”要求开展运行监视情况下，要做好设备隐患台账记录，结合年度检修对渗漏油部位或存在锈蚀的螺栓进行整改更换。②对于新建换流站，本体、油路（含在线监测装置）中阀门法兰对接密封结构禁止使用“平面＋平面”的密封结构，应设置密封圈防止凹槽，确保密封良好；加强蝶阀选型，蝶阀转轴位置应密封良好，限位装置牢固可靠；现场安装时，油流回路联管法兰连接部位（含波纹管）在水平、垂直方向不应出现超过 10mm 的偏差，防止运行过程中法兰受应力作用出现松脱或开裂。

（2）针对管路阀门开合失效引发油温升高，一是针对在运换流变压器，在按照上文“监测检测方法”要求开展巡视、运维基础上，换流变压器冷却器检修时，对于油回路阀门应避免蛮力操作，防止阀门越限开启造成阀门损坏。二是针对新建换流站，优化油回路设备的附件选型，对于重要油回路应选用可靠性更高的阀门；做好阀门开闭标注，在换流变压器各阀门开启、关闭方向进行标注，加装阀门手柄限位措施，防止阀门越限开启，避免因操作不当造成阀门损坏。

（3）针对潜油泵缺陷引发本体绝缘油色谱异常。一是加强厂内油泵到货验收，测量绝缘电阻、直阻。二是做好出厂试验阶段试验考核，建议对所有油泵开展不小于 2h 运行考核，运行前后开展本体离线油色谱分析，发现色谱异常及时分析处置。三是加强运维管理。对运行超过 15 年的潜油泵，结合年度检修针对性开展油泵运行电流检测、油流速度检测、运行声音诊断等检测工作，通过横向比对分析排除扫膛、内部放电的可能性，必要时可以加装声纹及电动机电流在线监测装置。

19.4 典型故障及缺陷案例

19.4.1 案例 62：冷却器进油阀破裂导致漏油

1. 情况说明

（1）故障过程描述。6 月 27 日，极Ⅱ高端阀组处于检修状态，开展极Ⅱ高端 Y/Y-B 相换流变压器本体截流阀改造工作，本体至储油柜蝶阀处于关闭状态。15:20，现场发现极Ⅱ高端 Y/Y-B 相换流变压器冷却器与本体之间下部进油阀处存在大量漏油情况，如图 4-19-2 所示。

图 4-19-2　换流变压器冷却器与本体相连右侧进油阀处大量漏油

（2）故障设备基本情况。换流变压器由西安西电变压器有限责任公司生产，型号为ZZDFPZ-382000/500-800。冷却器与本体之间下部进油阀采用德国VAG公司产品，型号为IKO-Plus（DN250mm），故障时换流变压器运行不足1年。

2. 检查情况

断开换流变压器冷却器电源，关闭冷却器上部进油阀。压力逐渐减小后，检查故障阀门，发现故障阀门存在一处竖直裂纹，阀门本体开裂导致漏油，如图4-19-3所示。故障阀门位于换流变压器本体底部至冷却器油回路，为冷却器进油阀。

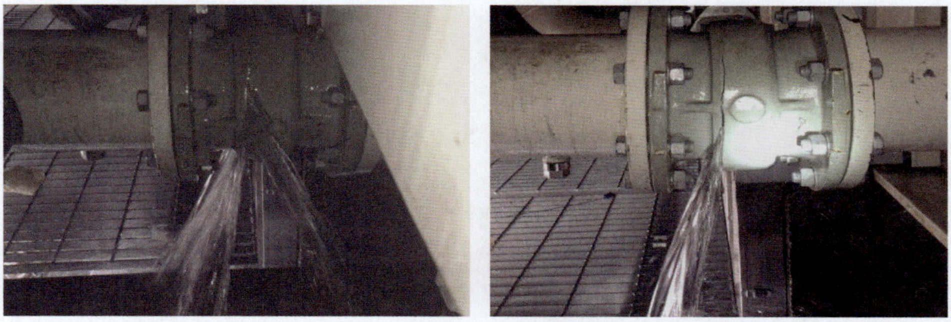

图4-19-3 换流变压器冷却器与本体相连右侧进油阀阀体破裂

现场进一步检查，发现故障阀门与相邻的弯管连接法兰存在3mm的高度差，弯管与冷却器之间采用波纹管过渡，波纹管两侧连管高度差约为15mm，如图4-19-4所示。

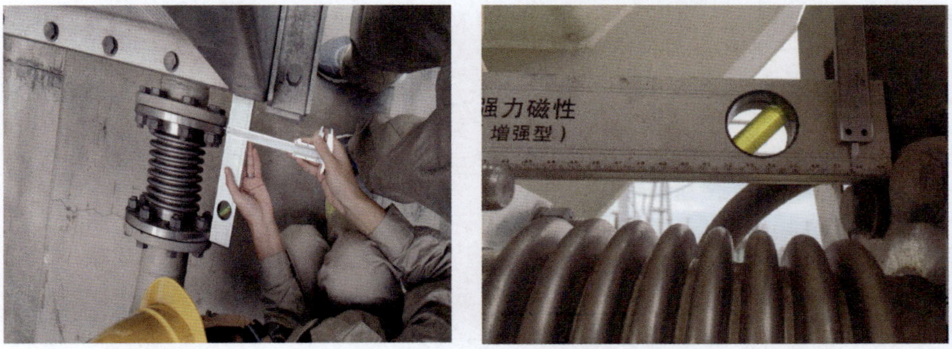

图4-19-4 冷却器波纹管高度偏差超标

3. 原因分析

故障阀门位于BOX-in和换流变压器本体之间的狭小区域内，该部位管道密集，距离换流变压器两侧巡视走道距离均大于3m。本体截流阀改造工作地点位于BOX-in上方，故排除人员或机具误碰可能。

开裂阀门为铸铁材质，现场超声波测量破裂位置含油漆厚度为6.5mm，其余位置为8mm。现场压力释放阀未动作，且故障阀门自下而上开裂，初步分析认为漏油原因为：阀门自身存在制造偏差，破裂位置为相对薄弱部位，故障阀门与金属弯管法兰、过渡波纹管两侧均存在高度差，导致故障阀门长期承受外部应力，最终造成阀门薄弱处开裂漏油。

19.4.2 案例63：冷却器出油管阀门故障导致油温升高

1. 情况说明

（1）故障前的运行情况。11月21日07:00，换流变压器现场增加排油系统后恢复运行。异常发生时刻双极四换流器全压运行，无异常运行工况、无异常天气发生。

（2）故障过程描述。11月22日08:00，监盘发现极Ⅱ高YD-B相换流变压器油温55℃，较极Ⅱ高其他相换流变压器平均高约25℃。

（3）故障设备基本情况。换流变压器由保定天威保变电气股份有限公司生产，型号为ZZDFPZ-493100/500-600，故障时换流变压器运行接近2年。

2. 检查情况

（1）外观检查情况。该换流变压器各阀门位置正确，5组冷却器潜油泵、风扇运转正常，冷却系统电气回路未见异常，电动机绝缘良好、相序正确。隔离新装事故排油系统后，油温无明显下降。

（2）试验检查情况。在同等数量冷却器运行条件下，测量极Ⅱ高端Y/D三相换流变压器冷却器下部主油管路流量，发现Y/D-B相换流变压器冷却器主油管路流量较其他两相明显偏低。增加潜油泵投入组数，Y/D-B相换流变压器油管流量无明显改变。极Ⅱ高端换流变压器冷却器下部主油管路流量测量数据见表4-19-1。

表4-19-1　　极Ⅱ高端换流变压器冷却器下部主油管路流量测量数据

换流变压器冷却器主油管路流量（m^3/h）		变压器相别		
		Y/D-A	Y/D-B	Y/D-C
冷却器开启组数	1组冷却器启动（3号）	44	7.2	54
	2组冷却器启动（3号、4号）	92	12	102
	3组冷却器启动（2号、3号、4号）	139	15	145
	4组冷却器启动（1号、2号、3号、4号）	—	15.07	—
测量仪器	便携式/手持式超声波流量计（ULTRASONIC FLOWMETER）			

高端换流变压器器身与冷却器之间通过2根管路相连，上、下管路各设置一个Φ250的蝶阀，用于隔离冷却器，便于冷却器整体检修。变压器油由上部管路流出、下部管路流入。超声波流量检测显示冷却器管路内部存在油流不畅，初步怀疑冷却器管路阀门实际位置与手柄指示位置不一致、阀门未正确开启。

（3）排油检查情况。11月27日，对故障换流变压器进行排油检查，如图4-19-5所示，将本体油位降至箱沿以下1000mm处，拆除本体与冷却器之间上部管路（冷却器右侧进油管），发现阀门手柄指示位置为“开启”，但阀门碟板实际处于“关闭”状态。另外，用于固定阀门碟板与阀杆之间的三颗螺丝全部断裂，散落在管路中。

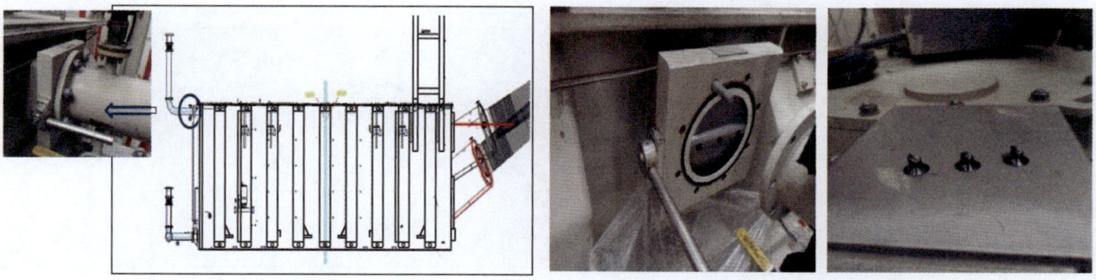

(a) 故障阀门位置　(b) 阀门内部检查情况

图 4-19-5　冷却器主回路阀门检查情况

（4）故障处理情况。更换故障阀门碟板以及阀杆，对阀门进行反复开闭试验，试验通过后回装管路。换流变压器通过油务处理、验收试验后，于 12 月 24 日恢复投运。

3. 原因分析

（1）本体油温偏高的原因为：冷却器主回路阀门实际位置与手柄指示位置不一致、阀门未开启，导致油流不畅、散热能力降低。

（2）阀门未开启的原因为：阀门碟板与阀体内密封圈之间咬合十分紧密，在开启阀门时螺丝断裂造成碟板与阀杆之间脱扣，阀杆无法带动碟板同时转动，阀门指示位置与实际位置不一致。

19.4.3　案例 64：冷却器油泵线圈短路导致异常产气

1. 情况说明

（1）故障过程描述。2 月 24 日，极Ⅱ低端 Y/D-A 相换流变压器完成现场热油循环。3 月 4 日、3 月 9 日，对换流变压器分别开展中性点耐压试验、绕组连同套管的长时感应电压试验带局部放电测量试验。3 月 13 日，对本体取油样进行离线油色谱分析，发现油中含有 0.04μL/L 的微量乙炔（C_2H_2）。本体注油前油罐油样、热油循环静置后本体油样色谱分析均合格，乙炔（C_2H_2）均为 0μL/L。故障换流变压器离线油色谱数据见表 4-19-2。

表 4-19-2　**故障换流变压器离线油色谱数据**　（μL/L）

取样时间	氢气（H_2）	甲烷（CH_4）	乙烯（C_2H_4）	乙烷（C_2H_6）	乙炔（C_2H_2）	一氧化碳（CO）	二氧化碳（CO_2）	总烃（∑CH）
1 月 28 日换流变压器箱底残油	0.0	1.3	0.0	0.0	0.0	18.0	192.1	1.3
2 月 5 日注油前新油	0.0	0.8	0.0	0.0	0.0	2.6	334.0	0.8
2 月 24 日循环静置后本体上部	0.0	1.2	0.4	0.0	0.0	9.5	279.0	1.6
2 月 24 日循环静置后本体下部	0.0	1.3	0.2	0.0	0.0	5.5	632.0	1.5

续表

取样时间	氢气 (H_2)	甲烷 (CH_4)	乙烯 (C_2H_4)	乙烷 (C_2H_6)	乙炔 (C_2H_2)	一氧化碳 (CO)	二氧化碳 (CO_2)	总烃 ($\sum CH$)
3 月 13 日局部放电后本体下部	2.6	0.9	0.0	0.0	0.0	27.3	165.3	1.0
3 月 16 日复测本体下部	3.2	1.4	0.4	0.3	0.2	24.0	313.0	2.3

(2) 故障设备基本情况。换流变压器由天威保变（秦皇岛）换流变压器有限公司生产，型号为 ZZDFPZ-415000/500-200。

2. 检查情况

(1) 现场检查情况。对前期试验及油务处理过程进行排查，初步分析认为油务处理环节可能存在异常。现场对滤油机、冷却器潜油泵等进行检查，发现一组潜油泵存在异常：

1) 油泵在启动后立刻跳闸，测量油泵电动机绕组对地绝缘电阻为零（正常值约为 50GΩ），绕组直流电阻约 1Ω 且三相不平衡（正常值约为 0.6Ω）。

2) 对异常油泵带电启动数次后，离线油色谱数据显示乙炔（C_2H_2）值由 0.2μL/L 增加到 0.3μL/L。

基于检查结果，初步分析认为潜油泵电动机线圈可能存在烧蚀短路情况。

(2) 解体检查情况。对故障潜油泵开展解体检查，发现 1 处线圈短路烧蚀点，如图 4-19-6 所示。对其他换流变压器潜油泵进行排查，未发现类似问题。

图 4-19-6 故障潜油泵线圈短路烧蚀

3. 原因分析

经溯源，换流变压器热油循环结束后静置期间，将定期启动冷却器潜油泵，保证换流变压器本体绝缘油充分循环。由于潜油泵线圈故障，导致油泵运行过程中存在短路烧蚀，绝缘油中产生乙炔（C_2H_2），随着油循环进入换流变压器本体。

20 其他组部件

20.1 结构介绍

换流变压器关键组部件除了上文提及的压力释放阀、气体继电器、储油柜、冷却装置等，还包括套管升高座、油温及绕温表计、油箱、排油装置及管路等，如图 4-20-1 所示。

(a) 升高座

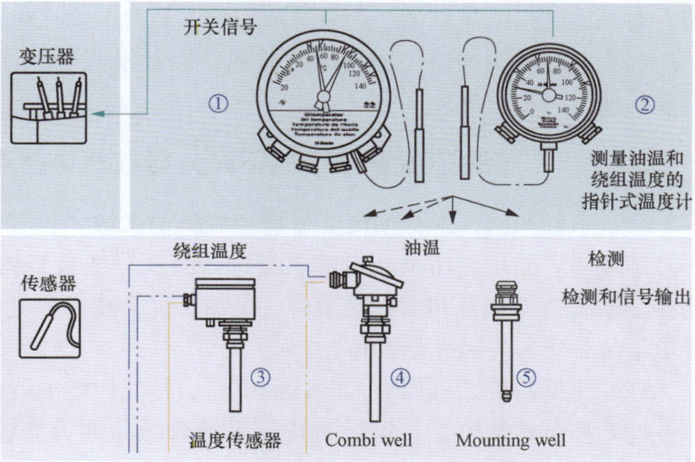

(b) 油温及绕温表计

图 4-20-1 升高座、油温及绕温表计等组部件

20.2 故障及缺陷特征

目前，换流变压器其他组部件在运行中发生过套管升高座漏油、套管 TA 装配缺陷导致电流异常、排油装置管路排气不充分导致气体继电器动作、止回阀开裂漏油导致气体继电器动作等故障。

20.2.1 套管升高座漏油

（1）可能原因。换流变压器本体侧面承重强度设计不足是法兰缝隙渗油的根本原因，升高座法兰面变形、法兰固定螺栓断裂是导致升高座渗油的直接原因。

(2) 主要特征。套管升高座区域出现缓慢漏油，升高座下部地面上伴随有油迹。

(3) 监测检测方法。采用一体化平台后台监视，做好换流变压器升高座及套管部位巡视，关注设备渗漏油情况。

20.2.2 套管TA装配缺陷导致电流异常

(1) 可能原因。一是换流变压器网侧首端、阀侧套管处TA绕组多、出线复杂，厂内或现场装配过程中二次引出线容易受到挤压，导致设备带病出厂投运；二是套管TA金属支架与套管根部金属屏蔽管间隙小，现场安装套管时工艺控制不良可能导致支架与屏蔽管搭接。

(2) 主要特征。一是当TA二次引出线受到挤压时，运行中换流变压器本体振动可导致引线绝缘破损、绕组回路绝缘电阻下降，进而引发电流波形畸变，严重时造成绕组差流越限误告警。二是当TA金属支架与套管根部金属屏蔽管搭接时，会形成导流回路，对二次绕组电流幅值、相角造成影响，导致电流三相不平衡。

(3) 监测检测方法。加强运行监视，做好换流变压器TA信号的纵向、横向比对，发现问题及时排查处置。

20.2.3 排油装置管路排气不充分导致气体继电器动作

(1) 可能原因。部分换流变压器事故排油系统为投运后加装的管路，系统管路空间小且不规则，新增管路未在最高点设计排气阀，或者管路抽真空不彻底导致存有窝气。当排油系统与冷却器和本体联通后，排油系统管路内的气体随油循环进入本体，在气体继电器处聚集，导致瓦斯动作。

(2) 主要特征。气体进入气体继电器引发气体继电器动作。

(3) 监测检测方法。通过对排油系统管路注油后静置、排气，验证排气是否充分、彻底。

20.3 提升措施建议

(1) 针对套管升高座漏油问题。①针对在运换流站，应加强升高座巡视，升高座各部件应固定良好无振动，各连接件焊缝和法兰面无渗漏油。②针对新建换流站，在设计阶段，应对换流变压器升高座法兰进行受力校核，增大设计裕量，必要时对升高座增加辅助支撑装置，升高座紧固时，能用通孔尽量不用盲孔。

(2) 针对套管TA装配缺陷导致电流异常问题。一是加强厂内设备生产过程中的工艺质量管控，对于TA引出线固定方式等关键工艺，严格按照工艺流程安装，监造人员现场拍照见证。二是加强到货验收，换流变压器运输过程中需按要求装设冲撞记录仪，减少运输途中振动导致的设备故障。三是加强现场安装工艺管控，换流变压器套管、TA安装需由经验丰富的人员负责，监理、技术监督人员需全程见证，对二次引线引出路径进行拍照留档。

（3）针对排油装置管路排气不充分导致气体继电器动作。一是优化结构设计，完善事故排油系统设计，减少窝气结构，并在管路最高处设置排气阀。二是优化施工工艺，加强换流变压器本体排油改造工艺把控，优化抽真空、注油工艺细节，加强工艺标准执行监督细节，确保执行到位。三是在排油系统接入换流变压器本体并投运后，预留 2～3 天进行潜油泵循环、静置排气，确保换流变压器本体及排油管路充分排气。

20.4 典型故障及缺陷案例

20.4.1 案例 65：阀侧升高座漏油导致气体继电器动作

1. 情况说明

（1）故障过程描述。3 月 28 日 18:55:37，OWS 后台报极Ⅱ Y/Y-B 相换流变压器本体油位低告警，18:56:48，换流变压器本体轻瓦斯告警，现场检查发现换流变压器大量漏油，立刻申请停运。21:02:02，换流变压器本体重瓦斯动作，后台界面显示本体油位为 1%，有载分接开关油位为 41%。故障前，直流双极降压 350kV 运行，输送功率 300MW（额定功率 3000MW）。

（2）故障设备基本情况。换流变压器由保定天威保变电气股份有限公司生产，型号为 ZZDFPZ-280800/500-500，阀侧套管型号为 GSETF1950/536-3000ACspec，故障时换流变压器运行不足 1 月。

2. 检查情况

（1）外观检查情况。现场检查情况如图 4-20-2 所示，换流变压器本体、地面及墙壁有大量油迹，本体储油柜油位表显示为零，换流变压器阀 a 套管与升高座之间固定螺栓大部分断裂，绝缘油从套管与升高座之间大量喷出。

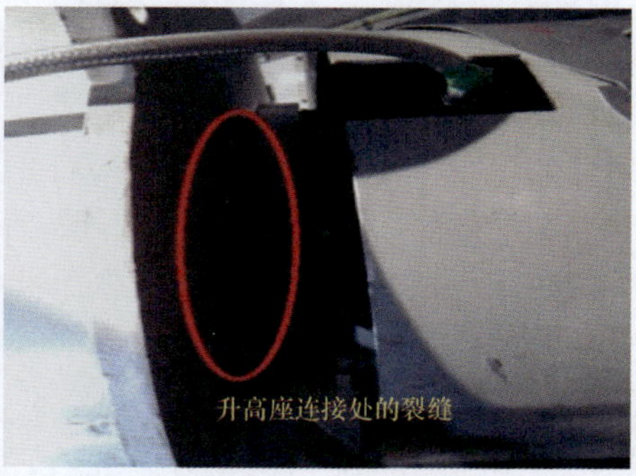

图 4-20-2 换流变压器阀侧 2.1 套管安装法兰漏油

（2）解体检查情况。升高座拆除后，检查发现换流变压器阀侧 a 套管升高座固定螺栓共 12 个，其中有 7 个发生变形断裂，导致套管失去固定、进而松脱，如图 4-20-3 所示。

（3）故障修复情况。对故障变压器采用备用变替代，借鉴 YD 换流变压器套管升高

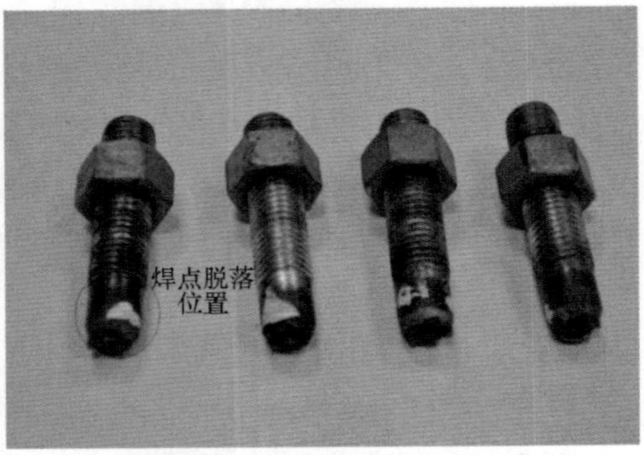

图 4-20-3　故障升高座脱落的螺栓

座采用的“法兰对穿螺栓连接结构”，对所有在运 YY 换流变压器阀侧升高座连接结构进行改进。

3. 原因分析

经厂内溯源分析，结合现场检查情况，分析认为故障原因为：阀 a 套管与升高座之间固定螺栓焊接工艺不满足设计图纸要求，图纸要求采用螺柱焊，在实际焊接时采用手工焊接，由于手工焊接存在焊接质量的分散性，导致部分螺栓焊接质量存在缺陷，运行过程中造成部分螺栓断裂。

20.4.2　案例 66：阀侧套管 TA 引出线绝缘破损导致差流越限报警

1. 情况说明

(1) 故障前运行情况。故障前，直流双极大地回线方式运行，输送功率 3585MW 运行正常（额定功率 4000MW），故障前后系统运行方式无变化，天气晴。

(2) 故障过程描述。9 月 22～28 日，换流站后台频繁报出“星变阀侧差流越限产生”告警信号，并瞬时复归。故障时刻阀侧尾端 TA 录波波形如图 4-20-4 所示，检查故障录波器发现，极 I 故障录波器多次因极 I Y/Y-C 相换流变压器阀侧尾端 TA 突变量启动，启动时刻 TA 第二绕组电流波形畸变，阀侧首、尾端差流跌落幅值由初始的 0.14A 增长至 0.3A 左右，满足差流越限报警定值。

(3) 故障设备基本情况。换流变压器为特变电工沈阳变压器有限公司生产，产品型号为 ZZDFPZ-386400/500-660，故障时换流变压器已运行 3 年。

2. 检查情况

(1) 外观检查情况。现场对极 I Y/Y-C 相换流变压器进行全面巡视，并开展红外测温，未发现异常。对阀侧尾端 TA 回路所有接线端子进行检查，无松动情况；检查回路电缆，未见明显破损点或其他异常。对极 I 换流变压器双套保护装置进行检查，第二套保护装置有差流越限告警，第一套保护装置运行正常无告警。

(2) 故障排查情况。

1) 可能原因分析。对换流变压器本体、对应套管气体继电器油样开展离线油色谱分析，结果正常。统计 9 月 22～28 日期间保护装置、故障录波装置动作次数，发现故障

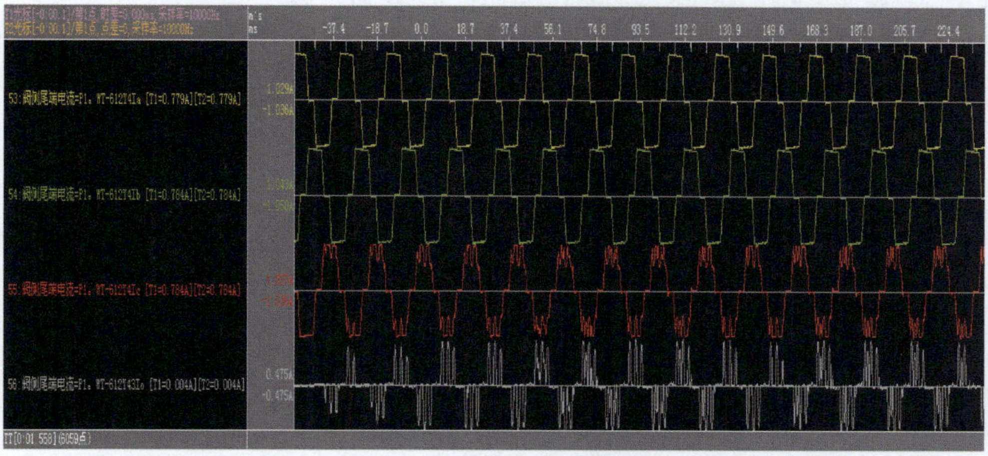

图 4-20-4　故障时刻阀侧尾端 TA 录波波形

发生频次呈现上升趋势。由于单套保护动作，初步判定为回路问题。为了避免差流进一步增大造成保护误动作，申请将第二套保护退出。

阀侧尾端绕组 TA 回路图如图 4-20-5 所示。对换流变压器阀侧尾端 TA 二次回路分析可知，故障原因主要分为五方面：

a. 换流变压器冷却器控制柜至保护屏间 TA 回路绝缘外皮破损、端子虚接。

b. 换流变压器保护装置、故障录波器屏内 TA 回路异常。

c. 换流变压器保护装置、故障录波器电流采样插件异常。

d. 换流变压器冷却器控制柜至本体套管 TA 二次接线盒间 TA 回路绝缘外皮破损、端子虚接。

e. TA 本体故障或 TA 本体与二次接线盒之间连线绝缘不良、端子虚接。

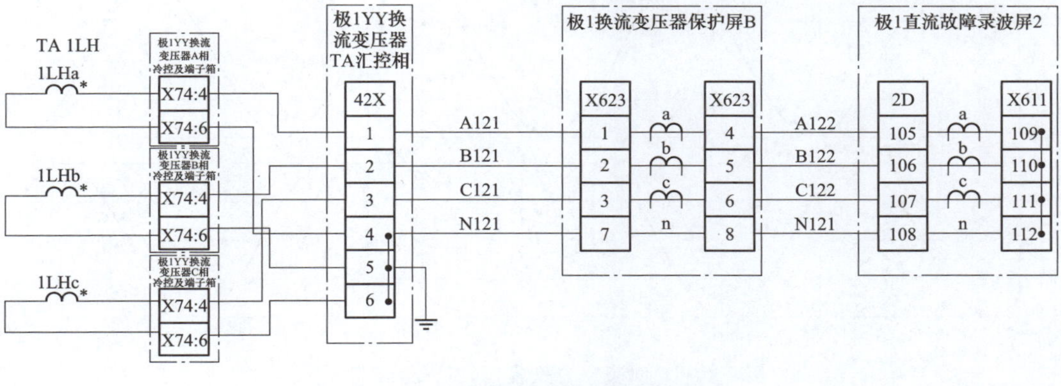

图 4-20-5　阀侧尾端绕组 TA 回路图

2）故障排查分析。针对上述分析的五方面原因，逐一开展排查，检查情况如下：

a. 在极Ⅰ Y/Y-A、B、C 换流变压器冷却器汇控柜内，分别将极Ⅰ Y/Y 换流变压器阀侧尾端套管 TA 短接并接地，划开 TA 连片，测量换流变压器冷却器控制柜至故障录波屏之间各段 TA 回路绝缘电阻，测量结果见表 4-20-1，结果表明各段绝缘电阻值均大于 500MΩ，可以排除冷却器控制柜至保护屏柜之间、保护装置与故障录波器屏内 TA 回路绝缘不良的可能性。

表 4-20-1　　故障换流变压器冷却器控制柜与故障录波屏之间 TA 回路绝缘电阻值　（MΩ）

序号	检查位置	绝缘电阻
1	极Ⅰ Y/Y-A 相冷却器控制柜 TA 端子箱至故障录波屏段	608
2	极Ⅰ Y/Y-B 相冷却器控制柜 TA 端子箱至故障录波屏段	713
3	极Ⅰ Y/Y-C 相冷却器控制柜 TA 端子箱至故障录波屏段	765
4	TA N 端从冷却器控制柜端子箱至故障录波屏段	724
5	极Ⅰ Y/Y-A 相冷却器控制柜 TA 端子箱至保护屏 2 段	814
6	极Ⅰ Y/Y-B 相冷却器控制柜 TA 端子箱至保护屏 2 段	725
7	极Ⅰ Y/Y-C 相冷却器控制柜 TA 端子箱至保护屏 2 段	823
8	TA N 端从冷却器控制柜端子箱至保护屏 2 段	789

b. 向极Ⅰ换流变压器第二套保护装置注流，检查相应插件采样、模拟量处理等功能，测量波形如图 4-20-6 所示，显示 Y/Y-C 相换流变压器阀侧尾端套管 TA 电流波形没有发生畸变。

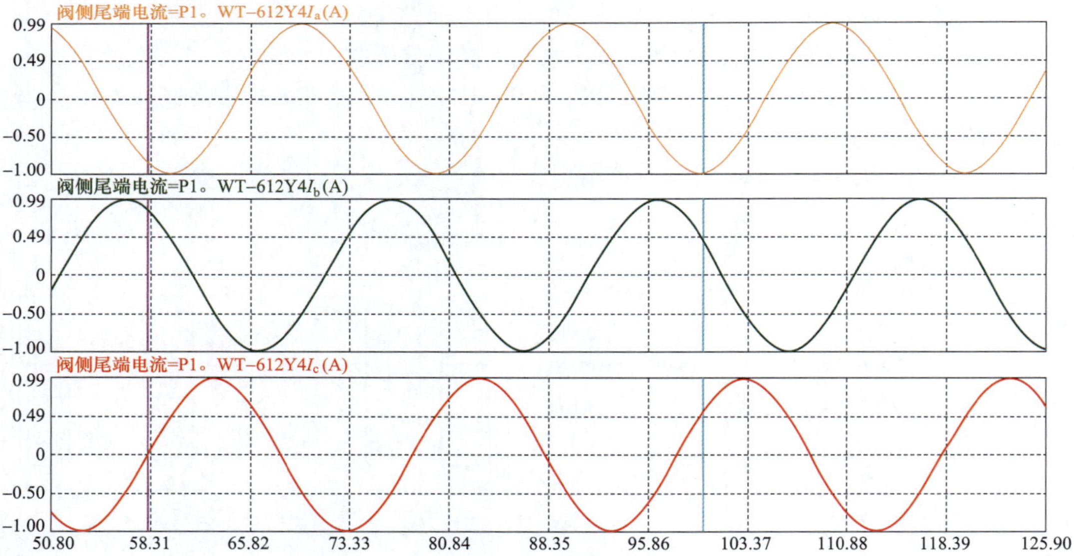

图 4-20-6　向装置 2 注流 0.7A 录波波形正常

考虑到告警信号具有间歇性，为进一步确认保护装置工作正常，对保护装置采样板卡进行更换。跟踪发现，故障信号再次出现，可以排除保护装置采样板卡故障的可能性。

c. 将故障录波器屏内“Y/Y 阀侧尾端 TA”短接，使用外接故障录波器对极Ⅰ第二套换流变压器保护装置进行监视，如图 4-20-7 所示，故障情况再次发生，因此可以排除在线故障录波器元件故障导致电流回路波形畸变的可能性。

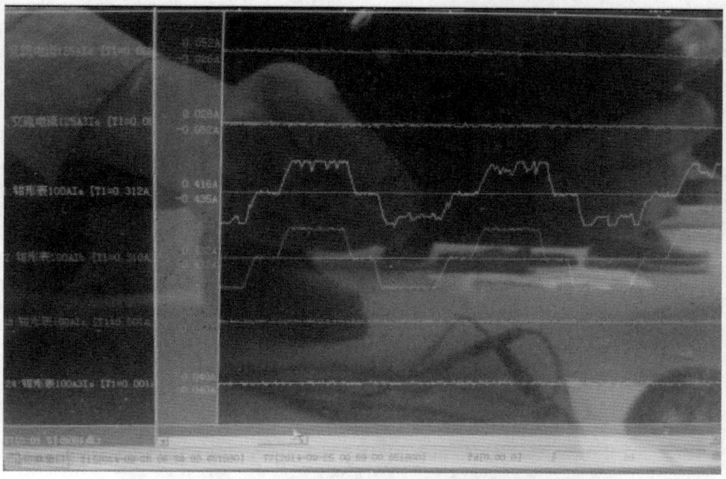

图 4-20-7　短接在线故障录波器后突变量启动录波波形图

d. 使用钳形电流表，对冷却器控制柜 TA 端子箱与阀侧套管 TA 之间二次回路的电流突变情况进行监视，多次发现电流跌落情况，说明换流变压器 TA 端子箱至换流变压器本体之间 TA 回路存在绝缘不良缺陷。

（3）解体检查情况。换流变压器转检修后，对冷却器控制柜 TA 端子箱至阀侧套管 TA 之间二次回路进行绝缘测量，TA 第二组线圈 2S1-2S2 对地绝缘电阻为 0Ω。拆除 TA 接线板外部连线，测量绕组的绝缘电阻，第二绕组线圈绝缘电阻仍为 0Ω，套管升高座内 TA 二次绕组绝缘不良。

换流变压器本体排油后，拆除阀侧尾端套管，检查发现阀侧套管 TA 通过四根穿心螺杆及两根金属撑条固定在阀侧套管升高座盖板上，TA 与接线板之间二次引线通过棉布带绑扎在穿心螺杆上，TA 第二绕组引出线外部绝缘被挤压在金属撑条与螺杆垫片之间，绝缘破损、导线裸露并与金属撑条（地电位）搭接，如图 4-20-8 所示。

（4）故障修复情况。如图 4-20-9 所示，现场使用耐油绝缘胶带对绝缘破损处重新包扎处理，对二次引线重新固定，复测绝缘电阻，绝缘电阻值为无穷大。

3. 原因分析

故障的根本原因为 TA 绕组引出线绝缘破损，与金属撑条（地电位）搭接，导致绕组对地分流，引发阀侧绕组差流越限报警。

2016 年 11 月，该换流站发生一起同类缺陷。极Ⅰ Y/D-C 相换流变压器阀侧尾端 TA 第一绕组对地绝缘不合格，故障原因为 TA 引线未用绝缘护套固定，与 TA 固定螺杆之间直接接触，换流变压器运输及运行振动过程中，导致如图 4-20-10 所示 TA 引线绝缘外皮磨损，与螺杆金属部分搭接。

 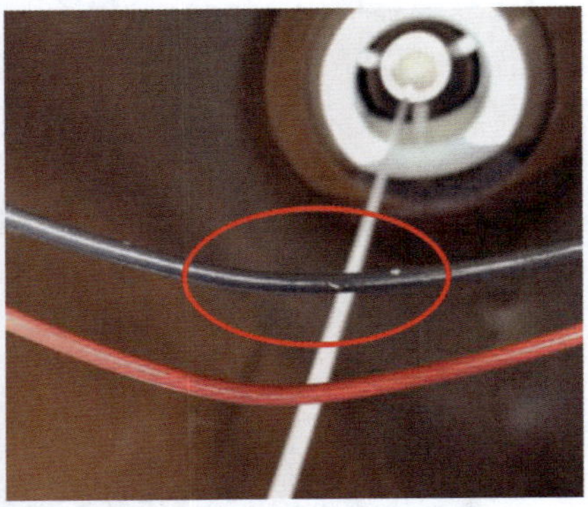

图 4-20-8　TA 第二绕组引出线绑扎处被挤压、绝缘破损

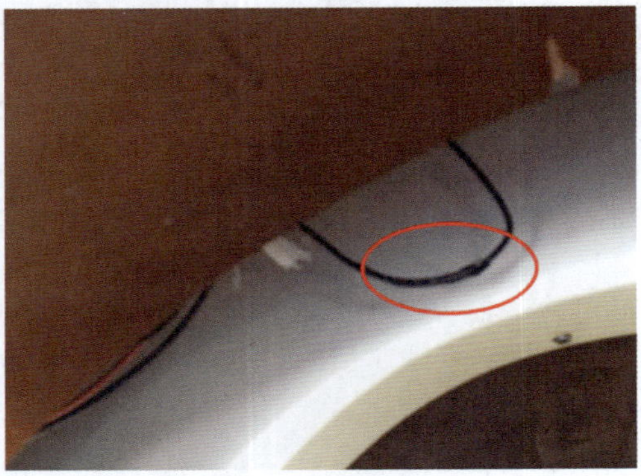

图 4-20-9　TA 绝缘重新包扎

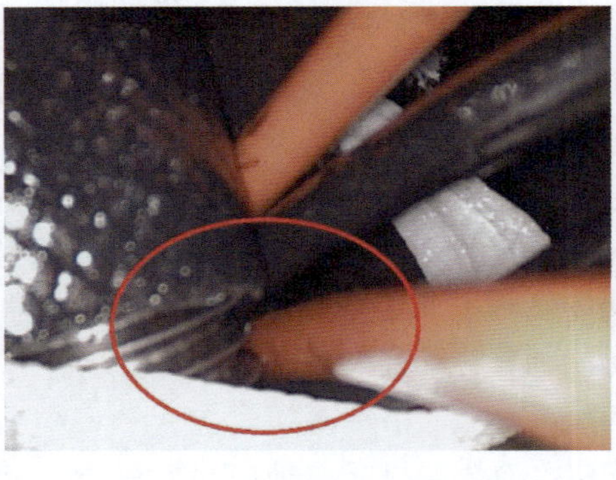 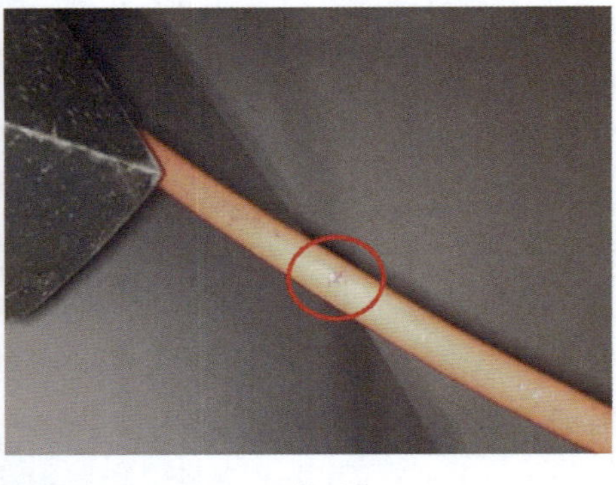

图 4-20-10　TA 第一绕组引出线绑扎处被挤压、绝缘破损

20.4.3　案例 67：换流变压器事故排油系统窝气导致气体继电器跳闸

1. 情况说明

(1) 故障过程描述。3 月 31 日～4 月 14 日，换流站年度检修期间完成 24 台换流变

压器本体事故排油系统改造工作。4 月 14 日 18:53，双极低端阀组解锁成功，期间对换流变压器进行巡视未发现异常。4 月 17 日 08:37，现场开展极Ⅰ双换流器 OLT 试验，试验期间打开换流变压器本体与排油系统之间的阀门，将极Ⅰ低端六台换流变压器排油系统油路与冷却器、本体联通，正式投入使用；08:59，OLT 试验电压降至 400kV 时，极Ⅰ低端 Y/Y-A 相换流变压器 2 号分接开关发"轻瓦斯跳闸"，极Ⅰ低端阀组进线开关跳闸。极Ⅰ低端闭锁后 6min，极Ⅰ低端 Y/D-B 相换流变压器 2 号分接开关气体继电器发出轻瓦斯跳闸信号。

（2）故障设备基本情况。换流变压器、事故排油系统均由特变电工沈阳变压器集团有限公司生产，换流变压器型号为 ZZDFPZ-363400/500-400(200)。

2. 检查情况

（1）外观检查情况。对两台轻瓦斯动作的 Y/Y A、Y/D B 相换流变压器进行检查，发现气体继电器内约有 270mL 气体，经检测无异常特征气体，氧气和氮气比例为 1∶3，判断为空气，其余 4 台换流变压器气体继电器内无明显集气。

（2）试验检查情况。对极Ⅰ低端 6 台换流变压器本体底部、顶部开展油样分析，油色谱、含气量、微水数据见表 4-20-2，结果均正常，换流变压器本体无异常。

表 4-20-2　　极Ⅰ低端 6 台换流变压器本体油色谱、含气量、微水数据

相别	油色谱数据（μL/L）							
	氢气（H_2）	甲烷（CH_4）	乙烯（C_2H_4）	乙烷（C_2H_6）	乙炔（C_2H_2）	一氧化碳（CO）	二氧化碳（CO_2）	总烃（∑CH）
Y/Y-A	3.71	13.46	1.02	1.65	0.19	450.63	2030.69	16.32
Y/Y-B	4.16	15.42	1.10	2.05	0.26	492.15	2556.63	18.83
Y/Y-C	3.53	11.32	0.98	1.62	0.21	276.02	1937.21	14.14
Y/D-A	8.89	10.65	2.78	1.56	0.13	277.89	1233.29	15.11
Y/D-B	6.74	10.26	1.03	1.28	0.17	302.44	1235.40	12.74
Y/D-C	3.31	2.10	0.31	0.31	0.16	100.32	739.10	2.89
相别	含气量（%）							
Y/Y-A	2.1（标准：≤3）							
Y/D-B	1.4（标准：≤3）							
相别	微水（mg/L）							
Y/Y-A	5.8							
Y/Y-B	6.1							
Y/Y-C	5.3							
Y/D-A	5.4							
Y/D-B	5.6							
Y/D-C	5.0							

按照《±800kV 特高压直流设备预防性试验规程》（DL/T 274—2012），运行中绝缘油中含气量小于或等于 3%，水分小于或等于 15mg/L

3. 原因分析

(1) 问题原因分析。基于外观检查和油色谱分析，初步分析认为：两台换流变压器气体继电器内的气体均来自排油系统管路。由于新增排油系统管路空间小且不规则，新增管路最高点未设计排气阀，对排油系统单独抽真空注油，油无法全部充满管路，导致管路内窝存了少量气体且无法排出，如图 4-20-11 所示。DN150 的汇流横管在本体注油时，汇流横管上部也会窝气，如图 4-20-12 所示。当现场打开排油系统与冷却器 DN100、本体 DN50 间的阀门，将排油系统与冷却器和本体联通后，排油系统管路内的气体随油循环进入本体，随后进入靠排油系统最近的 2 号分接开关气体继电器内，导致轻瓦斯动作。

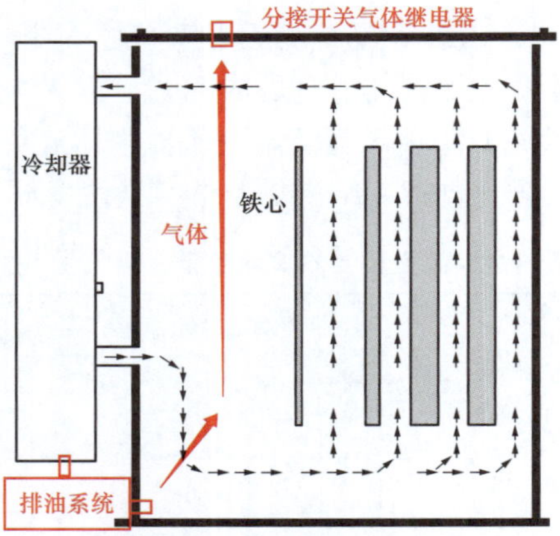

图 4-20-11　气体流动示意图

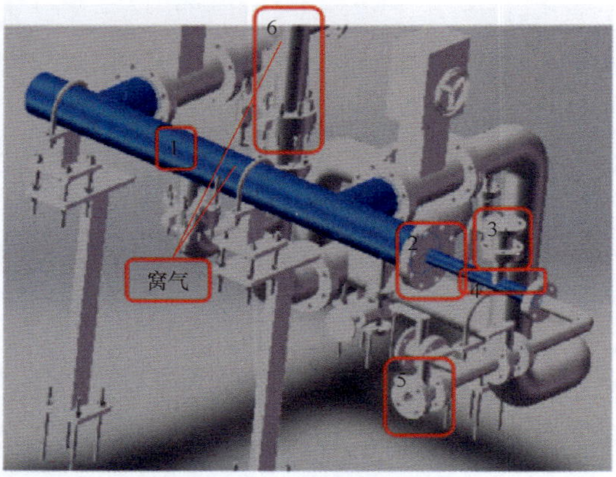

图 4-20-12　排油系统结构及存在窝气区域

1—汇流横管 DN150；2—变径法兰（连接 DN150 与 50 的法兰）；3—排油装置抽真空（排气）阀 DN50；4—连接汇流横管与抽真空阀的 DN50 管道；5—连接本体的 DN50 阀门；6—连接冷却器的 DN100 阀门

(2) 现场排气检查。基于上述原因分析，认为极Ⅰ低端另外 4 台换流变压器内可能也存在少量气体，其余三个换流器投入排油系统后也需进行排气检查。经停电检查，见表 4-20-3，四阀组换流器 24 台换流变压器中有 7 台换流变压器排油系统管道内存在窝气情况，与故障分析原因吻合，其中低端换流变压器排气点包括排油系统变径法兰、冷却器顶部、冷却器主连管、气体继电器等处，如图 4-20-13 所示，高端换流变压器排气点包括排油系统排气阀、冷却器顶部、冷却器主连管、气体继电器等处。

表 4-20-3　　24 台换流变压器排气检查情况

阀组	换流变压器位置	排出气体量	排气位置
极Ⅰ低端	Y/Y-A 相	排油系统变径法兰处排出 130mL 气体、 2 号分接开关气体继电器处有 270mL 气体	排油系统变径法兰、冷却器顶部、冷却器主连管、气体继电器
	Y/Y-B 相	排油系统变径法兰处排出 130mL 气体	
	Y/Y-C 相	无	
	Y/D-A 相	无	
	Y/D-B 相	2 号分接开关气体继电器处有 270mL 气体	
	Y/D-C 相	排油系统变径法兰处有明显气泡	
极Ⅰ高端	Y/Y-A 相	无	排油系统排气阀、冷却器顶部、冷却器主连管、气体继电器
	Y/Y-B 相	无	
	Y/Y-C 相	无	
	Y/D-A 相	排油系统排气阀有明显气泡	
	Y/D-B 相	排油系统排气阀有气泡	
	Y/D-C 相	无	
极Ⅱ低端	Y/Y-A 相	无	排油系统变径法兰、冷却器顶部、冷却器主连管、气体继电器
	Y/Y-B 相	无	
	Y/Y-C 相	排油系统排气阀有气泡	
	Y/D-A 相	无	
	Y/D-B 相	无	
	Y/D-C 相	无	
极Ⅱ高端	Y/Y-A 相	无	排油系统排气阀、冷却器顶部、冷却器主连管、气体继电器
	Y/Y-B 相	无	
	Y/Y-C 相	无	
	Y/D-A 相	无	
	Y/D-B 相	无	
	Y/D-C 相	无	

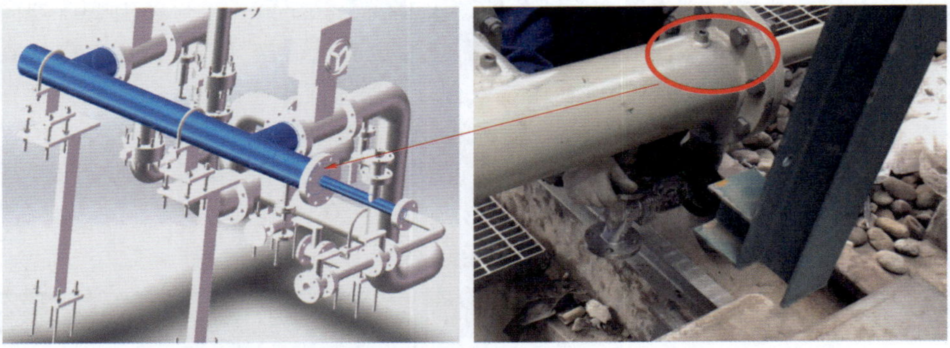

图 4-20-13　双极低端排油系统管道排气位置（松开螺栓排气）

第五篇

直流穿墙套管典型故障及缺陷案例分析

特高压直流穿墙套管是特高压直流输电系统的核心设备之一，具备载流、绝缘及支撑等功能，其作用是将阀厅内换流阀的高、低压引线引到阀厅外部，与外部直流场设备相连。国家电网有限公司在运直流穿墙套管主要由 ABB、ALSTOM、HSP、沈阳传奇等厂家生产供货。在运行过程中直流穿墙套管因设计、工艺、安装等原因造成了多起套管内部放电、外绝缘闪络、套管接头过热、漏气等故障。

21 ABB直流穿墙套管

21.1 结 构 介 绍

ABB直流穿墙套管，主要分为六氟化硫（SF_6）气体绝缘结构、环氧树脂浸渍干式结构。下面对GGFL 800/400型套管结构进行介绍。

GGFL 800/400型套管是一种六氟化硫（SF_6）气体绝缘结构穿墙套管，其结构如图5-21-1所示，主要由空心复合绝缘子、导电杆、套管内屏蔽筒、套管外均压环及过渡法兰板等部分组成。铜铝合金导电杆为一体杆，外绝缘采用复合绝缘子，内绝缘采用六氟化硫（SF_6）气体，外置六氟化硫（SF_6）密度继电器，具有报警与闭环功能；套管内部采用金属屏蔽筒来优化内部电场和外部接地电场，使用“O形密封圈”（配有保护油脂）保证密封性。六氟化硫（SF_6）套管结构如图5-21-2所示。

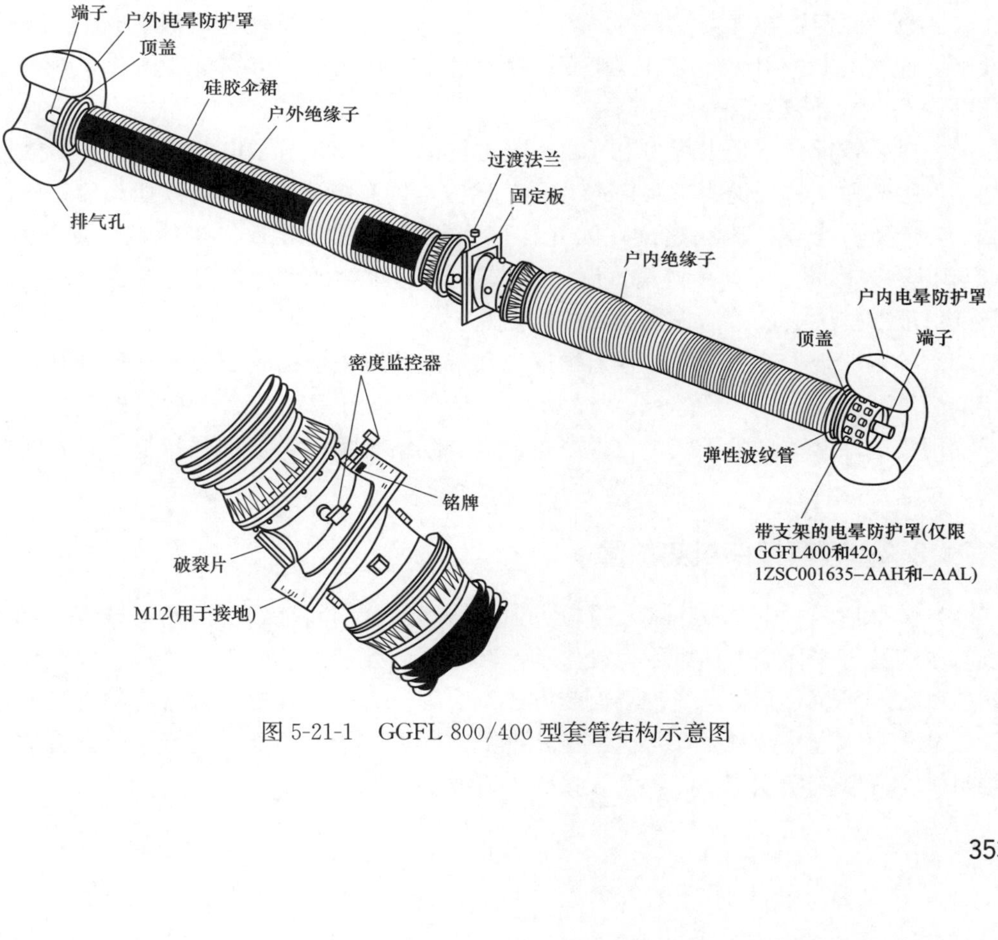

图5-21-1 GGFL 800/400型套管结构示意图

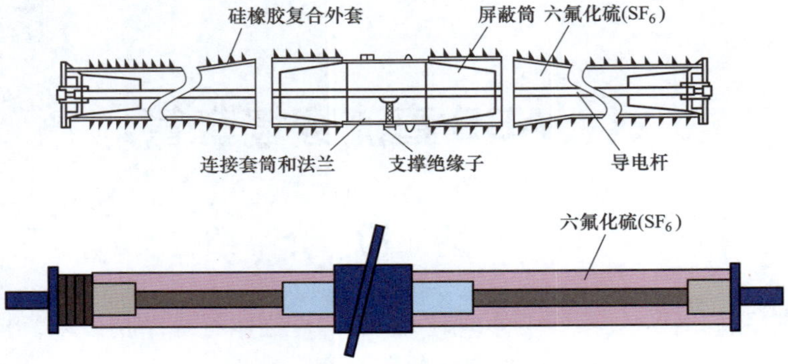

图 5-21-2　SF_6 套管结构示意图

21.2　故障及缺陷特征

ABB 直流穿墙套管在运行过程中，主要发生过套管闪络放电、套管接头过热故障。

21.2.1　套管外部闪络故障

（1）故障原因：在雨夹雪恶劣环境下，由于风向因素，在套管顶部形成干区，造成局部绝缘性能改变，引起局部电压畸变。在套管温升作用下，湿雪逐步融化，在伞裙间形成融雪桥接，导致套管外绝缘闪络。

（2）主要特征：一是表现为电气量及非电量保护动作，对于电气量保护一般为极母线差动保护动作（特别说明：2016 年以前，国家电网有限公司所辖特高压换流站阀厅光 TA 位于穿墙套管与换流阀之间，因此穿墙套管故障时会导致极母线差动保护动作，2016 年以后，将阀厅光 TA 移至直流场）。二是套管伞裙或者根部可能有放电痕迹，均压环处可能有烧蚀痕迹等。三是套管芯体良好。

（3）检测监视方法：一是加强运维巡视和带电检测，依据直流换流站运维管理规定或相应标准要求，定期开展巡视、红外测温、紫外检测工作，发现问题及时处置。二是当遇到雨雪、浓雾等恶劣天气，发现严重放电、闪络现象时，应加强特巡，必要时申请降压运行或停运检查。

21.2.2　套管接头过热故障

（1）故障原因：金具及引线自重较大，长周期运行期间随阀厅微振动导致套管顶部接线端子与套管本体法兰面紧固螺栓松动；套管厂内组装工艺不满足要求，导致套管端子螺栓紧固不到位；套管厂家现场安装方法不合理，起吊过程中套管端子动态受力导致螺栓松动；套管连接金具生产工艺不佳，抱箍与套管端子不匹配，抱箍未与套管端子完全接触，实际载流面积变小导致套管接头出现发热。

(2) 主要特征：一是套管接头发热与电流大小具有正相关性，随着负荷电流的增加，接头发热明显。二是故障检查时发现紧固螺栓力矩不足、接触面直阻超标。

(3) 检测监视方法：一是加强运维巡视和带电检测，依据直流换流站运维管理规定或相应标准要求，定期开展巡视、红外测温、紫外检测工作。二是在套管顶部接线端子、接触面等处粘贴感温纸，结合年度停电检修查看历史最高温度。

21.3　提升措施建议

21.3.1　针对套管闪络放电故障

一是开展工程设计阶段防污闪优化提升。①根据各区域污区分布，开展穿墙套管的设计选型，必要时适当提高套管外绝缘设计裕度。②充分考虑环境的适应性，直流穿墙套管应用环境差异巨大，应对绝缘、电场分布控制进行全面核算。③基于站址实际情况，选择性增加防雨或防雪棚，避免雨雪天气造成绝缘闪络。

二是加强运维阶段设备状态管控。①加强运行监盘。利用在线监测系统开展 SF_6 压力监视分析，常态化开展日比对、周分析、月总结，及时跟踪 SF_6 气体压力变化。②加强运维巡视和带电检测，依据直流换流站运维管理规定或相应标准要求，定期开展巡视、红外测温、紫外检测。当遇到雨雪、浓雾等恶劣天气，发现严重放电、闪络现象时，应加强特巡，必要时申请降压运行或停运检查。③建立套管设备台账，梳理典型故障案例，制定应急处置预案，提升故障应急分析处置能力。④结合年度检修机会，依据《电力系统污区分级与外绝缘选择标准　第 2 部分：直流系统》（Q/GDW 1152.2—2014）要求，被试品外表面附盐密度不超过 C_2 等级对应上限值：0.1mg/cm^2，被试品外表面憎水性等级不低于 HC5 级，开展盐密、灰密试验、憎水性测试工作。及时喷涂 RTV 涂料，对套管伞裙进行清洁，提高套管伞裙绝缘性能。⑤针对极寒地区，建议开展现场安装方式核查，防止套管户外侧部分绝缘子伞裙位于墙体内部，避免极端气象条件下，户外绝缘子表面积雪融化在墙体区域形成干湿分区，导致分界线区域电场畸变，引发套管内部发生放电。⑥规范换流站硅橡胶复合外套清洗剂选用，要做好入网检测，清洗剂使用不能影响硅橡胶小分子迁移，不能含有抑制小分子迁移的成分（如活性剂、硅油等），清洗后绝缘外套无清洗剂残留物。

21.3.2　针对套管接头过热故障

一是开展套管制造质量管控。①针对套管内部端子，生产制造单位应做好安全技术交底，确保工人熟悉整个安装工艺以及风险点、关键点。②对套管接线端子安装环节，生产制造单位应留存安装影像资料，便于后续核查追溯。③应加强接头金具加工工艺管控，开展金具温升试验及接触面压力试验，模拟实际运行工况，确保金具满足运行要求。

二是开展现场安装全过程跟踪管控。①严格按照套管起吊安装工艺流程开展穿墙套管安装，降低安装过程中端子受力松动的风险，采取加装防松动垫片、划力矩线等措施，做好螺栓防松动工作。②加强螺栓材质、力矩、直阻的管控，严格按照《电气装置安装工程母线装置施工及验收规范》（GB 50149—2010）及厂家设计要求开展螺栓力矩检查。严格按照“十步法”开展直阻施工作业，从内向外均匀紧固螺栓，紧固时确保各通流面之间间隙基本一致、不搭接。

三是加强套管外部连接金具管控。为增加载流效果，建议将户外侧金具两瓣式铜抱箍改进为四瓣式，在抱箍周围增加加强筋，防止抱箍受力变形。将户内侧铜抱箍六接触面改进为三接触面（正、反面接触），降低金具重量。

四是加强运维阶段设备状态管控。①加强运维巡视和带电检测，依据直流换流站运维管理规定或相应标准要求，定期开展巡视、红外测温、紫外检测工作，做好数据比对分析。②结合年度检修，按照《电气装置安装工程母线装置施工及验收规范》（GB 50149—2010）及厂家设计要求开展螺栓力矩检查；按照“十步法”开展直阻检查，接触面直阻进行检查测量。③开展直流穿墙套管整体直阻测量，比对出厂、交接及本次测量数据的差异，发现问题及时处置。

21.4 典型故障及缺陷案例

21.4.1 案例 68：直流穿墙套管放电故障

1. 情况说明

（1）故障前的运行情况。故障前，双极四阀组大地回线全压运行，天气为小雨加雪。

（2）故障过程描述。1 月 25 日 01:14，换流站极Ⅰ三套直流保护均发极母线差动Ⅱ段保护动作信号，极Ⅰ直流系统闭锁，损失直流功率 380MW。根据如图 5-21-3 所示的事件记录、故障录波和设备检查情况综合分析，初步判断故障原因为极Ⅰ高端 800kV 直流穿墙套管闪络导致极母线差动保护动作。

（3）故障设备基本情况。极Ⅰ高端 800kV 直流穿墙套管为瑞典 ABB 公司生产，型号为 GGFL800，故障时套管运行接近 1 年。

2. 检查情况

（1）保护动作情况。直流极保护配置图如图 5-21-4 所示，极母线差动保护的基本原理：

差动电流：I_PBDP_DIFF＝IDCP-IDL＋IZ1（极Ⅰ运行时）；

报警段：|I_PBDP_DIFF| ＞ 0.037 5×ID_NOM，延时 2s；

跳闸Ⅰ段：|I_PBDP_DIFF| ＞ 0.15×MAX(|IDL|,|IDC1P|,|IZ1|)，延时 150ms；

跳闸Ⅱ段：|I_PBDP_DIFF| ＞ 0.2×MAX(|IDL|,|IDC1P|,|IZ1|)，且 UDL＜0.54×UD_NOM，延时 6ms。

其中：I_PBDP_DIFF 为极母线差动电流计算值；IDL 为直流线路出线电流；IZ1 为直流滤波器高压侧电流；UDL 为极母线电压；ID_NOM 为额定直流电流；UD_NOM 为额定直流电压。

序号	时间	主机	系统	等级	报警组	事件
17517	2015-01-25　01:14:41.642	S2P1PPR1	C	报警	极	极母线差动保护Ⅱ段 动作
17518	2015-01-25　01:14:41.643	S2P1PPR1	A	报警	极	极母线差动保护Ⅱ段 动作
17519	2015-01-25　01:14:41.643	S2P1PPR1	B	报警	极	极母线差动保护Ⅱ段 动作
17520	2015-01-25　01:14:41.644	PCS-PR	-	报警	S2SSCA	启动 出现
17521	2015-01-25　01:14:41.644	PCS-PR	-	报警	S2SSCB	启动 出现
17522	2015-01-25　01:14:41.644	PCS-PR	-	正常	S2SSCA	极1高端阀启动 出现
17523	2015-01-25　01:14:41.644	PCS-PR	-	正常	S2SSCA	极1低端阀启动 出现
17524	2015-01-25　01:14:41.644	PCS-PR	-	正常	S2SSCB	极1高端阀启动 出现
17525	2015-01-25　01:14:41.644	PCS-PR	-	正常	S2SSCB	极1低端阀启动 出现
17526	2015-01-25　01:14:41.645	S2P1PCP1	A	紧急	极	极母线差动保护Ⅱ段 动作
17527	2015-01-25　01:14:41.645	S2P1PCP1	A	紧急	三取二逻辑	保护Z闭锁 On
17528	2015-01-25　01:14:41.646	S2P1PCP1	B	紧急	极	极母线差动保护Ⅱ段 动作
17529	2015-01-25　01:14:41.646	S2P1PCP1	A	紧急	三取二逻辑	保护发出跳交流断路器命令
17530	2015-01-25　01:14:41.646	S2P1PCP1	A	紧急	三取二逻辑	保护动作启动失灵 On
17531	2015-01-25　01:14:41.646	S2P1PCP1	A	紧急	三取二逻辑	保护发出锁定交流断路器命令 On
17532	2015-01-25　01:14:41.646	S2P1PCP1	A	紧急	三取二逻辑	保护发出极隔离命令
17533	2015-01-25　01:14:41.647	S2P1P2F1	A	紧急	极	极母线差动保护Ⅱ段 动作
17534	2015-01-25　01:14:41.647	S2P1P2F1	A	紧急	三取二逻辑	保护发出跳交流断路器命令
17535	2015-01-25　01:14:41.647	S2P1P2F1	A	紧急	三取二逻辑	保护动作启动失灵 On
17536	2015-01-25　01:14:41.647	S2P1P2F1	B	紧急	极	极母线差动保护Ⅱ段 动作
17537	2015-01-25　01:14:41.647	S2P1P2F1	B	紧急	三取二逻辑	保护发出跳交流断路器命令
17538	2015-01-25　01:14:41.647	S2P1P2F1	B	紧急	三取二逻辑	保护动作启动失灵 On

图 5-21-3　事件记录

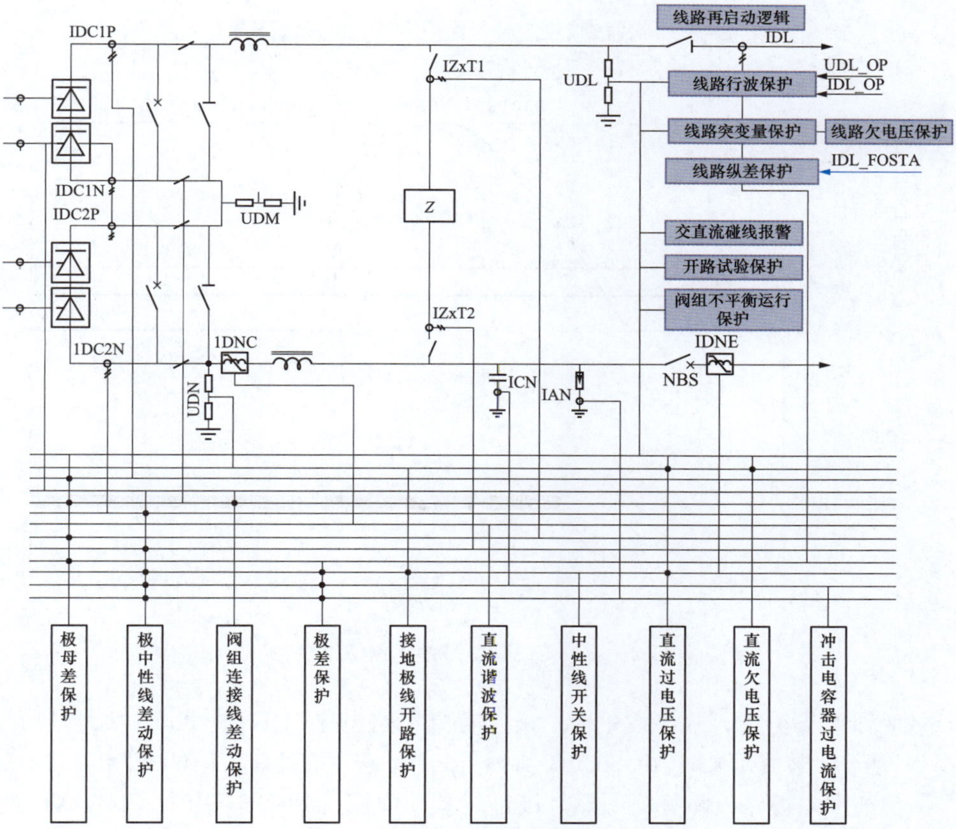

图 5-21-4　直流极保护配置图

保护动作时刻的相关电流、电压和差动电流波形如图 5-21-5 和图 5-21-6 所示。

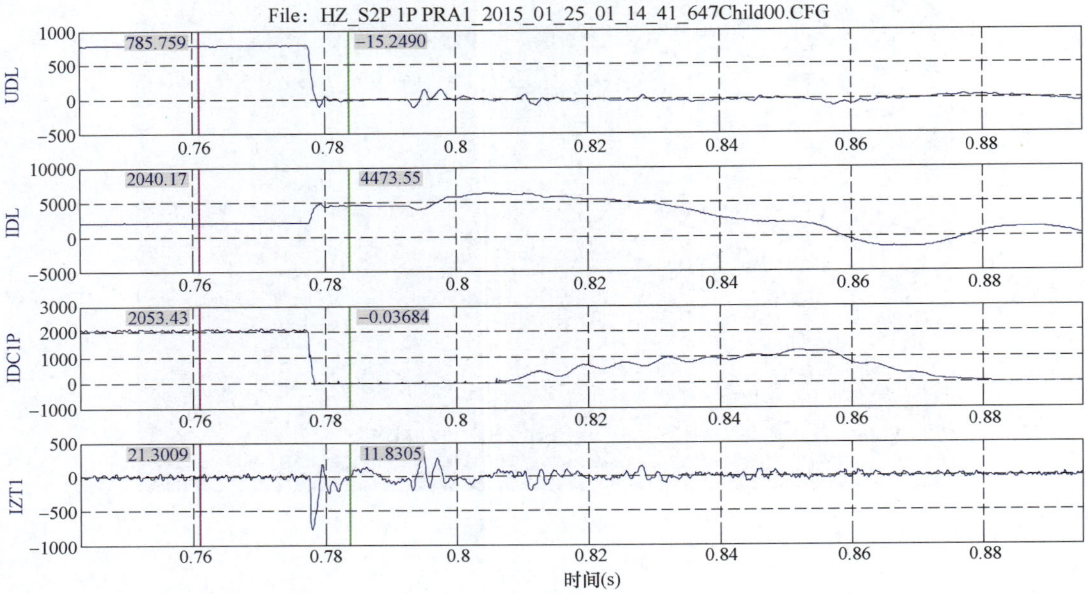

图 5-21-5　故障发生时刻保护电流、电压波形图

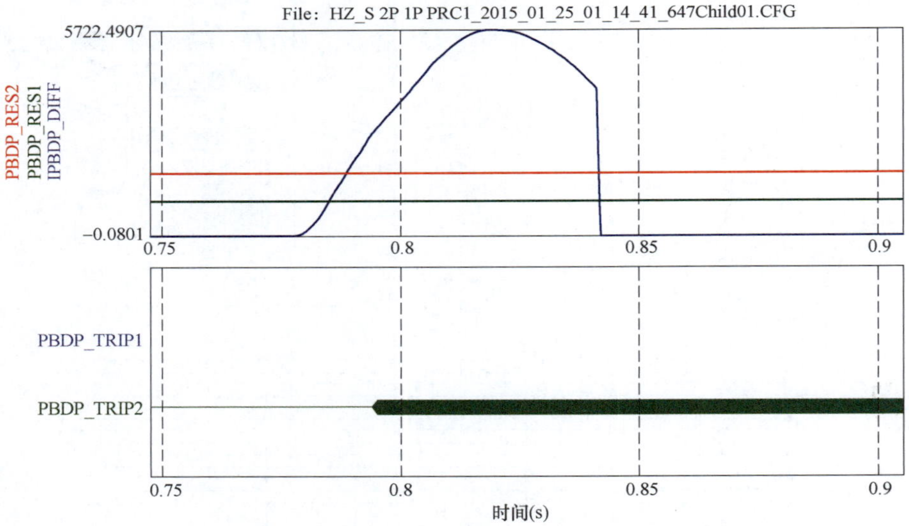

图 5-21-6　故障发生时刻差动电流波形图

从故障录波图分析，故障发生时，极Ⅰ直流线路电流 IDL 由 2000A 突增至 4400A；极Ⅰ高端阀出口电流 IDC1P 由 2000A 突降至 0A；极Ⅰ直流电压 UDL 由 784kV 突降 0kV，保护范围内短路故障特征明显。极母线差动电流 I_PBDP_DIFF（4400A）大于制动电流 PBDP_RES2（1750A）约 6ms 后跳闸，与极母线差动保护Ⅱ段逻辑相符，三套

保护动作正确。初步判断极母线差动保护范围内出现短路故障。

（2）外观检查情况。现场对极Ⅰ极母线保护区域内设备（极Ⅰ极母线区域及极Ⅰ高端阀厅设备）进行了外观检查，如图 5-21-7 所示，发现极Ⅰ高端 800kV 直流穿墙套管上表面存在明显放电痕迹，套管放电起点—顶端螺栓如图 5-21-8 所示，灼伤伞裙如图 5-21-9 所示，套管根部放电点如图 5-21-10 所示，放电接地点如图 5-21-11 所示。近距离对直流穿墙套管外观检查，伞裙弹性良好，未发现表面粉化、龟裂现象。

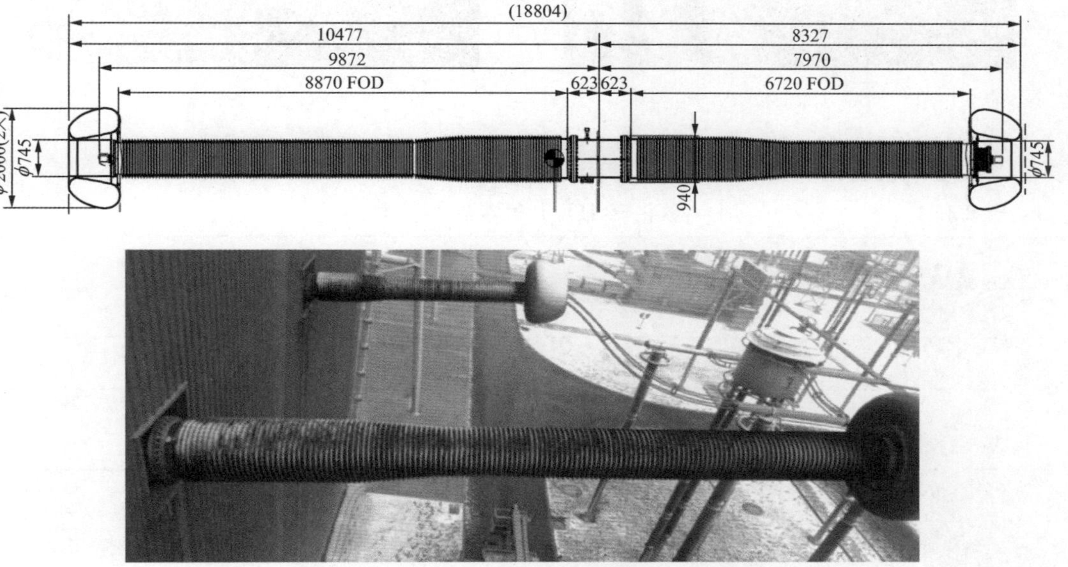

图 5-21-7　极Ⅰ高端阀厅穿墙套管

图 5-21-8　套管放电起点—顶端螺栓

图 5-21-9　灼伤伞裙

（3）试验验证情况。对故障套管进行 SF_6 气体微水、纯度及分解产物进行测量，见表 5-21-1 和表 5-21-2，试验结果未见异常。同时测量套管绝缘子盐密、雪密度以及雪电导率，试验结果见表 5-21-3～表 5-21-5。

图 5-21-10　套管根部放电点

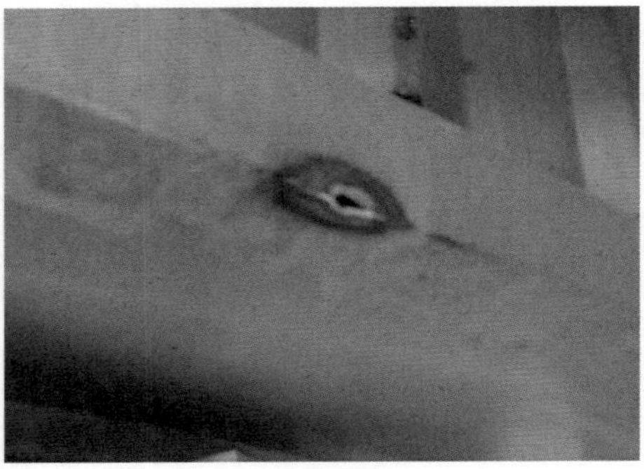

图 5-21-11　放电接地点（套管固定金属框上部边缘）

表 5-21-1　六氟化硫（SF_6）气体湿度检测结果

温度（℃）	3
湿度检测值（μL/L）	53
允许值 20℃（μL/L）	≤500

表 5-1-2　SF_6 气体分解产物检测结果

二氧化硫（SO_2）（μL/L）	0	二氧化硫（SO_2）和硫化氢（H_2S）含量小于或等于 5μL/L 为合格
硫化氢（H_2S）（μL/L）	0	
一氧化碳（CO）（μL/L）	14	
六氟化硫（SF_6）纯度（%）	99.8	纯度大于 97%为合格

表 5-21-3　复合绝缘子盐密测试结果

序号	取样地点	测量部位	等值盐密（mg/cm^2）	整片等值盐密（mg/cm^2）
1	极Ⅰ高端阀厅高压穿墙套管高压侧第 11 片	大伞上表面	0.136	0.127
		大伞下表面	0.118	
2	极Ⅰ高端阀厅高压穿墙套管高压侧中部	大伞上表面	0.075	0.065
		大伞下表面	0.054	
3	极Ⅰ高端阀组高压 PLC 电抗器地端第 3 片	大伞上表面	0.092	0.083
		大伞下表面	0.075	
4	极Ⅰ高端阀组低压 PLC 电抗器地端第 3 片	大伞上表面	0.082	0.069
		大伞下表面	0.056	

表 5-21-4 雪密度测试结果

序号	取样地点	测量时间	密度（mg/cm³）
1	极Ⅰ高端阀厅高压穿墙套管	2015 年 1 月 25 日 10:00	0.255
2	极Ⅱ高端阀厅侧墙附近草坪	2015 年 1 月 25 日 12:30	0.437

表 5-21-5 雪电导率测试结果

序号	取样地点	测量时间	电导率（μS）
1	极Ⅰ高端阀厅高压穿墙套管	2015 年 1 月 25 日 10:00	118
2	极Ⅱ高端阀厅侧墙附近草坪	2015 年 1 月 25 日 12:30	87

（4）故障修复情况。经综合分析后，对套管表面进行清理，完成 OLT 试验后于 1 月 25 日 13:48，极Ⅰ低端阀组恢复运行。

3. 原因分析

综合现场检查情况和故障时的天气情况判断，套管闪络主要原因为：在小雨加雪恶劣环境下，由于风向因素，在套管顶部形成约 0.8m 干区，造成局部电压畸变，极Ⅰ高端直流穿墙套管伞裙间积存大量湿雪，当时外部环境温度约为 0℃，在套管温升（约 5℃）作用下，湿雪逐步融化，在伞裙间形成融雪桥接，导致套管外绝缘闪络。

21.4.2 案例 69：直流穿墙套管接头发热故障

1. 情况说明

（1）故障过程描述。自 6 月 15 日直流 80%降压运行（输送功率 7200MW、直流电压 640kV、直流电流 5000A）以来，受端换流站极Ⅰ高端 400kV 直流穿墙套管户外侧接头、极Ⅰ低端 400kV 直流穿墙套管户内侧接出现发热异常情况，最高温度分别达到 83、94.2℃。8 月 5～9 日，轮停开展受端换流站极Ⅰ高、低端套管接头发热检查处理工作。

（2）故障设备基本情况。400kV 直流穿墙套管由瑞典 ABB 生产，型号为 GGFL 400，外形图如图 5-21-12 所示，ABB 厂家出具的最高运行温度值为 105℃。

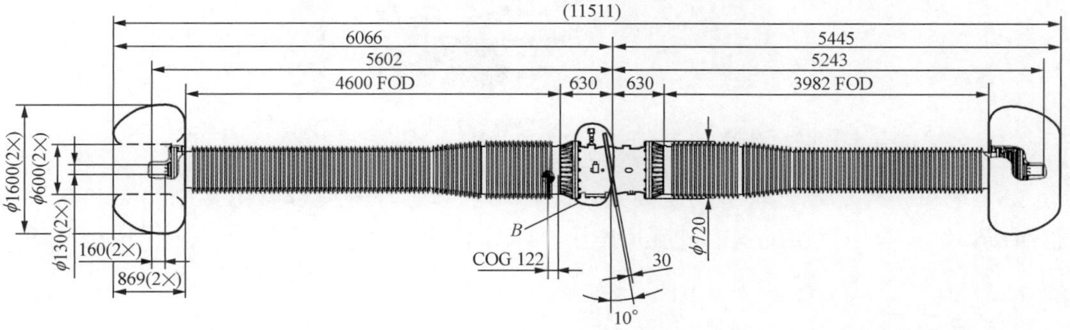

图 5-21-12 GGFL 400 外形图

1）套管端子结构。直流穿墙套管户内、户外侧端子结构如图 5-21-13 所示，套管内部采用整根铝质导杆，导杆引出法兰位置焊接铜铝合金材料，套管端部端子（镀银）通过 6 颗 M12 螺栓与法兰连接，ABB 出厂的力矩值为 40Nm。

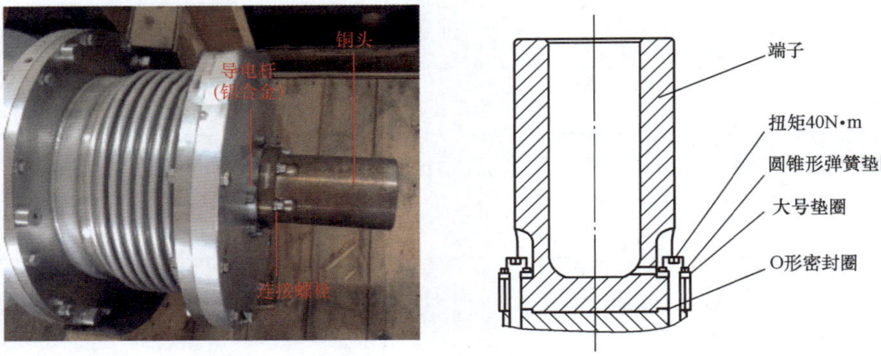

图 5-21-13　ABB 直流穿墙套管端子结构

2）套管户内侧端子与金具连接方式。400kV 直流穿墙套管户内侧金具由套管金具、软连接及管母金具等部分组成，端子连接结构如图 5-21-14 所示。套管金具、软连接均为铜材质，管母金具为铝材质。套管金具与套管导电杆、套管金具与铜制软连接均直接接触，铜制软连接与管母金具通过铜铝过渡片连接。

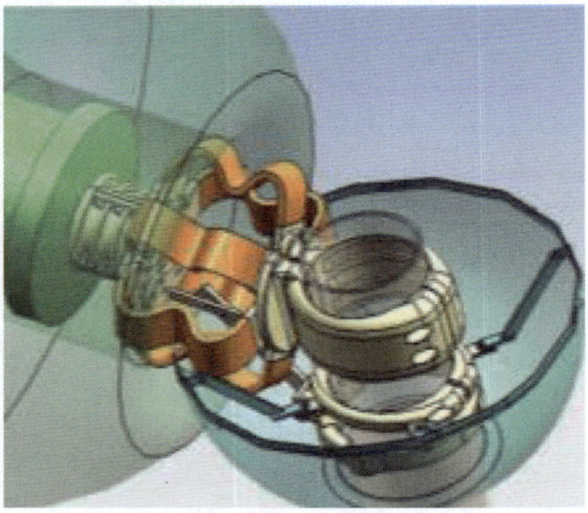

图 5-21-14　400kV 直流穿墙套管户内侧端子连接结构

3）套管户外侧端子与金具连接方式。400kV 套管户外侧金具由铝制线夹和紫铜抱箍组成，线夹与抱箍通过铜铝过渡片连接，四分裂导线通过线夹压接，端子连接结构如图 5-21-15 所示。

2. 检查情况

（1）极Ⅰ低端 400kV 套管户内侧接头检查。

1）发热区域温度监测。如图 5-21-16 所示，1 号感温纸为套管端子温度，2～7 号感温纸位于套管端子侧各接触面，温度最高为 99℃，8～13 号感温纸位于管母侧各接触

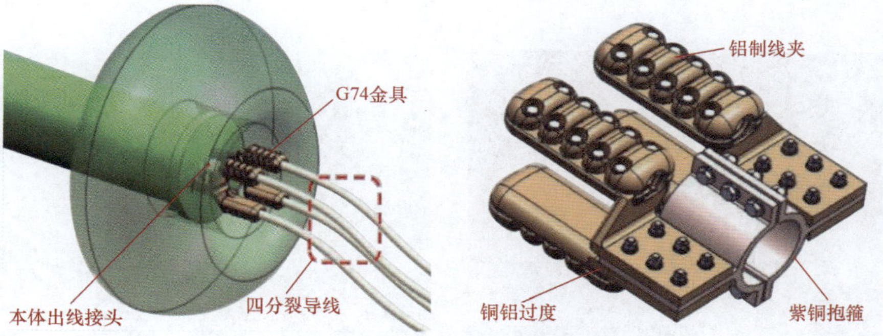

图 5-21-15　400kV 直流穿墙套管户外侧端子连接结构

面，温度在 70℃左右，感温纸显示发热区域集中于套管端子区域，与红外测温图谱显示位置一致。

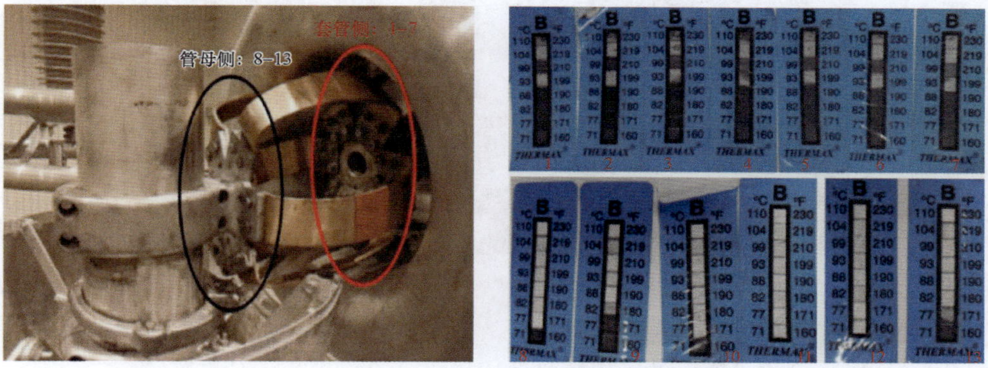

图 5-21-16　套管户内侧接头感温纸检查

2）套管六氟化硫（SF_6）气体检测。现场对套管六氟化硫（SF_6）气体进行纯度、分解产物及微水检测，六氟化硫（SF_6）纯度为 99.8%，未见异常分解物，微水值为 103.3μL/L，满足小于 500μL/L 的标准要求。

3）套管户内侧端子与金具接触电阻及力矩检查。对金具与套管端子涉及的所有接触面进行力矩和接触电阻检查，均满足“十步法”及厂家力矩值要求。

4）套管户内侧金具接头检查。对套管户内侧金具进行检查，如图 5-21-17 所示，发现两个载流铜制软连接接头相互接触。

5）套管户内侧端子与法兰面检查。

a. 外观检查：端子外观检查未见异常，无明显发热痕迹。

b. 接触电阻及回路电阻检查：对套管户内侧端子与法兰间接触电阻开展测试，并与备用套管同位置测试结果进行比对，如图 5-21-18 所示，异常过热套管、备用套管的接触电阻分别为 23.4、1.4μΩ，差异较大，整根套管（连同两侧端子）的回路电阻为101μΩ，交接值为 76.8μΩ。

图 5-21-17　套管户内侧载流软连接检查

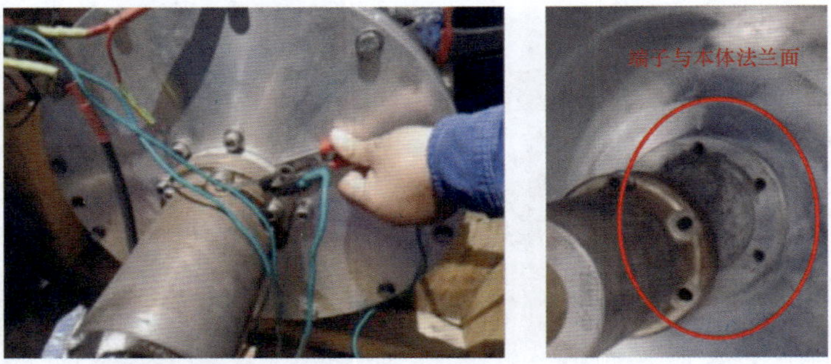

图 5-21-18　套管户内侧端子与法兰间接触电阻测试

c. 力矩检查：如图 5-21-19 所示，按照出厂装配标准 40N·m 的力矩，对套管端子 6 颗螺栓进行检查，检查结果见表 5-21-6，发现仅 1 颗螺栓满足力矩要求，其余 5 颗螺栓均存在不同程度松动。

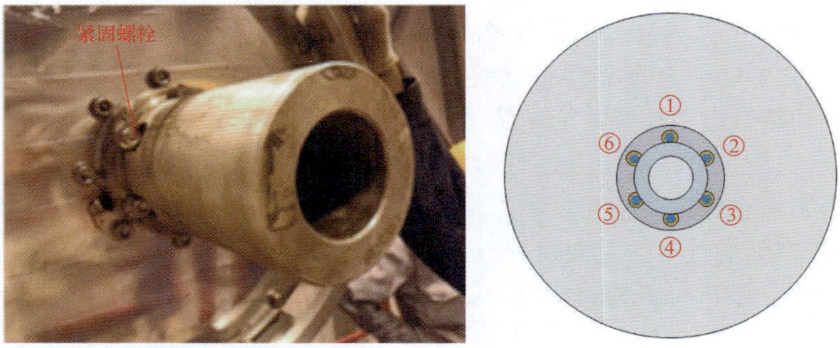

图 5-21-19　套管端子螺栓力矩检查

表 5-21-6　　　　　　　　户内侧端子固定螺栓松动情况

序号	螺栓位置	力矩扳手可转动角度	螺栓编号图
1	端子螺栓 1 号	540°（1.5 圈）	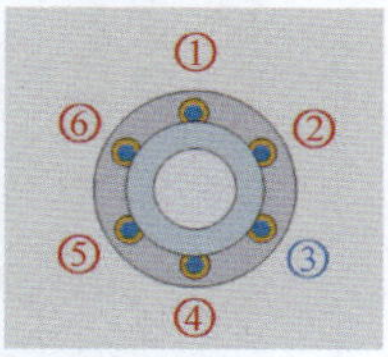
2	端子螺栓 2 号	180°（0.5 圈）	
3	端子螺栓 3 号	0°（正常）	
4	端子螺栓 4 号	40°（0.1 圈）	
5	端子螺栓 5 号	360°（1 圈）	
6	端子螺栓 6 号	360°（1 圈）	

d. 套管端子拆除检查：为进一步查找发热原因，现场拆下套管端子，如图 5-21-20 所示，发现套管载流法兰面与端子接触面均存在明显过热痕迹，套管端子与法兰面之间的密封圈形变不均，且局部存在受热硬化及鼓胀现象。

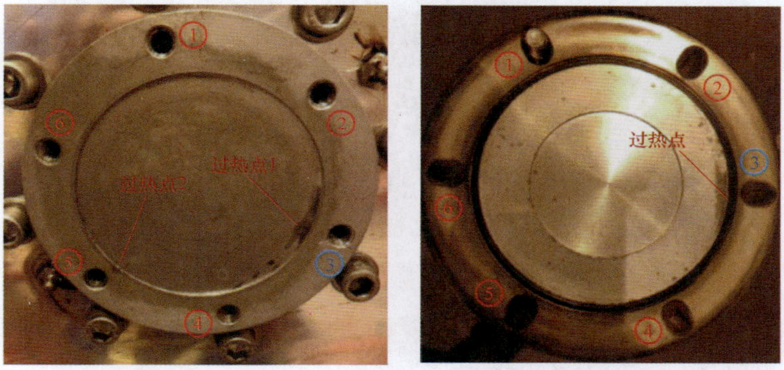

(a) 法兰面两处过热点　　(b) 端子过热点(与法兰面过热点1对应)

图 5-21-20　套管端子过热痕迹

（2）极Ⅰ高端 400kV 套管户外侧接头检查。

1）套管六氟化硫（SF_6）气体检测。对套管六氟化硫（SF_6）气体进行分解产物及微水测试，SF_6 纯度为 99.87%，未见异常分解物，微水值为 132μL/L，满足小于 500μL/L 的标准要求。

2）套管户外侧端子与金具接触电阻及力矩检查。对外部金具与套管端子涉及的所有接触面进行直阻及力矩测试，均满足“十步法”及厂家力矩值要求。

3）套管户外侧金具接头检查。将套管金具拆除，如图 5-21-21 所示，发现套管抱箍与套管导电杆未完全接触，抱箍与铜头上均存在接触部位与未接触部位的分界线。

4）套管户外侧端子与法兰面检查。

a. 接触电阻检查：如图 5-21-22 所示，对套管户外侧端子与法兰间接触电阻开展测试，并与备用套管同位置测试结果进行比对，异常过热套管、备用套管的接触电阻分别为 8.8、1.4μΩ。

b. 力矩检查：如图 5-21-23 所示，按照 45N·m 的力矩对套管端子 6 颗螺栓进行检查，检查结果见表 5-21-7，发现仅 1 颗螺栓可旋紧 20°，其余 5 颗螺栓均满足力矩要求。

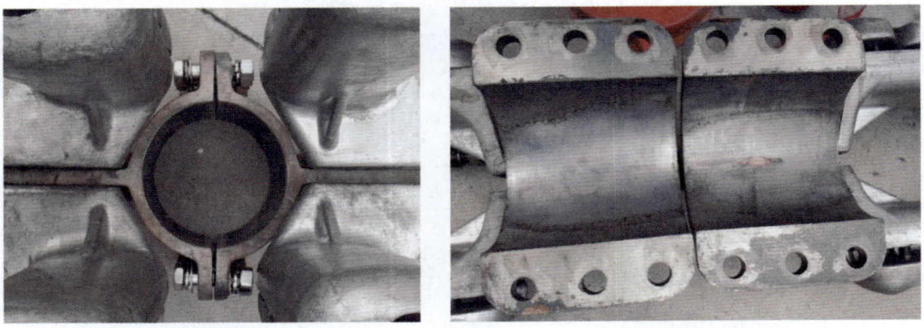

(a) 套管抱箍合并状态　　(b) 套管抱箍打开状态

图 5-21-21　套管金具外观检查

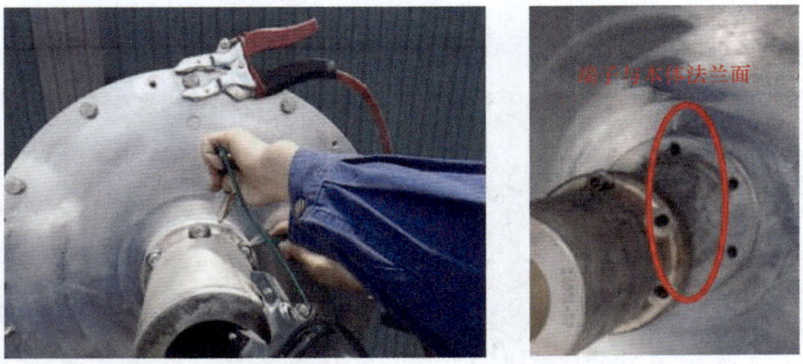

图 5-21-22　套管户外侧端子与法兰间接触电阻测试

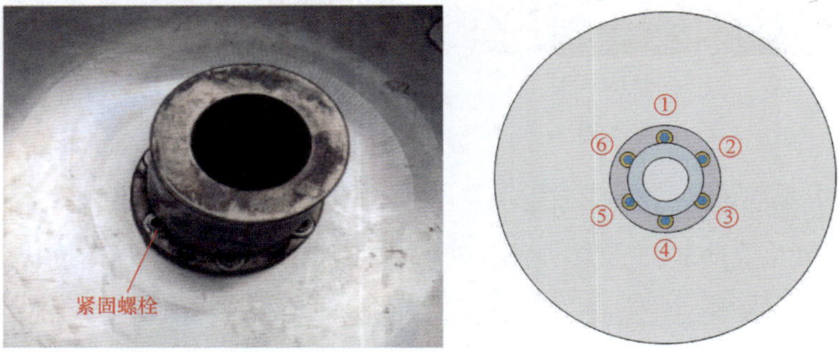

图 5-21-23　套管端子螺栓力矩检查

表 5-21-7　　户外侧端子固定螺栓松动情况

序号	螺栓位置	力矩扳手可转动角度	螺栓编号图
1	端子螺栓 1 号	0°（正常）	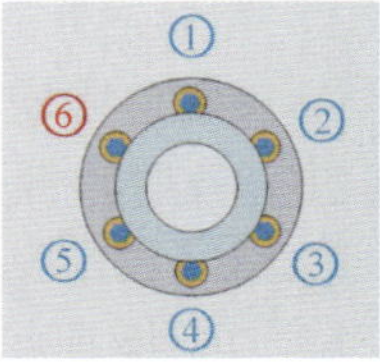
2	端子螺栓 2 号	0°（正常）	
3	端子螺栓 3 号	0°（正常）	
4	端子螺栓 4 号	0°（正常）	
5	端子螺栓 5 号	0°（正常）	
6	端子螺栓 6 号	20°（0.05 圈）	

c. 套管端子拆除检查：为进一步查找发热原因，现场拆下套管端子，如图 5-21-24 所示。发现套管铜头端子的载流面上存在部分过热痕迹，在载流面的局部还存在部分划痕。

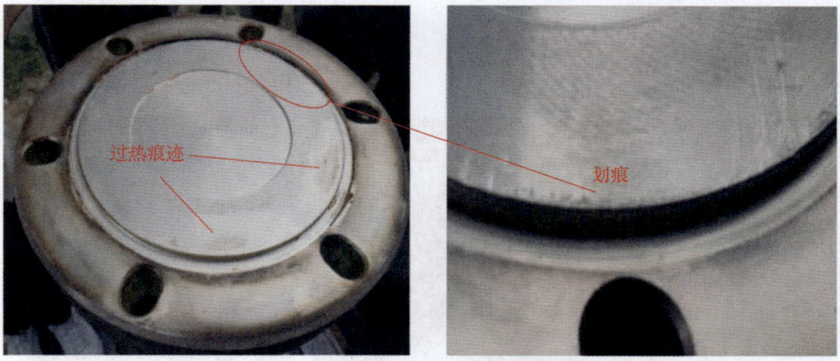

图 5-21-24　套管端子发热痕迹及划痕

3. 原因分析

(1) 极Ⅰ低端 400kV 直流穿墙套管接头发热原因分析。极Ⅰ低端 400kV 直流穿墙套管户内侧端子①、②、⑤、⑥号固定螺栓松动较多，端子与法兰上部区域接触不够紧密，接触电阻偏大，在大负荷运行条件下，靠近③号固定螺栓的接触面通过的电流较大，进而造成发热，如图 5-21-25 所示。

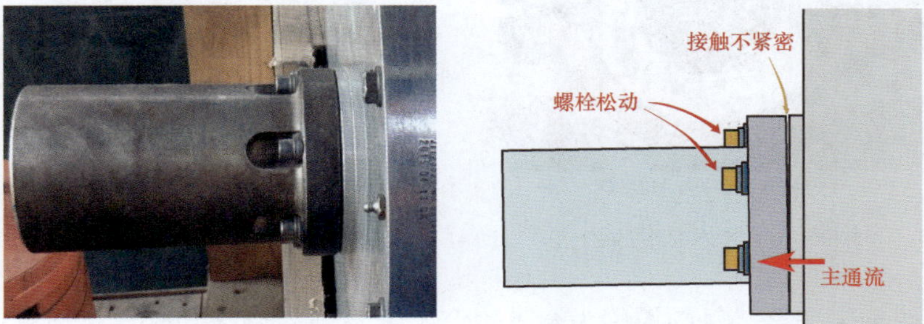

(a) 端子实物图片　　(b) 螺栓松动后端子示意

图 5-21-25　套管户内侧端子发热图

套管端子松动可能由以下原因导致：①套管厂内组装工艺不满足要求，导致套管端子螺栓紧固不到位；②套管厂家现场安装方法不合理，依据 ABB 安装说明书要求，套管安装时吊绳直接缠绕在套管端子上，并同时悬挂配重，起吊过程中套管端子动态受力导致螺栓松动；③金具及引线自重较大，长周期运行期间随阀厅微振动导致螺栓松动。

现场按照 ABB 厂内工艺，对套管端子与法兰接触面进行清洁处理，更换密封圈、不锈钢螺栓、弹垫及平垫，复装套管端子（紧固螺栓力矩为 45N·m），并划线标记。处理完成后，复测套管端子与法兰面接触电阻为 0.8μΩ，套管主回路电阻为 79.6μΩ（交接值 76.8μΩ)，较处理前 101μΩ 明显降低。同时，对全套外接金具也进行了整体更换。

（2）极Ⅰ高端 400kV 直流穿墙套管接头发热原因分析。如图 5-21-26 所示，现场检查套管抱箍及端子接触面，测量铜抱箍与套管端子的实际接触面积为 36 348mm^2，抱箍实际通流面积仅为设计载流面积的 56.1%。按照载流密度不大于载流密度 0.12A/mm^2 的标准要求，该工况下金具通流能力仅 36 348×0.12=4361.76A，因此在 5000A 运行电流下出现异常发热。

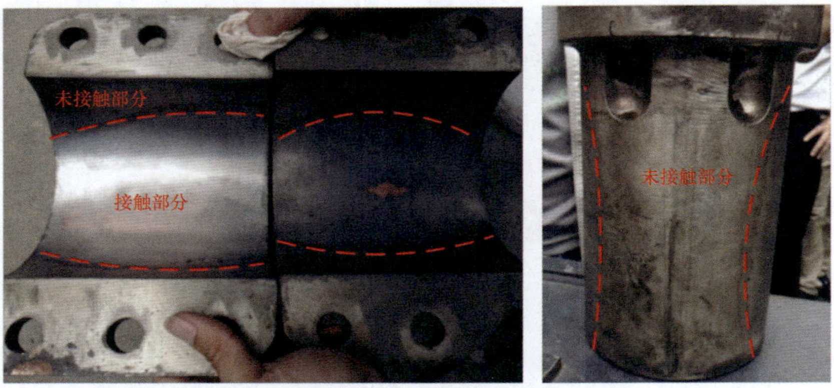

(a) 套管抱箍及端子接触面检查

(b) 抱箍及端子接触面照片

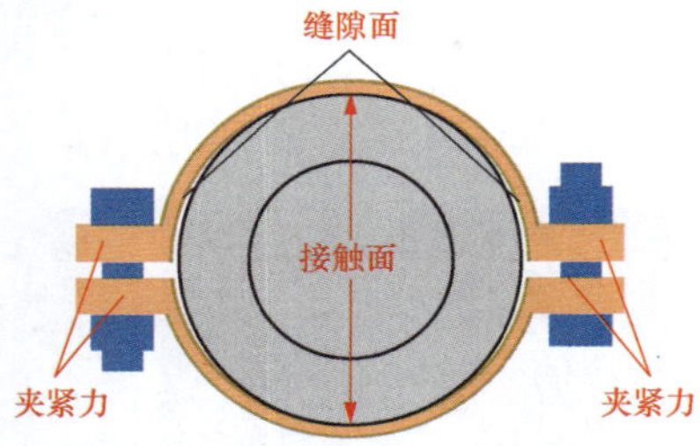

(c) 套管抱箍及端子接触面受力示意图

图 5-21-26　套管户外侧端子检查

抱箍与端子未完全接触的原因为金具生产工艺不满足要求，螺栓对抱箍施加夹紧力后，抱箍接触面弧度变形导致存在缝隙，载流面积变小导致发热。

现场按照 ABB 厂内工艺，对套管端子与法兰接触面进行清洁处理，更换密封圈及不锈钢螺栓，复装套管端子（紧固螺栓力矩为 45N·m)，并划线标记。处理完成后，复测套管端子与法兰面接触电阻为 1.1μΩ，套管主回路电阻为 73.4μΩ（交接值 75.9μΩ)，较处理前 80μΩ 有所降低。

同时采用站内备品金具对套管外部配套金具进行了更换。由于金具未换型，金具安装完成后，如图 5-21-27（a）所示，经检查下部铜抱箍与套管端子之间仍存在 2 处缝隙，缝隙 1 弧长占半抱箍弧长约 1/3，深约 10cm，缝隙 2 占半抱箍弧长 1/6，深约 4cm。为消除铝制线夹和导线拉力对下部铜抱箍的影响，使套管端子与抱箍完全贴合，如图 5-21-27（b）所示，现场将金具拆下向右旋转 90°后重新安装，安装完成后检查套管端子与铜抱箍之间未见任何缝隙。

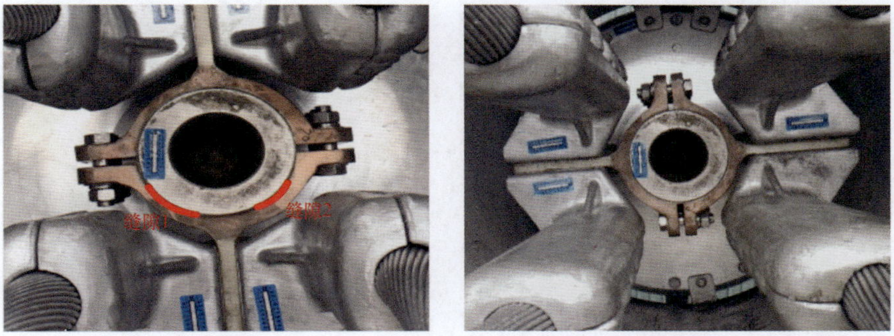

(a) 调整前　　(b) 调整后

图 5-21-27 套管外部配套金具更换及调整

处理后，5000A 运行电流下，极 Ⅰ 高端 400kV 直流穿墙套管户外侧接头温度为 57.5℃（处理前为 83℃），极 Ⅰ 低端 400kV 直流穿墙套管户内侧接头温度为 40.6℃（处理前为 94.2℃）。

（3）措施及建议。

1）ABB 套管端子防松动措施。针对套管端子固定螺栓松动问题，一是改进套管起吊安装工艺，降低安装过程中端子受力松动的风险；二是对出厂力矩值进行校核，适当增大力矩值，在金具安装前再次紧固螺栓并划线标记；三是将平垫、弹垫更换防松动垫片，确保长时间运行后螺栓不松动。

2）金具整改措施。针对金具工艺不满足要求问题，需将对金具换型改造，如图 5-21-28 所示，一是将户外侧金具两瓣式铜抱箍改进为四瓣式，并在抱箍周围增加加强筋，防止抱箍受力变形。二是将户内侧铜抱箍六接触面改进为三接触面（正、反面接触），降低金具重量，并生产同型号铝抱箍用于对比试验。三是开展金具温升试验及接触面压力试验，模拟实际运行工况，确保金具满足运行要求。

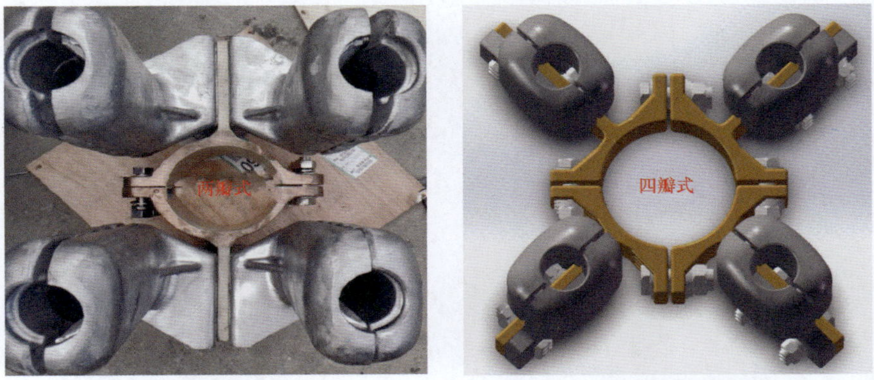

(a) 原金具俯视图　　(b) 改进型金具俯视图

图 5-21-28 套管户外侧金具改造前后对比（一）

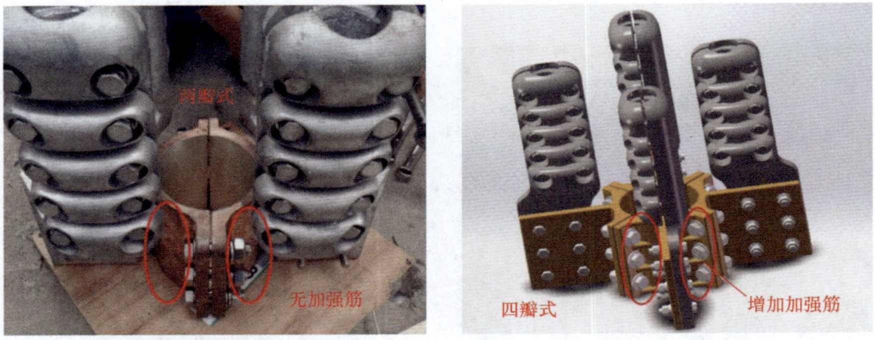

(c) 原金具正视图　　(d) 改进型金具正视图

图 5-21-28　套管户外侧金具改造前后对比（二）

3）金具安装工艺改进。如图 5-21-29 所示，严格按照“十步法”要求安装金具，从内向外均匀紧固螺栓，紧固时确保各通流面之间间隙基本一致、不搭接。

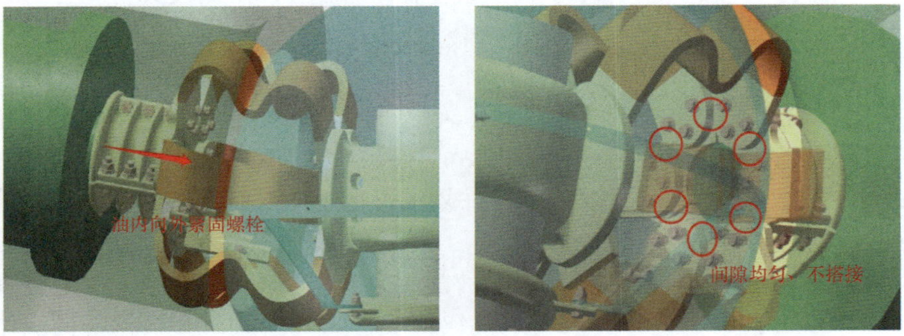

图 5-21-29　金具安装工艺改进

22 ALSTOM直流穿墙套管

22.1 结 构 介 绍

22.1.1 ALSTOM-PWHS 800型套管

ALSTOM-PWHS 800型穿墙套管为六氟化硫（SF_6）气体绝缘套管，如图5-22-1所示，载流导体通过套管中部法兰内的3个120°对称分布的支撑绝缘子固定。户外侧与户内侧在中部法兰处对接，采用插拔式结构，套管户外侧导体插入户内侧的套筒内，导体与套筒通过三个弹簧触指连接，对接后通过螺栓固定，形成一个套管整体，导杆由两根铝管组成。

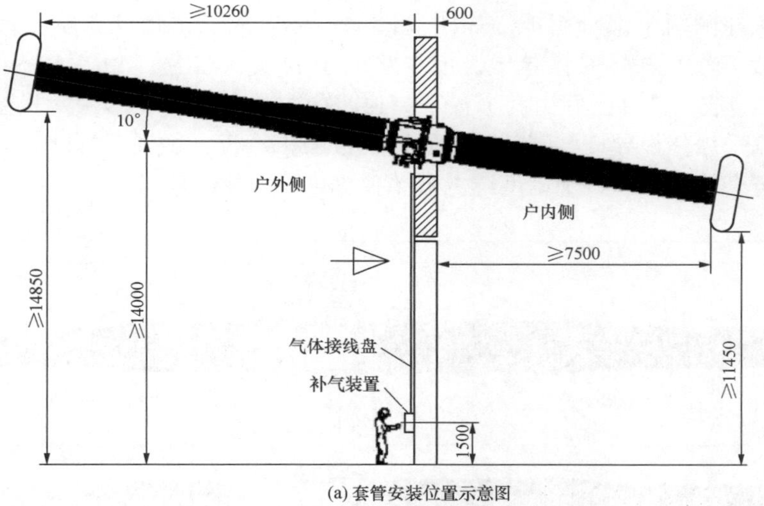

(a) 套管安装位置示意图

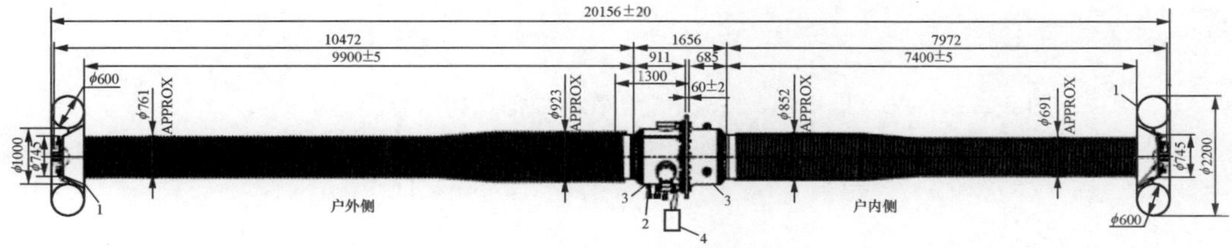

(b) 套管整体结构图

图5-22-1 套管整体和中部内部结构（单位：mm）（一）

1—户内（户外）空气侧防护罩；2—气体密度继电器；3—测试接头；4—带压力表以及接线盘的补气装置

(c) 套管中部结构示意图　　(d) 套管中部结构

图 5-22-1　套管整体和中部内部结构（单位：mm）（二）

22. 1. 2　ALSTOM-PWHS 400 型套管

ALSTOM 400kV 直流穿墙套管为六氟化硫（SF_6）高压套管，套管采用整体设计，由室内侧和室外侧两个部分组成。如图 5-22-2 所示，主要由带硅树脂裙部的复合绝缘子、内部屏蔽布置、内部铝管导体、带线路端子的顶部法兰（40kV）、顶部的环形电盾（400kV）组成。部件之间由两个置于单独凹槽中的同心“O 形圈”衬垫进行密封设计。内部载流采用整根导杆与端部对接通过表带触指载流，每根套管配备 3 块密度继电器单独连接至套管本体，每个密度继电器单独提供一套跳闸信号。

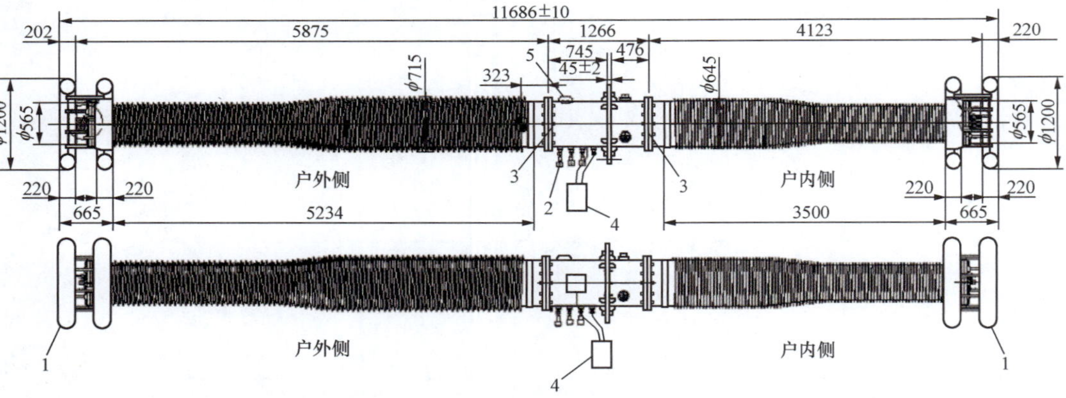

图 5-22-2　ALSTOM 400kV 直流套管内外部结构示意图（单位：mm）

1—均压环；2—六氟化硫（SF_6）密度继电器；3—功率因数抽头；4—补气接口；5—防爆膜

22. 2　故障及缺陷特征

实际运行经验表明，套管内部放电是在运 ALSTOM 套管的主要故障。

（1）故障原因：ALSTOM 直流穿墙套管铝制导电杆与套管外壳热膨胀系数不同，在负荷电流作用下导电杆与套管外壳发生相对位移，摩擦中间接头处弹簧表带触指产生金属颗粒；导电杆涂层工艺不良，导电杆温度上升，引起表面涂层起泡、凸起、损坏，产生一定导电颗粒；中间连接结构致使接头发热集中，温度由中间向两侧逐渐降低，导电颗粒悬浮在六氟化硫（SF_6）气体，随气流移动。两端温度差使绝缘子表面电阻率沿径向方向分布不均，而支柱绝缘子端部、导杆表面等电场强度较大，在电场力与气流的双重作用下，金属粒子易向导杆表面等部位移动，进而导致绝缘弱化，引发击穿。

（2）主要特征：一是表现为电气量及非电量保护动作闭锁，一般为极母线差动保护动作。非电量保护动作跳闸，OWS 后台六氟化硫（SF_6）压力迅速下降；二是套管外表面可见一定程度破损，例如防爆膜开裂、伞裙破损等。三是结合 ALSTOM 套管实际运行情况，解体后在导电杆、绝缘子、绝缘支撑表面、均压罩等处，能够看到清晰的放电痕迹。

（3）检测监视方法：一是利用在线监测系统进行跟踪，借助日比对、周分析、月总结工作，及时开展气六氟化硫（SF_6）体压力异常变化分析；二是加强日常巡视，检查金属安装板无开裂、变形等异常现象，接地可靠。三是必要时，开展六氟化硫（SF_6）微水、纯度及分解物测量的试验项目，并对试验结果进行比对分析。

22.3　提升措施建议

一是开展工程设计阶段优化提升。设计阶段应充分考虑不同材质的不同膨胀系数的影响，确保相对位移满足设计要求；对绝缘、电场分布控制进行全面核算，移除法兰内部上支柱绝缘子，避免过热六氟化硫（SF_6）气体的影响；旋转套管法兰，将防爆膜换至向下位置，避免污染颗粒漂浮；套管法兰区域的导管连接将改为固定螺栓连接，弹簧触指放置到低电场强度区域；将分段式导杆更换为整个导杆。

二是加强运维阶段设备状态管控。①加强运行监盘。利用在线监测系统开展六氟化硫（SF_6）压力监视分析，常态化开展日比对、周分析、月总结，及时跟踪 SF_6 气体压力变化。②加强运维巡视和带电检测，依据直流换流站运维管理规定或相应标准要求，定期开展巡视、红外测温、紫外检测。当遇到雨雪、浓雾等恶劣天气，发现严重放电、闪络现象时，应加强特巡，必要时申请降压运行或停运检查。对于首台套设备，适当增加巡视频率。③建立套管设备台账，梳理该类套管典型故障案例，制定应急处置预案，提升故障应急分析处置能力。④结合年度检修，开展套管绝缘电阻、主回路电阻、介质损耗因数（$\tan\delta$）及电容值（C）、六氟化硫（SF_6）微水、纯度及分解物测量的例行试验项目［可以参考《±800kV 特高压直流设备预防性试验规程》（Q/GDW 299—2020）］，对试验结果进行比对分析。

22.4　典型故障及缺陷案例

22.4.1　案例 70：直流穿墙套管放电故障

1. 情况说明

（1）故障前的运行情况。双极四阀组大地回线方式全压运行，输送功率 8000MW。

功率控制方式为双极功率控制，无功控制模式为自动。交流滤波器场，交流场，站用变压器等运行正常。

（2）故障过程描述。7 月 13 日 19:38，受端站 OWS 报“极Ⅱ极保护系统 A/B/C 直流极母差保护Ⅰ段 Z 闭锁、直流极差保护Ⅰ段 S 闭锁”“穿墙套管压力低跳闸”；19:41 送端站极Ⅰ高端阀组饱和保护动作，极Ⅰ高端闭锁，落地功率从 7560MW 跌至 1100MW。事件记录如图 5-22-3 所示。现场检查判断为极Ⅱ高端 800kV 直流穿墙套管内部故障。

2015-07-13,19:38:31:216	直流SER事件	从(A)	150881	极2低端阀控系统	=P2.WP.Q2(8022)/极2低端旁通断路器分位	状态	消失	--:--:--
2015-07-13,19:38:31:217	直流SER事件	主	192614	极2极保护系统A	直流极母线差保护I段Z闭锁	紧急/故障	产生	--:--:--
2015-07-13,19:38:31:217	直流SER事件	主	192641	极2极保护系统A	直流极母线差动I段保护Z闭锁跳交流断路器	紧急/故障	产生	--:--:--
2015-07-13,19:38:31:217	直流SER事件	主	193614	极2极保护系统B	直流极母线差保护I段Z闭锁	紧急/故障	产生	--:--:--
2015-07-13,19:38:31:217	直流SER事件	主	193641	极2极保护系统B	直流极母线差动I段保护Z闭锁跳交流断路器	紧急/故障	产生	--:--:--
2015-07-13,19:38:31:217	直流SER事件	主	194614	极2极保护系统C	直流极母线差保护I段Z闭锁	紧急/故障	产生	--:--:--
2015-07-13,19:38:31:217	直流SER事件	主	194641	极2极保护系统C	直流极母线差动I段保护Z闭锁跳交流断路器	紧急/故障	产生	--:--:--
2015-07-13,19:38:31:220	直流SER事件	从(B)	124835	极1低端阀控系统	交流电压零序换相失败预测动作	警告	产生	09:59:00
2015-07-13,19:38:31:220	直流SER事件	从(B)	124836	极1低端阀控系统	电流判据换相失败预测动作	警告	产生	09:59:00
2015-07-13,19:38:31:221	直流SER事件	从(B)	144835	极2高端阀控系统	交流电压零序换相失败预测动作	警告	产生	09:59:00
2015-07-13,19:38:31:222	直流SER事件	从(B)	134420	极2极控系统	极保护启动Z闭锁	紧急/故障	产生	--:--:--
2015-07-13,19:38:31:222	直流SER事件	从(B)	134427	极2极控系统	极保护启动极隔离	紧急/故障	产生	--:--:--
2015-07-13,19:38:31:222	直流SER事件	从(B)	134438	极2极控系统	极保护跳交流断路器	紧急/故障	产生	--:--:--
2015-07-13,19:38:31:222	直流SER事件	从(B)	134596	极2极控系统	旁通高端阀组	紧急/故障	产生	--:--:--
2015-07-13,19:38:31:222	直流SER事件	从(B)	134597	极2极控系统	旁通低端阀组	紧急/故障	产生	--:--:--
2015-07-13,19:38:31:222	直流SER事件	从(B)	134602	极2极控系统	低压限流（VDCL）动作	警告	产生	--:--:--
2015-07-13,19:38:31:223	直流SER事件	主(A)	124835	极1低端阀控系统	交流电压零序换相失败预测动作	警告	产生	09:59:00
2015-07-13,19:38:31:223	直流SER事件	主(A)	124836	极1低端阀控系统	电流判据换相失败预测动作	警告	产生	09:59:00
2015-07-13,19:38:31:224	直流SER事件	主(B)	150881	极2低端阀控系统	=P2.WP.Q2(8022)/极2低端旁通断路器分位	状态	消失	--:--:--
2015-07-13,19:38:31:225	直流SER事件	主(A)	144602	极2高端阀控系统	极控旁通阀组	状态	产生	--:--:--
2015-07-13,19:38:31:228	直流SER事件	从(A)	242866	站用电控制系统	=S2+DCTFR21/直流故障录波器启动	警告	产生	08:42:12
2015-07-13,19:38:31:228	直流SER事件	从(A)	242868	站用电控制系统	=S2+DCTFR22/直流故障录波器启动	警告	产生	08:42:12
2015-07-13,19:38:31:228	直流SER事件	从(A)	243188	站用电控制系统	=S2+DCTFR24/直流故障录波器启动	警告	产生	08:42:13
2015-07-13,19:38:31:237	直流SER事件	主	192611	极2极保护系统A	直流极差保护I段S闭锁	紧急/故障	产生	--:--:--
2015-07-13,19:38:31:237	直流SER事件	主	193611	极2极保护系统B	直流极差保护I段S闭锁	紧急/故障	产生	--:--:--
2015-07-13,19:38:31:237	直流SER事件	主	194611	极2极保护系统C	直流极差保护I段S闭锁	紧急/故障	产生	--:--:--
2015-07-13,19:38:31:239	直流SER事件	主	212614	极2低端阀组保护系统A	检测到任一桥换相失败	状态	消失	00:00:00
2015-07-13,19:38:31:240	直流SER事件	从(B)	140881	极2高端阀控系统	=P2.WP.Q1(8021)/极2高端旁通断路器分位	状态	消失	--:--:--
2015-07-13,19:38:31:240	直流SER事件	从(A)	154601	极2低端阀控系统	极控闭锁阀组	状态	产生	--:--:--
2015-07-13,19:38:31:240	直流SER事件	从(A)	154602	极2低端阀控系统	极控旁通阀组	状态	产生	--:--:--
2015-07-13,19:38:31:240	直流SER事件	从(A)	154605	极2低端阀控系统	阀组解锁状态	状态	消失	--:--:--
2015-07-13,19:38:31:240	直流SER事件	从(A)	154608	极2低端阀控系统	合旁通断路器	命令	产生	--:--:--
2015-07-13,19:38:31:240	直流SER事件	从(A)	154613	极2低端阀控系统	Z闭锁动作	紧急/故障	产生	--:--:--
2015-07-13,19:38:31:240	直流SER事件	从(A)	154619	极2低端阀控系统	投入旁通对	紧急/故障	产生	--:--:--
2015-07-13,19:38:31:240	直流SER事件	从(A)	154835	极2低端阀控系统	交流电压零序换相失败预测动作	警告	产生	09:59:00
2015-07-13,19:38:31:242	直流SER事件	主(A)	140881	极2高端阀控系统	=P2.WP.Q1(8021)/极2高端旁通断路器分位	状态	消失	--:--:--
2015-07-13,19:38:31:243	直流SER事件	主(B)	114835	极1高端阀控系统	交流电压零序换相失败预测动作	警告	产生	09:59:00
2015-07-13,19:38:31:243	直流SER事件	主(B)	114836	极1高端阀控系统	电流判据换相失败预测动作	警告	产生	09:59:00
2015-07-13,19:38:31:248	直流SER事件	主(B)	154601	极2低端阀控系统	极控闭锁阀组	状态	产生	--:--:--
2015-07-13,19:38:34:360	直流SER事件	从(A)	154599	极2低端阀控系统	外部跳闸	状态	消失	00:00:03
2015-07-13,19:38:34:368	直流SER事件	主(B)	154325	极2低端阀控系统	保护接口屏ESOF	状态	消失	00:00:03
2015-07-13,19:38:34:368	直流SER事件	主(B)	154599	极2低端阀控系统	外部跳闸	状态	消失	00:00:03
2015-07-13,19:38:34:387	辅助系统SOE事件	主	704954	保护接口	极2高端保护接口-1 穿墙套管1 SF6压力低2	警告	产生	--:--:--
2015-07-13,19:38:34:388	辅助系统SOE事件	主	704987	保护接口	极2高端保护接口-2 穿墙套管1 SF6压力低2	警告	产生	--:--:--
2015-07-13,19:38:34:390	辅助系统SOE事件	主	704958	保护接口	极2高端保护接口-1 信号开入总告警	警告	产生	--:--:--
2015-07-13,19:38:34:390	辅助系统SOE事件	主	704960	保护接口	极2高端保护接口-1 预告总	警告	产生	--:--:--
2015-07-13,19:38:34:391	辅助系统SOE事件	主	704991	保护接口	极2高端保护接口-2 信号开入总告警	警告	产生	--:--:--
2015-07-13,19:38:34:391	辅助系统SOE事件	主	704993	保护接口	极2高端保护接口-2 预告总	警告	产生	--:--:--
2015-07-13,19:38:34:393	辅助系统SOE事件	主	704950	保护接口	极2高端保护接口-1 穿墙套管1 SF6压力低跳闸	紧急/故障	产生	--:--:--
2015-07-13,19:38:34:393	辅助系统SOE事件	主	704952	保护接口	极2高端保护接口-1 穿墙套管1 SF6压力低1	警告	产生	--:--:--
2015-07-13,19:38:34:394	辅助系统SOE事件	主	704983	保护接口	极2高端保护接口-2 穿墙套管1 SF6压力低跳闸	紧急/故障	产生	--:--:--
2015-07-13,19:38:34:394	辅助系统SOE事件	主	704985	保护接口	极2高端保护接口-2 穿墙套管1 SF6压力低1	警告	产生	--:--:--
2015-07-13,19:38:34:396	辅助系统SOE事件	主	704958	保护接口	极2高端保护接口-1 信号开入总告警	状态	消失	00:00:00
2015-07-13,19:38:34:397	辅助系统SOE事件	主	704991	保护接口	极2高端保护接口-2 信号开入总告警	状态	消失	00:00:00
2015-07-13,19:38:34:409	直流SER事件	从(A)	114836	极1高端阀控系统	电流判据换相失败预测动作	警告	产生	00:00:03

图 5-22-3　事件记录

（3）故障设备基本情况。极Ⅱ高端 800kV 直流穿墙套管为阿尔斯通生产的首支 800kV 直流穿墙套管，型号为 PWHS 800. 1800. 5000，采用屏蔽筒式充复合外套［纯六氟化硫（SF_6）气体绝缘］结构，2014 年投运。如图 5-22-4 所示，套管全长 20. 1m，户内侧（右侧）长 8. 6m，户外侧（左侧）长 11. 5m，户外侧与户内侧在中部法兰处对接，采用插拔式结构，套管户外侧导体插入户内侧的套筒内，对接后通过螺栓固定，形成一个套管整体。套管为纯六氟化硫（SF_6）绝缘套管，载流导体通过套管中部法兰内的 3 个 120°对称分布的支撑绝缘子固定。

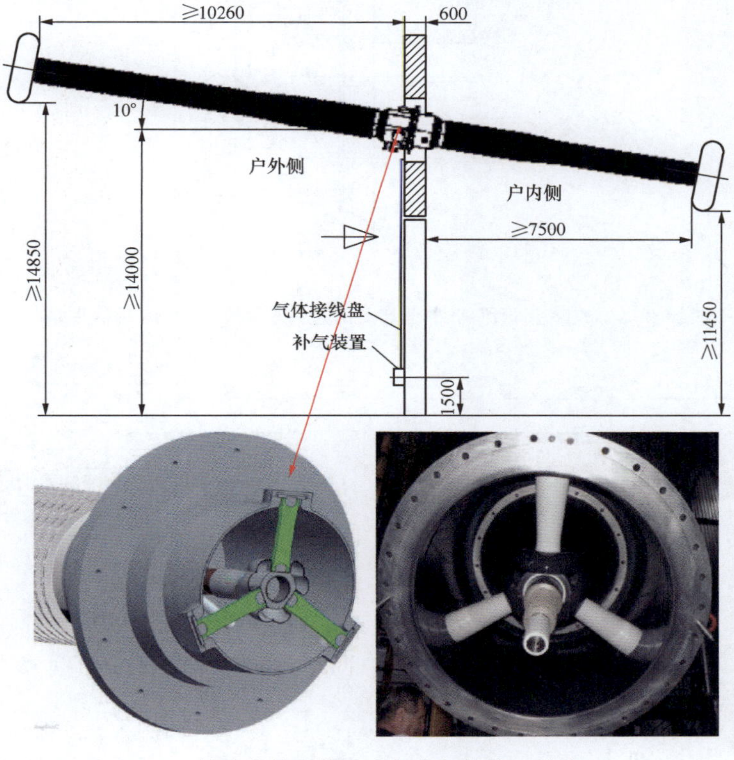

图 5-22-4　故障套管整体和中部内部结构（单位：mm）

套管的户内侧和户外侧复合绝缘套内外结构类似，如图 5-22-5 所示，绝缘套与中间法兰筒内部采用内屏蔽筒对电场进行优化，户外侧和户内侧端部采用“钟罩型”屏蔽罩对电场进行优化。

2. 检查情况

（1）保护动作情况。直流极保护配置图如图 5-22-6 所示。

1）直流极母线差动保护。

保护原理：直流极母线差动保护测量极母线直流电流（IDL）、阀厅光 TA（IDC1P，IDC1P 电流测量 TA 位于穿墙套管与换流阀之间）和直流滤波器电流（IZ1），以适当极性进行相加，差值超过预设值则保护动作。

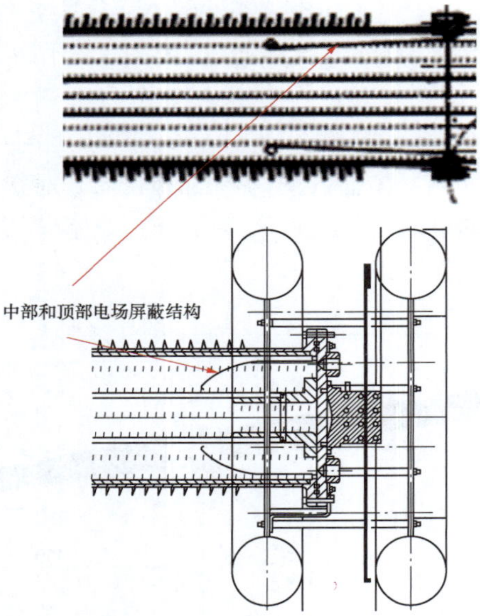

图 5-22-5 故障套管绝缘外套与中部连接套筒和端部接线盖板结构

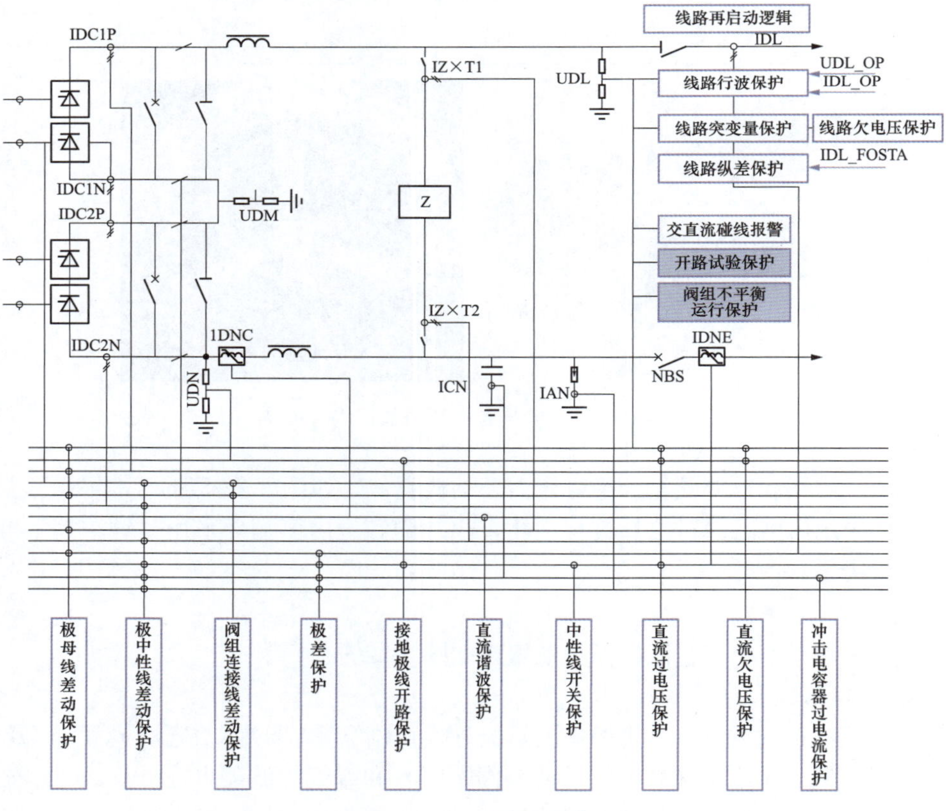

图 5-22-6 直流极保护配置图

保护 1 段动作逻辑：I_PBDP_DIFF ＞0.2×IDC1P＋0.35×IDL_NOM，延时 10ms，Z 闭锁，跳交流断路器；其中 I_PBDP_DIFF＝ I_PBDP_DIFF＝{[MAX(－IDC1P,0)＋MAX(IDL,0)＋MAX(－IZ1,0)]＋[MIN(－IDC1P,0)＋MIN(IDL,0)＋MIN(－IZ1,0)]}。

如图 5-22-7 所示，从故障录波上看 I_PBDP_DIFF＝7322.4A，差流动作定值 0.2×IDC2P＋0.35×IDL_NOM＝1750A，保护动作正确。

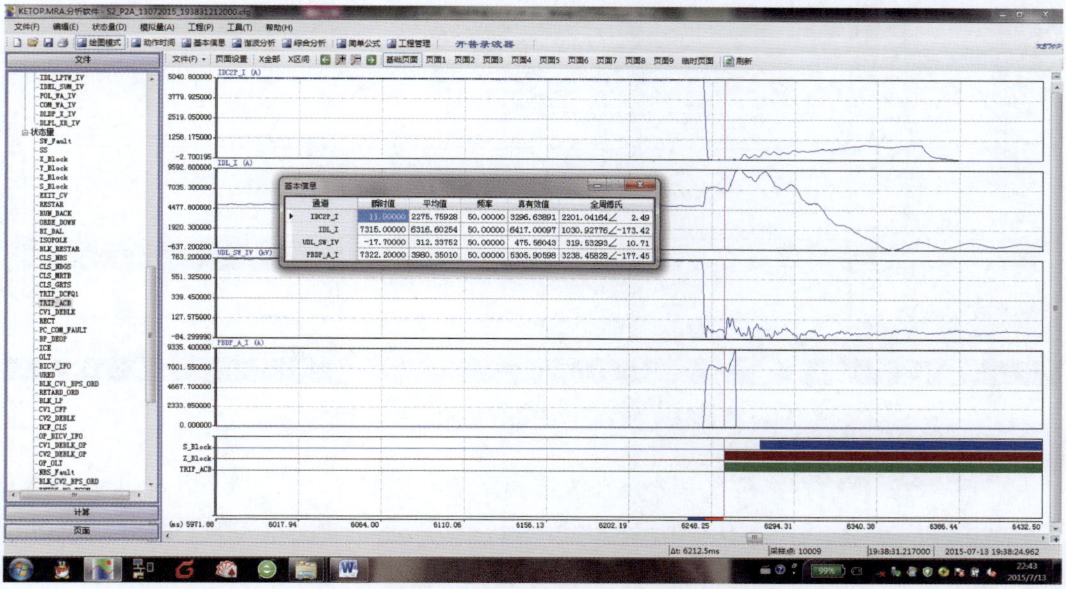

图 5-22-7　故障录波

2）直流极差动保护。

保护原理：直流测量直流线路电流（IDL）、极中性线电流（IDNE）、极中性线电容器电流（ICN）和极中性线避雷器电流（IAN）、直流滤波器避雷器电流（IAZ），以适当极性进行相加，如果差值超过预设值则保护动作。

保护动作逻辑：|I_PDP_DIFF| ＞0.2×IDL ＋0.35×ID_NOM，延时 30ms，1 段 S 闭锁，整流站延时 30ms，跳交流断路器；逆变站延时 40ms，跳交流断路器；其中：I_PDP_DIFF＝[MAX(－IDNE,0)＋MAX(IDL,0)＋MAX(－ICN,0)＋MAX(－IAN,0)＋MAX(－IAZ1,0)＋MAX(－IAZ2,0)]＋ [MIN(－IDNE,0)＋MIN(IDL,0)＋MIN(－ICN,0)＋MIN(－IAN,0)＋MIN(－IAZ1,0)＋MIN(－IAZ2,0)]。

如图 5-22-8 所示，从故障录波上看 I_PDP_DIFF＝7454A，差流动作定值 0.2×IDL＋0.35×ID_NOM ＝2750A，保护动作正确。

（2）外观检查情况。如图 5-22-9 所示，现场检查发现极 2 高端穿墙套管区域有较浓重异味，套管防爆膜导气槽严重变形，套管上部硅橡胶外绝缘套轻微破损，套管 SF_6 压力已降为 0.1MPa（正常套管压力约 0.7MPa），套管其他部位外观未发现闪络痕迹。

进一步检查发现防爆膜已损坏，如图 5-22-10 所示，透过防爆膜破损孔观察套管内部存在放电烧蚀痕迹。

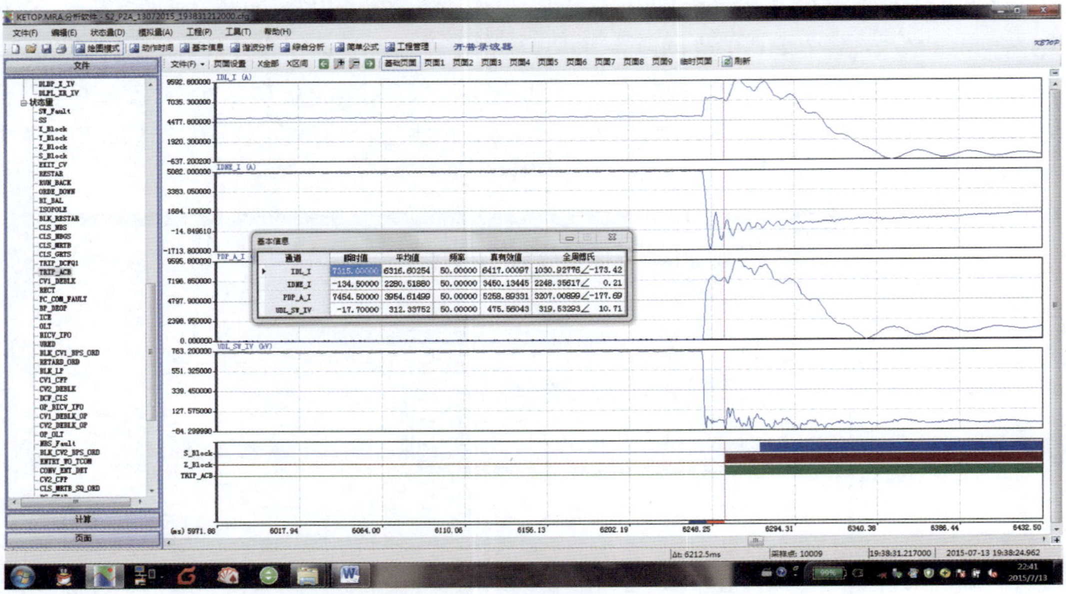

图 5-22-8　直流极差动保护相关故障录波

（3）后台数据检查。检查一体化在线监测系统，如图 5-22-11 所示，800kV 穿墙套管六氟化硫（SF_6）气体压力数据每 20min 进行一次采样，19:20 套管六氟化硫（SF_6）压力为 0.718MPa，19:40 压力降为 0.1MPa。前期，压力始终维持在 0.7MPa 左右，与其余 7 只直流穿墙套管对比，压力变化趋势未发现明显异常。

综合现场检查及保护动作情况分析，初步判断故障点位于极 2 高端穿墙套管区域。

(a) 套管异常位置　　(b) 异物

图 5-22-9　故障套管外观检查情况（一）

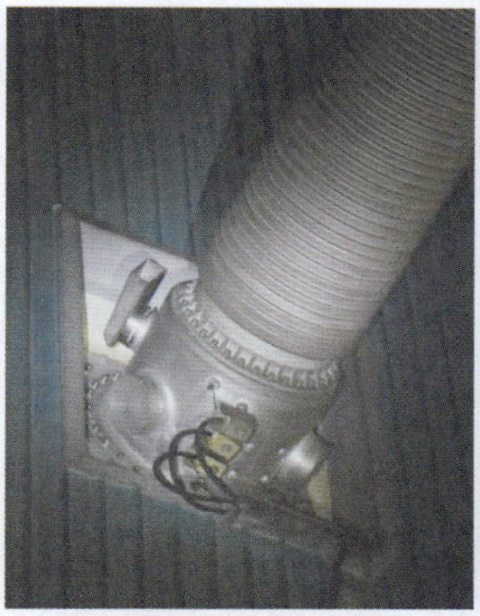

(c) 极1防爆膜导气槽正常状态

(d) 极2防爆膜导气槽异常状态

(e) 受损导气槽

(f) 六氟化硫(SF_6)表计

图 5-22-9　故障套管外观检查情况（二）

(a) 防爆膜破裂

(b) 透过防爆膜观察套管内部情况

图 5-22-10　防爆膜破裂及套管内部情况

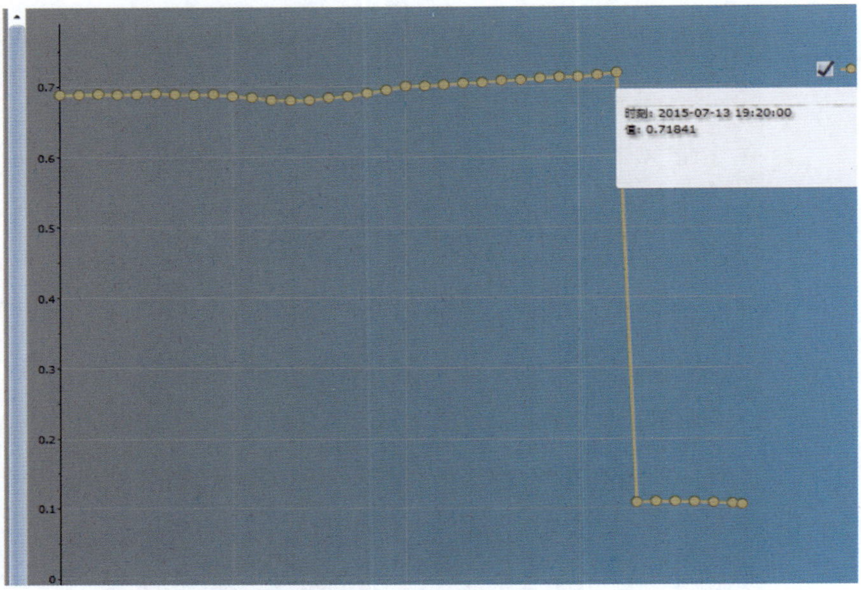

图 5-22-11　一体化后台套管六氟化硫（SF_6）压力（单位：MPa）

（4）解体检查情况。故障套管的解体工作包括套管直流电阻测试、套管户外侧和户内侧分离及内部检查、套管户外侧绝缘套连同导电杆的解体检查、套管户内侧绝缘套连同导杆的解体检查、支撑绝缘子解体检查。

1）套管直流电阻测试。如图 5-22-12 所示，测量套管解体前直流电阻，测试电流为 200A，测量结果为 97.4μΩ，与出厂试验 95μΩ 接近。

图 5-22-12　套管解体前直流电阻测量

2）套管户外侧和户内侧分离及内部检查。套管户外侧与户内侧在法兰处连接，采用插拔式结构，套管户外侧导体插入户内侧的套筒内，导体与套筒通过三个弹簧触指连接，每个弹簧触指载流量 2500A，三个弹簧触指最大载流量 7500A，直流额定电流 5000A。

首先将故障套管拆除法兰螺栓，从法兰处将户外侧与户内侧分离，将套管户外侧和户内侧完全分离，如图 5-22-13 所示。

图 5-22-13　套管户外侧和户内侧从法兰处分离

套管户外侧导电杆支撑绝缘子发现放电痕迹，采用铝材的 12 点钟方向的均压球击穿，沿支撑绝缘子表面有清晰的放电路径，如图 5-22-14 所示。左图户外侧导电杆末端为户外侧和户内侧对接安装时使用的白色导向锥，材料为 PET（涤纶树脂），融化温度为 250℃，解体后该材料完好。

图 5-22-14　户外侧连接套筒内支撑绝缘子放电通道

如图 5-22-15 所示，套管户外侧导电杆与弹簧触指连接处有弹簧触指压痕，在导杆上可以看到三个弹簧触指压痕，导电杆有受热变色痕迹。

如图 5-22-16 所示，套管户内侧套筒内可以看到三圈弹簧触指，弹簧触指和导电杆内壁上有变色痕迹。该弹簧采用铜合金镀银材料，规定的工作温度范围为－40～105℃，最大不允许超过 200℃，从解体结果来看弹簧触指弹性并未丧失。

3）户外侧绝缘外套连同导电杆的解体检查。将复合外套及环氧树脂筒与连接套筒法兰连接处的螺栓拆除，户外复合绝缘外套连同导电杆沿垂直方向拔出，如图 5-22-17 所示。

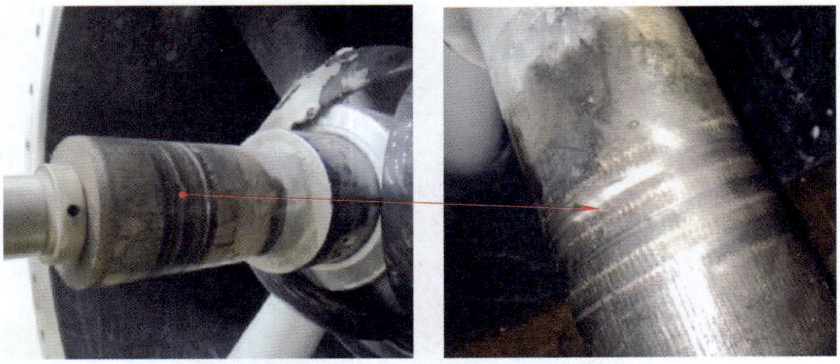

图 5-22-15　导电杆的压痕及受热痕迹

图 5-22-16　套管户内侧套筒弹簧触指

图 5-22-17　户外侧绝缘外套连同导电杆与中间法兰分离

如图 5-22-18 所示，拆除户外侧端部接线板盖板，拔出导电杆，在导电杆上发现放电时产生的粉尘。

图 5-22-18　户外侧绝缘外套与户外侧导电杆分离

如图 5-22-19 和图 5-22-20 所示，将导电杆与顶部端盖分离，同时将固定在环氧树脂筒内部的“钟罩型”屏蔽罩拆除。

图 5-22-19　户外侧导电杆和屏蔽结构与顶部端盖分离

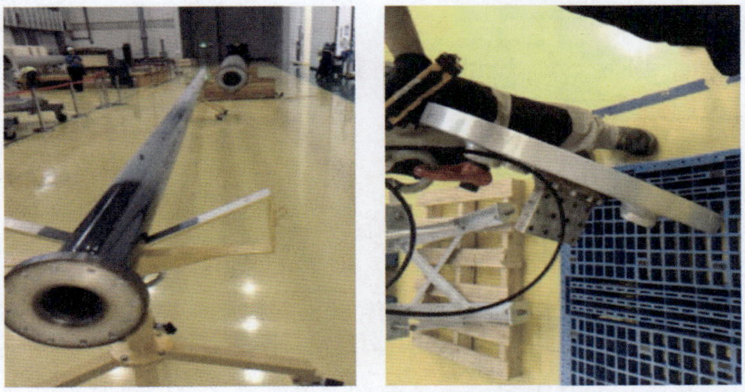

图 5-22-20　拆除的户外侧导电杆和顶部端盖

如图 5-22-21 所示，套管户外侧中间屏蔽筒内外表面和载流导电杆的表面积累了较多的粉尘，距离放生放电的支撑绝缘子越近的位置，积累粉尘越多。

图 5-22-21　户外侧中间屏蔽筒和导电杆表面的粉尘

4）套管户内侧绝缘套连同导电杆的解体检查。户内侧绝缘外套与法兰拆除前，需要先取出呈 120°分布的固定支架（运输时起固定作用），如图 5-22-22 所示。

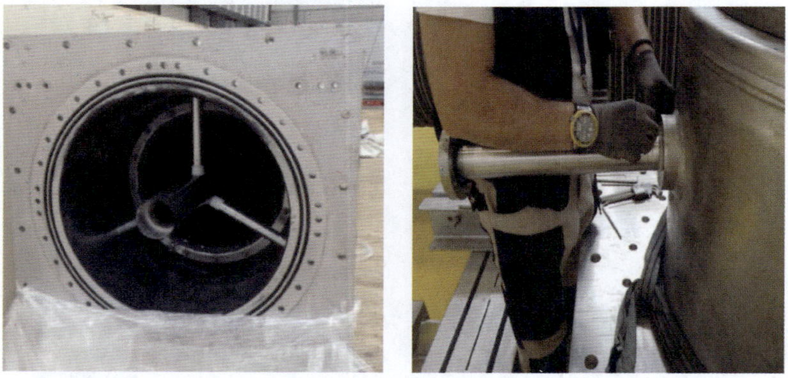

图 5-22-22　户内侧绝缘外套定位安装工装杆的拆除

户内侧绝缘外套与导电杆的拆除过程与户外部分拆除过程相同，整个过程如图 5-22-23 所示。

套管户内侧中间屏蔽筒内外表面和载流导电杆的表面相比，洁净度较好，粉尘较少，如图 5-22-24 所示。

5）放电支撑绝缘子的解体检查。故障绝缘子通过安装底盘和密封盖板固定在接地法兰筒上，解体时，先拆除绝缘子接地侧的密封盖板和安装地板，然后解开用于固定绝缘子的高压端滑动套筒上的紧固螺栓，最后将支撑绝缘子及附件从底盘处的安装孔中取

(a) 户内侧绝缘外套连同导电杆与中间连接套管分离

(b) 拆除的户内侧导电杆和顶部端盖

图 5-22-23 户内侧绝缘外套连同导电杆的解体分离

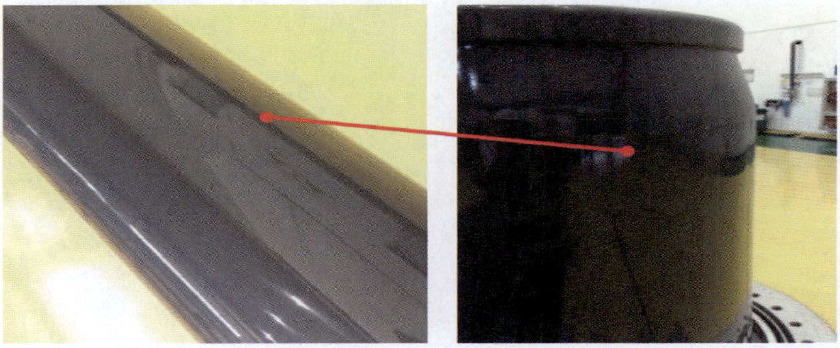

图 5-22-24 户内侧中间屏蔽筒和导电杆表面的洁净度

出，流程如图 5-22-25 所示。

如图 5-22-26 所示，发生放电的支撑绝缘子在从法兰筒上拆除前后，均能看到绝缘子从接地法兰筒沿表面至高电位导体，有明显的沿面闪络通道。

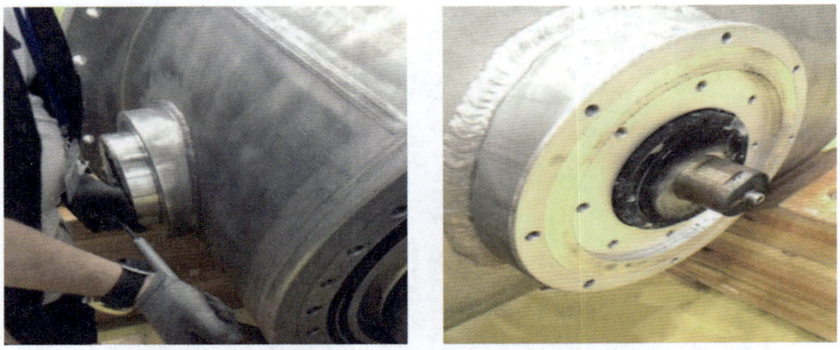

(a) 故障绝缘子法兰接地筒上安装底盘和密封盖板的拆除

(b) 故障绝缘子导电杆连接部位和均压环的拆除

(c) 拆卸完毕的放电绝缘子及附件

图 5-22-25　故障绝缘子及附件的拆卸解体

如图 5-22-27 所示，发生放电的支撑绝缘子的两端，邻近的接地法兰筒内壁上和铝制高压均压环烧蚀严重，高压导体和法兰内部上有融化后附着的外径 1～6mm 颗粒状铝块。

3. 原因分析

综合返厂解体情况，判断 800kV 直流穿墙套管放电原因如下：

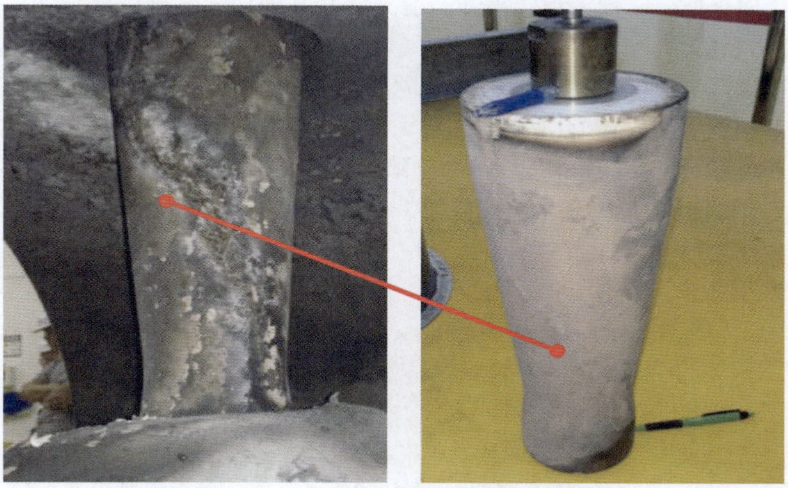

图 5-22-26 支撑绝缘子表面擦拭前后沿面闪络放电通道

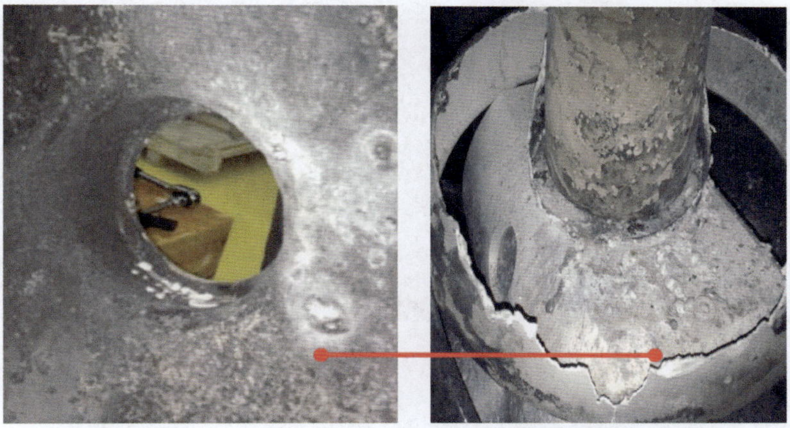

图 5-22-27 支撑绝缘子两端的法兰筒和均压环电弧烧蚀痕迹

（1）在长期大负荷条件下，户内和户外导体对接处（采用表带触指接触）发热。靠近导电杆的支撑绝缘子表面温度较高，远离导电杆的支撑绝缘子表面温度较低，两端温度差使绝缘子表面电阻率沿径向方向分布不均，从而使直流场强分布不均并出现畸变。

（2）套管导体每发生 10℃温度变化时，套管导电杆整体伸缩约 2.6mm，摩擦产生金属导电颗粒，导电颗粒在受热的六氟化硫（SF_6）气体带动下向上漂移至 12 点钟支撑绝缘子表面，加剧了绝缘子表面场强畸变，最终导致沿面闪络。

4. 同类问题梳理

（1）故障过程描述。2015 年 7 月 16 日，同一受端站采用阿尔斯通 800kV 直流穿墙套管备品完成故障穿墙套管更换并投入运行。10 月 20 日 03:05，极Ⅱ三套极母线差动保护、直流极差保护再次动作，极Ⅱ闭锁；功率从 7560MW 跌至 3700MW。

（2）现场检查情况。现场检查极Ⅱ高端穿墙套管外观未发现闪络痕迹，套管六氟化硫（SF_6）压力已降为 0.65MPa 并伴有漏气声音（正常套管压力约 0.7MPa），使用六氟化硫（SF_6）气体泄漏检测仪发现套管根部存在明显漏气现象。检查一体化在线监测系统，如图 5-22-28 所示，六氟化硫（SF_6）气体压力数据每 20s 进行一次采样，故障前套管六氟化硫（SF_6）压力为 0.698MPa，故障时压力突变为 0.751MPa，之后缓慢下降，截至 04:44，六氟化硫（SF_6）压力已降至 0.649MPa 并呈持续下降趋势。故障 0.5h 后，对故障套管六氟化硫（SF_6）气体成分进行检测，发现二氧化硫（SO_2）含量为 49.27μL/L，硫化氢（H_2S）含量为 41.57μL/L，一氧化碳（CO）含量为 31.95μL/L。

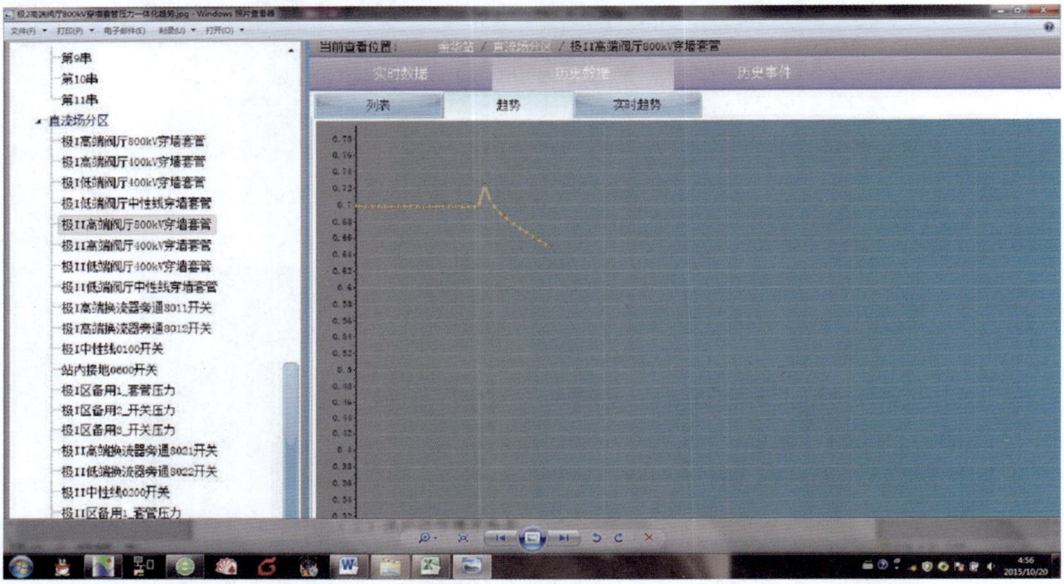

图 5-22-28　一体化在线监测后台极 2800kV 套管六氟化硫（SF_6）压力

（3）保护动作情况。现场查看故障录波，如图 5-22-29 所示，极Ⅱ极母线进线电流值 IDL、阀厅光 TA IDP 值异常，其中 IDL 峰值电流最高达 9398.8A，阀厅光 TA IDC1P 值降至 0A。检查确认三套极保护（PPR A/B/C）动作一致，均为极母线差动和极差动保护动作启动直流闭锁：保护动作正确。

（4）解体检查情况。2015 年 10 月 27 日，对故障套管开展厂内解体。拆除套管法兰螺栓，从法兰处将套管户外侧与户内侧、导电杆中间接头户外侧与户内侧进行解体，将屏蔽筒、高压导电杆进行分离。

1）套管内部大量粉尘。将套管户外侧与户内侧进行分离，如图 5-22-30 和图 5-22-31 所示，发现套管内部存在大量粉尘。

2）套管故障放电痕迹。套管内部支柱绝缘子表面有放电痕迹，如图 5-22-32 所示，户外侧法兰线已烧断，相邻螺栓位置存在电弧灼烧的凹坑。如图 5-22-33 所示，法兰户外、户内连接位置有过热碳化痕迹。

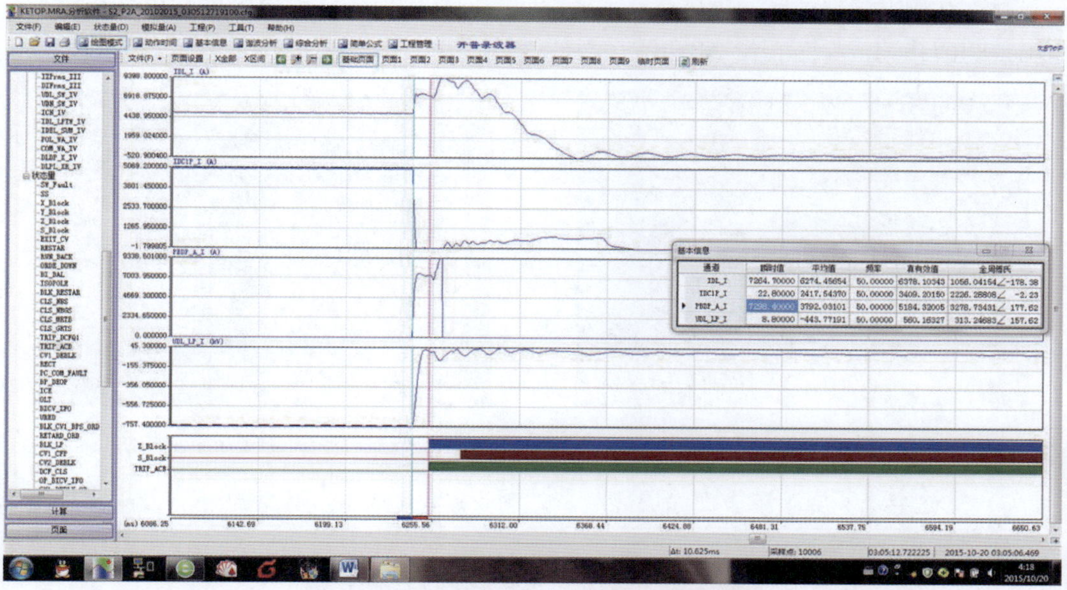

图 5-22-29　故障录波图

图 5-22-30　公头户外侧粉尘

图 5-22-31　母头户内侧粉尘

图 5-22-32　户外侧法兰线烧断

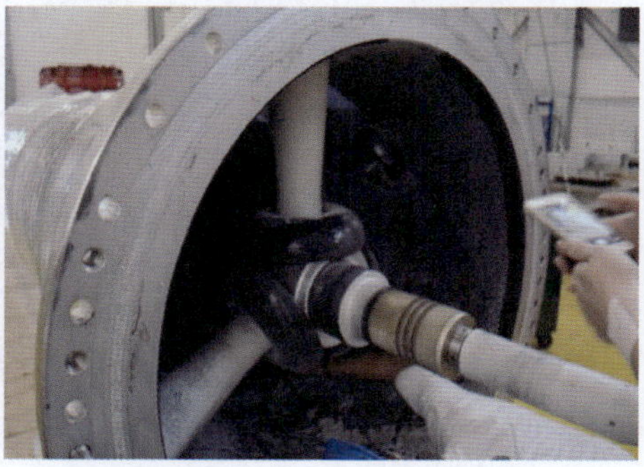

图 5-22-33　法兰面碳化

将户外侧套管屏蔽罩、高压导电杆取出，可见高压导电杆上表面屏蔽罩处存在大量电弧烧灼的孔洞，如图 5-22-34 和图 5-22-35 所示。

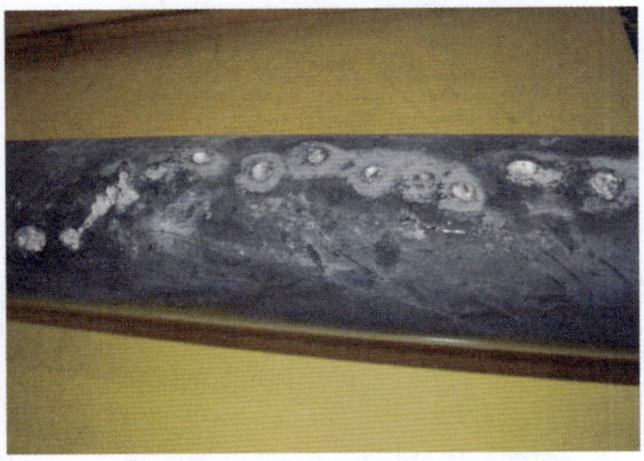

图 5-22-34　户外高压导电杆放电痕迹

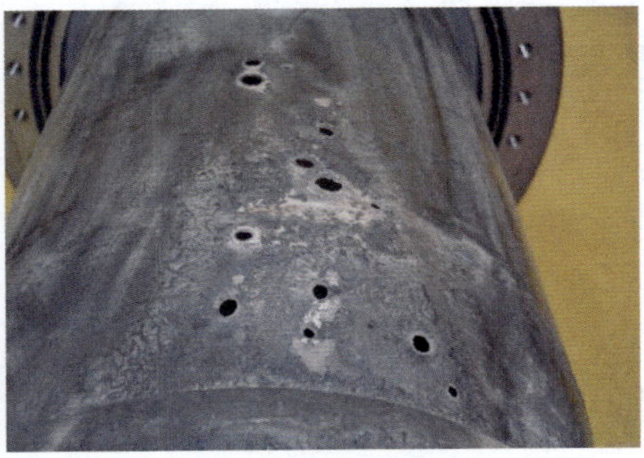

图 5-22-35　户外侧屏蔽罩烧灼的孔洞

3）支柱绝缘子屏蔽罩表面涂层隆起。如图 5-22-36 所示，套管户外侧公头支柱绝缘子表面涂层存在隆起现象。

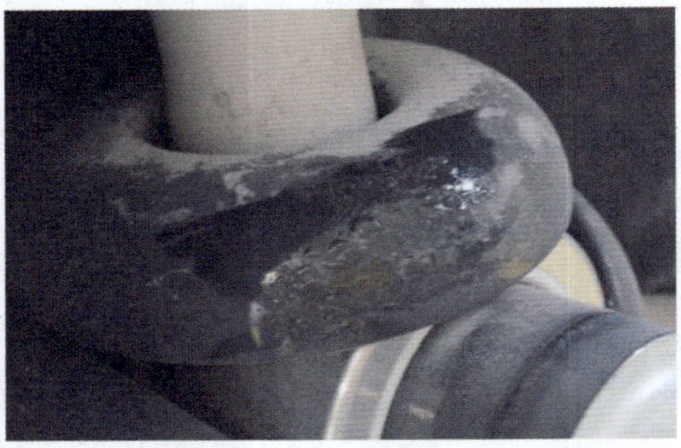

图 5-22-36　高压导电杆表面涂层隆起与损坏

4）高压导电杆涂层隆起损坏。高压导电杆粉尘清扫干净后，发现导电杆涂层存在四处不同程度的隆起或损坏，如图 5-22-37 所示。

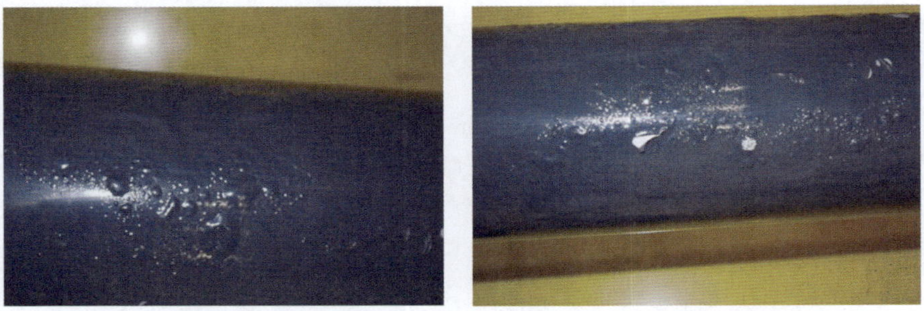

图 5-22-37　高压导电杆表面涂层隆起与损坏

（5）故障原因分析。综合前期套管解体情况，分析认为极Ⅱ穿墙套管故障原因为：

1）导电杆涂层工艺不良，在负荷电流作用下导电杆温度上升，引起表面涂层起泡、凸起损坏，并产生一定导电颗粒，导电颗粒会在六氟化硫（SF_6）气体中悬浮，导致电场强度下降，进而引起绝缘击穿。

2）在满负荷额定 5000A 电流运行下，因负荷电流热效应导电杆温度发生 50K 左右的变化，铝制导电杆的热膨胀系数大于以玻璃钢为主要材质的套管外壳膨胀系数，可相应发生 0.5mm 相对位移，进而摩擦中间接头弹簧触指，产生金属颗粒。

3）中间接头发热集中，温度高于接头外部，引发气流交换，带动金属颗粒运动。而支柱绝缘子端部、导杆表面等电场强度较大，在电场力与气流的双重作用下，金属粒子易向导杆表面等部位移动，进而导致绝缘弱化，引发击穿。

22.4.2 案例 71：直流穿墙套管放电故障

1. 情况说明

（1）故障前的运行情况。直流双极四阀组大地回线方式全压运行，输送功率 6400MW（额定输送功率 8000MW）。功率控制方式为双极功率控制，无功控制模式为自动。交流滤波器场、交流场、站用变压器等运行正常。

（2）故障过程描述。7 月 4 日 16:44:03，送端换流站极Ⅰ高端阀组差动保护 2 段、直流极差保护 2 段动作，极Ⅰ闭锁，故障导致功率损失 2200MW，11s 后极Ⅰ高端阀厅 800kV 直流穿墙套管六氟化硫（SF_6）压力低跳闸信号出现，1min54s 后极Ⅰ低端阀组自动重启成功，现场检查发现极Ⅰ高端 800kV 直流穿墙套管防爆膜破裂，六氟化硫（SF_6）气体压力降至 0.1MPa。事件记录见表 5-22-1。

表 5-22-1 事件记录表

序号	时间	主机	事件描述
1	16:44:03.097′	CPR11A/B/C	换流器差动保护Ⅱ段动作
2	16:44:03.098′	$P1C_2FA/B$	保护发出跳交流断路器启动失灵
3	16:44:03.098′	PCP1A/B	保护发出极隔离命令
4	16:44:03.098′	PCP1A/B	保护 X 闭锁
5	16:44:03.129′	PPR1A/B/C	极差动保护Ⅱ段 动作
6	16:44:03.131′	PCP1A/B	保护 Z 闭锁
7	16:44:03.153′	PCP1A/B	高阀穿墙套管故障出现
8	16:44:14.245′	$P1C_2FA/B$	A/B/C 柜高端阀厅 800kV 套管六氟化硫（SF_6）压力低跳闸动作
9	16:44:38.171′	PCP1A/B	极Ⅰ阀组自动解锁功能启动
10	16:44:38.244′	CCP11A/B	P1. WP. Q1(8011) 合
11	16:44:47.962′	PCP1A/B PCP2A/B	WN. Q13(01002) 合
12	16:44:49.701′	PCP1A/B PCP2A/B	WN. Q11(01001) 合
13	16:44:49.857′	PCP1A/B	P1. WN. Q1(0100) 合
14	16:45:03.835′	CCP11A	P1. WP. Q12(80116) 合

续表

序号	时间	主机	事件描述
15	16:45:03.886′	CCP11A/B	P1. WP. Q1(8011) 合
16	16:45:13.251′	PCP1A	P1. WP. Q17(80105) 合
17	16:45:13.283′	PCP1A	极Ⅰ极连接完成
18	16:45:25.850′	CCP11B	P1. WP. Q13(80111) 分
19	16:45:47.230	CCP11A/B	P1. WP. Q12(80112) 分（高端阀组隔离完成）

（3）故障设备基本情况。极Ⅰ高端 800kV 直流穿墙套管由阿尔斯通公司生产，套管型号 PWHS800.1800.5000，充六氟化硫（SF_6）复合外套［纯六氟化硫（SF_6）气体绝缘］结构。由于该型号的直流穿墙套管因设计缺陷先后导致某受端站先后发生两次直流闭锁故障，此次故障套管较之前的设计，有以下三方面改进提升。

1）将分段导电杆更换为整根中心导电杆。原三个绝缘支撑中取消顶部支撑，即取消温度相对较高区域的顶部绝缘支撑。

2）导流对接处从原来套管的中间位置改到户外侧端部，对接部位进行了重新设计，现采用两个大尺寸弹簧触指、优化的导向锥及更好的润滑方案。

3）取消中心导电杆表面涂层，通过机加工获得光滑的铝导体表面，杜绝涂层脱落而引起的可能的套管电气问题。

直流穿墙套管结构改进如图 5-22-38 所示。

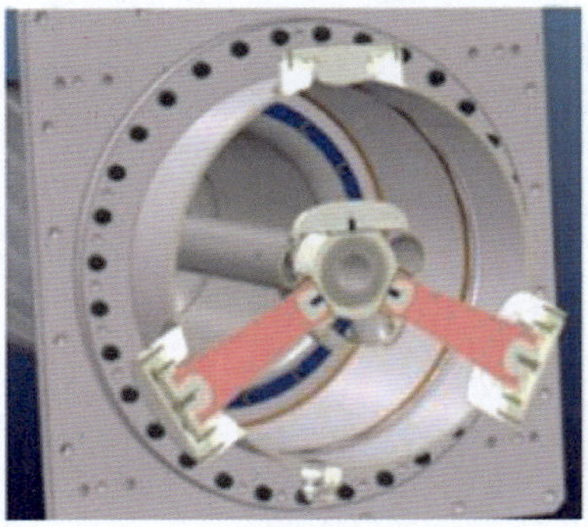

(a) 绝缘支撑

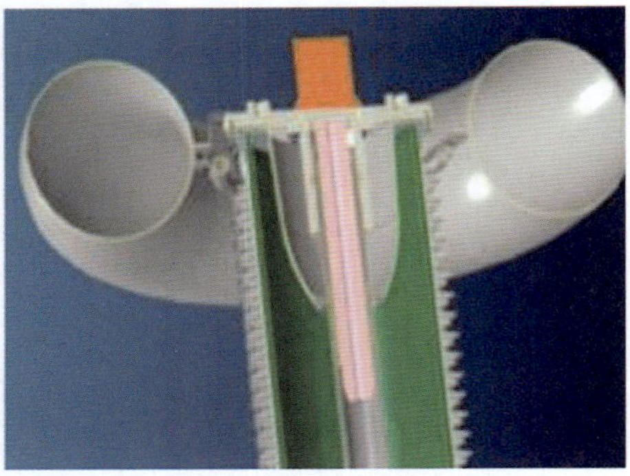

(b) 弹簧触指腔/隔离室

(c) 无涂层中心导体

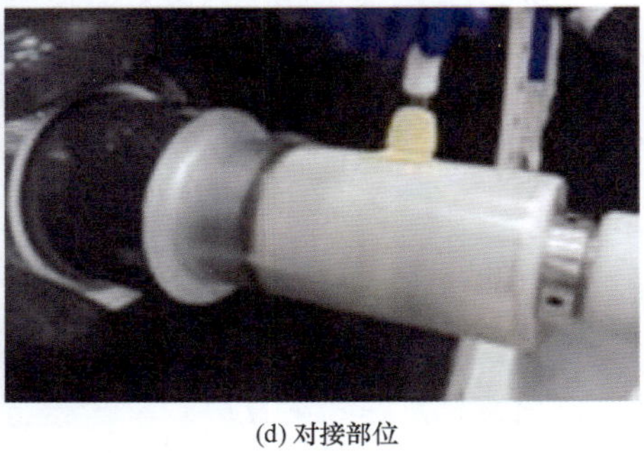

(d) 对接部位

图 5-22-38　直流穿墙套管结构改进

2. 检查情况

（1）保护动作情况。直流极保护配置图如图 5-22-39 和图 5-22-40 所示。

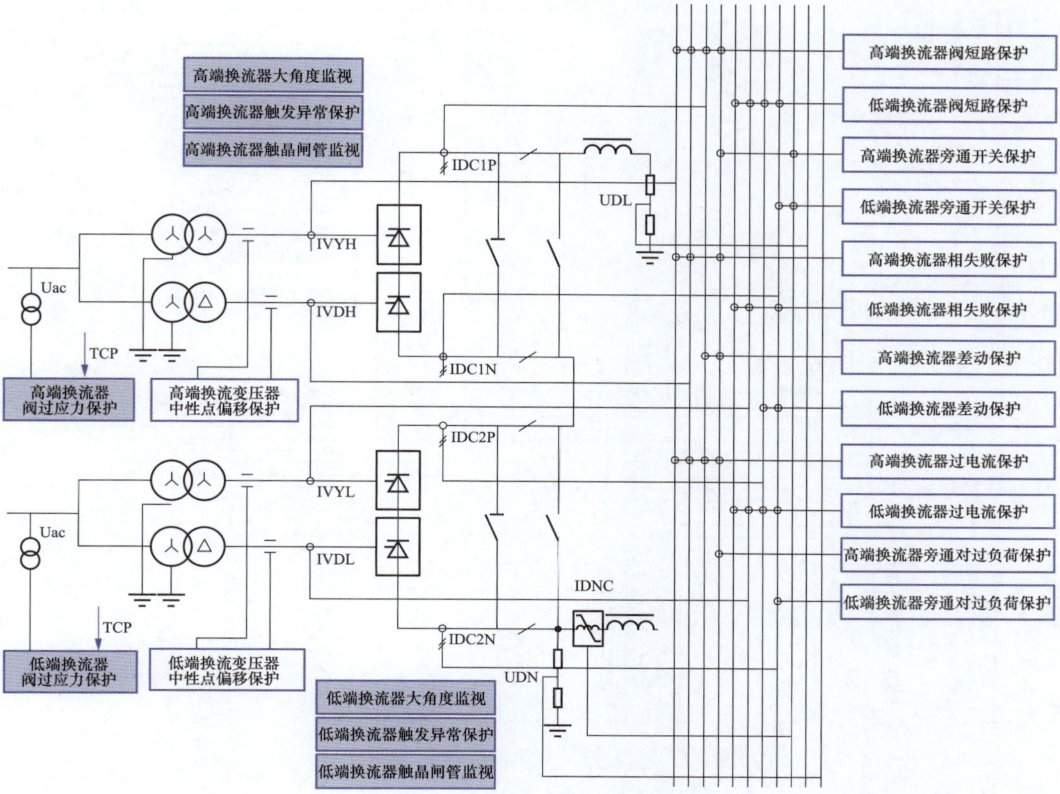

图 5-22-39　直流阀组保护配置图

1）直流阀组差动保护。

保护原理：高端阀组差动保护测量高端阀组极出线电流（IDC1P）、高端阀组中性出线电流（IDC1N），差值超过定值则保护动作，本次阀组差动保护 2 段动作。

保护 2 段动作逻辑：VDP_DIFF＞VDP_RES1，延时 5ms，X 闭锁，跳交流断路器，其中差动电流 VDP_DIFF＝|IDC1P－IDC1N|，制动电流 IRES＝|IDC1P＋IDC1N|/2；

当 0.2×IRES＞6(标幺值)，VDP_IRES1＝6（标幺值）；

当 0.3(标幺值)＜0.2＊IRES＜6(标幺值)，VDP_IRES1＝0.2IRES；

当 0.2×IRES＜0.3(标幺值)，VDP_IRES1＝0.3（标幺值）。

如图 5-22-41 所示，从故障录波上看，故障时，VDP_DIFF＝11131A，差动动作定值 VDP_IRES1＝0.3(标幺值)＝1500A，保护动作正确。

2）直流极差动保护。

保护原理：直流极差动保护测量直流线路电流（IDL）、极中性线电流（IDNE）、极中性线电容器电流（ICN）和极中性线避雷器电流（IAN），如果差值超过定值则保护动作，本次极差动保护 2 段动作。

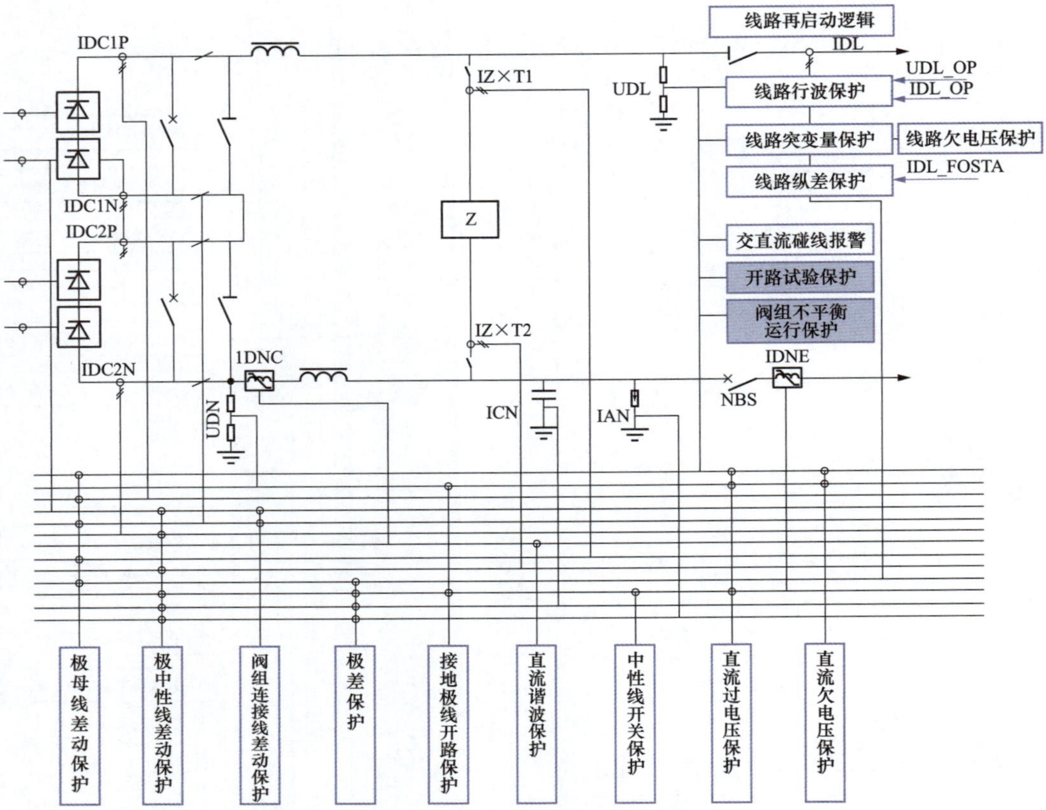

图 5-22-40　直流极保护配置图

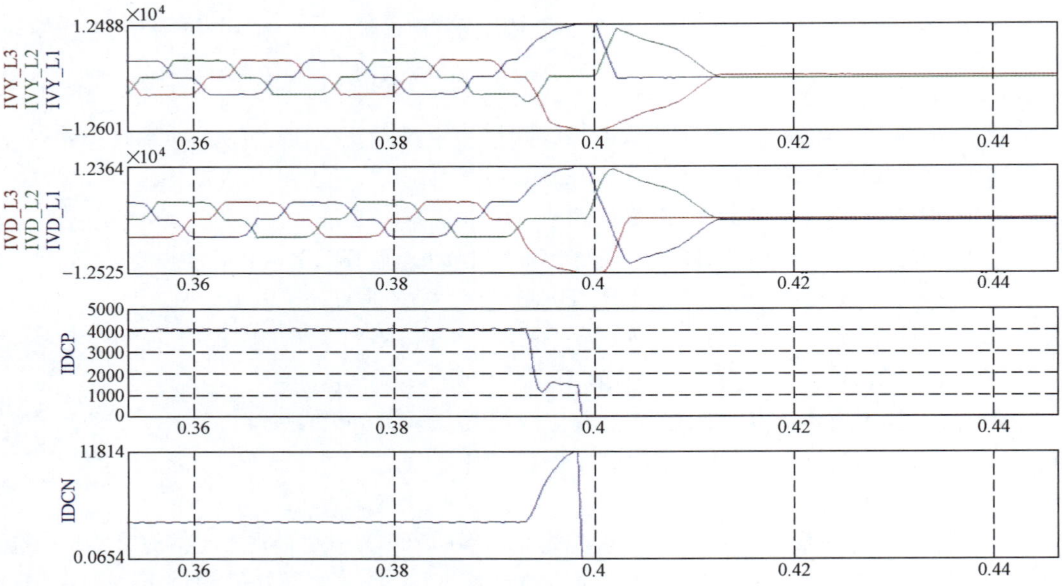

图 5-22-41　故障录波

保护 2 段动作逻辑：IPDP_DIFF＞0.2×IRES_PDP，延时 30ms，Z 闭锁，跳交流断路器。其中差动电流 IPDP_DIFF＝|IDNE-IDL-ICN-IAN|，制动电流 IRES_PDP＝|(IDNE＋IDL)/2|。

如图 5-22-42 所示，从故障录波上看，故障时，IPDP_DIFF＝11130A，差动电流定值 0.2×IRES_PDP＝1427A，保护正确动作。

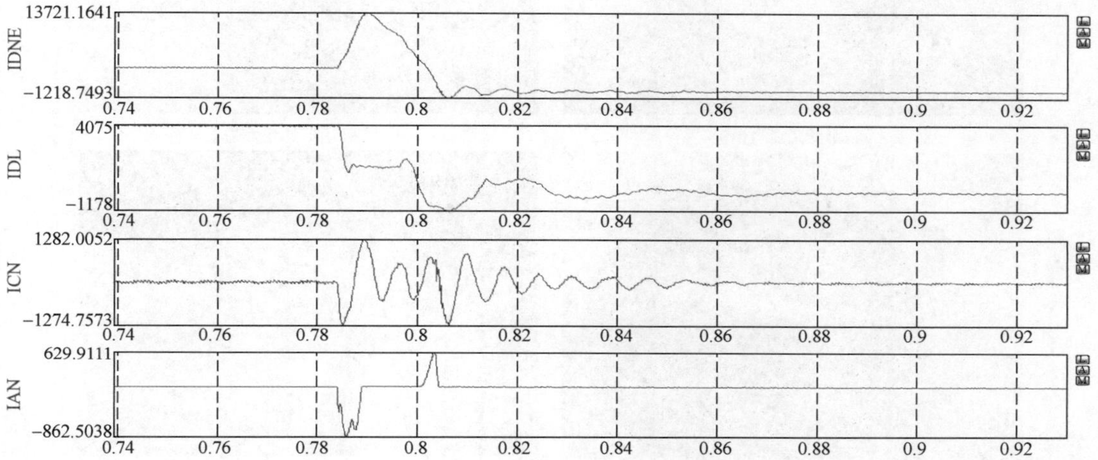

图 5-22-42　故障录波

(2) 外观检查情况。现场检查情况如图 5-22-43 所示，发现极Ⅰ高端 800kV 直流穿墙套管防爆膜已完全炸裂脱落，套管内部有熏黑痕迹，伞裙有缺口，检查该套管六氟化硫（SF_6）压力已降为 0.1MPa（一个大气压，正常套管压力约 0.63MPa），套管外观未发现闪络痕迹。

(3) 后台数据检查。检查一体化在线监测系统，如图 5-22-44 所示，极Ⅰ高端阀组 800kV 套管 SF_6 压力故障前一直正常，维持在 0.68MPa 左右，压力变化趋势未发现明显异常。在故障发生后，压力在短时间内迅速下降至 0.1MPa。其余套管压力未见明显异常。

(4) 解体检查情况。8 月 28 日，在上海阿尔斯通电气有限公司对故障直流穿墙套管进行解体检查，并对同类型的另外一支直流穿墙套管进行解体对比分析。

1) 故障套管解体检查。故障直流穿墙套管解体过程如图 5-22-45 所示，检查发现防爆膜侧绝缘支撑表面有贯穿性的放电烧蚀痕迹，靠近法兰筒体侧绝缘支撑区域有严重放电烧蚀痕迹；绝缘支撑安装孔内部严重烧蚀，法兰筒体内侧从绝缘支撑安装孔到防爆膜孔有电弧烧蚀路径，防爆膜边缘有电弧烧蚀孔洞；绝缘支撑靠近高压侧顶部的均压罩上存在大面积烧蚀孔洞。绝缘支撑 X 光探伤检测未发现其内部存在缺陷情况。

2) 极Ⅱ 800kV 直流穿墙套管解体检查。对同一类型、在运未发生故障的极Ⅱ 800kV 直流穿墙套管开展厂内对比解体检查，如图 5-22-46 所示，顶部均压罩内部含有大量油

(a) 故障后压力情况

(b) 防爆口外部检查情况

(c) 防爆口内部检查情况

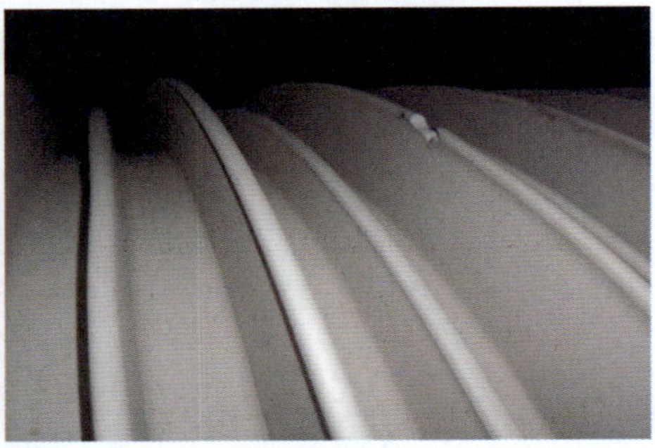

(d) 套管伞裙破损情况

图 5-22-43　灵州站故障穿墙套管现场图

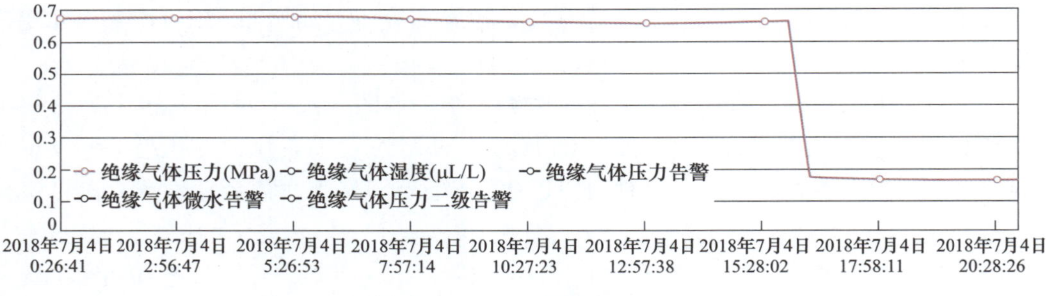

图 5-22-44　灵州站故障穿墙套管压力情况

脂，远离防爆膜侧绝缘支撑安装孔边沿存在长约 6.5cm 的漆皮脱落，防爆膜侧绝缘支撑安装孔内部发现丝状异物和疑似少量金属粉末，法兰筒体底部发现金属碎屑，导电杆端部弹簧触指区域发现金属粉末。

3. 原因分析

故障原因与 22.4.1 故障原因相同，即极Ⅰ高穿墙套管故障原因为：①800kV 直流穿墙套管在长期大负荷条件下，户内和户外导体对接处（采用表带触指接触）发热。靠近导电杆的支撑绝缘子表面温度较高，远离导电杆的支撑绝缘子表面温度较低，两端温度差使绝缘子表面电阻率沿径向方向分布不均，从而使直流场强分布不均并出现畸变。②套管导体每发生 10℃温度变化时，套管导电杆整体伸缩约 2.6mm，摩擦产生金属导电颗粒，导电颗粒在受热的六氟化硫（SF_6）气体带动下向上漂移至 12 点钟支撑绝缘子表面，加剧了绝缘子表面场强畸变，最终导致沿面闪络。

(a) 拆解套管头部

(b) 拆除套管头部后导电杆情况

(c) 导流杆

(d) 导流杆存在油脂摩擦过热，无金属粉末

(e) 拆除复合外瓷套

(f) 电位均压筒状态无异常

图 5-22-45　故障直流穿墙套管解体过程（一）

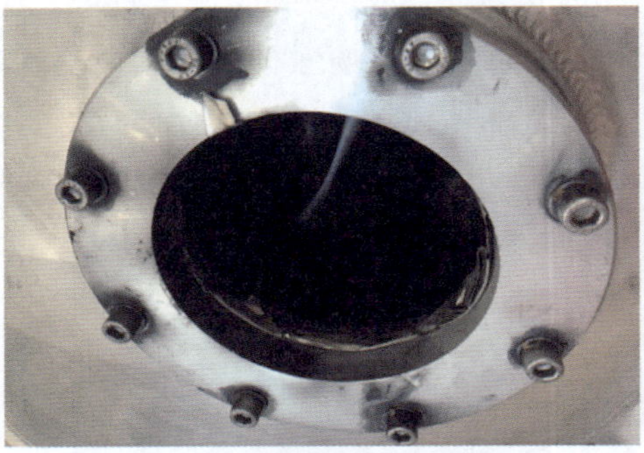

(g) 拆除前的防爆口

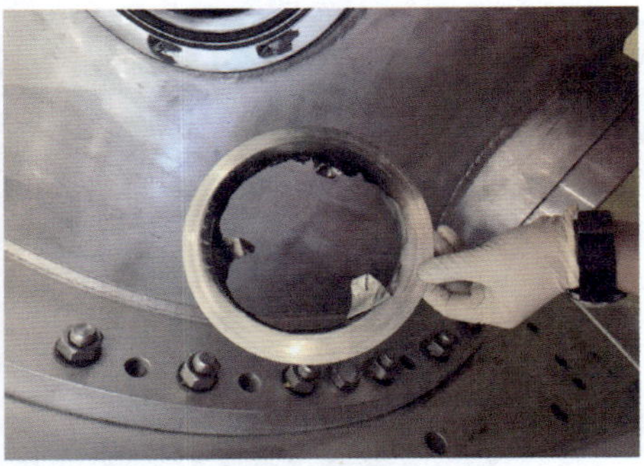

(h) 防爆膜存在撕裂以及电击痕迹

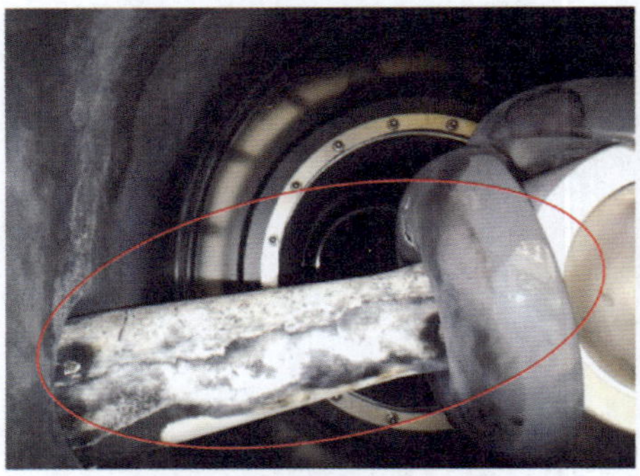

(i) 绝缘支撑处电弧烧蚀痕迹

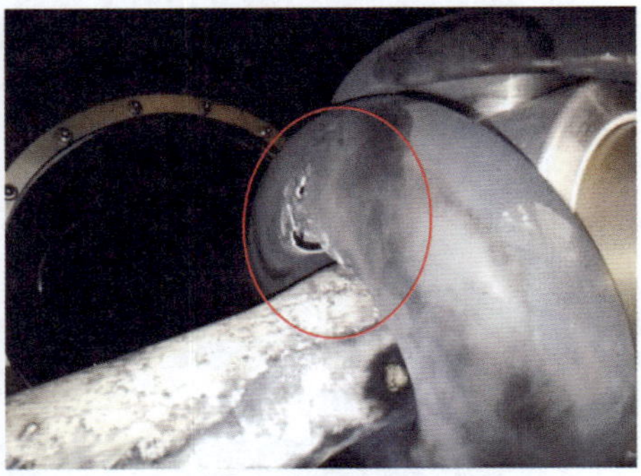

(j) 均压罩放电击穿

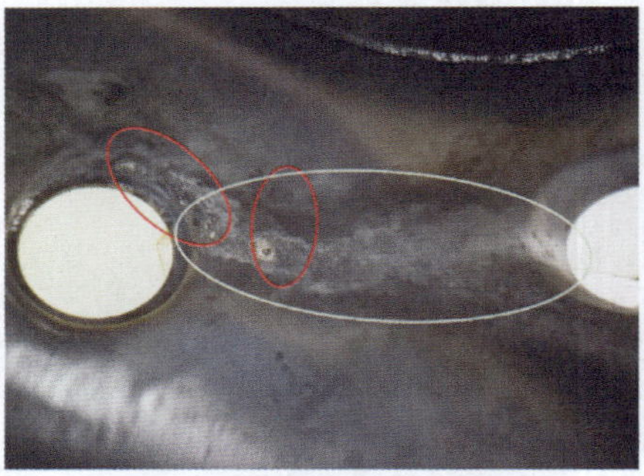

(k) 法兰筒体有放电烧蚀、飞溅物及电弧烧蚀

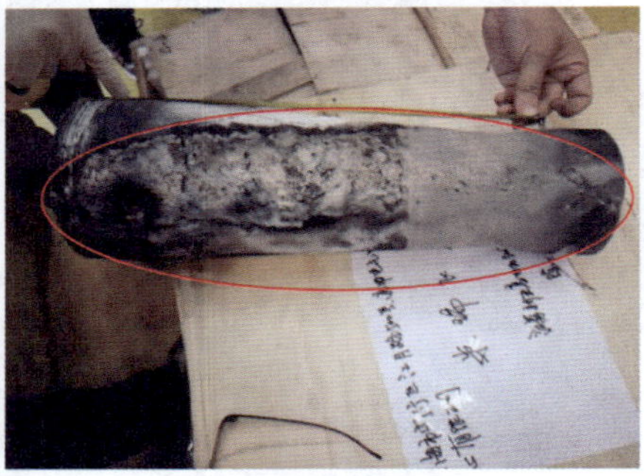

(l) 绝缘支撑放电贯穿痕迹

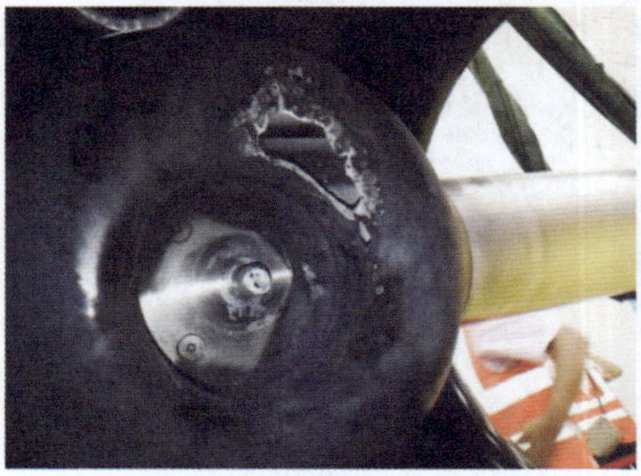

(m) 均压罩放电烧穿

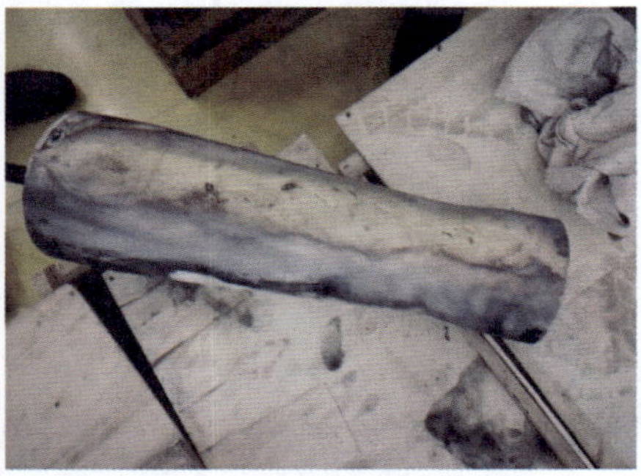

(n) 清洗后绝缘支撑中部有两处明显烧灼点

图 5-22-45　故障直流穿墙套管解体过程（二）

(a) 套管根部支撑情况

(b) 顶部均压罩内部存在大量油脂

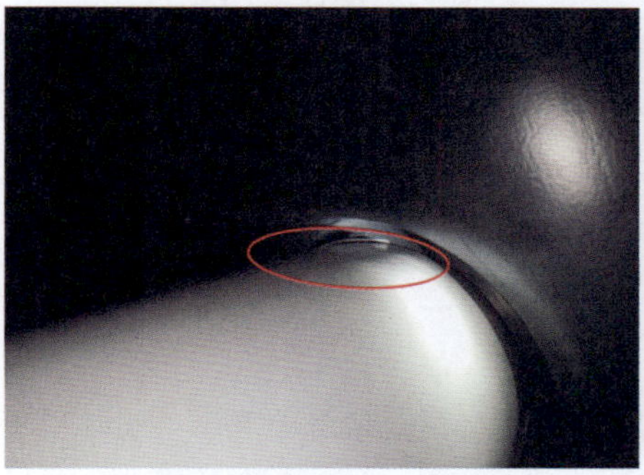

(c) 远离防爆膜侧绝缘支撑一侧漆皮起跳

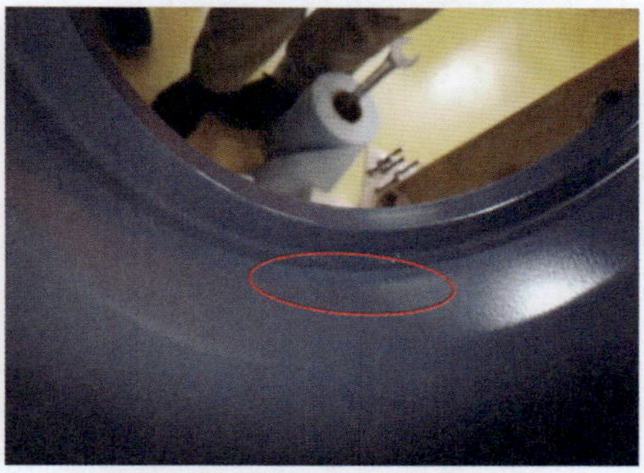

(d) 防爆膜侧绝缘支撑法兰侧根部有丝状物

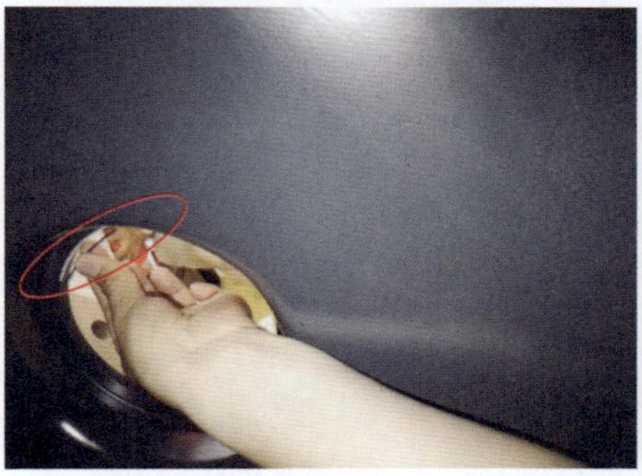

(e) 脱落漆皮位置

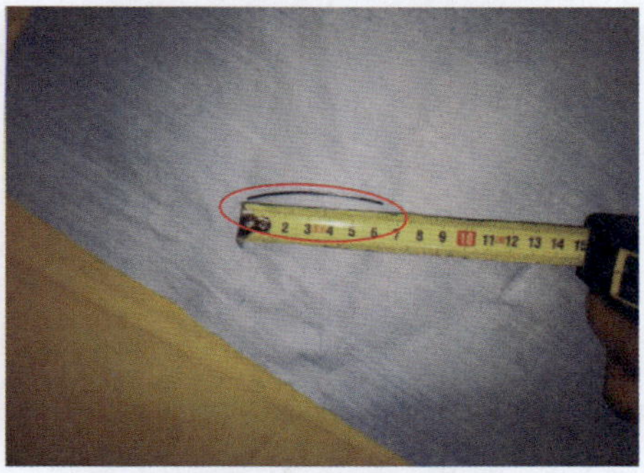

(f) 脱落漆皮长度约6.5cm

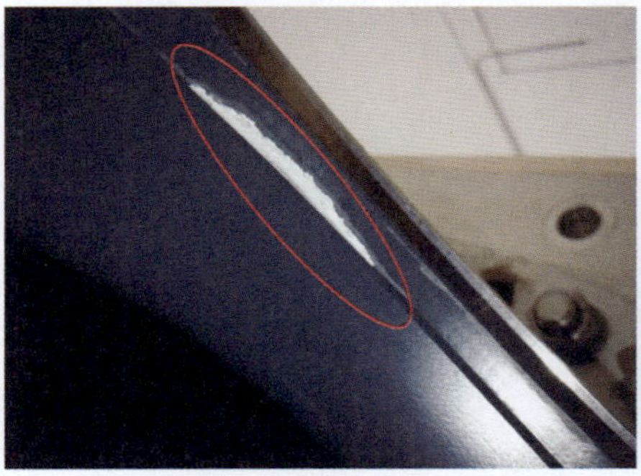

(g) 漆皮脱落后痕迹

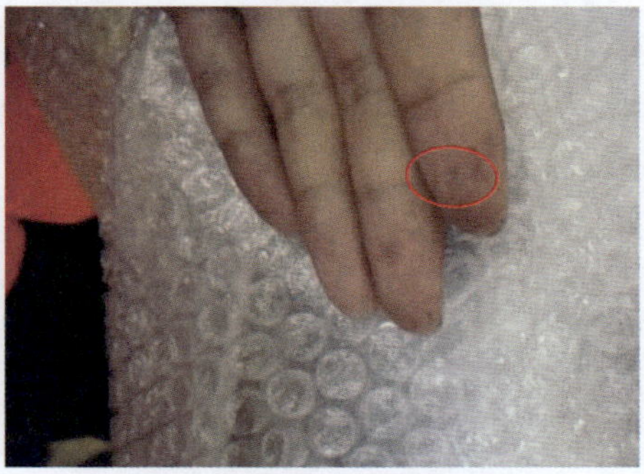

(h) 法兰筒体底部发现金属碎屑

图 5-22-46　在运未发生故障的直流穿墙套管解体过程（一）

(i) 导电杆顶部存在油脂过流摩擦痕迹

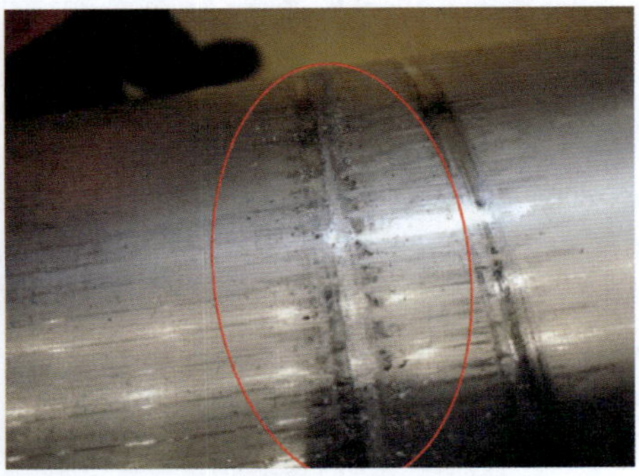

(g) 导电杆顶部弹簧触指部位存在金属碎屑

图 5-22-46　在运未发生故障的直流穿墙套管解体过程（二）

23 HSP 直流穿墙套管

23.1 结构介绍

HSP 生产供货的直流穿墙套管有 GSEW 型和 GSEWt 型。

23.1.1 GSEW 型套管

GSEW 型直流穿墙套管整体结构图如图 5-23-1 所示，主绝缘采用环氧树脂胶浸纸电容芯体，套管采用单导电杆载流结构形式，承载电流的导电杆为铜杆，环氧树脂浸纸电容芯体最内层与导电杆表面间缠绕一层约 5mm 厚、起到补偿电容芯体径向膨胀的半导

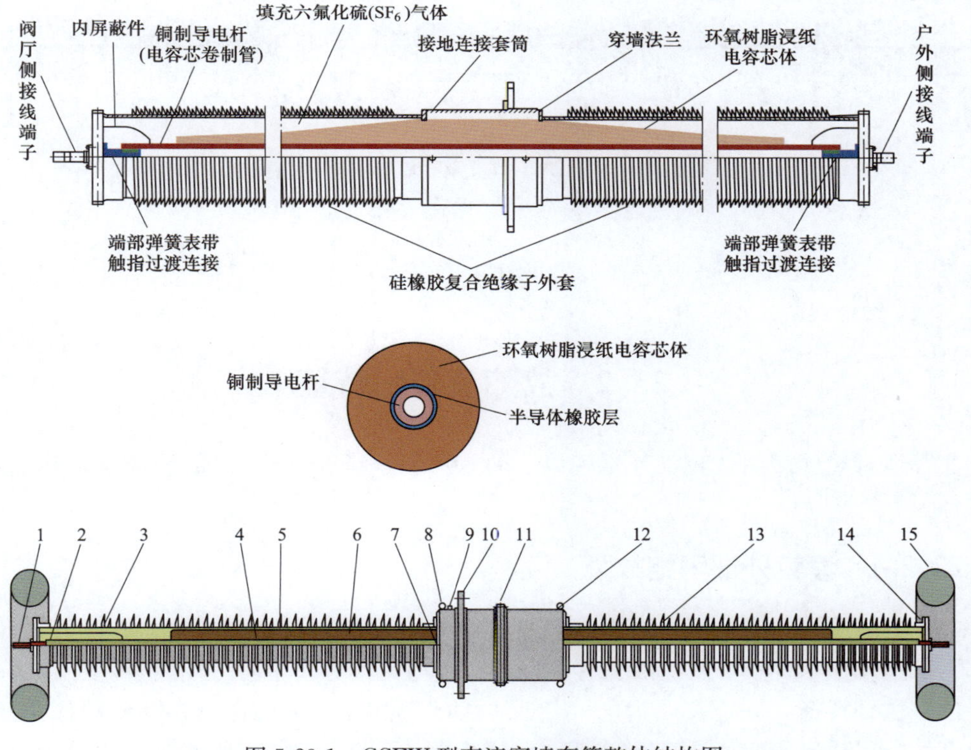

图 5-23-1 GSEW 型直流穿墙套管整体结构图

1—外部接线柱；2—特殊连接点；3—内部均匀罩；4—导电杆；5—铝箔屏；6—电容芯子；7—试验抽头；8—接地螺栓孔；9—六氟化硫（SF_6）气体放气阀（DILO 阀）；10—接地螺纹孔；11—套管法兰；12—均压罩；13—复合绝缘子；14—端盖；15—外部屏蔽罩

体软橡胶层。套管阀厅户内和户外部分采用硅橡胶空心复合绝缘子外套，在电容芯体与绝缘子外套间充六氟化硫（SF_6）气体作为辅助绝缘，六氟化硫（SF_6）气体通过法兰上的通道与容器内的六氟化硫（SF_6）相通，因此整个套管相当于一个气体容器。复合绝缘子由经过环氧树脂加固的玻璃钢筒和法兰组成。

23.1.2 GSEWt 型套管

GSEWt 型直流穿墙套管整体结构如图 5-23-2 所示，其电容芯子是环氧树脂浸纸式。承载电流的导电杆由铜制成。电容芯子装在绝缘子内，绝缘子与套管法兰一起构成了套管的绝缘外套，电容芯子由特殊的绝缘纸卷绕而成，并且经过真空、干燥后浸渍环氧树脂，在卷制时插入的铝箔屏保证了套管径向和轴向电场的均匀分布。套管的填充物为发泡聚氨酯，在芯子和复合外套之间形成了固态的柔性连接。在套管的两端，复合绝缘子由端盖密封覆盖，同时端盖上装有接线柱和连接外部均压罩的固定孔。所有密封部位都采用 O 形圈密封结构。

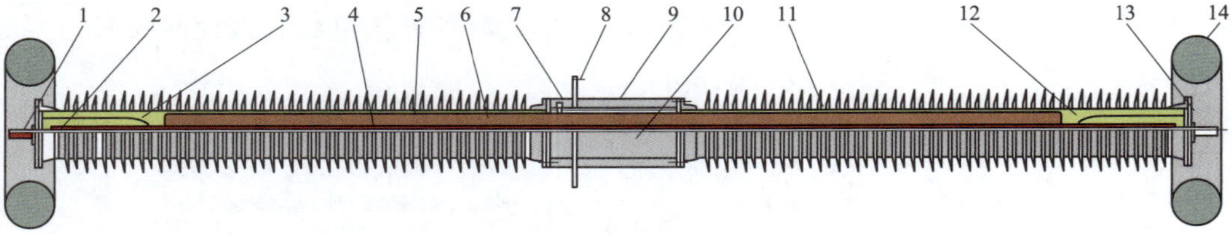

图 5-23-2 GSEWt 型直流穿墙套管整体结构

1—外部接线柱；2—特殊连接点；3—内部均匀罩；4—导电杆；5—铝箔屏；6—电容芯子；7—试验抽头；8—接地螺栓孔；9—吊环；10—套管法兰；11—绝缘子；12—发泡聚氨酯；13—端盖；14—外部均压罩

23.2 故障及缺陷特征

实际运行经验表明，套管外部闪络、套管内部放电是在运 HSP 直流穿墙套管的主要故障。

23.2.1 套管外部闪络故障

（1）故障原因：在低温、高湿环境中，套管中部硅橡胶憎水性降低，套管高压端、中部、低压端憎水性不一致造成套管场强分布不均匀，导致非均匀外绝缘闪络。

（2）主要特征：一是表现为电气量保护动作闭锁，一般为阀组/极差动保护动作。二是套管伞裙或者根部可能有放电痕迹，均压环处可能有烧蚀痕迹等。三是套管芯体良好。

（3）检测监视方法：参照 21.2.1 的（3）中“ABB 直流穿墙套管外部闪络故障”检测监视方法。

23.2.2　套管内部放电故障

（1）故障原因：HSP 直流穿墙套管采用外径 125mm 的导杆载流裕度小，温升设计裕度偏小，在持续大电流作用下内部出现较高温升；导流管散热设计不合理，户外与户内端环境温差较大时，套管电容芯体中部呈现局部高温；同时，玻璃钢绝缘子外套玻璃钢筒壁较薄（厚度 8mm），玻璃钢外套机械强度偏小，运行过程中套管机械负荷产生的应力一部分作用在套管电容芯体上，电容芯体机械应力支撑不足，环氧树脂材料温度越高所能耐受的弯曲强度的越小，在热和机械应力的共同作用下，套管电容芯体在局部温度过高且应力集中局域出现轴向和径向裂纹，导致发生贯穿电容芯体的击穿放电。

（2）主要特征：一是表现为电气量及非电量保护动作闭锁，一般为极母线差动保护动作。非电量保护动作跳闸，OWS 后台六氟化硫（SF_6）气体压力迅速下降。二是套管外表面可见一定程度破损，例如户外部分爆裂、防爆膜开裂、伞裙破损、故障套管下方地面有碎片散落等。三是结合 HSP 套管实际运行情况，解体后在套管芯体上有明显放电痕迹。

（3）检测监视方法：参照“第 22 章 ALSTOM 直流穿墙套管”检测监视方法。

23.3　提升措施建议

一是开展设计阶段优化提升。①针对穿墙套管运行过程中温度可能存在过高的问题，可在套管导电杆两端增加气体对流孔，对套管进行降温。②考虑增加穿墙套管玻璃钢外套厚度，提升热态下对芯体支撑力，并进行仿真核算。

二是加强运维阶段设备状态管控。参照 22.3 的二中“ALSTOM 直流穿墙套管加强运维阶段设备状态管控”，同时做好以下两点工作：①结合年度检修，对直流穿墙套管各区域憎水性分布进行检测验证，必要时喷涂可靠性高、寿命在 15 年以上的 RTV 涂料，保证套管表面电场均匀。②根据现场运行环境，必要时加装温湿度、风速、紫外线强度、雨水电导率等环境综合监测设备，采集上送雨雪、大雾等特殊天气环境变量数据，研究在现场大雾等恶劣天气时，负荷允许条件下采取降压等主动避险措施。

23.4　典型故障及缺陷案例

23.4.1　案例 72：直流穿墙套管放电故障

1. 情况说明

（1）故障前的运行情况。直流四阀组全压运行，额定功率 8000MW，极Ⅱ直流电压－800kV，直流电流 5000A。

（2）故障过程描述。8 月 28 日 18:52:44，送端站极Ⅱ高低端阀组间母线差动保护Ⅰ段、直流极差保护Ⅰ段动作，极Ⅱ闭锁。12s 后极Ⅱ高端阀厅 400kV 直流穿墙套管六氟化硫（SF_6）压力低跳闸信号出现。现场检查发现极Ⅱ高端 400kV 直流穿墙套管金具及头部断裂坠落，套管本体户外部分爆裂。事件记录见表 5-23-1。

表 5-23-1 事件记录

序号	时间	主机	事件描述
1	18:52:44:052	极Ⅱ极保护 A	高低端阀组间母线差动Ⅰ段 Z 闭锁
2	18:52:44:052	极Ⅱ极保护 A	高低端阀组间母线差动Ⅰ段 Z 闭锁跳交流断路器
3	18:52:44:052	极Ⅱ极保护 B	高低端阀组间母线差动Ⅰ段 Z 闭锁
4	18:52:44:052	极Ⅱ极保护 B	高低端阀组间母线差动Ⅰ段 Z 闭锁跳交流断路器
5	18:52:44:052	极Ⅱ极保护 C	高低端阀组间母线差动Ⅰ段 Z 闭锁
6	18:52:44:052	极Ⅱ极保护 C	高低端阀组间母线差动Ⅰ段 Z 闭锁跳交流断路器
7	18:52:44:071	极Ⅱ极保护 A	直流极差Ⅰ段 S 闭锁
8	18:52:44:072	极Ⅱ极保护 B	直流极差Ⅰ段 S 闭锁
9	18:52:44:072	极Ⅱ极保护 C	直流极差Ⅰ段 S 闭锁
10	18:52:44:076	极Ⅱ极控 A/B	极保护启动 Z 闭锁
11	18:52:44:076	极Ⅱ极控 A/B	极保护启动 S 闭锁
12	18:52:44:076	极Ⅱ极控 A/B	极保护启动极隔离
13	18:52:44:076	极Ⅱ极控 A/B	极保护跳交流断路器
14	18:52:56:071	极Ⅱ高端阀控 A	P2. U1. X2/极Ⅱ高端阀厅穿墙套管 2 六氟化硫（SF_6）气体压力低跳闸 1
15	18:52:56:320	极Ⅱ高端阀控 B	P2. U1. X2/极Ⅱ高端阀厅穿墙套管 2 六氟化硫（SF_6）气体压力低跳闸 1

（3）故障设备基本情况。极Ⅱ高端 400kV 直流穿墙套管由 HSP 生产，套管型号 GSEW f/i 1050/400-5000 spez.，额定电压等级 400kV，故障时套管已运行 3 年。3 月份年度检修期间对该套管进行绝缘、电容、介质损耗、六氟化硫（SF_6）气体纯度、分解产物和微水试验，数据均合格。故障前对极Ⅱ高端阀厅 400kV 直流穿墙套管红外测温，红外图谱分布均匀，套管本体无异常发热点，如图 5-23-3（a）所示；对该直流穿墙套管进行紫外检测，套管本体无异常放电点，如图 5-23-3（b）所示。

直流穿墙套管主绝缘采用环氧树脂胶浸纸电容芯体，套管阀厅户内和户外部分采用硅橡胶空心复合绝缘子外套，在电容芯体与绝缘子外套间充六氟化硫（SF_6）气体作为辅助绝缘。套管采用单导电杆载流结构形式，单导电杆既作为套管电容芯体卷制管，在运行中又承担全部负荷电流。环氧树脂浸纸电容芯体最内层与导电杆表面间缠绕一层约 5mm 厚起到补偿电容芯体径向膨胀的半导体软橡胶层。400kV 直流穿墙套管结构如图 5-23-4 所示。

2. 检查情况

（1）保护动作情况。直流极保护配置图如图 5-23-5 所示。

1）阀组连接线差动保护。

保护原理：阀组连接线差动保护计算低端阀组极出线电流 IDC2P 与高端阀组中性出

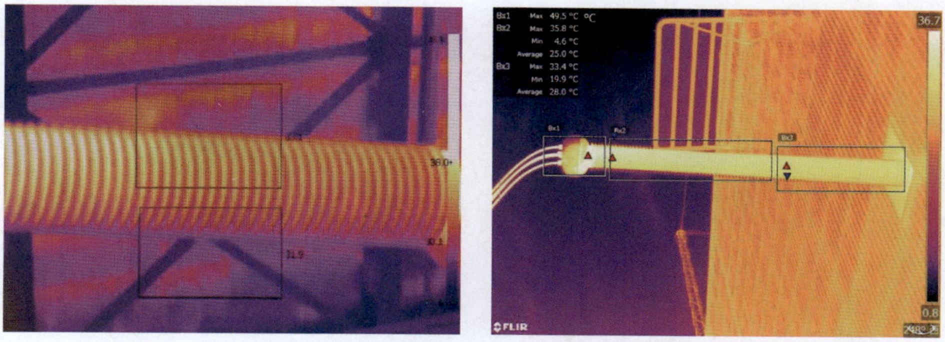

(a) 直流穿墙套管阀厅外(左)阀厅内(右)红外照片

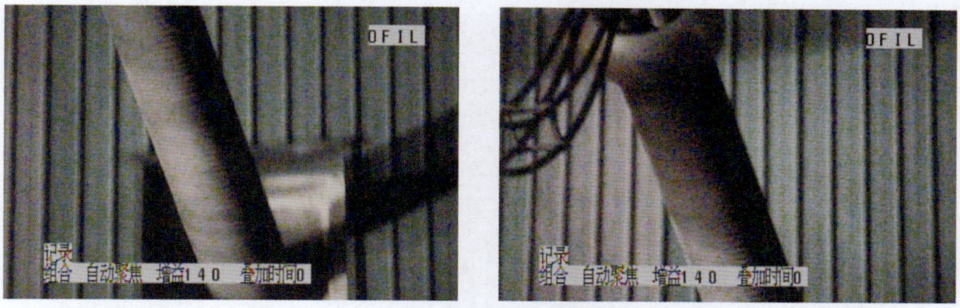

(b) 直流穿墙套管紫外线检测

图 5-23-3　直流穿墙套管红外、紫外图像

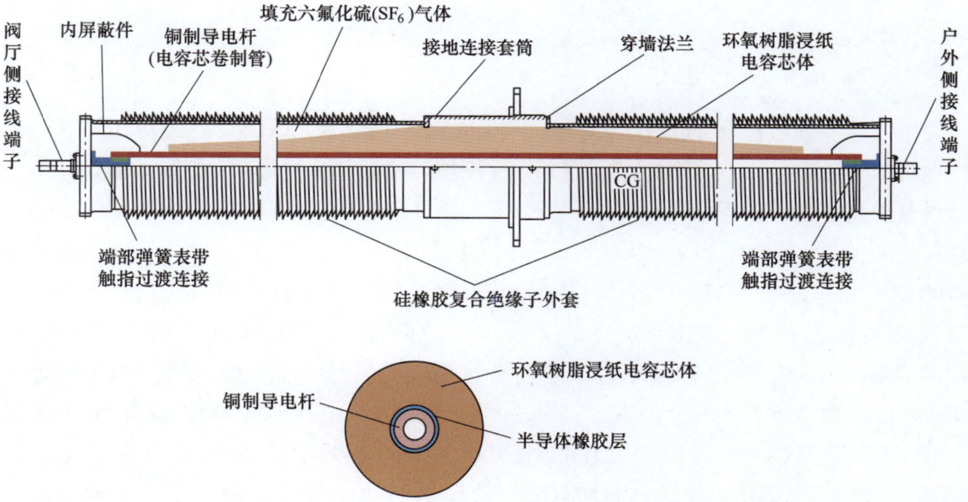

图 5-23-4　400kV 直流穿墙套管结构

线电流 IDC1N 差值，超过定值则保护动作。

跳闸Ⅰ段动作逻辑：|IDC2P-IDC1N|＞0.35（标幺值）＋0.2×0.5×（|IDC2P|＋|IDC1N|）；延时 10ms 动作。

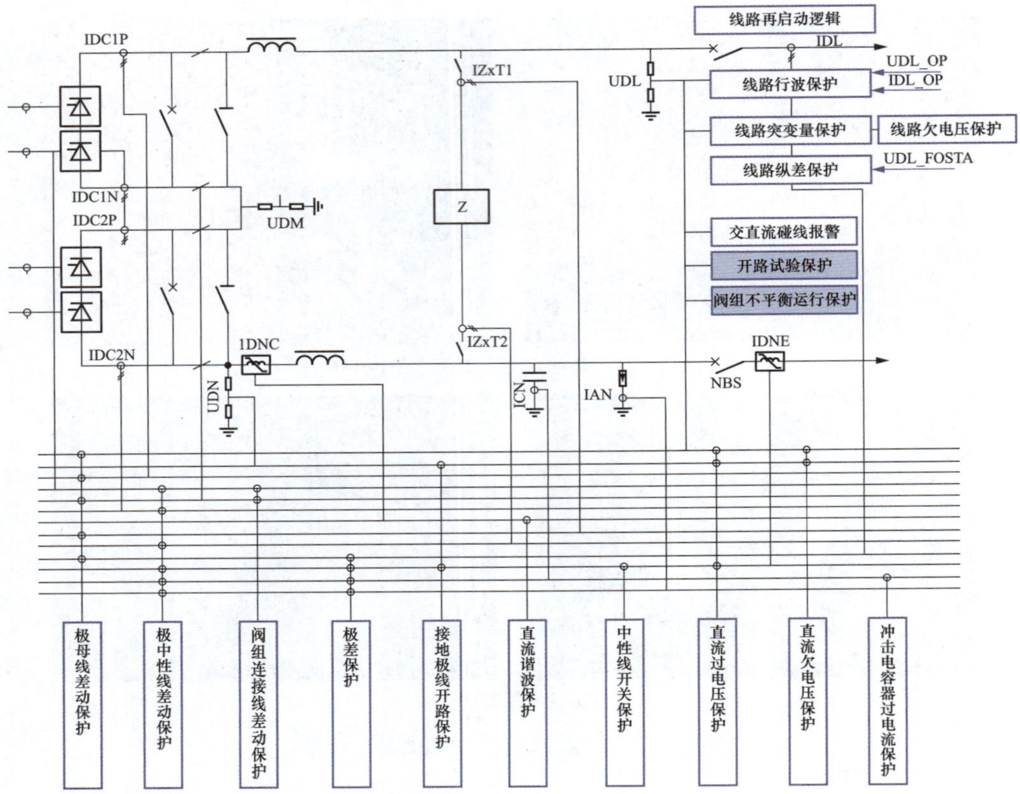

图 5-23-5　直流极保护配置图

2）直流极母线差动保护。

保护原理：直流极母线差动保护测量极母线直流电流（IDL）、阀厅光 CT（IDC1P）和直流滤波器电流（IZ1），以适当极性进行相加，差值超过预设值则保护动作。

保护Ⅰ段动作逻辑：I_PBDP_DIFF >0.2×IDC1P+0.35× IDL_NOM，延时 10ms，Z 闭锁，跳交流断路器；其中 I_PBDP_DIFF= I_PBDP_DIFF={[MAX(-IDC1P，0)+MAX(IDL，0)+MAX(-IZ1，0)]+[MIN(-IDC1P，0)+MIN(IDL，0)+MIN(-IZ1，0)]}。

3）故障波形分析。如图 5-23-6 所示，从故障录波图中可以看出：①IDC$_2$P 达到 12 500A，IDC1N 约 3700A，两者差值达到约 8500A，大于此时阀组连接线差动保护动作Ⅰ段定值 3300A（计算值），满足动作条件，延时 10ms 闭锁，阀组连接线差动保护正确。②IDNE 达到 12 500A 以上，IDL 约 3000A，两者差值达到约 8500A，大于此时极差动保护动作Ⅰ段定值 2500A（计算值），满足保护动作条件，延时 30ms 闭锁，极差动保护动作正确。

4）故障位置初步分析。见表 5-23-2，对电流测量位置、电流特征进行分析，故障点位于 P2. U1. T2(IDC1N) 与 P2. U2. T1(IDC2P) 之间，事件记录显示，极Ⅱ高端阀厅 400kV 直流穿墙套管六氟化硫（SF_6）压力低跳闸，可以初步确认故障点位于极Ⅱ高端阀组 400kV 直流穿墙套管。如图 5-23-7 所示，故障期间，极Ⅱ高、低端阀组仍通过逆变侧形成回路，

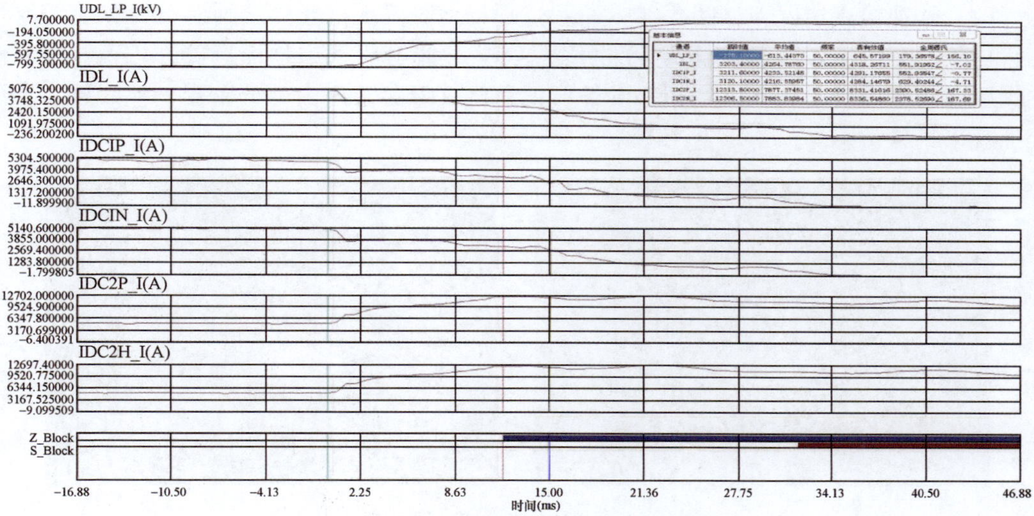

图 5-23-6　故障录波波形

一方面极Ⅱ线路电流经极Ⅱ高端阀组注入极Ⅱ低端；另一方面极Ⅱ低端通过接地极、高端400kV 直流穿墙套管接地点形成短路回路，致使极Ⅱ低端总电流达到 10 000A 以上。

表 5-23-2　　　故障前后电流比对

TA 编号	信号名称	故障前电流（A）	故障后电流（A）	备注
P2. WP. T1	线路电流 IDL	5043	3865	故障后，极Ⅱ高端电流与线路电流基本一致
P2. U1. T1	高端阀组极出线电流	5103	3852	
P2. U1. T2	高端阀组中性出线电流	5030	3759	
P2. U2. T1	低端阀组极出线电流	4930	10 219	故障后，极Ⅱ低端电流升至 10 200A
P2. U2. T2	低端阀组中性出线电流	4954	10 244	

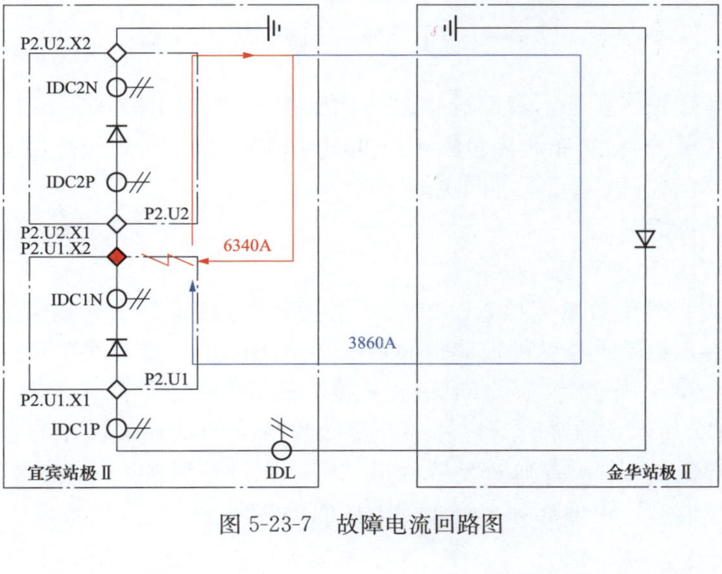

图 5-23-7　故障电流回路图

（2）外观检查情况。如图 5-23-8 所示，现场检查发现极Ⅱ高端阀组 400kV 直流穿墙套管户外部分爆裂，套管金具及头部断裂坠落，故障套管下方地面有碎片散落。极Ⅱ高端阀厅、阀厅内设备、直流场相邻设备均正常，故障套管户内部分伞裙、接线柱、法兰等外观未见异常。

图 5-23-8　故障直流穿墙套管外观检查

故障直流穿墙套管本体户外部分有明显碳化痕迹，环氧树脂筒与法兰分离，如图 5-23-9 所示。

图 5-23-9　套管户外部门有明显碳化痕迹

环氧树脂筒膨胀、裂开，表面硅橡胶伞裙破损严重，如图 5-23-10 所示。故障套管本体六氟化硫（SF_6）接口布满黑色粉末，如图 5-23-11 所示，为防止新套管被污染，六氟化硫（SF_6）气管与故障套管一同更换。

（3）解体检查情况。

1）故障套管解体检查。

a. 故障套管户外部分解体检查。故障套管户外部分的绝缘子外套头部接线端连同端部盖板整体脱落，绝缘子外套的玻璃钢筒从底部至头部呈“螺旋状”整体爆裂，玻璃钢筒端部壁厚 8mm，户外侧绝缘子外套破损程度如图 5-23-12 所示。

如图 5-23-13 所示，故障套管户外部分带接线端子的端部盖板在与套管导电杆弹簧表带触指连接部位断开，4 条弹簧表带触指完好，无过热痕迹，过渡连接头端部存在两点明显电弧烧蚀痕迹；户外部分套管头部内部的屏蔽件被放电产物熏黑、严重扭曲。

图 5-23-10　环氧树脂筒及硅橡胶伞裙破损

图 5-23-11　SF_6 接口布满黑色粉末

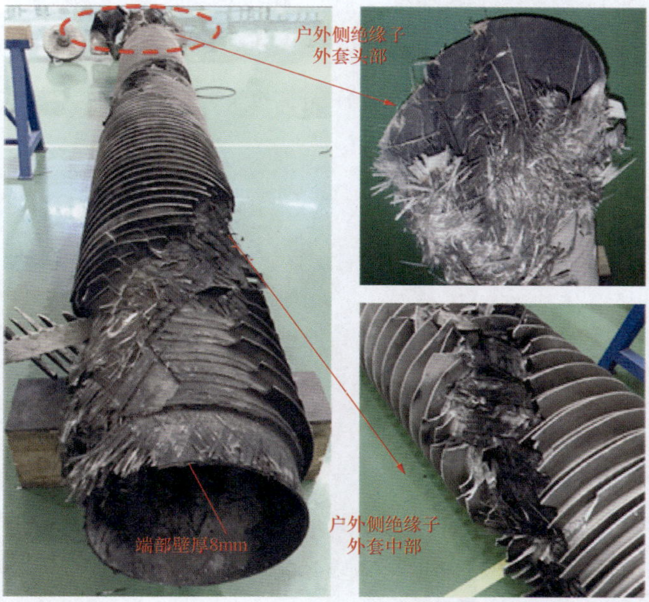

图 5-23-12　故障套管呈“螺旋状”爆裂的户外绝缘子外套

拆去户外侧绝缘子外套，自穿墙法兰筒体处往上，户外芯体上存在轴向裂纹，裂纹长度超过户外芯体总体长度的一半。越靠近中部穿墙法兰，轴向裂纹开裂宽度和深度越严重。在户外穿墙法兰筒体端面与电容芯体接触部位（断面位于末屏引线试验抽头安装孔处），发现近一整圈的环形断面裂纹。同时户外侧电容芯体表面轴向裂纹附近还有轴向放电痕迹。故障套管户外部分电容芯体上的轴向裂纹、环状断面裂纹、轴向放电痕迹如图 5-23-14 所示。

b. 故障套管阀厅户内部分解体检查。如图 5-23-15 所示，故障套管阀厅户内侧的硅橡胶复合绝缘子外套完好，外部和内壁无放电和受损痕迹。户内端头部的内屏蔽结构、盖板、接线端子、弹簧表带触指保存完好，未发现导电杆连接头和弹簧表带触指过热和

图 5-23-13　断裂的户外侧接线端子及盖板

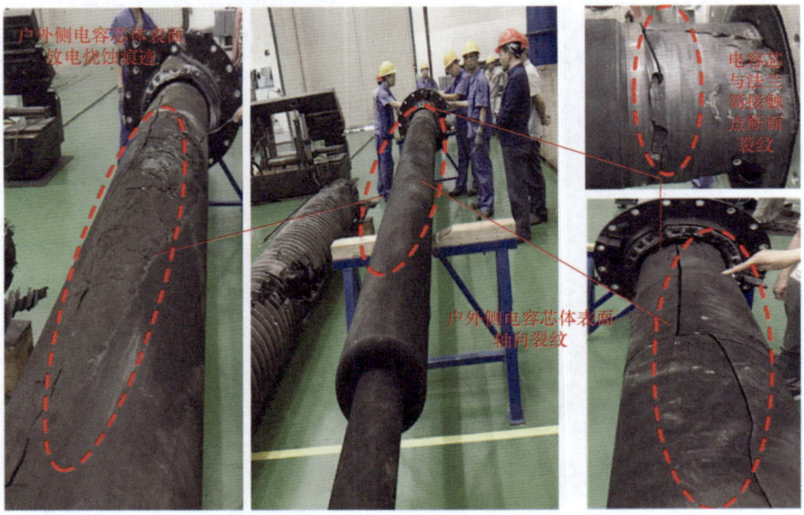

图 5-23-14　户外侧电容芯体表面裂纹和放电痕迹

放电痕迹。拆去户内侧绝缘子外套，发现从户内侧法兰筒体端面沿往上，电容芯体上有约 1.2m 长的轴向裂纹，如图 5-23-16 所示。

c. 故障套管主放电通道解体检查。切断户外裂痕处的电容芯体，如图 5-23-17 所示，发现套管电容芯体内部从中间导电杆沿径向开裂至电容芯体外表面。套管电容芯体户外部分的轴向和径向开裂程度均比户内电容芯体更为严重。

在故障套管电容芯体开裂最为严重的一段（套管中部距离末屏试验抽头的轴向距离为 0～50cm）进行解体，发现由套管末屏试验抽头安装位置指向套管户外端方向上的

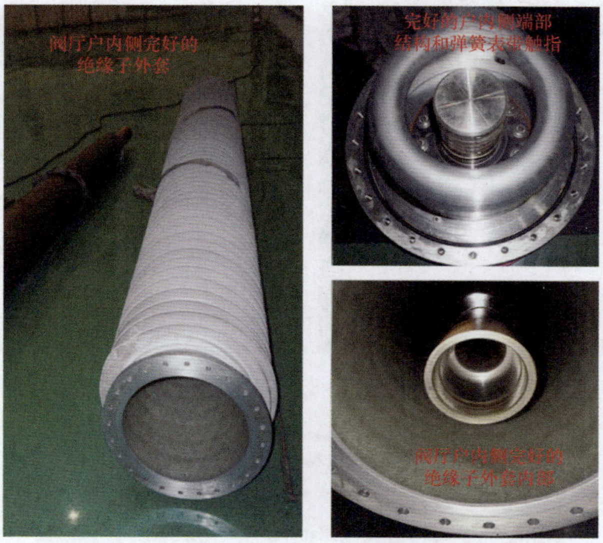

图 5-23-15　无受损和异常的阀厅户内侧绝缘子外套和端部结构

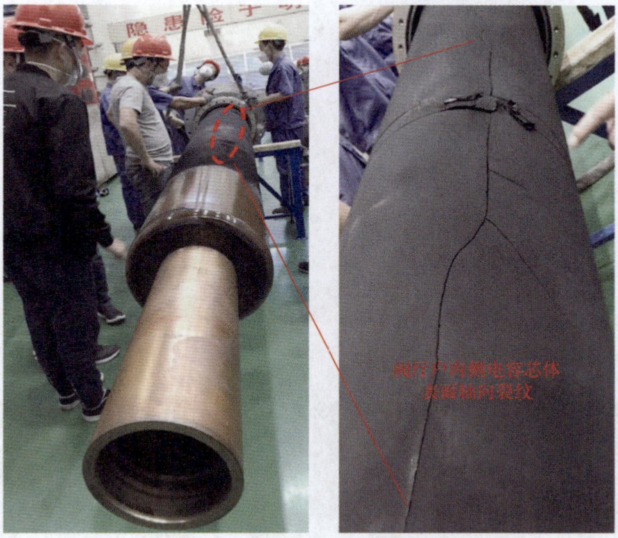

图 5-23-16　故障套管阀厅户内侧电容芯体表面轴向裂纹

35cm 处，高压导电杆上有两处电弧烧蚀成的孔洞，如图 5-23-18 所示。两处电弧烧蚀孔对应于套管电容芯体的两道裂纹，两道裂纹约成 120°分布，裂纹径向从导电杆表面直接开裂至电容芯体表面，轴向长度超过 0.6m，如图 5-23-19 所示。

套管接地侧的电弧电流入地点位于套管穿墙法兰筒的内壁的末屏试验抽头安装孔附近，放电电流烧蚀痕迹如图 5-23-20 所示。

故障套管电容芯体击穿时的主放电通道由距离套管末屏试验抽头 35cm 位置的高压

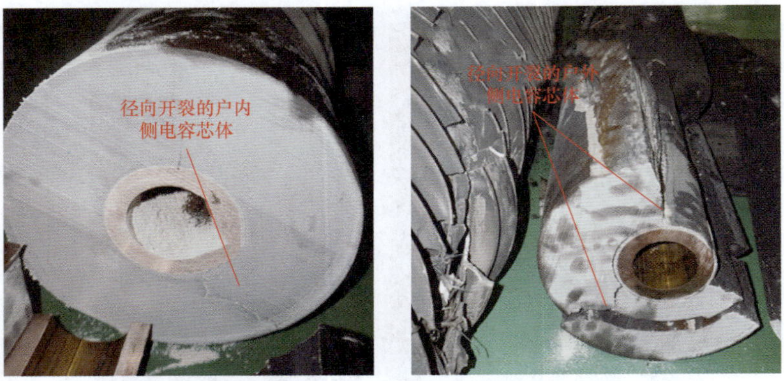

图 5-23-17　户内和户外电容芯体内部径向裂纹

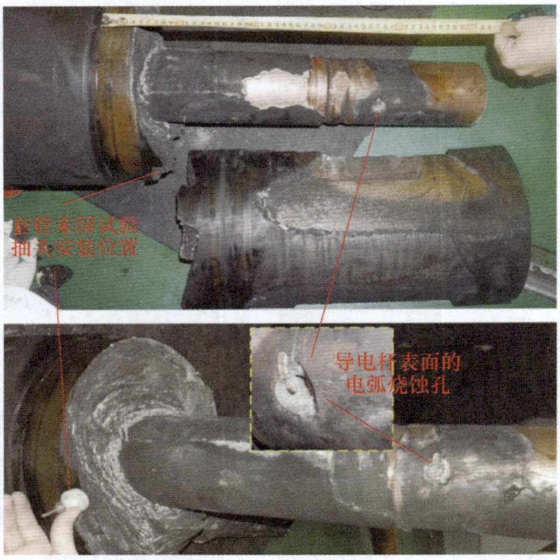

图 5-23-18　户外部分导电杆表面两处电弧烧蚀孔的位置

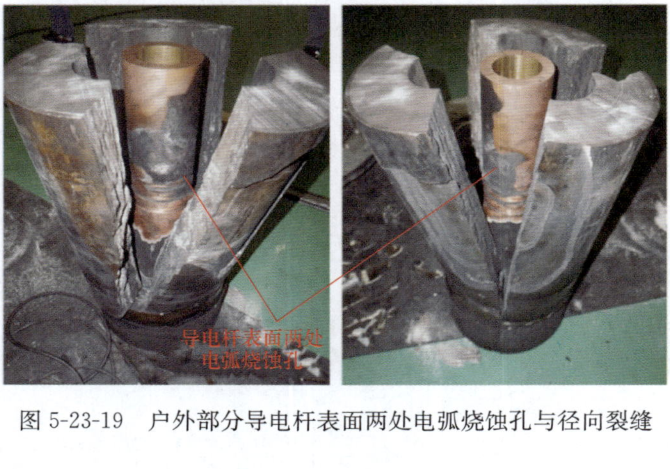

图 5-23-19　户外部分导电杆表面两处电弧烧蚀孔与径向裂缝

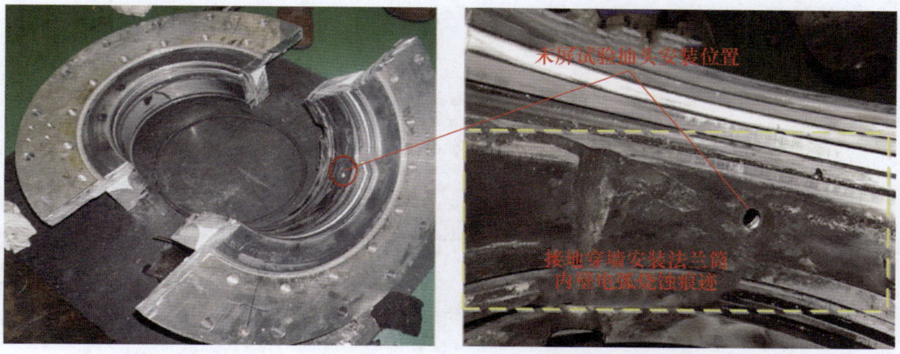

图 5-23-20 接地穿墙安装法兰内壁放电电流烧蚀痕迹

导电杆表面起始，沿户外侧电容芯体裂缝至末屏试验抽头安装孔附近的接地法兰筒体内壁，如图 5-23-21 所示。

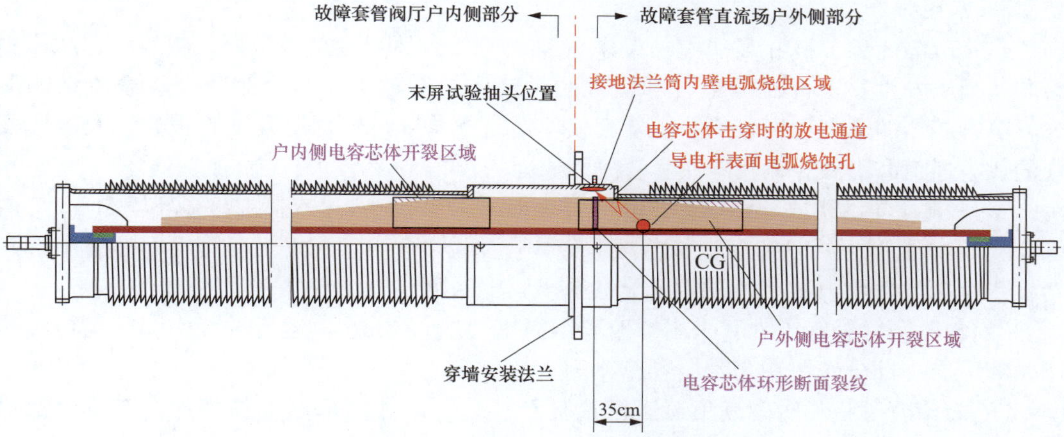

图 5-23-21 故障套管电容芯体击穿放电通道示意图

故障套管户外部分电容芯体击穿时，电容芯体内部电容屏击穿短接，套管电容屏作为桥接通道，使户外电容芯体轴向方向上发生沿轴向裂纹的放电。电容芯体击穿后，户外硅橡胶绝缘子外套内六氟化硫（SF_6）气体被放电产物污染，再次发生由高压导电杆至接地法兰筒的放电，并在硅橡胶复合绝缘子外套上留下明显的放电痕迹，套管轴向放电通道如图 5-23-22 所示。

2）相同运行工况极Ⅰ高端 400kV 穿墙套管解体检查。为进一步确认分析结论，决定对相同工况的极Ⅰ高端 400kV 穿墙套管进行厂内解体分析。解体前对套管开展了介质损耗、电容量及局部放电等气试验，测试值与出厂值基本一致，未发现异常。套管在拆除户内和户外空心绝缘子外套、中间接地法兰筒后，套管电容芯体、绝缘子外套、接地法兰筒、高压载流导电杆未发现明显过热和放电痕迹，套管整体状态良好。套管在水平布置下户外端施加 2000N 机械负荷，导电杆施加 4117A（直流等效电流 5100A）交流电流并维持 24h，环境温度保持在 42℃。上述热变形试验结果表明，玻璃钢外套对电容芯

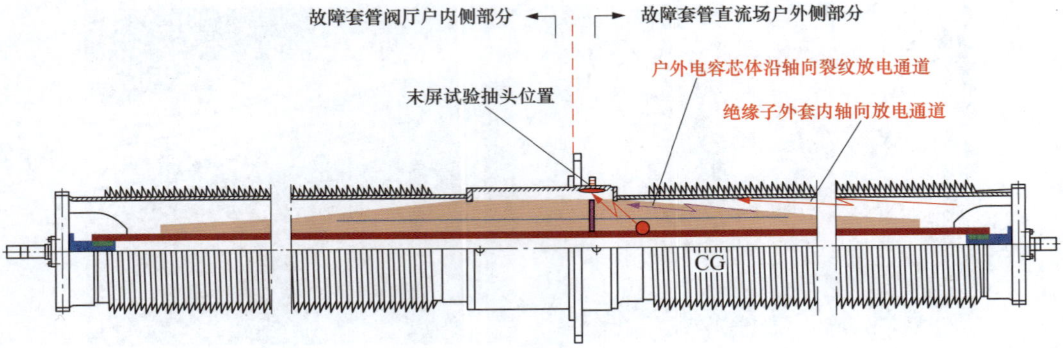

图 5-23-22　故障套管电容芯体表面轴向放电通道示意图

体的自然悬垂起一定支撑作用，符合套管设计基本原则，但可以进一步加大支撑强度。后续在热状态下再次测试介质损耗、电容量及局部放电，结果正常，套管状态良好。

3. 原因分析

（1）故障原因。极Ⅱ高端 400kV 直流穿墙套管解体后发现：偏户外侧的电容芯体内沿芯体裂纹发生贯通高压导电杆和接地法兰筒的击穿放电。结合故障套管载流结构形式、电容芯体的开裂程度、绝缘子外套玻璃钢筒壁厚度、套管温升试验报告以及解体发现的放电通道和形式，认为本次套管故障原因为：

1）故障套管采用外径为 125mm 的导电杆载流裕度小，户外端 23℃环境温度/户内端 52℃环境温度下，5100A 试验电流下套管内部温度 109℃（位于套管电容芯体中部），套管热性能虽满足 IEC 标准的温升试验要求，但裕度小。

2）故障套管绝缘子外套采用的玻璃钢筒壁边缘仅 8mm，运行过程中套管机械负荷产生的应力一部分作用在套管电容芯体上。

3）故障套管在长时间满负荷运行工况下，套管芯体内部温度偏高，在套管中部法兰筒体内的电容芯体内部出现局部温度较高区域；由于套管绝缘子外套玻璃钢筒壁薄，运行中较大的机械应力同样作用在中部法兰筒体内温度较高电容芯体上。由于环氧树脂材料温度越高所能耐受的弯曲强度的越小，在热和机械应力的共同作用下，套管电容芯体在局部温度过高且应力集中局域出现轴向和径向裂纹。

4）出现裂纹的电容芯体绝缘性能下降，自高压导电杆沿径向裂纹至套管接地法兰筒体，发生贯穿电容芯体的击穿放电；套管电容芯体发生径向击穿时，户外侧绝缘子外套内部电容芯沿着轴向裂纹同时发生放电。在套管电容芯体径向和轴向发生放电后，硅橡胶绝缘子内六氟化硫（SF_6）被污染，沿内壁再次发生放电，并在绝缘子外套上留下明显的放电痕迹。

5）套管电容芯体内部绝缘击穿和沿面放电后，套管内气体压力增大，将套管户外侧盖板从导电杆弹簧表带触指处顶开，安装有弹簧表带触指的过渡连接头端部与套管高压导电杆脱离时产生拉弧放电，并在端头上留下电弧灼烧痕迹。

（2）整改措施。

1）优化套管结构。针对穿墙套管运行过程中温度可能存在过高的问题，经商讨，决定对套管导电杆两端增加气体对流孔，如图 5-23-23 所示，并通过打孔前后的温升对比试验进行效果验证。

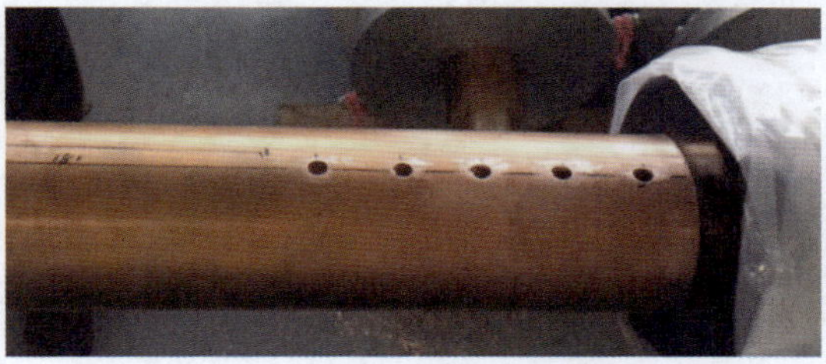

图 5-23-23　户外导电杆增加气体对流孔

试验结果表明，导电杆两端增加气体对流孔对降低芯体温升效果明显，相对于打孔前，打孔后最热点温度降低 10℃以上。为确保打孔措施不会对其他电气、机械性能造成影响，安排对该套管进行完整的型式试验，其中温升试验的环境温度按实际可能的最大环境温度（户外 40℃，户内 50℃）设置，试验电流为直流 5100A，通过试验的标准按降低一个级别（调整为 105℃）考虑。2017 年 12 月 1 日，套管顺利通过试验考核，其中温升试验最热点温度为 95.7℃，低于 105℃要求。针对穿墙套管玻璃钢外套较薄、热态下对芯体支撑不够的问题，建议增加玻璃钢筒壁厚至 14mm。

2）加强运行监视及维护。加强套管运行过程中红外测温、紫外放电监测等常态化巡视工作，定期开展横向、纵向运行数据比对分析，发现问题及时处置。

23.4.2　案例 73：直流穿墙套管放电故障

1. 情况说明

（1）故障前的运行情况。故障发生时，直流双极四阀组大地回线方式运行且处于升功率过程中，现场天气有大雾，能见度小于 50m，环境温度 0℃，空气湿度 100%。

（2）故障过程描述。2023 年 2 月 8 日 06:01:37，受端换流站双极四阀组大地回线运行升功率过程中，升至约 4538MW 时刻（额定输送功率 10 000MW）时，06:01:37.774 极Ⅱ高端阀组差动保护三套动作 S 闭锁，06:01:37.799 极Ⅱ极差动保护三套动作 S 闭锁，初步判断故障原因为极Ⅱ高端 800kV 直流穿墙套管闪络。故障时刻事件记录见表5-23-3。

表 5-23-3　　故障时刻事件记录

时间	事件来源	系统告警	事件描述	备注
06:01:37:774	S2P2CPR1	A/B/C	阀组差动保护 S 闭锁、隔离阀组、闭锁极	受端站三套阀组差动保护、极差动保护动作闭锁极Ⅱ
06:01:37:799	S2P2PPR	A/B/C	直流极差保护Ⅱ段 S 闭锁	
06:01:37:800	S2P2PCP	B	极保护启动 S 闭锁、极隔离	受端站三套直流极差保护动作

（3）故障设备基本情况。极Ⅱ高端阀组 800kV 直流穿墙套管为 HSP 生产，型号

GSEW f/i1870/816-6328spez.，故障时套管已运行5年。

2. 检查情况

(1) 保护动作情况。受端站直流场TA配置如图5-23-24所示。

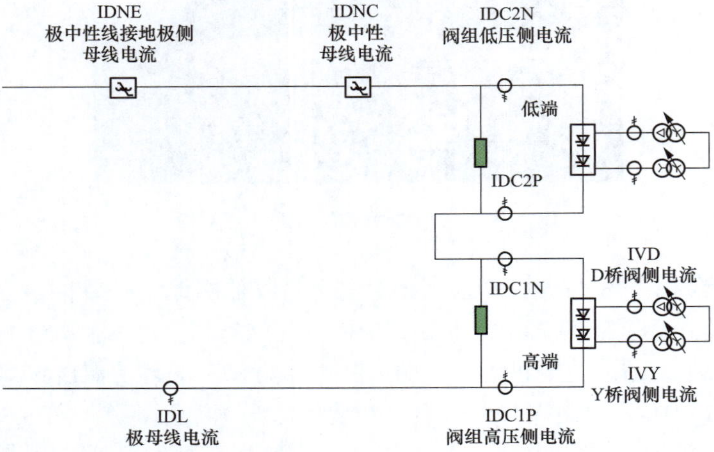

图5-23-24　受端站极Ⅱ直流场TA配置图

极Ⅱ故障录波如图5-23-25所示，故障前直流场TA测量电流均为2875A[0.46(标幺值)]左右。故障发生时刻，直流电压UDL由−780kV下跌至0kV左右，IDC1N、IDC_2P、IDC_2N、IDNC等测点电流跌落至0A左右，IDL和IDC1P增加至10 125A[1.62（标幺值)]左右，换流变压器阀侧电流IVY、IVD故障前无明显变化。根据故障录波计算，故障时刻差流满足阀组差动保护2段动作值，延时5ms后，极Ⅱ双阀组闭

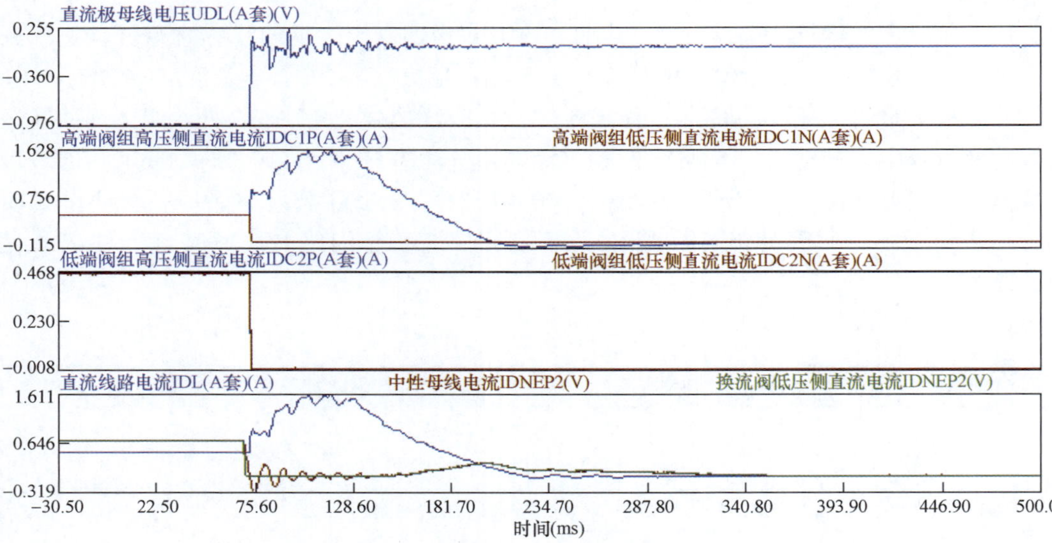

图5-23-25　极Ⅱ故障录波（阀差、极差保护模拟量）

锁。从电压、电流特征可以判断，极Ⅱ高端阀组 IDC1P、IDC1N 测点之间发生接地故障，同时由于直流电压直接跌为 0kV，判断极Ⅱ高端阀组高压侧穿墙套管故障的可能性较大。

受端站极Ⅱ故障电流回路如图 5-23-26 所示。

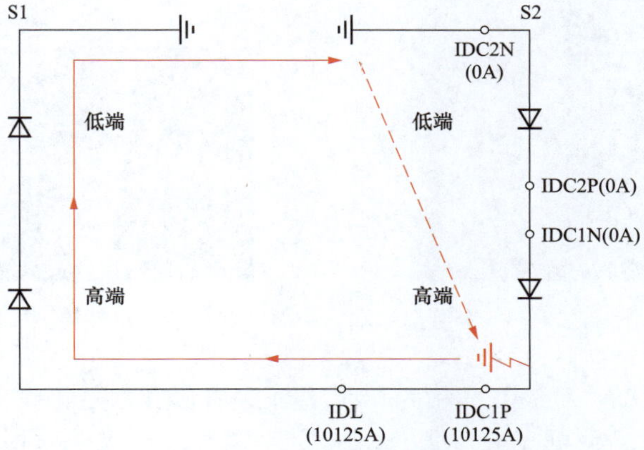

图 5-23-26　受端站极Ⅱ故障电流回路

（2）外观检查情况。

1）外观检查。现场检查发现，极Ⅱ高端阀组 800kV 直流穿墙套管伞裙及根部有放电痕迹，均压环有一处烧蚀孔，如图 5-23-27 所示。极Ⅱ高端阀组 400kV 直流穿墙套管及阀组差动保护范围内其他如电抗器、支柱绝缘子、阀厅内设备外观均无异常。

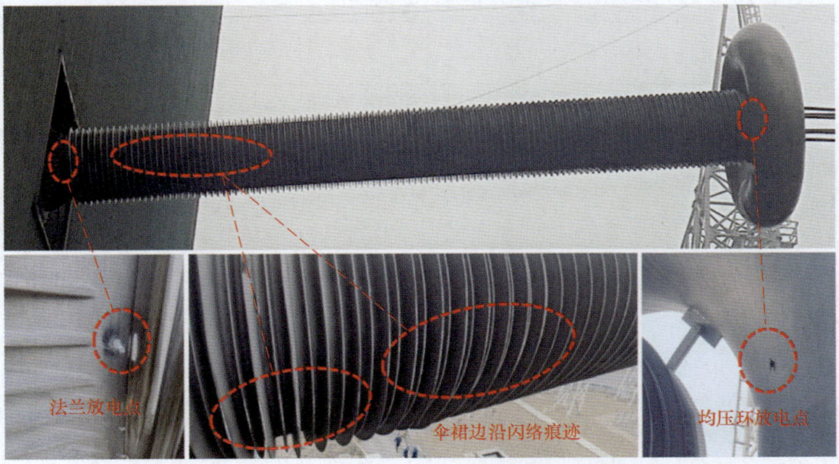

图 5-23-27　极Ⅱ高端阀组 800kV 直流穿墙套管放电痕迹

2）表面污秽检查。套管伞裙弹性良好，未发现表面粉化、龟裂现象。对极Ⅱ高 800kV 穿墙套管开展憎水性和污秽度检测，套管中间部分憎水性较差（HC5），其余部分憎水性为 HC3 及以上，如图 5-23-28 所示。

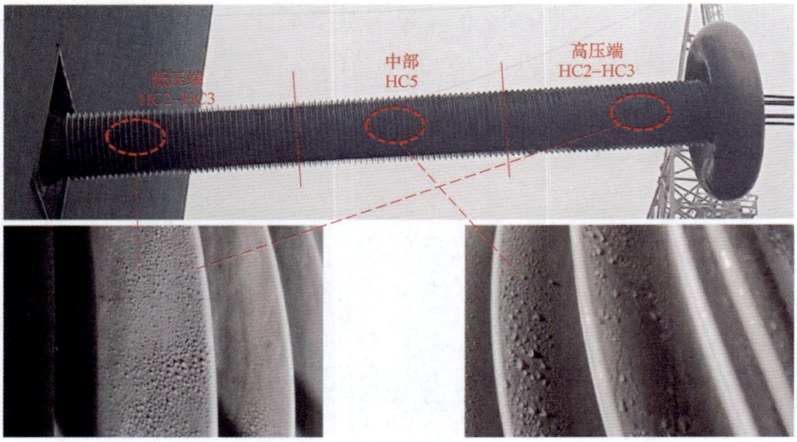

图 5-23-28　套管高压端、中部、低压端憎水性检测

（3）试验验证情况。对极Ⅱ高端 800kV 直流穿墙套管六氟化硫（SF_6）开展分解物、微水等项目检测，试验数据见表 5-23-4，未发现异常。套管介质损耗数值小于 0.5%，满足规程试验要求。检测套管主绝缘（2500V）大于 100GΩ，套管末屏对地绝缘（2500V）大于 100GΩ，试验结果合格。

表 5-23-4　　直流穿墙套管试验数据

1. 主绝缘及电容型套管对地末屏的 tanδ 及电容量试验

绝缘	电容量				tanδ（%）		
	出厂值	交接值	2023 年实测	误差	出厂值	交接值	2023 年实测
一次对末屏及地	1970pF	1947pF	1947pF	0%	0.37	0.379	0.456

出厂试验及交接试验电压为 10kV，2023 年 2 月 8 日试验电压为 3kV，试验方法为正接法。

在 10kV 下，20℃时测得的主绝缘 tanδ（%）值不大于 0.5%；电容式套管的实测电容值与产品铭牌数值或出厂数值相比其差值应小于±5%

2. 绝缘电阻试验

绝缘电阻（GΩ）	试验时间	一次对末屏及地	末屏对地
	交接值	187	59
	2023 年实测	大于 100	大于 100

套管主绝缘的绝缘电阻应使用 5000V 绝缘电阻表测量，主绝缘的绝缘电阻值不应低于 5000MΩ；

套管测量端子的绝缘电阻应使用 2500V 绝缘电阻表测量，测量端子的绝缘电阻不应低于 1000MΩ

3. 微水含量及纯度试验

六氟化硫（SF_6）气体试验	微水（μL/L）	纯度（%）	二氧化硫（SO_2）	一氧化碳（CO）	硫化氢（H_2S）
交接值	140	99.99	0	0	0
2022 年检	231.5	99.87	0	0	0
2023 实测	235.7	99.85	0	21.3	0

20℃微水不大于 500μL/L

3. 原因分析

（1）往年检修情况。直流场区域设备每年开展一次设备外绝缘清扫工作，使用电力清洗剂擦拭、高压水枪冲洗等方式对设备外绝缘伞套进行逐个清洗，针对直流穿墙套管、旁通断路器、零磁通电流互感器等横向布置的设备进行重点清扫。伞套清洁后其憎水性不低于 HC3（直流没有具体要求，参考《标称电压高于 1000V 架空线路绝缘子使用导则　第 4 部分：直流系统用棒形悬式复合绝缘子》（DL/T 1000.4），能够继续运行。

直流穿墙套管按照《±800kV 特高压直流设备预防性试验规程》（DL/T 273—2012）要求，定期开展 SF_6 气体微水试验，并附加 SF_6 气体组分分析试验，试验结果均正常。

（2）设计裕度情况。经核查直流成套设计要求，受端站污秽级别按照盐密 0.11mg/cm^{2}考虑，对应直流污秽等级为 C 级（直流污秽等级分为 A、B、C、D 四个级别，依次升高，D 级最为严重），现场实测盐密平均值 0.027mg/cm^2，对应直流污秽等级为 A 级，小于设计值。

800kV 穿墙套管户外爬距 41 800mm，户外爬电比距 41 800/816＝51.23mm/kV，高于成套设计要求值，即不低于 46mm/kV。

（3）异常原因分析。套管闪络时刻，现场无雷电和操作过电压，间隙闪络可能性较小；套管盐密、灰密位于正常水平，污秽闪络可能性较小。初步分析闪络原因为：在 0℃左右低温、大雾高湿环境下，套管中部伞裙表面憎水性下降明显，套管高压端、低压端憎水性良好，套管高压端、中部、低压端憎水性分布不均匀造成套管各部位电压分布不均匀，最终导致套管发生类似不均匀雨闪的不均匀外绝缘闪络。

24 Trench 直流穿墙套管

24.1 结 构 介 绍

沈阳传奇生产的直流穿墙套管，采用环氧树脂胶浸纸电容芯体，套管内充 SF_6 气体或者填充绝缘膏。

24.1.1 GSEW 型套管

如图 5-24-1 所示，沈阳传奇生产的型号 GSEW f/i 1050/400-5000 spez. 直流穿墙套管，与 HSP GSEW 型套管结构基本相同，同时针对前期 HSP 套管出现的问题，在套管导电杆两端针对性增加了气体对流孔。套管采用环氧树脂胶浸纸电容芯体，载流导电管穿入电容芯体。由户外接线端子、端内均压罩、硅橡胶、导电杆气孔、六氟化硫（SF_6）气体、汇流环、户内侧接线端子等部件组成。套管户内和户外部分的外绝缘均采用玻璃钢筒和复合硅橡胶外套，套管内充六氟化硫（SF_6）气体。

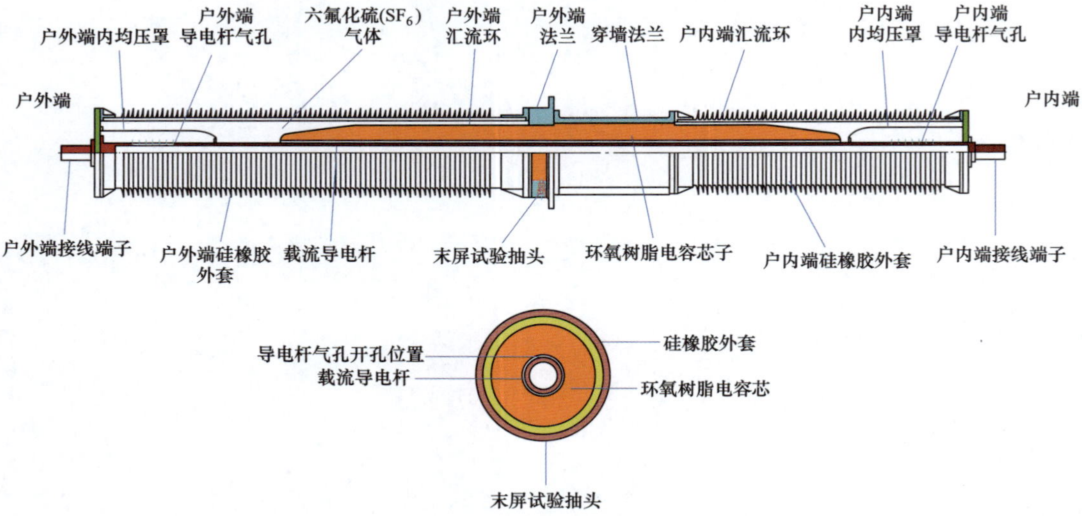

图 5-24-1 传奇穿墙套管结构示意图

24.1.2 ECAA 型穿墙套管

ECAA-525/2000-3 型套管结构如图 5-24-2 所示，主绝缘为胶浸纸电容芯体，外绝缘为空心复合绝缘子，主绝缘和外绝缘间的空腔内填充绝缘膏作为辅助绝缘。套管采用单导电管结构，由绝缘填充膏、空心复合绝缘子、胶浸纸电容芯体组成，无电容芯卷制管，导电管与电容芯体间隙布置有绝缘垫圈。

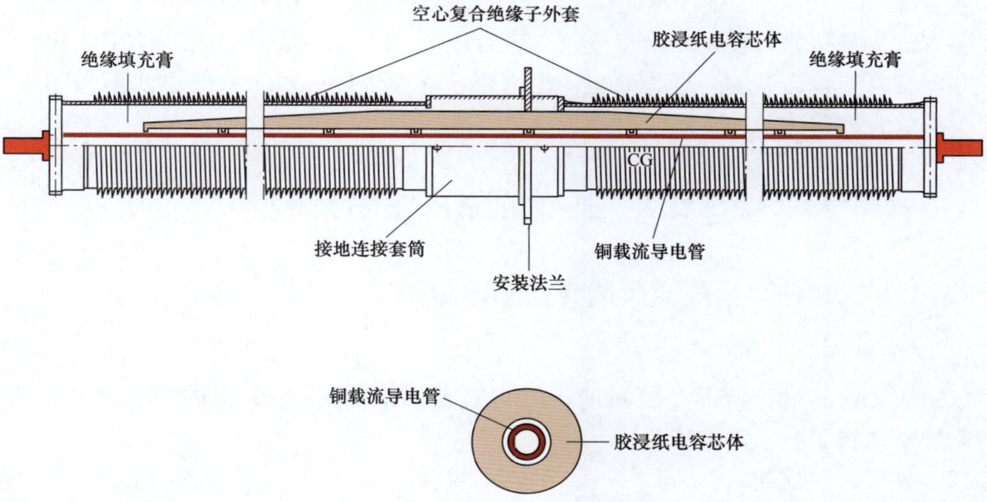

图 5-24-2 传奇穿墙套管结构示意图

24.2 故障及缺陷特征

实际运行经验表明，套管内部放电是在运 Trench 直流穿墙套管的主要故障。

(1) 故障原因：一是电容芯体内部存在局部制造缺陷，在运行电压下缺陷处首先发生早期的局部放电，局部放电长期持续烧蚀胶浸纸芯体并使其碳化分解，引起多层电容屏击穿和形成烧蚀孔洞，芯体绝缘耐受能力逐渐下降。最终芯体内部缺陷局部放电处的整体绝缘无法耐受运行电压，发生由高压导电管至电容芯体表面的径向击穿放电，放电电流贯穿电容芯体后沿芯体表面轴向发展至接地连接套筒入地。在早期局部放电发展至完全贯穿电容芯体前，套管电容量存在逐渐增大的过程。二是受套管表面积雪融化结冰等外在因素影响，套管复合外套绝缘电阻发生非线性下降，引起环氧筒轴向电位分布存在较大差异，内壁沿轴向单位距离承压增大，同时由于安装不当造成套管户外部分绝缘子伞裙进入墙体，引起墙体处场强发生畸变，电位梯度累积，在两者综合影响加之极端温差，引起套管内部放电。

(2) 主要特征：一是表现为电气量动作闭锁，在实际故障案例中，主要表现为电流差动保护动作、换流变压器中性点过流保护动作。二是套管主绝缘失效，套管绝缘电阻异常、套管六氟化硫（SF_6）气体组分异常。三是解体后在电容芯体内可见明显放电痕迹。

(3) 检测监视方法：参照 22.2 的（3）中“ALSTOM 直流穿墙套管”检测监视方法。

24.3 提升措施建议

参照 21.3.1 中的“ABB 直流穿墙套管闪络放电故障”提升措施建议，同时要对套管安装方式进行核验管控，严格审核阀厅设计图纸及直流穿墙套管安装图纸，确保阀厅直流穿墙套管安装后两侧外绝缘伞裙均全部位于墙面外侧。对于安装方式不当的，要结合年度检修开展整改。

24.4 典型故障及缺陷案例

24.4.1 案例 74：直流穿墙套管放电故障

1. 情况说明

（1）故障前的运行情况。故障前，柔直换流站双单元运行，输送功率为 526MW，现场无异常运行工况，站内天气阴。

（2）故障过程描述。7 月 17 日 02:45，柔直换流站单元 2 一侧桥臂电抗器电流差动保护Ⅰ段动作、换流变压器中性点过流保护动作，单元 2 闭锁，功率由单元 1 转带正常，无功率损失。现场使用备品套管更换故障穿墙套管后，7 月 19 日 00:47，单元 2 直流系统投入运行。事件记录如图 5-24-3 和图 5-24-4 所示。

标记	事件时标	类型	主/从	事件号	事件来源	事件描述	事件等级	状态	持续时间	设备描述	操作者
☐	2020-07-17,02:44:08:000	辅助系统SOE事件	从	449509	单元2渝侧#2阀冷系统	B3.M11风机变频运行	状态	消失	00:48:45		
☐	2020-07-17,02:44:09:000	辅助系统SOE事件	主	449509	单元2渝侧#2阀冷系统	B3.M11风机变频运行	状态	消失	00:48:45		
☐	2020-07-17,02:45:20:673	直流SER事件	主(B)	1035748	单元2极控系统	鄂侧直流电压偏差控制有效	警告	产生	--:--:--		
☐	2020-07-17,02:45:20:738	直流SER事件	主	1144112	单元2极保护系统A	渝侧桥臂电抗器差动保护I段启动	警告	产生	--:--:--		
☐	2020-07-17,02:45:20:739	直流SER事件	主	1145112	单元2极保护系统B	渝侧桥臂电抗器差动保护I段启动	警告	产生	--:--:--		
☐	2020-07-17,02:45:20:739	直流SER事件	主	1146112	单元2极保护系统C	渝侧桥臂电抗器差动保护I段启动	警告	产生	--:--:--		
☐	2020-07-17,02:45:20:777	直流SER事件	主(B)	1035748	单元2极控系统	鄂侧直流电压偏差控制有效	状态	消失	00:00:00		
☐	2020-07-17,02:45:20:808	直流SER事件	主	1144197	单元2极保护系统A	触发极保护内置故障录波	警告	产生	--:--:--		
☐	2020-07-17,02:45:20:808	直流SER事件	主	1144106	单元2极保护系统A	渝侧桥臂电抗器差动保护跳交流断路器	紧急/故障	产生	--:--:--		
☐	2020-07-17,02:45:20:808	直流SER事件	主	1144104	单元2极保护系统A	渝侧桥臂电抗器差动保护I段闭锁	紧急/故障	产生	--:--:--		
☐	2020-07-17,02:45:20:808	直流SER事件	主	1146197	单元2极保护系统C	触发极保护内置故障录波	警告	产生	--:--:--		
☐	2020-07-17,02:45:20:808	直流SER事件	主	1146106	单元2极保护系统C	渝侧桥臂电抗器差动保护跳交流断路器	紧急/故障	产生	--:--:--		
☐	2020-07-17,02:45:20:808	直流SER事件	主	1146104	单元2极保护系统C	渝侧桥臂电抗器差动保护I段闭锁	紧急/故障	产生	--:--:--		
☐	2020-07-17,02:45:20:809	直流SER事件	从(A)	1034628	单元2极控系统	极保护系统请求跳交流断路器	紧急/故障	产生	--:--:--		
☐	2020-07-17,02:45:20:809	直流SER事件	从(A)	1034626	单元2极控系统	极保护系统请求闭锁	紧急/故障	产生	--:--:--		
☐	2020-07-17,02:45:20:809	辅助系统SOE事件	主(B)	734851	单元2鄂侧阀控系统	阀正在充电状态	警告	产生	--:--:--		
☐	2020-07-17,02:45:20:809	辅助系统SOE事件	从(A)	724851	单元2渝侧阀控系统	阀正在充电状态	警告	产生	--:--:--		
☐	2020-07-17,02:45:20:809	辅助系统SOE事件	主(B)	724851	单元2渝侧阀控系统	阀正在充电状态	警告	产生	--:--:--		
☐	2020-07-17,02:45:20:809	辅助系统SOE事件	主(B)	734806	单元2鄂侧阀控系统	阀控接收PCP下发换流阀闭锁命令	警告	产生	--:--:--		
☐	2020-07-17,02:45:20:809	辅助系统SOE事件	从(A)	724806	单元2渝侧阀控系统	阀控接收PCP下发换流阀闭锁命令	警告	产生	--:--:--		
☐	2020-07-17,02:45:20:809	辅助系统SOE事件	主(B)	724806	单元2渝侧阀控系统	阀控接收PCP下发换流阀闭锁命令	警告	产生	--:--:--		
☐	2020-07-17,02:45:20:809	直流SER事件	主	1145197	单元2极保护系统B	触发极保护内置故障录波	警告	产生	--:--:--		
☐	2020-07-17,02:45:20:809	直流SER事件	主	1145106	单元2极保护系统B	渝侧桥臂电抗器差动保护跳交流断路器	紧急/故障	产生	--:--:--		
☐	2020-07-17,02:45:20:809	直流SER事件	主	1145104	单元2极保护系统B	渝侧桥臂电抗器差动保护I段闭锁	紧急/故障	产生	--:--:--		
☐	2020-07-17,02:45:20:809	辅助系统SOE事件	主(B)	724805	单元2渝侧阀控系统	阀控接收PCP下发换流阀解锁命令	状态	消失	--:--:--		
☐	2020-07-17,02:45:20:809	辅助系统SOE事件	主(B)	734805	单元2鄂侧阀控系统	阀控接收PCP下发换流阀解锁命令	状态	消失	--:--:--		
☐	2020-07-17,02:45:20:809	辅助系统SOE事件	从(A)	724805	单元2渝侧阀控系统	阀控接收PCP下发换流阀解锁命令	状态	消失	--:--:--		
☐	2020-07-17,02:45:20:810	辅助系统SOE事件	从(A)	734851	单元2鄂侧阀控系统	阀正在充电状态	警告	产生	--:--:--		
☐	2020-07-17,02:45:20:810	辅助系统SOE事件	从(A)	734806	单元2鄂侧阀控系统	阀控接收PCP下发换流阀闭锁命令	警告	产生	--:--:--		
☐	2020-07-17,02:45:20:810	辅助系统SOE事件	从(A)	734805	单元2鄂侧阀控系统	阀控接收PCP下发换流阀解锁命令	状态	消失	--:--:--		

图 5-24-3 一侧桥臂电抗器差动保护Ⅰ段动作事件记录

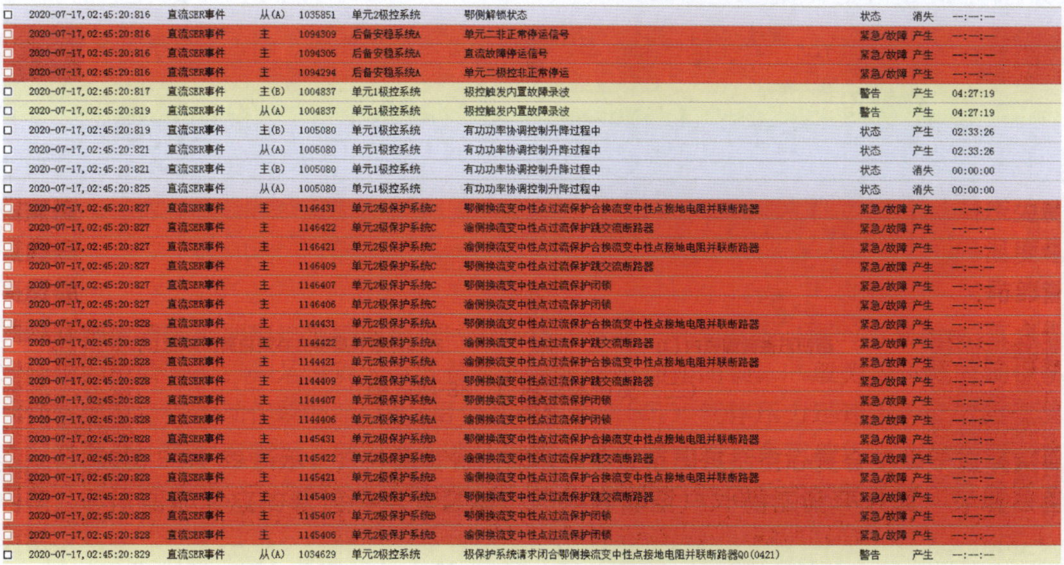

2020-07-17,02:45:20:816	直流SER事件	从(A)	1035851	单元2极控系统	鄂侧解锁状态	状态	消失	--:--:--
2020-07-17,02:45:20:816	直流SER事件	主	1094309	后备安稳系统A	单元二非正常停运信号	紧急/故障	产生	--:--:--
2020-07-17,02:45:20:816	直流SER事件	主	1094305	后备安稳系统A	直流故障停运信号	紧急/故障	产生	--:--:--
2020-07-17,02:45:20:816	直流SER事件	主	1094294	后备安稳系统A	单元二极控非正常停运	紧急/故障	产生	--:--:--
2020-07-17,02:45:20:817	直流SER事件	主(B)	1004837	单元1极控系统	极控触发内置故障录波	警告	产生	04:27:19
2020-07-17,02:45:20:819	直流SER事件	从(A)	1004837	单元1极控系统	极控触发内置故障录波	警告	产生	04:27:19
2020-07-17,02:45:20:819	直流SER事件	主(B)	1005080	单元1极控系统	有功功率协调控制升降过程中	状态	产生	02:33:26
2020-07-17,02:45:20:821	直流SER事件	从(A)	1005080	单元1极控系统	有功功率协调控制升降过程中	状态	产生	02:33:26
2020-07-17,02:45:20:821	直流SER事件	主(B)	1005080	单元1极控系统	有功功率协调控制升降过程中	状态	消失	00:00:00
2020-07-17,02:45:20:825	直流SER事件	从(A)	1005080	单元1极控系统	有功功率协调控制升降过程中	状态	消失	00:00:00
2020-07-17,02:45:20:827	直流SER事件	主	1146431	单元2极保护系统C	鄂侧换流变中性点过流保护合换流变中性点接地电阻并联断路器	紧急/故障	产生	--:--:--
2020-07-17,02:45:20:827	直流SER事件	主	1146422	单元2极保护系统C	渝侧换流变中性点过流保护跳交流断路器	紧急/故障	产生	--:--:--
2020-07-17,02:45:20:827	直流SER事件	主	1146421	单元2极保护系统C	渝侧换流变中性点过流保护合换流变中性点接地电阻并联断路器	紧急/故障	产生	--:--:--
2020-07-17,02:45:20:827	直流SER事件	主	1146409	单元2极保护系统C	鄂侧换流变中性点过流保护跳交流断路器	紧急/故障	产生	--:--:--
2020-07-17,02:45:20:827	直流SER事件	主	1146407	单元2极保护系统C	鄂侧换流变中性点过流保护闭锁	紧急/故障	产生	--:--:--
2020-07-17,02:45:20:827	直流SER事件	主	1146406	单元2极保护系统C	渝侧换流变中性点过流保护闭锁	紧急/故障	产生	--:--:--
2020-07-17,02:45:20:828	直流SER事件	主	1144431	单元2极保护系统A	鄂侧换流变中性点过流保护合换流变中性点接地电阻并联断路器	紧急/故障	产生	--:--:--
2020-07-17,02:45:20:828	直流SER事件	主	1144422	单元2极保护系统A	渝侧换流变中性点过流保护跳交流断路器	紧急/故障	产生	--:--:--
2020-07-17,02:45:20:828	直流SER事件	主	1144421	单元2极保护系统A	渝侧换流变中性点过流保护合换流变中性点接地电阻并联断路器	紧急/故障	产生	--:--:--
2020-07-17,02:45:20:828	直流SER事件	主	1144409	单元2极保护系统A	鄂侧换流变中性点过流保护跳交流断路器	紧急/故障	产生	--:--:--
2020-07-17,02:45:20:828	直流SER事件	主	1144407	单元2极保护系统A	鄂侧换流变中性点过流保护闭锁	紧急/故障	产生	--:--:--
2020-07-17,02:45:20:828	直流SER事件	主	1144406	单元2极保护系统A	渝侧换流变中性点过流保护闭锁	紧急/故障	产生	--:--:--
2020-07-17,02:45:20:828	直流SER事件	主	1145431	单元2极保护系统B	鄂侧换流变中性点过流保护合换流变中性点接地电阻并联断路器	紧急/故障	产生	--:--:--
2020-07-17,02:45:20:828	直流SER事件	主	1145422	单元2极保护系统B	渝侧换流变中性点过流保护跳交流断路器	紧急/故障	产生	--:--:--
2020-07-17,02:45:20:828	直流SER事件	主	1145421	单元2极保护系统B	渝侧换流变中性点过流保护合换流变中性点接地电阻并联断路器	紧急/故障	产生	--:--:--
2020-07-17,02:45:20:828	直流SER事件	主	1145409	单元2极保护系统B	鄂侧换流变中性点过流保护跳交流断路器	紧急/故障	产生	--:--:--
2020-07-17,02:45:20:828	直流SER事件	主	1145407	单元2极保护系统B	鄂侧换流变中性点过流保护闭锁	紧急/故障	产生	--:--:--
2020-07-17,02:45:20:828	直流SER事件	主	1145406	单元2极保护系统B	渝侧换流变中性点过流保护闭锁	紧急/故障	产生	--:--:--
2020-07-17,02:45:20:829	直流SER事件	从(A)	1034629	单元2极控系统	极保护系统请求闭合鄂侧换流变中性点接地电阻并联断路器Q0(0421)	警告	产生	--:--:--

图 5-24-4　两侧换流变压器中性点过流保护动作事件记录

（3）故障设备基本情况。换流站故障穿墙套管由沈阳传奇制造，型号为 ECAA-525/2000-3，额定电压 525kV，故障时套管运行不足 1 年。如图 5-24-5 所示，主绝缘为胶浸纸电容芯体，外绝缘为空心复合绝缘子，主绝缘和外绝缘间的空腔内填充绝缘膏作为辅助绝缘。套管采用单导电管结构，无电容芯卷制管，导电管与电容芯体间隙布置有绝缘垫圈。换流站在运 24 台穿墙套管仅在交接时满负荷（2500MW）运行 15min，大部分时间在低于满负荷一半的工况下运行，其余时间在 1300MW 工况下运行。运行期间对穿墙套管进行外观巡视和红外测温，未发现异常。

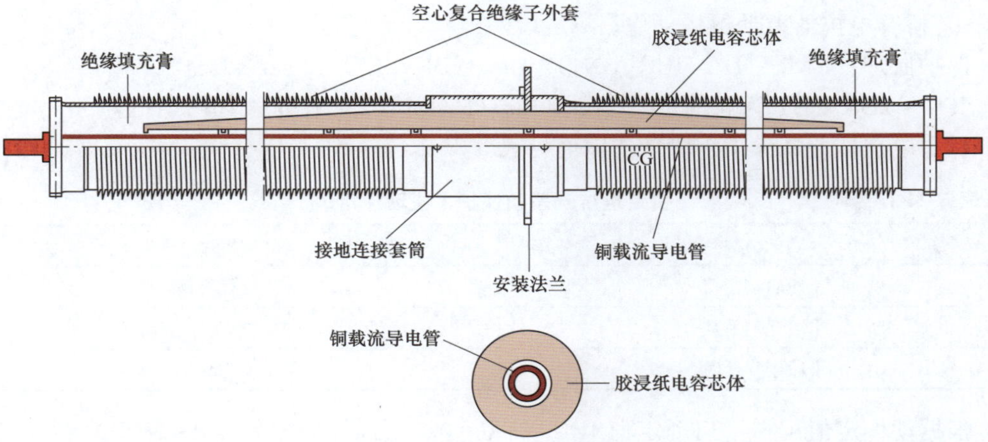

图 5-24-5　故障穿墙套管结构示意图

2. 检查情况

(1) 保护动作情况。直流保护配置图、故障录波图分别如图 5-24-6、图 5-24-7 所示。

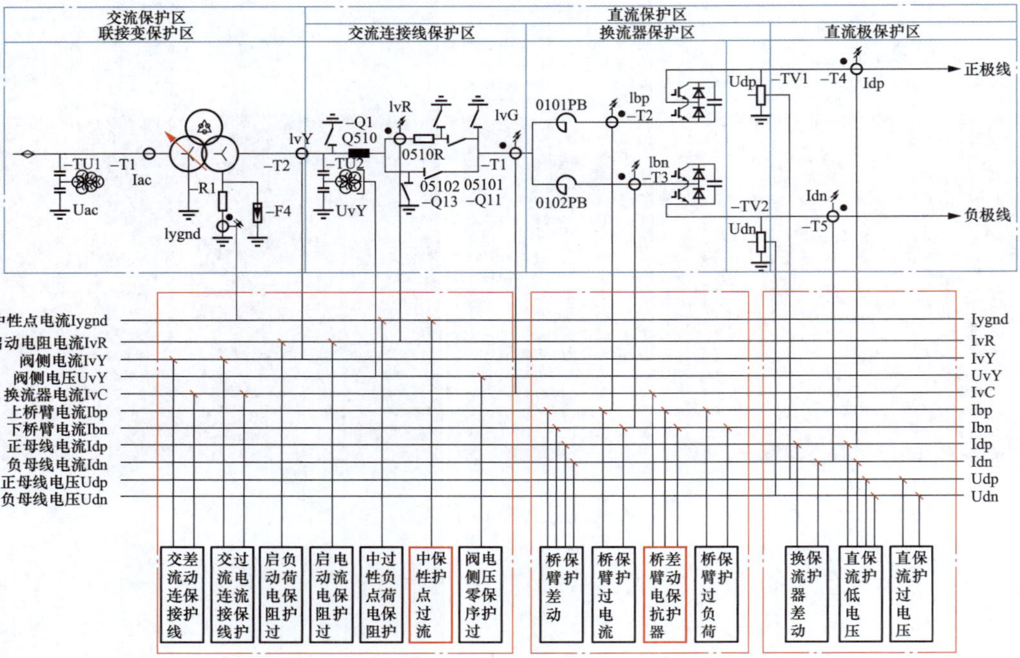

图 5-24-6　直流保护配置图

从故障录波图 5-24-7 中可以看出，换流器电流有效值略有增加，换流阀上桥臂电流和下桥臂电流均减小，差动电流为 241.9A。同时，C 相电压迅速降低至 0V 左右，初步确定单元 2 渝侧 C 相区域存在接地故障。

1) 桥臂电抗器差动保护动作。

保护原理：RMS(|IVC-IBP-IBN|)>max(IBR_SET, k_set×Ires)

其中：IBR_SET 为启动定值，Ires=max(RMS(IVC),RMS(IBP+IBN))

桥臂电抗器差动保护Ⅰ段动作定值见表 5-24-1。

表 5-24-1　　桥臂电抗器差动保护Ⅰ段动作定值

定值名称	整定值
Ⅰ段启动定值	0.1（标幺值）
Ⅰ段比例系数	0.1
Ⅰ段动作延时	120ms

根据动作定值可得：启动定值 IBR_SET=0.1（标幺值）=0.1×1822A=182.2A；制动电流 k_set×Ires=0.1×RMS（IVC）=0.1×479.7=47.97A。由于启动定值 182.2A 远大于制动电流 47.97A，因此动作选取固定值 182.2A。差动电流 243.9A 大于制动电流 182.2A，经过动作延时 120ms 后出口，保护动作行为正确。

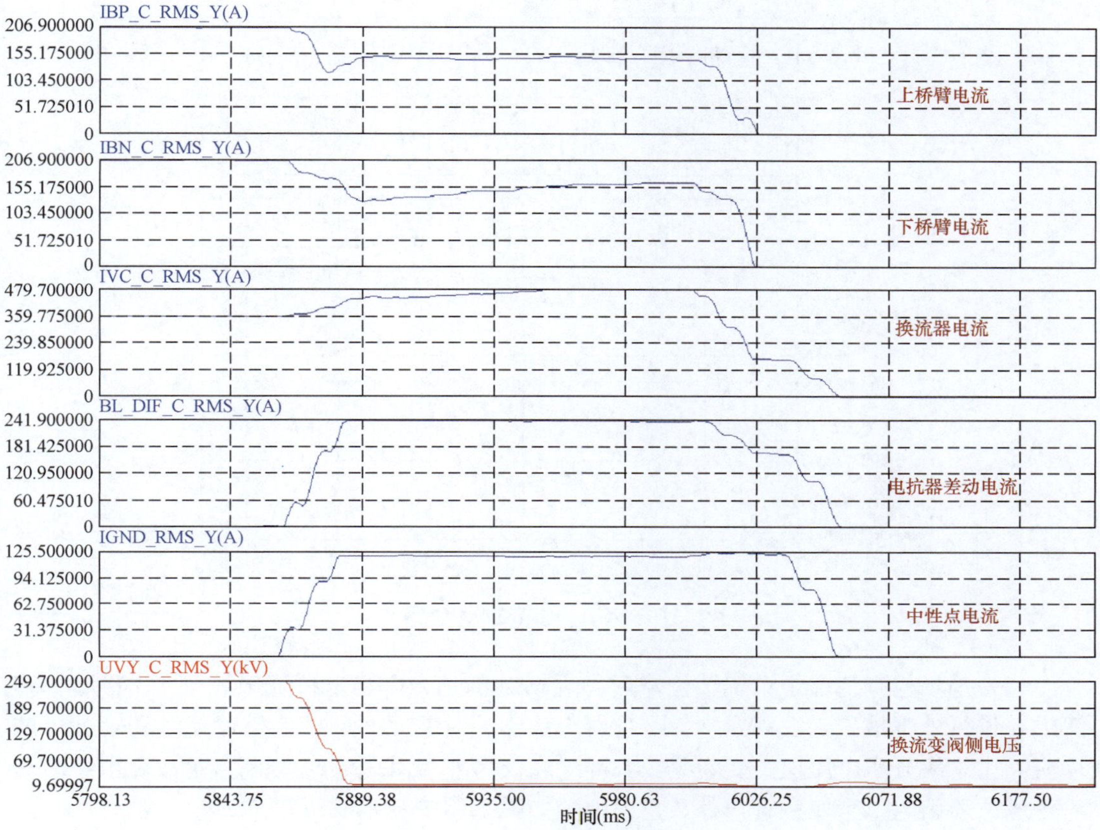

图 5-24-7　故障录波图

2）换流变压器阀侧中性点过流保护动作。

保护原理：｜IyGnd｜＞I_set，其中：I_set 为启动定值。

换流变压器阀侧中性点过流保护定值单见表 5-24-2。

表 5-24-2　　换流变压器阀侧中性点过流保护定值

定值名称	整定值
解锁前动作段定值	0.8（标幺值）
解锁后动作段定值	2（标幺值）
动作延时	150ms

根据动作定值可得：在直流系统解锁后 I_set＝2（标幺值）＝2×20A＝40A，阀侧中性点电流 IyGnd＝125.5A＞I_set＝40A，因此换流变压器阀侧中性点过流保护动作，经过 150ms 延时后出口，保护正确动作。

进一步分析故障波形，对比 C 相上、下桥臂 TA 电流和换流器侧电流变化情况，如图 5-24-8 所示，上桥臂侧 TA 电流变化更为明显，有突变现象，初步判断接地故障点位于 C 相上桥臂电抗器与 C 相上桥臂 TA 区域之间，该区域包含避雷器、TA 和穿墙套管。

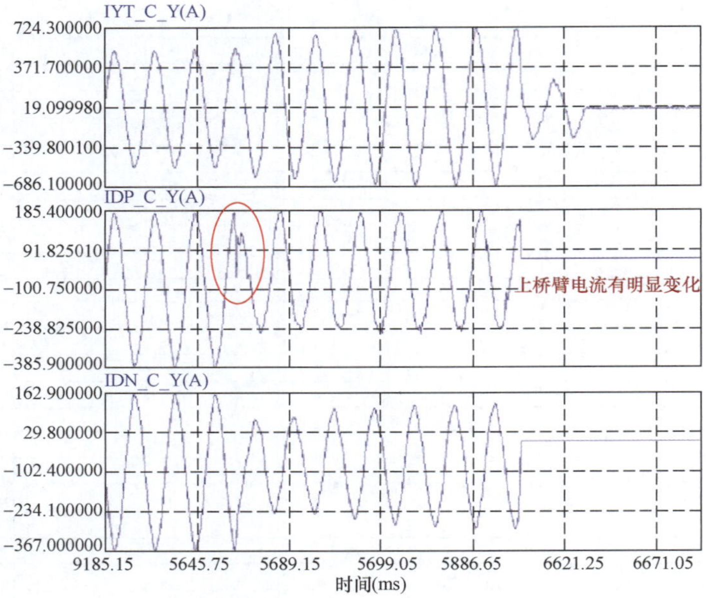

图 5-24-8　电流变化情况

（2）现场检查情况。系统转检修后，现场对单元 2 C 相上桥臂区域 TA、穿墙套管等设备进行外观检查未发现异常，避雷器未动作。对单元 2 C 相上桥臂穿墙套管进行试验时，主绝缘升压电压值突变为零，末屏绝缘仅为 0.3MΩ，初步判断接地故障由穿墙套管绝缘故障引起。穿墙套管户外、户内位置如图 5-24-9 所示。

图 5-24-9　穿墙套管户外、户内位置

（3）解体检查情况。

1）解体前套管检查结果。故障套管外观检查无异常，外套和接线端子外表面无放电和受损痕迹，接地末屏抽头无放电和过热痕迹。解体前在 2500V 下测得主绝缘对地绝缘电阻为 0.1MΩ、末屏对地绝缘电阻值为 0.8MΩ，套管主绝缘完全失效；测量导电管直流电阻测量值 60μΩ，处于正常水平。

2）户外侧解体检查情况。拆除套管户外侧空心复合绝缘子外套，电容芯体表面完好，无放电和受损痕迹；户外侧绝缘子外套内壁、内屏蔽筒、盖板、接线端子等未见异常；绝缘子外套内部绝缘膏呈乳白色，状态良好。

3）户内侧解体检查情况。

a. 电容芯体表面检查。如图 5-24-10 所示，拆除户内侧绝缘子外套，发现电容芯体表面附着的绝缘膏呈异常黑色。清除黑色绝缘膏后，发现电容芯体表面距接地连接套筒法兰面 26cm 位置存在一处呈三角状的放电击穿孔，长 16cm，宽 3.5cm；电容芯体击穿孔外围区域存在较大面积放电烧蚀痕迹，且该区域内存在一条向两侧轴向延伸的裂纹，总长 140cm。

图 5-24-10　电容芯体表面异常放电痕迹

b. 绝缘子外套内壁检查。如图 5-24-11 所示，户内侧空心复合绝缘子与接地连接套筒连接端，内壁附着大量黑色绝缘膏，清除绝缘膏后，发现绝缘筒内壁存在一处长 34cm、宽 6cm 的黑色放电烧蚀区域，与电容芯体表面三角状击穿孔的位置对应。

c. 芯体击穿孔区域解体检查。对击穿处的电容芯体截断面进行检查，如图 5-24-12 所示，发现击穿位置电容芯体内部存在较大的烧蚀孔洞，孔洞沿电容芯体径向长 6.5cm，轴向延伸 26cm；该区域内电容芯体内部径向完全贯穿，芯体材料碳化分解。

d. 高压导电管表面检查。截断高压导电管进行检查，发现局部段表面附着大量喷溅的碳化分解物，一处约 2mm 长的放电烧蚀坑，对应芯体击穿孔位置，如图 5-24-13 所示。

e. 击穿放电通道检查确认。如图 5-24-14 所示，故障套管电容芯体径向击穿位置位于距接地连接套筒法兰面 26cm 处，主放电通道由高压导电管起始，径向贯穿户内侧电容芯体表面后，沿芯体和绝缘膏填充区域轴向发展，直至接地连接套筒入地。以末屏接地端子为时钟 12 点作参考，从户内侧向户外侧看击穿处截面，径向击穿通道位于电容芯体截面的 1 点方向。

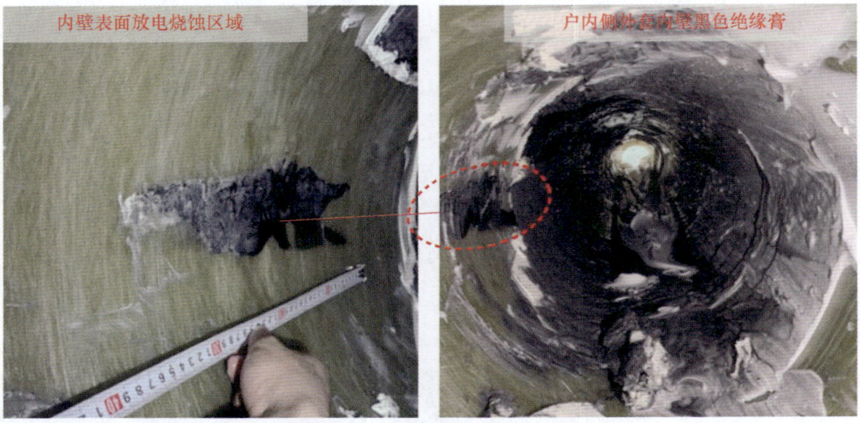

图 5-24-11　绝缘子外套内壁异常放电痕迹

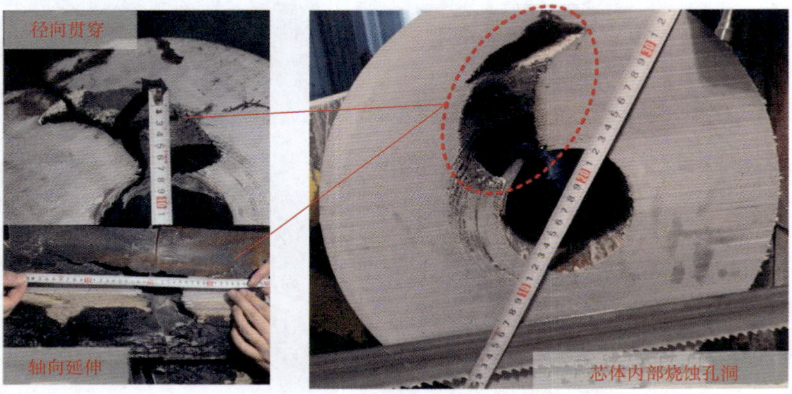

图 5-24-12　套管芯体击穿处内部烧蚀孔洞

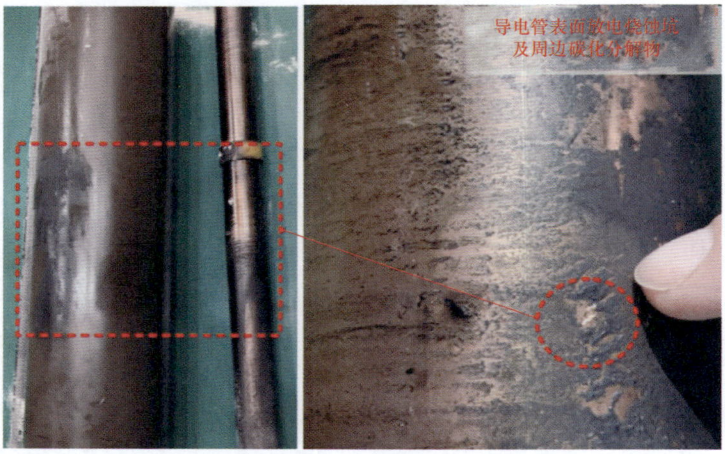

图 5-24-13　导电管表面烧蚀痕迹

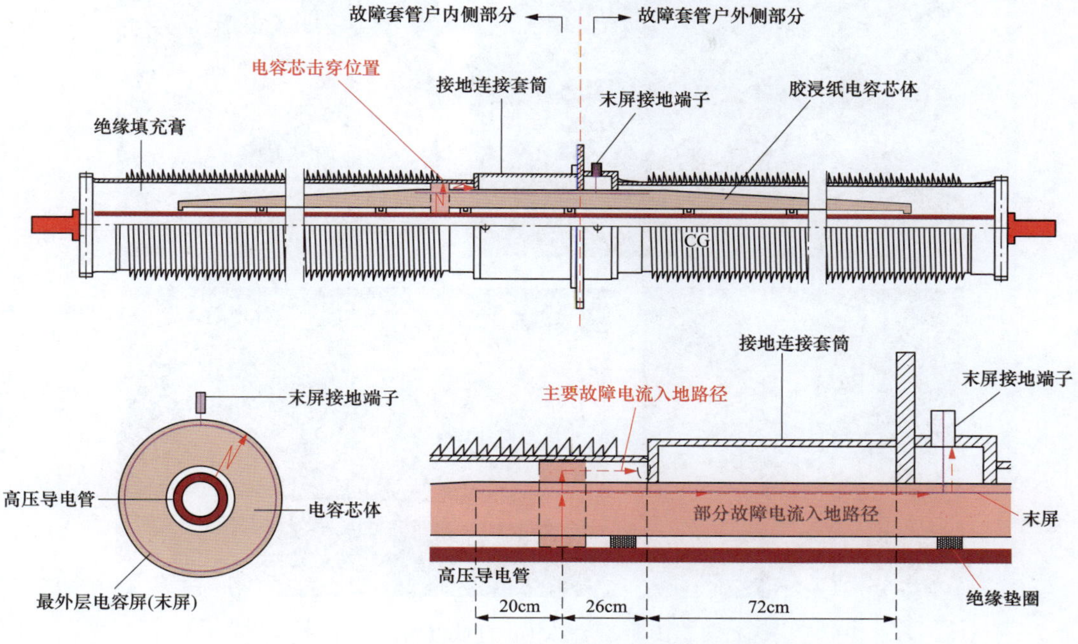

图 5-24-14　套管芯体击穿放电通道示意图

如图 5-24-15 所示，电容芯击穿孔距离接地连接套筒 26cm，表面存在从击穿孔轴向延伸至套筒端面放电痕迹。对应绝缘子外套内壁向接地连接筒方向延伸电烧蚀痕迹，距端面法兰 18cm。确认放电击穿孔至接地连接筒法兰面绝缘膏填充区域为故障电流主要的入地路径。

3. 原因分析

故障穿墙套管解体后发现：户内侧的电容芯体内部发生了贯通性击穿放电。结合故障套管电容芯体内部放电烧蚀孔洞形貌、芯体表面和绝缘子外套内壁放电烧蚀痕迹、高压导电管碳化附着物等异常痕迹，初步分析套管故障原因为：电容芯体内部存在局部制造缺陷，在运行电压下缺陷处首先发生早期的局部放电，局部放电长期持续烧蚀胶浸纸芯体并使其碳化分解，引起多层电容屏击穿和形成烧蚀孔洞，芯体绝缘耐受能力逐渐下降。最终芯体内部缺陷局部放电处的整体绝缘无法耐受运行电压，发生由高压导电管至电容芯体表面的径向击穿放电，放电电流贯穿电容芯体后沿芯体表面轴向发展至接地连接套筒入地。在早期局部放电发展至完全贯穿电容芯体前，套管电容量存在逐渐增大的过程。

4. 同类问题梳理

（1）故障过程描述。11 月 17 日 00:49，同一换流站单元 2 桥臂电抗器电流差动保护 1 段动作、单元 2 两侧换流变压器中性点过流保护动作，单元 2 在热备用状态跳闸。故障发生前，直流双单元处于热备用状态，未输送功率，站内天气晴。

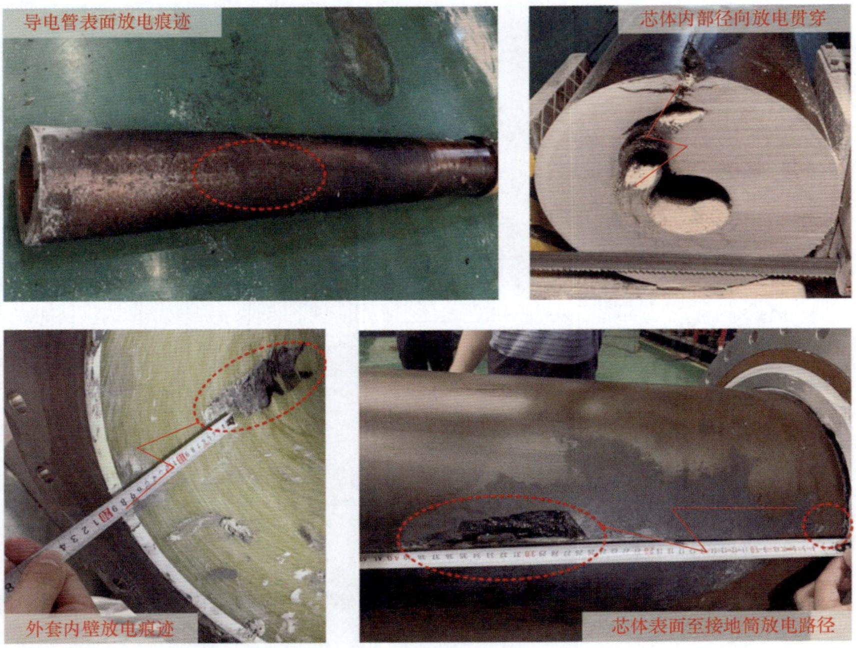

图 5-24-15　套管芯体击穿放电通道检查

(2) 保护动作情况。检查故障录波，如图 5-24-16 所示，故障前双单元处于热备用状态，上下桥臂电流为 0A，故障时 A 相换流器侧电流经过 20ms 从 0A 增加至 200A 左右，最大达到 209A，A 相换流阀上桥臂电流和下桥臂电流维持在 0A，差动电流与 A 相换流器侧电流变化一致为 200A 左右，同时 A 相电压经过 23ms 降低至 0V 左右。故障发生至保护动作共持续 136ms，初步确定单元Ⅱ A 相桥臂电抗器区域（含 A 相上下桥臂电抗器、避雷器、穿墙套管、支柱绝缘子、TA 等）存在接地故障。

(3) 现场检查情况。现场对单元 2 设备进行了全面外观检查，未发现疑似设备放电现象，设备外绝缘无异常，单元 2 三相两侧共 12 个桥臂避雷器未发生动作，故障前红外测温未发现异常。基于故障录波分析结果，对单元Ⅱ A 相桥臂电抗器区域进行试验，发现 A 相下桥臂穿墙套管主绝缘电阻为 0.114MΩ，末屏绝缘电阻为 17.2MΩ，其他穿墙套管试验结果正常，判断接地故障由穿墙套管绝缘故障引起。

(4) 解体检查情况。

1) 户外侧解体检查情况。如图 5-24-17 所示，拆除套管户外侧空心复合绝缘子外套时，拆开瞬间可听到明显气体压力释放声音，户外侧电容芯体表面完好，无放电和受损痕迹；绝缘子外套内壁、内屏蔽筒、盖板、接线端子等未见异常；绝缘子外套内部绝缘膏呈乳白色，状态良好。

2) 户内侧解体检查情况。

a. 电容芯体表面检查。拆除户内侧端部法兰，发现内部压力比户外侧稍大，绝缘膏顺着螺孔被挤压出来。如图 5-24-18 所示，端部法兰盖板拆除后，发现电容芯体端部区域存在黑色痕迹；接地连接筒内壁侧存在较厚的炭黑区域。电容芯体 1 条主裂纹（末屏

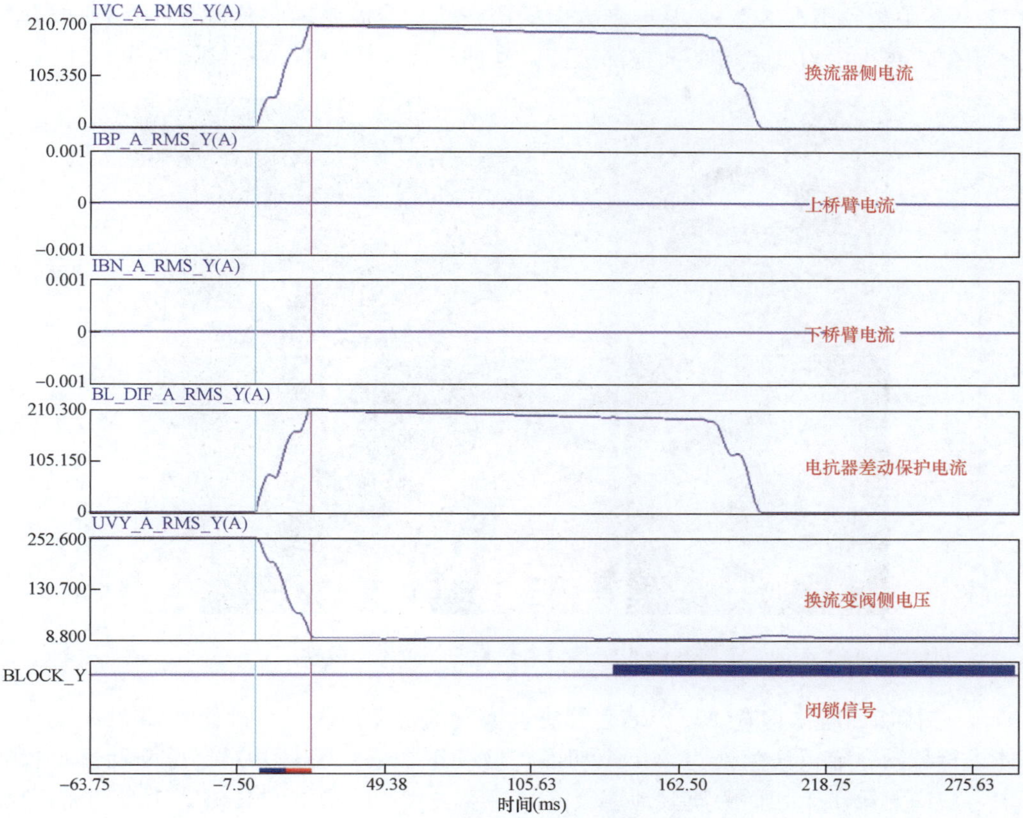

图 5-24-16　相关电流有效值

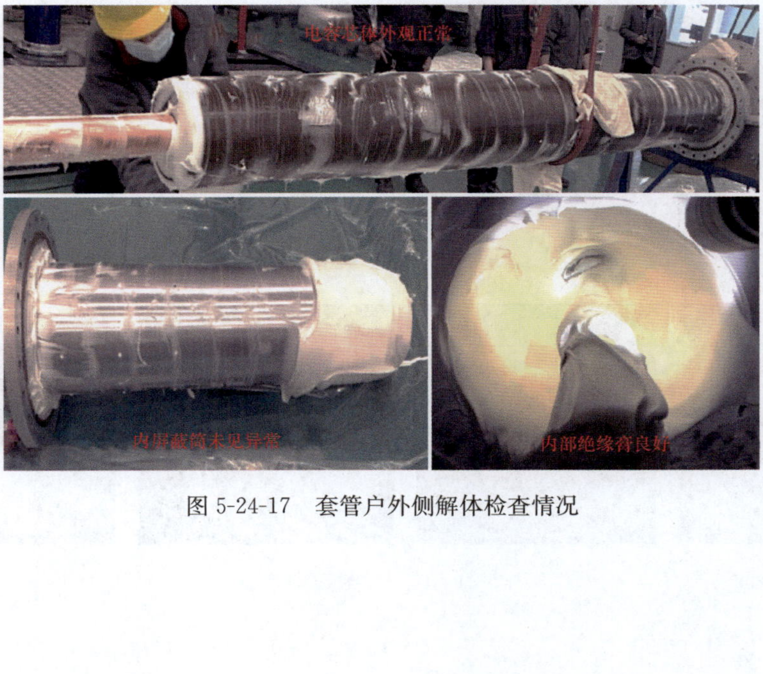

图 5-24-17　套管户外侧解体检查情况

为 12 点，主裂纹则在 3 点），从 3 点方向的接地筒法兰向外轴向延伸，一直延伸到电容芯体顶部，再次沿着 9 点方向向根部延伸，延伸距离大约 100cm 后裂纹消失。

图 5-24-18　电容芯体表面异常放电痕迹

b. 芯体切面解体检查。以穿墙套管法兰为起点，在户内、户外侧每隔 30～40cm 对芯体进行截断，靠近法兰处为第 1 个切面，后续逐个依次编号并对每个断面进行检查。其中，户内侧第 1 个切面距离接地连接筒（穿墙法兰）12cm，户外侧第 1 个切面距离安装法兰面 22cm。

检查户内侧芯体切面，发现每个切面均存在 3 点和 9 点方向的裂纹缺陷，沿轴向和径向延伸，其中 9 点方向的裂纹在第 1 和第 2 个切面未完全延伸到芯体外层，户内侧芯体断面如图 5-24-19 所示。

图 5-24-19　户内侧芯体断面

检查户外侧芯体切面，如图 5-24-20 所示，发现前 3 个切面存在较为明显的轴向延伸的裂纹缺陷，轴向延伸长度 100～140cm。其中，第 1 切面存在 1 个小的空腔，距离芯体内环大约 1.5cm，尺寸为 10mm×5mm×8mm，跨越 5 个电容屏，腔体由内向外呈现渐变的炭黑痕迹。

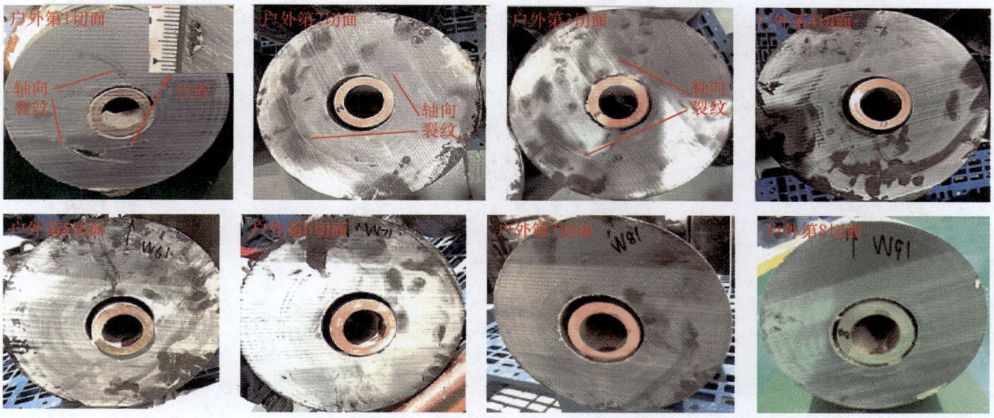

图 5-24-20　户外侧芯体断面

如图 5-24-21 所示，切除安装法兰，距离户外法兰面端部 8～17cm 存在烧蚀腔体，腔体通道 8cm×3cm，位于电容芯体部分体积较大，向导电杆径向延伸过程中，通道逐步缩小，并与导电杆连通。径向尺寸从芯体内壁到 9cm（芯体环径 12cm），损伤 75%径向芯体；剩余 3cm 宽度的腔体未沿径向向法兰发展，而是分别沿着轴向向户内和户外发展，裂纹与户内、户外所述裂纹一致。导电杆与烧蚀腔体连通的位置表面附着大量喷溅的碳化分解物，未发现明显的电弧损伤痕迹。

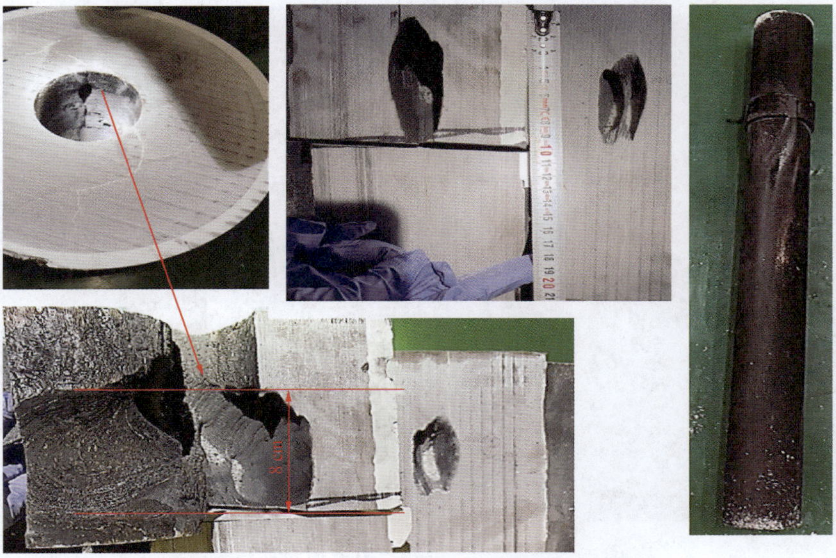

图 5-24-21　法兰内部烧蚀空腔及导电杆形态

c. 末屏及引线检查。烧蚀腔体位于 3 点方向，与末屏物理位置约间隔 90°。打开末屏，内部光洁、无污染；拆除末屏座，与电容芯体连接的引线及焊接根部无过流痕迹，引线表面绝缘层透明，未受任何损伤，如图 5-24-22 所示。

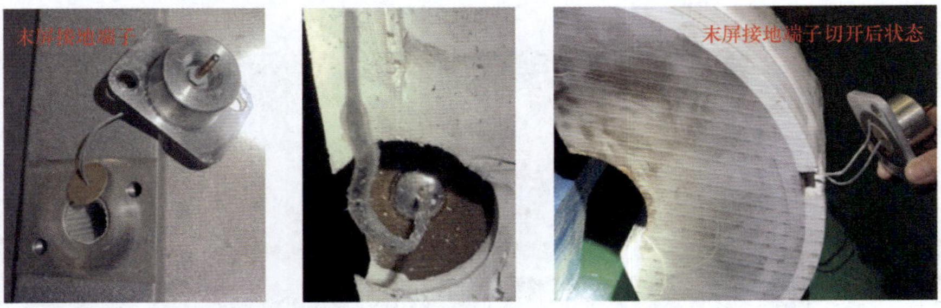

图 5-24-22　末屏及引线状态

d. 击穿放电通道检查确认。故障套管电容芯体起始位置置位于安装法兰内部 12～14cm 处，沿着图 5-24-23 中路径①向导电杆径向发展，同时轴向沿着裂纹路径②向户内延伸，最后裂纹轴向发展大约 60cm，再径向发展至（路径③）接地连接筒（穿墙法兰内壁）入地，芯体击穿放电通道对应痕迹如图 5-24-24 所示。因短路电流仅 200A，未发现明显的入地点。

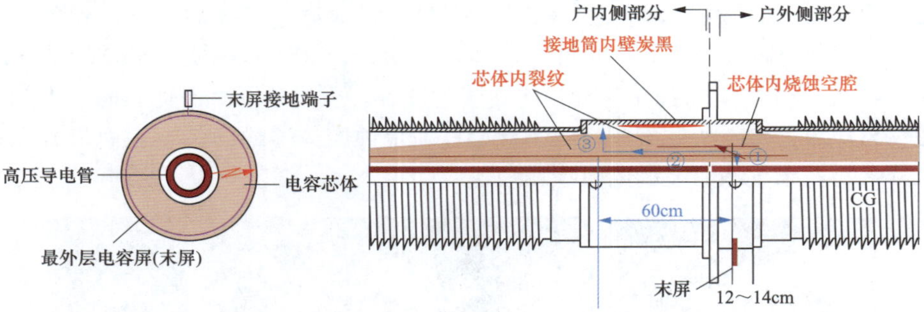

图 5-24-23　芯体击穿放电通道示意图

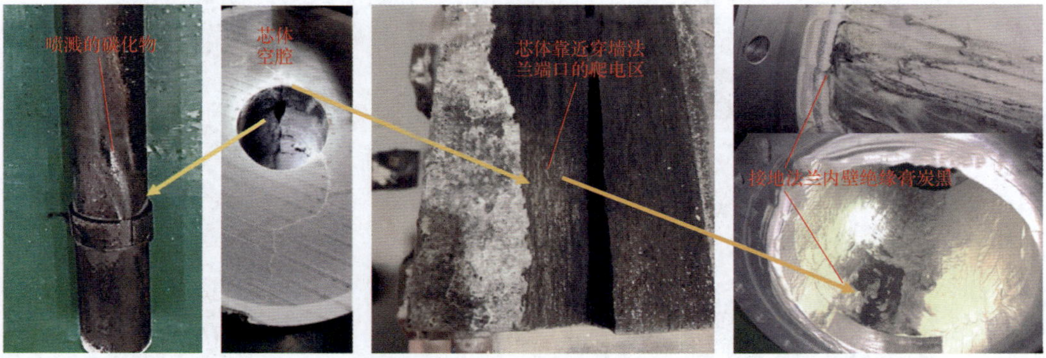

图 5-24-24　芯体击穿放电通道对应痕迹

（5）故障原因分析。单元 2 A 相下桥臂故障穿墙套管解体发现，安装法兰的电容芯体内部发生了贯通性击穿放电。结合故障套管电容芯体内部放电烧蚀孔洞形貌、芯体表面和接地连接筒内炭黑、芯体内放电烧蚀痕迹、高压导电管碳化附着物等异常痕迹，初步分析认为本次套管故障原因为：电容芯体内部可能存在局部制造缺陷，主要集中在烧蚀的大空腔，在运行（包括部分特殊工况影响）中缺陷处首先发生早期的局部放电，局部放电长期持续烧蚀胶浸纸芯体并使其碳化分解，引起多层电容屏击穿和形成烧蚀孔洞，并沿薄弱区进一步轴向发展，芯体绝缘耐受能力逐渐下降。最终芯体内部缺陷严重恶化，整体绝缘无法耐受运行电压，发生由腔体到导电管、沿芯体裂纹先轴向再径向击穿的对地放电。

（6）措施及建议。

1）试验验证情况。沈阳传奇生产一支与柔直换流站同类型穿墙套管和一支内部存在金属异物的模型芯体，分别用于穿墙套管裕度和放电发展过程的试验验证。

a. 套管裕度验证试验情况。对同型套管开展了 2 次绝缘裕度试验：第 1 次试验，在常温状态下、2.0 倍运行电压（比出厂试验值高 10%）下 1h 局部放电试验，局部放电量小于 4pC，套管高电压介质损耗及电容量未见异常。第 2 次试验，在套管热态下（长时通流 1250A、持续 12h），分别开展 2.0 倍运行电压的 1h 局部放电、出厂工频耐压和雷电冲击试验，局部放电量小于 4pC，高电压介质损耗及电容量、雷电测试结果均未见异常。最后在热态下加做 15 次雷电冲击和 5 次截波冲击，前后波形一致性较好，未见异常。说明穿墙套管在设计上具有较高的绝缘裕度。

b. 放电发展过程验证情况。带金属异物的模型芯体在 1.2～2.5 倍运行电场强度、10～80pC 放电量下持续加压超过 24h，电容量没有变化，未发生电容屏击穿；提高电压至 3.0 倍运行电场强度、220pC 放电量下持续加压 11h，发生 1 层电容屏击穿，电容量增大 8%。证明存在缺陷的套管电容芯子从起始局部放电到 1 层电容屏击穿，是缓慢发展的过程。

c. 电容量监测装置可靠性验证情况。对同型套管在 1.2 倍运行电压下持续 1h，电容量在线监测装置测量的电容量与套管离线实测值偏差小于 0.3%，精度较高：对模型芯体在 2.5 倍运行电压下持续 0.5h，在线监测装置测试电容量突增 10.62%，经检查确认 1 层电容屏击穿。说明在实验室条件下，穿墙套管在线监测装置具有较好的测量稳定性，并可以反映由于电容屏击穿引起的电容值变化。

2）运维措施建议。

a. 在日常巡视过程中采用红外成像方式，对全部穿墙套管开展定期检测，结合缺陷特征和历史数据情况，制定告警阈值，定期开展穿墙套管的横纵向温升比较与评估。

b. 根据现场实际情况，在不影响设备安全运行情况且征得套管厂家授权许可条件下，可以试点加装在线监测装置，实现运行状态的实时监测。

24.4.2　案例 75：直流穿墙套管放电故障

1. 情况说明

（1）故障前的运行情况。双极四阀组大地回线运行，动态电压调控激活状态，输送功率 1166MW（额定输送功率 8000MW）。故障发生时现场无工作，天气晴。

（2）故障过程描述。2 月 14 日 12:38:57，换流站极Ⅰ低端阀组差动保护、极差保护动作，极Ⅰ闭锁。12:41，极Ⅰ高端阀组自动重启成功，无直流功率损失。初步确认故障原因为极Ⅰ低端 400kV 穿墙套管发生闪络，引起接地故障。由事件记录可以看出，12:38:57.575 极Ⅰ低端三套阀组差动保护动作，12:38:57.593 发出极Ⅰ闭锁命令，12:38:57.600 极Ⅰ直流极差三套保护Ⅰ段动作，极Ⅰ极控系统启动极隔离。12:38:58.089 极Ⅰ非故障阀组重启顺控功能动作，开始极连接，12:41:40.541 极Ⅰ高端阀组解锁成功。事件记录见表 5-24-3。

表 5-24-3　　事件记录

时间	事件来源	事件描述	备注
12:38:57:575	极 1 低端换流器保护系统 A	阀组差动保护 S 闭锁	三套阀组差动保护动作
12:38:57:575	极 1 低端换流器保护系统 B	阀组差动保护 S 闭锁	
12:38:57:575	极 1 低端换流器保护系统 C	阀组差动保护 S 闭锁	
12:38:57:583	极 1 高端阀控系统	S 闭锁动作	极控、阀控主机发出闭锁指令
12:38:57:593	极 1 极控系统	阀组差动保护闭锁极	
12:38:57:600	极 1 极保护系统 A	直流极差保护Ⅰ段 S 闭锁	三套直流极差保护动作
12:38:57:600	极 1 极保护系统 B	直流极差保护Ⅰ段 S 闭锁	
12:38:57:600	极 1 极保护系统 C	直流极差保护Ⅰ段 S 闭锁	
12:38:57:609	极 1 极控系统	极保护启动极隔离	启动极隔离
12:38:57:638	直流站控	极 1 故障停运信号	
12:38:58.089	极 1 极控系统	启动非故障阀组重启顺控	非故障阀组重启逻辑启动全阀组
12:41:40:283	极 1 极控系统	极解锁命令	
12:41:40:541	极 1 高端阀控系统	阀组解锁状态产生	

（3）故障设备基本情况。极Ⅰ低端 400kV 直流穿墙套管为沈阳传奇生产，型号 GSEW f/i 1050/400-5000 spez.，投运故障时套管已运行接近 3 年。如图 5-24-25 所示，套管采用环氧树脂胶浸纸电容芯体，载流导电管穿入电容芯体。套管户内和户外部分的外绝缘均采用玻璃钢筒和复合硅橡胶外套，套管内充六氟化硫（SF_6）气体。

2. 检查情况

（1）保护动作情况

1）故障录波分析。故障前，直流场主回路各 TA 测量电流均为 750A 左右，其中低端阀组差动保护计算低端阀组高压侧电流（IDC2P）与低端阀组低压侧电流（IDC2N）差值，极差动保护计算高端阀组极母线电流 IDL 与中性母线 IDNE 等电流的差值。

极Ⅰ保护故障录波如图 5-24-26 所示，故障发生时刻（12:38:57.562），IDL、IDC1P、IDC1N、IDC2P 电流突然下降为 0 左右，IDC2N、IDNC、IDNE 等电流突然增加到 10kA 左右，且直流电压下跌至 500kV 左右。从电流特征可以判断，极Ⅰ低端通过故障接地点、大地、极Ⅰ中性母线形成了短路回路。判断极Ⅰ低端阀组高压侧穿墙套管

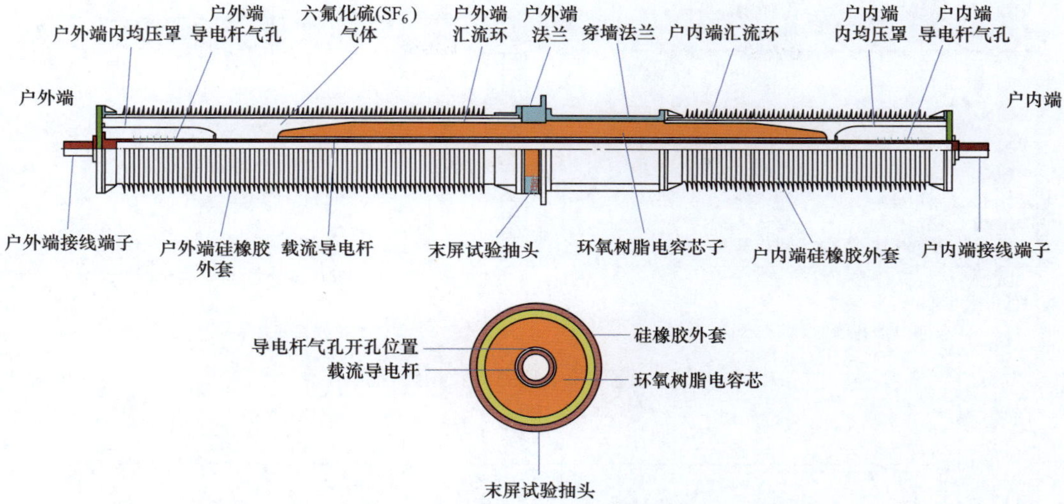

图 5-24-25　400kV 直流穿墙套管结构

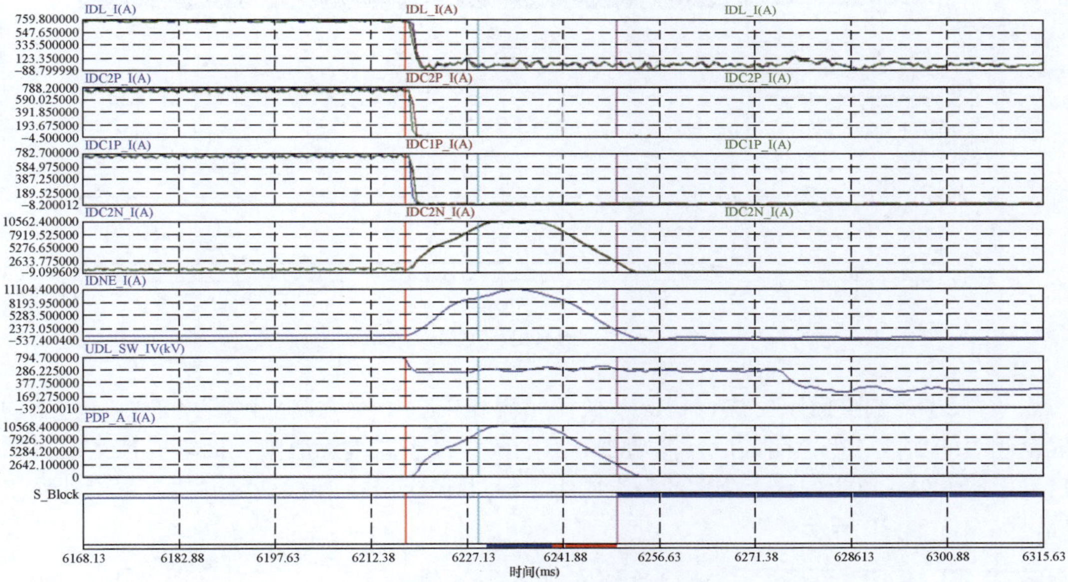

图 5-24-26　极Ⅰ保护故障录波

发生了接地故障，导致阀组差动保护、极差动保护先后动作，如图 5-24-27 所示。

2）仿真分析。故障发生后，采用 PSCAD 电磁暂态仿真程序进行了故障模拟，即低端阀组高压侧出线位置发生金属性接地故障。

仿真结果如图 5-24-28 所示，故障时刻 IDL 及 IDC2P 跃变至 0A，IDNC 及 IDC2N 跃变至几千安，待阀组差动保护动作闭锁阀组后故障电流消失，故障期间直流极母线电压跃变至 500kV 并缓慢下降。上述特征与本次故障一致。

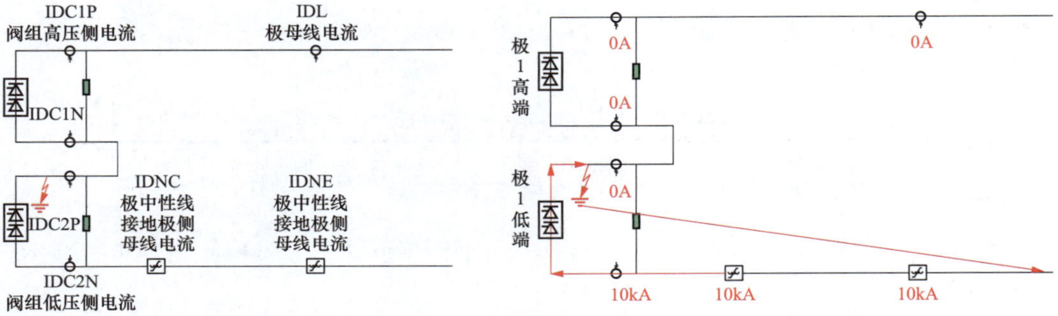

(a) 极Ⅰ直流场电流测点示意　　(b) 短路回路示意

图 5-24-27　直流场电流测点及短路回路示意

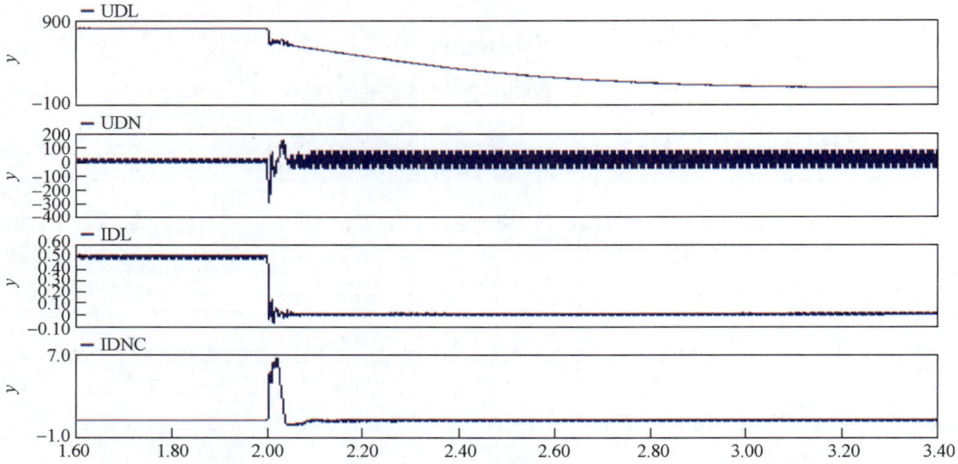

图 5-24-28　仿真电压电流波形图

3）极Ⅰ高端重启顺控执行情况。换流站现场配置了换流器故障极闭锁后自动启动健全阀组的功能。极Ⅰ闭锁后，低端故障点隔离，极Ⅰ高端无故障，极Ⅰ极控系统自动启动 REBOOT 功能重启无故障的高端阀组，经过 164s 极Ⅰ高端重启成功，逻辑动作正确，如图 5-24-29 所示。

事件时标	事件号	主/从	事件来源	事件描述
2022-02-14,12:38:58:089	104660	主(A)	极1极控系统	REBOOT自动重启动单换流器顺控SP10隔离两站低端阀组
2022-02-14,12:38:58:093	104660	从(B)	极1极控系统	REBOOT自动重启动单换流器顺控SP10隔离两站低端阀组
2022-02-14,12:40:20:890	104662	主(A)	极1极控系统	REBOOT自动重启动单换流器顺控SP15打开两站高端BPS
2022-02-14,12:40:20:894	104662	从(B)	极1极控系统	REBOOT自动重启动单换流器顺控SP15打开两站高端BPS
2022-02-14,12:40:22:078	104664	从(B)	极1极控系统	REBOOT自动重启动单换流器顺控SP20极连接
2022-02-14,12:40:22:090	104664	主(A)	极1极控系统	REBOOT自动重启动单换流器顺控SP20极连接
2022-02-14,12:41:40:283	104666	主(A)	极1极控系统	REBOOT自动重启动单换流器顺控SP80极解锁命令
2022-02-14,12:41:40:286	104666	从(B)	极1极控系统	REBOOT自动重启动单换流器顺控SP80极解锁命令

图 5-24-29　高端重启顺控时序

（2）现场检查情况。

1）故障发生后现场立即对极Ⅰ低端阀厅设备、穿墙套管、直流场设备进行外观检查，未发现明显异常，如图 5-24-30 所示。

图 5-24-30　400kV 穿墙套管外观

2）检查极Ⅰ低端 400kV 穿墙套管六氟化硫（SF_6）压力表计和在线监测数据，压力无明显异常，现场检漏未发现漏气现象。检查套管末屏外观，如图 5-24-31 所示，光洁完整，无放电痕迹。

图 5-24-31　套管末屏检查

3）查看 2 月 14 日直流场室外温度曲线，如图 5-24-32 所示，最低温度－28.8℃，最高温度－3.7℃，为本套管自投运以来极端温差，且故障前输送功率偏低（1166MW）。

（3）试验验证情况。

1）对该套管六氟化硫（SF_6）气体检测，测试结果如图 5-24-33 所示，微水为 4787.3μL/L（正常值为不高于 500μL/L），为环氧树脂高温下分解产生，SO_2 为 499.98

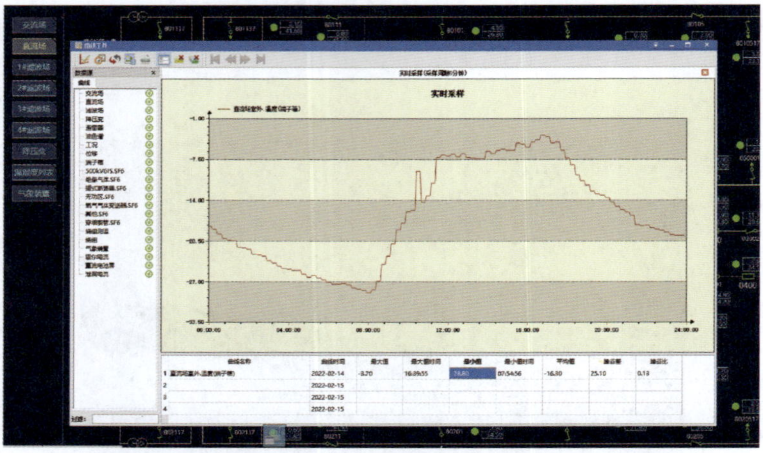

图 5-24-32　当日室外气温趋势

μL/L（正常值为不高于 1μL/L），判断套管内部发生闪络。

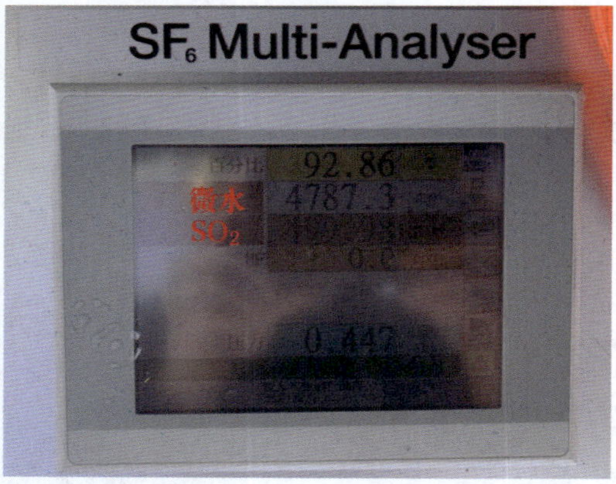

图 5-24-33　套管 SF_6 分解物测试结果

2）对套管进行主绝缘电阻和末屏对地绝缘电阻测量，如图 5-24-34 所示，主绝缘电阻 2.21GΩ（2500V 绝缘电阻表），末屏绝缘 0.1MΩ（500V 绝缘电阻表）。

3）对套管进行主介质损耗、电容量及末屏介质损耗、电容量测试，无法测出数据。对套管导电管进行直流电阻测量，测量值 45.7μΩ。

（4）解体检查情况。

1）如图 5-24-35 所示，套管末屏引线熔化，末屏绝缘体发黑，剩余芯体主绝缘良好，介质损耗、电容量正常。

2）套管户内侧整体完好，如图 5-24-36 所示，包括硅橡胶复合绝缘子外套、电容芯体（含汇流环）、内屏蔽结构、盖板、接线端子未发现异常。

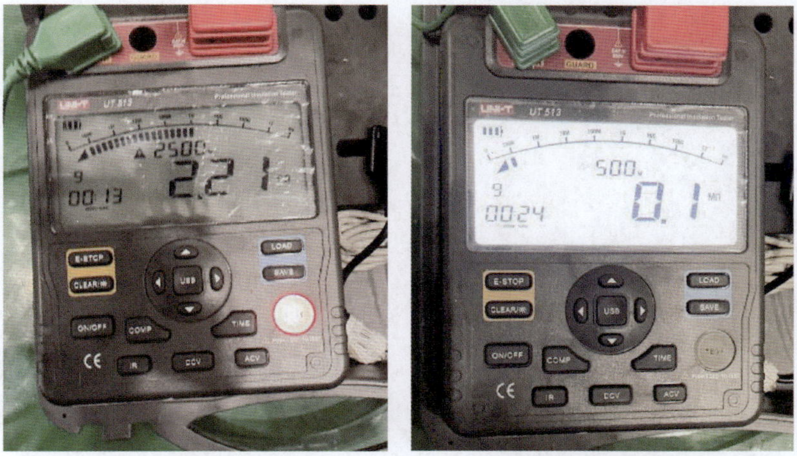

(a) 主绝缘电阻测试　　(b) 末屏对地绝缘电阻测试

图 5-24-34　套管绝缘电阻测试结果

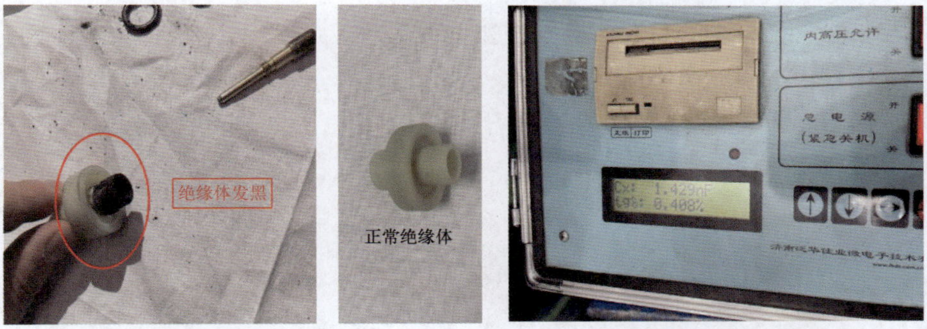

(a) 末屏解体情况　　(b) 剩余芯体电容、介损测试

图 5-24-35　末屏解体及剩余芯体电容、介质损耗测试

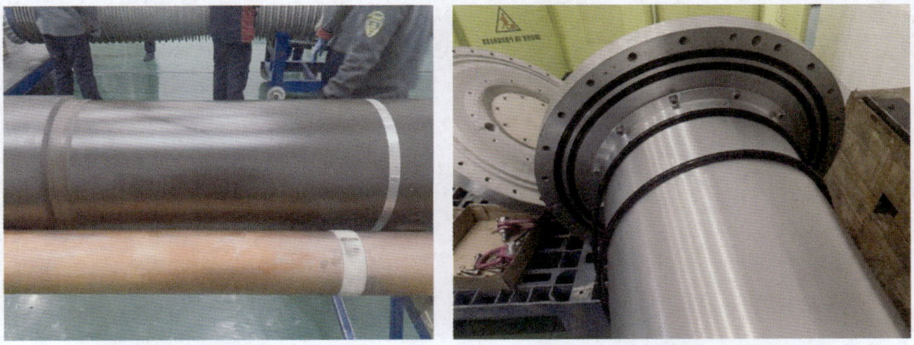

(a) 电容芯体(含汇流环)完好　　(b) 内屏蔽结构

图 5-24-36　电容芯体及内屏蔽结构检查情况

图 5-24-37　户外侧均压罩受损情况

3）将套管户外端盖板及硅橡胶外套拆除，盖板打开后发现均压罩受电弧烧蚀引发的气压冲击向内挤压凹陷，并有黑色粉末，如图 5-24-37 所示。

如图 5-24-38 所示，载流导电管自户外侧向户内侧有六氟化硫（SF_6）分解物附着痕迹，靠近户内侧逐渐减少，户外侧芯体端部对应的导电管表面有成片电弧烧蚀痕迹。户外侧电容芯体自穿墙法兰处向外，末屏及保护层呈多片裂开状，露出末屏铝箔。汇流环熔断并被脱落的保护层崩裂成两部分。对应户外侧汇流环位置的空心复合绝缘子玻璃钢筒内壁存在黑色爬电痕迹和密集针眼状凹坑。穿墙法兰与户外侧空心复合绝缘子对接法兰的内侧相邻边缘均有周长约 40cm 的电弧烧蚀痕迹。

(a) 导电管有六氟化硫(SF_6)分解物附着痕迹

(b) 导电管表面有成片电弧烧蚀痕迹

(c) 末屏及保护层呈多片裂开状

(d) 汇流环熔断并崩裂

图 5-24-38　厂内解体情况（一）

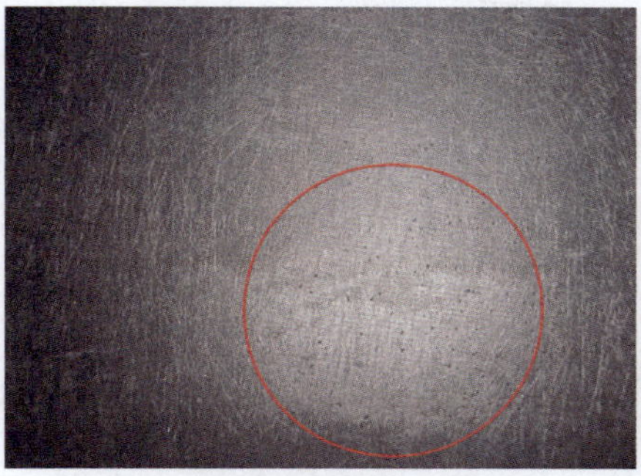

(e) 玻璃钢筒内壁存在密集针眼状凹坑

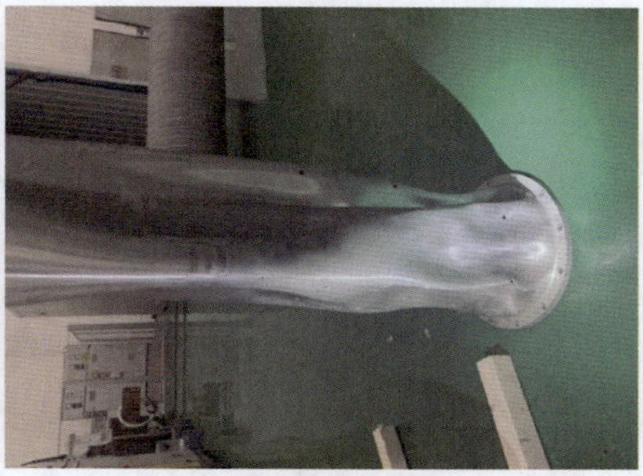

(f) 内屏蔽筒挤压凹陷

图 5-24-38　厂内解体情况（二）

4）如图 5-24-39 所示，户外侧套管内部电弧痕迹范围包括空心复合绝缘子玻璃钢筒内壁、芯体端部对应的载流导电管区域、芯体端部至户外侧汇流环表面、穿墙法兰边沿。

(a) 玻璃钢筒内壁存在爬电痕迹

(b) 芯体端部对应的载流导电管

(c) 芯体端部至户外侧汇流环表面

(d) 穿墙法兰边沿

图 5-24-39　户外侧套管内部电弧痕迹

5）对电容芯子及硅橡胶外套径向切片检查，具体情况如下：

a. 距离户外端电容芯子端部 3645mm（距离末屏抽头 50mm），用锯床将电容芯子进行切割，如图 5-24-40 所示，切割后检查电容芯子剖面，未发现贯穿性击穿现象，剖面完好。

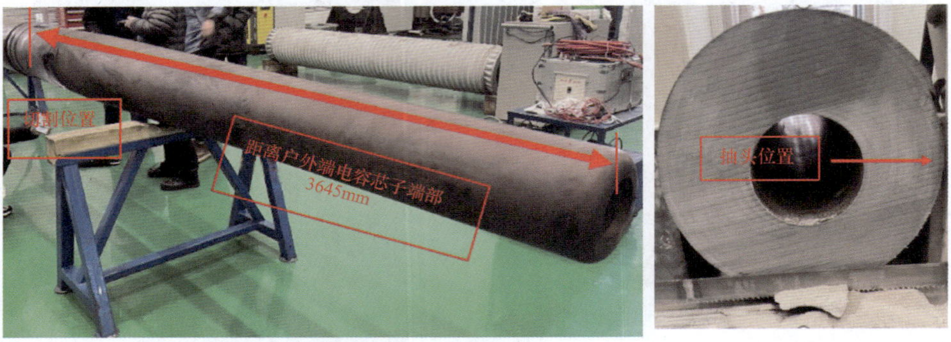

(a) 电容芯切割位置　　(b) 电容芯子剖面

图 5-24-40　电容芯子径向切片检查

b. 将户外端硅橡胶外套在距离法兰 1100mm 进行切割，如图 5-24-41 所示，硅橡胶外套剖面未发现异常，玻璃钢筒壁厚 17mm。检查硅橡胶内表面，距离法兰处 520～900mm 处硅橡胶外套内表面发现数处针孔状放电点。

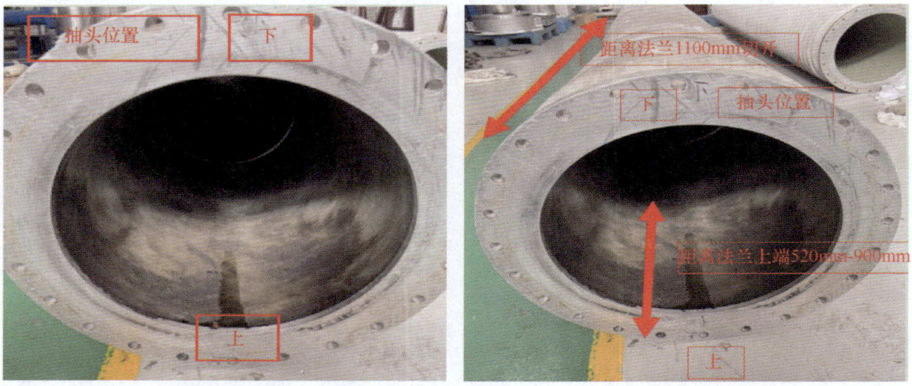

(a) 法兰结构图　　(b) 切割位置及放电点

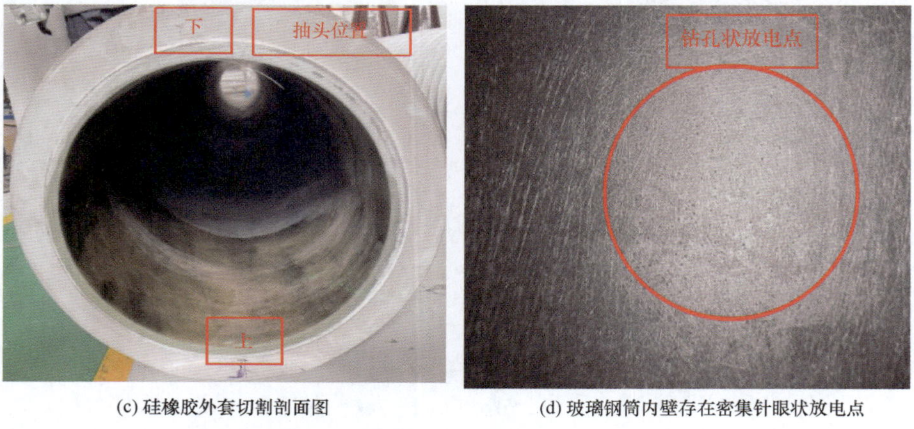

(c) 硅橡胶外套切割剖面图　　(d) 玻璃钢筒内壁存在密集针眼状放电点

图 5-24-41　户外端硅橡胶外套切割检查

3. 原因分析

（1）放电通道。通过套管解体，发现放电通道为户外侧空心复合绝缘子内表面距离法兰处 520～900mm（离墙体较近、场强集中处）→户外侧芯体表面→芯体端部对应的高压载流导电管区域，同时放电通道贯穿至户外侧汇流环→穿墙法兰边沿，如图 5-24-42 所示。

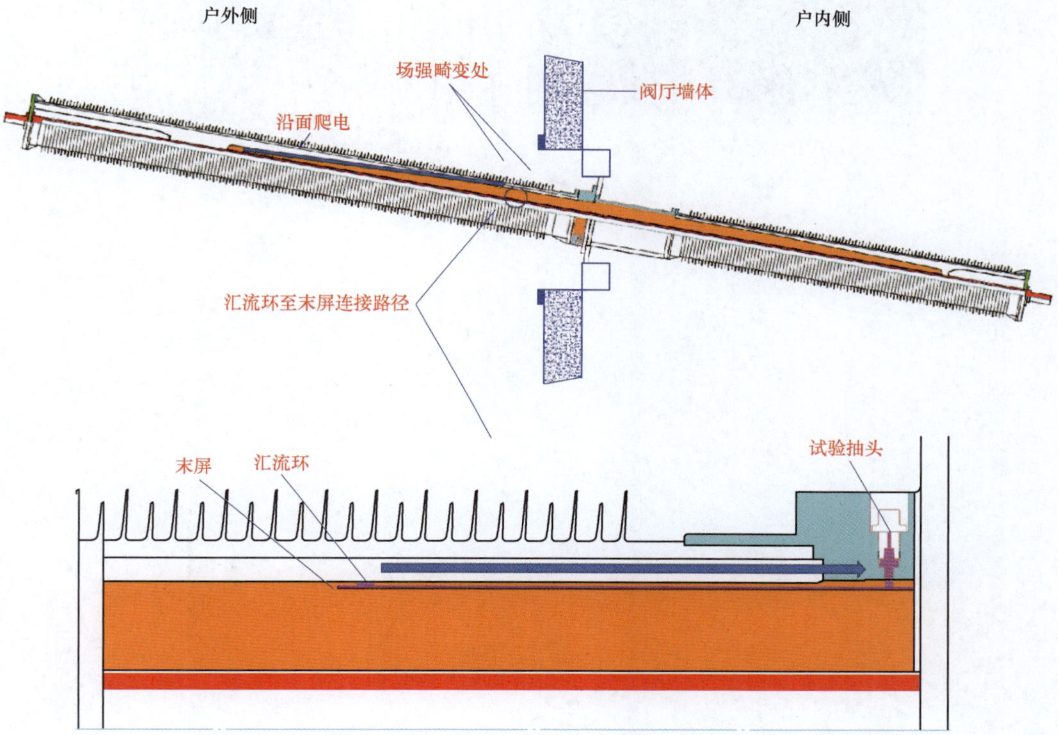

图 5-24-42　放电路径分析

（2）故障原因分析。结合故障套管解体检查结果，分析认为本次套管故障原因为：一是故障当日现场出现极端温差，套管表面积雪融化结冰，如图 5-24-43（a）所示，外套绝缘电阻发生非线性下降，引起环氧筒轴向电位分布存在较大差异，内壁沿轴向单位距离承压增大。二是现场安装时户外部分绝缘子伞裙进入墙体，如图 5-24-43（b）所示，引起墙体处场强发生畸变，电位梯度累积，根据计算，此种工况芯体与外套之间的六氟化硫（SF_6）气体最大电场强度比正常工况高 27%，也即绝缘裕度降低 27%。两者综合影响加之极端温差，引起套管内部放电，导致套管户外侧从高压导电管沿电容芯体表面闪络至汇流环，故障电流经汇流环流入末屏，从试验抽头处入地。

(a) 套管表面积雪融化结冰　　(b) 套管绝缘子伞裙进入墙体

图 5-24-43　故障套管表面结冰且伞裙进入墙体